LES NOUVEAUX

Précis

BRÉAL

Électrotechnique

PSI

P. BRENDERS
Agrégé de Sciences Physiques
Professeur en classes préparatoires, Lyon

L. DOUCHET
Agrégé de Sciences Physiques
Professeur en classes préparatoires, Lyon

M. SAUZEIX
Agrégé de Sciences Physiques, ingénieur ESEO
Professeur en BTS électrotechnique, Lyon

Bréal éditions
1, rue de Rome - 93561 Rosny-sous-Bois cedex

LES NOUVEAUX

Précis

BRÉAL

Mathématiques 2e année
- Algèbre et géométrie / PSI
- Analyse / PSI

Physique 2e année
- Mécanique des fluides / PC - PSI
- Électromagnétisme / PC - PSI
- Physique des ondes / PC - PSI
- Électrotechnique / PSI
- Électronique / PSI
- Optique / MP - PC - PSI - PT
- Thermodynamique / PC - PSI

Chimie 2e année
- Chimie / PSI

Exercices 2e année
- Mathématiques / PC - PSI
- Physique/ PSI

Maquette et couverture : Sophie Martinet
Réalisation : Laser Graphie

Dépôt légal : août 2004
ISBN 2 7495 0400 7

Avant-propos

Les Nouveaux Précis Bréal sont conçus pour apporter aux étudiants des classes préparatoires **une aide efficace dans leur travail**. Tout en conservant la rigueur des éditions précédentes, nous nous sommes efforcés d'aplanir au mieux toutes les difficultés inhérentes au discours scientifique. Nous savons par expérience que le rythme de la prépa n'autorise aucune perte de temps, et nous pensons qu'une explication claire et précise permet d'éviter au lecteur tout « blocage » inutile.

Strictement conforme au nouveau programme, cet ouvrage s'adresse à tous les étudiants de deuxième année de la filière PSI. Chaque chapitre est divisé en trois parties complémentaires.

- Le **Cours**, qui présente les principaux raisonnements à comprendre et à connaître, accompagnés de nombreuses applications directes afin d'assimiler immédiatement les notions traitées.
- Les pages **Méthodes**, qui contiennent deux rubriques indispensables à la progression personnelle : *L'essentiel* permet de mémoriser rapidement tout ce qu'il faut retenir du chapitre, et la *Mise en œuvre* expose les grandes méthodes afin d'acquérir les bons « réflexes » en situation.
- Les **Exercices**, classés par niveaux de difficulté, dont les solutions détaillées sont enrichies d'astuces et de conseils (précédés des logos ☼ ou ⚠). La plupart des énoncés proposés ont été tirés de sujets de concours. Certains exercices sont accompagnés de courtes indications, comme en colle : il suffit parfois d'un petit « déclic » pour démarrer !

Il nous est apparu nécessaire d'accorder aux **Méthodes** et aux **Exercices** une place équivalente à celle du **Cours**. En effet, l'apprentissage ne peut pas être efficace sans combiner étroitement ces trois dimensions : comprendre, savoir faire et s'entraîner. En revanche, s'il organise intelligemment son travail, l'étudiant pourra s'améliorer dans toutes les disciplines en gérant au mieux son temps et ses efforts, principale condition de la réussite.

Ainsi, les étudiants de PSI disposeront, en électrotechnique (conversion de puissance), d'un outil de travail complet, adapté au rythme soutenu de cette seconde année de préparation aux concours.

Nous espérons que ce nouveau Précis les aidera à passer avec réussite leurs épreuves et nous répondrons volontiers à toute suggestion, remarque ou critique par e-mail à l'adresse **infos@editions-breal.fr**.

L'éditeur et les auteurs.

Sommaire

CHAPITRE

1 Le transformateur monophasé parfait

Introduction

Le transformateur est un dispositif simple d'usage et très répandu dans la vie de tous les jours. En effet, bon nombre d'appareils domestiques sont reliés au réseau électrique par son intermédiaire. C'est un composant indispensable dans le transport de l'énergie électrique alternative depuis la centrale de production jusqu'aux utilisateurs. Il permet également d'assurer la protection des biens et des personnes.

Son étude est fondamentale pour appréhender le principe de convertisseur en électrotechnique, en particulier, les convertisseurs tournants que sont les machines alternatives. À titre d'exemple, la modélisation du transformateur s'apparente, entre autres, à celle des machines asynchrones.

Plan du chapitre 1

A. Rôle du transformateur dans la distribution électrique – Exemple

A.1. Production et transport de l'énergie électrique

Quatre types d'énergie peuvent être transformés en énergie électrique :
- l'énergie hydraulique ;
- l'énergie thermique du charbon ;
- l'énergie thermique du fuel ;
- l'énergie thermique dégagée lors de réactions nucléaires.

La puissance maximale produite dans une centrale est comprise entre une centaine et quelques milliers[1] de MW (1MW = 10^6 W). Cependant, compte tenu des grandes distances à parcourir depuis les centrales vers les particuliers (mais aussi vers d'autres pays), il a été démontré que le transport de l'énergie électrique doit se faire sous haute ou très haute tension.

1. Par exemple, la centrale nucléaire de Chooz B (Ardennes) possède deux réacteurs de 1450 MW.

Il faut donc élever le niveau de tension à la sortie des centrales puis l'abaisser pour la distribuer aux utilisateurs. En réalité, plusieurs abaissements successifs sont réalisés afin de permettre la distribution de différents niveaux de tension. C'est précisément dans ces variations de niveau de tension qu'intervient le rôle du transformateur.

Signalons enfin que la tension du réseau électrique en France est sinusoïdale avec une fréquence de 50 Hz.

> Le **transformateur** est un convertisseur statique[2] qui permet de modifier en sortie la valeur efficace de la tension sinusoïdale appliquée à son entrée sans en modifier la fréquence.

2. *Statique* par opposition aux convertisseurs électromécaniques qui convertissent de l'énergie en mettant en œuvre un mouvement mécanique.

A.2. Exemple : transformateur à usage didactique

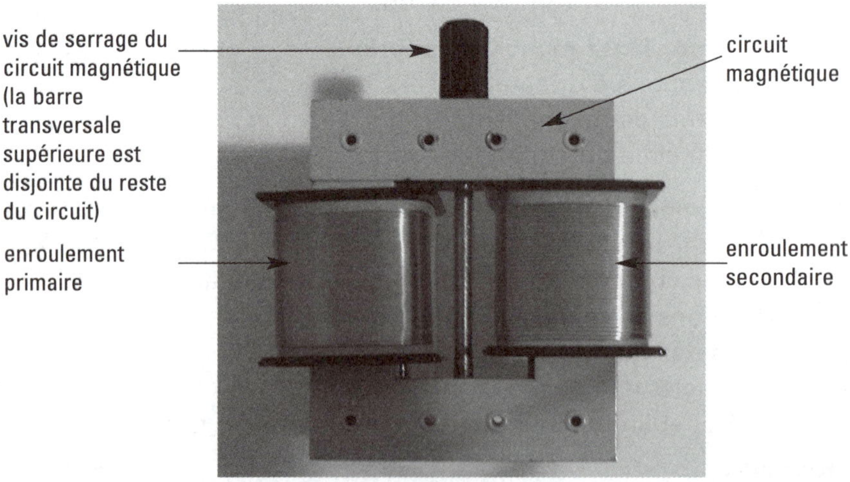

Fig. 1 – Transformateur monophasé de tension.

Dans la réalité industrielle, les enroulements sont disposés de manière concentrique afin d'améliorer le couplage magnétique entre les deux enroulements.

B. Constitution et description du transformateur

B.1. Constitution

Le transformateur monophasé est constitué d'un **matériau ferromagnétique**[1] sur lequel sont bobinés **deux enroulements électriques indépendants**[2] (i.e. sans aucune connexion électrique) comme le montre la figure 1.

Le rôle du circuit ferromagnétique est d'assurer une canalisation optimale des lignes de champ magnétique afin d'obtenir un couplage maximal entre les deux enroulements. Le choix du matériau ferromagnétique repose essentiellement sur les contraintes de coût, d'encombrement et de refroidissement. Actuellement, il existe aussi des matériaux capables de réduire les pertes[3] associées à l'existence d'un champ électromagnétique (tôles à grains orientés en dessous de quelques kilohertz et ferrites ou amorphes à plus haute fréquence pour les transformateurs d'impulsions par exemple).

Les deux enroulements électriques sont réalisés à l'aide de conducteurs en cuivre recouverts d'un vernis isolant. Généralement, ils sont disposés de manière concentrique afin de renforcer leur couplage électromagnétique.

1. Ou plus simplement, *circuit magnétique*.

2. On parle alors d'*isolation galvanique* (les références ou « masses » sont indépendantes).

3. Ces pertes sont dites « pertes fer » (voir le TP cours consacré à l'étude du transformateur).

B.2. Description – plaque signalétique

Définition 1

L'enroulement qui est relié à la source d'alimentation du transformateur est appelé enroulement **primaire**. L'autre enroulement, relié à la charge[4] du transformateur, est appelé enroulement **secondaire**.

4. La *charge* est située en *aval* du transformateur tandis que la *source* est située *en amont* du transformateur.

Par la suite, les grandeurs primaires seront indicées par le chiffre 1 et les grandeurs secondaires par le chiffre 2. Par exemple, la tension primaire est notée v_1, la tension secondaire est notée v_2.

Lorsque la tension au secondaire v_2 est plus élevée que celle du primaire v_1, on parle de transformateur **élévateur de tension** (exemple : à la sortie de la centrale de production). Dans le cas contraire il s'agit d'un transformateur **abaisseur de tension** (exemple : transformateur sur poteau électrique à proximité d'un secteur d'habitation). Il existe des transformateurs où la tension délivrée à la charge est identique à celle prélevée à la source : on réalise une isolation galvanique entre la source et le récepteur d'énergie et on parle de **transformateur d'isolement**.

Dans le cas particulier où le secondaire n'est connecté à aucune[5] charge, le transformateur est dit **à vide**. Ce cas particulier de fonctionnement est important en pratique comme nous le verrons en TP cours.

Le transformateur industriel est conçu pour une[6] **fréquence d'utilisation** bien définie (50 Hz pour le réseau E.D.F. par exemple) car la fréquence est un paramètre dont dépendent entre autres les pertes ferromagnétiques (voir TP cours).

Un transformateur est dimensionné par son constructeur qui définit les valeurs que doivent prendre les intensités des courants, les tensions, etc., et ce afin de décrire l'utilisation qui en est prévue[7]. Ces valeurs sont dites **nominales**.

Pour distinguer une grandeur nominale, nous ajouterons la lettre n en indice. Par exemple, l'intensité efficace du courant secondaire nominal est notée I_{2n}.

5. Ou à une charge d'impédance suffisamment élevée pour considérer cette affirmation légitime.

6. Ceci n'est pas le cas pour certains types de transformateur comme le transformateur d'impulsions qui au contraire fonctionnent dans une large gamme de fréquences.

7. Disons pour être précis qu'une grandeur *nominale* correspond aux conditions d'utilisation *normale*. Ces valeurs peuvent être dépassées dans une certaine limite, dans certains cas mais pour un temps limité.

Définition 2

La **puissance apparente nominale,** notée S_n, est le produit de la valeur efficace de la tension secondaire à vide V_{20} par la valeur efficace du courant secondaire nominal I_{2n} :

$$\mathbf{S_n = V_{20}\, I_{2n}}$$

V_{20} tension secondaire (V)
I_{2n} intensité secondaire (A)
S_n puissance apparente nominale (VA)

Toutes ces données nominales sont accessibles à partir de la *plaque signalétique* du transformateur dont nous donnons un exemple en figure 2.

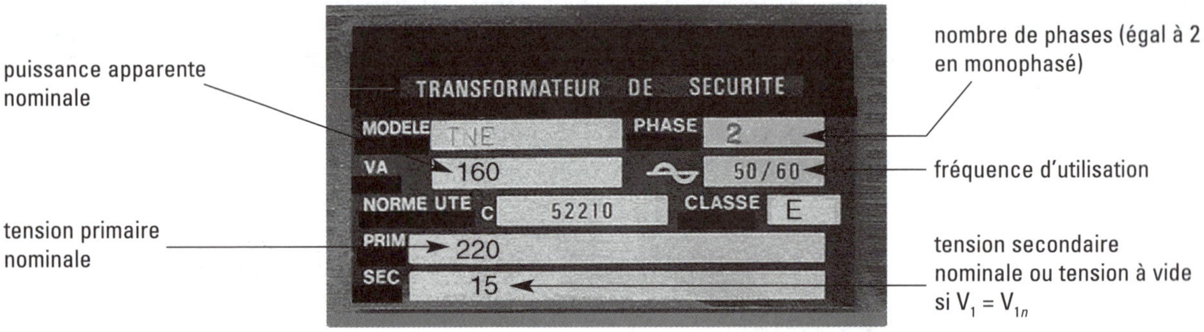

Fig. 2 – Plaque signalétique d'un transformateur abaisseur de tension.

C. Étude d'un circuit magnétique torique

Dans ce paragraphe, nous définissons les règles d'usage nécessaires à l'étude du transformateur et plus particulièrement dans le cas où le circuit magnétique a la forme d'un tore[1].

1. Nous admettrons la généralisation des résultats de ce paragraphe à un circuit magnétique de forme quelconque et fermé sur lui-même.

C.1. Conventions d'orientation

Considérons un transformateur dont le noyau magnétique est de forme torique et de section droite S circulaire; notons ℓ la longueur de la ligne de champ moyenne. L'enroulement primaire est constitué de n_1 spires bobinées sur le noyau et l'enroulement secondaire en comporte n_2 :

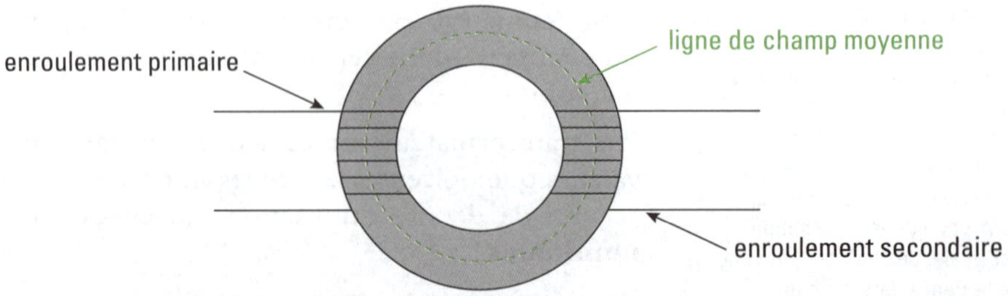

Fig. 3 – Transformateur monophasé à circuit magnétique torique.

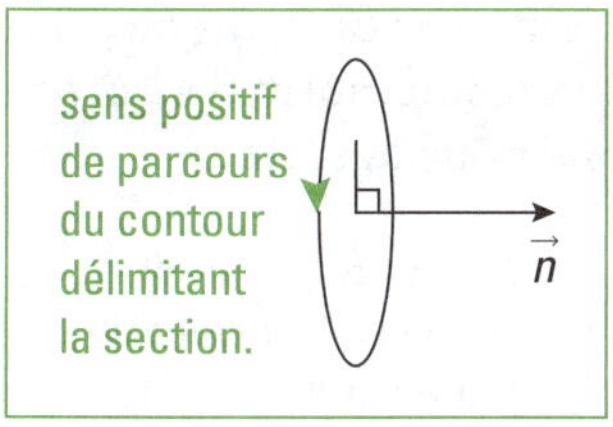

Fig. 4 – Orientation d'une section droite du circuit magnétique. Le sens de la normale $\vec{n}$ à la section est déduit du sens de parcours par la règle de la main droite ou du tire-bouchon de Maxwell.

C.1.1 – Orientation conjointe des flux et des courants

Pour orienter les grandeurs électriques, nous allons raisonner sur le flux magnétique qui traverse une section droite du circuit magnétique. En effet, chaque section droite de ce circuit torique peut être orientée par exemple comme sur la figure 4.

Dans la suite, nous choisirons **arbitrairement** d'orienter toutes les spires des deux enroulements dans le même sens : nous orientons ainsi de manière cohérente toutes les spires[1].

Ceci permet, par exemple, d'affirmer que deux courants i_1 et i_2 circulant, respectivement dans le circuit primaire et secondaire, dans ce sens d'orientation, créent des flux magnétiques positifs qui s'additionnent (i.e. orientés dans le même sens que la normale $\vec{n}$). Par exemple dans la figure suivante :

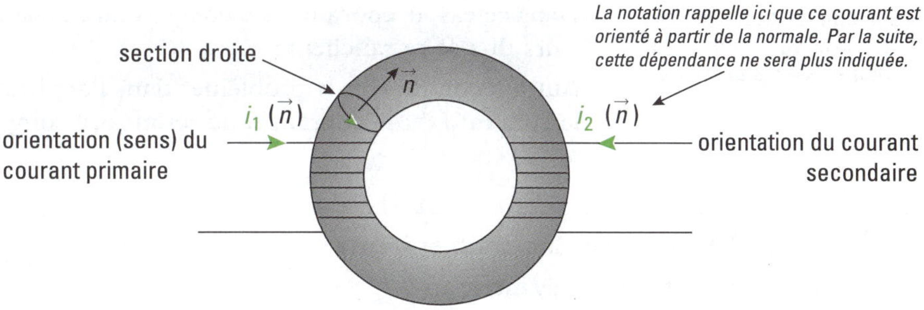

Fig. 5 – Orientation des courants dans les enroulements donnant des flux magnétiques positifs.

Ce choix d'orientation n'est pas le seul choix possible.

Définition 3

On appelle **bornes homologues**, les bornes des enroulements par lesquelles tout courant entrant parcourt les spires électriques dans le sens choisi pour l'orientation du vecteur surface (normale $\vec{n}$).

Ainsi tout courant rentrant par une borne homologue tend à faire circuler un **flux positif** ou **additif** (avec celui rentrant par la borne homologue de l'autre enroulement du transformateur).

Ces courants sont donc comptés avec le même signe[2] dans le théorème d'Ampère.

Ces bornes sont conventionnellement repérées par des points[3]. La figure 3 peut ainsi être reproduite plus simplement, en faisant apparaître les bornes homologues du transformateur :

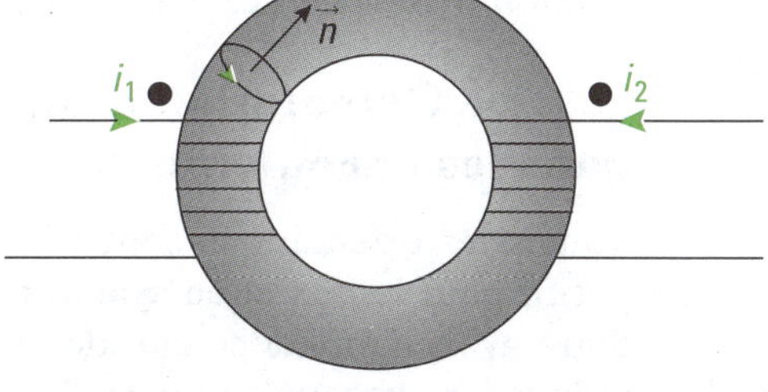

Fig. 6 – Positionnement des bornes homologues pour que les courants soient comptés positifs. La notation des bornes homologues suffit à définir en définitif toutes les orientations. Par conséquent, nous ne ferons plus figurer la normale $\vec{n}$ par la suite.

1. Ou de manière équivalente les conducteurs bobinés sur le circuit magnétique conjointement à la normale.

2. Il suffit pour s'en convaincre de regarder le sens des courants enlacés par un contour d'Ampère, arbitrairement orienté et situé à l'intérieur du tore, ou des flux des densités de courants à travers une surface s'appuyant sur ce contour.

3. Ces points sont marqués en pratique sur le boîtier du transformateur. Mais il convient de noter qu'il ne peut s'agir que d'une orientation *relative* de l'un des enroulements par rapport à l'autre. Une fois le transformateur monté, il est impossible de connaître le sens d'un enroulement pris isolément.

Comme souvent en physique, un système est représenté par un symbole, abstraction faite de sa géométrie réelle. Voici donc le symbole normalisé actuel du transformateur monophasé que nous retiendrons pour la suite :

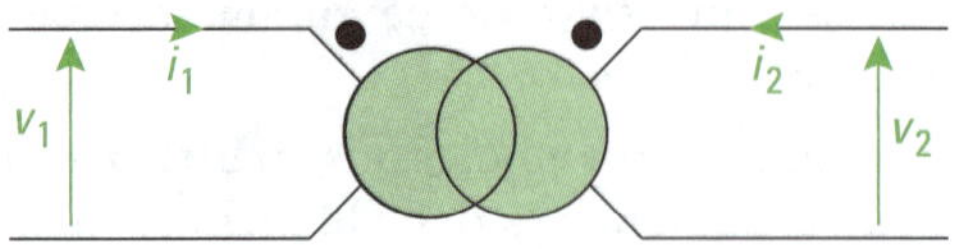

Fig. 7 – Symbole et notations du transformateur monophasé.

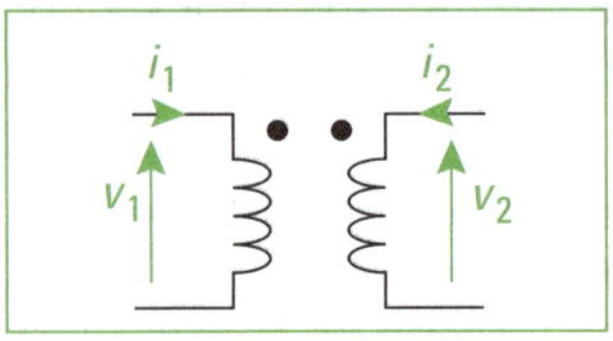

Fig. 8 – Voici un autre symbole possible du transformateur que l'on peut rencontrer également dans certains sujets d'exercice.

Comme nous l'avons souligné, le choix de l'orientation des courants reste arbitraire. En effet, rien n'interdit que le sens réel de i_2 soit dans le sens opposé à celui que nous venons de choisir.

Dans ce cas, le courant i_2 ne créé pas un flux additif à celui dû au courant i_1 : leurs flux se retranchent.

Autre façon de voir le problème : dans l'application du théorème d'Ampère, le courant i_1 et le courant i_2 ne seront pas comptés avec le même signe.

Application 1 Description d'un système

Commenter la situation suivante[1] :

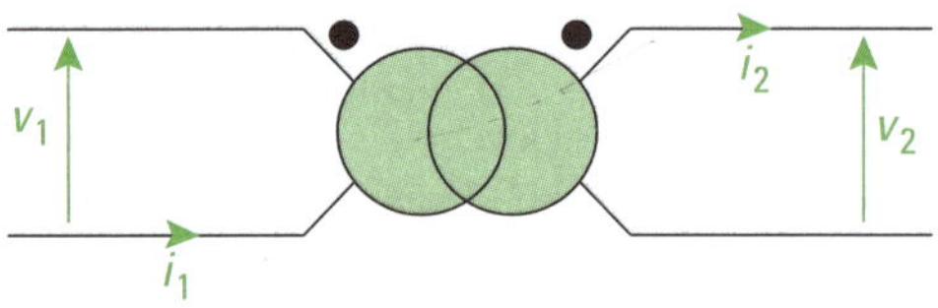

Solution

Les courants primaire et secondaire sortent tous les deux par une borne homologue : ils créent donc des flux de même signe et ici négatif. Leurs contributions sont donc additives ce qui signifie physiquement que leur actions magnétiques s'ajoutent pour déterminer le champ résultant à l'intérieur du tore. D'autre part, ils sont comptés avec le même signe dans l'application du théorème d'Ampère en regard d'un contour qui les enlace.

1. Dans l'application 1, nous avons choisi une convention générateur pour l'enroulement secondaire. Ce choix sera privilégié dans le TP cours consacré au transformateur.

Remarque

Concrètement, la position *relative* des bornes homologues est déterminée lors de l'élaboration du transformateur, par le sens choisi pour le bobinage des spires des deux enroulements sur le circuit magnétique. Si la réalisation est correcte, les bornes doivent être situées face à face (règle préconisée par l'Union Syndicale des Électriciens).

C.1.2 – Orientation des f.é.m. induites dans les enroulements

Toutes les orientations sont liées entre elles. Ainsi, en définissant un sens positif pour le flux et en ayant orienté le circuit magnétique par sa normale, nous avons implicitement défini l'orientation[2] du générateur de tension induit dans chacun des enroulements. Un courant positif (rentrant par une borne homologue) correspond à une f.é.m. positive et orientée dans le même sens. Cet exemple est illustré dans la figure 9.

2. En effet, l'orientation des conducteurs définit le sens positif de la circulation du champ électromoteur le long des conducteurs et par conséquent, le signe de la f.é.m.

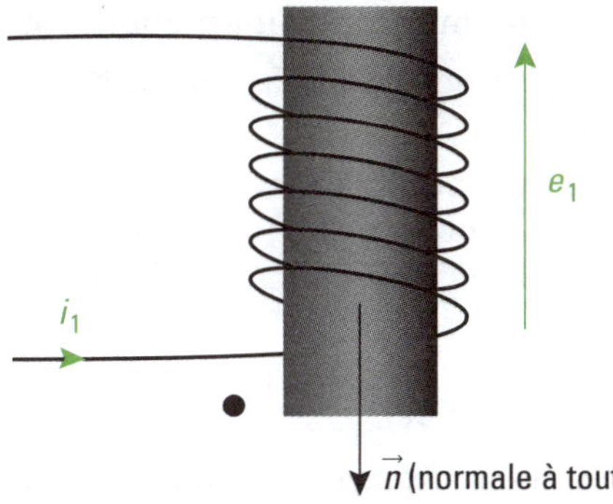

Fig. 9 – Convention d'orientation de la f.é.m. dans un enroulement.

Retenons par exemple que la f.é.m. est fléchée depuis[1] la borne homologue si le courant correspondant rentre par la borne homologue de cet enroulement.

1. Et inversement, si le courant sort par la borne homologue. En régime sinusoïdal permanent, ce cas se produit toutes les demi-périodes.

C.2. Éléments de magnétisme

Dans ce paragraphe, nous allons donner, sans démonstration[2], quelques résultats ayant trait au magnétisme des matériaux ferromagnétiques. Ceux–ci seront nécessaires à la modélisation du transformateur monophasé parfait. Lors d'une première lecture, nous vous engageons à vous reporter à la partie cours du chapitre 2 consacré au ferromagnétisme qui complète les notions abordées ci-après.

2. Conformément au programme de la classe de PSI.

Essayons tout d'abord d'éclaircir succinctement la notion de **milieu magnétique**. Il s'agit d'un milieu susceptible d'être le **siège d'une aimantation** : un volume élémentaire de ce milieu possède un moment magnétique[3] élémentaire (voir TP cours).

3. Tel qu'il a été défini en 1ère année.

D'autre part, les équations de Maxwell, vraies quel que soit le milieu d'étude, sont en pratique réécrites en introduisant de nouveaux champs. Nous supposerons que le milieu est en outre linéaire, homogène et isotrope afin de simplifier[4] l'étude qui suit.

4. Ces hypothèses sont peu restrictives au vu des problèmes abordés.

Propriété 1

Le champ magnétique $\vec{B}$ dans un milieu magnétique est issu du champ **excitation magnétique**[5] $\vec{H}$ tel que :

$$\vec{B} = \mu_0 \mu_r \vec{H}$$

- $\vec{B}$ champ magnétique en tesla (T)
- $\vec{H}$ champ excitation magnétique ($A \cdot m^{-1}$)
- μ_r perméabilité magnétique relative du matériau (sans dimension)
- $\mu_0 = 4\pi \cdot 10^{-7}\ H \cdot m^{-1}$ perméabilité magnétique absolue du vide

5. Ces appellations sont conformes au programme de PSI mais il n'est pas rare de nommer $\vec{B}$ *induction magnétique* et $\vec{H}$ *champ magnétique*.

La perméabilité magnétique relative μ_r prend de grandes valeurs devant l'unité[6] pour un matériau ferromagnétique utile à la conception d'un transformateur.

6. Donc devant celle de l'air (ou du vide).

Exemple : pour des alliages fer-silicium et des tôles à grains orientés (procédé de fabrication destiné à réduire les pertes magnétiques), μ_r est comprise entre 20 000 et 45 000.

Remarques

– En régime sinusoïdal forcé, la perméabilité magnétique relative est une grandeur complexe notée $\underline{\mu}_r(\omega)$.

– Pour un milieu non magnétique, on a : $\mu_r = 1$.

– On peut introduire la perméabilité magnétique absolue du matériau définie par $\mu = \mu_0\mu_r$.

Nous poursuivons cette étude des milieux magnétiques en présentant la forme opérationnelle du théorème d'Ampère le long d'un contour (C) dans le cadre de l'Approximation des Régimes Quasi-Stationnaires (A. R. Q. S.)[1] :

$$\boxed{\oint_{(C)} \vec{\mathbf{H}}\cdot \mathrm{d}\vec{\ell} = \Sigma \text{ courants enlacés par C}}\,.$$

1. Cette hypothèse se justifie dans l'étude du transformateur destiné à être utilisé en régime sinusoïdal, en pratique à la fréquence du réseau EDF, soit 50 Hz.

Nous admettrons ce résultat par la suite dans le cours et les exercices.

Rappel : un courant est positif lorsqu'il est orienté dans le sens de la normale $\vec{n}$, et négatif dans le cas contraire.

Enfin, la loi de Faraday, telle qu'elle a été vue dans le magnétisme du vide, reste valide[2] pour un milieu magnétique.

2. La formule sera établie en TP cours.

C.3. Cas du circuit magnétique torique

C.3.1 – Détermination de l'excitation magnétique

Appliquons le théorème d'Ampère dans le cas envisagé en figure 10, en notant n_1 le nombre de spires au primaire et n_2 celui de l'enroulement secondaire. Il reste à définir le contour d'Ampère (C). Introduisons à cet effet la ligne de champ moyenne à l'intérieur du circuit magnétique, de rayon noté R :

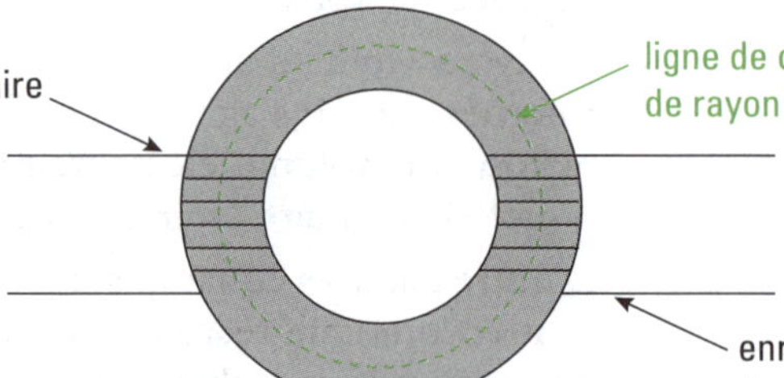

Fig. 10 – Application du théorème d'Ampère sur la ligne de champ moyenne.

Nous allons supposer que la dimension transversale de la section droite du tore est suffisamment petite par rapport à la longueur de la ligne de champ moyenne[3], ce qui est généralement le cas en pratique. En considérant un contour (C) confondu avec cette ligne de champ de rayon R, nous avons :

$$\mathrm{H} \times 2\pi\mathrm{R} = n_1 i_1 + n_2 i_2, \text{soit} : \mathbf{H} = \frac{\boldsymbol{n_1 i_1 + n_2 i_2}}{\mathbf{2\pi R}}.$$

3. Nous montrerons en exercice que dans ce cas le calcul du flux magnétique à l'intérieur du circuit magnétique peut être effectué en considérant que le champ magnétique est uniforme à l'intérieur du tore et que sa valeur est celle obtenue sur cette ligne moyenne.

Cette expression de l'excitation magnétique n'est valable, en toute rigueur, que le long de la ligne de champ moyenne. Cependant, nous pouvons en pratique l'utiliser quelle que soit la ligne de champ considérée à l'intérieur du tore, tant que la section de celui-ci est suffisamment faible. Nous justifierons en exercice cette affirmation.

C.3.2 – Détermination des inductances

• Commençons par déterminer l'inductance propre de l'enroulement primaire soumis à la tension v_1, dont nous négligerons la résistance, lorsque le secondaire est en circuit ouvert[4]. En appliquant la loi de Faraday à l'intérieur du circuit magnétique, nous obtenons :

$$v_1 = -e_1 = n_1 \frac{\mathrm{d}\Phi}{\mathrm{d}t} \quad (1)$$

4. Cette hypothèse permet de ne pas tenir compte du couplage magnétique entre secondaire et primaire.

où $\Phi = BS$ et $B = \mu_0\mu_r\, H = \mu_0\mu_r\, \dfrac{n_1 i_1}{2\pi R}$ (2) car l'enroulement secondaire n'est parcouru par aucun courant. En supposant que le champ est uniforme en tout point du tore et en remplaçant (2) dans (1), nous obtenons :

$$v_1 = \mu_0\mu_r \frac{n_1^2 S}{2\pi R}\frac{di_1}{dt} = \mathbf{L_1}\frac{\mathbf{d}i_1}{\mathbf{d}t}.$$

Nous retrouvons l'expression de L_1 (H), l'inductance propre de l'enroulement primaire de n_1 spires bobiné sur un circuit magnétique de longueur égale à $2\pi R$. Nous obtiendrons une expression analogue pour l'inductance propre L_2 en raisonnant sur l'enroulement secondaire.

• Terminons cette étude en déterminant l'expression de l'inductance mutuelle M, entre les deux enroulements. Cherchons par exemple la tension induite au primaire lorsque seul le secondaire est alimenté. L'équation (1) reste inchangée tandis que le champ magnétique s'écrit alors comme suit :

$$B = \mu_0\mu_r\, H = \mu_0\mu_r\, \frac{n_2 i_2}{2\pi R}. \quad (3)$$

(3) reportée dans (1) conduit alors à :

$$v_1 = \mu_0\mu_r \frac{n_1 n_2 S}{2\pi R}\frac{di_2}{dt} = \mathbf{M}\frac{\mathbf{d}i_2}{\mathbf{d}t}.$$

Nous retrouvons, là aussi, l'expression classique de l'inductance mutuelle[1] M entre les deux enroulements. Ces inductances seront toutes introduites dans la recherche du modèle du transformateur dit « parfait » que nous allons aborder dans le paragraphe suivant.

1. Il vient immédiatement que l'interaction mutuelle du primaire sur le secondaire conduit à la même expression pour le coefficient de mutuelle.

Remarque

Il existe une relation liant ces inductances qui peut s'écrire sous la forme :

$$M^2 = k\, L_1 L_2$$

où k désigne le coefficient de couplage entre le primaire et le secondaire, qui est une constante pour un transformateur donné. Dans le cas du transformateur parfait, $k = 1$ ce qui traduit l'absence de fuites magnétiques[2].

2. Ainsi $M^2 = L_1 L_2$ traduit un couplage électromagnétique *parfait* entre primaire et secondaire.

D. Modélisation du transformateur monophasé parfait

Après avoir donné les hypothèses qui caractérisent le transformateur dit parfait, nous allons établir son modèle électrique équivalent et en déduire les expressions qui caractérisent ce convertisseur. En fin de paragraphe, nous discuterons la validité et l'intérêt de ce modèle.

D.1. Hypothèses du transformateur parfait

Nous *imaginons* l'existence d'un transformateur tel que :

(a) Le circuit magnétique est linéaire[3], homogène et isotrope ; de plus, nous supposons que la perméabilité magnétique relative μ_r du matériau est infinie.

(b) Il n'existe aucune ligne de champ magnétique créée par les enroulements en dehors du circuit magnétique supposé torique. Par conséquent, il n'y a aucune fuite magnétique.

(c) Les enroulements du primaire et du secondaire sont supposés sans résistance ce qui revient à négliger les pertes par effet Joule dans ces circuits.

L'ensemble de ces hypothèses détermine le modèle du transformateur parfait.

3. C'est-à-dire que l'amplitude de l'excitation magnétique est suffisamment faible. C'est nécessairement le cas en supposant une perméabilité magnétique relative infinie.

D.2. Relations entre courants primaire et secondaire

Reprenons les résultats donnés au paragraphe précédent compte tenu de la propriété (a) du transformateur parfait :

$$\oint_{(C)} \vec{H} \cdot d\vec{\ell} = n_1 i_1 + n_2 i_2 \quad (4), \text{ avec } \mu_r \to +\infty,$$

C désignant le contour d'Ampère confondu avec la ligne de champ moyenne.

Le flux étant conservatif, le champ magnétique $\vec{B}$ à l'intérieur du circuit magnétique doit être fini[1], sachant que dans ce milieu nous avons :

$$\vec{B} = \mu_0 \mu_r \vec{H}.$$

1. La formulation intégrale de la conservation du flux justifie cette affirmation puisque le flux est nul pour *toute* surface fermée.

La seule possibilité pour accorder toutes ces relations est de poser :

$$\vec{H} = \vec{0}.$$

L'équation (4) s'écrit donc, $n_1 i_1 + n_2 i_2 = 0$, ainsi :

$$\boxed{i_1 = -\frac{n_2}{n_1} i_2}. \quad (5)$$

Définition 4

Le **rapport de transformation**, noté m (sans dimension), est le rapport :

$$m = \frac{n_2}{n_1}.$$

L'équation précédente conduit immédiatement à la relation liant les valeurs efficaces des courants primaire et secondaire en charge, utile en régime sinusoïdal permanent, et toujours loin du fonctionnement à vide :

$$I_1 = m I_2.$$

Application 2 **Calcul du rapport de transformation**

La plaque signalétique d'un transformateur porte les indications suivantes :

$$S_n = 200 \text{ VA}, \; I_{1n} = 0{,}87 \text{ A et } V_{2n} = 24 \text{ V}.$$

Déterminer l'intensité du courant secondaire nominal et le rapport de transformation.

Solution

– On commence par déterminer l'intensité nominale au secondaire I_{2n} par le rapport $\frac{S}{V_{2n}}$:

$$\mathbf{I_{2n}} = \frac{S}{V_{2n}} = \frac{200}{24} = \mathbf{8{,}3\ A}.$$

– On en déduit le rapport de transformation :

$$\boldsymbol{m} = \frac{I_{1n}}{I_{2n}} = \frac{0{,}87}{8{,}3} = \mathbf{0{,}1}.$$

D.3. Relations entre tensions primaire et secondaire

Chaque enroulement, dont nous négligeons la résistance interne, d'après la propriété (c) du transformateur parfait, présente une tension à ses bornes compte tenu des f.é.m. d'induction :

$$\begin{cases} v_1 = -e_1, \text{ avec } e_1 = -n_1 \dfrac{d\Phi}{dt} & (6) \\ v_2 = -e_2, \text{ avec } e_2 = -n_2 \dfrac{d\Phi}{dt} & (7) \end{cases}$$

où Φ désigne le flux magnétique commun au travers d'une section droite du matériau magnétique.

Rappelons que le flux Φ est créé d'une part par l'enroulement lui-même (auto-induction) mais aussi par le second enroulement lorsqu'il est parcouru par un courant (mutuelle induction entre le secondaire et le primaire). Introduisons à présent L_1 l'inductance propre du primaire, L_2 l'inductance propre du secondaire et M le coefficient d'inductance mutuelle entre les deux enroulements. L'étude menée dans le paragraphe C en supposant le milieu magnétique linéaire nous permet d'écrire :

$$n_1\Phi = L_1 i_1 + M i_2 \quad \text{et} \quad n_2\Phi = L_2 i_2 + M i_1.$$

Il en vient, donc :

$$\begin{cases} v_1 = n_1 \dfrac{d\Phi}{dt} = L_1 \dfrac{di_1}{dt} + M \dfrac{di_2}{dt} \\ v_2 = n_2 \dfrac{d\Phi}{dt} = L_2 \dfrac{di_2}{dt} + M \dfrac{di_1}{dt} \end{cases}$$

En mettant ainsi en équation le couplage électromagnétique, nous obtenons une modélisation du transformateur monophasé parfait que nous pouvons schématiser suivant les trois manières suivantes :

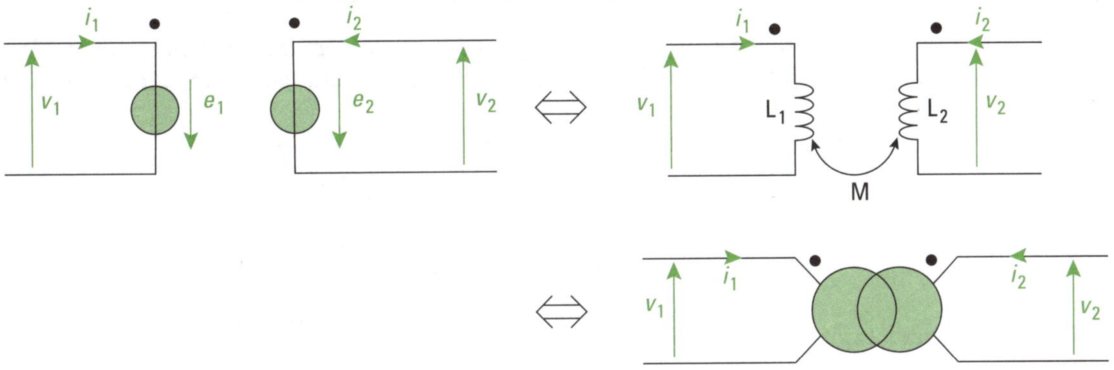

Fig. 11 – Schémas équivalents du transformateur monophasé parfait.

D'autre part, les équations (6) et (7) nous montrent que :

$$\boldsymbol{\frac{v_2}{v_1} = \frac{n_2}{n_1} = m} \quad (8)$$

Nous retrouvons ainsi, le rapport de transformation m. Notons aussi que les tensions v_1 et v_2 sont telles que l'extrémité de leur flèche de tension pointe une borne homologue. Dans ce cas, l'équation (8) indique que ces tensions sont de même signe, c'est-à-dire en phase. Ceci peut se généraliser comme suit :

Propriété 2

Deux tensions pointant les bornes homologues sont **en phase**. Si l'une des deux tensions pointe dans l'autre sens, elles sont **en opposition de phase**.

Remarque

Les équations (5) et (8) ont été établies sans faire d'hypothèse sur le régime de fonctionnement (ce sont des équations instantanées). Elles sont donc valables pour n'importe quel régime de fonctionnement.

En régime sinusoïdal permanent, la relation (8) donne immédiatement la relation entre les valeurs efficaces des tensions primaire et secondaire :

$$\mathbf{V}_2 = m\mathbf{V}_1.$$

D.4. Bilan des puissances

La puissance instantanée cédée à l'enroulement primaire s'écrit :

$$p_1 = v_1 i_1 \text{ avec } v_1 = \frac{v_2}{m} \text{ et } i_1 = -mi_2.$$

Par conséquent :

$$-p_2 = -v_2 i_2 = p_1 \text{ (puissance fournie par le secondaire).}$$

La puissance fournie par l'enroulement secondaire est en définitif cédée à la charge (convention thermodynamique) et est opposée à celle qui a été cédée par la source au primaire. La puissance est intégralement transmise à la charge et le transformateur est effectivement un quadripôle parfait. Nous justifions à l'aide de ce résultat le nom de convertisseur de puissance donné au transformateur et son usage dans la distribution de l'énergie électrique.

D.5. Transferts d'impédance

Raisonnons dans le cas d'un fonctionnement en régime sinusoïdal permanent, le transformateur alimentant une charge d'impédance complexe $\underline{Z}_C$:

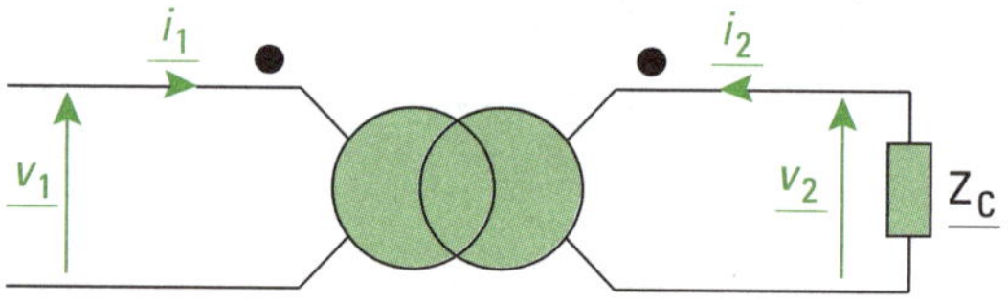

Fig. 12 – Transformateur monophasé parfait en régime sinusoïdal et chargé au secondaire.

Avec : $\underline{v}_2 = m\underline{v}_1$; $\underline{i}_1 = -m\underline{i}_2$ et $\underline{v}_2 = -\underline{Z}_C \underline{i}_2$, nous obtenons :

$$\frac{\underline{v}_1}{\underline{i}_1} = \frac{\dfrac{\underline{v}_2}{m}}{-m\underline{i}_2} = \frac{\underline{Z}_C}{m^2}.$$

Vu de la source, le transformateur chargé par l'impédance de charge se comporte donc comme un dipôle d'impédance équivalente $\dfrac{\underline{Z}_C}{m^2}$.

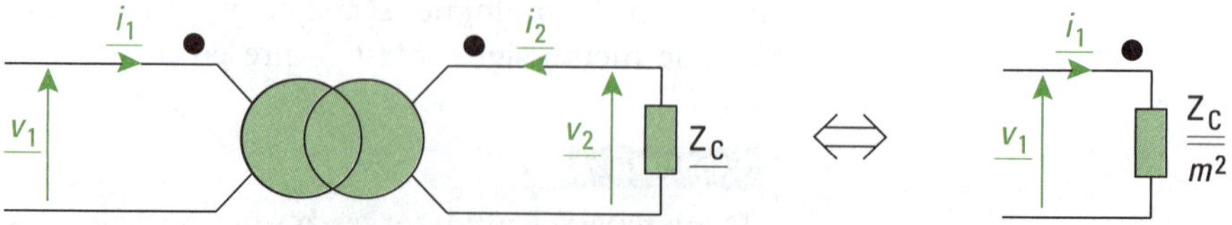

Fig. 13 – Impédance ramenée au primaire du transformateur monophasé parfait en régime sinusoïdal et chargé au secondaire.

Examinons un autre cas où cette fois le primaire est alimenté par un générateur d'impédance interne $\underline{Z}_g$:

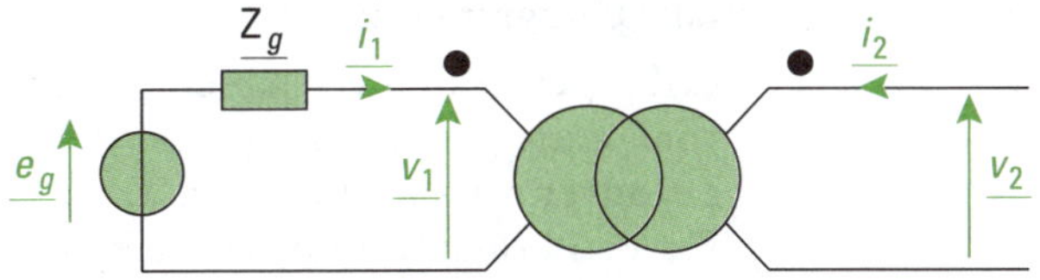

Fig. 14 – Transformateur monophasé parfait en régime sinusoïdal et alimenté au primaire par un générateur d'impédance interne $\underline{Z}_g$.

Utilisons les équations du transformateur parfait que nous avons précédemment établies :

$$\underline{v}_2 = m\underline{v}_1 = m(\underline{e}_g - \underline{Z}_g\underline{i}_1) = m\underline{e}_g - m\underline{Z}_g(-m\underline{i}_2) = m\underline{e}_g + m^2\,\underline{Z}_g\underline{i}_2.$$

Vu du secondaire, le montage se comporte donc comme un générateur de f.é.m. à vide $m\underline{e}_g$ et d'impédance interne $m^2\underline{Z}_g$:

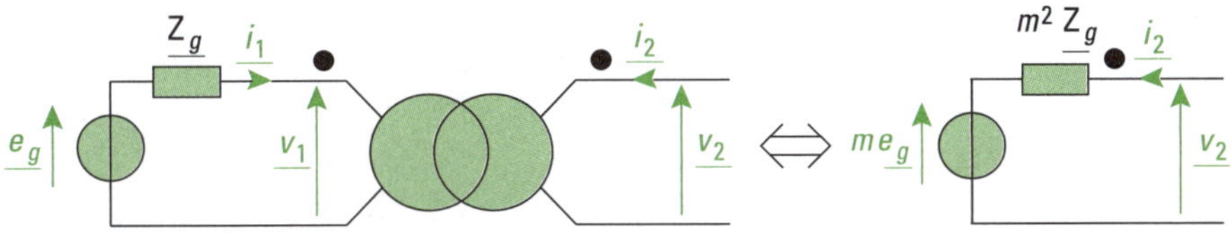

Fig. 15 – Générateur ramené au secondaire du transformateur monophasé parfait en régime sinusoïdal.

Nous pouvons donc conclure ce paragraphe en résumant ces deux résultats par la propriété suivante :

Propriété 3

Pour ramener une impédance du secondaire vers le primaire, il faut la **diviser** par m^2. Pour transférer une impédance du primaire vers le secondaire, il faut la **multiplier** par m^2.

D.6. Intérêt et limite du modèle du transformateur parfait

D.6.1 – Intérêt du modèle

Comme nous le verrons en TP cours, il est possible d'effectuer plusieurs mesures expérimentales sur un transformateur (mesures de valeurs efficaces de tension, de courant ou de puissance). L'expérience montre précisément que les grandeurs prévues par un calcul basé sur le modèle parfait sont peu éloignées des valeurs mesurées et ce d'autant plus que le transformateur est de forte puissance. L'intérêt dans ce cas est donc immédiat.

D.6.2 – Limites du modèle

Cependant, ce modèle ne donne pas toujours des résultats satisfaisants, notamment lorsque le transformateur est proche[1] du fonctionnement à vide ou encore s'il est de qualité moyenne[2].

Nous pouvons facilement dégager, d'un point de vue qualitatif, les corrections qu'il faut apporter à ce modèle si nous souhaitons être plus en accord

1. Lorsque le courant est faible au secondaire.
2. N'oublions pas qu'en pratique il existe toujours un compromis entre la qualité et le coût ...

1. Nous reprendrons ces différents points dans le TP cours consacré à l'étude du transformateur.

avec les mesures expérimentales[1]. Il suffit pour cela de reprendre les trois propriétés que nous avions postulées en introduction du transformateur parfait (paragraphe D.1) :

(a)La perméabilité magnétique du matériau ne peut être infinie; nous pouvons anticiper qu'une partie de l'énergie communiquée au primaire va se retrouver sous forme magnétique et être stockée dans le circuit magnétique. Par conséquent, un échauffement thermique apparaît dans le circuit et crée un terme de pertes puisque cette énergie n'est alors pas transmise au secondaire.

(b) Toutes les lignes de champ ne sont pas entièrement localisées à l'intérieur du tore et ce même si la conception est soignée. On dit qu'il y a des fuites magnétiques qui diminuent le flux magnétique Φ.

(c) Bien évidemment, les conducteurs ohmiques à température ambiante ont toujours une résistance électrique, même minime, ce qui se traduit, là encore, par des pertes supplémentaires par effet Joule. Ces pertes sont, dans ce cas, localisées dans les conducteurs des deux enroulements.

L'essentiel

✓ Définitions générales

- L'**enroulement primaire** est celui qui est relié à la source d'alimentation du transformateur. L'**enroulement secondaire** est celui qui est relié à la charge du transformateur.
- Une grandeur (courant, tension, etc.) **nominale** correspond aux conditions normales d'utilisation. Sa valeur peut être dépassée dans certains cas, dans une certaine limite pendant une durée limitée.
- La **puissance apparente S** est le produit de la valeur efficace de la tension secondaire à vide V_{20} par la valeur efficace du courant secondaire I_2 :

$$\mathbf{S = V_{20}\, I_2}.$$

- Une **borne homologue** est une borne par laquelle entre un courant dans le sens de l'orientation des spires de la bobine. Plus précisément : c'est la borne par laquelle entre un courant induisant un flux magnétique positif (dans le sens de la normale à la section du circuit magnétique).
- Le **vecteur excitation magnétique $\vec{H}$** se déduit du vecteur magnétique $\vec{B}$ par la relation :

$$\vec{B} = \mu_0 \mu_r \vec{H}$$

$\vec{B}$ champ magnétique en tesla (T)
$\vec{H}$ champ excitation magnétique ($A \cdot m^{-1}$)
μ_r perméabilité magnétique relative (sans dimension)
$\mu_0 = 4\pi \cdot 10^{-7}\ H \cdot m^{-1}$ perméabilité magnétique absolue

✓ Modélisation du transformateur monophasé parfait

- **Hypothèses du modèle :**

– le circuit magnétique est linéaire, homogène, isotrope et parfait c'est-à-dire de perméabilité magnétique relative infinie ;
– il n'y a pas de fuites magnétiques ;
– les résistances des enroulements sont négligées.

- Le **rapport de transformation m** est le rapport entre le nombre de spires n_1 au primaire et n_2 au secondaire :

$$m = \frac{n_2}{n_1}.$$

- Les **relations entre les courants primaire et secondaire** s'écrivent :

– dans le cas où les intensités primaire i_1 et secondaire i_2 sont toutes dirigées vers une borne homologue des enroulements :

$$i_1(t) = -\frac{n_2}{n_1} i_2(t)\ ;$$

– quelle que soit l'orientation des intensités des courants, entre les valeurs efficaces des courants primaire et secondaire :

$$I_1 = m I_2.$$

- Les **relations entre les tensions primaire et secondaire** s'écrivent :

– lorsque par exemple les tensions primaire $v_1(t)$ et secondaire $v_2(t)$ sont pointées vers des bornes homologues :

$$\frac{v_2(t)}{v_1(t)} = \frac{n_2}{n_1}\ ;$$

– quelle que soit l'orientation des tensions, entre les valeurs efficaces :

$$V_1 = m V_2.$$

- Le transformateur parfait transfère **toute la puissance** du primaire vers le secondaire. Il fournit toute cette puissance à la charge.
- L'impédance de charge $\underline{Z}_C$ du secondaire du transformateur parfait peut être ramenée vers le primaire en la divisant par le carré du rapport de transformation ce qui donne l'impédance $\underline{Z}_1$:

$$\underline{\mathbf{Z}}_1 = \frac{\underline{\mathbf{Z}}_C}{m^2}, \text{ avec } \underline{Z}_1 \text{ et } \underline{Z}_C \text{ impédances complexes } (\Omega).$$

La source de f.é.m. $\underline{e}_g$, d'impédance interne $\underline{Z}_g$ et qui alimente le primaire, peut être transférée au secondaire telle que sa f.é.m. et son impédance interne soient multipliées par le carré du rapport de transformation :

$$\underline{e}_2 = m^2 \underline{e}_g \quad \text{et} \quad \underline{\mathbf{Z}}_2 = m^2 \underline{\mathbf{Z}}_C, \text{ avec } \underline{e}_g \text{ et } \underline{e}_2 \text{ tensions complexes (V).}$$

Mise en œuvre

Méthode n°1

Comment utiliser les bornes homologues d'un transformateur monophasé parfait ?

→ Problème à résoudre

On souhaite déterminer les relations entre tensions et/ou courants des différents enroulements d'un transformateur monophasé parfait.

→ Savoir faire

❶ Pour établir la relation entre les courants traversant les enroulements, il faut regarder le sens des courants par rapport aux bornes homologues des enroulements. Lorsqu'un courant entre par une borne homologue, il est compté positivement dans la somme algébrique des courants enlacés par le contour d'Ampère ; il est compté négativement dans le cas contraire.

❷ Lorsque les flèches des tensions aux bornes des enroulements « pointent » les bornes homologues, ces tensions sont en phase.
Si une seule des deux flèches des tensions pointe vers une borne homologue, alors les deux tensions sont en opposition de phase.

→ Application

On considère un transformateur monophasé parfait qui possède un enroulement primaire et un secondaire à enroulements multiples. Les trois enroulements secondaires sont disposés sur un circuit magnétique torique comme sur le schéma ci-après.

Toutes les grandeurs électriques sont supposées alternatives.

Déterminer les relations entre les différentes tensions et la relation entre les courants traversant ces enroulements.

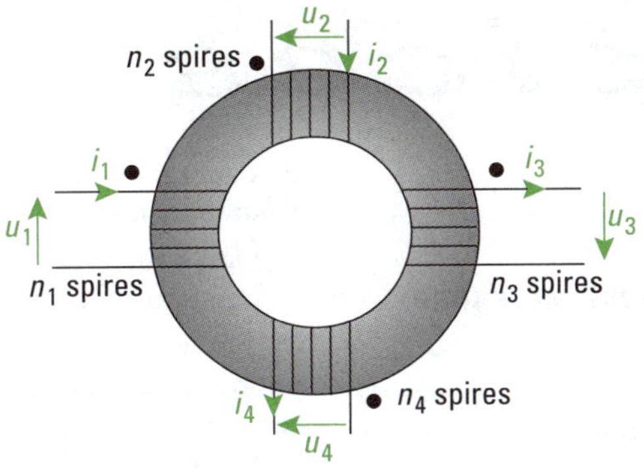

Solution

❶ Les intensités i_1 et i_4 rentrent par des bornes homologues et sont donc comptées positivement. i_2 et i_3 sortent par des bornes homologues et sont donc comptées négativement. Pour un transformateur parfait pour lequel l'excitation dans le circuit magnétique est nulle, on a donc ici :

$$n_1 i_1 - n_2 i_2 - n_3 i_3 + n_4 i_4 = 0.$$

Ainsi i_1 et i_4 sont en phase, i_2 et i_3 sont aussi en phase, par contre i_1 et i_2 sont en opposition de phase.

❷ u_1, u_2 ont leur flèche de tension dirigée vers une borne homologue. Elles sont donc en phase et vérifient la relation suivante :

$$\frac{u_2}{u_1} = \frac{n_2}{n_1}.$$

u_3, u_4 ont leur flèche de tension qui n'est pas dirigée vers une borne homologue. Elles sont donc en phase et vérifient la relation :

$$\frac{u_4}{u_3} = \frac{n_4}{n_3}.$$

u_1 est fléchée sur une borne homologue tandis que u_3 ne pointe pas une borne homologue. Par conséquent ces deux tensions sont en opposition de phase et vérifient la relation :

$$\frac{u_3}{u_1} = -\frac{n_3}{n_1}.$$

Exercices

Niveau 1

Ex. 1 Couplage électromagnétique en régime sinusoïdal permanent

Pour le circuit ci-dessous, alimenté en régime permanent, on donne $e = E \cos \omega t$ et on note M le coefficient d'inductance mutuelle :

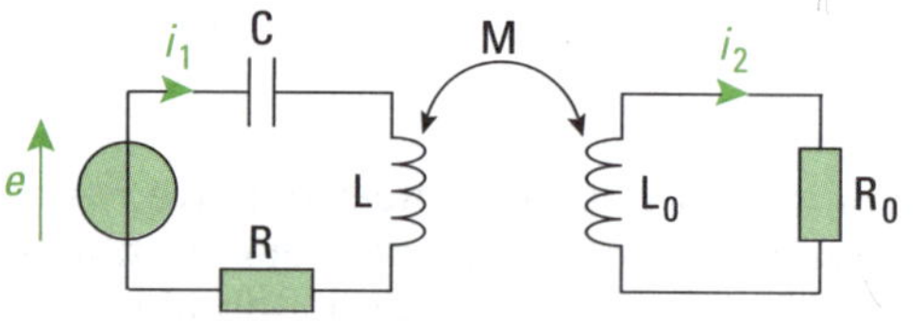

1) Donner les équations pour les deux circuits en mettant l'intensité sous forme complexe.

2) On suppose $R_0 >> L_0\omega$. Montrer que le second circuit peut être remplacé par une résistance qui se trouvera dans le premier, et déterminer cette résistance.

Oral, Mines – Ponts PC 2002

Ex. 2 Convertisseur d'énergie à flux forcé

On alimente le primaire d'un transformateur supposé parfait par une tension sinusoïdale de fréquence 50 Hz et de valeur efficace $U_1 = 400$ V. L'enroulement primaire possède 400 spires et on décide d'imposer l'amplitude du champ magnétique à 1 T.

1) Déterminer l'aire de la section droite du circuit magnétique. Commenter.

2) Si l'on souhaite conserver la même magnétisation, quelle tension doit-on appliquer à 40 Hz puis 60 Hz ?

Ex. 3 Adaptation d'impédance

On utilise un transformateur parfait, de rapport m, afin d'alimenter une résistance de charge R_{ch}. Le primaire est alimenté par un générateur de f.é.m. $230\sqrt{2} \sin (\omega t)$ et on note R la résistance qui inclut la résistance interne du générateur et l'éventuelle résistance des fils de liaison électrique.

1) Exprimer la puissance moyenne P dissipée par la charge.

2) Montrer qu'il existe une valeur particulière du rapport m pour laquelle P est maximum.

3) Commenter les résultats obtenus.

Ex. 4 Alimentation par une source de courant périodique

Un transformateur parfait est caractérisé par le rapport de transformation m. Il est alimenté par un générateur sinusoïdal, modélisé par une source réelle de courant de résistance interne r et de courant électromoteur I.

1) Déterminer la source de courant vue par une charge branchée au secondaire.

2) On remplace le générateur précédent par une photopile assimilée à un générateur de courant de résistance interne r et de courant électromoteur $I(t) = I_0 \cos^2 (2\pi f t)$. Quel est le dipôle équivalent vu depuis le secondaire ?

Oral, Mines – Ponts PSI 99

Ex. 5 Étage d'entrée d'un compteur d'énergie électrique

Le schéma ci-dessous propose le schéma simplifié d'un compteur d'énergie électrique consommée par un récepteur R alimenté par une source de tension sinusoïdale :

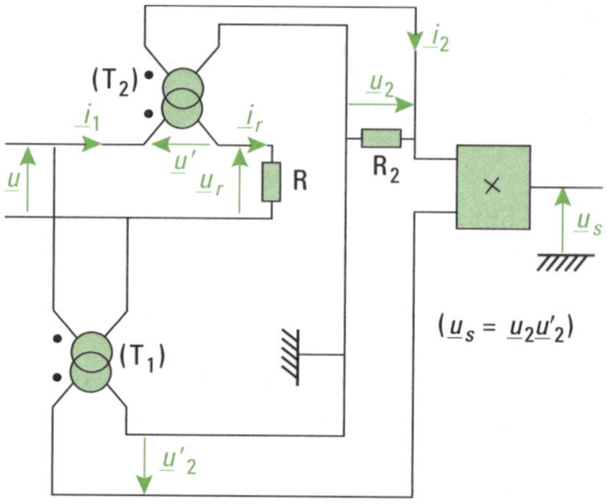

On admet que la tension u' est négligeable devant la tension d'alimentation u. Le multiplieur est supposé parfait : les courants d'entrée sont négligeables. On note respectivement m_U et m_C les rapports de transformation de (T_1) et (T_2) supposés parfaits.

1) Exprimer $\underline{u}_2$ et $\underline{u}_2'$ en fonction des grandeurs caractéristiques $\underline{i}_r$ et $\underline{u}_r$ du récepteur.

2) Montrer qu'il est possible à partir de ce montage de remonter à la puissance moyenne consommée par le récepteur.

Niveau 2

Ex. 6 Utilisation de la ligne de champ moyenne dans un circuit magnétique de bobine torique

On considère une bobine torique de section carrée sur laquelle est bobinée un enroulement de N spires parcourues par un courant d'intensité i :

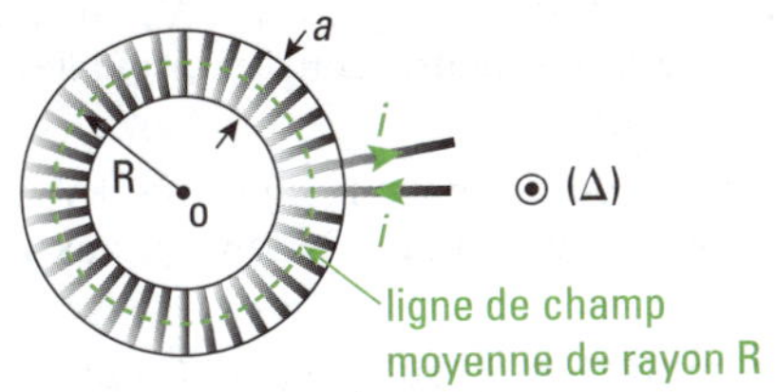

Vue de dessus

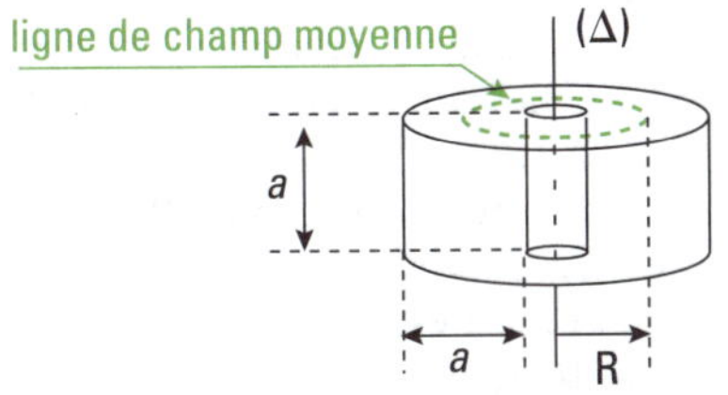

Vue en perspective

Par soucis de clarté, les spires n'ont été représentées que sur la vue de dessus, de plus elles seront supposées parfaitement jointives.

Le matériau qui constitue le circuit magnétique est supposé non magnétique pour simplifier notre étude.

Montrer que le flux magnétique Φ qui circule réellement dans ce circuit magnétique est très proche du flux Φ′ obtenu en ne considérant que le champ magnétique qui circule sur la ligne de champ moyenne de rayon R.

Application numérique: a = 4 cm, $2\pi R$ = 50 cm. Comparer numériquement Φ et Φ′.

Ex. 7 Étude d'un capteur inductif

La mesure de l'excentricité de l'âme d'un câble par rapport à son isolant utilise les propriétés de l'induction magnétique. Le capteur, constitué par une bobine, est inséré dans un oscillateur à réaction où il joue le rôle de l'élément inductif du circuit résonant:

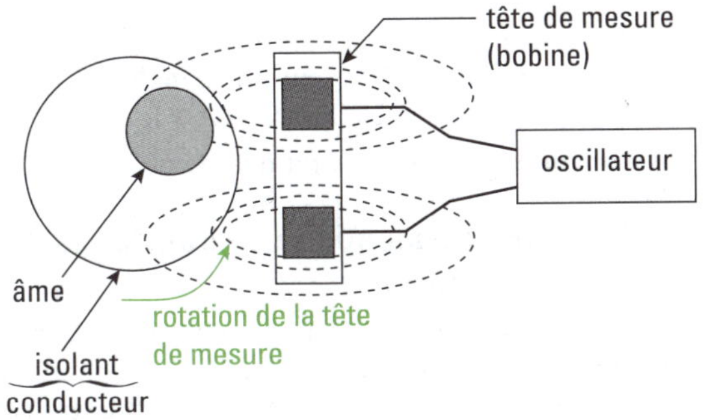

La rotation de la tête de mesure associée au défilement du conducteur fait que le système décrit autour du conducteur une courbe hélicoïdale; la tête de mesure effectue N = 1000 tr/min autour du conducteur. Ceci permet de mesurer en continu l'épaisseur de l'isolant et d'en déduire l'excentricité de l'âme du conducteur.

1) Justifier très brièvement le modèle électrique ci-dessous de l'ensemble {conducteur – bobine} :

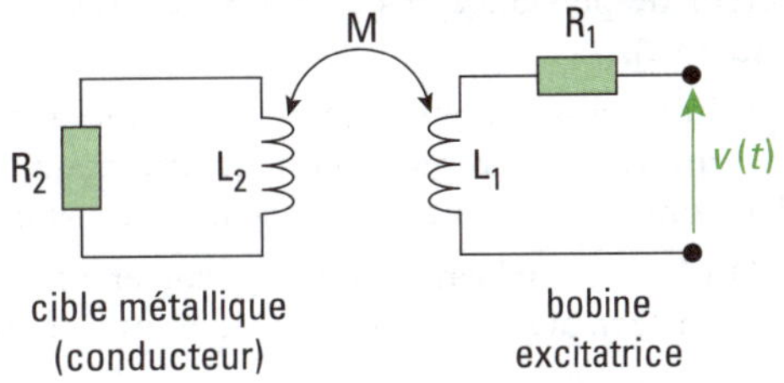

La cible métallique est caractérisée par le circuit (R_2, L_2) et la bobine excitatrice par (R_1, L_1) alimenté par la tension sinusoïdale $v(t)$ de pulsation Ω.

$M = k\sqrt{L_1 L_2}$ est le coefficient d'inductance mutuelle ($k < 1$).

2) Déterminer l'impédance, vue entre A et B, équivalente à l'ensemble {conducteur – bobine} en fonction de R_1, L_1, R_2, L_2, M et Ω. On donnera un modèle équivalent série en précisant l'expression littérale de ses éléments constitutifs.

3) Dans le cas où la cible est un matériau très bon conducteur on a: $R_2 << L_2\Omega$. En déduire les expressions simplifiées des éléments du modèle équivalent en fonction de R_1, R_2, L_1, L_2 et k le coefficient de couplage entre L_1 et L_2.

4) L'excentricité du conducteur a pour effet de modifier la distance entre l'âme du conducteur et la bobine excitatrice L_1; ceci se traduit par une variation du coefficient de couplage k. Du fait de la rotation de la tête de mesure autour du conducteur, on peut considérer que pour une excentricité donnée, le coefficient de couplage k varie sinusoïdalement autour d'une valeur moyenne k_0 soit:

$$k = k_0 + \Delta k \cos(\omega t).$$

a) Calculer la fréquence f de variation du coefficient de couplage k.

b) On pose $\Delta k << k_0$: expliquer. Montrer que les expressions des éléments du modèle équivalent peuvent se mettre sous la forme:

$$R = R_1 + R_0 (1 + a \cos(\omega t))$$
$$L = L_0(1 - b \cos(\omega t))$$

Expliciter R_0, L_0, a et b en fonction de R_1, R_2, L_1, L_2, k_0 et Δk. Donner la signification de R_0 et L_0.

D'après écrit BTS Électronique, 89

Ex. 8 Utilisation d'un diagramme vectoriel

On considère le montage suivant alimenté en régime sinusoïdal à la fréquence 50 Hz:

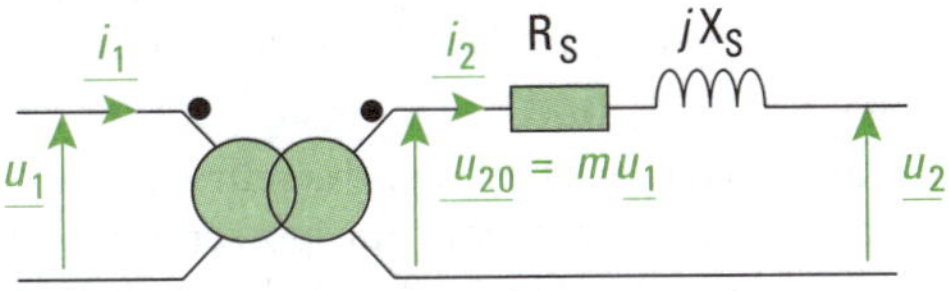

On donne R_S = 57,5 mΩ, X_S = 172,5 mΩ et m = 0,2.

Le primaire est alimenté sous sa tension nominale égale à 230 V et débite 100 A au secondaire avec un facteur de puissance cos $\varphi_2 = 0{,}9$ (charge de nature inductive).

1) Déterminer graphiquement, à l'aide d'un diagramme vectoriel représentant les grandeurs dans le plan complexe, la valeur efficace de la tension U_2.

2) On étudie à présent le montage suivant en utilisant un transformateur monophasé de même rapport de transformation :

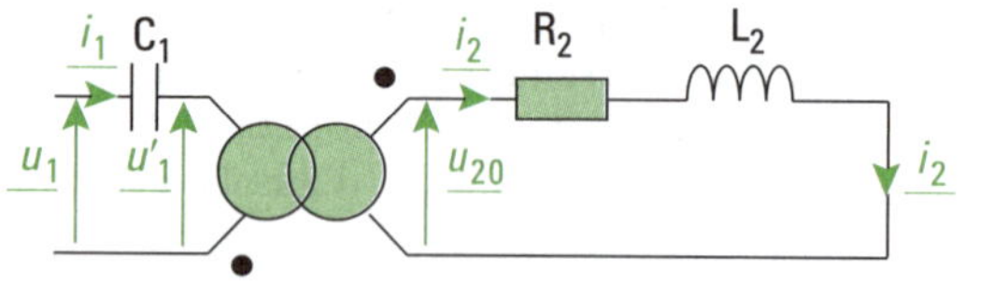

On donne $R_2 = 100\ \Omega$ et $L_2 = 0{,}5$ H.

Le condensateur de capacité C_1 est choisi de façon à ce que le courant primaire soit en phase avec la tension d'alimentation au primaire.

a) Déterminer C_1.

b) Déterminer l'intensité du courant absorbé au primaire.

c) Représenter l'allure du diagramme vectoriel de l'ensemble des grandeurs électriques.

Ex. 9 Transformateur de courant

Pour mesurer des courants d'intensité élevée, on utilise un transformateur de courant toroïdal sur lequel est bobiné un enroulement secondaire de N spires et relié à un ampèremètre. Le primaire est constitué par un conducteur de ligne, traversant le tore (qui peut donc s'ouvrir) sans le toucher, et dans lequel circule un courant primaire :

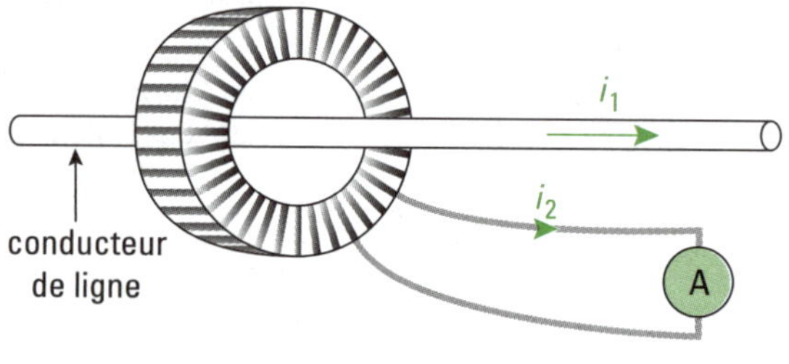

Le conducteur est alors équivalent à une spire primaire entourant l'anneau.

Le circuit magnétique est supposé parfait c'est-à-dire de perméabilité magnétique relative infinie. Les flux primaire et secondaire sont additifs.

1) Établir la relation entre i_1 et i_2. Dégager une condition afin de permettre la mesure de courants de forte intensité.

2) L'ampèremètre et les conducteurs électriques au secondaire du transformateur possèdent une résistance totale $r = 0{,}2\ \Omega$ et une inductance $L = 0{,}6$ mH. Le constructeur indique d'autre part sur la plaque signalétique un rapport 400 A / 5 A pour le transformateur. Les grandeurs sont sinusoïdales, de fréquence 50 Hz.

a) Pour un courant dans la ligne 400 kV d'intensité égale à 300 A, déterminer la tension aux bornes du secondaire.

b) Évaluer la tension au primaire. Commenter.

Ex. 10 Capteur à effet Hall

Un matériau magnétique linéaire torique, de perméabilité magnétique relative μ_r, comporte une ouverture d'épaisseur e (entrefer) dans laquelle est placée une sonde, non ferromagnétique, destinée à la mesure du champ magnétique B dans le circuit magnétique. La sonde délivre une tension v proportionnelle à B et qui est ensuite convertie en un courant d'intensité I_2 qui alimente un enroulement de compensation, de N spires, générant un champ de direction opposée au champ créé par le conducteur parcouru par l'intensité I_1 à mesurer :

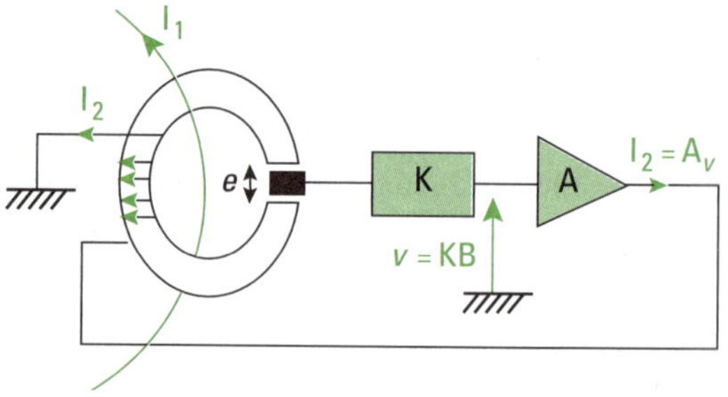

On admettra que l'épaisseur de l'entrefer est faible afin de pouvoir considérer la section du tube de champ constante et donc B uniforme dans l'ensemble du circuit magnétique (matériau + entrefer).

1) Quelle remarque peut-on faire concernant le matériau magnétique ? Dégager une conséquence de cette propriété qui sera admise pour la suite de l'exercice.

2) Établir la relation liant I_1, I_2 et les paramètres du montage.

3) On souhaite que le champ magnétique soit nul ou du moins très faible. Que peut-on en déduire ? Donner la nouvelle relation entre les intensités I_1 et I_2.

4) Conclure sur l'intérêt pratique de ce dispositif.

Ex. 11 Étude fréquentielle du transformateur de tension

On se propose d'étudier dans cet exercice le comportement en fréquence, dans le cas d'un fonctionnement en régime permanent sinusoïdal, d'un transformateur de tension représenté ci-dessous :

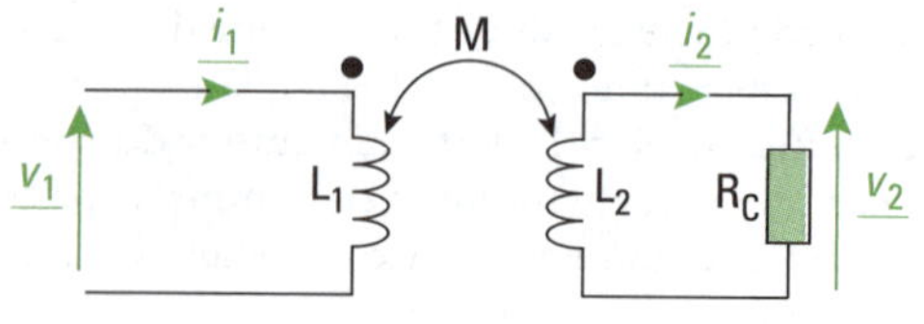

R_C désigne la résistance de charge du transformateur.

On notera ω la pulsation des grandeurs électriques et on supposera que le couplage électromagnétique n'est pas parfait entre primaire et secondaire ce qui permet de poser $M^2 < L_1 L_2$.

1) Déterminer la fonction de transfert :

$$\underline{T}(j\omega) = \frac{\underline{v}_2}{\underline{v}_1}.$$

2) Représenter l'allure des diagrammes de Bode de $\underline{T}$.

3) Commenter qualitativement les résultats de cette étude.

Ex. 12 Autotransformateur

Dans un autotransformateur, les deux enroulements primaire et secondaire font partie d'un même enroulement placé sur le même circuit magnétique.

1) On souhaite réaliser un autotransformateur à l'aide du transformateur monophasé suivant :

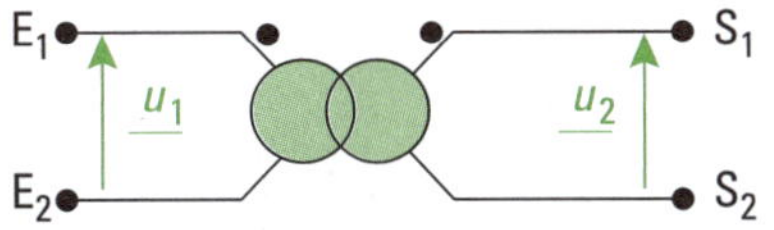

Le rapport de transformation m du transformateur monophasé est égal à 24/230 et sa puissance apparente nominale est égale à 1 kVA.
L'autotransformateur doit avoir un rapport égal à 254/230.

a) Donner le schéma du couplage des enroulements de l'autotransformateur. Identifier le primaire et le secondaire.

b) Déterminer la puissance apparente maximale disponible pour l'utilisation de l'autotransformateur.

c) On étudie le cas limite du secondaire en court-circuit. On impose le courant nominal I_{2n} au secondaire de l'autotransformateur. Exprimer le courant absorbé au primaire. Conclure.

2) En électronique, l'autotransformateur peut servir d'adaptateur d'impédance, par exemple pour garantir la sélectivité d'un filtre oscillant en charge :

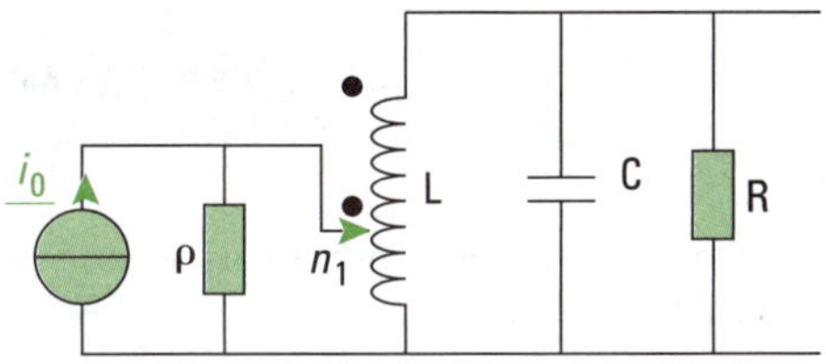

avec n_1 le nombre de spires du primaire et n_2 le nombre total de spires.

Proposer un critère pour que l'impédance ρ de la source de courant ne modifie pas la sélectivité du filtre RLC parallèle.

Niveau 3

Ex. 13 Bilan énergétique en régime transitoire

Soit le montage suivant :

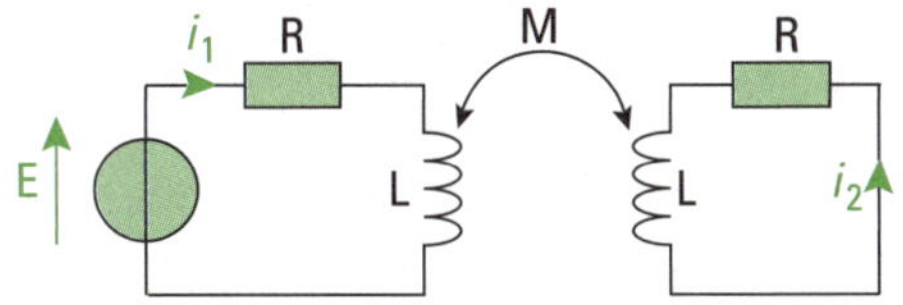

M est l'inductance mutuelle. Calculer $i_1(0)$, $i_2(0)$, $i_1(\infty)$, $i_2(\infty)$. Déterminer la relation entre i_1 et i_2.
Déterminer l'énergie magnétique U_m.
Faire le bilan énergétique.

Oral, Mines – Ponts PC 98*

Ex. 14 Questions ouvertes

Pour certaines des questions, il peut être nécessaire de reprendre certaines hypothèses du modèle du transformateur parfait.

1) Quel peut être l'intérêt d'avoir en pratique un transformateur de tension de rapport de transformation égal à 1 ?

2) Proposer plusieurs méthodes expérimentales permettant la détermination des bornes homologues d'un transformateur.

3) Le transformateur est parfois qualifié « d'autorégulateur ». Expliquer.

Indications

Ex. 4

2) Quelle est la tension induite au secondaire par un courant constant ?

Ex. 7

4) b) Effectuer un développement limité à l'ordre 1.

Ex. 8

1) Réaliser une construction dans le plan complexe en plaçant toutes les tensions ou courants (valeur efficace, phase à l'origine) à l'aide d'une échelle appropriée.

2) c) Tenir compte de la position des bornes homologues.

Ex. 12

1) Représenter dans chaque cas à l'aide d'une figure la position des enroulements du transformateur de départ notamment en tenant compte de la position des bornes homologues.

Ex. 13

Une résolution complète de cet exercice peut être menée en envisageant un couplage parfait ou non entre primaire et secondaire.

Ex. 14

Ce type de questions, volontairement peu détaillées, nécessite de faire appel à l'ensemble du cours mais aussi aux connaissances des appareils de mesure. Il faut aussi faire preuve d'initiative.

Solutions des exercices

Exercices de niveau 1

Exercice 1

1) • *Analyse qualitative préalable :* les bornes homologues ne sont pas positionnées sur le schéma de l'énoncé ; on peut inclure le signe des grandeurs courants dans le coefficient d'inductance mutuelle M qui devient alors une quantité algébrique.

• Mise en équations des circuits primaire et secondaire avec la notation complexe :

$$\begin{cases} \underline{e} = \left[\mathbf{R} + j\left(\mathbf{L\omega} - \dfrac{\mathbf{1}}{\mathbf{C\omega}}\right)\right]\underline{\mathbf{I_1}} + j\mathbf{M\omega}\underline{\mathbf{I_2}} & (1) \\ \mathbf{0} = (\mathbf{R_0} + j\mathbf{L_0\omega})\underline{\mathbf{I_2}} + j\mathbf{M\omega}\underline{\mathbf{I_1}} & (2) \end{cases}$$

On rappelle les expressions des impédances complexes pour un condensateur et pour une bobine :

$$\underline{Z_C} = \frac{1}{jC\omega} \text{ et } \underline{Z_L} = jL\omega.$$

2) • On pose $R_0 >> L_0\omega$:

$$R_0 + jL_0\omega = R_0\left(1 + \frac{jL_0\omega}{R_0}\right) \approx R_0 \quad (3)$$

(3), (2) $\Rightarrow jM\omega\ \underline{I_1} \approx -R_0\ \underline{I_2}$ (4)

(4) reportée dans (1) donne :

$$\underline{e} = \left[R + j\left(L\omega - \frac{1}{C\omega}\right)\right]\underline{I_1} + jM\omega\left(-\frac{jM\omega}{R_0}\underline{I_1}\right) = \left[R + \frac{(M\omega)^2}{R_0} + j\left(L\omega - \frac{1}{C\omega}\right)\right]\underline{I_1}.$$

• *Conclusion :* on voit que le secondaire peut être transféré au primaire, en étant modélisé par **une résistance** $\dfrac{\mathbf{(M\omega)^2}}{\mathbf{R_0}}$.

$\dfrac{(M\omega)^2}{R_0}$ est bien homogène à une impédance car $M\omega$ a la dimension d'une impédance.

Exercice 2

1) Le transformateur étant supposé parfait, la tension primaire est égale, au signe près, à la f.é.m. induite dans cet enroulement :

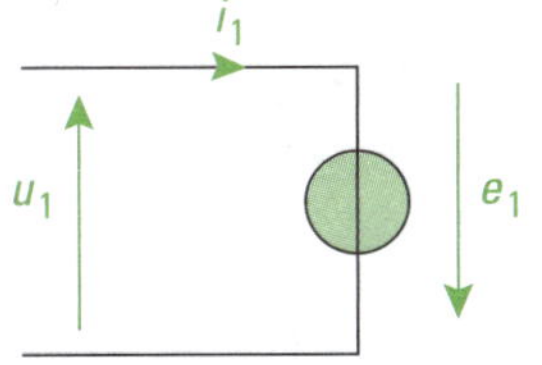

$$u_1 = -e_1 = n_1\frac{d\Phi}{dt}, \text{ avec : } \Phi = BS$$

La section droite du circuit magnétique étant constante dans le temps, on a :

$$u_1 = n_1 S\frac{dB}{dt}, \text{ avec } u_1(t) = U_1\sqrt{2}\cos(\omega t + \varphi)$$

$$\Rightarrow B(t) = \frac{U_1\sqrt{2}}{n_1 S\omega}\sin(\omega t + \varphi) + K.$$

Dans l'hypothèse où la source est purement sinusoïdale de même que le récepteur alimenté au secondaire, il ne peut y avoir de composante continue sur le flux et donc sur le champ. Nous pouvons donc écrire, dans ces conditions :

$$B(t) = \frac{U_1\sqrt{2}}{n_1 S\omega}\sin(\omega t + \varphi) = B_m \sin(\omega t + \varphi)$$

$$\Rightarrow \mathbf{S} = \frac{\mathbf{U_1\sqrt{2}}}{\boldsymbol{n_1 B_m \omega}} \quad (1)$$

A.N. : $S = \frac{400\sqrt{2}}{400 \times 1 \times 2\pi \times 50} = \mathbf{4{,}5 \cdot 10^{-3}\ m^2 = 45\ cm^2}$.

Commentaires :

– La présence d'une éventuelle composante continue, par exemple si la source n'est pas purement sinusoïdale, peut provoquer une saturation et un échauffement nuisible du transformateur (voir TP cours consacré au transformateur) ;

– (1) peut se réécrire selon :

$$U_1 = \frac{2\pi}{\sqrt{2}} n_1 f \Phi_m \text{ avec } \Phi_m = B_m S.$$

Cette formule, dite *formule de Boucherot*, montre que le transformateur est un convertisseur à flux forcé : le flux est imposé par la tension appliquée au primaire du transformateur.

2) On extrait U_1 de la formule (1) : $\mathbf{U_1 = \frac{2\pi}{\sqrt{2}} \boldsymbol{n_1 f \Phi_m}}$.

A.N. : $\mathbf{U_1 = 320\ V}$ pour $f = 40$ Hz et $\mathbf{U_1 = 480\ V}$ pour $f = 60$ Hz.

Exercice 3

1) Raisonnons à partir du schéma équivalent suivant :

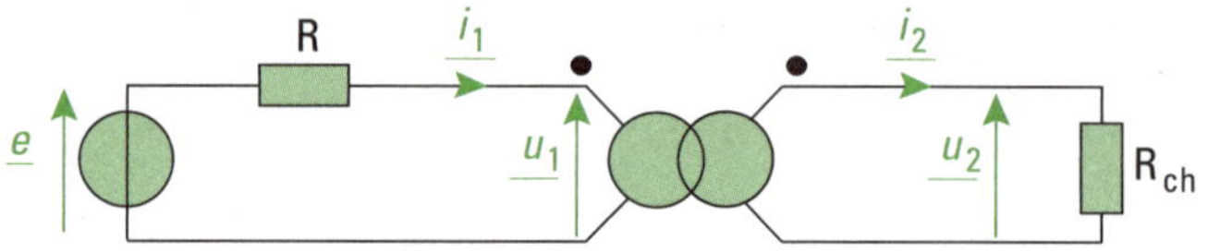

avec n_1 spires au primaire, n_2 spires au secondaire et $e(t) = 230\sqrt{2}\sin(\omega t)$.
La relation entre courants s'écrit ici compte tenu de la position des bornes homologues :

$$n_1\underline{i_1} - n_2\underline{i_2} = 0 \Leftrightarrow n_1\underline{i_1} = n_2\underline{i_2}$$

On utilise la méthode n° 1.

La puissance moyenne dissipée P s'écrivant $\frac{1}{2}R_{ch}|\underline{i_2}|^2$, exprimons $I_2\sqrt{2} = |\underline{i_2}|$ en fonction des données du problème en remarquant que R_{ch} peut être ramenée au primaire selon :

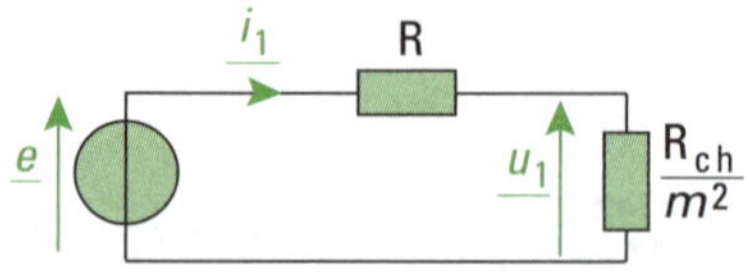

$$\Rightarrow \underline{i_1} = \frac{\underline{e}}{R + \frac{R_{ch}}{m^2}} \text{ donc : } \underline{i_2} = \frac{1}{m}\left(\frac{\underline{e}}{R + \frac{R_{ch}}{m^2}}\right) = \frac{\underline{e}}{mR + \frac{R_{ch}}{m}}$$

$$\Rightarrow \mathbf{P} = \frac{1}{2} R_{ch} \frac{|\underline{e}|^2}{\left(mR + \frac{R_{ch}}{m}\right)^2} = \frac{\mathbf{1}}{\mathbf{2}} \frac{\mathbf{R_{ch} E^2}}{\left(\boldsymbol{m}\mathbf{R} + \frac{\mathbf{R_{ch}}}{\boldsymbol{m}}\right)^2} \quad (\text{avec } E\sqrt{2} = |\underline{e}| = 230\ V).$$

2) P est maximale lorsque le dénominateur $\left(mR + \frac{R_{ch}}{m}\right)^2$ est minimum, or mR et $\frac{R_{ch}}{m}$ sont des quantités positives donc P est maximale si et seulement si :

$$mR = \frac{R_{ch}}{m} \Rightarrow \boldsymbol{m = \sqrt{\frac{R_{ch}}{R}}}.$$

3) • L'égalité $R = \frac{R_{ch}}{m^2}$ n'est pas surprenante ; on retrouve le résultat vu en première année qui indique que $\underline{Z}_1$ et $\underline{Z}_2$ sont adaptées pour un transfert maximum si : $\underline{Z}_1 = \underline{Z}_2^{\star}$.

Il s'agit d'une adaptation d'impédance.

• La puissance P_g fournie par le générateur est répartie pour moitié dans R_{ch} (puissance utile) et R (pertes par effet Joule) puisque $R = \frac{R_{ch}}{m^2}$.

• Ce résultat est valable dans le contexte de cet exercice qui porte, dans ce cas, sur un transformateur parfait. En effet, nous n'avons pas tenu compte de la partie réactive des fils électriques et des autres composantes.

Exercice 4

1) Voici le schéma équivalent de départ :

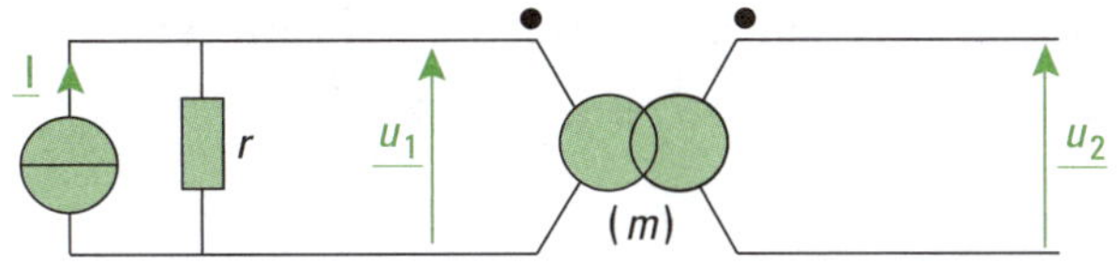

On transforme la source de courant en utilisant son modèle équivalent de Thévenin :

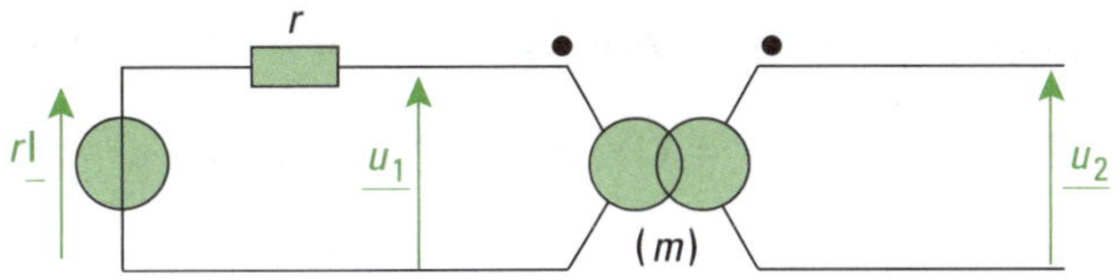

Puis on utilise les résultats vus en cours pour le transfert d'impédance afin de déplacer ce générateur de tension au secondaire :

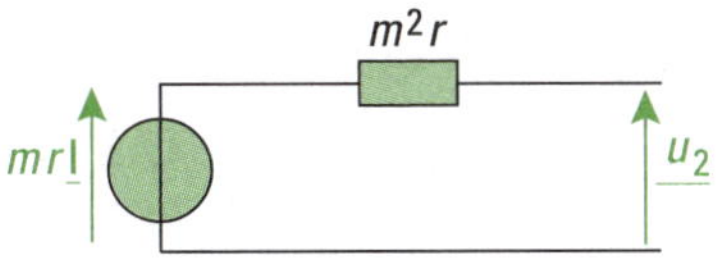

Enfin, on repasse au modèle équivalent de Norton :

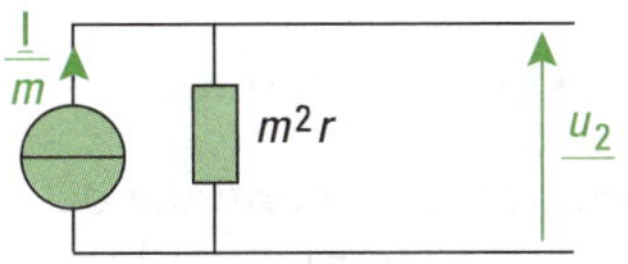

2) *Analyse qualitative préalable :* l'idée est d'utiliser le résultat de la question précédente. On cherche ainsi à exprimer $I(t)$ à l'aide d'une fonction sinusoïdale du temps (car le résultat précédent n'est valable qu'en régime sinusoïdal) :

$$I(t) = I_0 \cos^2(2\pi f t) = I_0 \frac{1 + \cos(4\pi f t)}{2} = \frac{I_0}{2} + I_0 \frac{\cos(4\pi f t)}{2} = \langle I(t) \rangle + I_{alt}(t).$$

$\langle I(t) \rangle$ est la valeur moyenne dans le temps de $I(t)$. $I_{alt}(t)$ est l'intensité du courant alternatif.

• La composante alternative $I_{alt}(t)$ de $I(t)$ est transférée au secondaire en la divisant par m comme cela vient d'être montré dans la question précédente.

• Pour la composante continue de $I(t)$, qui représente sa valeur moyenne, il faut être vigilant car celle-ci ne crée aucune f.é.m. au secondaire. En effet, à $< I(t) >$ correspond un flux Φ constant dans le temps. Par conséquent, la valeur moyenne de $I(t)$ n'est pas transmise au secondaire.

• Enfin, le transformateur étant supposé parfait, il est donc linéaire ce qui autorise l'utilisation du principe de superposition des états électriques pour la grandeur $I(t) = < I(t) > + I_{alt}(t)$. Ainsi, nous obtenons :

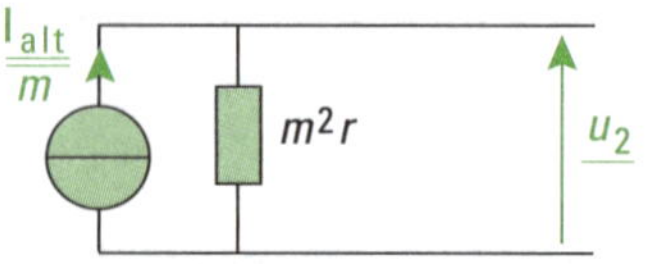

$$\text{Re}(\underline{I}_{alt}) = \frac{I_0}{2}\cos(4\pi f t).$$

Exercice 5

Puisque u' est négligeable devant u :

$$\underline{u}_r = \underline{u} \text{ et } \underline{\boldsymbol{u}}_2' = m_u\,\underline{u} = \boldsymbol{m_u}\,\underline{\boldsymbol{u}}_{\boldsymbol{r}} \qquad (1)$$

Pour le transformateur (T_2), la relation entre les courants s'écrit :

$$\underline{i}_2 = \frac{\underline{i}_1}{m_C}$$

car le courant $\underline{i}_1$ rentre par une borne homologue tandis que $\underline{i}_2$ sort de l'autre borne homologue.

Puisque le multiplieur n'absorbe aucun courant sur ses entrées :

$$\underline{u}_2 = R_2\underline{i}_2 = R_2\frac{\underline{i}_1}{m_C}.$$

Enfin, $\underline{i}_1 = \underline{i}_r$, donc :

$$\underline{\boldsymbol{u}}_2 = \frac{\mathbf{R}^2}{\boldsymbol{m}_{\mathbf{C}}}\,\underline{\boldsymbol{i}}_{\boldsymbol{r}} \qquad (2)$$

2) En notant φ_r le déphasage courant – tension imposé par le récepteur et en prenant, par exemple, $u_r(t)$ comme origine des phases :

$$u_r(t) = U\sqrt{2}\sin(\omega t)\ (U_r = U) \quad \text{et} \quad i_r(t) = I_r\sqrt{2}\sin(\omega t + \varphi_r)$$

(1) et (2) donnent :

$$\begin{cases} u_2'(t) = m_u U\sqrt{2}\sin(\omega t) \\ u_2(t) = \dfrac{R_2}{m_C} I_r\sqrt{2}\sin(\omega t + \varphi_r) \end{cases}$$

La tension en sortie du multiplieur s'écrit donc :

$$u_S(t) = 2R_2\frac{m_u}{m_C}U\,I_r\sin(\omega t)\sin(\omega t + \varphi_r) = R_2\frac{m_u}{m_C}U\,I_r[\cos\varphi_r - \cos(2\omega t + \varphi_r)]$$

$$u_S(t) = R_2\frac{m_u}{m_C}U\,I_r\cos\varphi_r - R_2\frac{m_u}{m_C}U\,I_r\cos(2\omega t + \varphi_r)$$

$$\boldsymbol{u_S(t) = R_2\frac{m_u}{m_C} < P_r > - R_2\frac{m_u}{m_C}U\,I_r\cos(2\omega t + \varphi_r).}$$

Le premier terme représente la composante continue de $u_S(t)$ et elle est proportionnelle à la puissance moyenne $< P_r > = U\,I_r\cos\varphi_r$ consommée par le récepteur. Le deuxième terme est une fonction sinusoïdale, de pulsation 2ω, et peut être éliminé par un **filtrage passe-bas** à condition que sa fréquence de coupure soit bien choisie. On peut par exemple imposer une atténuation égale à 10^{-2} pour la pulsation 2ω.

(T_2) est un transformateur dit de courant. Un exemple de ce type de transformateur est étudié dans l'exercice 9 de ce chapitre.

Exercices de niveau 2

Exercice 6

• *Analyse qualitative préalable*

L'hypothèse d'un matériau non magnétique est évidemment peu réaliste pour les dispositifs usuels. L'intérêt est de permettre la simplification des calculs car la perméabilité est alors égale à μ_0 et donc constante (milieu magnétique linéaire). Il peut s'agir par exemple d'un tore en bois !

• *Expression du flux Φ' en faisant l'approximation d'un champ uniforme dans le volume du tore*

On commence par déterminer le champ magnétique $\vec{B}$ en raisonnant sur la ligne de champ de rayon R. En raisonnant dans un repère cylindrique d'axe z confondu avec l'axe Δ, l'étude des symétries et invariances montre que le champ dans le volume du tore s'écrit :

$$\vec{B} = B(r)\vec{u}_\theta \text{ et donc } \vec{H} = \frac{\vec{B}}{\mu_0} = H(r)\vec{u}_\theta.$$

Appliquons ensuite le théorème d'Ampère le long de la ligne de champ moyenne (C) de rayon R et concentrique à Δ :

$$\oint_{(C)} \vec{H}\cdot\vec{d\ell} = Ni \Rightarrow B = \mu_0 H = \frac{\mu_0 Ni}{2\pi R}$$

Le flux se calcule à travers une section droite (S) du tore, de surface a^2 et que l'on oriente par exemple dans le sens de circulation du champ le long de (C), d'où :

$$\boldsymbol{\Phi} = \iint_{(S)} \vec{B}\cdot\vec{dS} = BS = \boldsymbol{\frac{\mu_0 N i a^2}{2\pi R}} \quad (1)$$

• *Expression du flux Φ sans faire l'approximation de la ligne de champ moyenne*

L'étude des symétries et invariances est évidemment inchangée ; pour déterminer l'expression du champ magnétique il faut alors appliquer le théorème d'Ampère le long d'une ligne de champ de rayon r tel que $R - a/2 \leq r \leq R + a/2$:

$$\oint_{(C)} \vec{H}\cdot\vec{d\ell} = H(r)\oint_{(C)} d\ell = H(r) \times 2\pi r \Rightarrow B(r) = \frac{\mu_0 Ni}{2\pi r}$$

Le flux se calcule toujours à travers la même surface (S). En revanche, il faut remarquer que le champ magnétique peut être considéré uniforme sur la surface élémentaire dS située à la distance r de (Δ), d'épaisseur dr et de hauteur a :

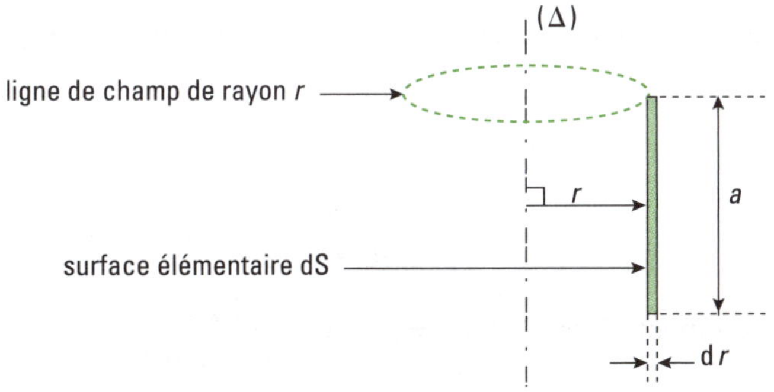

Il en vient : $\boldsymbol{\Phi} = \displaystyle\int_{R-a/2}^{R+a/2} \frac{\mu_0 Ni}{2\pi r}\, a\,dr = \boldsymbol{\frac{\mu_0 Ni}{2\pi}\, a \ln\left(\frac{2R+a}{2R-a}\right)}$ (2)

• *Application numérique pour comparer les expressions de Φ et Φ'*

Comparer les résultats (1) et (2) dans ce cas, revient à comparer les quantités $\frac{a}{R}$ et $\ln\left(\frac{2R+a}{2R-a}\right)$ sur trois chiffres significatifs :

$$\frac{a}{R} = 0{,}503 ; \ln\left(\frac{2R+a}{2R-a}\right) = 0{,}514.$$

Soit une erreur relative voisine de 2,2 %. Nous concluons que l'approximation de la ligne de champ moyenne est très satisfaisante pour bon nombre de situations usuelles. C'est pour cette raison que bon nombre d'ouvrages d'électrotechnique ne représentent que la ligne moyenne de champ dans les figures de transformateurs.

Le choix de raisonner sur la grandeur physique flux magnétique dans cet exercice est motivé par le fait qu'il s'agit de la grandeur physique réellement significative pour un convertisseur à flux forcé tel le transformateur. Nous l'avons en effet signalé dans l'exercice 2 de ce chapitre en énonçant la formule de Boucherot.

Remarque

– On peut noter que $\frac{a}{R}$ représente le développement limité de $\ln\left(\frac{2R+a}{2R-a}\right)$ à l'ordre 1 pour $2\,R >> a$. Dans le cas présent $2R \approx 4a$ mais l'approximation reste satisfaisante. D'ailleurs, une erreur de 5 % correspond à $2R \approx 2{,}7a$ ce qui explique le bien fondé d'une telle approximation dans la pratique.

– On peut mener la même étude sur une bobine torique de section droite circulaire. Le calcul est un peu plus long car il faut alors effectuer un développement limité de l'intégrant pour accéder aux expressions de Φ et Φ' mais le principe est identique. Le lecteur intéressé pourra se reporter à l'épreuve de CCP option M 95.

Exercice 7

1) Le conducteur possède nécessairement une certaine résistance associée en série avec une inductance propre ce qui explique la modélisation de ce dernier par un circuit passif $\{R_2\,;L_2\}$. La même modélisation peut être proposée pour la bobine excitatrice définie ici par $\{R_1\,;L_1\}$ et qui est alimentée par la tension $v(t)$ sinusoïdale de pulsation Ω.

Enfin, le couplage électromagnétique est ici modélisé par un coefficient de mutuel dont l'énoncé dit qu'il est inférieur à $\sqrt{L_1L_2}$ qui est la valeur obtenue lors d'un couplage parfait. Ceci n'est pas surprenant puisque certaines des lignes de champ créées par la bobine excitatrice ne traversent pas le conducteur. Il ne s'agit donc pas du modèle d'un transformateur parfait !

2) Par définition l'impédance $\underline{Z}$ vue entre les points A et B est :

$$\underline{Z} = \frac{\underline{v}}{\underline{i_1}} \qquad (1)$$

en notant i_1 l'intensité du courant absorbé par la bobine excitatrice et qui circule de A vers B. En notation complexe, on a :

$$\begin{cases} \underline{v} = (R_1 + jL_1\Omega)\underline{i_1} + jM\Omega\underline{i_2} \\ 0 = jM\Omega\underline{i_1} + (R_2 + jL_2\Omega)\underline{i_2} \end{cases} \qquad (2)$$

$$\Rightarrow \underline{i_2} = -\frac{jM\Omega\underline{i_1}}{R_2 + jL_2\Omega} \qquad (3)$$

(2) et (3) dans (1) donnent alors : $\mathbf{\underline{Z} = R_1 + jL_1\Omega + \frac{M^2\Omega^2}{R_2 + jL_2\Omega} = R + jL\Omega}$,

où R et L représentent les deux éléments cherchés du modèle équivalent série comme suit :

$$\mathbf{R = R_1 + R_2\frac{M^2\Omega^2}{R_2^2 + (L_2\Omega)^2}}$$

$$\mathbf{L = L_1 - L_2\frac{M^2\Omega^2}{R_2^2 + (L_2\Omega)^2}}$$

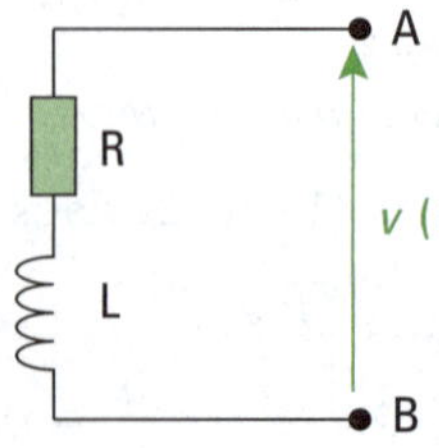

3) Si le matériau est très conducteur aux fréquences considérées, on a $R_2 << L_2\Omega$ et donc :

$$R \approx R_1 + R_2 \frac{M^2}{L_2{}^2},\ L \approx L_1 - \frac{M^2}{L_2}.$$

Et en posant $M = k\sqrt{L_1 L_2}$, il vient :

$$\mathbf{R \approx R_1 + k^2 \frac{L_1}{L_2} R_2} \qquad (4)$$

$$\mathbf{L \approx L_1(1 - k^2)} \qquad (5)$$

4) a) La tête de mesure effectuant N tours par minute, sa vitesse angulaire de rotation vaut N/60 tours par seconde qui est aussi la fréquence f cherchée :

$$\boldsymbol{f = \frac{N}{60}} \qquad \textit{A.N.} : \boldsymbol{f = 16{,}67\ \text{Hz}}$$

b) • *Justification de l'hypothèse* $\Delta k << k_0$

Cet écart est à relier directement à l'excentricité de l'âme par rapport à l'axe du conducteur. Il est clair que si ce dernier est usiné convenablement, l'excentricité doit être peu importante donc la variation périodique du coefficient k doit être de faible amplitude autour de sa valeur moyenne.

• *Expressions des éléments du modèle équivalent avec cette hypothèse*

On peut effectuer un développement limité de la quantité k^2 selon :

$$k^2 = (k_0 + \Delta k \cos(\omega t))^2 = k_0{}^2\left(1 + \frac{\Delta k}{k_0}\cos(\omega t)\right)^2 \approx k_0{}^2\left(1 + 2\frac{\Delta k}{k_0}\cos(\omega t)\right) \text{ à l'ordre 1 en } \frac{\Delta k}{k_0}.$$

En reportant dans (4) et (5), on obtient :

$$R \approx R_1 + k_0{}^2 R_2 \frac{L_1}{L_2}\left(1 + 2\frac{\Delta k}{k_0}\cos(\omega t)\right);$$

$$L \approx L_1\left[1 - k_0{}^2\left(1 + 2\frac{\Delta k}{k_0}\cos(\omega t)\right)\right] = L_1(1 - k_0{}^2)\left(1 - 2k_0\frac{\Delta k}{1 - k_0{}^2}\cos(\omega t)\right).$$

L'identification avec les formes proposées par l'énoncé conduit finalement aux résultats :

$$\mathbf{R_0 = k_0{}^2 R_2 \frac{L_1}{L_2}}\ ;\ \boldsymbol{a = 2\frac{\Delta k}{k_0}}$$

$$\mathbf{L_0 = L_1(1 - k_0{}^2)}\ ;\ \boldsymbol{b = 2k_0\frac{\Delta k}{1 - k_0{}^2}}$$

• *Signification physique de R_0 et L_0*

Ce sont respectivement la résistance et l'inductance de l'impédance $\underline{Z}$ mesurée entre A et B lorsque l'excentricité de l'âme du câble est nulle. Plus les valeurs de R et L en sont éloignées et plus l'âme est excentrée de l'axe du conducteur (ce qui constitue un défaut de fabrication).

Exercice 8

1) Commençons par calculer numériquement les chutes de tension aux bornes de R_S et X_S :

$$R_S I_2 = 57{,}5 \cdot 10^{-3} \times 100 = 5{,}75\ \text{V}$$

$$X_S I_2 = 172{,}5 \cdot 10^{-3} \times 100 = 17{,}25\ \text{V}$$

Le déphasage courant-tension $\varphi_2 = (\underline{U_2}, \underline{I_2})$ est connu d'autre part puisque $\cos\varphi_2 = 0{,}9$
$\Rightarrow \varphi_2 = 26°$ (φ_2 est positif car la charge est de nature inductive).

⚠ L'usage en électrotechnique est de flécher les déphasages courant-tension depuis l'intensité vers la tension dans le plan complexe, choix que nous ferons dans la correction de cet exercice. Cependant, rien n'interdit de faire l'autre choix dans un énoncé. Par ailleurs, nous choisirons de porter la valeur efficace de la grandeur physique pour définir le module du nombre complexe associé. Là aussi, c'est le choix usuel car les grandeurs sont avant tout définies à partir de leurs valeurs efficaces. Cependant, on peut tout aussi bien reporter la valeur maximale.

D'autre part, $\underline{U_{20}} = R_S \underline{I_2} + jX_S \underline{I_2} + \underline{U_2}$ sachant que $|\underline{U_{20}}| = U_{20} = mU_1 = 0{,}2 \times 230 = 46\ \text{V}$. À l'aide du compas, on trace un cercle de centre O et de rayon U_{20} : l'intersection obtenue avec Δ donne l'extrémité de $\underline{U_2}$.

Représentons à présent l'allure du diagramme vectoriel au secondaire sachant que le module de $\underline{U_2}$ est pour l'instant inconnu :

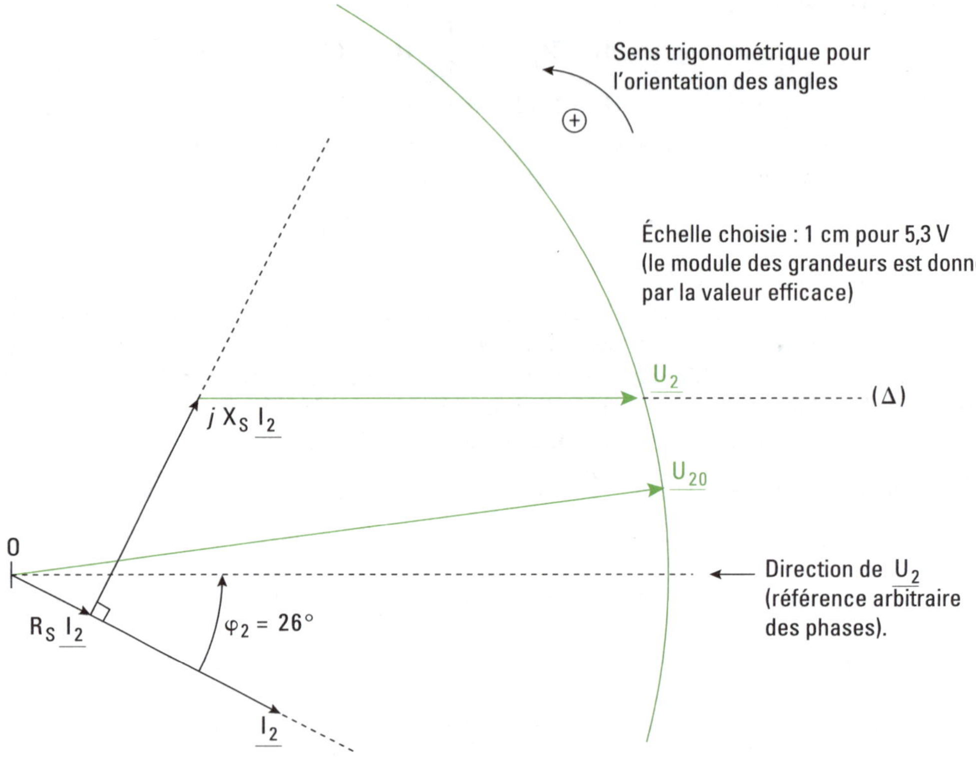

Finalement, on lit sur le graphique en tenant compte de l'échelle choisie :

$$\mathbf{U_2 \approx 31{,}3\,V}$$

2) a) L'impédance du secondaire $\underline{Z_2}$ peut être ramenée au primaire sous la forme d'une impédance $\underline{Z_1}$ telle que :

$$\underline{Z_1} = \frac{\underline{Z_2}}{m^2} = \frac{R_2}{m^2} + j\frac{L_2\omega}{m^2}$$

(ω désignant la pulsation correspondant à la fréquence de 50 Hz).

Or $\underline{I_1}$ et $\underline{U_1}$ devant être en phase, l'impédance totale vue du primaire $\frac{1}{jC_1\omega} + \underline{Z_1}$ doit être réelle que nous noterons R pour la suite. Il vient donc :

$$\frac{1}{jC_1\omega} + j\frac{L_2\omega}{m^2} = 0 \Rightarrow \mathbf{C_1 = \frac{m^2}{L_2\omega^2}} \qquad \textit{A.N.:}\ \mathbf{C_1 = 0{,}8\ \mu F}$$

b) Nous pouvons écrire la relation entre valeurs efficaces, $U_1 = RI_1$, avec :

$$R = \frac{R_2}{m^2} \Rightarrow \mathbf{I_1} = \frac{U_1}{R_2/m^2} = \mathbf{\frac{m^2 U_1}{R_2}} \qquad \textit{A.N.:}\ \mathbf{I_1 = 92\ mA}$$

c) On peut commencer par déterminer I_2 pour en déduire la chute de tension sur les dipôles R_2 et L_2 :

$$I_2 = \frac{I_1}{m} = \frac{92 \cdot 10^{-3}}{0{,}2} = 0{,}46\ \text{A} \Rightarrow R_2I_2 = 46\ \text{V},\ X_2I_2 = 72{,}2\ \text{V}.$$

Déterminons ensuite le déphasage courant-tension au secondaire :

$$\varphi_2 = \text{Arctan}\left(\frac{L_2\omega}{R_2}\right) = 57{,}5°$$

Il est alors possible de représenter dans le plan complexe l'image des grandeurs $\underline{U_{20}}$, $R_2\underline{I_2}$, $X_2\underline{I_2}$ en prenant par exemple $\underline{U_{20}}$ comme référence des phases. $\underline{U_{20}}$ est déterminée après avoir représenté les grandeurs $\underline{I_2}$, $R_2\underline{I_2}$, colinéaire et de même sens que $\underline{I_2}$, $X_2\underline{I_2}$ déphasé de + 90° par rapport à $\underline{I_2}$. On peut ensuite grâce à l'échelle choisie, calculer U_{20} : ayant choisi 1 cm pour 46 V, nous trouvons ainsi U_{20} = 83 V.

Il convient de noter que $\underline{U_{20}}$ et $\underline{U_1'}$ sont en opposition de phase à cause de la position des bornes homologues (méthode 1). A l'aide du rapport de transformation, on détermine la valeur efficace de $\underline{U_1'}$:

$$U_1' = \frac{U_{20}}{m} = \frac{83}{0{,}2} = 415\text{ V}.$$

$\underline{I_1}$ et $\underline{I_2}$ sont également en opposition de phase. I_1 est donc tracé sans difficulté. Il est ensuite possible de représenter le nombre complexe $\dfrac{\underline{I_1}}{jC_1\omega}$ qui est déphasé de – 90° sur $\underline{I_1}$ dont il n'est pas nécessaire de déterminer au préalable le module. En effet, sa direction est connue et additionné à $\underline{U_1'}$ il doit donner le nombre $\underline{U_1}$ dont on sait qu'il est en phase avec $\underline{I_1}$.

Toutes ces informations conduisent ainsi à proposer le diagramme vectoriel suivant :

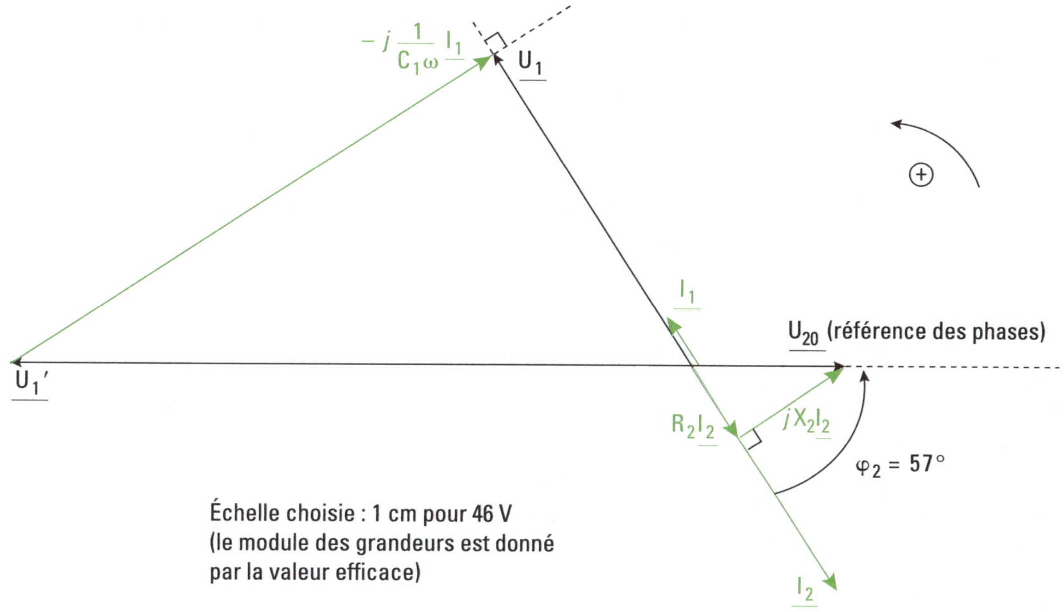

L'utilisation des nombres complexes est équivalente à reporter dans le plan des vecteurs de module les valeurs efficaces (ou les valeurs maximales) et d'argument égal à leur phase à l'origine. On parle de *vecteurs de Fresnel*. L'outil vectoriel est très pratique dans l'étude des systèmes fonctionnant en régime sinusoïdal (lignes, transformateurs, machines...). Il est même possible de traiter des cas plus complexes où plusieurs phases sont présentes ce qui peut conduire à travailler avec l'outil matriciel.

Exercice 9

Il peut paraître surprenant de prime abord de qualifier le conducteur qui traverse le tore équivalent à une spire entourant le circuit magnétique. Mais il ne faut pas perdre de vue que ce conducteur, parcouru par un courant, se referme ! Par conséquent, cette hypothèse est compréhensible, nous y reviendrons en fin d'exercice.

1) On utilise le théorème d'Ampère en utilisant un contour (C) confondu avec la ligne de champ moyenne (voir l'exercice 6 pour la justification) de longueur que nous noterons ℓ :

$$\oint_{(C)} \overrightarrow{H} \cdot \overrightarrow{d\ell} = i_1 + Ni_2 \Leftrightarrow H\ell = i_1 + Ni_2$$

$$\Leftrightarrow \frac{B}{\mu_0 \mu_r} \ell = i_1 + Ni_2 \text{ avec } \mu_r \text{ infinie par hypothèse de l'énoncé}$$

$$\Rightarrow \boldsymbol{i_1(t) = -Ni_2(t)} \text{ (ce résultat peut être posé au vu de la méthode n° 1).}$$

Les courants i_1 et i_2 sont de même signe puisque par hypothèse leurs flux sont additifs.

Pour mesurer des fortes intensités, l'intensité au secondaire ne doit pas être trop élevée compte tenu de la présence de l'ampèremètre et pour des raisons de sécurité. Il faut donc que **le nombre de spires de l'enroulement secondaire soit élevé**.

2) a) La tension $\underline{u_2}$ au secondaire s'écrit ici :

$$\underline{u_2} = (r + jL\omega)\underline{i_2} \text{ avec } \underline{i_2} = -\frac{1}{N}\underline{i_1},$$

donc :

$$\mathbf{U_2 = \sqrt{r^2 + (L\omega)^2}\, \frac{I_1}{N}}.$$

A.N. : N se détermine à partir du rapport $\frac{400 \text{ A}}{5 \text{ A}}$: $N = \frac{400}{5} = 80 \Rightarrow \mathbf{U_2 = 1{,}03\ V}$.

Les impédances données dans l'énoncé incluent dans la pratique celles du relais de protection et éventuellement des fils électriques.

b) En utilisant la relation de transformateur monophasé parfait, on détermine la tension au primaire :

$$\frac{U_1}{U_2} = \frac{n_1}{n_2} = \frac{1}{N} \Rightarrow \mathbf{U_1 = \frac{U_2}{N}} \qquad A.N. : \mathbf{U_1 = \frac{1{,}03}{80} = 13\ mV}.$$

Commentaires

– Cette chute de tension est très négligeable en comparaison de la tension de ligne égale à 400 kV, ce qui est souhaitable en pratique afin de ne pas perturber la tension imposée par la ligne.

– L'utilisation du rapport de transformation pour déterminer U_1 peut prêter à discussion dans la mesure où la spire constituant le primaire n'est pas bobinée directement sur le tore. Le flux Φ commun au conducteur primaire et à l'enroulement secondaire ne peut pas être rigoureusement égal au flux total Φ_1 traversant le primaire car il y aura des fuites magnétiques ($\Phi < \Phi_1$). Ceci étant, l'hypothèse de travail μ_r infinie laisse supposer que Φ est peu différent de Φ_1. Un calcul rigoureux ne devrait pas conduire à une valeur bien différente de 13 mV et n'oublions pas que c'est l'ordre de grandeur qui importe ici avant tout.

Exercice 10

L'hypothèse d'un tube de champ à section constante nécessite d'employer un matériau magnétique tel que μ_r soit très élevée afin de canaliser au mieux les lignes de champ en particulier à la traversée de l'entrefer (rappel : cette propriété du matériau est une des hypothèses du modèle du transformateur parfait). Dans le cas contraire, le tube de champ s'élargit au niveau de ce dernier :

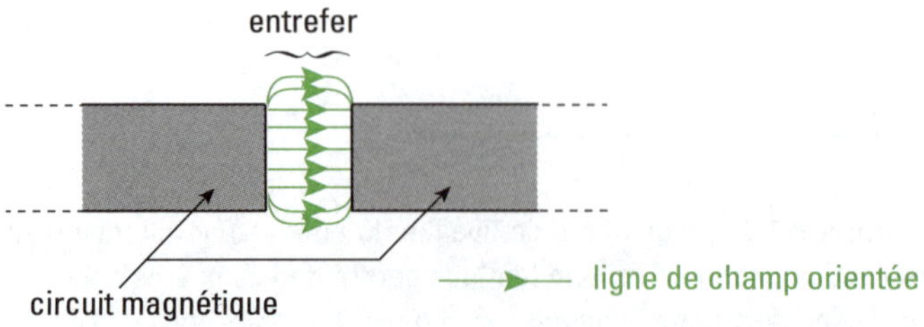

La conséquence de cette propriété apparaît si on évalue la circulation de l'excitation magnétique en raisonnant sur la ligne de champ moyenne (C) de longueur ℓ (voir exercice 6) :

$$\oint_{(C)} \overrightarrow{H} \cdot \overrightarrow{d\ell} = H_{fer}(\ell - e) + H_{air}\, e = \frac{B_{fer}}{\mu_0 \mu_r}(\ell - e) + \frac{B_{air}}{\mu_0} e$$

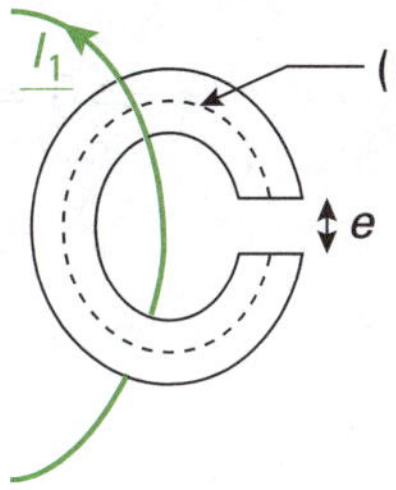

Or la section S du tube de champ est constante, donc : $B_{air} = B_{fer} = B$.
Puisque la perméabilité magnétique relative est élevée :

$$\oint_{(C)} \overrightarrow{H} \cdot \overrightarrow{d\ell} = \frac{B}{\mu_0}\left(\frac{\ell - e}{\mu_r} + e\right) \approx \frac{B}{\mu_0} e \qquad (1)$$

Nous observons que cette circulation de l'excitation magnétique est, avec une bonne approximation, réduite à la zone de l'entrefer.

D'un point de vue énergétique, la magnétisation est essentiellement concentrée au niveau des éventuels entrefers d'un circuit magnétique fermé. On conçoit, en pratique, la nécessité de les réduire autant que possible.

2) On utilise le théorème d'Ampère. Compte tenu du fait que le champ créé par l'enroulement de compensation n'est pas additif à celui créé par le conducteur dont on veut mesurer l'intensité, la somme algébrique des courants enlacés par (C) s'écrit donc : $I_1 - NI_2$. Le théorème donne alors :

$$\frac{B}{\mu_0} e = I_1 - NI_2, \text{ avec : } I_2 = Av = AKB \Rightarrow B = \frac{I_2}{AK}$$

$$\Rightarrow \frac{I_2}{\mu_0 AK} e = I_1 - NI_2$$

$$\Leftrightarrow \mathbf{I_2 = I_1 \dfrac{1}{\dfrac{e}{\mu_0 AK} + N}}.$$

3) B étant supposé très faible :

$$B = \frac{I_2}{AK} << 1 \Rightarrow \mathbf{AK >> I_2}.$$

On peut en déduire, à la limite :

$$I_1 - NI_2 \approx 0, \text{ soit : } \mathbf{I_1 = NI_2}.$$

La mesure de I_2 permet donc celle de I_1.

4) Nous pouvons dégager deux intérêts notables à l'utilisation de ce capteur :

– Il permet aussi bien la mesure de courants continus que de courants variables dans le temps. En effet, contrairement au cas du transformateur étudié en cours, ce n'est pas une variation de flux magnétique qui donne naissance au courant d'intensité I_2 mesuré.

– Le champ magnétique étant nul ou très faible, le circuit magnétique ne présente, entre autre, aucun effet d'hystérésis (voir TP cours) et permet aisément la mesure de fortes intensités (100 A).

Exercice 11

1) Écrivons les équations associées au montage étudié :

$$\begin{cases} \underline{v_1} = jL_1\omega \underline{i_1} - jM\omega \underline{i_2} & (1) \\ \underline{v_2} = -jL_2\omega \underline{i_2} + jM\omega \underline{i_1} & (2) \\ \underline{v_2} = R_C\, \underline{i_2} & (3) \end{cases}$$

Attention au signe de la chute de tension aux bornes de l'inductance propre L_2.

(3) $\Rightarrow \underline{i_2} = \dfrac{\underline{v_2}}{R_C}$ donne dans (2) :

$$\underline{v_2} = -jL_2\omega\left(\frac{\underline{v_2}}{R_C}\right) + jM\omega \underline{i_1} \Leftrightarrow j\omega \underline{i_1} = \frac{1 + \dfrac{jL_2\omega}{R_C}}{M} \underline{v_2}.$$

Ainsi (1) devient: $\underline{v_1} = L_1 \dfrac{1+\dfrac{jL_2\omega}{R_C}}{M}\underline{v_2} - jM\omega\left(\dfrac{\underline{v_2}}{R_C}\right)$

$$\Leftrightarrow \underline{T} = \frac{\underline{v_2}}{\underline{v_1}} = \frac{1}{\dfrac{L_1}{M} + \dfrac{jL_1L_2\omega}{M\,R_C} - j\dfrac{M\omega}{R_C}}$$

$$\Leftrightarrow \underline{T} = \frac{M}{L_1}\,\frac{1}{1 + j\omega\left(\dfrac{L_2}{R_C} - \dfrac{M^2}{L_1R_C}\right)} = \frac{\mathbf{M}}{\mathbf{L_1}}\,\frac{1}{1 + j\dfrac{\boldsymbol{\omega}}{\boldsymbol{\omega_0}}} \text{ avec: } \omega_0 = \frac{\mathbf{L_1R_C}}{\mathbf{L_1L_2 - M^2}}.$$

On vérifie que la quantité $\dfrac{L_1R_C}{L_1L_2 - M^2}$ est homogène à une pulsation.

2) Le gain dans la bande passante est donné par $\dfrac{M}{L_1}$; supposons, par exemple, le transformateur abaisseur de tension ce qui permet d'affirmer $M < L_1$ donc $20 \log\left(\dfrac{M}{L_1}\right) < 0$ dB. Il en découle les diagrammes suivants:

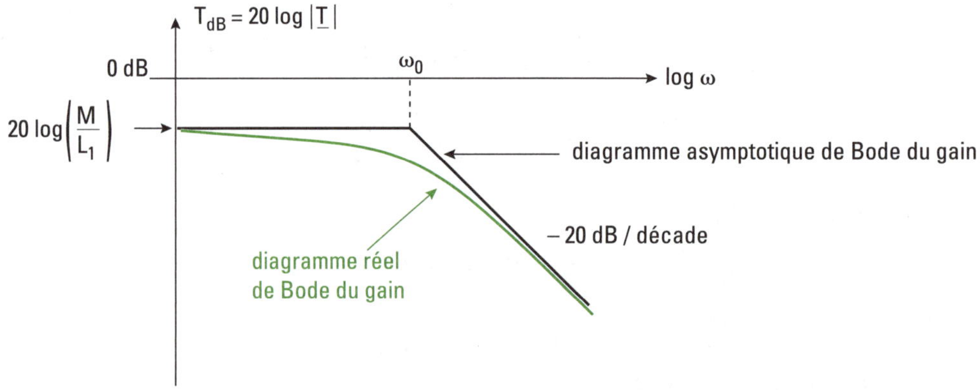

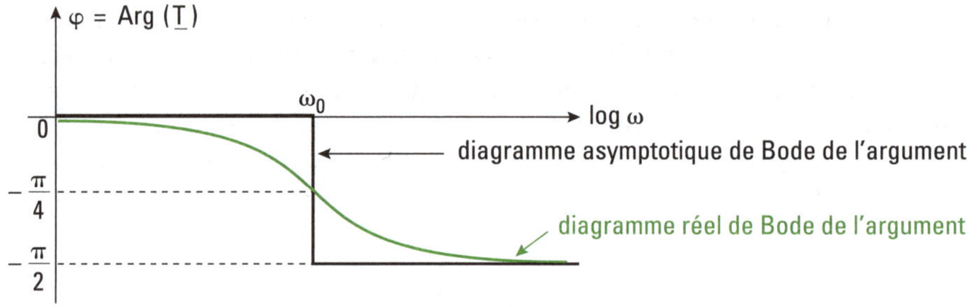

Commentaires

– La tension du primaire est correctement transmise, en amplitude, dans l'intervalle de pulsation $[0, \omega_0]$. Elle est néanmoins atténuée mais ceci n'a rien de surprenant puisque nous avons fait l'hypothèse d'un transformateur abaisseur de tension. D'ailleurs sachant qu'une inductance propre de l'enroulement primaire peut s'écrire $L_1 = kn_1^2$ (k constante) et que l'inductance mutuelle s'écrit alors $M = kn_1n_2$, on retrouve $m = \dfrac{n_2}{n_1}$ dans la bande passante. D'autre part, v_1 et v_2 sont d'autant moins en phase que la fréquence du signal d'entrée est élevée.

– La largeur de la bande passante dépend ici des paramètres L_1, L_2, M et R_C.

– On pourrait penser qu'une composante continue bien qu'atténuée peut être transmise du primaire vers le secondaire (cas de la pulsation ω nulle). Mais il n'en est rien car la mise en équation

précédente n'est pas valable lorsque ω = 0 (puisqu'alors $\underline{v}_1 = 0$ et le rapport $\underline{T} = \frac{\underline{v}_2}{\underline{v}_1}$ n'est plus défini). Ceci n'a rien de surprenant car une composante continue ne peut donner lieu à aucune variation de flux magnétique.
– En hautes fréquences, la tension secondaire est atténuée et possède un argument qui tend vers une quadrature de phase avec la tension primaire.

Exercice 12

1) a) Représentons le transformateur monophasé comme suit :

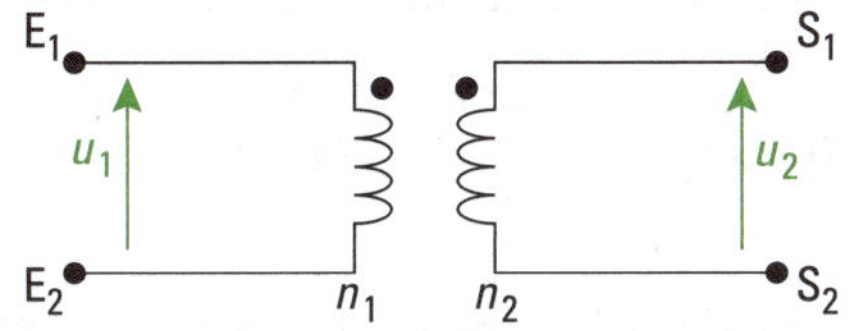

n_1 : nombre de spires au primaire
n_2 : nombre de spires au secondaire

Pour obtenir le rapport 254/230, les deux enroulements devant être placés en série, on réalise le montage suivant :

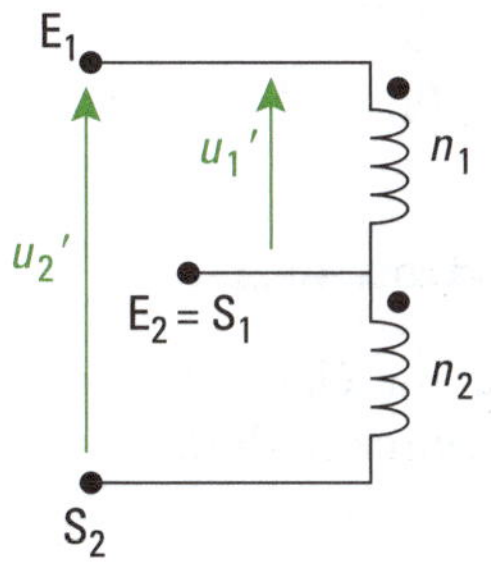

Ici : $m' = \frac{n_1 + n_2}{n_1} = \frac{230 + 24}{230}$ (*cf.* méthode n° 1).

⚠ On doit prendre garde à ce que les bornes homologues soient placées telles qu'un courant entrant dans chaque enroulement ait bien la même action magnétisante afin que les flux qu'ils créent soient additifs.

Conclusion

Primaire : enroulement de n_1 spires situées entre E_1 et S_1 (alimentation du convertisseur)
Secondaire : enroulement de $n_1 + n_2$ spires situées entre E_1 et S_2 (utilisation)

b)

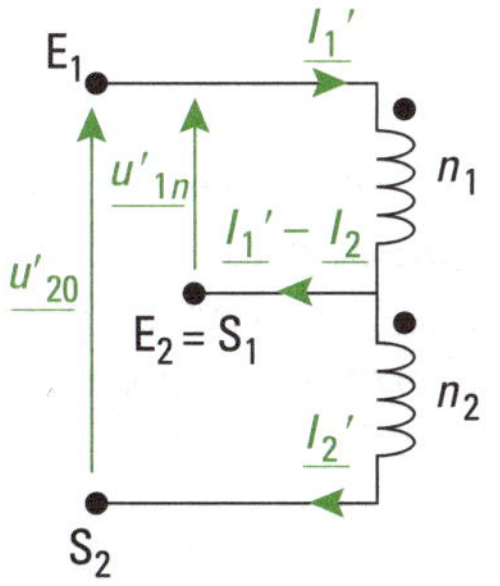

Pour déterminer la puissance apparente nominale, on alimente le primaire sous tension nominale $\underline{u'}_{1n}$, le secondaire étant à vide et aux bornes duquel apparaît la tension $\underline{u'}_{20}$.

La charge étant d'autre part supposée *maximale* : $I_2' = I_{2n} = \frac{S_{2n}}{U_{2n}} = \frac{1\ 000}{24} = 41{,}7$ A.

$\Rightarrow S_{\text{utilisation}} = U_{20}' \times I_{2n} = U_{20}' \frac{n_1 + n_2}{n_2} = 254 \times 41{,}7 = \mathbf{10{,}6\ kVA}$.

c) Lorsque le secondaire est en court-circuit, on a la configuration suivante :

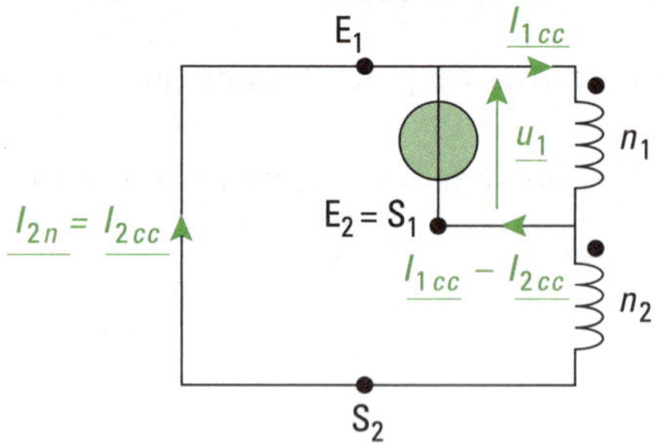

Cette figure montre que le courant appelé au primaire est égal à $\underline{I}_{1cc} - \underline{I}_{2cc}$ que nous allons donc déterminer à présent.

Le théorème d'Ampère conduit, en tenant compte de la position des bornes homologues, à (*cf.* méthode n° 1) :

$$n_1\underline{I}_{1cc} + n_2\underline{I}_{2cc} = 0 \Leftrightarrow \underline{I}_{1cc} = -\frac{n_2}{n_1}\underline{I}_{2cc} \quad (1)$$

⚠ Cette relation montre que $i_{1cc}(t)$ et $i_{2cc}(t)$ sont en opposition de phase (c'est-à-dire déphasés de 180°).

On peut à l'aide de (1) exprimer le courant absorbé au primaire $\underline{I}_{1cc} - \underline{I}_{2cc}$ en fonction du courant secondaire nominal $\underline{I}_{2n}$:

$$\underline{I}_{1cc} - \underline{I}_{2cc} = -\frac{n_2}{n_1}\underline{I}_{2cc} - \underline{I}_{2cc} = -\frac{n_2 + n_1}{n_1}\underline{I}_{2cc} = -\frac{n_2 + n_1}{n_1}\underline{I}_{2n}$$

c'est-à-dire en valeur efficace :

$$\frac{\boldsymbol{n_2 + n_1}}{\boldsymbol{n_1}}\mathbf{I_{2n}} = m'\,\mathrm{I}_{2n} = \frac{254}{230}\,\mathrm{I}_{2n} = \mathbf{1{,}1\ I_{2n}\ (soit\ environ\ 46\ A).}$$

Il convient d'être vigilant lors de l'utilisation d'un autotransformateur élévateur de tension (ici $m' > 1$) car il faut prévenir toute éventualité de court-circuit afin d'éviter sa détérioration (le courant absorbé au primaire étant élevé).

2) Reprenons le schéma donné par l'énoncé en faisant apparaître les grandeurs électriques :

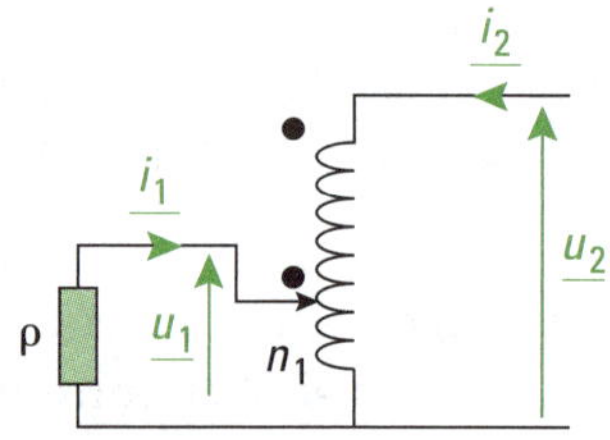

Si on introduit ρ′ la résistance ramenée au secondaire due à la résistance ρ située au primaire, les résultats donnés en cours concernant le transfert d'impédance montrent que :

$$\rho' = \left(\frac{n_2}{n_1}\right)^2 \rho.$$

Pour que la sélectivité du circuit RLC parallèle ne soit pas perturbée par cette résistance ρ′, il faut que celle-ci soit très grande devant la résistance R (dans le cas contraire, on dégrade le coefficient de qualité qui diminue). On peut donc proposer le critère ρ′ >> R c'est-à-dire par exemple ρ′ = 100 R. On obtient ainsi une condition portant sur les nombres de spires de l'autotransformateur :

$$\frac{\boldsymbol{n_2}}{\boldsymbol{n_1}} = \mathbf{10}\sqrt{\frac{\mathbf{R}}{\boldsymbol{\rho}}}.$$

L'intérêt principal de l'autotransformateur réside dans la possibilité de faire varier la tension au secondaire en utilisant un contact électrique mobile comme dans un rhéostat. De plus, on réalise une économie de cuivre puisque le secondaire est réalisé avec les spires constituant le primaire. Mais il présente un inconvénient majeur : il ne réalise pas d'isolation galvanique entre le primaire et le secondaire puisque ces deux enroulements ne sont pas indépendants du point de vue électrique.

Exercices de niveau 3

Exercice 13

• *Analyse qualitative préalable*

– Les bornes homologues ne sont pas portées sur le schéma de l'énoncé (le signe sera donc inclus dans le coefficient de mutuelle M).

– L'étude porte sur un régime transitoire donc on va supposer que la source de tension E est continue et qu'elle est appliquée à partir de l'instant origine des temps $t = 0$.

– Puisque l'énoncé introduit le coefficient de mutuelle, rien ne permet de dire que le couplage soit nécessairement parfait. Aussi, nous allons envisager dans ce dernier exercice les cas d'un couplage parfait ou non afin de proposer une solution plus complète en cette fin de chapitre. Rappelons toutefois que lorsque le couplage n'est pas parfait il existe des fuites magnétiques donc le transformateur n'est plus supposé parfait.

• *Expressions des grandeurs $i_1(0)$, $i_2(0)$, $i_1(\infty)$, $i_2(\infty)$*

On fait également l'hypothèse qu'à $t = 0^-$, il n'y a pas de courant dans les circuits primaire et secondaire (donc $i_1(0^-) = i_2(0^-) = 0$). Introduisons alors le flux Φ_1 dans l'enroulement primaire :

$$\Phi_1 = Li_1 + Mi_2.$$

Comme il ne peut y avoir de discontinuité du flux dans les enroulements :

$$\Phi_1(0^-) = \Phi_1(0^+) = Li_1(0^+) + Mi_2(0^+) = 0.$$

De même pour l'enroulement secondaire :

$$\Phi_2(0^-) = \Phi_2(0^+) = Li_2(0^+) + Mi_1(0^+) = 0.$$

On obtient donc le système d'équations :

$$\begin{cases} Li_1(0^+) + Mi_2(0^+) = 0 \quad (1) \\ Li_2(0^+) + Mi_1(0^+) = 0 \end{cases}$$

$$\Rightarrow (L - M)\ (i_1(0^+) - i_2(0^+)) = 0 \quad (2)$$

avec $M = k\sqrt{LL} = kL$ où $|k| \leqslant 1$. Il faut dès cette question envisager séparément le cas du couplage parfait pour lequel $k = 1$ et le cas du couplage non parfait.

a) *Couplage non parfait* : $|k| < 1$

(2) $\Rightarrow i_1(0^+) = i_2(0^+)$ qui associée à (1) donne :

$$\boldsymbol{i_1(0^+) = i_2(0^+) = 0}$$

b) *Couplage parfait* : $k = 1 \Rightarrow M = L$

On obtient l'égalité :

$$\boldsymbol{i_1(0^+) + i_2(0^+) = 0}$$

A priori, on ne peut pas aller plus loin dans la résolution et trouver directement $i_1(0^+)$, $i_2(0^+)$. Calculons donc les valeurs finales, sachant qu'en régime permanent les enroulements sont équivalents à des courts-circuits ce qui donne le schéma équivalent suivant :

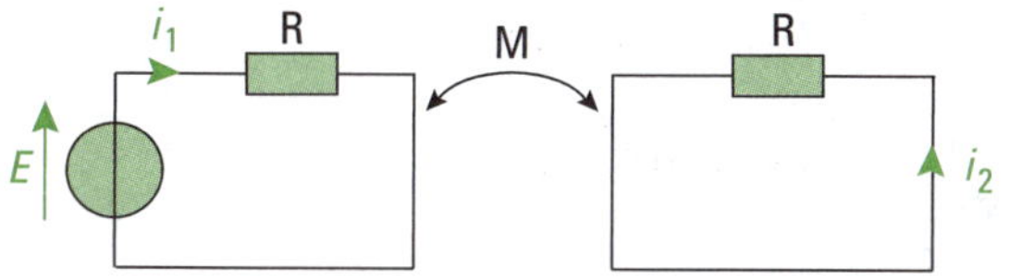

Dans cette situation, le couplage entre primaire et secondaire n'a pas lieu puisqu'alors $\dfrac{di_1}{dt} = \dfrac{di_2}{dt} = 0$.

Il vient immédiatement : $$\boldsymbol{i_1(\infty) = \frac{E}{R} \text{ et } i_2(\infty) = 0.}$$

• *Relation entre les courants d'intensité i_1 et i_2*

La mise en équation du régime transitoire donne le système d'équations :

$$\begin{cases} E = Ri_1 + L\dfrac{di_1}{dt} + M\dfrac{di_2}{dt} \quad (3) \\ 0 = L\dfrac{di_2}{dt} + M\dfrac{di_1}{dt} + Ri_2 \quad (4) \end{cases}$$

La dérivation de (3) par rapport au temps conduit à : $0 = R\frac{di_1}{dt} + L\frac{d^2i_1}{dt^2} + M\frac{d^2i_2}{dt^2}$ (5)

La dérivation de (4) par rapport au temps conduit à : $0 = L\frac{d^2i_2}{dt^2} + M\frac{d^2i_1}{dt^2} + R\frac{di_2}{dt}$ (6)

De (5) on tire $\frac{d^2i_2}{dt^2} = -\frac{1}{M}\left(R\frac{di_1}{dt} + L\frac{d^2i_1}{dt^2}\right)$ qu'on substitue dans (6) :

$$0 = -\frac{L}{M}\left(R\frac{di_1}{dt} + L\frac{d^2i_1}{dt^2}\right) + M\frac{d^2i_1}{dt^2} + R\frac{di_2}{dt}$$

$$\Leftrightarrow -\left(M - \frac{L^2}{M}\right)\frac{d^2i_1}{dt^2} + \frac{RL}{M}\frac{di_1}{dt} = R\frac{di_2}{dt} \quad (7)$$

De (7), on extrait $\frac{di_2}{dt}$ qu'on injecte dans (3) :

$$E = Ri_1 + L\frac{di_1}{dt} + \frac{M}{R}\left(\frac{L^2}{M} - M\right)\frac{d^2i_1}{dt^2} + L\frac{di_1}{dt}$$

$$\Leftrightarrow \frac{M}{R}\left(\frac{L^2}{M} - M\right)\frac{d^2i_1}{dt^2} + 2L\frac{di_1}{dt} + Ri_1 = E \quad (8)$$

À présent, on effectue à nouveau la discussion selon que le couplage est parfait ou non.

a) *Couplage non parfait* : $|k| < 1$

L'équation caractéristique associée à l'équation homogène correspondant à (8) s'écrit :

$$\frac{M}{R}\left(\frac{L^2}{M} - M\right)r^2 + 2Lr + R = 0$$

Le discriminant réduit Δ' de cette équation est égal à $L^2 - \left(\frac{L^2}{M} - M\right)\frac{RM}{M} = M^2$; étant strictement positif, les deux racines sont ici réelles :

$$r_1 = \frac{-L - M}{(L - M)(L + M)}R = \frac{R}{M - L} \ ; \ r_2 = \frac{-L + M}{(L - M)(L + M)}R = -\frac{R}{M + L}$$

Remarquons que r_1 et r_2 sont toutes deux strictement négatives car $|k| < 1$. Quant à la solution de l'équation différentielle (8), elle s'écrit :

$$i_1(t) = Ae^{\frac{R}{M-L}t} + Be^{-\frac{R}{L+M}t} + \frac{E}{R} \quad (9)$$

On peut essayer de déterminer les constantes d'intégration A et B à l'aide des grandeurs $i_1(0)$ et $i_1(\infty)$:

$$i_1(0^+) = A + B + \frac{E}{R} = 0 \quad (10)$$

Mais $i_1(\infty) = \frac{E}{R}$ ne permet pas de conclure. Dans ce genre de situation, il faut penser à étudier la dérivée à l'instant initial $\frac{di_1}{dt}(0^+)$:

– Au primaire : $E = Ri_1(0^+) + L\frac{di_1}{dt}(0^+) + M\frac{di_2}{dt}(0^+)$ avec $i_1(0^+) = 0$

$\Rightarrow E = L\frac{di_1}{dt}(0^+) + M\frac{di_2}{dt}(0^+)$ (11)

– Au secondaire : $L\frac{di_2}{dt}(0^+) + M\frac{di_1}{dt}(0^+) + Ri_2(0^+) = 0$ avec $i_2(0^+) = 0$

$\Rightarrow \frac{di_2}{dt}(0^+) = -\frac{M}{L}\frac{di_1}{dt}(0^+)$ (12)

La combinaison des relations (11) et (12) conduit à :

$$\frac{di_1}{dt}(0^+) = \frac{E}{L - M^2/L} = \frac{EL}{(L - M)(L + M)} \quad (13)$$

La dérivation de la solution générale obtenue en (9) donnant :

$$\frac{di_1}{dt} = \frac{R}{M-L}Ae^{\frac{R}{M-L}t} - \frac{R}{L+M}e^{-\frac{R}{L+M}t}$$

elle fournit une seconde équation portant sur A et B à l'aide de (13) :

$$\frac{di_1}{dt}(0^+) = \frac{R}{M-L}A - \frac{R}{L+M}B = \frac{EL}{(L-M)(L+M)} \quad (14)$$

On extrait alors sans difficulté particulière A et B des équations (10) et (14) et on trouve :

$$A = -\frac{E}{2R} \text{ et } B = -\frac{E}{2R}.$$

Finalement, on obtient un premier résultat :

$$\boldsymbol{i_1(t) = -\frac{E}{2R}e^{\frac{R}{M-L}t} - \frac{E}{2R}e^{-\frac{R}{L+M}t} + \frac{E}{R}}.$$

⚠ On peut s'assurer que l'on retrouve $i_1(\infty) = \frac{E}{R}$ puisque $M < L$.

Utilisons, par exemple, (3) pour déterminer $i_2(t)$:

$$E - Ri_1 - L\frac{di_1}{dt} = E + \frac{E}{2}e^{\frac{R}{M-L}t} + \frac{E}{2}e^{-\frac{R}{L+M}t} - E + \frac{LE}{2R}\frac{R}{M-L}e^{\frac{R}{M-L}t} + \frac{LE}{2R}\left(-\frac{R}{L+M}\right)e^{-\frac{R}{L+M}t}$$

Cette quantité étant aussi égale $M\frac{di_2}{dt}$, il vient après simplifications :

$$\frac{di_2}{dt} = -\frac{E}{2(M-L)}e^{\frac{R}{M-L}t} + \frac{E}{2(M+L)}e^{-\frac{R}{L+M}t}$$

$$\Rightarrow i_2(t) = \frac{E}{2R}e^{\frac{R}{M-L}t} - \frac{E}{2R}e^{-\frac{R}{L+M}t} + \text{cte}$$

Or $i_2(0^+) = \text{cte} = 0$ ainsi :

$$\boldsymbol{i_2(t) = \frac{E}{2R}\left[e^{\frac{R}{M-L}t} - e^{-\frac{R}{L+M}t}\right]}.$$

b) *Couplage parfait* : L = M

L'équation (8) s'écrit alors : $2L\frac{di_1}{dt} + Ri_1 = E \quad (15)$

$$\Rightarrow i_1(t) = \frac{E}{R} + Ae^{-\frac{t}{\tau}} \quad \text{avec } \tau = \frac{2L}{R}.$$

En reprenant (3) et (15) : $M\frac{di_2}{dt} = E - Ri_1 - L\frac{di_1}{dt} = 2L\frac{di_1}{dt} - L\frac{di_1}{dt} = L\frac{di_1}{dt}$

$$\Rightarrow i_2(t) = \frac{L}{M}i_1(t) + B = i_1(t) + B, \text{ B désignant une constante d'intégration.}$$

En reportant alors la solution (15) dans cette dernière relation, on obtient :

$$i_2(t) = \frac{E}{R} + Ae^{-\frac{t}{\tau}} + B.$$

Il reste à déterminer les constantes d'intégration A et B à l'aide des conditions aux limites précédemment étudiées :

$$i_1(0) + i_2(0) = \frac{E}{R} + A + \frac{E}{R} + A + B = 0 \quad (16)$$

De plus : $i_2(\infty) = \frac{E}{R} + B = 0 \Rightarrow B = -\frac{E}{R}$ qui reportée dans (16) fournie A qui s'écrit après simplification :

$$A = -\frac{E}{2R}.$$

Nous en déduisons les solutions cherchées :

$$i_1(t) = \frac{E}{R}\left(1 - \frac{1}{2}e^{-\frac{t}{\tau}}\right) \quad \text{et} \quad i_2(t) = -\frac{E}{2R}e^{-\frac{t}{\tau}} \quad \text{avec } \tau = \frac{2L}{R}.$$

On peut remarquer que dans ce problème l'impossibilité de déterminer $i_1(0)$ et $i_2(0)$ avant la recherche des solutions analytiques n'a pas fait obstacle à l'obtention de $i_1(t)$ et $i_2(t)$. Il est d'ailleurs possible de déterminer a posteriori $i_1(0)$ et $i_2(0)$:

$$i_1(0) = \frac{E}{2R} \quad \text{et} \quad i_2(0) = -\frac{E}{2R}.$$

Exercice 14

1) L'un des intérêts majeurs du transformateur (outre ses possibilités d'adaptation d'impédance, de tension ou d'intensité) est le **découplage des grandeurs électriques entre le circuit primaire et le circuit secondaire** : on dit que ce convertisseur est à isolation galvanique.
Dans le cas particulier où $m = 1$, tension et intensité au secondaire ont même valeurs efficaces qu'au primaire. On peut donc fournir à la charge la tension et le courant primaires sans contact électrique de cette dernière avec la source d'alimentation ce qui est un gain de sécurité :

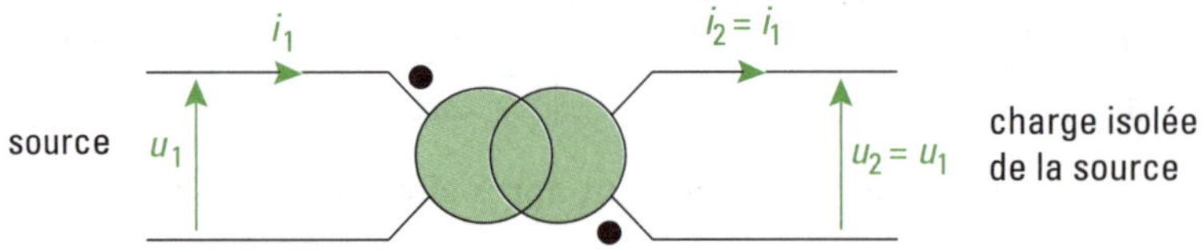

En effet, en cas de contact électrique accidentel avec une des bornes secondaires, aucune connexion électrique n'est réalisée avec les bornes primaires qui dans le cas d'un transformateur abaisseur de tension seront portées à une différence de potentiel parfois dangereuse pour l'homme. Ce peut être intéressant si l'on souhaite effectuer une mesure à l'oscilloscope de tension électrique aux bornes d'un composant dont aucune des bornes n'est reliée à la masse du circuit électrique.

⚠ Nous invitons le lecteur à ne pas expérimenter sans une connaissance suffisante de l'installation électrique ou sans l'encadrement d'un professeur.

2) • *Méthode 1* : utilisation d'un oscilloscope à deux voies
C'est la méthode la plus simple à mettre en œuvre :

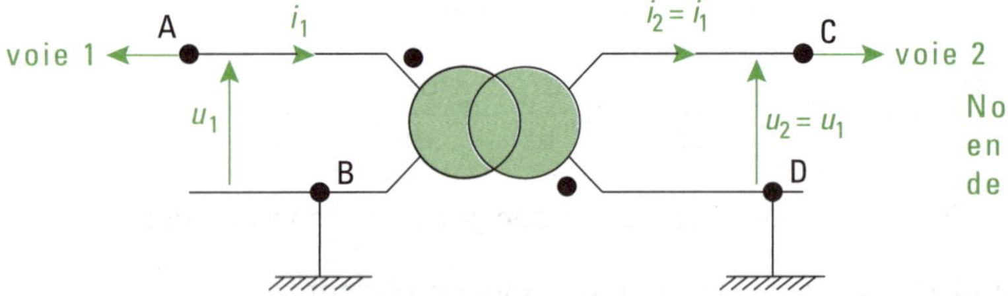

Nous avons représenté ci-contre en vert les liaisons et les points de connexion à l'oscilloscope.

Si u_1 et u_2 sont en opposition de phase, alors A et C ne sont pas deux bornes homologues (cas de la figure précédente). **Dans le cas contraire, A et C sont deux bornes homologues.**

⚠ En pratique, un tel montage n'est réalisable que si B et D sont au potentiel de la masse de l'oscilloscope donc à la Terre. Afin d'éviter un éventuel court-circuit, il est vivement recommandé d'utiliser des sondes d'isolation qui permettent en outre d'abaisser les niveaux de tension appliqués sur les entrées de l'oscilloscope si besoin est.

• *Méthode 2* : méthode dite des électriciens
On réalise une connexion électrique entre une borne (quelconque) de l'enroulement primaire et la borne adjacente de l'enroulement secondaire. D'autre part, le transformateur est alimenté par une source de tension sinusoïdale sur l'enroulement qui comporte le nombre de spires le plus élevé (ici on a donc $U_{CD} < U_{AB}$) :

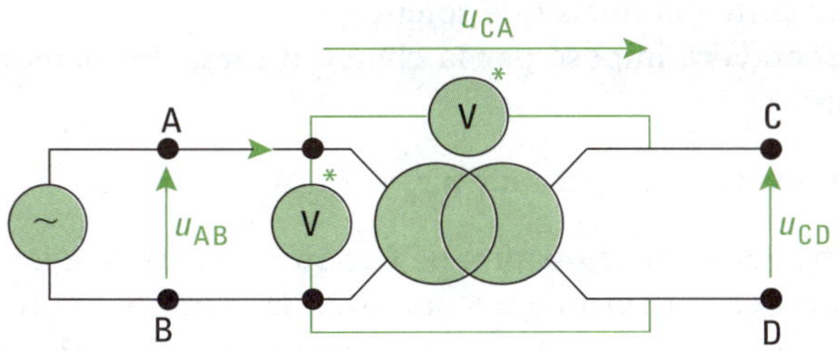

On utilise deux voltmètres alternatifs pour mesurer les valeurs efficaces des tensions u_{AB} et u_{CA}.

1er cas : $u_{CA} < u_{AB}$

Le plan complexe permet de voir rapidement la réponse attendue :

$$\underline{u}_{CD} = \underline{u}_{CA} + \underline{u}_{AB} \Leftrightarrow \underline{u}_{CA} = \underline{u}_{CD} - \underline{u}_{AB}$$

$\underline{u}_{CD}$ et $\underline{u}_{AB}$ sont ici en phase : les bornes adjacentes des enroulements sont donc homologues.

2e cas : $u_{CA} > u_{AB}$

Le plan complexe permet encore de trouver rapidement la réponse attendue :

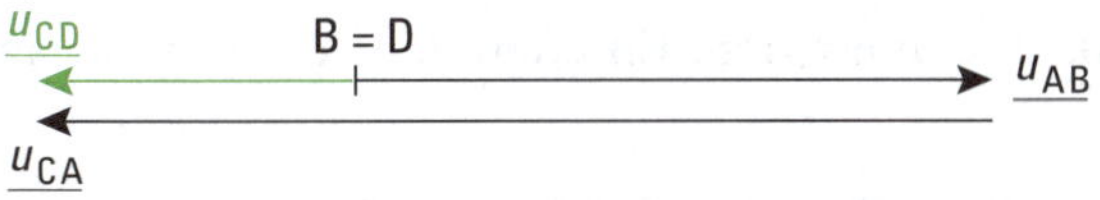

On doit conserver les mêmes modules pour $\underline{u}_{CD}$ et $\underline{u}_{AB}$ que dans le 1er cas.

$\underline{u}_{CD}$ et $\underline{u}_{AB}$ sont ici en opposition de phase : les bornes adjacentes des enroulements ne sont donc pas homologues.

• *Méthode 3* : réponse à un échelon de tension

On utilise un générateur de tension continue E (en pratique une pile par exemple de 1,5 V car il ne faut pas alimenter le transformateur sous tension continue trop élevée comme nous l'expliquerons dans le TP cours) :

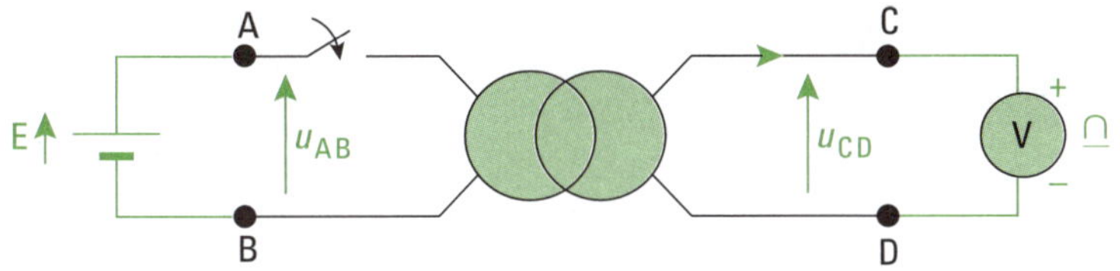

Un voltmètre magnétoélectrique à aiguille (symbole : ∩) est placé comme ci-contre au secondaire.

Si C et A sont deux bornes homologues alors $u_{CD} = m\,u_{AB}$ est positive et **l'aiguille du voltmètre subie une déviation qui est observable seulement si A et C sont homologues** (on exclut un voltmètre à zéro central...).

3) Nous allons répondre en utilisant le schéma suivant :

Nous notons n_1 le nombre de spires au primaire et n_2 le nombre de spires au secondaire.

Le théorème d'Ampère s'écrit ici : $n_1 i_1 - n_2 i_2 = H\ell$. Dans ce cas, il est nécessaire de ne pas considérer μ_r infinie pour répondre à cette question. Nous allons ici la supposer de grande valeur mais finie. Dès lors, on a :

$$n_1 i_1 - n_2 i_2 = \frac{B}{\mu_0 \mu_r}\ell = \frac{\ell}{\mu_0 \mu_r S}\Phi = \Re\Phi$$

où $\Re$ est une constante qui dépend uniquement des caractéristiques propres au circuit magnétique. D'autre part, en régime sinusoïdal (cas d'utilisation traditionnelle), la formule de Boucherot nous a montré (voir exercice 2) que le flux est imposé par la tension d'alimentation au primaire. Ainsi à u_1 fixée, nous avons :

$$n_1 i_1 - n_2 i_2 = \text{constante (1) quels que soient } i_1 \text{ et } i_2.$$

Ainsi lorsque le débit de courant au secondaire imposé par la charge du transformateur varie, le primaire compense cette variation selon :

$$\frac{di_1}{dt} = m\frac{di_2}{dt} \quad (2) \quad \text{ce qui permet de garantir } n_1 i_1 - n_2 i_2 = \text{constante.}$$

Il y a donc régulation en courant. Notons que cette régulation ne fait que traduire une loi physique de l'électromagnétisme à savoir la loi de Lenz : le primaire s'oppose à la variation de flux provoquée par la variation de $i_2(t)$. Ainsi, à tension d'alimentation du primaire fixée, **la puissance instantanée est régulée**.

Remarque

Ce résultat ne dépend pas de la position des bornes homologues fort heureusement. Prenons par exemple le cas suivant :

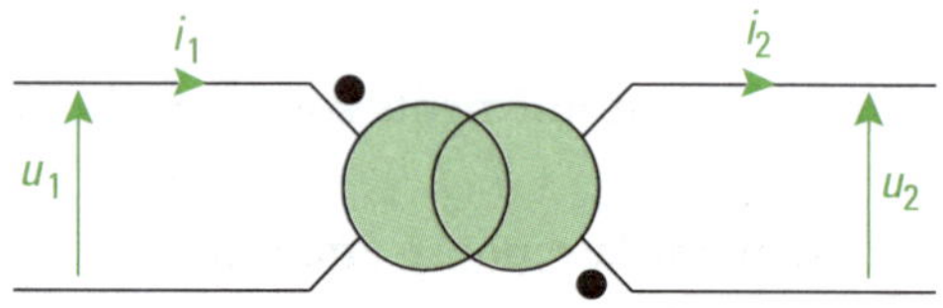

$$n_1 i_1 + n_2 i_2 = \text{constante}$$

$$\Leftrightarrow i_1 = -\frac{n_2}{n_1} i_2 + \text{constante} \quad (3)$$

(3) semble en contradiction avec (1) mais il n'en est rien. En effet, dans ce cas nous avons également $u_2 = -m u_1$. Donc :

$$u_1 i_1 = -\frac{u_2}{m}(-m i_2) + \text{constante} \Leftrightarrow u_1 i_1 = u_2 i_2 + \text{constante.}$$

Il y a bien régulation de puissance comme il se doit.

CHAPITRE

2 Étude du ferromagnétisme et de ses applications

Introduction

Lors de l'utilisation d'un transformateur réel en charge, nous remarquons que :
– la tension aux bornes du secondaire est inférieure à la tension à vide ;
– le rendement η du transformateur est toujours inférieur à 100 %.
Le transformateur n'est donc pas un convertisseur aussi parfait que celui décrit au chapitre précédent. Pour comprendre ces différences, nous étudierons d'abord l'influence de la nature ferromagnétique du noyau du transformateur puis la modélisation du transformateur réel qui en découle. L'étude des matériaux magnétiques revêt une grande importance industrielle et économique car ces matériaux sont extrêmement présents dans la vie courante et source d'une puissante recherche : aimants, moteurs pour l'industrie et pour les appareils ménagers, tôles de transformateurs (6 millions de tonnes par an), téléphonie mobile et fixe, microélectronique, enregistrement magnétique (informatique, vidéo, audio…), radars, tube TV…

Plan du chapitre 2

A. Étude qualitative des propriétés magnétiques des corps ferromagnétiques

Les noyaux de transformateur sont constitués de matériaux ferromagnétiques (alliages fer-silicium, fer-nickel, fer-nickel-molybdène) dont les propriétés sont particulièrement adaptées à ces machines[1]. L'étude de ces milieux est donc incontournable.

1. Classiquement, sont distingués les matériaux doux, à champ rémanent, c'est-à-dire permanent, faible et les matériaux durs à champ rémanent fort.

A.1. Matériaux magnétiques

Les matériaux solides dits magnétiques acquièrent les propriétés de l'aimant : ils s'aimantent sous l'action d'un champ magnétique extérieur $\vec{B}_{ext}$, créé par exemple par un courant extérieur.

Exemples : un acier (fer-carbone) du type doux reste aimanté tant qu'il est soumis au champ magnétique extérieur. Cette aimantation reste faible lorsque le champ magnétique s'annule ; un acier dur garde une aimantation, dite alors rémanente, si le champ cesse (fabrication des aimants permanents).

A.2. L'excitation magnétique

L'excitation magnétique H (en $A \cdot m^{-1}$) ne dépend que du circuit extérieur qui crée le champ magnétique.

Dans le vide ou dans l'air, en un point où l'excitation magnétique est H[2] nous avons $B_0 = \mu_0 H$; or pour un solénoïde de longueur ℓ très grande, comportant N spires parcourues par le courant d'intensité I, nous savons qu'à l'intérieur du solénoïde $B_0 = \mu_0 \dfrac{NI}{\ell}$ dans l'air. Ainsi :

$$H = \frac{NI}{\ell}.$$

2. Afin de faire un lien avec les connaissances déjà acquises, nous introduisons l'excitation magnétique H dans ce cas de milieu linéaire où cette notion n'est pourtant pas indispensable.

Si nous introduisons dans le solénoïde un barreau de fer doux, en un point du barreau, l'excitation reste la même que précédemment mais le champ magnétique est beaucoup plus grand que dans le vide :

$$B = \mu_r B_0$$ [3]

En effet, μ_r, qui est appelé la perméabilité magnétique relative du matériau, peut atteindre plusieurs dizaine de milliers de fois la valeur de μ_0.

Dans un matériau magnétique :

$$\boxed{B = \mu_r \mu_0 H = \mu H}$$

où $\mu = \mu_r \mu_0$ est la perméabilité[4] magnétique **absolue** du matériau.

3. Une première étude succincte a été menée au chapitre 1, § C.2.

4. La notion de perméabilité n'est définie précisément que pour les milieux linéaires ou localement linéaires.

B. Les équations de Maxwell et les milieux magnétiques

Dans la matière, la définition des champs statiques $\vec{E}$ et $\vec{B}$, vue dans le vide en statique en première année et en dynamique en deuxième année, doit être revue en raison de la contribution du milieu qui engendre deux vecteurs champs :

– l'un est la polarisation électrique $\vec{P}$;
– l'autre est l'aimantation $\vec{M}$.

La seule connaissance du champ $\vec{E}$ nommé $\vec{E}_{ext}$ (l'indice signifiant « extérieur ») ou du champ $\vec{B}$, nommé $\vec{B}_{ext}$, n'est plus suffisante. Il faut maintenant définir les champs $\vec{B}_{ext}$ et $\vec{M}$, respectivement $\vec{E}_{ext}$ et $\vec{P}$. Nous serons amenés à introduire alors deux autres champs associés à ces couples de champs :

• $\vec{H}$, l'induction magnétique liée à $\vec{B}_{ext}$ et $\vec{M}$;

$$\boxed{\vec{H} = \frac{\vec{B}_{ext}}{\mu_0} - \vec{M}} \qquad \textbf{(1)}$$

• $\vec{D}$, le vecteur déplacement électrique lié à $\vec{E}_{ext}$ et $\vec{P}$;

$$\vec{\mathbf{D}} = \varepsilon_0 \, \vec{\mathbf{E}}_{\mathbf{ext}} + \vec{\mathbf{P}} .$$

Or, le vecteur déplacement électrique $\vec{D}$ n'est pas à l'origine du fonctionnement des dispositifs de l'électrotechnique : moteurs, transformateurs… C'est pourquoi nous ne prendrons pas en compte les phénomènes de polarisation dans la suite de ce chapitre.

B.1. Le vecteur aimantation $\vec{M}$

• Notion historique de moment magnétique

Pour mémoire, Ampère (1821) suggéra que les champs magnétiques, dus à des milieux aimantés, avaient pour origine des boucles de courants microscopiques liés au milieu. Le modèle de l'atome de Bohr[1], dans lequel chaque « orbite » d'électron peut s'assimiler à une spire de surface S, parcourue par un courant I[2], a ensuite permis d'introduire un moment magnétique « orbital » $\vec{m}_0 = I\vec{S}$ auquel s'ajoute un moment magnétique de spin[3] pour donner un moment magnétique global pour chaque atome ou molécule. La contribution du moment magnétique de spin est supérieure à celle du moment magnétique orbital et la contribution des électrons d'un atome au moment magnétique de cet atome est prépondérante devant la contribution du noyau, ce qui fait que dans le cadre de ce modèle, l'atome ou la molécule sont vus comme un ensemble d'électrons, finalement assimilés dans cette présentation à des boucles de courant.

L'interprétation du magnétisme est aujourd'hui de nature quantique et passe par la quantification du moment magnétique total, c'est-à-dire orbital et de spin[4].

1. En 1910, Niels Bohr propose un modèle « planétaire » de l'atome d'hydrogène.

2. Et donc assimilable à un moment magnétique (*cf.* cours de première année).

3. Le moment magnétique de spin est généralement associé à un moment cinétique intrinsèque des particules. C'est une grandeur quantifiée. Stern et Gerlach ont mis en évidence en 1921 la quantification du moment magnétique atomique.

4. D'après le principe de Pauli, pour une couche atomique complète le moment total de spin est nul. Les propriétés magnétiques importantes concerneront donc les corps, et plus particulièrement les solides, ayant des sous-couches électroniques incomplètes.

• Aimantation d'un milieu magnétique

– Un milieu magnétique peut être considéré comme une collection de particules organisées possédant chacune un moment magnétique, qu'il soit orbital et/ou de spin ; ces particules vont orienter leur moment magnétique pour minimiser leur énergie d'interaction avec un champ magnétique extérieur. C'est là le premier mode d'interaction entre ces particules possédant un moment magnétique. Il est le plus classique et, pour fixer les idées, il correspond à l'interaction qu'aurait un aimant sur un autre aimant.

– Un milieu magnétique, c'est aussi un ensemble de charges liées, par exemple les électrons, dont le mouvement va être modifié en présence d'un champ magnétique extérieur $\vec{B}_{ext}$, par application de la loi de Lenz, avec pour conséquence une modification du moment cinétique des particules. Il y a alors apparition d'une aimantation dans le sens opposé à $\vec{B}_{ext}$; cette propriété est le diamagnétisme des matériaux mais ce phénomène est largement négligeable devant les autres phénomènes d'aimantation que nous rencontrerons.

– Dans d'autres milieux magnétiques, dits ferromagnétiques, il existe une aimantation «spontanée» qui provient d'une seconde interaction, dite interaction d'échange, des moments magnétiques atomiques du milieu[1], qui se disposent de manière régulière, *à courte échelle* dans la matière, additionnant ou soustrayant leurs effets magnétiques, selon la substance considérée et ses conditions d'utilisation (champ B, température T par exemple). Ces couplages entre moments magnétiques sont naturellement perturbés par l'agitation thermique du milieu et il y a compétition entre ordre et désordre des moments magnétiques sous l'action de l'agitation thermique.

Il existe donc une aimantation, notamment dans les milieux ferromagnétiques, sans qu'il y ait besoin de sollicitation de la part d'un champ extérieur mais cette organisation est à courte échelle, en domaines séparés par des parois.

Cette aimantation ne s'étend pas spontanément en tant qu'organisation à grande échelle, ce qui fait que les matériaux naturellement magnétiques sont rares (cas exceptionnel de la magnésie[2]).

Pour obtenir des matériaux ferromagnétiques aimantés de manière significative à grande échelle, il faudra exercer sur le matériau une action extérieure, sous forme d'un champ $\vec{B}_{ext}$.

Il est donc raisonnable de définir le vecteur aimantation $\vec{M}$[3] en un point P de la substance aimantée sous la forme :

$$\boxed{\vec{M} = \frac{d\vec{m}}{dV}} \quad (2)$$ [4]

où $d\vec{m}$ est le moment magnétique résultant dans un volume élémentaire dV autour du point P du milieu magnétique.

L'unité S.I. de l'aimantation est l'$A \cdot m^{-1}$.

B.2. Les courants d'aimantation

Nous avons vu en première année que nous pouvions associer un moment magnétique à une boucle de courant[5].

Or, comme défini au paragraphe B.1, le vecteur aimantation $\vec{M}$ est un moment magnétique volumique. Nous associons donc à cette aimantation une distribution de courants de densité volumique $\vec{j}_{lié}$ telle que :

$$\boxed{\vec{j}_{lié} = \vec{rot}(\vec{M}).}$$ [6]

B.3. Le vecteur excitation magnétique $\vec{H}$

Comme indiqué précédemment, nous considérons des milieux non polarisés. Dans ce cas, l'équation de Maxwell-Ampère dans le milieu s'écrit :

$$\vec{rot}(\vec{B}) = \mu_0\left(\vec{j} + \varepsilon_0 \frac{\partial \vec{E}}{\partial t}\right) = \mu_0 \vec{j}_{libre} + \mu_0 \vec{j}_{lié} + \mu_0 \varepsilon_0 \frac{\partial \vec{E}}{\partial t}.$$ [7]

Or, en électrotechnique, les vitesses et les fréquences usuelles permettent de négliger le courant de déplacement $\varepsilon_0 \frac{\partial \vec{E}}{\partial t}$.

1. Contrairement à ce que l'on pourrait imaginer, cette interaction n'est pas d'origine magnétique car elle conduirait naturellement à une orientation « anti » ↑↓ qui donnerait une absence de propriétés magnétiques ! Il faut donc abandonner l'idée que l'interaction magnétique est à l'origine de l'organisation à courte échelle des moments magnétiques. Seule la mécanique quantique peut donner cette explication : cette interaction, dite interaction d'échange, est d'origine électrostatique par mise en commun d'électrons entre atomes voisins.

2. Dont le nom est à l'origine du terme magnétisme.

3. Dans tout ce chapitre, qui concerne la matière, les grandeurs considérées, comme $\vec{M}$, $\vec{B}$ ou $\vec{H}$ sont des grandeurs nivelées, c'est-à-dire prises à une échelle spatiale telle que les effets instantanés sont gommés, et aussi à une échelle telle que ne subsistent que des valeurs moyennées de ces grandeurs (échelle mésoscopique).

4. En électrotechnique des milieux magnétiques la « polarisation magnétique » est aussi utilisée :

$$\vec{J} = \mu_0 \vec{M} = \mu_0 \frac{d\vec{m}}{dV}.$$

5. Cette distribution de courants est une modélisation de $\vec{M}$. Elle n'a pas de réalité physique dans le matériau.

6. Cette forme de la relation permet de simplifier les écritures ultérieures des équations de Maxwell dans les milieux (§ B.3). Nous pouvons soumettre cette relation à l'examen de considérations dimensionnelles et tensorielles. Par exemple, $\vec{M}$ est un vecteur axial, $\vec{rot}(\vec{M})$ est un vecteur polaire, comme $\vec{j}_{lié}$.

7. La densité de courant lié est associée aux courants dus aux moments magnétiques (*cf.* § B.2). La densité de courant libre est associée aux courants de conduction ordinaires que nous connaissons dans les circuits macroscopiques habituels, et dont l'intensité est mesurée avec un ampèremètre.

On a donc $\overrightarrow{\mathrm{rot}}(\vec{B}) = \mu_0 (\vec{j}_{libre} + \vec{j}_{lié})$[1] où $\vec{B}$ est le champ magnétique total engendré par les courants de conduction, ou courants libres de densité de courant $\vec{j}_{libre}$, et par les courants liés de densité de courant $\vec{j}_{lié}$[2].

Comme $\overrightarrow{\mathrm{rot}}\left(\dfrac{\vec{B}}{\mu_0} - \vec{M}\right) = \vec{j}_{libre}$, nous introduisons alors un champ annexe $\vec{H}$, appelé induction magnétique, tel que $H = \dfrac{\vec{B}}{\mu_0} - \vec{M}$, dont l'intérêt réside dans ce qu'il n'est lié qu'à $\vec{j}_{libre}$, grandeur dont nous mesurons directement l'existence sous la forme de I_{libre} dans les expériences, en utilisant un ampèremètre. De façon tout à fait équivalente, nous pouvons écrire : $\vec{B} = \mu_0 (\vec{H} + \vec{M})$.

L'équation de Maxwell-Ampère s'écrit donc :

$$\overrightarrow{\mathrm{rot}}\,(\vec{H}) = \vec{j}_{libre}.$$

1. Dans le cas où l'on tient compte de la polarisation, l'équation de Maxwell-Ampère devient : $\overrightarrow{\mathrm{rot}}(\vec{H}) = \vec{j} + \dfrac{\partial \vec{D}}{\partial t}$.

2. Rappelons qu'il s'agit d'une modélisation et que ces courants n'ont pas de réalité physique.

B.4. Le théorème d'Ampère

En partant de la relation $\overrightarrow{\mathrm{rot}}\,(\vec{H}) = \vec{j}_{libre}$ intégrée sur une surface S s'appuyant sur un contour fermé C donné il vient :

$$\iint_S \overrightarrow{\mathrm{rot}}\,(\vec{H})\cdot\vec{dS} = \iint_S \vec{j}_{libre}\cdot\vec{dS} = nI^{3},$$

et en utilisant la relation de Stockes-Ampère $\iint_S \overrightarrow{\mathrm{rot}}\,(\vec{H})\cdot\vec{dS} = \oint_C \vec{H}\cdot\vec{d\ell}$, nous obtenons le **théorème d'Ampère** :

$$\boxed{\oint_C \vec{H}\cdot\vec{d\ell} = I_{libre} = nI}$$

Dans le cas où le vecteur excitation magnétique peut être considéré comme constant sur chaque déplacement élémentaire $\vec{d\ell}$ le long du contour C, et si le courant libre est dû à n spires parcourues par un courant I, la relation devient :

$$\boxed{\Sigma \vec{H}\cdot\vec{d\ell} = nI}\ ^{4}$$

3. I est compté positivement s'il traverse la surface dans le sens du vecteur $\vec{S}$, lui-même défini par le sens du contour C.

4. Le théorème d'Ampère traduit physiquement la conversion d'énergie électrique en énergie magnétique.

B.5. La loi de Faraday [5]

Cette loi s'établit comme précédemment en intégrant la relation de Maxwell-Faraday $\overrightarrow{\mathrm{rot}}(\vec{E}) = -\dfrac{\partial \vec{B}}{dt}$ sur une surface S s'appuyant sur un contour fermé C :

$$\iint_S \overrightarrow{\mathrm{rot}}\,(\vec{E})\cdot\vec{dS} = -\frac{d}{dt}\left(\iint_S \vec{B}\cdot\vec{dS}\right) = -\frac{d(\Phi)}{dt}.$$

Comme $\iint_S \overrightarrow{\mathrm{rot}}\,(\vec{E})\cdot\vec{dS} = \oint_C \vec{E}\cdot\vec{d\ell}$, nous noterons $\oint_C \vec{E}\cdot\vec{d\ell} = e$[6], appelée force électromotrice (f.é.m.). D'où la **loi de Faraday** :

$$\boxed{e = -\frac{d\Phi}{dt}}\ ^{7}$$

Le théorème d'Ampère et la loi de Faraday, par les interactions qu'elles décrivent, sont les **lois fondamentales de l'électrotechnique**.

5. Réciproquement au théorème d'Ampère, la loi de Faraday traduit physiquement la conversion d'énergie magnétique en énergie électrique.

6. À noter que sur un contour fermé, c'est la composante non conservative du champ électrique qui donne lieu à une force électromotrice e.

7. *Cf.* cours d'électromagnétisme. La f.é.m. est la circulation d'un champ électromoteur sur un circuit filiforme. Elle coïncide avec la circulation d'un champ électrique si on se place dans le référentiel du circuit (ou le référentiel local du circuit s'il est déformable).

B.6. Champ magnétique total $\vec{B}$ dans le matériau

D'après la relation de définition de l'induction magnétique $\vec{H}$ (*cf.* § B. 3), $\vec{B} = \mu_0 (\vec{H} + \vec{M}) = \mu_0 \vec{H} + \mu_0 \vec{M}$, nous pouvons interpréter le champ magnétique total $\vec{B}$ dans le matériau comme la somme de deux termes :

– un champ magnétique dû à un courant extérieur (par exemple, un courant de conduction comme dans le cas du transformateur) :

$$\boxed{\vec{B}_{ext} = \mu_0 \vec{H}}$$

– un champ magnétique relevant de l'aimantation créé par les dipôles magnétiques du matériau :

$$\boxed{\vec{B}_{ai} = \mu_0 \vec{M}}$$

Les équations fondamentales concernant le champ magnétique total $\vec{B}$ dans le matériau sont donc :

$$\begin{cases} \operatorname{div}(\vec{B}) = 0 \\ \overrightarrow{\operatorname{rot}}(\vec{B}) = \mu_0 (\vec{j}_{\text{libre}} + \vec{j}_{\text{lié}}) = \mu_0 \overrightarrow{\operatorname{rot}}(\vec{H}) + \mu_0 \overrightarrow{\operatorname{rot}}(\vec{M}) \end{cases}$$

B.7. Milieux magnétiques linéaires isotropes

B.7.1 – Définition

Dans ce cas, la direction du vecteur aimantation $\vec{M}$ est toujours celle du champ magnétique extérieur $\mu_0 \vec{H}$. Nous pouvons donc écrire :

$$\boxed{\vec{M} = \chi_m \vec{H}}$$

où χ_m est la susceptibilité magnétique du milieu magnétique. Il en résulte que :

$$\boxed{\vec{B} = \mu_0 (\vec{H} + \vec{M}) = \mu_0 (1 + \chi_m) \vec{H}}.$$

Comme $\|\vec{M}\|$ et $\|\vec{H}\|$ s'expriment dans la même unité, χ_m est une constante sans dimension.

Or, $\vec{B} = \mu \vec{H}$, où $\mu = \mu_0 \mu_r$ est la perméabilité magnétique absolue du milieu. Nous obtenons alors le lien entre χ_m et μ :

$$\boxed{\mu = \mu_0 (1 + \chi_m) \quad \text{ou} \quad \mu_r = 1 + \chi_m}$$

Définition 1

Un milieu magnétique est **linéaire** si la relation B(H) est linéaire, c'est-à-dire si μ (ou encore μ_r) ne dépend pas de H.

Ainsi en est-il des milieux diamagnétiques ou paramagnétiques, dans le cas des faibles aimantations.

B.7.2 – Les milieux diamagnétiques

Propriété 1

Un **milieu diamagnétique** est le siège d'une **aimantation opposée** à celle du champ $\vec{B}_{ext}$ et lui est proportionnelle (figure 1) :

$$\boldsymbol{\vec{M} = \chi_m \vec{H}, \text{ avec } \chi_m < 0.}$$ [1]

1. $\vec{M}$ et $\vec{H}$ sont de même direction mais de sens contraire dans le matériau diamagnétique.

La susceptibilité magnétique χ_m reste petite : $|\chi_m| < 10^{-4}$. Nous avons donc $\mu_r < 1$ et peu différent de 1.

Le diamagnétisme étant une propriété due à l'interaction des électrons, elle concerne toute la matière. χ_m ne dépend pratiquement pas de la température pour des solides ou des liquides diamagnétiques.

B.7.3 – Les milieux paramagnétiques

Propriété 2

Un **milieu paramagnétique** est le siège d'une **aimantation de même sens** à celle du champ $\vec{B}_{ext}$ et lui est proportionnelle (figure 1) :

$$\vec{M} = \chi_m \vec{H}, \text{ avec } \chi_m > 0.$$ [1]

1. $\vec{M}$ et $\vec{H}$ sont de même direction et de même sens dans le matériau paramagnétique.

2. Le couplage ici envisagé par Heisenberg n'est pas du type dipolaire magnétique.

L'état paramagnétique, qui existe pour certains solides, liquides ou gaz, est un état de couplage lâche[2] des moments magnétiques individuels qui cette fois existent en l'absence de champ magnétique extérieur : le faible couplage permet de modéliser le milieu paramagnétique comme une population de moments indépendants. Ceci permet une aimantation si un champ magnétique extérieur $\vec{B}_{ext}$ existe, puisque ces moments tendent à s'orienter *dans le sens* du champ extérieur appliqué. χ_m est donc une quantité positive qui reste petite et qui dépend de la température.

Typiquement, $10^{-3} < \chi_m < 10^{-6}$: nous avons donc $\mu_r > 1$ et peu différent de 1.

Plus $\vec{B}_{ext}$ est fort, plus l'orientation des moments magnétiques est importante. Il existe cependant un maximum lorsque tous les moments magnétiques sont orientés dans le sens de $\vec{B}_{ext}$. Le matériau est alors à saturation magnétique ; le champ magnétique $\vec{B}$ dans le matériau et l'aimantation $\vec{M}$ restent constants même si $\vec{H}$, et donc $\vec{B}_{ext}$, augmentent encore. En raison du couplage lâche, l'aimantation de ces corps disparaît lorsque $\vec{B}_{ext}$ cesse.

Le paramagnétisme masque le diamagnétisme.

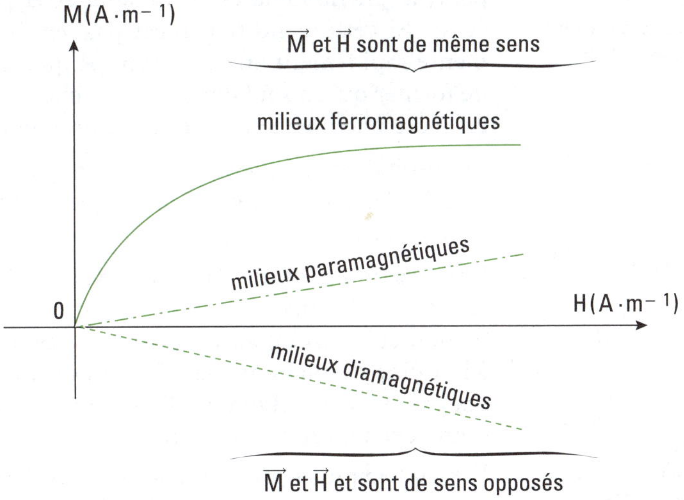

Fig. 1 – Représentation qualitative du comportement magnétique des matériaux.

B. 8. Milieux non linéaires isotropes : les milieux ferromagnétiques

Les milieux ferromagnétiques ont le même comportement que les milieux paramagnétiques avec quatre différences fondamentales :

(i) $\mu_{r_{ferro}} >> \mu_{r_{para}}$[3] ;

(ii) $\mu_{r_{ferro}}$ dépend de H ;

(iii) $\mu_{r_{ferro}}$ dépend de l'état magnétique antérieur de la substance ;

(iv) le ferromagnétisme n'existe que dans des corps à structure cristalline, essentiellement des solides (Fe, Co, Ni, leurs alliages).

3. Dans le cas d'un milieu non linéaire, nous définissons la perméabilité magnétique au choix par une relation :
– locale :
$$d\vec{B} = \mu_0 \mu_r d\vec{H} ;$$
– moyennée :
$$\vec{B} = \mu_0 \mu_r \vec{H}.$$

Il en résulte que pour un noyau ferromagnétique soumis à un champ magnétique :

– ce noyau est attiré par ce champ (électroaimants) ;

– le champ dans le matériau et au voisinage du noyau est beaucoup plus intense que si le champ extérieur agissait dans l'air (inductance élevée des bobines à noyau) ;

– les champs dans le matériau et à l'extérieur du matériau persistent lorsque le champ extérieur cesse (aimants permanents) ;

– au-dessus d'une température T_C, dite température de Curie, propre à chaque substance, et généralement élevée (1043 K pour le fer), ces corps redeviennent paramagnétiques.

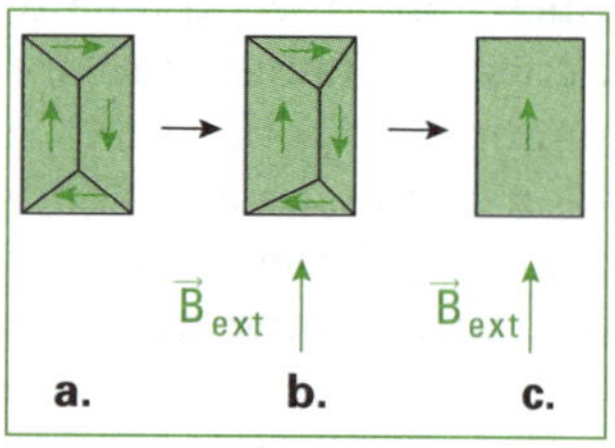

Fig. 2 – Coupe d'un monocristal ferromagnétique.
a. Une structure qui minimise l'énergie magnétique en l'absence de champ extérieur.
b. Sous l'action d'un champ extérieur le domaine de Weiss déjà aligné croît. La paroi de Bloch se déplace.
c. Un seul domaine de haute énergie magnétique. Ce déplacement des parois est bien mis en évidence dans l'effet Barkhausen.

Une substance ferromagnétique présente un ordre plus grand pour les moments magnétiques dont les spins fortement couplés s'alignent dans des domaines d'aimantation appelés domaines de Weiss (1865-1940), contenant de 10^4 à 10^6 atomes, limités par des parois dites de Bloch (1905-1983).

Pour un matériau ferromagnétique n'ayant pas subi d'interaction magnétique extérieure, ou encore désaimanté, en l'absence d'excitation magnétique, l'aimantation des domaines est distribuée au hasard et il n'y a pas d'aimantation globale.

En présence d'une excitation magnétique extérieure non nulle, les domaines de Weiss ayant un moment magnétique de même direction et même sens que le champ magnétique extérieur, grossissent au détriment des autres domaines en déplaçant des parois de Bloch. Si le déplacement de la paroi est petit, le phénomène est réversible et la paroi reprend sa place si le champ cesse. Si cette condition n'est pas vérifiée, l'aimantation du matériau augmente rapidement en même temps que croissent les domaines alignés, pour ne former qu'un seul domaine à l'échelle cristalline (figure 2). L'aimantation est alors maximale et il y a saturation de l'aimantation.

Si l'excitation magnétique cesse, les parois de Bloch se reforment avec une certaine inertie, et non à l'identique (figure 3) ; l'état d'aimantation résiduel n'est pas nul.

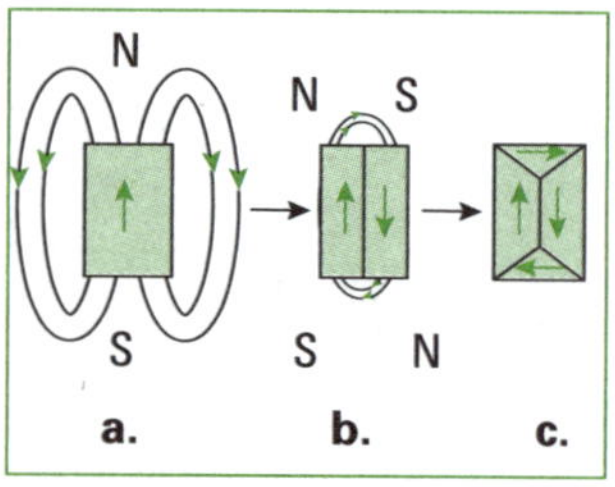

Fig. 3 – Coupe d'un monocristal ferromagnétique.
a. Un seul domaine de Weiss avec une énergie magnétique élevée qui contribue aux lignes de champ extérieures.
b. Le monocristal réduit son champ extérieur et gagne de l'énergie, ce qui lui permet de créer de nouveaux domaines séparés par des parois de Bloch.
c. La création de domaines de fermeture (horizontaux) ferme le flux à l'intérieur du domaine considéré au départ.

L'irréversibilité du déplacement des parois, leur irrégularité due aux impuretés et aux défauts cristallins (comme les lacunes), l'effet retard de leur formation et les multiples combinaisons pour répartir alors l'énergie totale, sont à l'origine du phénomène d'hystérésis. La substance ferromagnétique ne suivra pas le même chemin à l'aimantation et à la désaimantation sous l'action d'une excitation magnétique.

Les associations de domaines dans lesquels les moments magnétiques s'orientent parallèlement et dans le même sens ne sont pas les seuls cas possibles. Il existe des cas où il existe deux sous-réseaux de moments magnétiques opposés.

C'est le cas des milieux antiferromagnétique et ferrimagnétique dont nous pouvons résumer sommairement l'orientation des moments magnétiques atomiques dans la substance sous la forme :

Milieu ferromagnétique type Fe, Co, Ni et leurs alliages, ainsi que Fe_2O_3

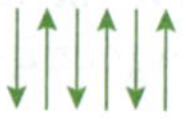

Milieu antiferromagnétique type FeO, NiO, CoO

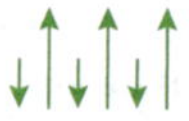

Milieu ferrimagnétique type ferrites à structure de spinelle, MFe_2O_4, où M est Mn-Zn ou Ni-Zn.

C. Étude de l'aimantation d'un matériau ferromagnétique constitué par les tôles d'un transformateur torique

C.1. Choix théoriques et pratiques

C.1.1 – Présentation du problème

Pour étudier l'aimantation, il nous faut créer une excitation $\vec{H}$ facilement mesurable en tous points du milieu ferromagnétique que nous supposerons isotrope et homogène : nous utiliserons le théorème d'Ampère pour déterminer H.

Pour mesurer le champ magnétique $\vec{B}$ dans la matière, nous utiliserons un milieu à géométrie particulière qui nous permettra de connaître en tous points du milieu la direction et le sens de ce champ. Pour la norme de $\vec{B}$, nous utiliserons le flux Φ de ce champ dans un ensemble de spires aux bornes duquel nous mesurerons une tension qui, si la sortie des spires est à vide, se confond avec la force électromotrice e donnée par la loi de Faraday. L'intégration temporelle de $e(t)$ conduira donc à la mesure de B.

L'aimantation $\vec{M}$ se déduira du champ $\vec{B}$ par la relation $\vec{B} = \mu_0\vec{H} + \mu_0\vec{M}$ avec :

$$\vec{B} = \mu_0(1 + \chi_m(\mathrm{H}))\vec{H} = \mu_0\mu_r(\mathrm{H})\vec{H} = \mu(\mathrm{H})\vec{H}\,.$$

Nous voyons que la connaissance de $\mu(\mathrm{H})$ (ou $\mu_r(\mathrm{H})$ ou $\chi_m(\mathrm{H})$) est donc fondamentale pour caractériser le matériau magnétique. Pour obtenir l'allure de $\mu(\mathrm{H})$, nous traçons d'abord la courbe B(H).

C.1.2 – Montage expérimental

Le montage classiquement adopté est le suivant :

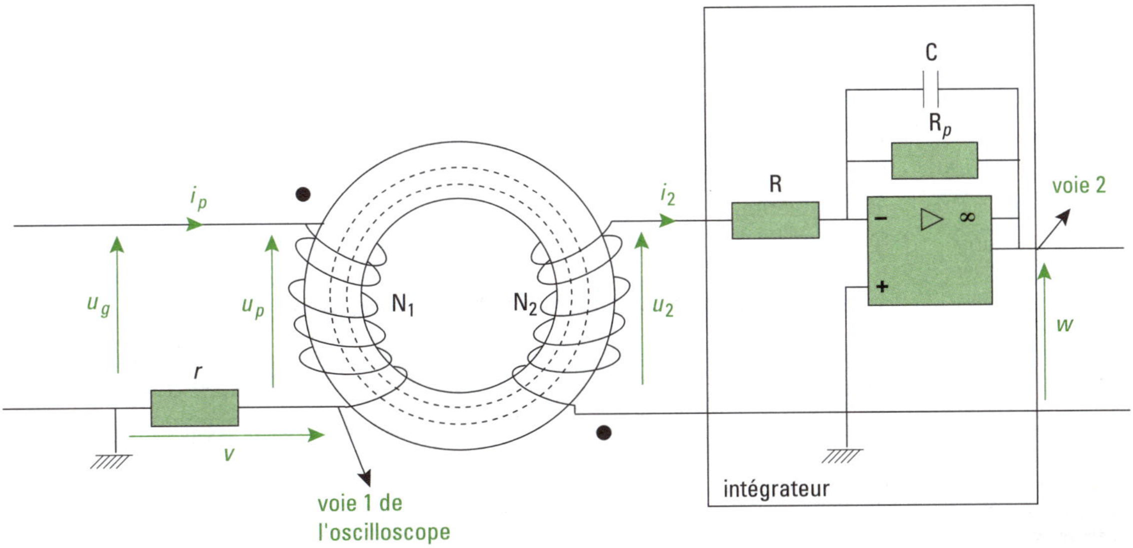

Fig. 4 – Montage permettant le tracé de la courbe B(H). Nous choisissons une convention récepteur à l'entrée ou primaire (u_p, i_p) et une convention générateur en sortie ou secondaire (u_2, i_2), ce qui correspond au fonctionnement normal du transformateur.

- **Sécurité**

Sous peine de danger grave, en aucun cas nous ne pouvons raccorder le secteur 220 V à l'entrée $u_p(t)$ d'un tel montage. Il faut recourir soit à un transformateur d'isolement, soit à un générateur basse fréquence relié à un étage de puissance qui délivre la tension $u_p(t)$: nous avons choisi cette dernière solution en travaillant à la fréquence 60 Hz. L'étage de puissance ne sera pas représenté dans les schémas des montages.

- **Topographie des champs dans le tore**

Le tore formé du matériau à étudier est de section rectangulaire, de hauteur h_t, et constitue l'ossature du transformateur torique. La demi-largeur de la section du tore $\left(\frac{D-d}{4}\right)$ est supposée inférieure au diamètre moyen d_e du tore[1]. À cette condition, le champ magnétique B, l'excitation magnétique H et l'aimantation M sont *uniformes* sur toute section du tore[2].

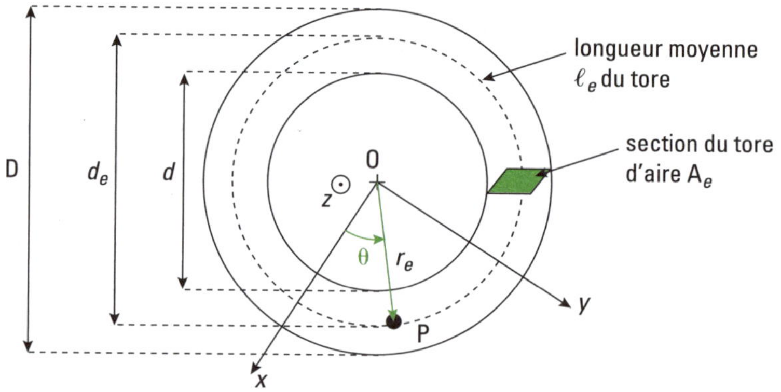

Fig. 5 – Paramètres définissant le tore ferromagnétique étudié.

Vu la symétrie cylindrique du problème (coordonnées r, θ, z), le champ magnétique $\vec{B}_{ext}$ est orthoradial, donc les lignes de champ sont des cercles de centre O, comme celles de l'induction $\vec{H}$. L'application du théorème d'Ampère à un contour fermé à l'extérieur du tore montre que le champ $\vec{B}_{ext}$ est nul à l'extérieur du tore.

En tout point du tore magnétique, $\vec{M}$ est colinéaire à $\vec{B}_{ext}$. Les champs $\vec{B}_{ai}$ et $\mu_0\vec{M}$ ayant même rotationnel et même divergence, nous pouvons écrire que $\vec{B}_{ai} = \mu_0\vec{M}$.

Le champ total $\vec{B}$ est donc colinéaire à $\vec{M}$.

C.1.3 – Mesure de l'excitation magnétique

Pour déterminer à chaque instant l'excitation magnétique H, créée par le bobinage de N_1 spires au primaire, appliquons le théorème d'Ampère à un contour « moyen » de rayon $r_e = \frac{d_e}{2}$, de longueur ℓ_e, situé dans le tore magnétique. Nous obtenons :

$$2\pi r_e H(t) = N_1 i_p(t)^{3}$$

Nous obtenons donc H en relevant à l'oscilloscope la tension $v = ri_p$ et en appliquant ensuite la relation :

$$\boxed{H(t) = \frac{N_1 i_p(t)}{2\pi r_e} = \frac{N_1}{2\pi r_e} \times \frac{v(t)}{r}.}$$

1. Dans notre expérimentation, les paramètres sont :
$D = 63$ mm ;
$d = 38$ mm ;
$h_t = 2{,}5$ cm ;
$A_e = 315$ mm² ;
$r = 1\,\Omega$;
$N_1 = 60$ spires ;
$N_2 = 40$ spires ;
$R = 2{,}7$ kΩ ;
$C = 1\,\mu F$;
$R_p = 10$ MΩ.

2. Pour établir cette condition il suffit de calculer le champ statique créé par un courant d'intensité I passant dans la bobine 1 par exemple et d'écrire que :
$$B\left(\frac{d}{2}\right) \approx B\left(\frac{d}{2} + \frac{D-d}{4}\right).$$

3. À condition que $N_2 i_2$ soit négligeable devant $N_1 i_1$.

1. $H(t)$ représente le champ extérieur créé par la bobine seule.

$v(t)$ est donc l'image de l'induction magnétique $H(t)$ à un coefficient multiplicatif près[1].

Le montage utilisé permet d'obtenir, grâce à un système électronique, une image amplifiée du courant i_p qui traverse alors la résistance r. Ceci permet d'obtenir une tension $v = ki_p$ de valeur facilement mesurable.

Ici le courant i_p est multiplié par un coefficient $k = 100$ ou $k = 10$.

2. En utilisant les valeurs numériques indiquées précédemment.

Ainsi pratiquement[2] :

$$H = 3{,}78\,v \text{ si } k = 100 \text{ et } H = 37{,}8\,v \text{ si } k = 10.$$

C.1.4 – Mesure du champ magnétique

Pour déterminer à chaque instant le champ magnétique B dans le tore, nous utilisons un deuxième enroulement de N_2 spires au secondaire (figure 4). Le flux de $\vec{B}$ à travers cette bobine dépend du temps : il y a induction. Il existe donc aux bornes du secondaire une force électromotrice $e_2(t)$ liée à la variation de flux dans la bobine par la relation :

$$e_2(t) = -\frac{\mathrm{d}\Phi}{\mathrm{d}t}.$$

Remarquons que dans le dispositif d'étude, le courant i_2 au secondaire est très petit, en tous cas négligeable devant les autres courants. Nous considérerons le secondaire ouvert : $i_2 = 0$.

Ainsi, dans les modélisations des figures 4 et 5, nous avons :

$$u_S(t) = u_2(t) = e_2(t).$$

Or, comme $\Phi(t) = N_2 B(t) A_e$, alors :

$$u_S(t) = u_2(t) = -\frac{\mathrm{d}\Phi}{\mathrm{d}t} = -N_2 A_e \frac{\mathrm{d}B}{\mathrm{d}t}(t).$$

Nous comprenons le rôle de l'intégrateur puisque :

$$w(t) = -\frac{1}{RC}\int u_2(t)\,\mathrm{d}t = -\frac{1}{RC}\int\left(-N_2 A_e \frac{\mathrm{d}B}{\mathrm{d}t}(t)\right)\mathrm{d}t = \frac{N_2 A_e}{RC} B(t) + \text{cte}.$$

La constante d'intégration est nulle si $w(t)$ et $B(t)$ sont des fonctions sinusoïdales, ce qui est généralement le cas comme nous le verrons plus loin. Dans le cas contraire, vu l'imperfection de l'amplificateur opérationnel qui conduit à une charge progressive du condensateur, il y a souvent un réglage constructeur permettant d'ajuster la dérive de sortie du montage.

Nous obtenons donc B en relevant à l'oscilloscope la tension $w(t)$ et en appliquant ensuite la relation :

$$B(t) = \frac{RC}{N_2 A_e} w(t).$$

$w(t)$ est donc une image du champ magnétique total créé dans le matériau magnétique, à un facteur multiplicatif près.

3. En utilisant les valeurs numériques indiquées précédemment.

Ainsi pratiquement[3] :

$$B(t) = 0{,}214\,w(t).$$

C.2. Tracé de la courbe B(H)

Nous imposons une tension $u_p(t)$ à l'entrée, alternative, sinusoïdale, d'amplitude 6 V et de fréquence 60 Hz. Après acquisition des courbes $v(t)$en voie 1, ou voie de déviation horizontale, et $w(t)$ en voie 2, ou voie de déviation verticale, à l'aide d'un oscilloscope numérique, nous obtenons en mode XY l'oscillogramme suivant :

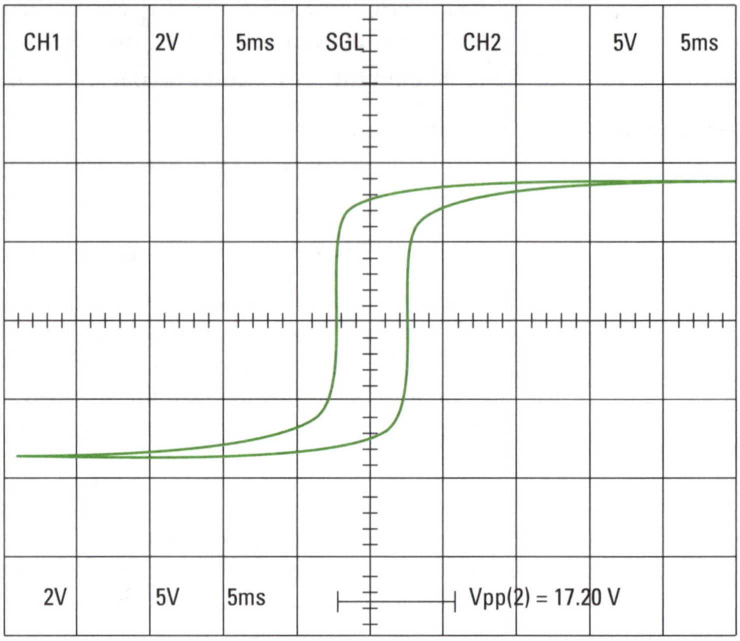

Fig. 6 – Oscillogramme de $w(v)$.

Cette courbe montre comment le milieu réagit à l'excitation magnétique H.

À l'aide d'une acquisition informatisée suivie d'un traitement, convertissons la courbe $w(v)$ avec w et v en volts, en une courbe B(H) avec B en tesla (T) et H en $A{\cdot}m^{-1}$ (les facteurs de conversion ont été introduits plus haut : ici $k = 10$). Nous obtenons :

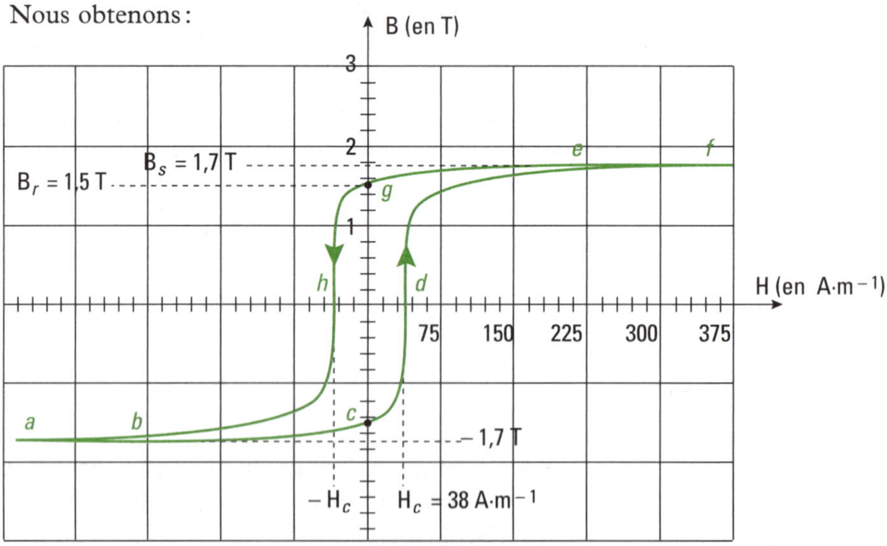

Fig. 7 – Cycle d'hystérésis B(H) du matériau étudié.

Nous venons de mettre en œuvre une méthode standard d'analyse de matériau à une fréquence de travail donnée, ici 60 Hz.

Grâce au courant au primaire, nous avons donc imposé une induction magnétique dans ce matériau qui a réagi en livrant la réponse B(H).

À cette fréquence, l'analyse du cycle obtenu montre que :

– L'induction H varie entre deux valeurs extrémales – H_m et H_m qui dépendent de l'amplitude du courant d'entrée et donc de la tension d'entrée ; ici $H_m = 375\ A{\cdot}m^{-1}$ [1].

– En comparant les parcours aller *a, b, c, d, e, f* et retour *f, e, g, h, b, a*, nous remarquons que la courbe B(H) suivie par le système à l'aller diffère de la courbe B(H) suivie au retour. Ceci est dû à l'*irréversibilité* des processus d'aimantation.

– Une même valeur de H, comprise entre les points *b* et *e* du cycle, correspond à deux valeurs du champ magnétique total dans le matériau. B dépend donc de H mais aussi de l'histoire magnétique, de l'aimantation antérieure du matériau. Cet effet mémoire justifie le nom de **cycle d'hystérésis**[2].

– Il y a *saturation du noyau magnétique*. Ainsi, le long de *ab* et de *ef*, l'excitation H augmente alors que $\vec{B}_{ai}$ n'augmente plus. Le champ $\vec{B}_{ext}$ augmente, mais le milieu ne répond plus par un champ $\vec{B}_{ai}$ contribuant à l'aimantation.

L'aimantation est à saturation de valeur constante M_S. Le champ dans le matériau est encore linéaire par rapport à H, de la forme $B = \mu_0 H + \mu_0 M_S$. L'intersection de cette droite, à très faible pente, avec l'axe des ordonnées nous donne le point d'ordonnée $\vec{B}_{ai_S} = \mu_0 M_S$.

Nous reconnaissons là la limite de saturation évoquée dans la description du ferromagnétisme. Alors qu'il y a des fuites, même sans saturation, dans le cas présent une partie des lignes de champ n'est plus canalisée par le noyau magnétique et se perd[3]. Cette situation ne présente donc aucun intérêt dans le cas du transformateur.

Dans notre cas, la valeur maximale du champ magnétique est $B_S = 1{,}7\ T$[4]. C'est une valeur énorme ! Pour créer ce même champ dans l'air au centre d'un classique solénoïde de laboratoire de longueur 0,75 m comportant 485 spires, il faudrait le faire traverser par un courant d'intensité 2000 A, alors qu'il ne peut supporter que 8 A !

– Si l'excitation cesse, H rejoint la valeur H = 0 en suivant le cycle d'hystérésis. Pour cette valeur H = 0, le champ résultant dans le matériau demeure à une valeur élevée, qui persiste sans champ magnétique extérieur, ou induction. Ce champ est appelé le champ rémanent B_r. Pour le matériau étudié, $B_r = 1{,}5\ T$. La substance reste donc aimantée à un niveau élevé[5], dans l'un ou l'autre des états correspondants aux points *a* et *c* sur le cycle de la figure 7.

Nous avons donc la possibilité de fabriquer ainsi des aimants permanents, très utilisés dans l'électrotechnique.

– On peut toujours désaimanter une substance ayant un champ rémanent.

Ainsi, dans notre cas pratique, depuis le point *c*, il suffit de faire croître l'excitation de la valeur H_c pour obtenir à la fin un champ B = 0 (réciproquement pour le point *g*, faire décroître l'excitation de H_c).

H_c est appelé abusivement le champ coercitif. Ici, $H_c = 38\ A{\cdot}m^{-1}$.

C.3. Courbes de première aimantation

Nous traçons ici la courbe B(H) du matériau magnétique précédent **d'abord désaimanté**[6] de forme torique, soumis au champ créé par le bobinage comportant N_1 spires alimenté par une rampe de courant quasi-statique. Nous obtenons la « courbe de première aimantation » B(H) (figure 8), puis la courbe M(H)[7] (figure 9) avec :

$$M(H) = \frac{B(H)}{\mu_0} - H.$$

1. La limite est ici celle de l'alimentation, pas celle du matériau. Le primaire du transformateur est alors traversé par un courant i_1 d'intensité 1A.

2. Étymologiquement, « être en retard ».

3. Notion de pertes de flux à voir au paragraphe E.2.1.

4. Conventionnellement, on nomme ce champ B_S. Il s'agit du champ à saturation dans les conditions de l'expérience.

5. Dans la réalité, ce champ rémanent va diminuer au cours du temps puisque l'état ordonné ferromagnétique est toujours en compétition avec le désordre créé par l'agitation thermique. Des chocs éventuels créent la même conséquence.

6. Pour désaimanter un matériau aimanté, il suffit de faire décrire à ce matériau des cycles d'hystérésis d'amplitude de plus en plus réduite en diminuant l'amplitude de la tension d'entrée $u_p(t)$. Ainsi en est-il dans l'effacement des bandes magnétiques sur les « lecteurs de cassettes ».

7. Si le champ d'excitation est faible devant l'aimantation, les cycles B(H) peuvent être assimilés à des cycles M(H).

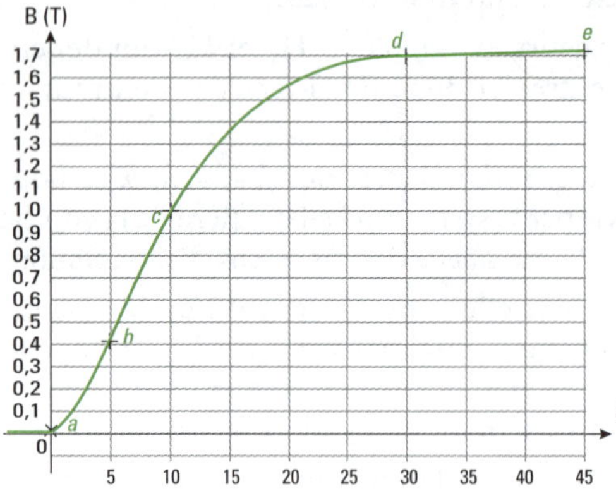

Fig. 8 – Courbe B(H) lors d'une première aimantation du matériau étudié.

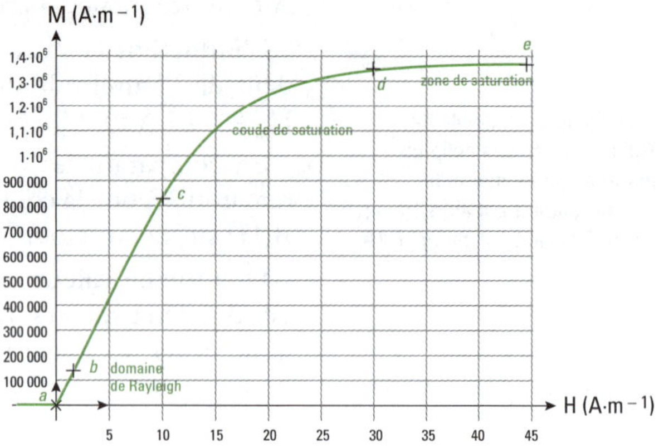

Fig. 9 – Courbe M(H) lors d'une première aimantation du matériau étudié.

Sur les courbes B(H) ou M(H), nous observons quatre zones différentes :

– de *a* vers *b*, une zone en forme de parabole dit domaine de Rayleigh ;

– de *b* vers *c*, une zone linéaire d'augmentation rapide de B qui montre que la perméabilité et la susceptibilité dépendent de H ;

– de *c* vers *d*, une zone de courbure appelée coude se saturation ;

– de *d* vers *e*, une zone de saturation dans laquelle la relation $\vec{B} = \mu_0(\vec{H} + \vec{M})$ se réduit à $\vec{B}_{sat} = \mu_0 \vec{M}_{sat}$ puisque la variation de H est sans effet sur celle de B. Ici $M_{sat} = 1,6 \times 10^6$ A·m^{-1}, ce qui est un ordre de grandeur convenable pour un noyau à base de fer. L'excitation maximale H_m dépend, elle, du matériau considéré. Elle peut être très élevée et atteindre 10^6 A·m^{-1}.

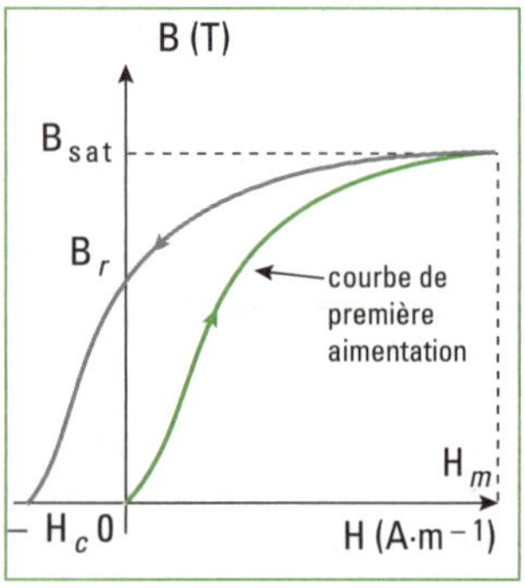

Fig. 10 – Courbe de première aimantation et effet d'hystérésis.

Si l'on fait décroître l'excitation depuis la valeur H_m (figure 10), toujours de manière quasi-statique[1], le chemin suivi par les courbes B(H) et M(H) au retour n'est pas le même. Nous retrouvons ici le phénomène d'hystérésis. Cette dernière manipulation, non possible sur la maquette didactique utilisée, permet de définir précisément les notions de champ rémanent B_r (qui subsiste lorsque H s'annule) et de champ coercitif H_c (excitation qu'il faut imposer au matériau pour faire disparaître le champ magnétique rémanent)[2].

L'influence de la fréquence, tous les autres paramètres étant maintenus identiques, est montrée par les enregistrements faits aux fréquences d'environ 30 Hz et 60 Hz[3].

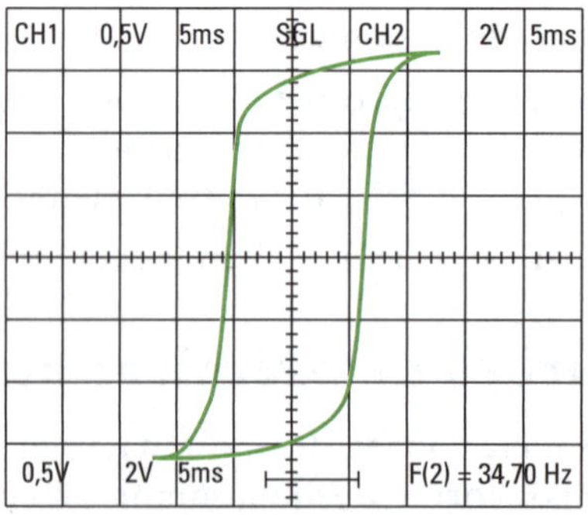

Fig. 11 – Cycle d'hystérésis tracé à la fréquence 30 Hz environ. Largeur de cycle : 2,2 carreaux ; $k = 10$ V/A ; $H_c \approx 21$ A·m^{-1}.

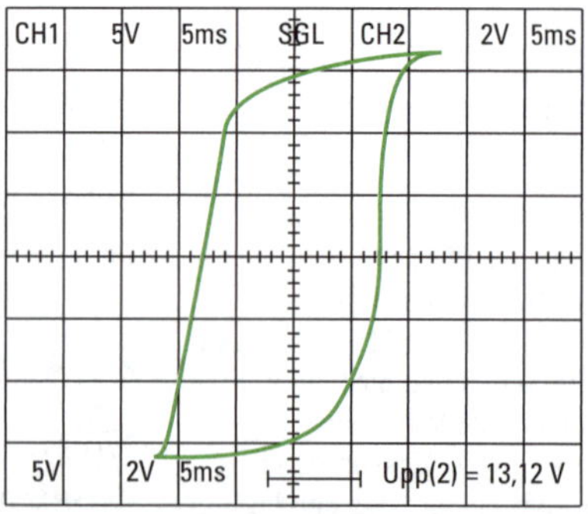

Fig. 12 – Cycle d'hystérésis tracé à la fréquence 60 Hz environ. Largeur de cycle : 3 carreaux ; $k = 100$ V/A ; $H_c \approx 28$ A·m^{-1}.

Nous constatons que le cycle s'élargit lorsque la fréquence augmente, l'aimantation maximale et le champ rémanent restant les mêmes.

1. Seules des mesures en champ statiques permettent d'obtenir des caractéristiques physiques du matériau, notamment le champ coercitif et la perméabilité. Dans la suite de cette étude, et comme souvent admis, nous attribuerons des propriétés d'origine statiques aux matériaux, à partir de caractéristiques physiques dynamiques issues des acquisitions.

2. Le champ rémanent déterminé de manière statique est généralement plus petit que le champ coercitif dynamique.

3. Les valeurs de *k* différentes expliquent la différence d'échelle.

C.4. Perméabilité magnétique

Elle se définit sur la courbe de première aimantation par $\mu = \dfrac{B}{H}$ en tout point. Nous traçons donc la pente de la courbe B(H) de la figure 8 en fonction de H. μ_r(H) et χ_m(H) s'en déduisent par les relations : $\mu_r = \dfrac{\mu}{\mu_0}$ et $\mu_r = 1 + \chi_m$.

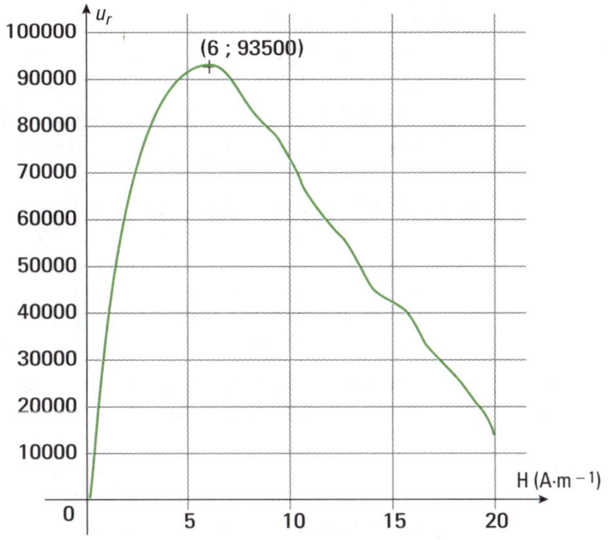

Fig. 13 – Représentation de $\mu_r(H) = \dfrac{B(H)}{H}$ pour l'échantillon considéré (après lissage).

Pour le matériau considéré, la courbe μ_r(H) passe par un maximum.

μ_r(H) atteint un ordre de grandeur de 10^5 pour une excitation magnétique faible, de l'ordre de 10 A·m^{-1}. Ceci donne au matériau d'excellentes propriétés de perméabilité magnétique. Par contre, pour ces valeurs de H, la valeur du champ magnétique B est inférieure à 1 T. Or, dans un transformateur le flux devant être important, il est nécessaire que B soit lui même important. Aussi, le point de fonctionnement d'un transformateur ne prendra pas pour premier critère le maximum de perméabilité.

C'est la valeur maximale de μ qui est généralement donnée comme étant la pente statique d'un point P courant de la courbe B(H) (figure 14).

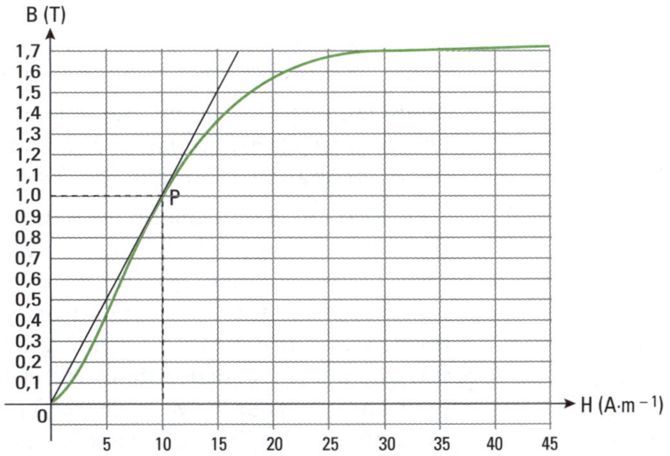

Fig. 14 – Détermination de la perméabilité μ du matériau en utilisant la pente statique de la courbe B(H).

On obtient pour ce matériau : $\mu = \frac{1}{10} = 0{,}1$, ce qui donne :

$$\mu_r = \frac{\mu}{\mu_0} = \frac{0{,}1}{4\pi \times 10^{-7}} \approx 80\,000.$$

Revenons sur la signification de ce dernier résultat : dans ce matériau, le champ créé est 80 000 fois plus grand que celui qui l'a induit. Nous comprenons tout l'intérêt de ce genre de matière : elle est capable de laisser passer de fort flux magnétique d'un point à un autre, donc de permettre de transférer des quantités importantes d'énergie magnétique d'un inducteur (le primaire) vers un induit (le secondaire).

C.5. Nature du matériau

Récapitulons ses caractéristiques à la fréquence de 60 Hz :

$$B_{sat} \approx 1{,}7\,\text{T};\ B_r \approx 1{,}5\,\text{T};\ H_c < 21\ \text{A}\cdot\text{m}^{-1};\ \mu_{r_{max}} = 80\,000$$

Une caractéristique tout aussi importante est μ_{ir}, la perméabilité relative[1] *à l'origine*. Donnons un ordre de grandeur pour ce matériau :

$$\mu_{ir} \approx 16\,000.$$

1. Les constructeurs donnent plutôt cette perméabilité relative à l'origine car sa valeur rend bien compte de la variation, rapide ou non, de B (ou de M).

Le constructeur ajoute que ce matériau est à base de fer et que l'épaisseur des tôles est de 0,3 mm.

L'ensemble de ces données nous permet de penser qu'il s'agit de tôles à base **d'alliage fer-nickel à environ 50 %**. Nous trouvons dans la littérature :

% Ni	épaisseur	B_{sat}	B_r	H_c	μ_{ir}	$\mu_{r\,max}$	pertes à 50 Hz	densité	résistivité	applications
48	0,3 mm	1,6 T	1 T	2,5 à 5 $\text{A}\cdot\text{m}^{-1}$	15 000	75 000	0,3	8	45	transfo. BF, pièces polaires

L'ensemble des paramètres expérimentaux coïncident, à l'exception du champ coercitif et du champ magnétique rémanent.

– Pour le champ magnétique rémanent, ce n'est pas étonnant car les alliages fer-nickel subissent presque toujours des traitements spéciaux destinés à modifier certaines propriétés. Par exemple un traitement S (une recristallisation) pour obtenir une haute perméabilité ; un traitement T (génération d'une structure cristalline cubique) pour obtenir des cycles carrés…

Nous comprenons qu'un traitement T sur un acier de ce type relèvera le champ magnétique rémanent à une valeur proche de celle du champ magnétique à saturation. Nous n'avons là aussi aucune information du constructeur.

– Pour ce qui est du champ coercitif, la valeur obtenue au laboratoire est un peu élevée par rapport à la valeur des tables. Il ne faut pas oublier, comme nous l'avons indiqué, que les paramètres définissant les propriétés magnétiques sont mesurés en régime quasi-statique, dans la pratique avec une fréquence de 1 Hz pour les mesures sur des échantillons toriques. Or, nous avons travaillé à une fréquence de 60 Hz et nous avons montré que la fréquence a pour effet d'élargir le cycle (figures 11 et 12). D'autre part, la taille des grains de la phase cristalline influe sur la valeur du champ coercitif. Ainsi, pour l'alliage fer-nickel à 50 %, le champ coercitif varie de 4 $\text{A}\cdot\text{m}^{-1}$ pour des grains de dimensions 100 µm à 70 $\text{A}\cdot\text{m}^{-1}$ pour des grains de dimensions 4 µm.

Enfin, nous admettons dans la pratique que la valeur du champ coercitif H_c est lue sur le cycle pour un parcours à faible fréquence ou qu'elle correspond à l'abscisse du point d'inflexion de la figure 14, quand on la possède. Ceci nous permet d'indiquer que ce champ coercitif doit approcher la valeur $10\ A\cdot m^{-1}$[1].

1. La littérature permettant d'ajouter que la taille des grains est de l'ordre de 30 µm.

C.6. Interprétation microscopique

Du point de vue de l'interprétation microscopique simplifiée à partir des moments magnétiques, des parois de Bloch et des domaines de Weiss, la partie *ab* correspond à un déplacement réversible des parois, la partie *bc* à un déplacement irréversible et la partie *de* à une rotation de l'ensemble des domaines, jusque là orientés selon une direction spontanée dépendant de la distribution initiale de moments magnétiques, pour s'orienter selon le champ extérieur imposé.

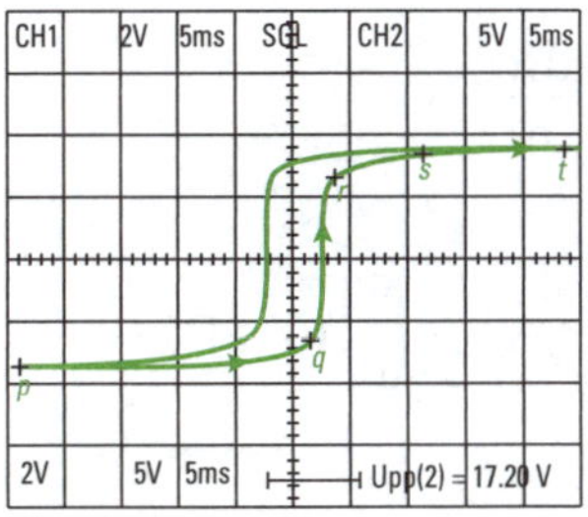

Fig. 15 – Évolution des domaines de Weiss et des parois de Bloch lors du phénomène d'hystérésis.

On retrouve cette même partition sur le cycle d'hystérésis (figure 15) :

– De *p* vers *q*, à l'intérieur des domaines les moments magnétiques sont alignés, par exemple selon  .

– De *q* vers *r*, se déroule le premier saut d'aimantation, la phase de nucléation du retournement de l'aimantation. Sur les défauts cristallins, ou les impuretés du réseau, naît localement une structure de paroi selon  .

– De *r* vers *s*, il y a propagation de la nucléation selon  .

– En *s*, se produit le deuxième saut d'aimantation qui consiste en une annihilation de paroi pour donner  .

Le milieu est alors saturé de *t* vers *s*. Remarquons toute l'importance des défauts et des impuretés qui vont déterminer l'allure de la courbe d'hystérésis et particulièrement la coercivité du matériau. Ainsi, dans la pratique, le concepteur joue sur cette quantité de défauts et leur répartition pour :
– soit retarder la nucléation, et obtenir des matériaux à fort champ coercitif, ou milieu dur, comme les aimants (le champ coercitif d'un aimant Alnico est de l'ordre de $70\,000\ A\cdot m^{-1}$) ;
– soit ne pas la retarder et obtenir des matériaux à faible champ coercitif, ou milieu doux, comme les noyaux de transformateurs, les pièces polaires dynamos ou de moteurs (le champ coercitif du matériau d'une tête de lecture magnétique est de l'ordre de $20\ A\cdot m^{-1}$).

Dans la pratique nous admettons que les matériaux tels que $H_c \leqslant 100\ A\cdot m^{-1}$ sont des matériaux doux et que les matériaux tels que $H_c \geqslant 100\ A\cdot m^{-1}$ sont des matériaux durs.

Un matériau doux possède une forte capacité à réagir à la présence d'un champ extérieur de faible intensité. Le champ coercitif doit être le plus faible possible.

Notons qu'au bout du compte, une partie de l'énergie électrique fournie au transformateur est dégradée sous forme microscopique, au final thermique, dans le noyau magnétique qui s'échauffe, et pour de gros transformateurs, il est nécessaire de refroidir le noyau.

Ces pertes portent le nom de **pertes fer**, que nous allons maintenant étudier dans le paragraphe suivant.

D. Les pertes fer

D.1. Lien entre les pertes fer et l'aire du cycle d'hystérésis

1. La résistance R_1 est ici la résistance des fils de l'enroulement primaire.

La puissance instantanée consommée au primaire du transformateur est[1] :

$$\mathcal{P}_p(t) = u_p(t)\,i_p(t), \text{ avec } u_p(t) = R_1 i_p(t) - e_1 = R_1 i_p(t) + N_1 \frac{d\varphi_1}{dt}.$$

Donc:
$$\mathcal{P}_p = R_1 i_p^2(t) + N_1 i_p(t)\frac{d\varphi_1}{dt}.$$

Or: $i_p(t) = \dfrac{2\pi r_e H(t)}{N_1}$ et $N_1 = \dfrac{d\varphi_1}{dt} = N_1 A_e \dfrac{dB(t)}{dt}$, alors:

$$\mathcal{P}_p(t) = R_1 i_p^2(t) + 2\pi r_e A_e H(t)\frac{dB(t)}{dt}.$$

La puissance moyenne est donc:

$$\langle \mathcal{P}_p(t)\rangle = \frac{1}{T}\int_0^T \mathcal{P}_p(t)\,dt = \frac{1}{T}\int_0^T R_1 i_p^2(t)\,dt + 2\pi r_e A_e \frac{1}{T}\int_0^T H(t)\,dB(t)$$[2]

2. Remarquons ici que $\int H(t)\,dB(t)$ a les dimensions d'une puissance volumique multipliée par une durée ; c'est donc une énergie volumique ($J{\cdot}m^{-3}$).

où T est la période de la tension excitatrice $u_p(t)$.

Le premier terme du bilan de puissance n'est autre que la puissance Joule $\mathcal{P}_j$ consommée dans la résistance d'entrée, qui s'écrit:

$$\boxed{\mathcal{P}_j = R_1 I_p^2}$$

où I_p est la valeur efficace du courant $i_p(t)$.

Dans le second terme, nommé pertes fer, $2\pi r_e A_e$ est le volume V_e du tore, donc du matériau magnétique concerné. Le produit $H(t)\,dB(t)$ est l'aire sous la courbe H(B), égale à l'aire sous la courbe B(H) (*cf.* figure 16).

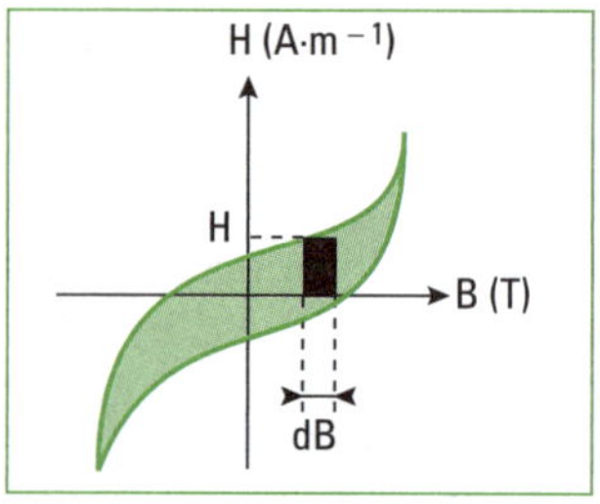

Fig. 16 – Aire du cycle d'hystérésis.

$A = \int_0^T H(t)\,dB(t)$ est donc l'aire comprise à l'intérieur du cycle. De la sorte:

$$\boxed{\mathcal{P}_f = \frac{V_e A}{T}.}$$

D.2. Mesure des pertes fer

Reprenons l'acquisition faite dans les conditions de la figure 4. Nous limiterons le champ magnétisant en agissant sur la tension d'entrée $u(t)$ de manière à placer le maximum de l'aimantation obtenue dans le coude de saturation.

D'une part, nous évitons la saturation, qui consomme de l'énergie et n'en véhicule pas puisque le champ B restant constant, le flux recueilli au secondaire ne varie pas.

D'autre part, pour limiter le dimensionnement du noyau magnétique d'un transformateur, il faut réduire les sections des pièces magnétiques; pour autant, c'est le flux qui va être le vecteur de l'énergie. Il convient donc de travailler à induction élevée, donc au coude de saturation, même si dans ce cas intervient la non-linéarité de la caractéristique magnétique et souvent une valeur de μ qui n'est pas maximale au coude de saturation.

Nous obtenons :

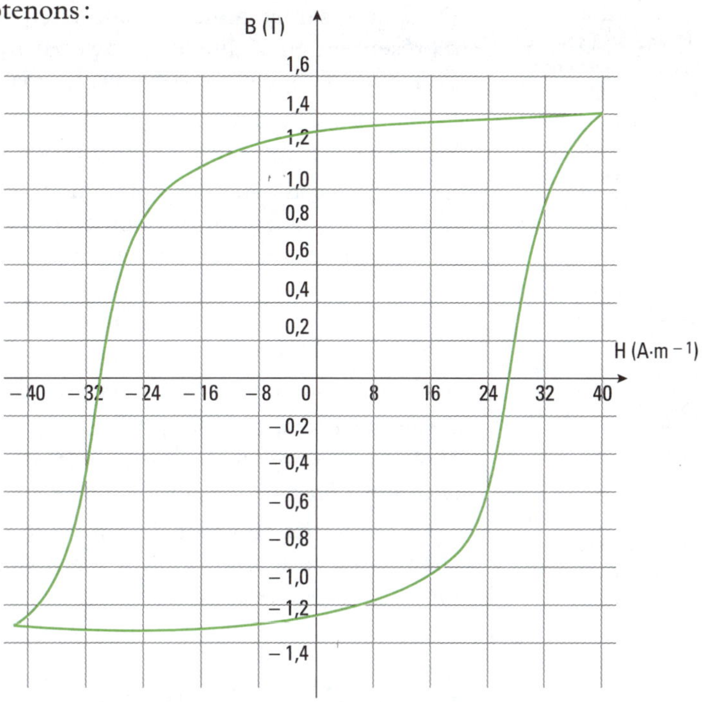

Fig. 17 – Relevé du cycle d'hystérésis du matériau magnétique.

L'aire du cycle peut être évaluée en comptant les carreaux[1]. Nous trouvons environ 88 carreaux, chaque carreau représentant :

$$8 \times 0,2 = 1,6 \text{ J}\cdot\text{m}^{-3}.$$

Le cycle montre donc une consommation d'énergie volumique :

$$A = 1,6 \times 88 \approx 141 \text{ J}\cdot\text{m}^{-3}.$$

Le volume du tore est $V_e \approx 50\,000$ mm³ et $T = \dfrac{1}{60}$ s. La puissance des pertes fer est donc :

$$\mathcal{P}_f = \frac{V_e A}{T} = \frac{50\,000 \times 10^{-9} \times 141}{\dfrac{1}{60}} = 0,423 \text{ W ou } 423 \text{ mW}.$$

La masse m du noyau magnétique est[2] :

$$m = 50\,000 \times 10^{-9} \times 8\,000 = 0,4 \text{ kg},$$

ce qui permet de calculer la perte massique :

$$\mathcal{P}_m = \frac{\mathcal{P}_f}{m} = \frac{0,423}{0,4} \approx 1 \text{ W/kg}.$$

Cette valeur représente un ordre de grandeur courant des pertes fer qui s'échelonnent, à 50 Hz, de 0,008 W/kg pour les alliages Ni-Mo-Fe à 3,6 W/kg pour les alliages Fe-Si à 1 %[3].

D.3. Nature des pertes fer

Nous avons vu précédemment que le cycle d'hystérésis s'élargit si la fréquence augmente. Pour l'expliquer, nous faisons souvent appel aux courants de Foucault, induits dans la masse du matériau, s'il est conducteur, en raison de la loi de Faraday. Certes, ces courants existent, mais cette vision des pertes ignore la subdivision en domaines et son anisotropie.

1. Citons aussi la méthode de la « pesée de la surface du cycle ». On imprime d'abord deux fois de suite le cycle sur un papier à fort grammage. On découpe la surface du cycle et on la pèse avec une balance de précision. Dans la deuxième feuille, on découpe une surface régulière correspondant à un nombre entier de graduations des axes B et H, en quantité à peu près égale à celle du cycle. Grâce à cette dernière manipulation, on possède l'équivalence masse-énergie volumique qu'il suffit d'utiliser pour déterminer l'énergie volumique correspondant à la masse de la surface du cycle.

2. Masse volumique de l'alliage : 8 000 kg·m⁻³.

3. Ces pertes peuvent sembler faibles. Une estimation a montré cependant qu'elles représentaient, durant la durée de vie d'un transformateur, la moitié de son prix, ceci parce que les transformateurs travaillent 24 h sur 24 et qu'en charge ou non, ils consomment les pertes fer.

1. Attention, il s'agit d'une énergie volumique, qui selon ce développement devrait varier linéairement avec la fréquence. Pour ce qui est de la puissance, elle dépendrait évidemment du carré de la fréquence.

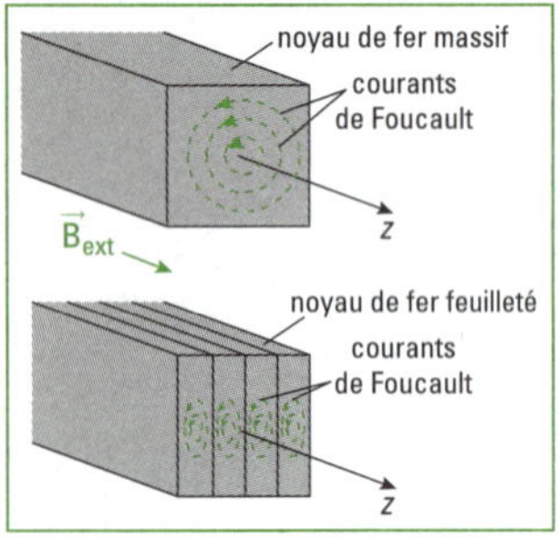

Fig. 18 – En pratique, le circuit magnétique est feuilleté, c'est-à-dire constitué d'un empilage de tôles séparées par un isolant (verni).

Dans un essai dynamique comme ici, nous mesurons donc les pertes fer qui représentent en réalité les pertes par hystérésis *et* les pertes par courants de Foucault. Nous ne pouvons pas les distinguer.

Seul un tracé statique permettrait d'évaluer les pertes par hystérésis isolées et les pertes par courant de Foucault à une fréquence donnée, par différence.

Le modèle classique des pertes dans le domaine des basses fréquences, qui ignore le déplacement des domaines mais qui prend en compte les courants induits, mène à une énergie volumique perdue par cycle s'exprimant sous la forme :

$$E_{pc} = \frac{(\pi e B_m)^2}{6\rho} f \text{ [1]},$$

où e est l'épaisseur de la tôle et ρ la résistivité du matériau.

Dans notre cas, ce calcul mène à $E_{pc} = 4 \cdot 10^{-3}\ \mathrm{J \cdot m^{-3}}$, quantité qui ne peut expliquer l'élargissement du cycle sous l'action de la fréquence, car nous ignorons l'énergie consommée lors du déplacement des domaines.

Pour limiter les courants de Foucault, il faut diminuer l'épaisseur e des tôles (figure 18) et augmenter leur résistivité, ce que fait par exemple le silicium dans les tôles Fe-Si.

E. Application au transformateur réel

2. Pour une raison qui apparaîtra ultérieurement, nous noterons d'un indice p les grandeurs électriques à l'entrée, au primaire du transformateur réel, et d'un indice s la tension de sortie au secondaire. Le courant au secondaire sera indicé 2.

Nous introduisons ici le modèle du transformateur réel car seule sa mise en place permet d'interpréter convenablement les mesures expérimentales[2].

Dans l'étude qui suit, nous considérerons que le régime sinusoïdal est établi dans le transformateur et que nous travaillons dans le régime de l'approximation des régimes quasi-stationnaires (ARQS).

Le transformateur ayant pour fonction de transférer une puissance électrique d'une source vers une charge, en alternatif, sans changer la fréquence, nous adopterons la représentation des grandeurs électriques sous la forme d'amplitude complexe $\underline{U}_m$ ou de grandeur efficace complexe $\underline{U}$.

Nous savons que le transformateur réel possède des défauts en comparaison du transformateur parfait. Tout en analysant progressivement les sources et les conséquences de ces défauts, nous bâtirons en même temps un modèle du transformateur basé sur le modèle parfait que nous « habillerons » d'une modélisation de ces défauts.

E.1. Les pertes par effet Joule ou pertes cuivre

Contrairement à l'hypothèse retenue pour définir le transformateur parfait, les enroulements, qui sont généralement composés de fil de cuivre électrolytique émaillé, possèdent donc une résistance électrique source de pertes par effet Joule. Pour évaluer ces résistances :
– soit nous disposons des données constructeur sur la longueur totale ℓ du fil enroulé et sur sa section S, ce qui est rare, et alors nous pouvons obtenir la résistance d'enroulement par la relation :

$$R = \rho \frac{\ell}{S},$$

où $\rho = 1{,}6 \times 10^{-8}\ \Omega{\cdot}\mathrm{m}$ est la résistivité du cuivre ;
– soit nous procédons à une mesure de ces résistances par la méthode volt-ampèremétrique ($u = Ri$) en montage aval car ces résistances sont faibles.

À ce stade, le modèle pour le transformateur réel est le suivant :

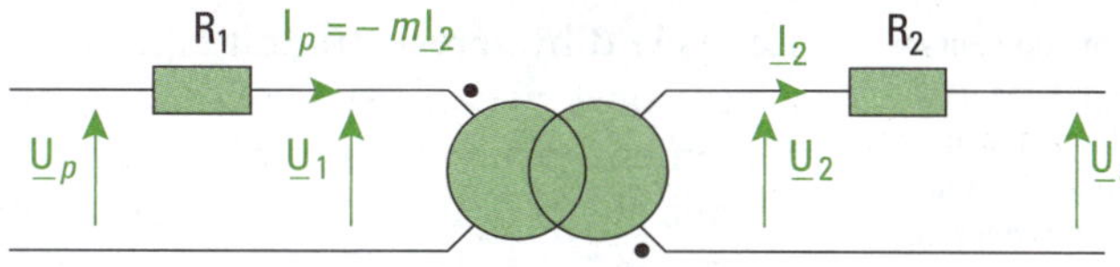

Fig. 19 – Modèle du transformateur réel prenant en compte les résistances des bobinages.

E.2. Les pertes d'origine magnétiques

Le caractère non parfait du transformateur nous a enclin à remettre en cause l'hypothèse de la résistance nulle des enroulements. Un bilan de puissance à ce stade montrerait que les pertes Joule ne permettent pas d'équilibrer le bilan à elles seules. Nous devons maintenant mettre en cause les propriétés magnétiques[1] du noyau du transformateur parfait : une perméabilité magnétique μ infinie ; une absence de fuites de flux magnétique.

1. Dans cette étude, nous laisserons de côté les effets capacitifs qui peuvent exister entre spires.

E.2.1. Les fuites de flux

La forte perméabilité magnétique facilite le passage du flux magnétique dans le milieu magnétique[2]. Les milieux ferromagnétiques canalisent les lignes de champ magnétique.

2. Notons que la perméabilité magnétique μ joue pour le flux magnétique Φ traversant un circuit magnétique le même rôle que la conductivité électrique γ joue pour l'intensité I du courant électrique traversant un circuit électrique.

Dans le cas d'un transformateur torique comportant N_1 spires au primaire et N_2 spires au secondaire, nous obtenons :

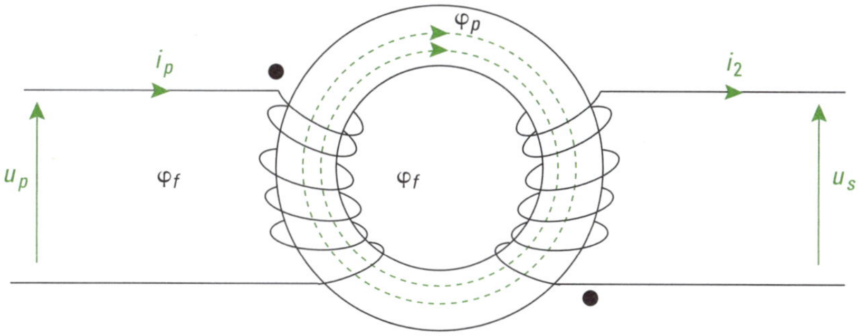

Fig. 20 – Représentation des pertes de flux ; ces mêmes pertes existent au secondaire. Pour des raisons de simplicité de représentation, seules quelques spires sont représentées sur le dessin. Dans la pratique, il faut considérer que les spires sont bobinées de manière régulière sur tout le pourtour du transformateur torique : ceci réduit les pertes de flux.

φ_p est le flux principal par enroulement et φ_f le flux de fuite par enroulement, noté φ_{f1} au primaire. Lorsqu'il n'y aura plus d'ambiguïté, nous noterons φ le flux principal par enroulement[3].

3. Par exemple, lorsque des courants circuleront dans les deux bobinages, ce flux sera le flux dû aux deux enroulements.

À ce stade, le modèle du transformateur réel devient donc :

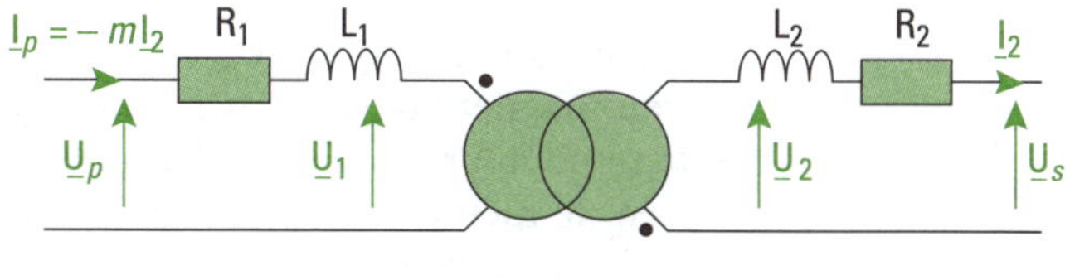

Fig. 21 – Modèle du transformateur réel prenant en compte les résistances des bobinages et les fuites de flux.

E.2.2 – Enroulement fictif – Courant sinusoïdal

Le cycle d'hystérésis traduit la non linéarité magnétique du milieu[1]. Celle-ci a des conséquences sur le courant au primaire qui crée l'excitation de l'enroulement primaire soumis à une tension sinusoïdale. Comme nous le voyons sur la figure 22, le courant, dont $v(t)$ est l'image, n'est pas sinusoïdal alors que la tension d'entrée et la tension au secondaire $w(t)$ le sont. Nous en déduisons que le flux et le champ magnétique sont eux aussi sinusoïdaux[2].

La non linéarité du courant nous empêche d'utiliser facilement toutes les techniques de calculs liées au régime sinusoïdal : et pourtant, le transformateur fonctionne naturellement dans ce régime !

Rien que pour exprimer la puissance d'entrée, il faut alors connaître l'amplitude et la phase du premier harmonique (ou fondamental) du courant[3] !

Afin d'utiliser tous les outils d'étude des circuits fonctionnant en régime sinusoïdal, nous remplaçons l'enroulement réel par un enroulement fictif.

1. Cette non linéarité du courant se produit si la réactance de l'enroulement est non négligeable devant sa résistance. Dans la pratique, il en est ainsi pour les transformateurs.

2. Utiliser pour cette déduction la relation de Boucherot en grandeurs instantanées et la définition de B par rapport au flux.

3. Car les autres harmoniques ne donnent pas lieu à de la puissance active si $u_p(t)$ est sinusoïdale.

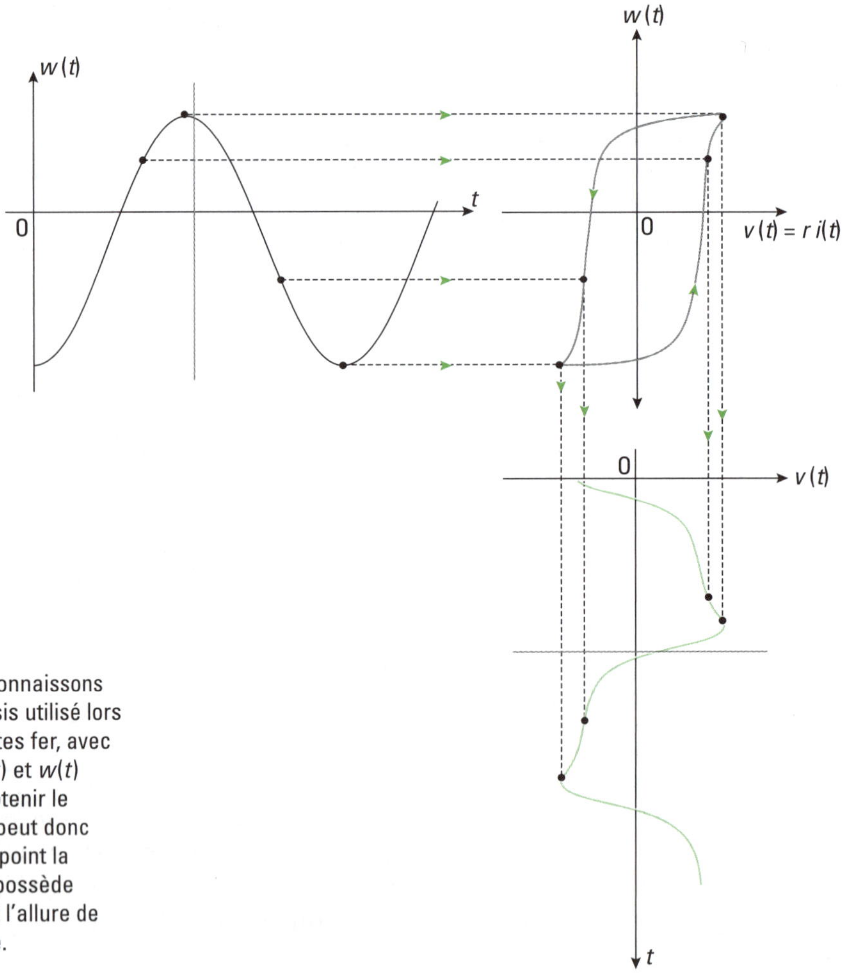

Fig. 22 – Nous reconnaissons le cycle d'hystérésis utilisé lors de l'étude des pertes fer, avec ici les tensions $v(t)$ et $w(t)$ recueillies pour obtenir le tracé de B(H). On peut donc construire point à point la courbe $i(t)$ si l'on possède l'allure du cycle et l'allure de la tension d'entrée.

Les contraintes imposées à cet enroulement fictif, fonctionnant sur le même noyau magnétique, sous la même tension sinusoïdale, sont :

• de se comporter comme l'enroulement réel, c'est-à-dire :

– créer le même champ et le même flux ;

– avoir la même consommation énergétique ;

• de différer de l'enroulement réel de manière à générer *un courant sinusoïdal* lorsqu'il est raccordé à la même source de tension sinusoïdale.

En conséquence :

• Le champ créé par la bobine réelle est $B_m = \dfrac{U_{pm}}{4{,}44 N_1 f A_e}$ d'après la relation de Boucherot (*cf.* exercice 2 du chapitre 1). Ainsi, les champs créés par les deux bobines sous la même tension (U_{pm}, f), pour le même circuit magnétique (A_e), sont les mêmes si l'enroulement fictif compte autant de spires (N_1) dans le cas réel et dans le cas fictif.

• De l'égalité de la consommation énergétique il découle que l'enroulement fictif doit avoir même effet Joule et mêmes pertes ferromagnétiques que l'enroulement réel, d'où :

$$\text{si } R_1(I_{p,\,\text{réel}})^2 = R_1(I_{p,\,\text{sinus}})^2\text{ , alors } I_{p,\,\text{réel}} = I_{p,\,\text{sinus}}$$ [1]

1. Attention, il faut prendre des précautions pour mesurer $I_{p\,\text{réel}}$ qui n'est pas sinusoïdal et utiliser un ampèremètre TRMS.

Dans la suite, nous noterons I_p le courant au primaire au lieu de $I_{p\,\text{sinus}}$. Nous aurons donc :

$$I_p = I_{p,\,\text{sinus}}.$$

L'expression de la puissance fournie à l'enroulement et consommée par les pertes ferromagnétiques n'apporte pas d'éléments simples nouveaux, si ce n'est que la tension sinusoïdale, délivrée par la source, est en avance de phase sur ce courant sinusoïdal. Il n'y a là aucune surprise puisque c'est l'effet de l'inductance qui se manifeste.

Il ressort donc que l'intensité de ce courant sinusoïdal est mesurable sur le circuit réel et qu'il est en retard sur la tension aux bornes de la source.

À partir de maintenant, dans le cadre de la modélisation proposée, nous considérerons donc un transformateur linéaire, ce qui nous permettra d'utiliser la notation complexe.

Il nous reste à présent à modéliser la partie magnétique du transformateur.

E.2.3 – Modélisation de la partie magnétique du transformateur

Les bobines Bo_1 et Bo_2 sont les enroulements fictifs définis précédemment, sans fuites magnétiques, sans résistance ohmique, modélisées à l'extérieur de ces bobines Bo_1 et Bo_2 par les paramètres R_1, R_2, L_1, L_2 comme sur la figure 23.

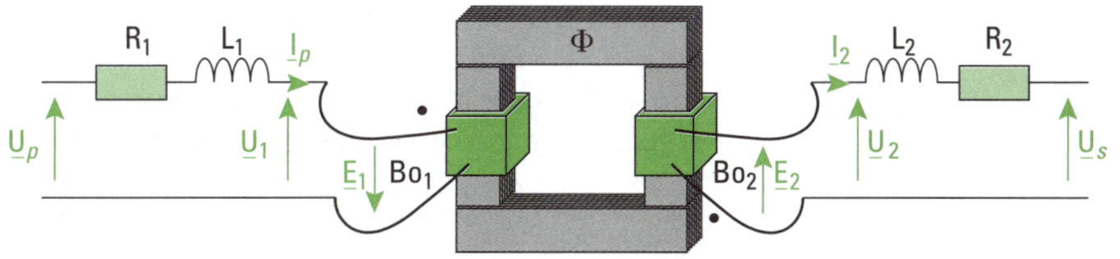

Fig. 23 – État de la modélisation du transformateur avant modélisation de la partie magnétique. E_1 et E_2 sont orientés respectivement dans le sens de i_1 et i_2 conformément aux règles vues pour l'induction électromagnétique.

Le primaire est alimenté sous tension sinusoïdale de pulsation ω : les bobines fictives sont traversées par le même flux Φ canalisé par le noyau magnétique (pas de fuites de flux).

• **Modélisation par les tensions**

– Appliquons la loi des mailles au primaire, nous obtenons :

$$\underline{U}_p = R_1\underline{I}_p + jL_1\omega\underline{I}_p + \underline{U}_1,$$

en respectant la convention d'écriture $u_{L_1}(t) = L_1\dfrac{di_p(t)}{dt}$ en convention récepteur.

Or, d'après la loi de Faraday :

$$\underline{U}_1 = -\underline{E}_1 = -\left(-\frac{d\underline{\Phi}}{dt}\right) = N_1\frac{d\underline{\varphi}}{dt} = jN_1\omega\underline{\varphi},$$

où l'on note $\underline{\varphi}$ la valeur efficace complexe du flux sinusoïdal. Donc :

$$\underline{U}_p = R_1\underline{I}_p + jL_1\omega\underline{I}_p + jN_1\omega\underline{\varphi} \qquad \textbf{(1).}$$

– De la même manière, nous obtenons au secondaire :

$$\underline{U}_S = -R_2\underline{I}_2 - jL_2\omega\underline{I}_2 - jN_2\omega\underline{\varphi}.$$

On peut interpréter ces deux dernières équations par référence au transformateur parfait en disant que les tensions :

$$\underline{U}_1 = -\underline{E}_1 = jN_1\omega\underline{\varphi} \quad \text{et} \quad \underline{U}_2 = \underline{E}_2 = -jN_2\omega\underline{\varphi}$$

représentent les tensions au primaire et au secondaire d'un transformateur parfait inclus dans le modèle du transformateur réel.

Le flux étant commun, nous obtenons de nouveau, dans cette modélisation :

$$\underline{\varphi} = \frac{\underline{U}_1}{jN_1\omega} = -\frac{\underline{U}_2}{jN_2\omega}, \text{ soit : } \boxed{\underline{U}_2 = -\frac{N_2}{N_1}\underline{U}_1}.$$

• **Le transformateur réel : un convertisseur à flux forcé**

La relation (1) permet d'écrire :

$$\underline{\varphi} = \frac{\underline{U}_p - R_1\underline{I}_p - jL_1\omega\underline{I}_p}{jN_1\omega}.$$

Cette valeur dépend maintenant du courant $i_p(t)$ au primaire et non plus simplement de la tension $u_p(t)$ au primaire. Comme nous le verrons, ceci signifie que le flux dépend donc de la charge raccordée au secondaire.

Cependant, dans la pratique, le terme $R_1\underline{I}_p + jL_1\omega\underline{I}_p$, qui représente la chute de tension aux bornes des pertes (flux et joule), est négligeable devant la tension $\underline{U}_p$ à l'entrée du primaire[1]. Nous avons donc :

$$\underline{\varphi} = \frac{\underline{U}_1}{jN_1\omega} \quad \text{et} \quad \underline{\varphi} \approx \frac{\underline{U}_p}{jN_1\omega} \quad \text{puisque } \underline{U}_p \approx \underline{U}_1.$$

1. Dans la pratique, cette hypothèse doit absolument être vérifiée en fin de calcul.

Pour un transformateur donné, les paramètres N_1 et ω sont fixés. Le flux est donc déterminé par la tension d'alimentation. Le transformateur réel est un convertisseur à flux forcé. En conséquence, la relation de Boucherot, qui lie la tension imposée au champ magnétique produit est ici :

$$\underline{U}_p \approx \underline{U}_1 = -\underline{E}_1 = jN_1\omega\underline{\varphi}, \text{ ce qui donne : } \boxed{U_p \approx 4{,}44\,N_1 f B_m A_e}$$

avec f la fréquence de la tension au primaire, B_m l'amplitude du champ magnétique et A_e l'aire d'une section orthogonale du noyau magnétique.

• **Modélisation par les courants**

Une charge est placée au secondaire du transformateur, par exemple un résistor. Le secondaire et la charge sont maintenant traversés par un courant d'intensité $i_2(t)$. L'application du théorème d'Ampère donne :

$$N_1 i_p(t) + N_2 i_2(t) = H(t)\,\ell_e,$$

où ℓ_e est la longueur effective des lignes de champ, que l'on confondra ici

1. Comme dans le début de ce chapitre, nous nous plaçons ici dans l'hypothèse de champs unidimensionnels.

avec la longueur moyenne de ces lignes. Comme $H(t) = \frac{B(t)}{\mu(H)}$[1], nous avons :

$$N_1 i_p(t) + N_2 i_2(t) = \frac{B(t)}{\mu} \ell_e = \frac{\varphi(t)}{\mu A_e} \ell_e .$$

Dans cette modélisation, $i_p(t)$, $i_2(t)$ et $\varphi(t)$ sont des grandeurs sinusoïdales synchrones, et N_1, N_2, ℓ_e et A_e sont des constantes. Il en résulte que le terme μ est une constante. Comme $\varphi \approx \frac{\underline{U}_p}{jN_1\omega}$, nous aurons, en notation complexe :

$$N_1 \underline{I}_p + N_2 \underline{I}_2 = \frac{\ell_e}{\mu A_e} \times \frac{\underline{U}_p}{jN_1\omega} = \text{cte} \qquad \textbf{(1)}$$

tant que la tension est U_p au primaire.

La tension d'alimentation étant toujours u_p, supposons maintenant que le secondaire soit à vide (on ouvre le circuit du secondaire) : nous avons donc $I_2 = 0$. Soit I_{pv} le courant qui circule alors au primaire :

$$N_1 \underline{I}_p + N_2 \underline{I}_2 = N_1 \underline{I}_{pv} = \underline{\text{cte}} \qquad \textbf{(2)}$$

En utilisant (1) et (2) et en séparant la partie des courants concernant le primaire de celle concernant le secondaire, nous obtenons :

$$\boxed{\underline{I}_p - \underline{I}_{pv} = -\frac{N_2}{N_1}\underline{I}_2 = -m\underline{I}_2 .}$$

2. Ces relations du transformateur parfait sont en fait les mêmes que celles utilisées au premier chapitre. La présence du signe moins est due à la convention retenue dans ce chapitre : récepteur en entrée et générateur en sortie.

Si nous résumons maintenant les équations que doit vérifier le modèle du transformateur fictif parcouru par un courant sinusoïdal, nous avons[2] :

$$\begin{cases} \underline{U}_2 = -m\underline{U}_1 \text{ et } \underline{I}_p - \underline{I}_{pv} = -m\underline{I}_2 \\ \underline{U}_p = R_1\underline{I}_p + jL_1\omega\underline{I}_p + jN_1\omega\underline{\varphi} \\ \underline{U}_S = -R_2\underline{I}_2 - jL_2\omega\underline{I}_2 - jN_2\omega\underline{\varphi} \end{cases}$$

Nous reconnaissons un transformateur parfait fictif de rapport de transformation m alimenté au primaire par un courant $\underline{I}_1 = \underline{I}_p - \underline{I}_{pv}$. D'où :

$$\boxed{\underline{U}_2 = -m\underline{U}_1 \quad \text{et} \quad \underline{I}_1 = -m\underline{I}_2}$$

La modélisation, qui respecte la composition des courants, est alors :

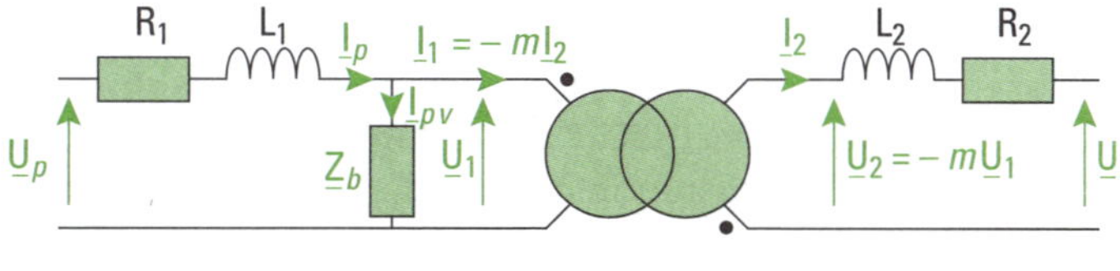

Fig. 24 – Modélisation du transformateur réel respectant la composition des courants.

Il nous reste à préciser la nature de l'impédance $\underline{Z}_b$.

– À cet effet, notons que la chute de tension dans l'ensemble R_1, L_1 étant faible, l'impédance $\underline{Z}_b$ est soumise à une tension peu différente de $\underline{U}_p$ et elle se confond alors avec l'impédance du primaire du transformateur réel à vide, bobine à noyau de fer que nous modélisons par une inductance pure L_{pm}.

– En outre, le transformateur consomme de l'énergie dans sa partie noyau magnétique, par perte fer, à tout régime, notamment à vide, ces pertes se résumant par un échauffement du noyau. Nous modélisons ainsi ces pertes par un conducteur ohmique de résistance R_{pF} en parallèle sur l'inductance L_{pm}.

1. Rappelons que la connaissance de ce modèle n'est pas exigible aux concours.

Le modèle final du transformateur réel[1] est donc :

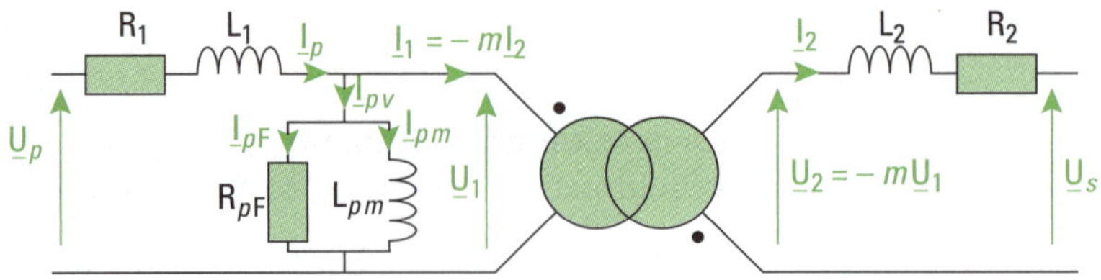

Fig. 25 – Modèle final du transformateur réel.

Ce **modèle** vérifie toutes les équations électriques et énergétiques qui régissent le fonctionnement du transformateur réel.

– La branche contenant L_{pm} parcourue par le courant I_{pm} rend compte de la **magnétisation** du transformateur.

– La branche contenant R_{pF} parcourue par le courant I_{pF} rend compte des **pertes fer**.

Le transformateur parfait situé au centre est identique à celui étudié au chapitre précédent.

2. En effet, les inductances de fuites ne sont pas facilement déterminées. Une transformation du modèle permet de contourner cette difficulté.

- **Simplification du modèle**

Il est souhaitable de simplifier[2] ce modèle et par là même de séparer les pertes en deux parties :
– les pertes des enroulements constituées des pertes dans R_1, L_1, R_2, L_2 ;
– les pertes fer (R_{pF}).

Or, dans la pratique, $I_{pv} << I_p$. Nous ne commettons donc pas une grande erreur sur les courants en transférant l'impédance $\underline{Z}_b$ de la branche R_{pF}, L_{pm} directement aux bornes de U_p.

Ensuite, nous déplaçons l'impédance constituée de R_1 et L_1 au secondaire, où l'impédance devient :

$$\underline{Z}_S = R_S + jX_S, \text{ avec } X_S = L_S\omega \text{ et } L_S = m^2L_1 + L_2.$$

De même :

$$R_S = m^2R_1 + R_2.$$

Nous obtenons donc le modèle suivant :

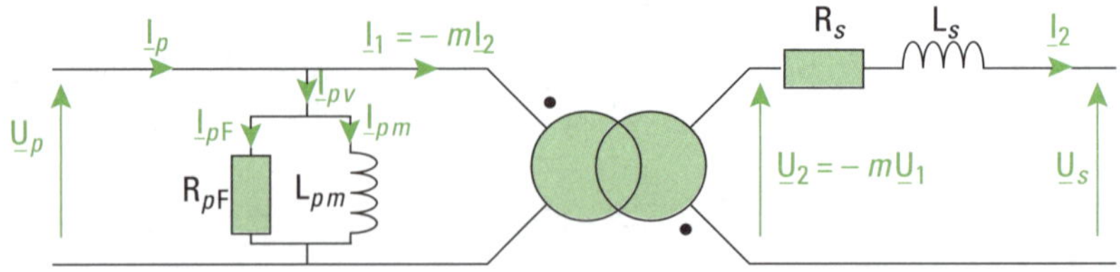

Fig. 26 – Modèle simplifié du transformateur réel : au primaire ne subsiste que la partie magnétisation. Les autres impédances ont été transférées au secondaire.

- **Quelques essais**

– *Essai à vide* : le secondaire du transformateur est ouvert

La bobine fictive magnétisante dépend de la tension d'alimentation. Nous la déterminerons donc sous tension d'alimentation nominale.

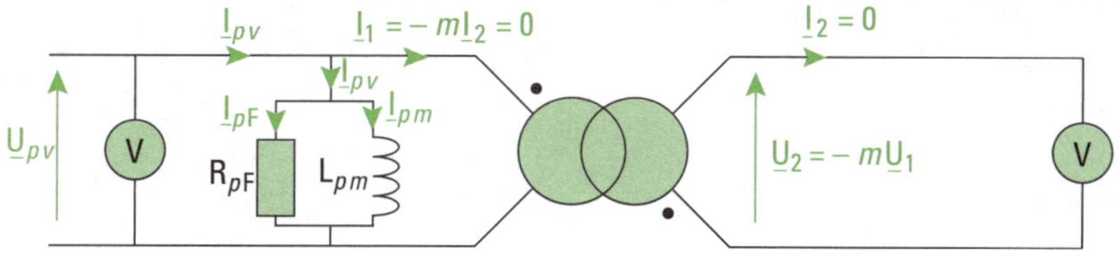

Fig. 27 – Modélisation du transformateur réel dans l'essai à vide.

1. $\langle \mathcal{P}_v(t) \rangle$ est la notation de la valeur moyenne temporelle de la puissance $\mathcal{P}_v(t)$.

2. On ne peut cependant pas toujours négliger les pertes Joule au primaire, surtout dans le cas des petits transformateurs.

La présence du voltmètre, qui doit avoir une très grande impédance pour que le courant I_2 soit très petit, n'a d'intérêt que pour mesurer le rapport de transformation.

Les mesures de $I_p = I_{pv}$ et U_{pv}, la puissance absorbée au primaire $\langle \mathcal{P}_v(t) \rangle = \langle u_{pv}(t)\, i_{pv}(t) \rangle$[1 2], et la tension à vide u_{2v} permettent de déterminer I_{pF}, R_{pF}, I_{pm}, L_{pm} et m.

– *Hypothèse de Kapp*

3. Ainsi nommé puisque par ses effets il rend compte des phénomènes magnétiques.

Kapp fait l'hypothèse, à vérifier *a posteriori*, que le courant I_{pv}, dit « courant magnétisant »[3], est négligeable devant le courant I_p (figure 25).

De la sorte, la branche magnétisante disparaît. Nous pouvons donner une modélisation au primaire et une modélisation au secondaire.

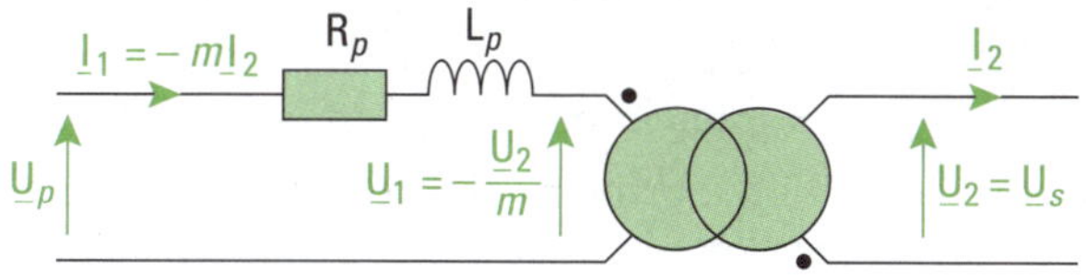

Fig. 28 – Modélisation au primaire dans l'hypothèse de Kapp.

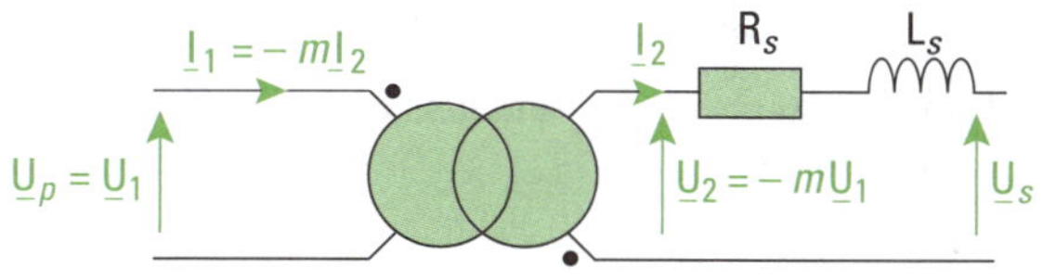

Fig. 29 – Modélisation au secondaire dans l'hypothèse de Kapp.

– *Essai en court circuit*

Dans ce cas, $U_S = 0$ et le transformateur parfait alimente l'impédance Z_S. Comme l'impédance ramenée est $\underline{Z}_p = \frac{\underline{Z}_S}{m^2}$, donc petite, le courant au primaire peut alors être très grand. L'essai se fait donc sous tension réduite au primaire. L'impédance $\underline{Z}_b$ étant alors alimentée sous tension réduite[4], son influence est en pratique négligée et le schéma équivalent à cet essai se simplifie selon :

4. L'impédance Z_b est même absente dans le cadre de l'hypothèse de Kapp.

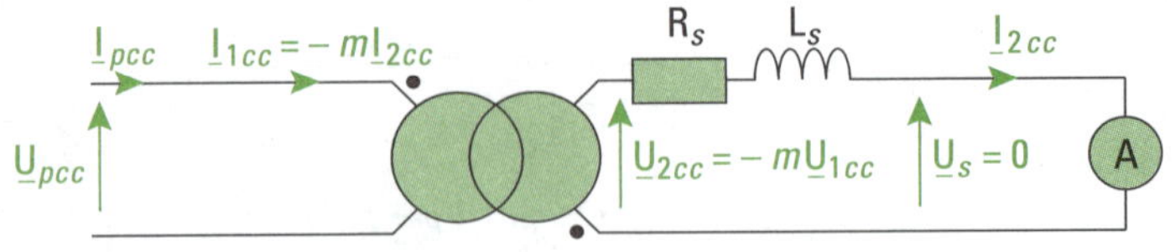

Fig. 30 – Modélisation du transformateur réel dans l'essai en court-circuit.

Les mesures de I_{2cc}, U_{pcc}, $\langle \mathcal{P}_{cc}(t) \rangle = \langle u_{pcc}(t)\, i_{pcc}(t) \rangle$ et $I_{1cc} = I_{pcc}$ permettent de déterminer R_S et L_S.

F. Étude expérimentale d'un transformateur monophasé torique didactique

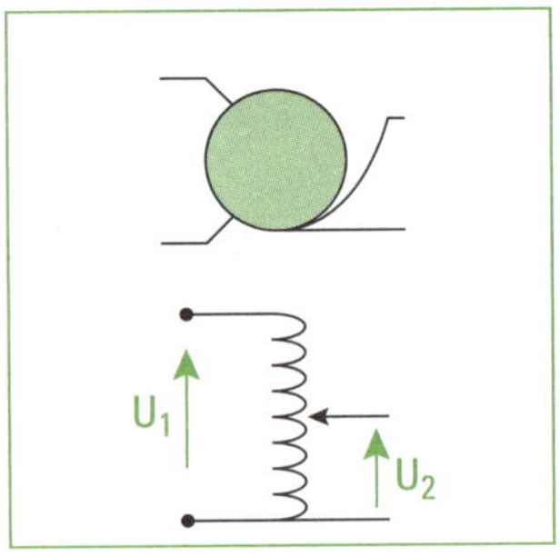

Fig. 31 – Symbole et schéma équivalent d'un alternostat. On obtient au secondaire une tension réglable mais le primaire et le secondaire ne sont plus isolés !

F.1. Présentation du problème

Nous utilisons maintenant comme transformateur le noyau torique fer-nickel bobiné au primaire et au secondaire, qui a servi pour l'étude du ferromagnétisme au § C.

Comme la plaque signalétique est absente, nous allons réaliser les mêmes essais que ceux menés par l'industrie pour déterminer ces caractéristiques.

Ce transformateur didactique est un « petit transformateur » et, à ce titre, bien plus imparfait qu'un transformateur industriel .

Le principe du montage d'étude est le suivant :

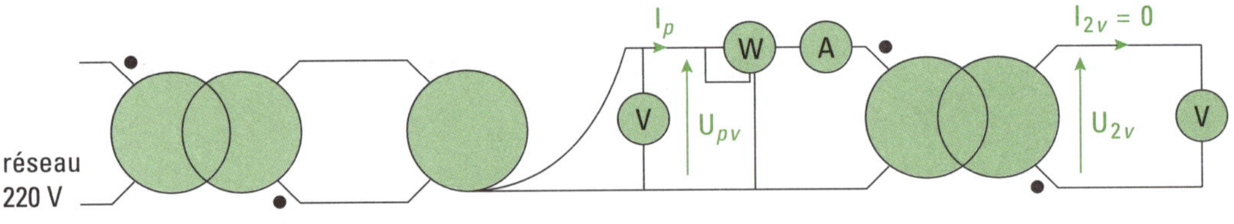

Fig. 32 – Montage d'étude des caractéristiques du transformateur.

F.2. Essai à vide : mesure des pertes fer

F.2.1 – Approximations – Grandeurs mesurées

L'impédance du voltmètre au secondaire est considérée comme très grande de sorte que le courant au secondaire est quasiment nul ; le transformateur est dit « fonctionner à vide ».

Nous mesurons la tension à vide au primaire U_{pv} donnée par le voltmètre, la valeur moyenne de la puissance à vide au primaire $\langle \mathcal{P}_{pv}(t) \rangle$ donnée par le wattmètre[1], l'intensité au primaire I_p donnée par l'ampèremètre et la tension à vide au secondaire U_{2v} (figure 32).

1. Wattmètre : par prélèvement de *u* et de *i*, le wattmètre mesure la puissance instantanée, puis en extrait la puissance moyenne.

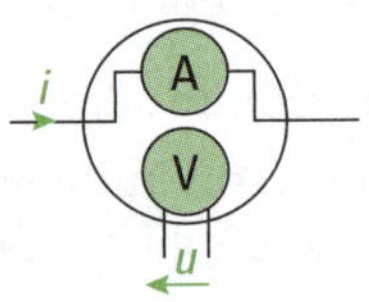

L'intensité au primaire doit être mesurée à l'aide d'un ampèremètre de type efficace vrai car l'intensité n'est pas sinusoïdale. Le courant au primaire étant faible, le montage amont est utilisé pour le wattmètre.

F.2.2 – Mesures expérimentales et exploitation

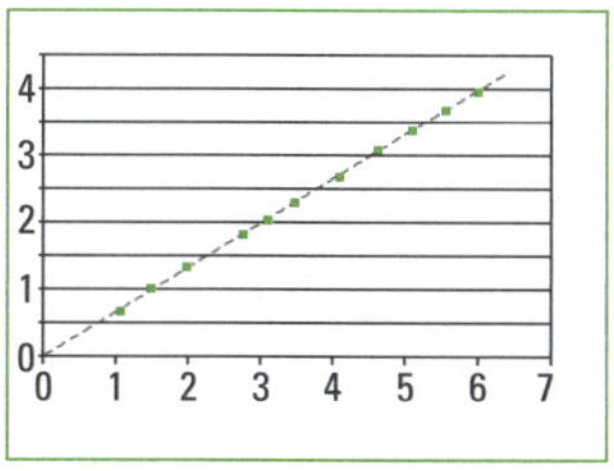

Fig. 33 – Tracé expérimental de la variation de la tension à vide au secondaire en fonction de la tension à vide au primaire (en V).

• Faisons varier U_p et relevons U_{2v}, puis traçons la courbe U_{2v} en fonction de U_p (figure 33).

Nous observons que l'ensemble des points est quasiment distribué sur une droite passant par l'origine et, que «la meilleure» de ces droites «de régression», a pour pente :

$$m_{v\,\text{exp}} = 0{,}66.$$

Ce résultat est conforme à la valeur attendue du rapport de transformation théorique :

$$m_{v\,\text{th}} = \frac{N_2}{N_1} = \frac{40}{60} = 0{,}66.$$

Nous concluons qu'à vide, le transformateur réel se comporte, pour les tensions, comme un transformateur parfait.

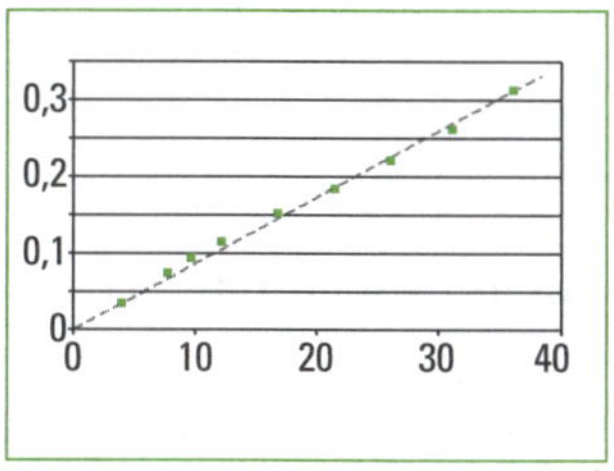

Fig. 34 – Tracé expérimental de la variation de la puissance à vide au primaire (en W) en fonction du carré de la tension à vide au primaire (en V).

• Relevons maintenant la puissance $\langle \mathcal{P}_{pv}(t) \rangle$ au primaire à l'aide du wattmètre en faisant varier la tension d'alimentation U_{pv} puis traçons $\langle \mathcal{P}_{pv}(t) \rangle$ en fonction de U^2_{pv} (figure 34).

Nous observons que la courbe est sensiblement une droite. Or, la puissance à vide se confond avec les pertes fer. Ainsi, les pertes fer $\mathcal{P}_f$ sont proportionnelles au carré de la valeur efficace de la tension d'alimentation U_{pv} au primaire.

Par ailleurs, le champ magnétique maximal B_m est lui même proportionnel à U_{pv} (relation de Boucherot).

Nous concluons que les pertes fer sont proportionnelles au carré du champ magnétique maximal :

$$\mathcal{P}_f = k B_m^2 \text{, avec } k \text{ constante.}$$

Remarques

– À basse tension au primaire, cette proportionnalité n'est plus vérifiée car les pertes Joule $R_1 I^2_{pv}$ sont du même ordre que les pertes fer.

– Pour $U_{pv} = U_{1n}$, les mesures de $\langle \mathcal{P}_{pv}(t) \rangle$, U_{pv}, I_{pv} permettent de déterminer l'impédance magnétisante $\underline{Z}_b$.

F.3. Essai en court-circuit : mesure des pertes Joule

F.3.1 – Approximations – Grandeurs mesurées – Montage

Dans l'essai en court-circuit (figure 35), nous relions les deux bornes du secondaire par un fil. Dans la pratique, nous branchons un ampèremètre au secondaire en prenant garde à ce que sa résistance interne soit négligeable devant la résistance totale ramenée du secondaire.

Nous alimentons le transformateur sous tension réduite, de l'ordre de 10 % de sa valeur nominale, afin de ne pas générer au secondaire un courant de grande intensité qui pourrait détruire l'enroulement. L'ampèremètre assurant le court-circuit au secondaire doit avoir une impédance très faible. À défaut, nous pouvons utiliser une pince ampèremètrique enlaçant le fil assurant le court-circuit. Le montage aval est retenu pour le wattmètre puisque l'intensité au primaire peut être importante.

En fonctionnement en court-circuit, nous mesurons l'intensité I_{pcc}, la tension U_{pcc} et la puissance $\langle \mathcal{P}_{pcc}(t) \rangle$ au primaire, ainsi que le courant I_{2cc} au secondaire. Le montage est alors le suivant :

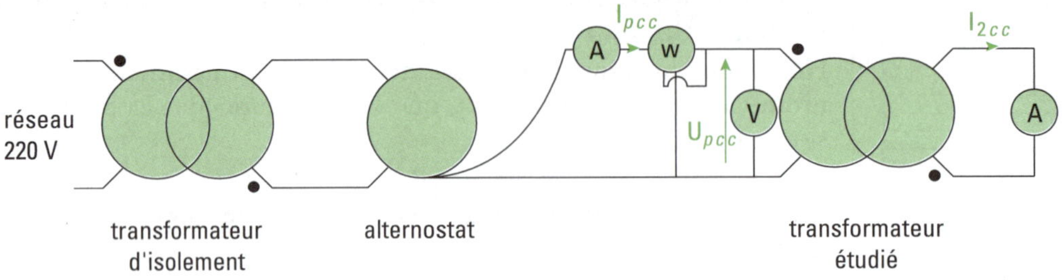

Fig. 35 – Montage pour l'étude du transformateur en court-circuit.

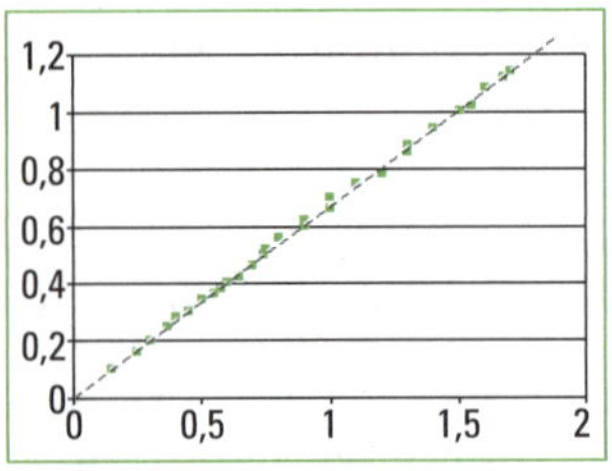

Fig. 36 – Tracé expérimental de la variation de l'intensité de court-circuit au secondaire (en A) en fonction de l'intensité au primaire (en A).

1. Ce qui justifie l'hypothèse de Kapp.

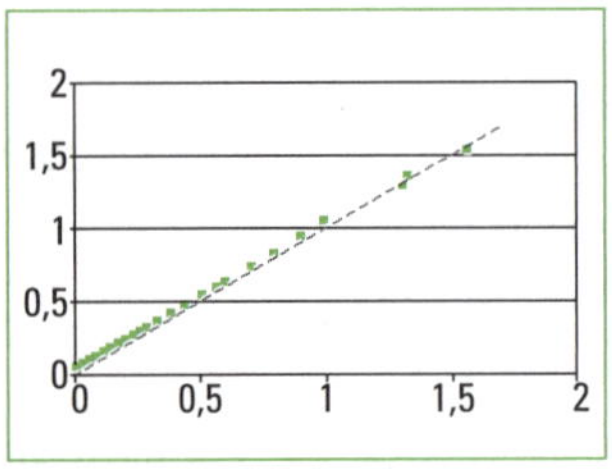

Fig. 37 – Tracé expérimental de la variation de la puissance au primaire (en W) en fonction du carré de l'intensité au secondaire (en A) mis en court-circuit.

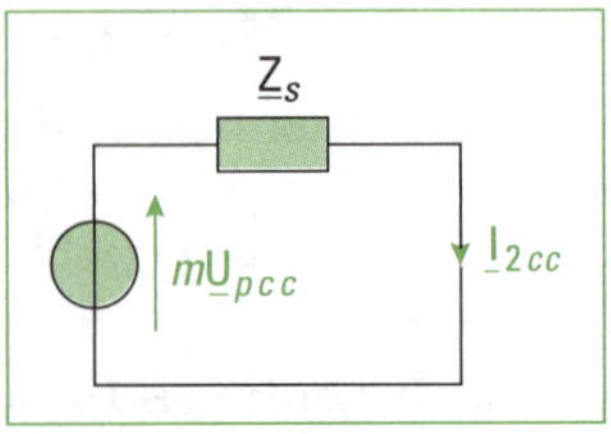

Fig. 38 – Modélisation du secondaire dans l'essai en court-circuit.

F.3.2 – Mesures expérimentales et exploitation

• La courbe donnant I_{2cc} en fonction de I_{pcc} (figure 36), est quasiment une droite passant par l'origine, dont la pente est :

$$\frac{1}{m_{\mathrm{I\,exp}}} \approx 1{,}5, \text{ soit : } m_{\mathrm{I\,exp}} \approx 0{,}66.$$

Le rapport des intensités en court-circuit est quasiment égal au rapport des tensions à vide :

$$m_{\mathrm{I}} \approx m_v \,.$$

Nous concluons qu'en court-circuit le transformateur réel se comporte, pour les courants, comme un transformateur parfait[1].

• Relevons maintenant la puissance $\langle \mathcal{P}_{pcc}(t) \rangle$ au primaire à l'aide du wattmètre et l'intensité I_{2cc} du courant de court-circuit au secondaire, en faisant varier la tension d'alimentation U_{pcc}, puis traçons la courbe $\langle \mathcal{P}_{pcc}(t) \rangle$ en fonction de I_{2cc}^2 (figure 37).

Nous observons que la courbe est sensiblement une droite.

Il en serait de même pour la représentation de $\langle \mathcal{P}_{pcc}(t) \rangle$ en fonction de I_{1cc}^2.

Interprétation :

– La tension primaire étant réduite, la puissance moyenne absorbée par la résistance modélisant les pertes fer est faible devant la puissance dissipée dans la résistance R_S des enroulements ramenée au secondaire :

$$\langle \mathcal{P}_{pcc}(t) \rangle \approx R_S I_{2cc}^2 \,.$$

– La puissance $\langle \mathcal{P}_{pcc}(t) \rangle$ au primaire en court-circuit est donc dissipée par effet Joule. C'est bien ce que montre la figure 37 où nous observons la proportionnalité de $\langle \mathcal{P}_{pcc}(t) \rangle$ au carré de l'intensité du courant, résultat typique de l'effet Joule.

Remarque :

Les mesures de l'essai en court-circuit permettent de déterminer l'impédance Z_S (figure 38).

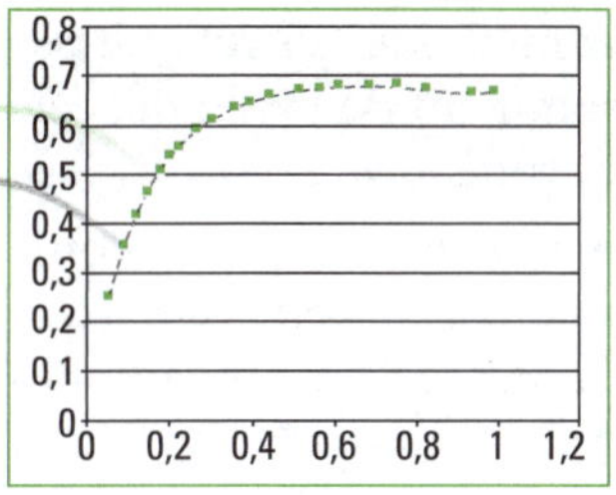

Fig. 39 – Tracé expérimental du rapport des puissances en fonction du courant du secondaire (en A) lors de l'essai en charge.

1. À comparer au rendement d'un transformateur industriel 230 V/24V/2 500 kVA qui est de 95 % pour cos(φ) = 1.

2. Le rendement d'un transformateur étant de l'ordre de 0,95 à 0,99, P_p et P_S sont très proches. Dans la pratique, nous mesurons P_p et les pertes pour en déduire le rendement.

3. Il ne faut pas généraliser une telle observation au transformateur industriel pour lequel en pratique $U_2 \neq U_{2v}$ lorsque $I_2 = I_{2n}$.

F.4. Rendement du transformateur en charge

Traçons la courbe $\frac{\langle \mathcal{P}_{2ch} \rangle}{\langle \mathcal{P}_{1ch} \rangle}$ fonction de I_{2ch} (figure 39).

Nous voyons que cette courbe admet un maximum assez large que nous situons entre $I_{2ch} = 0{,}6$ et $I_{2ch} = 0{,}7$ A. Ce courant est donc le courant nominal pour ce transformateur, dans cette application. Le rendement est alors maximal, de valeur 69 %, ce qui indique qu'il y a 31 % de pertes, valeur énorme[1]. N'oublions pas cependant que ce transformateur à but didactique est un petit transformateur.

F.5. Marquage de la plaque signalétique

Le transformateur étudié étant dépourvu de plaque signalétique, nous proposons donc de graver sur une plaque, selon la norme NFC 15.100, en arrondissant : 3VA; 6V; 4V; 50 Hz

soit $S_n = 3$ VA; $U_{pn} = 6$ V; $U_S = 4$ V; $f = 50$ Hz.

En effet, l'intensité nominale I_{2n} au secondaire est lue au rendement maximal ($I_{2n} = 0{,}6$ A)[2]. Pour cette intensité, la tension nominale au secondaire est d'environ 4 V ($0{,}63 \times 6$ V). C'est aussi la tension à vide[3].

Enfin, le noyau du transformateur étant constitué de matériau doux à base d'alliage fer-nickel, nous savons que ce matériau est particulièrement adapté aux transformateurs basse fréquence. Nous retiendrons donc la fréquence 50 Hz comme fréquence de fonctionnement.

F.6. Méthode des pertes séparées

La mesure précédente du rendement par le rapport des puissances au secondaire et au primaire est intéressante pour situer rapidement la plage nominale d'utilisation du transformateur. Cependant, elle ne donne qu'une indication grossière du rendement. C'est pourquoi nous lui préférons la méthode des pertes séparées.

- **Méthode des pertes séparées**

Nous avons montré que l'essai à vide donnait une bonne estimation des pertes fer et que l'essai en court-circuit donnait une bonne estimation des pertes Joule.

> La méthode des pertes séparées dit que la puissance perdue dans le transformateur en charge est proche de la somme de la puissance dissipée à vide, le primaire étant alimenté à sa tension nominale, et de la puissance dissipée en court-circuit, le secondaire étant traversé par le courant nominal.

Ainsi, en charge :

$$\langle \mathcal{P}_{1ch} \rangle = \langle \mathcal{P}_{pcc} \rangle + \langle \mathcal{P}_{pv} \rangle + \langle \mathcal{P}_{2ch} \rangle .$$

- **Mesure du rendement**

Le rendement propre du transformateur est :

$$\eta = \frac{\langle \mathcal{P}_{1ch} \rangle - \langle \mathcal{P}_{pcc} \rangle - \langle \mathcal{P}_{pv} \rangle}{\langle \mathcal{P}_{1ch} \rangle} .$$

Nous obtenons alors, en exploitant les résultats et tracés précédents alors que le transformateur travaille sous grandeurs nominales pour cette charge :

$$\eta = \frac{3{,}4 - 0{,}5 - 0{,}4}{3{,}4} \approx 74 \ \%.$$

La différence de valeur du rendement entre les deux méthodes s'explique par le rôle joué par les instruments de mesure qui consomment de l'énergie, ceci étant accentué par le fait qu'il s'agit ici d'un «petit» transformateur.

Remarquons aussi que les pertes fer sont quasiment égales aux pertes Joule lorsque le transformateur travaille aux conditions nominales. Cette remarque rejoint celle déjà faite selon laquelle le transformateur réel en fonctionnement nominal possède des caractéristiques du transformateur réel à vide et aussi des caractéristiques du transformateur réel en court-circuit.

Enfin, nous laissons au lecteur le soin de vérifier la bonne concordance entre la mesure de la puissance des pertes fer, en utilisant la surface du cycle d'hystérésis (environ 400 mW), et cette même mesure par l'essai à vide (environ 400mW).

G. Applications du transformateur réel

G.1. Transformateur de tension[1]

G.1.1 – Principe

Un tel transformateur donne une image de la tension à son primaire par l'intermédiaire de la tension à son secondaire, indiquée par un instrument de mesure. Nous avons donc:

$$U_S = k_v U_p ,$$

k_v étant un réel. Nous mesurons U_S, connaissant k_v, nous en déduisons U_p. La valeur de U_S est donc toujours adaptée, soit à un instrument de mesure choisi (voltmètre), soit à l'utilisation que veut en faire l'exploitant (wattmètre, relais).

1. L'application majeure est le transport d'énergie sur de grandes distances, en réduisant les coûts.

G.1.2 – Application

Une utilisation typique de ces transformateurs est celle de la *mesure des hautes tensions*. Plutôt que de fabriquer des voltmètres de très grande résistance interne, il est préférable de placer le primaire d'un transformateur en parallèle sur la ligne de haute tension à mesurer (figure 40). La sécurité[2] est assurée par une mise à la masse (terre) d'une des bornes du secondaire. Dans ce type de mesure, le transformateur est évidemment un abaisseur de tension.

Le transformateur fonctionne pratiquement à vide puisque l'impédance du voltmètre est très élevée. L'impédance ramenée au secondaire est, elle, négligeable. D'autre part, l'hypothèse de Kapp n'est plus vérifiée car I_p n'est pas très grand devant I_{pv}. En assimilant le voltmètre à une charge résistive R_2, le schéma équivalent est donc:

2. Notons aussi ici une autre application du transformateur en tant qu'isolation galvanique. Le primaire et le secondaire n'ayant habituellement aucun potentiel commun, le secondaire est isolé du secteur 220 V, ce qui constitue une sécurité pour l'utilisateur.

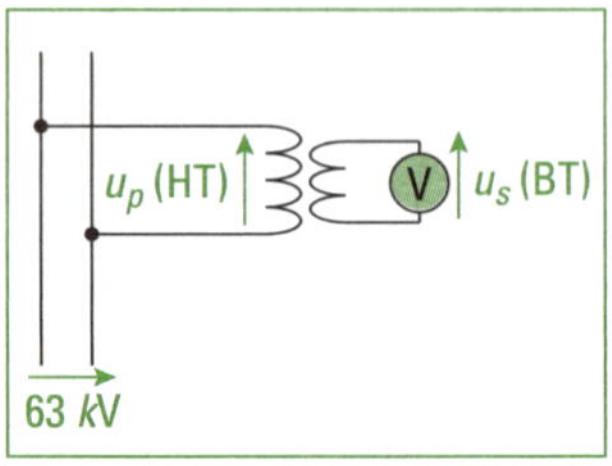

Fig. 40 – Mesure d'une haute tension à l'aide d'un transformateur de mesure. HT désigne la haute tension (par exemple 63 kV), BT la basse tension (220V).

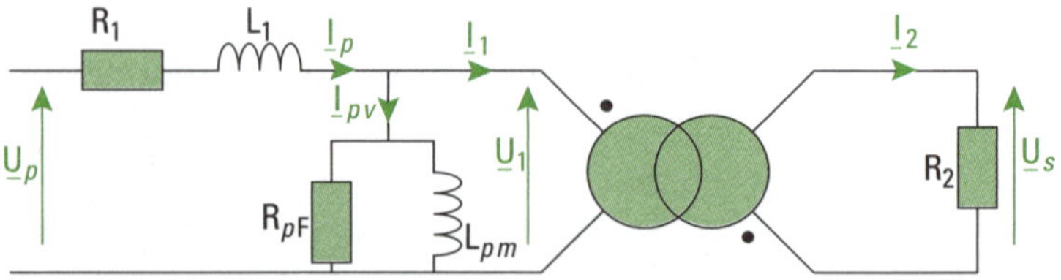

Fig. 41 – Schéma équivalent au transformateur de mesure.

G.1.3 – Expression du rapport des tensions

Nous devons exprimer la dépendance du rapport $\underline{k}_v = \dfrac{\underline{U}_S}{\underline{U}_p}$ aux paramètres de la modélisation choisie afin de discuter celle-ci. Nous avons :

$$\underline{U}_S = -m\underline{U}_1 \text{ et } \underline{U}_p = R_1\underline{I}_p + jL_1\omega\underline{I}_p + \underline{U}_1 .$$

Comme $\underline{I}_p = \dfrac{\underline{U}_1}{R_{pF}} + \dfrac{\underline{U}_1}{jL_{pm}\omega} + \underline{I}_1$ et $\underline{I}_1 = -m\underline{I}_2 = m^2\dfrac{\underline{U}_1}{R_2}$, nous obtenons :

$$\underline{k}_v = \frac{-m}{1 + \dfrac{R_1}{R_{pF}} + \dfrac{m^2R_1}{R_2} + \dfrac{L_1}{L_{pm}} + j\left(\dfrac{L_1\omega}{R_{pF}} + \dfrac{L_1\omega m^2}{R_2} - \dfrac{R_1}{L_{pm}\omega}\right)}$$

dont le module est :

$$k_v = \frac{m}{\sqrt{\left(1 + \dfrac{R_1}{R_{pF}} + \dfrac{m^2R_1}{R_2} + \dfrac{L_1}{L_{pm}}\right)^2 + \left(\dfrac{L_1\omega}{R_{pF}} + \dfrac{L_1\omega m^2}{R_2} - \dfrac{R_1}{L_{pm}\omega}\right)^2}}.$$

En utilisant un développement limité[1] et en ne gardant que les termes du premier ordre, nous obtenons :

$$k_v = m\left(1 - \frac{R_1}{R_{pF}} - \frac{m^2R_1}{R_2} - \frac{L_1}{L_{pm}}\right).$$

1. Les parties réelle et imaginaire de $\underline{k}_v$ sont très inférieures à 1.

Le paramètre L_{pm} de l'inductance magnétisante est lié à la géométrie de la bobine par :

$$L_{pm} = \frac{N_1^2\mu A_e}{\ell_e} = CN_1^2, \text{ avec C une constante proportionnelle à } \mu.$$

Ainsi :

$$\boxed{k_v = m\left(1 - \frac{R_1}{R_{pF}} - \frac{m^2R_1}{R_2} - \frac{L_1}{CN_1^2}\right).}$$

G.1.4 – Discussion

Nous en déduisons que k tend vers m si :
- la résistance R_1 et la réactance $L_1\omega$ des pertes au primaire sont petites ;
- la résistance de charge R_2 est grande ;
- le nombre N_1 de spires au primaire est grand (abaisseur de tension) ;
- la résistance R_{pF} modélisant les pertes fer est grande, donc les pertes sont petites ;
- la constante C est grande, c'est-à-dire si la perméabilité magnétique μ est grande.

Ces qualités sont nécessaires à un bon transformateur de tensions.

G.2. Transformateur de courant

G.2.1 – Principe

Un tel transformateur donne une image du courant à son primaire par l'intermédiaire du courant à son secondaire, indiqué par un instrument de mesure. Le primaire est monté en série avec la ligne dans laquelle on désire mesurer l'intensité de courant. Ainsi :

$$I_S = k_I I_p ,$$

k_I étant un réel. Là aussi, nous mesurons I_S, connaissant k_I, nous en déduisons I_p.

G.2.2 – Application

Une utilisation typique de ces transformateurs est la mesure des intensités des courants des lignes à haute tension, qui bien que de l'ordre de 30 A, ne permettent pas de se raccorder directement en raison du choc électrique qui en résulterait. Le transformateur isole les parties primaire et secondaire et permet une mesure au secondaire. Cependant, le transformateur de courant n'est pas un convertisseur à flux constant car c'est l'intensité au primaire qui est maintenant imposée.

Comme la résistance de charge est faible[1], le transformateur de courant est proche du fonctionnement en court-circuit. La tension d'entrée doit alors être faible pour ne pas conduire à la destruction du bobinage au secondaire. Le noyau magnétique n'est donc plus saturé et les pertes fer peuvent être négligées. La modélisation est alors la suivante :

1. En pratique il s'agit de la résistance de l'ampèremètre placé au secondaire.

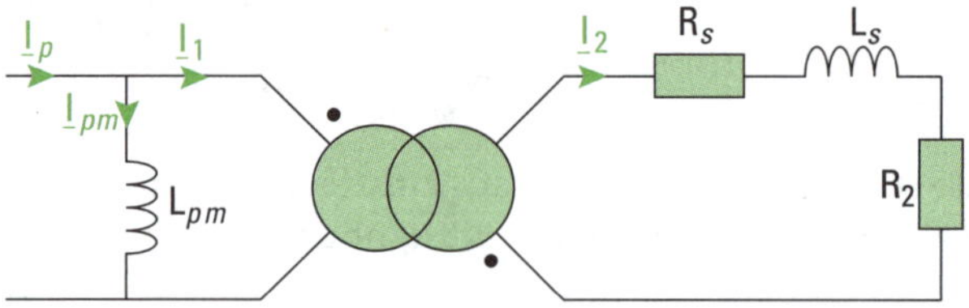

Fig. 42 – Schéma équivalent au transformateur de courant.

G.2.3 – Expression du rapport des courants

Par un calcul semblable à celui du § G.1.3, il vient :

$$k_I = \frac{1}{m}\left(1 - \frac{L_S}{CN_2^2} - \frac{(R_S + R_2)^2}{C^2N_2^4}\right),$$

C ayant la même signification que précédemment.

G.2.4 – Discussion

Nous en déduisons que k_1 tend vers $\frac{1}{m}$ si :

– la réactance $L_S\omega$ des pertes au secondaire est petite ;
– la résistance totale $R_S + R_2$ est petite ;
– le nombre N_2 de spires au secondaire est grand (abaisseur de courant) ;
– la perméabilité magnétique est grande ; or nous savons que cette condition nécessite un fort courant magnétisant, contradictoire avec nos hypothèses.

Dans la pratique, un autre circuit magnétise le noyau (ce sont les transformateurs de type compound).

G.3. L'adaptation d'impédance

G.3.1 – Principe

En électrotechnique, l'adaptation d'impédance consiste à placer un quadripôle entre une charge et une source pour faire en sorte que la puissance transmise, depuis la source vers la charge, soit maximale. À ce moment, l'impédance de la charge est égale à celle de la source. Or, dans la pratique, la charge et la source existent, avec leurs caractéristiques propres. Un transformateur bien choisi peut jouer le rôle de quadripôle adaptateur.

G.3.2 – Application

Considérons le cas d'une charge résistive R_2 placée aux bornes du secondaire d'un transformateur parfait relié au secteur. Nous matérialisons les pertes du réseau par la résistance R_1.

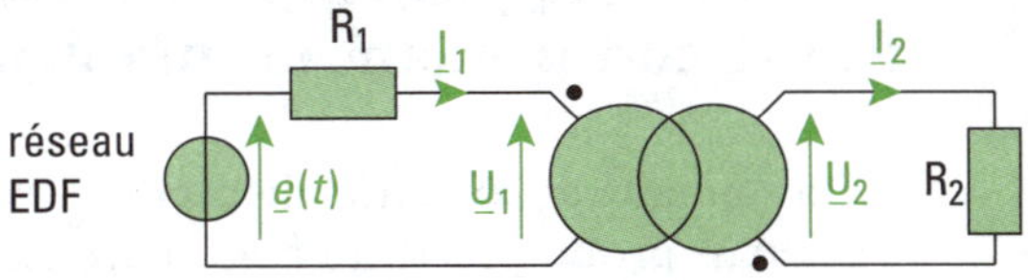

Fig. 43 – Modélisation d'un transformateur adaptateur d'impédance.

G.3.3 – Expression de la condition de transfert maximal de puissance

Nous avons successivement : $e(t) = E_m \cos(\omega t) = E\sqrt{2}\cos(\omega t)$;

$$m = \frac{N_2}{N_1} \; ; \; U_2 = mU_1 ; \; I_1 = mI_2 ; \; P_2 = \frac{U_2^2}{R_2} = m^2 \frac{U_1^2}{R_2} .$$

Exprimons U_1 à partir des paramètres du circuit :

$$U_1 = E - R_1 I_1 \text{[1]}.$$

1. Nous écrivons cette relation directement en grandeurs efficaces car R_2 ramenée au primaire donne le schéma équivalent suivant :

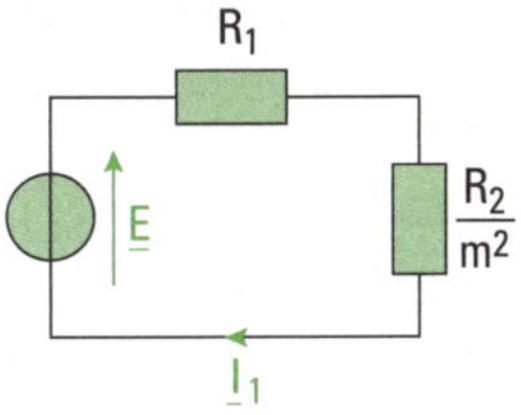

Il n'y a pas de déphasage tension-courant ; nous pouvons donc écrire directement la loi des mailles en grandeurs efficaces.

Ainsi, $U_1 = E - R_1 m I_2 = E - mR_1 \dfrac{U_2}{R_2} = E - mR_1 \dfrac{mU_1}{R_2} = E - m^2 \dfrac{R_1}{R_2} U_1$

et donc :
$$U_1 = \frac{E}{1 + m^2 \dfrac{R_1}{R_2}} .$$

Exprimons la puissance au secondaire :

$$P_2 = m^2 \frac{U_1^2}{R_2} = m^2 \frac{\left(\dfrac{E}{1 + m^2 \dfrac{R_1}{R_2}} \right)^2}{R_2} = \frac{m^2 E^2}{\left(1 + m^2 \dfrac{R_1}{R_2} \right)^2 R_2} = \frac{E^2}{\left(\dfrac{1}{m} + m \dfrac{R_1}{R_2} \right)^2 R_2} .$$

G.3.4 – Discussion

Cette puissance est maximale lorsque le dénominateur est minimal. En dérivant par rapport à m nous obtenons la condition :

$$-\frac{1}{m^2} + \frac{R_1}{R_2} = 0, \text{ soit : } \boxed{m^2 = \frac{R_2}{R_1}} .$$

Cette condition sur le rapport de transformation rend les impédances égales et le transfert de puissance maximal.

Mise en œuvre

Méthode n°1

Comment appliquer le théorème d'Ampère dans un circuit fermé comprenant un matériau ferromagnétique?

On souhaite appliquer le théorème d'Ampère dans un circuit magnétique comprenant un ou plusieurs matériaux ferromagnétiques de perméabilité magnétique finie.

→ Savoir faire

1. Définir le contour d'Ampère pour évaluer la circulation de $\overrightarrow{H}$. En général, on choisit la ligne de champ moyenne dont la longueur est faible devant la dimension transversale d'une section droite du circuit magnétique (approximation dite du champ unidimensionnel). $\overrightarrow{H}$ est orthogonal à toute section droite (et uniforme sur une section donnée du circuit magnétique).
2. Lorsque le circuit magnétique est constitué de plusieurs matériaux de nature différente, décomposer l'intégrale de circulation sur chacun de ces matériaux car leurs propriétés magnétiques sont *a priori* différentes. L'air est un cas particulier de matériau évidemment non ferromagnétique.
3. Déterminer la somme algébrique des courants enlacés par le contour d'Ampère orienté. Si les bornes homologues des enroulements sont indiquées, il faut en tenir compte dans le signe du courant. Ainsi, rappelons qu'un courant entrant par une telle borne est compté positivement dans l'application du théorème d'Ampère.
4. Appliquer le théorème d'Ampère pour extraire la grandeur souhaitée. Si le problème conduit à introduire l'intensité du champ magnétique, utiliser la conservation du flux magnétique à l'intérieur du tube de champ constitué par le circuit magnétique fermé.

→ Application

On considère le circuit magnétique, de section droite S carrée et constante, représenté ci-dessous et sur lequel est bobiné un enroulement parcouru par un courant d'intensité I = 2 A et comportant N = 100 spires :

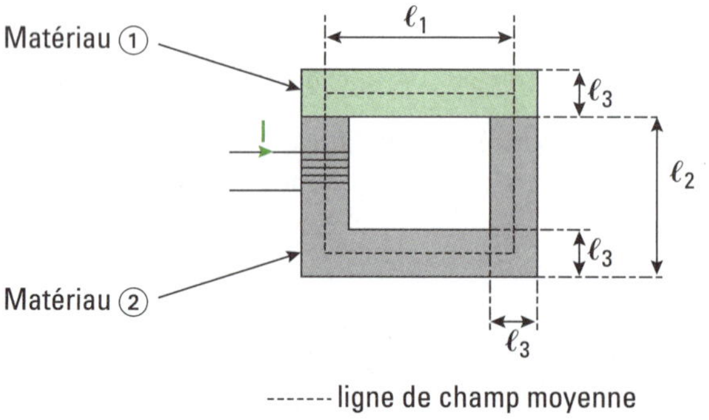

$\ell_1 = 250$ mm ;
$\ell_2 = 125$ mm ;
$\ell_3 = 45$ mm ;

On mesure $B_2 = 0{,}5$ T dans le matériau ② et on donne la perméabilité magnétique relative de ce matériau : $\mu_{r2} = 1\,800$ pour ce point de fonctionnement. Déterminer la perméabilité magnétique relative du matériau ① pour le même point de fonctionnement.

Solution

❶ On choisit la ligne de champ moyenne (C) comme contour d'Ampère.

❷ Il faut décomposer la circulation de l'excitation magnétique sur les deux matériaux qui, dans ce cas, constituent le circuit magnétique :

$$\oint_{(C)} \vec{H}\cdot\vec{d\ell} = \oint_{(1)} \vec{H_1}\cdot\vec{d\ell} + \oint_{(2)} \vec{H_2}\cdot\vec{d\ell}$$

où les indices 1 et 2 sont respectivement associés aux matériaux ① et ②.

❸ Compte tenu du sens du courant circulant dans le bobinage, il faut choisir d'orienter la ligne de champ moyenne dans le sens horaire afin qu'il soit compté positivement (ici la borne homologue n'est pas précisée par l'énoncé). La somme des courants enlacés s'écrit alors NI.

❹ On applique le théorème d'Ampère en notant respectivement L_1 et L_2 les longueurs du contour (C) dans les matériaux ① et ② :

$$H_1L_1 + H_2L_2 = NI$$

où $L_1 = \ell_1 + \ell_3 = 295$ mm, $L_2 = 2\,\ell_2 - \ell_3 + \ell_1 = 455$ mm.

En introduisant les champs magnétiques B_1 et B_2 présents dans les matériaux ① et ② :

$$\frac{B_1}{\mu_0\mu_{r1}} L_1 + \frac{B_2}{\mu_0\mu_{r2}} L_2 = NI \qquad \textbf{(1)}$$

B_2 étant connu, pour déterminer B_1, on utilise la conservation du flux magnétique le long du tube de champ que constitue le circuit magnétique de section constante S :

$$B_1S = B_2S \Rightarrow B_1 = B_2 = B.$$

La relation (1) permet alors de déterminer la perméabilité magnétique relative μ_{r1} du matériau ① :

$$\mu_{r1} = \frac{L_1}{\left(\dfrac{\mu_0 NI}{B} - \dfrac{L_2}{\mu_{r2}}\right)} \approx \mathbf{1\,181}.$$

Méthode n°2

Comment déterminer le rendement d'un transformateur réel ?

On veut déterminer le rendement d'un transformateur qui présente des pertes.

→ Savoir faire

❶ Identifier les pertes que présente le transformateur réel étudié : pertes fer et / ou pertes Joule. Ces pertes peuvent soit être des données de l'énoncé, soit être déterminées par les essais du transformateur (à vide et en court-circuit). Les pertes Joule dépendent du courant débité par le transformateur et doivent donc être calculées pour le point de fonctionnement étudié.

❷ Identifier la ou les puissances connues dans le problème étudié. Si la puissance absorbée au primaire P_1 est connue, alors on déduit la puissance P_2 fournie à la charge placée au secondaire en retranchant les pertes totales à P_1. Si la puissance P_2 est au contraire connue, on lui ajoute les pertes totales pour déterminer P_1. Enfin, dans certains cas il arrive que les deux puissances soient connues.

❸ Calculer le rapport de la puissance disponible sur la charge à la puissance absorbée au primaire en utilisant la définition adéquate donnée ci-dessous :

$$\eta = \frac{\mathbf{P_2}}{\mathbf{P_1}} = \frac{P_2}{P_2 + \text{pertes}} = \frac{P_1 - \text{pertes}}{P_1}.$$

→ Application

On étudie un transformateur dont les pertes fer sont égales à 67 W et les pertes Joule, mesurées pour un courant de court-circuit au secondaire d'intensité $I_{2CC} = 10$ A, sont égales à 105 W. La tension aux bornes d'un premier récepteur, constitué d'une résistance et placé au secondaire, est $U_2 = 209{,}5$ V lorsqu'il absorbe un courant d'intensité $I_2 = 10$ A. Pour un récepteur consommant un courant d'intensité deux fois plus grande, on mesure une puissance moyenne absorbée au primaire $P_1 = 2582$ W. Enfin, pour un troisième récepteur de facteur de puissance égal à 1, on mesure $P_1 = 3$ kW, $U_2 = 190$ V et $I_2 = 15$ A. Déterminer le rendement du transformateur associé à chacun des récepteurs.

Solution

❶ Les pertes sont ici de deux natures différentes : les pertes fer $P_0 = 67$ W et les pertes Joule P_J dont la valeur dépend du courant débité par le transformateur.

❷ Les puissances connues dépendent du récepteur étudié :

– premier récepteur : P_2 est connue avec $P_2 = U_2 I_2$ car il s'agit d'une résistance. Les pertes par effet Joule sont celles qui sont mesurées dans l'essai en court-circuit puisque I_2 est ici égal à I_{2CC} ;

– deuxième récepteur : P_1 est connue et l'intensité du courant débité au secondaire est multipliée par deux donc les pertes Joule, proportionnelles au carré de I_2, sont quatre fois plus importantes que dans le premier cas ;

– troisième récepteur : P_1 et P_2 sont connues car ici $P_2 = U_2 I_2$ (le facteur de puissance du récepteur étant égal à 1, celui-ci est équivalent à une résistance pure). La détermination du rendement est donc directe.

❸ Le calcul du rendement est effectué pour chaque cas selon :

– premier récepteur : $\eta = \dfrac{U_2 I_2}{U_2 I_2 + P_0 + P_J} = \dfrac{2\,095}{2\,095 + 67 + 105} \approx$ **92,4 %**.

– deuxième récepteur : $\eta = \dfrac{P_1 - P_0 - P_J}{P_1} = \dfrac{2\,582 - 67 - 105 \times 4}{2\,582} \approx$ **81,1 %**.

– troisième récepteur : $\eta = \dfrac{P_2}{P_1} = \dfrac{U_2 I_2}{P_1} = \dfrac{190 \times 15}{3\,000} \approx$ **95 %**.

Exercices

Niveau 1

Ex. 1 Énergie emmagasinée par une bobine à noyau de fer

Un tore ferromagnétique de section S, de circonférence moyenne L, est bobiné d'un enroulement de N spires parcouru par un courant d'intensité $i(t) = I_m \sin(\omega t)$:

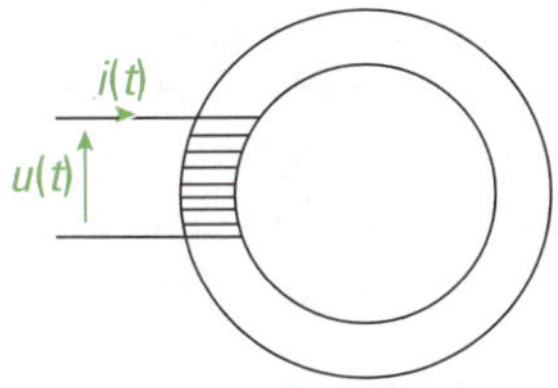

On néglige la résistance de l'enroulement

On assimile son cycle d'hystérésis à un rectangle. On donne le champ coercitif $H_c = 39\ A \cdot m^{-1}$, le champ rémanent $B_r = 0{,}91\ T$.

1) Dessiner le cycle d'hystérésis.

2) Donner la dimension du produit HB en utilisant deux équations de Maxwell.

3) Donner une relation entre H et i d'une part, entre u et $\dfrac{dB}{dt}$ d'autre part.

4) Montrer que l'énergie volumique absorbée s'écrit ici $\oint H\, dB$. De quel phénomène s'agit-il ?

INT, PSI, 2002

Ex. 2 Transformateur réel de tension

Considérons un transformateur constitué, dans sa configuration la plus simple, d'un noyau torique de matériau ferromagnétique assimilé à un milieu linéaire homogène isotrope (perméabilité relative μ_r considérée finie, rayon moyen r_T, périmètre moyen ℓ_T, section circulaire d'aire S_T) sur lequel sont bobinés deux enroulements conducteurs primaire (n_1 spires) et secondaire (n_2 spires), galvaniquement isolés (figure 1). La ligne moyenne de champ magnétique $\vec{B}$ est tracée en pointillés, accompagnée de son orientation. Le champ magnétique sera considéré comme uniforme en tout point de la section droite du tore. Ce transformateur est alimenté par une tension alternative v_1 de pulsation ω.

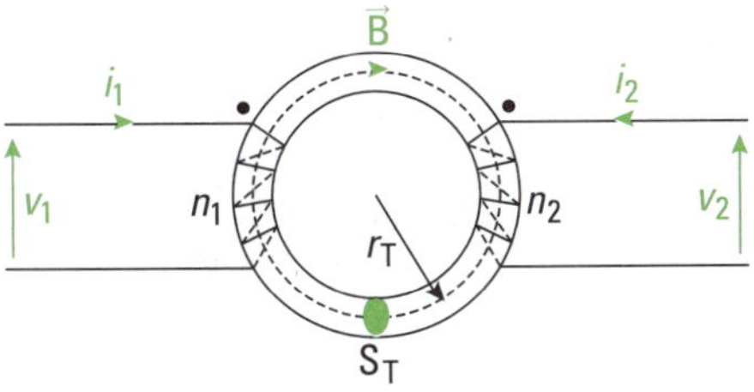

Figure 1

1) a) À l'aide du théorème d'Ampère, démontrer l'existence au primaire d'un courant magnétisant $i_{1\mu}$ (figure 2) dont on donnera l'expression.

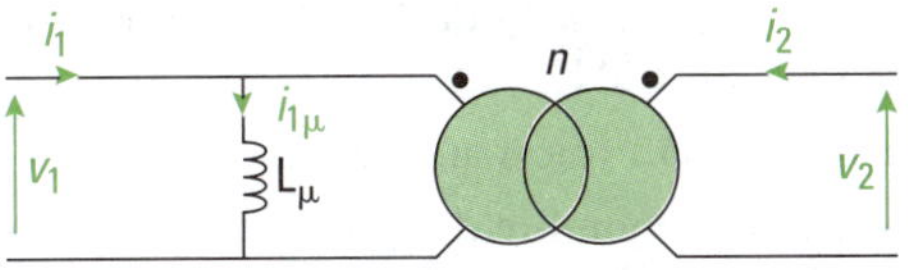

Figure 2

b) Montrer que dans le cas d'un secondaire en circuit ouvert, le schéma proposé, avec une inductance magnétisante L_μ aux bornes de l'enroulement primaire, permet de rendre compte de ce courant magnétisant. Préciser l'expression de L_μ.

Analysons maintenant les pertes du transformateur réel à partir du schéma équivalent fourni figure 3.

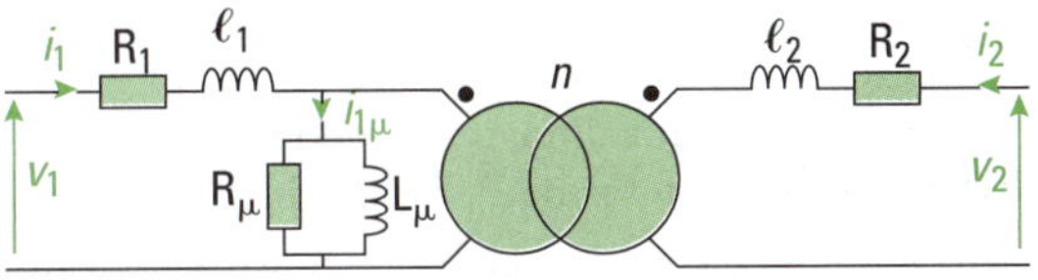

Figure 3

2) a) Quel type de pertes doit-on associer aux deux résistances R_1 et R_2 ? Comment en limiter l'importance ?

b) À quel phénomène peut-on relier les inductances ℓ_1 et ℓ_2 ?

c) La résistance R_μ modélise les pertes « fer ». Rappeler le sens physique de ces pertes et préciser comment on peut les réduire.

D'après écrit E4A, PSI, 1999

Ex. 3 Transformateur à trois secondaires

Le schéma de principe d'un transformateur monophasé à trois enroulements au secondaire est donné ci-dessous :

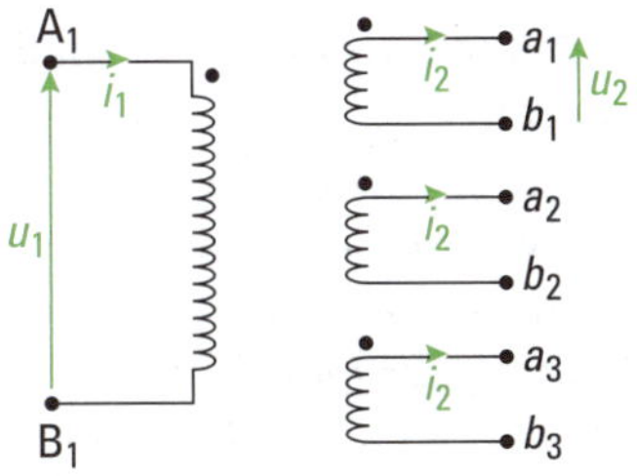

Le primaire est alimenté par la haute tension et le secondaire est constitué de trois enroulements identiques.

Essai à vide : $U_{1n} = 25$ kV ; $f = 50$ Hz ;

$U_{a_1b_1} = U_{a_2b_2} = U_{a_3b_3} = 1\,410$ V.

Essai en court-circuit : les trois secondaires sont court-circuités avec $I_{2cc} = 910$ A, la tension d'alimentation étant égale à 11,34 % de U_{1n}, la puissance consommée $P_{cc} = 86{,}5$ kW.

On mesure 852 spires au primaire.

1) Calculer le nombre de spires d'un secondaire.

2) Le transformateur est alimenté par un réseau 25 kV, 50 Hz.

a) Exprimer les pertes par effet Joule totales P_J du transformateur en fonction de R_1 résistance de l'enroulement primaire, I_1 intensité efficace du courant primaire, R_2 résistance d'un enroulement secondaire et I_2 intensité efficace du courant secondaire ; on suppose ici les charges des trois secondaires identiques.

b) En négligeant le courant appelé à vide par le transformateur devant I_1 et $\frac{3N_2}{N_1} I_2$, donner la relation entre I_1 et I_2.

c) En déduire que l'on peut mettre les pertes par effet Joule sous la forme $P_J = 3\ R_S\ I_2^2$.

d) Déduire de l'essai en court-circuit la valeur numérique de R_S.

3) On propose le schéma équivalent suivant vu de chaque secondaire :

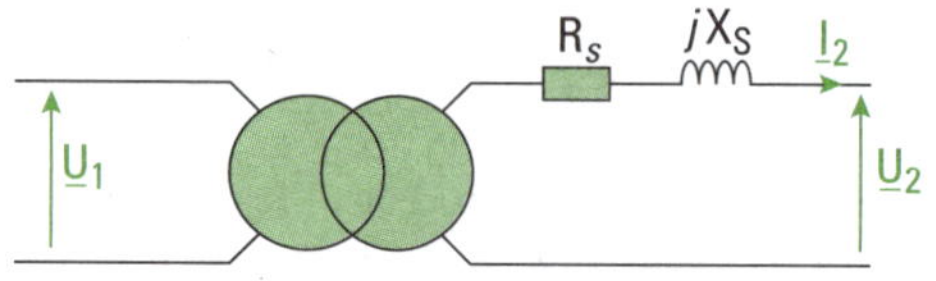

Déduire de l'essai en court-circuit la valeur de X_S.

D'après BTS Électrotechnique 1986

Niveau 2

Ex. 4 Étude fréquentielle d'un transformateur de courant

Comportement en basse fréquence du transformateur de courant

Considérons un modèle basse fréquence (BF) simplifié (figure 1) dans lequel les résistances et les inductances de fuite des enroulements ont été négligées. Le primaire est alimenté par un courant alternatif sinusoïdal de pulsation ω, le secondaire est fermé sur une résistance R.

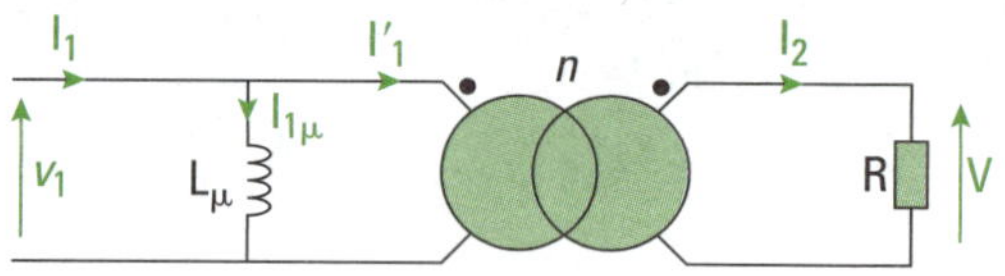

Figure 1

1) a) Déterminer la fonction de transfert en courant de ce modèle BF :

$$\underline{H}(j\omega) = \frac{\underline{I}_2(j\omega)}{\underline{I}_1(j\omega)}.$$

b) Tracer le diagramme asymptotique de Bode en amplitude. Évaluer la fréquence de coupure f_{BF}. Analyser la réponse en fréquence du transformateur.

c) Dans le cas de signaux dont le fondamental est à 50 Hz, examiner, pour un rapport $\frac{R}{n^2}$ fixé, les contraintes sur l'inductance magnétisante L_μ.

Comportement en haute fréquence du transformateur de courant

À haute fréquence (HF) apparaissent les capacités des enroulements (C_p et C_s) et la capacité de couplage C_{ps} entre primaire et secondaire, comme le montre le modèle décrit sur la figure 2. R_μ et L_μ constituent l'impédance magnétisante. ℓ_p et ℓ_s traduisent les fuites magnétiques respectivement au primaire et au secondaire.

Afin de déterminer la réponse de ce modèle en HF, simplifions-le :

• le courant dans L_μ étant faible en haute fréquence, on pourra le négliger ;

• pour des matériaux à faibles pertes, l'effet de R_μ ne sera pas sensible ;

• grâce à l'interposition d'écrans, on fera abstraction de C_{ps}.

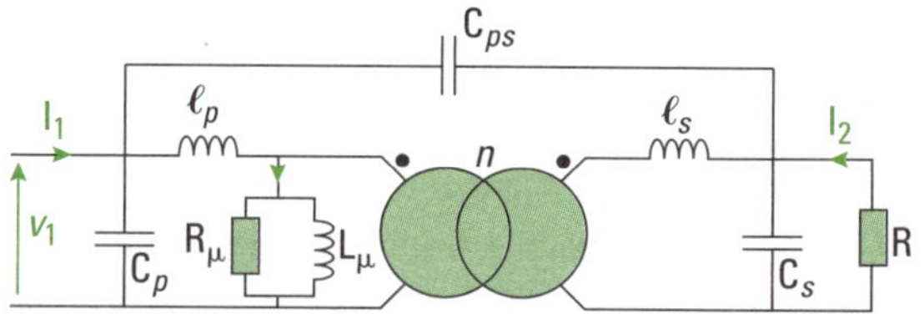

Figure 2

2) a) Simplifier la représentation du modèle haute fréquence ; on pourra éventuellement retracer ce modèle en remplaçant l'ensemble {transformateur + charge} par un dipôle équivalent.

b) Déterminer la fonction de transfert en courant de ce modèle :

$$\underline{H}'(j\omega) = \frac{\underline{I}_2(j\omega)}{\underline{I}_1(j\omega)}.$$

(On pourra poser : $\ell = \ell_p + \frac{\ell_s}{n^2}$, $R' = \frac{R}{n^2}$ et $C'_s = C_s n^2$.)

c) Les valeurs numériques des divers composants ont été optimisées pour que la fonction de transfert $\underline{H}'(j\omega)$ s'écrive sous la forme :

$$\underline{H}'(j\omega) = \frac{H'_0}{1 + \left(j\dfrac{\omega}{\omega_0}\right)^3}.$$

Déterminer H'_0 et ω_0. Tracer le diagramme asymptotique de Bode en amplitude. Calculer la fréquence de coupure f_{HF}. Analyser la réponse en fréquence du transformateur.

d) Quelles contraintes doit-on imposer pour augmenter la fréquence de coupure f_{HF}.

D'après écrit E4A, PSI, 1999

Ex. 5 Détermination expérimentale des pertes par hystérésis

Un matériau ferromagnétique est destiné à réaliser la carcasse d'un transformateur. On se propose de visualiser le cycle d'hystérésis de ce matériau sur un écran d'oscilloscope, c'est-à-dire la courbe B(H) où B et H représentent les valeurs algébriques de $\vec{B}$ et $\vec{H}$. Pour cela, on réalise le montage ci-dessous.

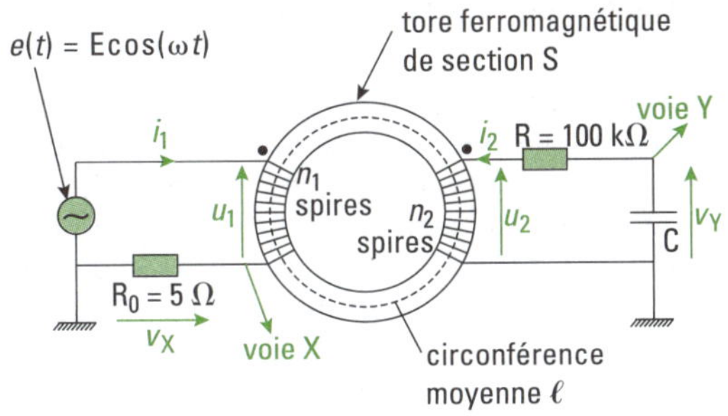

Sur le noyau ferromagnétique de forme torique, de section S, de circonférence moyenne ℓ (avec $\ell^2 >> S$), on enroule n_1 spires constituant l'enroulement primaire et n_2 spires constituant l'enroulement secondaire.

Le générateur de f.é.m. $e(t)$ est une source de tension sinusoïdale ($e(t) = E\cos\omega t$) de fréquence $f = 50$ Hz.

La résistance R = 100 kΩ est telle que le produit $n_2 i_2$ est négligeable devant le produit $n_1 i_1$.

1) a) Pourquoi est-il judicieux :
- de choisir un tore ?
- de choisir $\ell^2 >> S$?

b) Dans ce montage, le circuit RC (entrée u_2, sortie v_Y) fonctionne en intégrateur. Quelle condition la capacité C doit-elle satisfaire pour cela ?

Quelle(s) valeur(s) peut-on choisir pour C parmi les valeurs usuelles suivantes :

10 nF, 47 nF, 100 nF, 470 nF, 1 µF et 4,7 µF ?

c) Exprimer H en fonction de v_X puis B en fonction de v_Y et expliquer pourquoi le montage permet de visualiser le cycle d'hystérésis.

d) Applications numériques :
$\ell = 50$ cm, $S = 20$ cm², $C = 1$ µF, $R_0 = 5\,\Omega$, $n_1 = 250$, $n_2 = 250$.

Donner, en précisant les unités, les expressions de H en fonction de v_x puis de B en fonction de v_y.

e) On obtient l'oscillogramme ci-dessous :
v_Y est en ordonnée (1 graduation représente 2 volts).
v_X est en abscisse (1 graduation représente 1 volt).

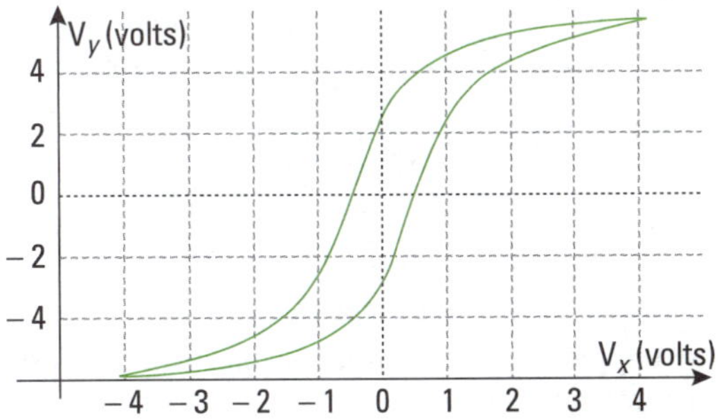

Déduire de cet oscillogramme les valeurs approximatives (à 20 % près) du champ magnétique rémanent B_r, de l'aimantation rémanente M_r et celle du champ coercitif H_c.

2) Pertes par hystérésis

Dans le montage, on peut raisonnablement négliger la puissance dissipée par effet Joule dans les enroulements primaire et secondaire. Pour simplifier, on suppose également négligeables les pertes dues aux courants de Foucault dans le tore. Dans ces conditions, la puissance $p_H = u_1 i_1$ dissipée est uniquement due aux propriétés ferromagnétiques du noyau. Il s'agit des pertes par hystérésis.

a) Établir la relation liant P_H, valeur moyenne de p_H, à l'aire du cycle d'hystérésis représentant l'évolution de B en fonction de H (on notera A l'aire du cycle).

b) Sur l'oscillogramme, on évalue l'aire du cycle à 6 carreaux.

En déduire, en utilisant les valeurs numériques de la question 1)d), la valeur de la puissance moyenne P_H dissipée à cause du phénomène d'hystérésis dans l'ensemble du tore dans l'essai réalisé.

3) A-t-on intérêt pour la fabrication des transformateurs à utiliser un matériau ferromagnétique ayant un champ coercitif important ou faible au contraire ? Justifier.

Écrit CCP, PSI, 2002.

Ex. 6 Variations du rendement et de la tension secondaire en charge

Un transformateur monophasé possède les caractéristiques suivantes :
- puissance apparente nominale : $S_n = 76$ kVA ;
- tension nominale au primaire : $U_{1n} = 21$ kV ;
- fréquence : $f = 50$ Hz.

À vide, sous tension primaire de 21 kV, il absorbe la puissance $P_0 = 400$ W, la tension secondaire U_{20} valant 380 V. En court-circuit, sous la tension primaire U_{1cc} = 5 % de U_{1n}, il absorbe la puissance P_{cc} = 1 600 W.

1) Quelle est la valeur nominale I_{2n} du courant au secondaire ?

2) On propose de modéliser le transformateur comme suit :

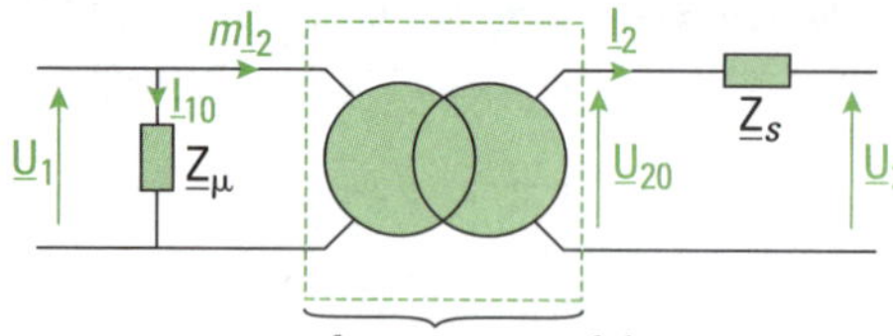

a) Rappeler brièvement la signification physique des paramètres $\underline{Z}_\mu$ et $\underline{Z}_S$.

b) Que peut-on dire de la puissance moyenne consommée par $\underline{Z}_\mu$ dans l'essai en court-circuit ?

c) Déduire de cet essai la valeur de l'impédance complexe $\underline{Z}_S$ sachant que le courant secondaire I_2 prend sa valeur nominale I_{2n}.

3) Le primaire alimenté sous U_{1n} = 21 kV, le secondaire est relié à une charge inductive de facteur de puissance égal à 0,8. La chute de tension ΔU_2 aux bornes de l'impédance $\underline{Z}_S$ dans l'hypothèse de Kapp s'écrit :

$$\Delta U_2 = U_{20} - U_2 = (R_S \cos \varphi_2 + X_S \sin \varphi_2)\, I_2$$

où $\cos \varphi_2$ désigne le facteur de puissance du récepteur et avec $\underline{Z}_S = R_S + jX_S$. Étudier et tracer l'évolution du rendement η du transformateur en fonction du courant efficace I_2 débité au secondaire. Commenter.

4) Le transformateur, toujours alimenté sous la tension U_{1n}, débite un courant de valeur efficace $I_2 = I_{2n}$ dans une charge dont le facteur de puissance $\cos \varphi_2$ est variable. Tracer la courbe $U_2(\cos \varphi_2)$ puis commenter le résultat obtenu.

Ex. 7 Influence d'un entrefer dans un circuit magnétique

On considère un circuit magnétique torique possédant un entrefer (c'est-à-dire une ouverture dans l'air) d'épaisseur e et sur lequel on a placé un bobinage de N spires jointives :

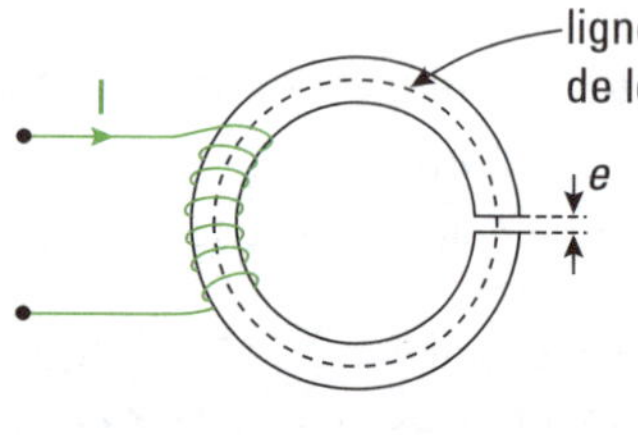

On admet que le champ et l'excitation magnétiques sont orthoradiaux et que la forme des lignes de champ n'est pas perturbée par la présence d'un entrefer supposé petit.

1) Quel est le rôle du circuit magnétique ?

2) Le matériau ferromagnétique utilisé est un acier au silicium dont on donne ci-dessous la caractéristique de magnétisation :

H_{acier} (A·m^{-1})	10	100	150	250	520	1400
B_{acier} (T)	0,04	0,4	0,8	1	1,2	1,4

On prend en outre :

$$\ell = 40 \text{ cm} ; e = 1 \text{ mm}.$$

a) Calculer la valeur à donner au produit ε = NI si l'on souhaite créer un champ magnétique de 1 T dans le circuit ferromagnétique.

b) Commenter et conclure.

3) En réalité, le circuit magnétique est constitué d'un empilage de tôles d'acier au silicium, jointives et isolées les unes des autres. Ceci a pour conséquence de réduire la section utile du tube de champ.

a) Expliquer qualitativement l'intérêt de l'empilage de ces tôles isolées.

b) Le constructeur du circuit magnétique caractérise la présence de cet empilage en fournissant un coefficient k = 0,9 dit « d'utilisation ». Expliquer.

4) Le tube de champ n'est pas de section constante car on observe un élargissement latéral du tube au niveau de l'entrefer. Le constructeur fournit un coefficient d'épanouissement latéral du flux correspondant : ν = 1,2. Déterminer la valeur du flux magnétique pour I = 2 A, N = 50 spires et une section droite du circuit magnétique S = 25 cm².

Ex. 8 Circuit magnétique non linéaire

Un circuit magnétique de longueur moyenne ℓ = 41,3 cm, de section S = 1,50 cm², est taillé dans un matériau ferromagnétique homogène et porte deux enroulements :

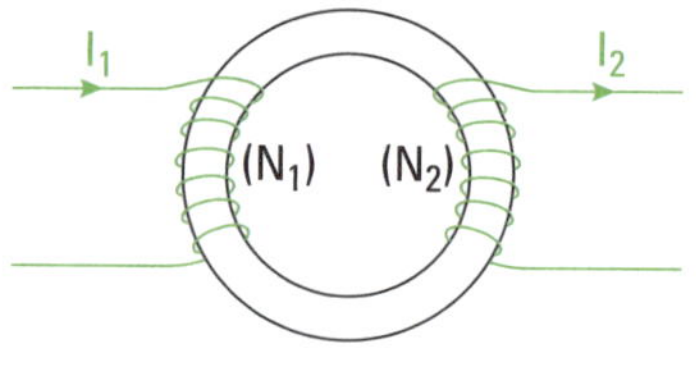

On néglige tout phénomène d'hystérésis, les courants de Foucault (courants induits dans le matériau) et les fuites magnétiques. On désigne par B la norme du champ magnétique exprimée en teslas, par H celle de l'excitation exprimée en ampères par mètre. On considère que B a une valeur unique dans tout le circuit magnétique et qu'elle dépend de H selon le tableau suivant relevé expérimentalement :

H (A·m^{-1})	26,5	53	106	306,5	605	1818	5 842
B (T)	0,10	0,20	0,40	1	1,30	1,65	2

La relation numérique empirique :

$$H = aB + bB^n,$$

avec :

$$a = 265 ; b = 41{,}51 ; n = 6{,}997,$$

traduit bien les résultats de mesure.

1) La bobine N_1 est seule parcourue par un courant continu $I_1 = 3$ A.

a) Quelle est la valeur de B ?

b) Quelle est, en joules, l'énergie électromagnétique emmagasinée ?

c) Quel courant I_2 faudrait-il envoyer dans la bobine N_2 pour que B = 0,8T et en supposant que la tension d'alimentation de l'enroulement de N_1 spires est inchangée ?

2) On réalise le montage ci-dessous :

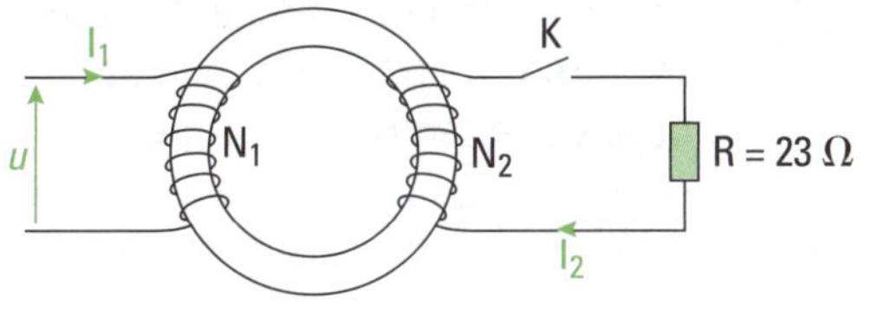

On néglige les résistances de N_1 et N_2. La bobine N_1 est alimentée sous tension sinusoïdale de pulsation $\omega = 800$ rad·s^{-1} :

$$u = U\sqrt{2}\cos(\omega t),$$

où U est la valeur efficace de u (en volts) et t le temps exprimé en secondes.

a) Le champ B est une fonction sinusoïdale du temps, son amplitude est $B_M = 2$T. En déduire la valeur de U en volts.

b) L'interrupteur K étant ouvert, donner l'expression numérique du courant I_1 en fonction du temps t.

Pour la suite, on admettra, sans démonstration, que ce courant, exprimé en ampères, admet la série de Fourier suivante :

$$I_1 = 5{,}675\sin(\omega t) - 2{,}880\sin(3\,\omega t) + 0{,}959\sin(5\omega t) - 0{,}136\sin(7\omega t).$$

Le terme :

$$5{,}675\sin(\omega t)$$

est dit « terme fondamental », les autres sont les « harmoniques » de rang :

3, 5 et 7.

3) On ferme l'interrupteur K.

a) Calculer la valeur efficace du courant I_2 dans la résistance R.

b) Montrer que seul le terme fondamental du courant I_1 est modifié.
Déterminer sa nouvelle expression.

c) Quelles sont la valeur efficace du courant I_1 et la puissance moyenne absorbée par la bobine N_1 ?

D'après écrit ENTPE, PC, 1997

Ex. 9 Étude d'un électroaimant

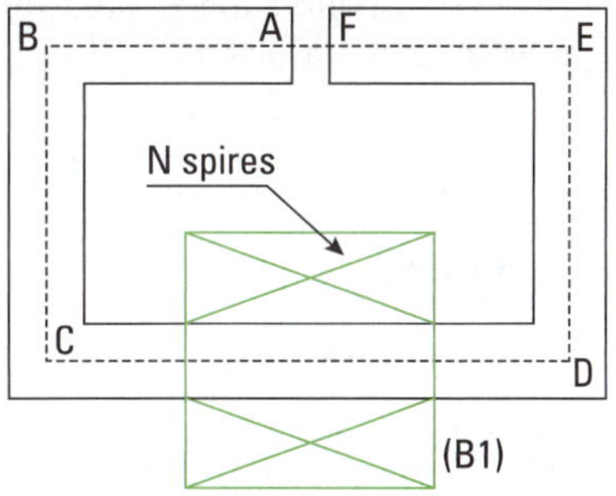

Figure 1

On souhaite créer, dans l'entrefer d'un électroaimant de laboratoire, un champ magnétique $\vec{B}$ présentant une valeur stable bien déterminée et éventuellement réglable. Le système étudié est modélisé par le schéma de la figure 1. La section, constante, de la partie ferromagnétique est S = 14,5 cm². On supposera dans la suite que le vecteur champ magnétique est orthogonal à toute section droite du circuit, qu'il est constant en module et à répartition uniforme en module dans l'ensemble du matériau magnétique. La perméabilité relative du matériau magnétique, supposé homogène et isotrope, est constante et égale à $\mu_r = 1\,200$. La longueur moyenne de la partie [ABCDEF] est I = 0,87 m. L'entrefer, AF = e, a pour valeur 3,5 mm ; on suppose que dans celui-ci les lignes de champ sont des droites parallèles. On a bobiné autour du tronçon CD, N = 175 spires de fil jointives qui seront parcourues par un courant i, constituant une bobine (B1) dite d'excitation.

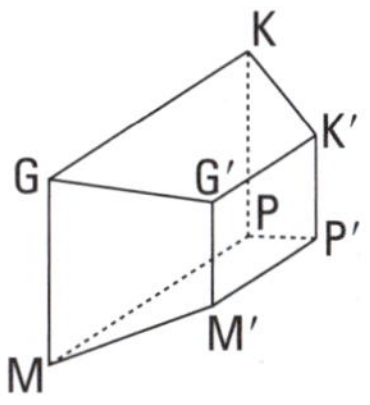

Figure 2a

1) La valeur du courant est $i = 12{,}3$ A, quelle relation peut-on écrire entre l'excitation magnétique H_e dans l'entrefer et l'excitation magnétique H_f dans la partie ferromagnétique ?

Quelle est la valeur du champ magnétique $\vec{B}$ dans l'entrefer ?

2) On utilise pour créer l'entrefer deux pièces en tronc de pyramide conformes au schéma de la figure 2a. On les place sur le circuit comme l'indique la figure 2b ; on suppose que leur insertion ne modifie ni la valeur de I, ni celle de e, ni la perméabilité μ_r. En outre on supposera que les lignes de champ sont toujours parallèles dans l'entrefer en négligeant ainsi l'effet d'épanouissement dû à la forme de ces pièces.

Quelle est la nouvelle valeur de B dans l'entrefer si la section G'K'P'M' a pour surface 6,6 cm² ? Quel avantage présente un tel dispositif ?

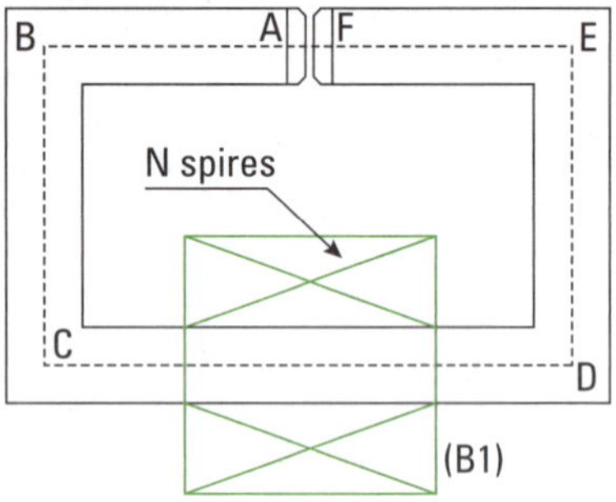

Figure 2b

3) L'alimentation de (B1) est réalisée au moyen d'une source de tension dépourvue de résistance interne (S) et présentant une f.é.m. dont la valeur en fonction de t est donnée par :

$$e(t) = E_0 + E_M \sin(\omega t)$$

$E_0 = 120$ V ; $E_M = 60$ V ; $\omega = 300$ rad·s⁻¹.

La résistance du circuit contenant la bobine est R = 9,75 Ω et son inductance L = 13,2 mH.

Déterminer l'expression et l'allure du courant dans (B1). Quelle est l'amplitude crête à crête des variations de courant ? Quelle est la variation relative de B qui en résulte ?

Écrit X-ENS Cachan, PSI, 1997

Ex. 10 Aimantation en champs faibles

Pour des faibles valeurs du champ d'excitation magnétique H, l'aimentation d'un matériau magnétique M varie en fonction de H selon :

$$M = (\chi + \nu H_m)H \pm \frac{\nu}{2}(H^2 - H_m^2)$$

où H_m désigne l'amplitude maximale de H, avec $-H_m \leqslant H \leqslant H_m$, χ et ν sont des constantes positives, le signe ± dépend du sens de variation de M avec H.

1) Donner l'allure du cycle d'hystérésis pour les grandeurs M et H en précisant son sens de parcours et les équations associées à chaque branche du cycle. Que traduit ν ?

2) Exprimer l'aimantation rémanente.

3) La courbe de première aimantation, obtenue lorsque le matériau est initialement désaimanté, est le lieu des sommets de cycles d'hystérésis symétriques par rapport à l'origine (H variant entre $-H_m$ et H_m).

Expérimentalement, on obtient l'équation de cette courbe qui est de la forme :

$$M = aH + bH^2$$

a, b désignant deux constantes.

Si à partir d'un point de cette courbe de coordonnées (H_m, M_m) situé dans la zone des champs faibles on diminue légèrement H, on observe alors une diminution de M. Cette variation est en outre linéaire et sa direction est celle de la tangente à l'origine de la courbe de première aimantation. Déduire de ces observations expérimentales l'expression des paramètres a et b en fonction des paramètres χ et ν.

4) On étudie le cas d'une ferrite qui est un matériau non conducteur.

a) Exprimer l'énergie W dissipée au cours d'un cycle en notant V le volume du circuit magnétique.

b) Les courants de Foucault sont-ils susceptibles de modifier le résultat obtenu à la question précédente ?

Niveau 3

Ex. 11 Détermination des éléments du modèle équivalent d'un transformateur – Chute de tension en charge

On se propose de déterminer les éléments du modèle équivalent d'un transformateur réel représenté ci-dessous :

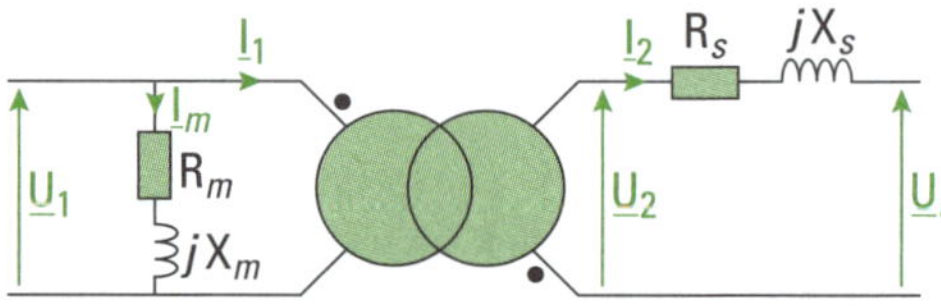

La plaque signalétique porte les indications suivantes : 100 kVA – 50 Hz. On réalise les essais suivants :

• *Essai à vide* sous tension nominale $U_{1n} = 5\,000$ V :
$U_2 = 390$ V ; $P_{10} = 720$ W (puissance moyenne absorbée au primaire) ; $I_{10} = 1{,}2$ A (intensité du courant absorbé au primaire).

• *Essai en court-circuit* (le secondaire est en court-circuit) :
$I_{1c} = 10$ A (intensité du courant primaire) ;
$U_{1c} = 45{,}25$ V (cette tension doit être réduite devant U_{1n}) ;
$P_{1c} = 320$ W (puissance moyenne absorbée au primaire).

1) Calculer l'intensité secondaire nominale.

2) Déterminer les éléments R_m, X_m, R_S et X_S du schéma équivalent.

3) a) En notant $\alpha = (\widehat{\underline{U}_2, \underline{U}_S})$, représenter dans le plan complexe l'allure des grandeurs électriques au secondaire en supposant le récepteur de nature inductive. On prendra $\underline{U}_S$ comme référence des phases.

b) Quel doit être l'ordre de grandeur de la chute de tension sur l'impédance $R_S + jX_S$? Que peut-on en déduire concernant l'angle α ?

c) En déduire avec cette hypothèse une expression de la chute de tension au secondaire $\Delta U_2 = |m\underline{U}_1 - \underline{U}_S|$.

4) Déterminer la valeur de la tension aux bornes d'un récepteur alimenté par le transformateur en régime nominal, de facteur de puissance $\cos\varphi_2 = 0{,}5$ pour l'intensité secondaire nominale si :

a) le récepteur est de nature inductive ;

b) le récepteur est de nature capacitive. Commenter.

Ex. 12 Calcul d'un transformateur

On souhaite construire un transformateur monophasé de 1,5 kVA qui, alimenté sous 380 V, 50 Hz, ait une tension secondaire $U_S = 24$ V en charge nominale résistive.

On dispose d'un circuit magnétique de section $s = 25$ cm² et de longueur de ligne de champ moyenne $\ell = 60$ cm. La perméabilité magnétique relative a été mesurée en courant continu et on a trouvé $\mu_r = 3\,180$ pratiquement constante pour un champ magnétique maximal B_m variant entre 0 et 1 T. On désire faire fonctionner ce circuit avec $B_m = 0{,}9$ T.

Le modèle électrique retenu pour ce transformateur est donné ci-dessous :

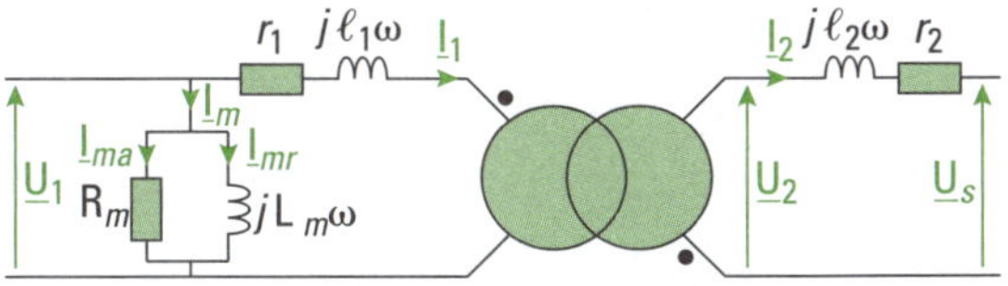

Enfin, lorsque ce transformateur débitera l'intensité secondaire nominale dans une charge résistive, la chute de tension relative sur l'impédance transférée au secondaire sera de 4 %.

1) Représenter le schéma équivalent faisant apparaître l'impédance Z_S transférée au secondaire dont on donnera l'expression en fonction des données de l'exercice.

2) Calculer la tension secondaire à vide U_2 et l'intensité I_{2n} du courant secondaire nominal.

3) Calculer le rapport de transformation m. Quelles doivent être les nombres de spires à donner au primaire N_1 et au secondaire N_2 ?

4) Déterminer la valeur efficace I_{mr} du courant magnétisant.

5) La construction achevée, on effectue des essais. La mesure des résistances a donné au primaire $r_1 = 0{,}875\ \Omega$ et au secondaire $r_2 = 4$ mΩ. Le courant primaire à vide, sous tension nominale, a pour valeur efficace 0,149 A.

a) Calculer la résistance globale R_S ramenée au secondaire et les pertes dans le cuivre en fonctionnement nominal.

b) Calculer le facteur de puissance à vide puis en déduire les pertes dans le fer sous tension primaire nominale.

6) Quel est le rendement de ce transformateur en fonctionnement nominal avec une charge résistive ?

Ex. 13 Mise en parallèle de 2 transformateurs

On souhaite faire fonctionner deux transformateurs T_1 et T_2 en parallèle :

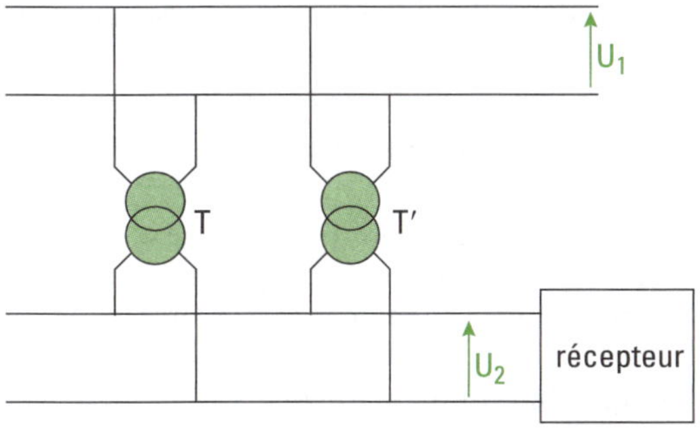

Les puissances apparentes de T et T′ valent respectivement S = 0,5 kVA et S′ = 1 kVA de tension primaire nominale 400 V. On effectue plusieurs essais :

• *Essai 1 :* T et T′ fonctionnent à vide, on mesure leur tension secondaire à vide $U_{20} = U'_{20} = 40$ V.

• *Essai 2 :* T alimente une résistance R = 6 Ω, T′ une résistance R′ = 4 Ω. On mesure sur ces résistances respectivement les tensions $U_2 = 39{,}4$ V et $U'_2 = 39$ V.

• *Essai 3 :* T alimente un récepteur inductif traversé par l'intensité secondaire nominale I_{2N} du transformateur. On donne le facteur de puissance du récepteur $\varphi_2 = 0{,}8$ et on mesure la tension au secondaire $U_2 = 39$ V.

• *Essai 4 :* T′ alimente un autre récepteur inductif consommant un courant $\dfrac{I'_{2N}}{2}$ avec un facteur de puissance $\cos\varphi'_2 = 0{,}9$ et on mesure la tension au secondaire $U'_2 = 38{,}5$ V.

On donne l'expression de la chute de tension ΔU_2 au secondaire du transformateur en charge débitant un courant I_2 :

$$\Delta U_2 = U_{20} - U_2 = (R_S \cos\varphi_2 + X_S \sin\varphi_2)\, I_2$$

avec $\cos\varphi_2$ facteur de puissance de la charge, R_S résistance des enroulements ramenée au secondaire, X_S réactance des fuites magnétiques ramenée au secondaire, U_2 tension aux bornes de la charge.

1) Déterminer les éléments (R_S, X_S) et (R'_S, X'_S) associés respectivement à T et T′.

2) On s'intéresse au cas où les transformateurs fonctionnent indépendamment mais tous deux en court-circuit pour leur courant nominal au secondaire. Représenter dans le plan complexe les chutes de tension présentes aux secondaires pour chaque transformateur en précisant les tensions aux bornes des enroulements secondaires.

3) On souhaite à présent connecter T et T′ en parallèle, tous deux en court-circuit.

a) À l'aide d'un schéma électrique, montrer qu'il est alors impossible que ces deux transformateurs débitent leurs courants nominaux.

b) Lors de la mise en parallèle de T et T′, un des transformateurs (T, T′) est surdimensionné. Déterminer la valeur du courant qu'il débite.

4) Afin d'améliorer le partage de la puissance transférée, on ajoute en série avec un des deux transformateurs une bobine parfaite d'inductance L.

a) À quel transformateur doit-on associer cette bobine ?

b) Déterminer la valeur de L afin que le couplage des deux transformateurs soit optimal pour une fréquence de fonctionnement égale à 50 Hz.

Ex. 14 Questions ouvertes

1) Est-il possible de déterminer un modèle électrique équivalent de deux enroulements couplés sans aucun ordre apparent comme ci-dessous ?

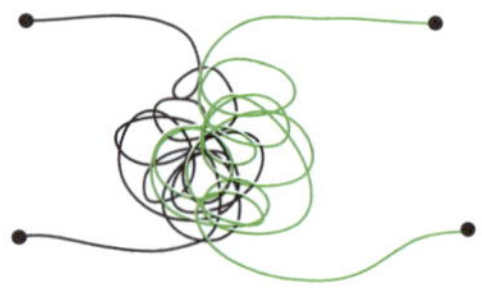

2) Pourquoi ne faut-il jamais ouvrir le secondaire d'un transformateur de courant ?

3) Le circuit magnétique d'un transformateur est constitué de deux pièces qu'il est possible de séparer physiquement l'une de l'autre :

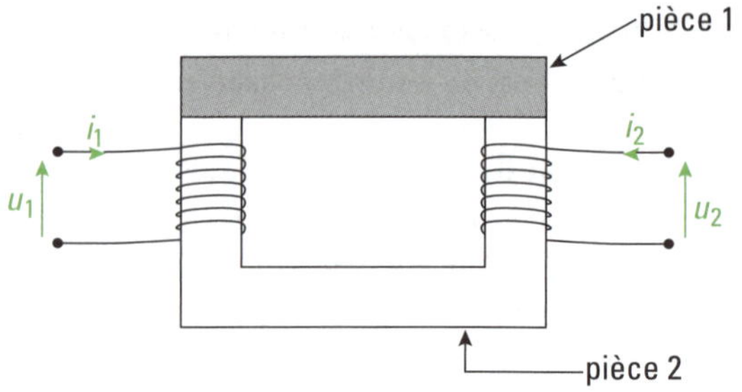

Un expérimentateur décide, le montage étant sous tension, de détacher la pièce 1 de la pièce 2. Immédiatement, un disjoncteur (qui empêche tout dépassement d'un seuil d'intensité jugé critique ou dangereux) coupe l'alimentation du transformateur. Expliquer.

Indications

Ex. 3

2) b) La relation entre courants est issue du théorème d'Ampère, à écrire en régime sinusoïdal permanent.

d) Sous tension réduite, en court-circuit, les pertes fer sont négligeables devant les pertes Joule.

Ex. 7

2) a) Quelle est la conséquence d'un entrefer étroit sur le module du champ magnétique pour l'ensemble du circuit magnétique fermé ?

3) b) La présence de l'isolant entre tôles réduit-elle ou augmente-t-elle la section droite du tube de champ ?

4) Déterminer graphiquement le point de fonctionnement (B, H).

Ex. 8

2) a) Il faut établir la formule de Boucherot (revoir l'exercice 2 du chapitre 1).

3) b) Quelle est la relation existant entre la somme des courants enlacés par le contour d'Ampère à vide d'une part et en charge d'autre part ?

Ex. 10

4) a) Le calcul doit être mené en utilisant l'excitation H et l'aimantation M.

Ex. 11

2) Utiliser les essais à vide et en court-circuit.

Ex. 12

2) Les tensions U_2 et U_S sont pratiquement en phase.

4) La composante réactive du courant magnétisant s'identifie au courant magnétisant lorsque R_m est infini. Dans ce cas, le champ magnétique et l'excitation magnétique sont en phase.

Ex. 13

1) Commencer par exploiter l'essai sur la charge résistive.

4) b) Faire une construction géométrique dans le plan complexe.

Ex. 14

2) Établir une relation entre les courants et le flux magnétique.

Solutions des exercices

Exercices de niveau 1

Exercice 1

1) Le cycle d'hystérésis a l'allure :

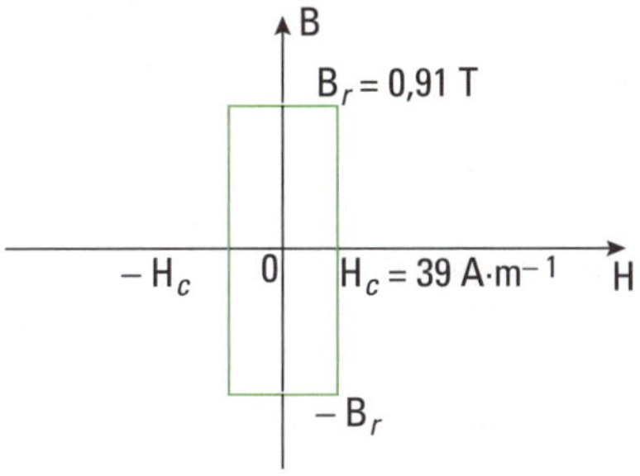

2) $\begin{cases} \overrightarrow{\text{rot}}\,\vec{E} = -\dfrac{\partial \vec{B}}{\partial t} \rightarrow \dfrac{[E]}{[L]} = \dfrac{[B]}{[T]} & \textbf{(1)} \\ \overrightarrow{\text{rot}}\,\vec{H} = \vec{j} + \varepsilon_0 \dfrac{\partial \vec{E}}{\partial t} \rightarrow \dfrac{[H]}{[L]} = [\varepsilon_0]\dfrac{[E]}{[T]} & \textbf{(2)} \end{cases}$

$$(1) + (2) \Rightarrow \frac{[H][B]}{[L][T]} = [\varepsilon_0]\frac{[E]}{[T]}\frac{[E]}{[L]} = [\varepsilon_0][E^2]\frac{1}{[T][L]}$$

$$\Rightarrow [H][B] = [\varepsilon_0][E^2]$$

On reconnaît une quantité homogène à la densité d'énergie due au champ électrique $\left(\dfrac{1}{2}\,\varepsilon_0\,E^2\right)$, donc :

HB a les dimensions d'une **énergie volumique**.

3)

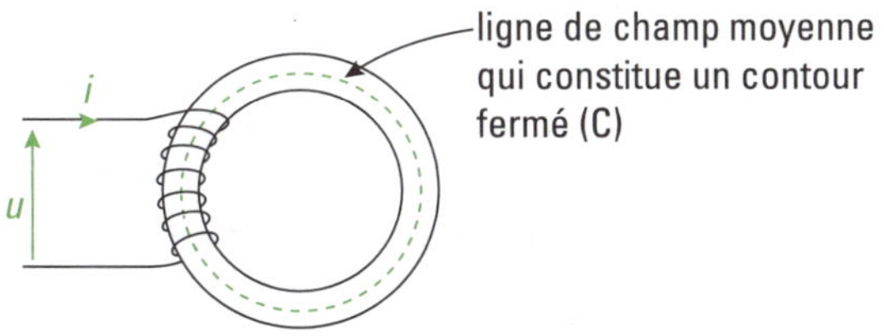

• D'après le théorème d'Ampère :

$$\oint_{(C)} \vec{H}\cdot d\vec{\ell} = I_{\text{enlacés par (C)}}$$

On utilise l'approximation du champ unidimensionnel ce qui permet de dire que $\vec{H}$ est orthoradial à l'intérieur du tore. En choisissant les orientations positives, il vient :

$$HL = NI, \text{ donc } \mathbf{H = \frac{NI}{L}}.$$

• Avec l'hypothèse d'une résistance d'enroulement R_1 négligeable, la loi d'Ohm généralisée s'écrit ici :

$$u = R_1 i - e = -e\,, \text{ avec } e = -N\frac{d\Phi}{dt} = -NS\frac{dB}{dt} \Rightarrow \boldsymbol{u = NS\frac{dB}{dt}}.$$

4) La puissance absorbée s'écrit ici :

$$p = ui = \mathrm{NS}\,\frac{\mathrm{dB}}{\mathrm{d}t}\,\frac{\mathrm{HL}}{\mathrm{N}} \Leftrightarrow \frac{p\,\mathrm{d}t}{\mathrm{SL}} = \mathrm{H\,dB}.$$

On introduit l'énergie élémentaire absorbée dω :

$$\mathrm{d}\omega = p\,\mathrm{d}t\,.$$

En notant alors V le volume du tore avec V = SL, il vient :

$$\frac{\mathrm{d}\omega}{\mathrm{V}} = \mathrm{d}\omega_v = \mathrm{H\,dB}\,.$$

L'énergie volumique totale absorbée au cours d'un cycle correspond à une période des grandeurs électriques. Donc :

$$\mathbf{W}_v = \int_{\text{1 période}} \mathbf{d}\boldsymbol{\omega}_v = \oint_{\text{1 cycle}} \mathbf{H\,dB}.$$

Il s'agit des **pertes par hystérésis**.

Ceci suppose alors que les pertes par courants de Foucault soient négligeables (c'est le cas, par exemple, si le régime est lentement variable dans le temps).

Exercice 2

1) a) On applique la méthode 1, ce qui conduit à :

$$\ell_\mathrm{T}\mathrm{H} = n_1 i_1 + n_2 i_2\,.$$

L'examen de la figure 2 montre que l'on a $i_1 = i_{1\mu}$ lorsque $i_2 = 0$, d'où :

$$\ell_\mathrm{T}\mathrm{H} = n_1 i_{1\mu} \Leftrightarrow \boldsymbol{i}_{1\mu} = \frac{\ell_\mathrm{T}\mathrm{H}}{n_1} = \frac{\boldsymbol{\ell}_\mathbf{T}\mathbf{B}}{\boldsymbol{n}_1\boldsymbol{\mu}_0\boldsymbol{\mu}_r}.$$

Par hypothèse, μ_r étant finie, ce courant existe dans la modélisation du transformateur car il est non nul.

b) Afin de vérifier la modélisation proposée par la figure 2 de l'énoncé, on cherche à établir l'équation instantanée liant $v_1(t)$ et $i_{1\mu}(t)$.

L'existence de $i_{1\mu}(t)$ variable dans le temps donne naissance à une variation du flux magnétique φ dans le temps. De plus, le modèle de la figure 2 ne prend pas en compte les résistances R_1 et R_2 des enroulements primaire et secondaire (leur effet est pris en compte à partir de la question suivante).

Tout ceci conduit à :

$$v_1(t) = n_1\,\frac{\mathrm{d}\varphi}{\mathrm{d}t}$$

avec $\varphi = \mathrm{BS_T}$, d'où :

$$v_1(t) = n_1\mathrm{S_T}\,\frac{\mathrm{dB}}{\mathrm{d}t} = n_1\mathrm{S_T}\,\frac{\mathrm{d}}{\mathrm{d}t}\left(\frac{n_1\mu_0\mu_r}{\ell_\mathrm{T}}\,i_{1\mu}\right) = \frac{\mu_0\mu_r n_1^2\mathrm{S_T}}{\ell_\mathrm{T}} \times \frac{\mathrm{d}i_{1\mu}}{\mathrm{d}t}.$$

La modélisation de ce courant magnétisant par une bobine parfaite d'inductance L_μ est exacte et l'on a :

$$\mathbf{L}_\mu = \frac{\boldsymbol{\mu}_0\boldsymbol{\mu}_r\boldsymbol{n}_1^2\mathbf{S_T}}{\boldsymbol{\ell}_\mathbf{T}}.$$

2) a) • Les deux résistances R_1 et R_2 modélisent l'existence d'un effet Joule dû aux courants traversant les enroulements primaire (résistance R_1) et secondaire (résistance R_2).

• Pour en limiter l'importance, on peut tout d'abord utiliser un conducteur dont la conductivité est élevée (en pratique, du cuivre). On peut également jouer, dans la mesure du possible, sur la section des conducteurs qui ne doit pas être trop faible et sur la longueur du fil pour chaque enroulement qui ne doit pas être trop grande.

b) Ces deux inductances modélisent les fuites magnétiques du transformateur :

– ℓ_1 modélise la petite partie du flux magnétique créé par le primaire et qui n'est pas canalisé par le matériau ferromagnétique ;

– ℓ_2 modélise de la même manière les lignes de champ créées par le courant circulant dans l'enroulement secondaire et qui ne sont pas canalisées dans le circuit ferromagnétique.

c) • Des pertes fer traduisent l'échauffement du circuit magnétique et englobent les pertes par hystérésis et les courants de Foucault.

• Le choix du matériau magnétique utilisé permet de diminuer ces pertes. Par ailleurs, le circuit magnétique n'est jamais massif mais constitué d'un empilage de fines tôles ferromagnétiques isolées les unes des autres (on parle de feuilletage). Ceci permet de réduire l'importance des courants de Foucault.

Exercice 3

1) $m = \dfrac{U_{a_1b_1}}{U_{1n}} = \dfrac{N_2}{N_1} \Rightarrow \mathbf{N_2 = N_1 \dfrac{U_{a_1b_1}}{U_{1n}}}$

A.N. $\mathbf{N_2} = 852 \times \dfrac{1\,410}{25 \cdot 10^3} \approx \mathbf{48}.$

2) a) La puissance moyenne totale dissipée par effet Joule est la somme des puissances dissipées dans chaque enroulement du transformateur, donc :

$$\mathbf{P_J = R_1 I_1^2 + 3 R_2 I_2^2} \qquad \textbf{(1)}$$

b) Nous avons donné en cours la relation la plus générale entre courants que nous reprenons ici sachant que le secondaire comporte trois enroulements :

$$N_1 \underline{I}_1 - 3N_2 \underline{I}_2 = N_1 \underline{I}_{1v} \qquad \text{(en régime sinusoïdal permanent)}$$

avec I_{1v} courant magnétisant ici supposé négligeable devant I_1 et $\dfrac{3N_2}{N_1} I_2$.

⚠ Attention au signe négatif pour le courant i_2 qui sort d'une borne homologue.

Donc : $$\mathbf{I_1 \approx 3 m I_2} \qquad \textbf{(2)}$$

c) Les relations (1) et (2) conduisent à :

$$\mathbf{P_J} = R_1 (3m I_2)^2 + 3R_2 I_2^2 = 3(R_2 + 3m^2 R_1) I_2^2 = \mathbf{3 R_S I_2^2}$$

avec : $$\mathbf{R_S = R_2 + 3m^2 R_1}$$

d) La puissance moyenne consommée dans l'essai en court-circuit peut s'écrire :

$$P_{cc} = P_{fer_{cc}} + P_{Jcc} = P_{fer_{cc}} + 3 R_S I_{2cc}^2$$

avec $P_{fer_{cc}}$ les pertes fer en court-circuit.
Or cet essai étant effectué sous tension réduite U_{1cc} = 11,34 % de U_{1n}, les pertes fer étant proportionnelles au carré de U_1, on peut négliger $P_{fer_{cc}}$ devant $3R_S I_{2cc}^2$, donc :

$$P_{cc} \approx 3 R_S I_{2cc}^2 \Rightarrow \mathbf{R_S = \dfrac{P_{cc}}{3\, I_{2cc}^2}}.$$

A.N. $\mathbf{R_S} = \dfrac{86{,}5 \cdot 10^3}{3 \times 910^2} = \mathbf{34{,}8\ m\Omega}.$

3) Le schéma équivalent de chaque secondaire en court-circuit est :

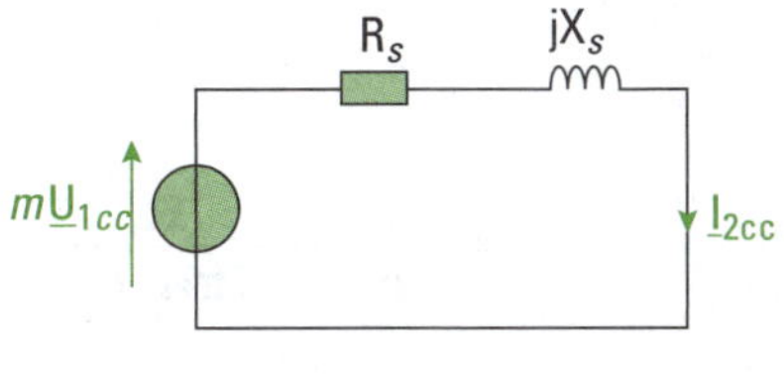

Il vient donc : $\dfrac{mU_{1cc}}{I_{2cc}} = Z_S$ et $Z_S = \sqrt{R_S^2 + X_S^2}$.

$$\Rightarrow \mathbf{X_S = \sqrt{\left(\frac{mU_{1cc}}{I_{2cc}}\right)^2 - R_S^2}}$$

A.N. $m = \dfrac{1\,410}{25\cdot 10^3} = 5{,}64\cdot 10^{-2}$; $U_{1cc} = 11{,}34\ \%$ de 25 kV

$$\Rightarrow \mathbf{X_S} = \sqrt{\left(\frac{5{,}64\cdot 10^{-2} \times 0{,}1134 \times 25\cdot 10^3}{910}\right)^2 - (34{,}8\cdot 10^{-3})^2} = \mathbf{172{,}2\ m\Omega}.$$

Exercices de niveau 2

Exercice 4

1) a) Sur la figure 1, le symbole du transformateur dont le courant primaire est noté I_1' et le courant secondaire I_2, est celui du transformateur parfait. La relation entre courants vue au chapitre précédent s'écrit donc en régime sinusoïdal permanent :

$$N_1\underline{I}_1' - N_2\underline{I}_2 = 0, \text{ avec } n = \frac{N_2}{N_1}$$

donc $$\underline{I}_1' = n\underline{I}_2 \text{ et } \underline{I}_{1\mu} = \underline{I}_1 - \underline{I}_1' = \underline{I}_1 - n\underline{I}_2 \quad (1)$$

De plus, on a : $$\underline{V}_1 = jL_\mu\omega\underline{I}_{1\mu} = \frac{\underline{V}_2}{n} = \frac{R}{n}\underline{I}_2 \quad (2)$$

Les relations (1) et (2) conduisent à :

$$jL_\mu\omega(\underline{I}_1 - n\underline{I}_2) = \frac{R}{n}\underline{I}_2$$

$$\Leftrightarrow \mathbf{\underline{H}(j\omega)} = \frac{\underline{I}_2}{\underline{I}_1} = \frac{jL_\mu\omega}{\dfrac{R}{n} + jL_\mu\omega n} = \mathbf{\frac{1}{n}\,\frac{j\dfrac{n^2L_\mu}{R}\omega}{1 + j\dfrac{n^2L_\mu}{R}\omega}}$$

b) • Diagramme de Bode en amplitude

La fonction de transfert précédemment trouvée correspond à un filtre passe-haut dont le diagramme de Bode asymptotique du gain est donné ci-après, en posant $\omega_{BF} = \dfrac{R}{n^2L_\mu}$:

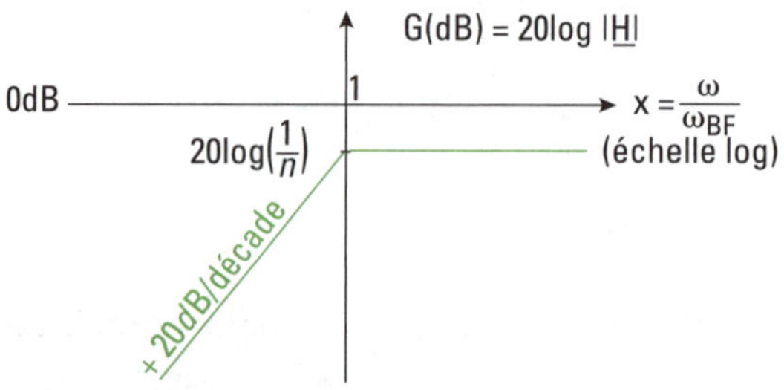

• Fréquence de coupure

$$f_{BF} = \frac{\omega_{BF}}{2\pi} = \mathbf{\frac{R}{2\pi n^2 L_\mu}}$$

• **Analyse de la courbe de réponse en fréquence**

Comme pour tout filtre passe-haut, il laisse passer les signaux dont la fréquence est supérieure à f_{BF}. En particulier, aucune composante continue (qui correspond à un signal de fréquence nulle) n'est transmise du primaire vers le secondaire.

c) La fréquence fondamentale f doit donc être supérieure à f_{BF}, ainsi :

$$f > \frac{R}{2\pi n^2 L_\mu} \Leftrightarrow L_\mu > \frac{R}{2\pi f n^2}.$$

Soit avec $f = 50$ Hz, il vient :

$$\mathbf{L_\mu > \frac{R}{100\pi n^2}}.$$

2) a) Compte tenu des hypothèses simplificatrices proposées par l'énoncé, un premier schéma équivalent est :

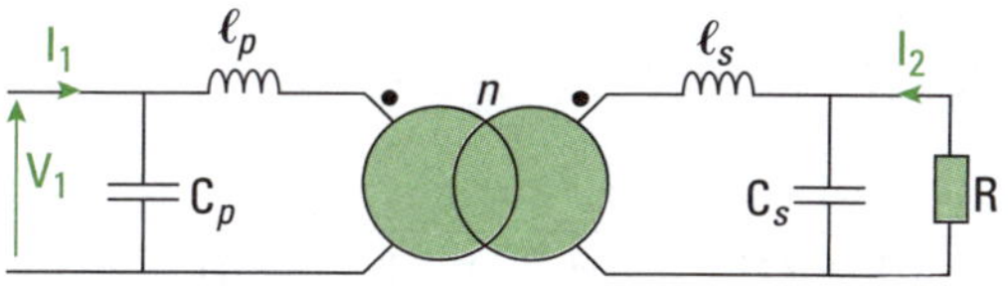

On peut ensuite modéliser le transformateur associé à la charge R en transférant l'impédance $\underline{Z}_2$ du secondaire vers le primaire avec, ici :

$$\underline{Z}_2 = j\ell_S\omega + \frac{R}{1 + jRC_S\omega}.$$

et donc :

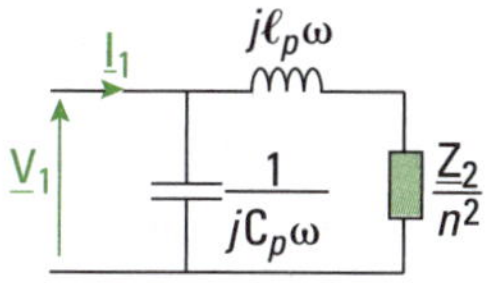

b) Le schéma équivalent précédent n'est pas adapté à la résolution de cette question. Nous proposons le schéma suivant où l'on fait apparaître de suite le paramètre $\ell = \ell_p + \frac{\ell_S}{n^2}$:

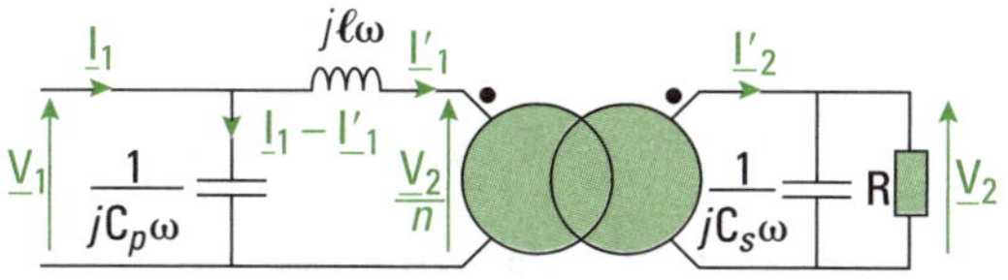

avec : $$\underline{I}_2 = -\frac{\frac{1}{jC_S\omega}}{\frac{1}{jC_S\omega} + R}\underline{I}'_2 \quad \text{(diviseur de courant)}$$

$$\Leftrightarrow \underline{I}_2 = -\frac{1}{1 + jRC_S\omega}\underline{I}'_2 \quad \mathbf{(1)}$$

De plus : $$\frac{1}{jC_p\omega}(\underline{I}_1 - \underline{I}'_1) - j\ell\omega\,\underline{I}'_1 = \frac{\underline{V}_2}{n} = -\frac{R\underline{I}_2}{n} \quad \mathbf{(2)}$$

et : $$\underline{I}'_1 = n\underline{I}'_2 = -n(1 + jRC_S\omega)\underline{I}_2 \quad \text{d'après (1)}$$

En reportant cette expression dans (2), il vient :

$$\frac{1}{jC_p\omega}\,\underline{I}_1 + n(1 + jRC_S\omega)\left(\frac{1}{jC_p\omega} + j\ell\omega\right)\underline{I}_2 = -\frac{R}{n}\,\underline{I}_2$$

$$\Leftrightarrow \frac{1}{jC_p\omega}\,\underline{I}_1 = -n\left[(1 + jRC_S\omega)\left(\frac{1}{jC_p\omega} + j\ell\omega\right) + \frac{R}{n^2}\right]\underline{I}_2$$

En posant $R' = \dfrac{R}{n^2}$, on a :

$$\underline{H}'(j\omega) = \frac{\underline{I}_2}{\underline{I}_1} = -\frac{1}{n}\,\frac{1}{(1 + jRC_S\omega)\,[1 + \ell C_p(j\omega)^2] + jR'C_p\omega}$$

$$\Leftrightarrow \underline{H}'(j\omega) = -\frac{1}{n}\,\frac{1}{1 + j(RC_S + R'C_p)\omega + \ell C_p(j\omega)^2 + \ell RC_SC_p(j\omega)^3}$$

et en introduisant $R'C_S' = \dfrac{R}{n^2}C_S n^2 = RC_S$:

$$\mathbf{\underline{H}(j\omega) = -\frac{1/n}{1 + jR'(C_S' + C_p)\omega + \ell C_p(j\omega)^2 + \ell R'C_S'\,C_p(j\omega)^3}}.$$

c) • L'identification du résultat obtenu en question précédente avec la forme proposée donne :

$$\mathbf{H_0' = -\frac{1}{n}} \quad \text{et} \quad \boldsymbol{\omega_0 = \sqrt[3]{\frac{1}{\ell R'C_S'C_p}}}.$$

• On peut remarquer que cette fonction de transfert est celle d'un **filtre passe-bas** ici **du 3e ordre**. Ceci nous conduit au diagramme suivant :

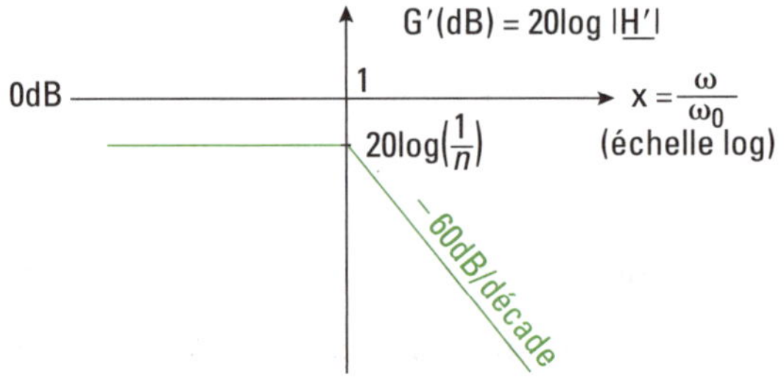

• Fréquence de coupure f_{HF} :

$$\boldsymbol{f_{HF} = \frac{\omega_0}{2\pi} = \frac{1}{2\pi}\sqrt[3]{\frac{1}{\ell R'C_S'C_p}}}.$$

• Analyse de la réponse en fréquence du transformateur :
En BF, c'est le modèle de la figure 1 qui est satisfaisant et qui montre que le transformateur se comporte comme un filtre passe-haut du 1er ordre, de fréquence de coupure f_{BF}.
En HF, c'est le modèle simplifié de la figure 2 qui montre qu'il se comporte comme un filtre passe-bas du 3e ordre, de fréquence de coupure f_{HF}. En définitive, il se comporte comme un **filtre passe-bande** dont la bande-passante est comprise entre f_{BF} et f_{HF} (le gain dans la bande passante étant égal à 20 log $(1/n)$).

d) En conservant le même rapport de transformation n et pour une résistance de charge R donnée, f_{HF} dépend de ℓ, C_S et C_p qu'il convient de diminuer au mieux :
– il faut **minimiser les fuites magnétiques** (choix du matériau magnétique, enroulements disposés de manière concentrique, …) ;
– il faut **réduire les couplages capacitifs** (le vernis isolant diminue également les couplages entre spires d'un même enroulement).

Exercice 5

1) a) • Choix d'une géométrie torique

Elle permet de **canaliser au mieux les lignes de champ magnétique** (contrairement au cas d'un circuit magnétique ouvert avec entrefer par exemple).

• Choix de $\ell^2 >> S$

Cette condition permet de considérer le champ et l'excitation magnétiques orthoradiaux dans le volume du tore et uniformes dans toute section droite de celui-ci. C'est **l'approximation des champs unidimensionnels**.

L'approximation est d'autant meilleure que $\ell^2 >> S$ mais elle n'est pas satisfaisante au voisinage des bords intérieur et extérieur du tore.

b) Le transformateur fonctionne ici en régime sinusoïdal permanent, avec :

$$\frac{\underline{v}_Y}{\underline{u}_2} = \frac{\dfrac{1}{jC\omega}}{\dfrac{1}{jC\omega} + R} = \frac{1}{1 + jRC\omega} \quad \text{(diviseur de tension).}$$

Le circuit possède un comportement intégrateur si la fréquence de travail est supérieure à la fréquence de coupure f_c du filtre RC avec ici $f_c = \dfrac{1}{2\pi RC}$. On a donc :

$$f >> \frac{1}{2\pi RC}, \text{ ou bien : } \mathbf{RC\omega >> 1}.$$

Pour $f = 50$ Hz et $R = 100$ kΩ, on a :

$$C >> \frac{1}{R\omega} = \frac{1}{10^5 \times 2\pi \times 50} = 3{,}18 \cdot 10^{-8} \text{ F.}$$

Parmi les valeurs proposées par l'énoncé, on peut choisir 470 nF, 1 µF et 4,7 µF.

c) • Exprimer H en fonction de v_X

On applique la méthode 1 qui conduit ici à :

$$H\ell = n_1 i_1 + n_2 i_2$$

car les courants i_1 et i_2 rentrent tous les deux par une borne homologue.

D'autre part, l'énoncé indique que $n_2 i_2 << n_1 i_1$, donc :

$$H\ell = n_1 i_1 \text{, avec } i_1 = \frac{v_X}{R_0}\text{, donc : } \mathbf{H = \frac{n_1}{\ell R_0} v_X}.$$

• Exprimer B en fonction de v_Y

Le circuit RC fonctionnant en intégrateur :

$$v_Y(t) = \frac{1}{RC}\int_0^t u_2(t')\,dt' + v_Y(t = 0)$$

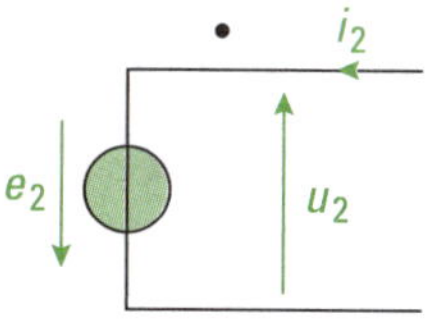

avec en pratique $v_Y(t = 0) = 0$, le condensateur étant initialement déchargé.

De plus : $u_2(t) = -e_2(t)$, la chute ohmique étant faible au secondaire car i_2 est faible pour $R = 100$ kΩ, avec :

$$e_2 = -n_2\frac{d\Phi}{dt} = -n_2 S\frac{dB}{dt}, \text{ donc :}$$

$$v_Y(t) = \frac{n_2 S}{RC}\int_0^t \frac{dB}{dt'}\,dt' = \frac{n_2 S}{RC}[B(t) - B(0)]$$

soit :

$$\mathbf{B = \frac{RC}{n_2 S} v_Y + B(0)}$$

(la constante B(0) étant nulle si le matériau est initialement démagnétisé).

Le montage permet de visualiser à l'oscilloscope le cycle d'hystérésis en mode XY puisque $v_X(t)$ est proportionnelle à $H(t)$ et $v_Y(t)$ à $B(t)$ (le cycle est éventuellement décalé verticalement si $B(0)$ est non nul).

d) $\dfrac{n_1}{\ell R_0} = \dfrac{250}{0{,}5 \times 5} = 100$, soit: $\mathbf{\dfrac{H}{v_X} = 100\ A{\cdot}m^{-1}{\cdot}V^{-1}}$.

$\dfrac{RC}{n_2 S} = \dfrac{10^5 \times 10^{-6}}{250 \times 20{\cdot}10^{-4}} = 0{,}2$, soit: $\mathbf{\dfrac{B}{v_Y} = 0{,}2\ T{\cdot}V^{-1} + cte}$.

e) La figure ci-contre rappelle où se situent sur le cycle d'hystérésis le champ magnétique rémanent B_r et l'excitation coercitive H_c.

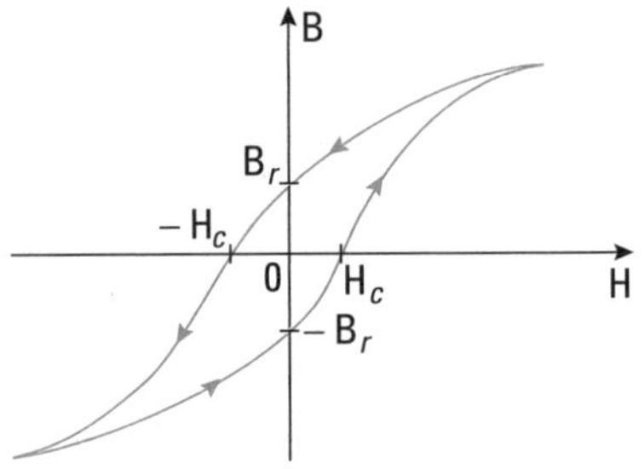

Le cycle proposé par l'énoncé étant centré sur O, on a donc $B(0) = 0$.

On lit sur l'oscillogramme de l'énoncé:

$v_Y = \pm\, 2{,}6\ V$ si $H = 0$, donc:

$$\mathbf{B_r = 0{,}52\ T}$$

$v_X = \pm\, 0{,}5\ V$ si $B = 0$, donc:

$$\mathbf{H_c = 50\ A{\cdot}m^{-1}}$$

L'aimantation rémanente M_r est l'aimantation qui reste dans le matériau après aimantation puis annulation de l'excitation, avec:

$$B_r = \mu_0 (H + M_r) = \mu_0 M_r \Rightarrow \mathbf{M_r = \frac{B_r}{\mu_0} = 4{,}1{\cdot}10^5\ A{\cdot}m^{-1}}.$$

2) a) La valeur moyenne de p_H se calcule sur une période T des grandeurs $u_1(t)$ et $i_1(t)$:

$$P_H = \frac{1}{T} \int_0^T u_1(t)\, i_1(t)\, dt$$

avec $u_1(t) = n_1 \dfrac{d\Phi}{dt} = n_1 S \dfrac{dB}{dt}$ (car l'énoncé stipule que les pertes Joule dans les enroulements sont négligeables donc u_1 se confond avec la f.é.m. e_1 de l'enroulement primaire).

Or, $i_1(t) = \dfrac{\ell}{n_1} H(t)$ (car $n_2 i_2$ est négligeable devant $n_1 i_1$) donc:

$$P_H = \frac{S\ell}{T} \int_0^T H(t) \frac{dB}{dt}\, dt = \frac{S\ell}{T} \int_0^T H\, dB.$$

En remarquant qu'une période électrique T correspond au parcours d'un cycle complet, il vient:

$$P_H = \frac{S\ell}{T} \oint_{\text{cycle}} H\, dB, \text{ avec } A = \oint_{\text{cycle}} H\, dB$$

donc:

$$\mathbf{P_H = \frac{S\ell A}{T}}.$$

b) Un carreau dans l'enregistrement $v_Y(v_X)$ correspond à une variation de 1 V pour v_X et 2 V pour v_Y soit dans le plan B(H) à une aire de surface:

$$100 \times (0{,}2 \times 2) = 40\ A{\cdot}m^{-1}{\cdot}T,$$

d'après la question 1) d). Il vient :

$$A = 6 \times 40 = 240\ A{\cdot}m^{-1}{\cdot}T$$

puis

$$\mathbf{P_H} = \frac{20{\cdot}10^{-4} \times 0{,}5 \times 240}{1/50} = \mathbf{12\ W}.$$

3) Il est souhaitable de limiter les pertes par hystérésis, donc l'aire A du cycle doit être la plus faible possible. Pour qu'il en soit ainsi, il faut choisir un matériau à champ coercitif faible.

Exercice 6

1) $\mathbf{I_{2n}} = \dfrac{\mathbf{S_n}}{\mathbf{U_{20}}}$ *A.N.* $\mathbf{I_{2n}} = \dfrac{76 \cdot 10^3}{380} = \mathbf{200\ A.}$

2) a) • $\underline{Z}_\mu$, dite impédance magnétisante, modélise :
– pour sa partie résistive R_μ, les pertes ferromagnétiques situées à l'intérieur du circuit magnétique du transformateur (hystérésis associé aux courants de Foucault) ;
– pour sa partie réactive X_μ, la création du flux magnétique nécessaire au fonctionnement du convertisseur.
• $\underline{Z}_S$, impédance ramenée au secondaire, modélise :
– pour sa partie résistive R_S, les pertes Joule dans les enroulements (ramenées au secondaire) ;
– pour sa partie réactive X_S, les fuites magnétiques (ramenées au secondaire).
b) Dans l'essai en court-circuit, la tension au primaire U_{1cc} est réduite (ici, 5 % de U_{1n}), par contre le courant I_{2cc} est élevé (et de même R_μ est en pratique élevée) :

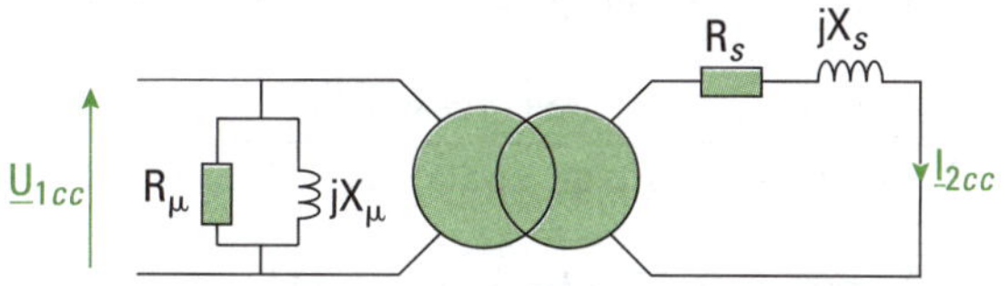

La puissance P_{cc} mesurée dans cet essai, $P_{cc} = \dfrac{U_{1cc}^2}{R_\mu} + R_S I_{2cc}^2$ est donc peu différente de $R_S I_{2cc}^2$.

c) On peut donner un modèle équivalent de Thévenin du transformateur ramené au secondaire, avec *m* rapport de transformation.

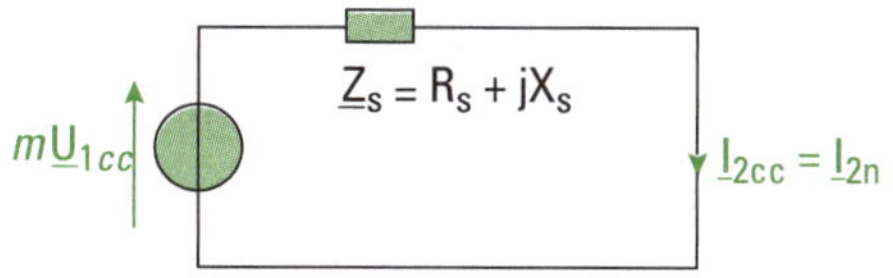

• *Calcul de R_S :* on utilise l'étude de la question précédente,

$$R_S = \frac{P_{cc}}{I_{2cc}^2} = \frac{\mathbf{P_{cc}}}{\mathbf{I_{2n}^2}} \qquad A.N.\ \mathbf{R_S} = \frac{1\,600}{200^2} = \mathbf{4 \cdot 10^{-2}\ \Omega.}$$

• *Calcul de X_S :*

$$m\underline{U}_{1cc} = \underline{Z}_S \underline{I}_{2n} \Rightarrow Z_S = \frac{mU_{1cc}}{I_{2n}},$$

avec de plus $Z_S = \sqrt{R_S^2 + X_S^2}$

$$\Rightarrow \mathbf{X_S} = \sqrt{\left(\frac{\boldsymbol{m}\mathbf{U_{1cc}}}{\mathbf{I_{2n}}}\right)^2 - \mathbf{R_S^2}}$$

$$A.N.\ m = \frac{U_{20}}{U_{1n}} = \frac{380}{21 \cdot 10^3} = 1{,}81 \cdot 10^{-2}$$

$$\Rightarrow \mathbf{X_S} = \sqrt{\left(\frac{1{,}81 \cdot 10^{-2} \times 5 \cdot 10^{-2} \times 21 \cdot 10^3}{200}\right)^2 - (4 \cdot 10^{-2})^2} = \mathbf{8{,}6 \cdot 10^{-2}\ \Omega.}$$

• **Conclusion :** $\underline{Z}_S = 4 \cdot 10^{-2} + j8{,}6 \cdot 10^{-2}$

3) Le rendement η est le rapport de la puissance P_2 réellement disponible en sortie du transformateur à la puissance P_1 qu'il a fallu apporter au primaire du transformateur :

$$\eta = \frac{P_2}{P_1},$$

avec $P_2 = U_2 I_2 \cos\varphi_2$ (méthode 2)

$P_1 = P_2 + \Sigma_{pertes}$, avec Σ_{pertes} = pertes fer + pertes Joule des enroulements.

Les pertes fer P_{fer} sont mesurées dans l'essai à vide et les pertes Joule dans les enroulements P_J sont à calculer pour le courant I_2 débité au secondaire :

$P_{fer} \approx P_0$ (aux pertes Joule près dans l'enroulement primaire)

$P_J \approx R_S I_2^2$ (aux pertes fer près)

$$\Rightarrow \eta = \frac{U_2 I_2 \cos\varphi_2}{U_2 I_2 \cos\varphi_2 + P_0 + R_S I_2^2}$$

où $U_2 = U_{20} - \Delta U_2 = U_{20} - (R_S I_2 \cos\varphi_2 + X_S I_2 \sin\varphi_2)$

$$\Rightarrow \eta = \frac{U_{20} I_2 \cos\varphi_2 - (R_S \cos^2\varphi_2 + X_S \sin\varphi_2 \cos\varphi_2) I_2^2}{U_{20} I_2 \cos\varphi_2 - (R_S \cos^2\varphi_2 + X_S \sin\varphi_2 \cos\varphi_2) I_2^2 + P_0 + R_S I_2^2}$$

$$\Rightarrow \eta = \frac{U_{20} \cos\varphi_2 I_2 - (R_S \cos^2\varphi_2 + X_S \sin\varphi_2 \cos\varphi_2) I_2^2}{U_{20} \cos\varphi_2 I_2 + (R_S \sin^2\varphi_2 - X_S \sin\varphi_2 \cos\varphi_2) I_2^2 + P_0}$$

$$\Rightarrow \eta = \frac{\mathbf{U_{20} \cos\varphi_2 I_2 - (R_S \cos^2\varphi_2 + X_S \sin\varphi_2 \cos\varphi_2) I_2^2}}{\mathbf{U_{20} \cos\varphi_2 I_2 + \sin\varphi_2 (R_S \sin\varphi_2 - X_S \cos\varphi_2) I_2^2 + P_0}}$$

A.N. : $\cos\varphi_2 = 0{,}8$, d'où : $\sin\varphi_2 = 0{,}6$

$$\Rightarrow \eta(I_2) = \frac{\mathbf{30\,400 I_2 - 6{,}688 I_2^2}}{\mathbf{30\,400 I_2 - 2{,}688 I_2^2 + 40\,000}}$$

On obtient la courbe de rendement ci-dessous (à gauche). À droite, on a dilaté l'échelle des ordonnées afin de mettre en évidence l'existence d'un maximum sur la courbe de rendement.

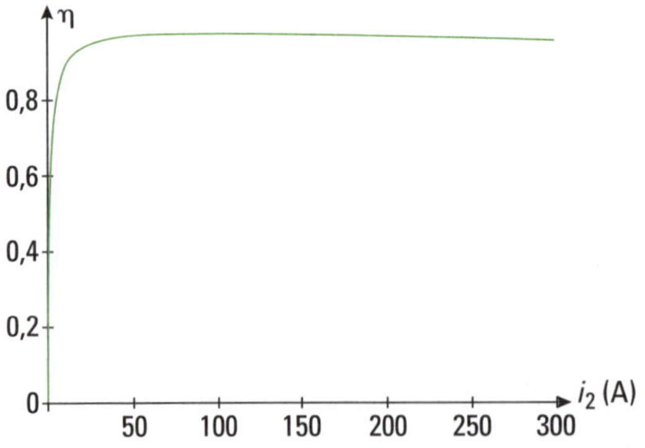

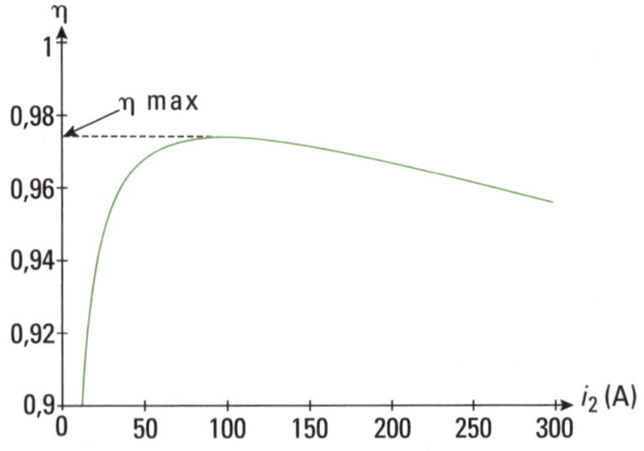

• **Commentaires :**

– Le rendement passe par un maximum pour une intensité I_{2max} telle que :

$$\eta = \frac{U_2 I_2 \cos\varphi_2}{U_2 I_2 \cos\varphi_2 + P_0 + R_S I_2^2} = \frac{U_2 \cos\varphi_2}{U_2 \cos\varphi_2 + R_S I_2 + \dfrac{P_0}{I_2}} \text{ soit maximum.}$$

Ceci a lieu lorsque $R_S I_2 + \frac{P_0}{I_2}$ est minimum, donc pour $R_S I_{2\,max} = \frac{P_0}{I_{2\,max}}$, car ce sont deux quantités positives. Ainsi :

$$\mathbf{I_{2max} = \sqrt{\frac{P_0}{R_S}}} \qquad \textit{A.N.}\ \mathbf{I_{2max}} = \sqrt{\frac{400}{4 \cdot 10^{-2}}} = \mathbf{100\ A}.$$

Le rendement passe donc par un maximum lorsque les pertes fer sont égales aux pertes Joule (on lit sur la courbe $\eta_{max} \approx 97{,}4$ %).

– Pour I_2 faible, on est proche du fonctionnement à vide et en toute rigueur $P_0 = P_{fer} + r_1 I_{10}^2$. Ainsi η est légèrement inférieur à la valeur lue sur la courbe précédente.

– De même, à I_2 proche de I_{2n}, $P_1 = P_{fercc} + R_S I_{2n}^2$ et η est légèrement inférieur à la valeur lue sur la courbe.

4) On reprend l'expression de la chute de tension au secondaire :

$$\Delta U_2 = U_2 - U_{20} = (R_S \cos\varphi_2 + X_S \sin\varphi_2) I_2, \text{ avec } I_2 = I_{2n}$$

$$\Rightarrow U_2 = U_{20} - (R_S \cos\varphi_2 + X_S \sin\varphi_2) I_{2n}$$

$$\Rightarrow \mathbf{U_2 = U_{20} - R_S I_{2n} \cos\varphi_2 - X_S I_{2n} \sqrt{1 - \cos^2\varphi_2}} \quad \left(0 \leqslant \varphi_2 \leqslant \frac{\pi}{2}\right)$$

A.N. $U_2 = 380 - 4 \cdot 10^{-2} \times 200 \cos\varphi_2 - 8{,}6 \cdot 10^{-2} \times 200 \sqrt{1 - \cos^2\varphi_2}$

$$\Leftrightarrow \mathbf{U_2 = 380 - 8 \cos\varphi_2 - 17{,}2\sqrt{1 - \cos^2\varphi_2}}$$

d'où la courbe représentée ci-dessous :

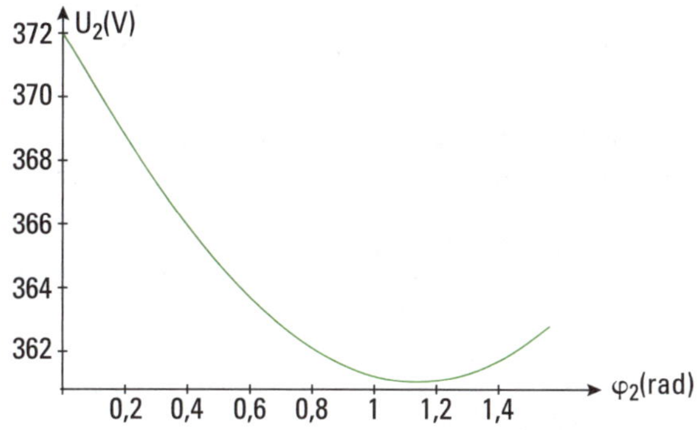

• **Commentaire**

La tension U_2 est minimale pour $\varphi_2 \approx 1{,}135$ rad. Cette valeur du déphasage n'est donc pas intéressante pour l'utilisation car la chute de tension au secondaire est alors maximale à tension primaire imposée. La puissance transmise à la charge pour cette valeur de I_2 est donc minimale.

Exercice 7

1) Le circuit magnétique canalise les lignes de champ de par sa perméabilité magnétique élevée par rapport à celle de l'air.

Le champ magnétique est donc plus intense dans le tube de champ formé par ce circuit magnétique fermé.

2) a) On applique le théorème d'Ampère le long de la ligne de champ moyenne (C) de longueur ℓ (méthode 1) :

$$\oint_{(C)} \vec{H} \cdot d\vec{\ell} = NI, \text{ avec } NI = \varepsilon.$$

L'excitation magnétique étant supposée orthoradiale, on a :

$$H_{acier}\ell_{acier} + H_{air}\ell_{air} = \varepsilon \qquad \textbf{(1)}$$

où $\ell_{air} \approx e$ (car l'épaisseur d'entrefer est faible)

$\ell_{acier} \approx 1 - e$

$H_{acier} = \dfrac{B_{acier}}{\mu_0 \mu_r}$; $H_{air} = \dfrac{B_{air}}{\mu_0}$.

D'autre part, le flux du champ magnétique se conserve le long du circuit magnétique. Or l'entrefer étant petit, les lignes de champ restent circulaires à la traversée de celui-ci et ainsi le tube de champ magnétique est de section constante S :

$$\phi_{air} = B_{air} S = \phi_{acier} = B_{acier} S \Rightarrow B_{air} = B_{acier}, \text{ noté B par la suite.}$$

La relation (1) donne donc :

$$\boldsymbol{\varepsilon = H_{acier}(\ell - e) + \frac{B}{\mu_0} e} \, .$$

A.N. $H_{acier} = 250 \text{ A.m}^{-1}$ si $B = 1$ T.

$$\Rightarrow \varepsilon = 250\,(0{,}4 - 10^{-3}) + \frac{1}{4\pi \cdot 10^{-7}} \times 10^{-3} = 100 + 796 = \mathbf{896 \text{ A}}.$$

b) • Commentaires

– La magnétisation du dispositif est essentiellement due à l'entrefer puisque l'appel de courant correspondant représente $\dfrac{796}{896} \approx 89$ % du courant total consommé.

– On peut aussi dire que si l'on souhaite saturer ce circuit magnétique ($B \approx 1{,}4$ T), le courant absorbé devient très important (ε passe à 1 213 A).

– De même, une augmentation de l'épaisseur d'entrefer de $\dfrac{1}{10}$ de mm donne lieu à une augmentation du courant appelé voisine de 9 % ce qui est considérable.

• Conclusion

Lorsqu'il est inutile, **l'entrefer doit être supprimé au mieux**. Citons par exemple l'assemblage des culasses et des noyaux d'un transformateur qui doivent être jointifs au mieux :

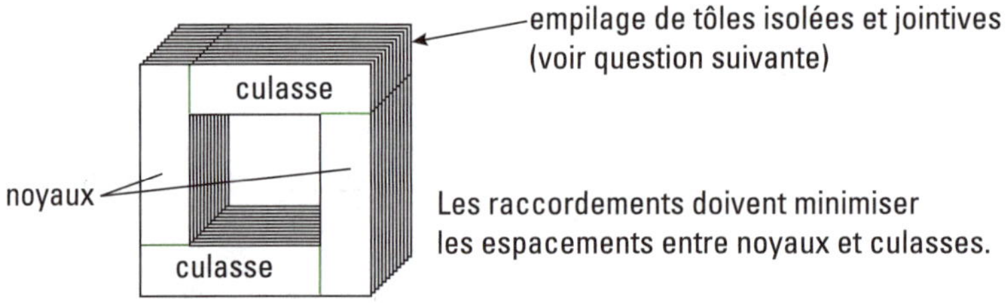

Lorsqu'une application nécessite toutefois leur présence, comme par exemple pour la mise en mouvement du rotor d'une machine, ils doivent être réduits au mieux.

3) a) L'empilage de tôles magnétiques isolées entre elles permet de limiter la présence des courants de Foucault dans le circuit magnétique.

b) Ce coefficient est proche de 1, or les tôles sont isolées les unes des autres tout en étant empilées. La section utile S_u du flux magnétique est donc réduite par rapport à la section transversale S du circuit mais proche de S, donc :

$$\mathbf{S_u = \mathit{k}S = 0{,}9\,S.}$$

4) Reprenons tout d'abord la relation (1) :

$$H_{acier}\ell_{acier} + H_{air}\ell_{air} = NI$$

avec ici : $\ell_{air} \approx e$; $S_{acier} = kS$; $S_{air} = \nu S = \nu \dfrac{S_{acier}}{k}$

$\ell_{acier} \approx \ell - e$

$B_{acier} S_{acier} = B_{air} S_{air} \Rightarrow B_{air} = B_{acier} \dfrac{k}{\nu}$

$$\Rightarrow H_{acier}(\ell - e) + \frac{B_{acier}}{\mu_0 \nu} ke = NI$$

$$\Leftrightarrow \mathbf{B_{acier} = -\frac{\mu_0 \nu}{ke}(\ell - e)H_{acier} + \frac{\mu_0 \nu NI}{ke}} \qquad \mathbf{(2)}$$

Cette équation doit être compatible avec la caractéristique magnétique $B_{acier}(H_{acier})$ donnée par l'énoncé. Le point de fonctionnement M cherché peut donc être déterminé graphiquement à l'intersection de cette caractéristique et de la droite donnée par l'équation (2) :

$$B_{acier} = -\frac{4\pi \cdot 10^{-7} \times 1,2}{0,9 \cdot 10^{-3}}(0,4 - 10^{-3})H_{acier} + \frac{4\pi \cdot 10^{-7} \times 1,2 \times 50 \times 2}{0,9 \cdot 10^{-3}}$$

donc : $B_{acier} \approx -6,7 \cdot 10^{-4} H_{acier} + 0,167$.

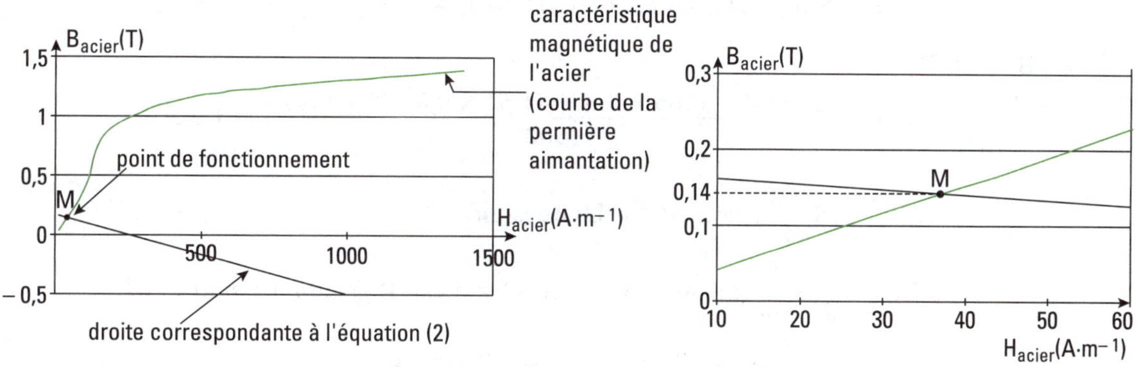

En effectuant un zoom pour déterminer le champ magnétique B_{acier} au point de fonctionnement (à droite), on lit ainsi :

$$B_{acier} \approx 0,14\,T, \text{ d'où : } \mathbf{\Phi = B_{acier} S_{acier} \approx 0,3\ mWb}.$$

Exercice 8

1) a) • Appliquons le théorème d'Ampère le long de la ligne de champ moyenne (méthode 1) :

$$\oint_{(C)} \vec{H} \cdot \vec{d\ell} = N_1 I_1 \Rightarrow H = \frac{N_1 I_1}{\ell} \quad \text{(H supposée orthoradiale).}$$

A.N. $H = \frac{250 \times 3}{0,413} = 1\,816\ A \cdot m^{-1}$

Cette valeur est très proche d'une des mesures expérimentales de l'énoncé pour laquelle on lit :

B = 1,65 T.

• Test : comme la valeur exacte doit être inférieure à 1,65 T, on peut essayer de calculer H si $B = 1,64\,T$ grâce à la loi $H = aB + bB^n$ ce qui conduit à $H \approx 1\,757\ A \cdot m^{-1}$. Nous conservons donc la valeur B = 1,65 T.

b) L'énergie électromagnétique emmagasinée se détermine selon :

$dW = -e i_1 dt$ avec

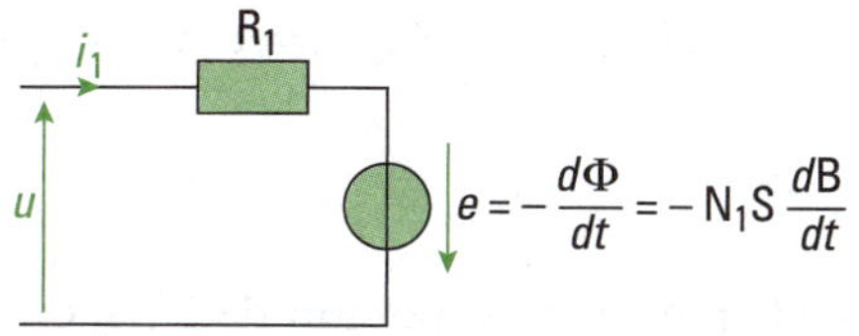

(modèle électrique équivalent au primaire)

$$\Rightarrow dW = N_1 S i_1 dB, \quad \text{avec} \quad i_1 = \frac{H\ell}{N_1}.$$

$$\Rightarrow dW = S\ell H dB = S\ell(aB + bB^n)dB$$

$$\Rightarrow W = \int dW = S\ell \int (aB + bB^n)dB = S\ell\left[\frac{a}{2}B^2 + b\frac{B^{n+1}}{n+1}\right] + \text{cte}.$$

La constante d'intégration est nulle si initialement le matériau est désaimanté. Nous pouvons déterminer la variation d'énergie emmagasinée suite à l'alimentation sous $I_1 = 3$ A :

$$\Delta W = S\ell\left[\frac{a}{2}B^2 + b\frac{B^{n+1}}{n+1}\right] = \left[\frac{265}{2} \times 1{,}65^2 + 41{,}51 \times \frac{1{,}65^{7,997}}{7{,}997}\right] \times 1{,}5\cdot 10^{-4} \times 0{,}413 = 40 \text{ mJ}.$$

c) La valeur du champ magnétique est ici inférieure à celle trouvée en question précédente. À tension d'alimentation fixée sur l'autre enroulement, cela signifie que les courants I_1 et I_2 ne rentrent pas tous deux par une borne homologue. Le théorème d'Ampère s'écrit donc :

$$N_1 I_1 - N_2 I_2 = H\ell = (aB + bB^n)\ell \Rightarrow \mathbf{I_2} = \frac{\mathbf{N_1 I_1 - (aB + bB^n)\ell}}{\mathbf{N_2}}.$$

A.N. $B = 0{,}8$ T

$$\Rightarrow \mathbf{I_2} = \frac{250 \times 3 - (265 \times 0{,}8 + 41{,}51 \times 0{,}8^{6,997}) \times 0{,}413}{500} = \mathbf{1{,}3\ A}.$$

2) a) $u(t) = -e(t) = N_1 S \dfrac{dB}{dt}$, avec $u(t) = U\sqrt{2}\cos(\omega t)$.

$$\Rightarrow B(t) = \frac{U\sqrt{2}}{N_1 S\omega}\sin(\omega t) + C, \text{ avec } C = 0 \text{ car } B(t) \text{ supposé sinusoïdal.}$$

soit :

$$B_M = \frac{U\sqrt{2}}{N_1 S\omega} \Rightarrow \mathbf{U} = \frac{\mathbf{N_1}}{\sqrt{2}}\boldsymbol{\omega} \mathbf{B_M S}.$$

Nous avons ici redémontré la formule de Boucherot déjà établie dans l'exercice 2 du chapitre 1.

A.N. $\mathbf{U} = \dfrac{250}{\sqrt{2}} \times 800 \times 2 \times 1{,}5\cdot 10^{-4} = \mathbf{42{,}4\ V}.$

b) On a toujours :

$$I_1(t) = \frac{H(t)\ell}{N_1} \qquad \mathbf{(1)}$$

avec $H(t) = aB(t) + bB^n(t) = aB_M\sin(\omega t) + b[B_M\sin(\omega t)]^n$

donc :

$$I_1(t) = \frac{aB_M\sin(\omega t) + b[B_M\sin(\omega t)]^n}{N_1}\ell.$$

Soit numériquement :

$$I_1(t) = [2{,}12\sin(\omega t) + 0{,}16604[2\sin(\omega t)]^{6,997}] \times 0{,}413$$

$$\Leftrightarrow \mathbf{I_1(t) \approx 0{,}87\sin(\omega t) + 8{,}76[\sin[(\omega t)]^{6,997}}.$$

3) a) En notant U_S la tension aux bornes de R qui est aussi la tension au secondaire du transformateur sans pertes et sans fuites magnétiques :

$$U_2 = U_S = RI_2, \text{ avec } U_2 = \frac{N_2}{N_1}U \Rightarrow \mathbf{I_2} = \frac{\mathbf{N_2}}{\mathbf{N_1}}\frac{\mathbf{U}}{\mathbf{R}}.$$

A.N. $\mathbf{I_2} = \dfrac{500}{250} \times \dfrac{42{,}4}{23} = \mathbf{3{,}7\ A}.$

b) Pour déterminer la nouvelle expression de $I_1(t)$, on applique à nouveau le théorème d'Ampère :

$$N_1 I_1(t) - N_2 I_2(t) = H(t)\ell \Rightarrow I_1(t) = \frac{H(t)\ell}{N_1} + \frac{N_2}{N_1}I_2(t) \qquad \mathbf{(3)}$$

Or nous avons exprimé en question 2. la quantité $\dfrac{H(t)\,\ell}{N_1}$ qui est égale au courant primaire $I_1(t)$ absorbé à vide d'après (1) et dont l'expression est définie par la série de Fourier :

$$\Rightarrow \frac{H(t)\,\ell}{N_1} = 5{,}675\sin(\omega t) - 2{,}880\sin(3\omega t) + 0{,}959\sin(5\omega t) - 0{,}136\sin(7\omega t)$$

La relation (3) donne donc :

$$I_1(t) = 5{,}675\sin(\omega t) - 2{,}880\sin(3\omega t) + 0{,}959\sin(5\omega t) - 0{,}136\sin(7\omega t) + \frac{N_2}{N_1} I_2(t)$$

avec $I_2(t) = \dfrac{N_2}{N_1}\dfrac{u(t)}{R} = \dfrac{N_2}{N_1}\dfrac{U\sqrt{2}}{R}\cos(\omega t)$ (convention récepteur au secondaire).

Nous constatons effectivement que seul le terme fondamental de $I_1(t)$ est modifié et se réécrit selon :

$$I_{1f}(t) = 5{,}675\sin(\omega t) + \left(\frac{N_2}{N_1}\right)^2 \frac{U\sqrt{2}}{R}\cos(\omega t).$$

Le terme $\left(\dfrac{N_2}{N_1}\right)^2 \dfrac{1}{R} = \dfrac{1}{(R/(N_2/N_1)^2)}$ représente la résistance R transférée du secondaire vers le primaire comme il se doit.

A.N. : $\left(\dfrac{N_2}{N_1}\right)^2 \dfrac{U\sqrt{2}}{R} = 2^2 \times \dfrac{42{,}4\sqrt{2}}{23} = 10{,}43.$

$$\Rightarrow \mathbf{I_{1f}(t) \approx 5{,}675\sin(\omega t) + 10{,}43\cos(\omega t).}$$

c) • Pour déterminer la valeur efficace du courant I_1, on utilise la formule de Parseval :

$$\mathbf{I_1 = \sqrt{I_{1f}^2 + I_{13}^2 + I_{15}^2 + I_{17}^2}.}$$

A.N. $\mathbf{I_1} = \dfrac{\sqrt{5{,}675^2 + 10{,}43^2 + (-2{,}88)^2 + 0{,}959^2 + (-0{,}136)^2}}{\sqrt{2}} = \mathbf{8{,}65\ A}.$

• Puissance moyenne absorbée au primaire :

$$<P_1> = <u(t)\,I_1(t)>, \text{ avec } u(t) = U\sqrt{2}\cos(\omega t).$$

Seule la moyenne du terme $\cos(\omega t)\,u(t)$ est non nulle :

$$<\mathbf{P_1}> = <U\sqrt{2} \times 10{,}43\cos^2(\omega t)> = \frac{U\sqrt{2}}{2} \times 10{,}43 = \mathbf{313\ W}.$$

Exercice 9

1) • On applique le théorème d'Ampère le long de la ligne de champ moyenne (méthode 1) :

$$\oint_{(C)} \vec{H}\cdot d\vec{\ell} = Ni \Rightarrow \mathbf{H_f\ell + H_e e = Ni}$$

A.N. $\mathbf{0{,}87\,H_f + 3{,}5\cdot 10^{-3}\,H_e = 2\,152{,}5}$ **(1)**

• Valeur du champ magnétique dans l'entrefer :

$$H_f = \frac{B_f}{\mu_0\mu_r}\ ;\quad H_e = \frac{B}{\mu_0}.$$

En supposant que les lignes de champ sont des droites parallèles dans l'entrefer, on peut en déduire que la section du tube de champ dans l'entrefer est égale à S (car à l'interface air-milieu ferromagnétique, les lignes de champ sont quasiment orthogonales à la surface de séparation puisque $\mu_r = 1\,200 >> 1$).

Le flux étant conservatif :

$$\Phi = BS = B_f S \Rightarrow B_f = B \quad \textbf{(2)}$$

($\vec{B}$ est supposé orthogonal à toute section droite du circuit et de module constant dans tout le matériau ferromagnétique).

Les relations (1) et (2) donnent :

$$0{,}87\frac{B}{\mu_0\mu_r} + 3{,}5\cdot10^{-3}\frac{B}{\mu_0} = 2\,152{,}5 \Leftrightarrow \mathbf{B} = \frac{\mathbf{2\,152{,}5\mu_0}}{\mathbf{3{,}5\cdot10^{-3}} + \dfrac{\mathbf{0{,}87}}{\mathbf{\mu_r}}}.$$

A.N. $\mathbf{B} = \dfrac{2\,152{,}5 \times 4\pi\cdot10^{-7}}{3{,}5\cdot10^{-3} + \dfrac{0{,}87}{1\,200}} = \mathbf{0{,}64\,T}.$

2) Notons S′ la surface de la section G′K′P′M′. Le flux étant conservatif, on a :

$$BS' = B_f S$$

La relation (1) se réécrit alors selon :

$$0{,}87\frac{BS'}{\mu_0\mu_r S} + 3{,}5\cdot10^{-3}\frac{B}{\mu_0} = 2\,152{,}5 \Leftrightarrow \mathbf{B} = \frac{\mathbf{2\,152{,}5\mu_0}}{\dfrac{\mathbf{0{,}87\,S'}}{\mathbf{\mu_r S}} + \mathbf{3{,}5\cdot10^{-3}}} \quad \textbf{(3)}$$

A.N. $\mathbf{B} = \dfrac{2\,152{,}5 \times 4\pi\cdot10^{-7}}{\dfrac{0{,}87 \times 6{,}6}{1\,200 \times 14{,}5} + 3{,}5\cdot10^{-3}} = \mathbf{0{,}71\,T}.$

Avantage du dispositif : il permet d'augmenter l'intensité du champ magnétique à l'intérieur de l'entrefer.

3) • Expression et allure du courant dans la bobine :

$$e(t) = Ri(t) - \left(-\frac{d\Phi}{dt}\right) = Ri(t) + \frac{d\Phi}{dt}(t) \quad \textbf{(4)}$$

avec $\Phi(t) = NB(t)S$.

On peut extraire $B(t)$ de (3) en introduisant $Ni(t)$:

$$(3) \Rightarrow B(t) = \frac{\mu_0 Ni(t)}{\dfrac{0{,}87\,S'}{\mu_r S} + 3{,}5\cdot10^{-3}}$$

$$\Leftrightarrow B(t) = \frac{7\pi\cdot10^{-5}i(t)}{3{,}83\cdot10^{-3}} = 5{,}74\cdot10^{-2}i(t) \quad \textbf{(5)}$$

La relation (4) devient donc :

$$e(t) = E_0 + E_m\sin(\omega t) = Ri(t) + NS\frac{d}{dt}(5{,}74\cdot10^{-2}i(t))$$

$$\Leftrightarrow 120 + 60\sin(\omega t) = 9{,}75\,i(t) + 1{,}46\cdot10^{-2}\frac{di}{dt}(t)$$

$i(t)$ s'obtient en résolvant cette équation différentielle du 1er ordre :

– solution de l'équation homogène :

$$i_\ell(t) = Ae^{-\frac{t}{\tau}},\ \text{avec}\ \tau = \frac{1{,}46\cdot10^{-2}}{9{,}75} = 1{,}5\cdot10^{-3}\ \text{s}$$

$$= Ae^{-668\,t} \quad (t\ \text{en s})$$

– solution particulière :

$$i_f(t) = \frac{120}{9{,}75} + \lambda\sin(\omega t - \varphi) \Rightarrow \frac{di_f}{dt} = \lambda\omega\cos(\omega t - \varphi)$$

$$\Rightarrow 120 + 60\sin(\omega t) = 120 + 9{,}75\lambda\sin(\omega t - \varphi) + 1{,}46\cdot10^{-2}\lambda\omega\cos(\omega t - \varphi)$$

$$\Leftrightarrow 60\sin(\omega t) = 9{,}75\lambda\sin(\omega t - \varphi) + 1{,}46\cdot10^{-2}\,\lambda\omega\cos(\omega t - \varphi)$$

Pour $\omega t = 0$: $0 = 9{,}75\,\lambda\sin(-\varphi) + 1{,}46\cdot10^{-2}\lambda\omega\cos\varphi$

$$\Leftrightarrow \tan\varphi = \frac{1{,}46\cdot10^{-2}\omega}{9{,}75} = \frac{1{,}46\cdot10^{-2}\times300}{9{,}75} = 0{,}45$$

soit : $\varphi = 24{,}2° = 0{,}42$ rad.

Pour $\omega t - \varphi = \frac{\pi}{2}$: $60\sin\left(\frac{\pi}{2} + 0{,}42\right) = 9{,}75\lambda + 0$

soit : $\lambda = 5{,}61$.

D'où : $i(t) = 12{,}31 + 5{,}61\sin(300\,t - 0{,}42) + A\mathrm{e}^{-668\,t}$.

Le terme $A\mathrm{e}^{-668\,t}$ correspond au régime transitoire qui devient très rapidement négligeable.

Conclusion : en régime permanent, $\boldsymbol{i(t) = 12{,}31 + 5{,}61\sin(300t - 0{,}42)}$.

Le courant a donc l'allure suivante :

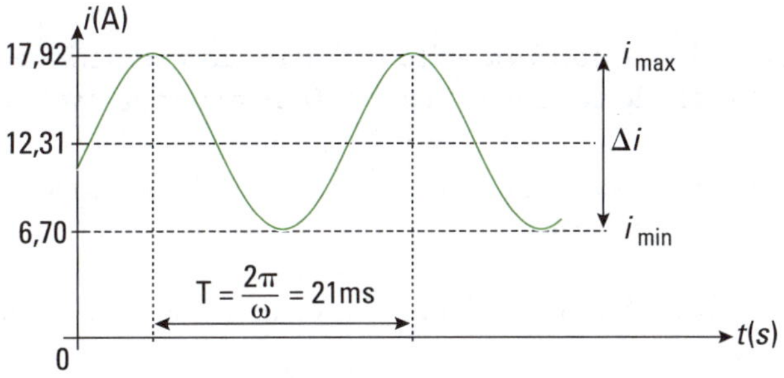

On remarque que la valeur moyenne de i est égale à celle du courant qui a servi au calcul de B en question 2. Ainsi, on a :

$$\langle B\rangle = 0{,}71\ \text{T}.$$

- Amplitude crête à crête des variations de courant :

$$\boldsymbol{\Delta i} = i_{max} - i_{min} = 5{,}61\times2 = \mathbf{11{,}22\ A}.$$

- Variation relative de B correspondante (en utilisant (5)) :

$$\Delta B = 5{,}74\cdot10^{-2}\Delta i = 5{,}74\cdot10^{-2}\times11{,}22 = 0{,}644\ \text{T}$$

$$\Rightarrow \frac{\Delta B}{2\langle B\rangle} = \frac{0{,}644}{2\times0{,}71} = \mathbf{45{,}3\ \%}.$$

Exercice 10

1) • La loi M(H) comporte deux branches distinctes compte tenu de la présence des deux signes ± :

– si $M_1 = (\chi + \nu H_m)H + \frac{\nu}{2}(H^2 - H_m^2)$:

il s'agit d'un arc de parabole $\mathcal{A}_1$ et on a $M_1(H = 0) = -\frac{\nu}{2}H_m^2 < 0$.

– si $M_2 = (\chi + \nu H_m)H - \frac{\nu}{2}(H^2 - H_m^2)$:

il s'agit d'un arc de parabole $\mathcal{A}_2$ et on a $M_2(H = 0) = \frac{\nu}{2}H_m^2 > 0$.

D'où, en notant $M_1(H = 0) = M_r$ (aimantation rémanente) :

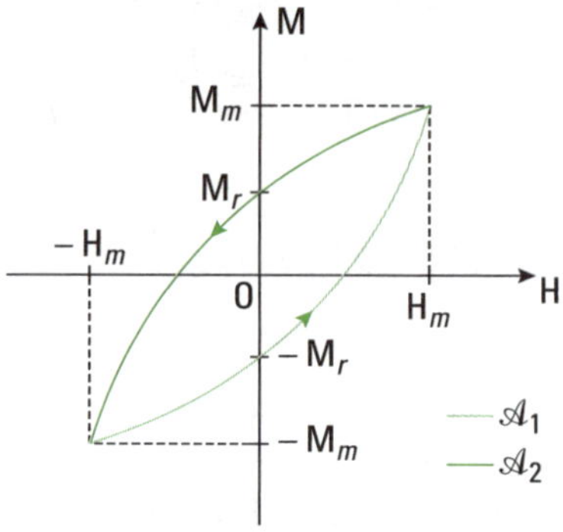

Le sens de parcours du cycle est celui qui a été décrit en cours et qui est le seul à avoir un sens physique.

• Le paramètre ν caractérise la **non linéarité** du matériau magnétique : plus il est élevé et moins le matériau est linéaire (dans le cas particulier $\nu = 0$, le matériau est linéaire et sans hystérésis).

La loi M(H) établie expérimentalement par Lord Rayleigh en 1887 est valide à faible champ, soit en pratique quelques dixièmes du champ coercitif.

2) L'aimantation rémanente M_r a déjà été mise en évidence à la question précédente :

$$\mathbf{M_r = \frac{\nu}{2} H_m^2}\ .$$

Elle représente l'aimantation du matériau, après aimantation, puis suppression de l'excitation magnétique H.

Le signe négatif de $-M_r$ traduit l'inversion de l'orientation des dipôles magnétiques dans le matériau.

3) • **Expression de *a***

Puisque l'observation est faite pour une faible diminution de H, la loi de variation se confond à l'ordre 1 avec la tangente au cycle au point (H_m, M_m). S'agissant d'une diminution, on raisonne sur l'équation associée à l'arc $\mathcal{A}_2$:

$$M_1(H) = (\chi + \nu H_m)H - \frac{\nu}{2}(H^2 - H_m^2)$$

avec $\frac{dM_1}{dH}(H = H_m) = \chi + \nu H_m - \nu H_m = \chi$.

D'autre part, la tangente à l'origine $(H, M) = (0, 0)$ de la courbe de première aimantation a pour coefficient directeur :

$$\frac{dM}{dH}(H = 0) = a.$$

Enfin, puisque la diminution de M avec H depuis (H_m, M_m) a même direction que la tangente à l'origine de la courbe de 1re aimantation, il vient :

$$\frac{dM_1}{dH}(H = H_m) = \frac{dM}{dH}(H = 0)$$

(voir figure ci-contre)

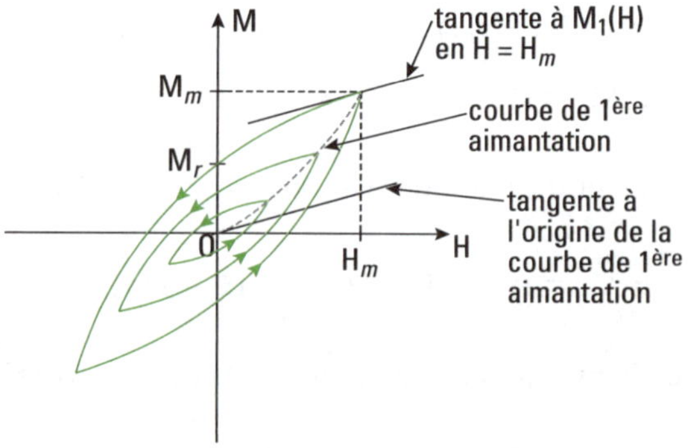

d'où : $\boldsymbol{a = \chi}$.

• **Expression de b**

Il suffit de traduire que le sommet (H_m, M_m) de $M_1(H)$ est aussi situé sur la courbe de première aimantation. Avec :

$$M_1(H_m) = (\chi + \nu H_m)H_m - \frac{\nu}{2}(H_m^2 - H_m^2) = \chi H_m + \nu H_m^2$$

$$M(H_m) = aH_m + bH_m^2 = \chi H_m + bH_m^2$$

L'identification conduit donc à : $\boldsymbol{b = \nu}$.

4) a) On part de l'expression de l'énergie volumique perdue par le phénomène d'hystérésis :

$$\omega = \oint_{(\text{cycle})} H\,dB \quad \text{avec} \quad B = \mu_0(H + M)$$

$$\Rightarrow dB = \mu_0 dH + \mu_0 dM$$

$$\Rightarrow H\,dB = \mu_0 H\,dH + \mu_0 H\,dM.$$

Donc : $\oint_{(\text{cycle})} H\,dB = \mu_0 \oint_{(\text{cycle})} H\,dH + \mu_0 \oint_{(\text{cycle})} H\,dM.$

Or : $H\,dH = d\left(\frac{H^2}{2}\right)$ est une différentielle totale

$$\Rightarrow \oint_{(\text{cycle})} H\,dH = 0 \Rightarrow \omega = \mu_0 \oint_{(\text{cycle})} H\,dM.$$

L'aire du cycle d'hystérésis dans le système de coordonnées (M, H) est donc proportionnelle à ω.

En remarquant d'autre part que l'aire peut aussi se calculer par l'intégrale $\oint_{(\text{cycle})} M\,dH$, il vient :

$$\omega = \mu_0 \oint M\,dH.$$

Or cette aire s'obtient facilement en faisant la différence des aires situées sous $\mathcal{A}_2$ et sous $\mathcal{A}_1$:

$$\oint_{(\text{cycle})} M\,dH = \int_{\mathcal{A}_2} M_2\,dH - \int_{\mathcal{A}_1} M_1\,dH = -\nu \int_{-H_m}^{H_m} (H^2 - H_m^2)\,dH$$

$$\Rightarrow \omega = -\mu_0 \nu \left[\frac{H^3}{3} - H_m^2 H\right]_{-H_m}^{H_m} = \mu_0 \nu \left[-\frac{2}{3}H_m^3 + (H_m^3 + H_m^3)\right]$$

$$\Leftrightarrow \omega = \frac{4}{3}\mu_0 \nu H_m^3.$$

L'énergie totale dissipée au cours d'un cycle pour un matériau magnétique de volume V s'écrit donc :

$$\mathbf{W} = \frac{4}{3}\mu_0 \nu \mathbf{V} \mathbf{H}_m^3.$$

b) Le matériau étudié dans cette question est par hypothèse non conducteur. Les courants de Foucault ne sont donc pas à prendre en compte.

Exercices de niveau 3

Exercice 11

1)

⚠ Dans cet exercice, l'impédance magnétisante $\underline{Z}_b$ est l'association en série de deux dipôles d'impédance R_m et jX_m. Dans le cours, nous avons choisi, arbitrairement, le modèle parallèle. Évidemment, les deux choix sont toujours possibles.

Calcul de I_{2n} :

$$\mathbf{I_{2n}} = \frac{\mathbf{S_m}}{\mathbf{U_2}} \qquad A.N.\ \mathbf{I_{2n}} = \frac{100 \cdot 10^3}{390} = \mathbf{256\ A.}$$

2) Il faut, pour ce type de question, utiliser les deux essais expérimentaux.

• **Essai à vide**

Le transfert des impédances M_1 et $j\ell_1\omega$ du primaire au secondaire (qui conduit à définir $\underline{Z}_S = R_S + jX_S$) est légitime lorsque $|\underline{I}_m| << |\underline{I}_1|$, ce qui n'est pas exact à vide. Le schéma équivalent à vide est alors :

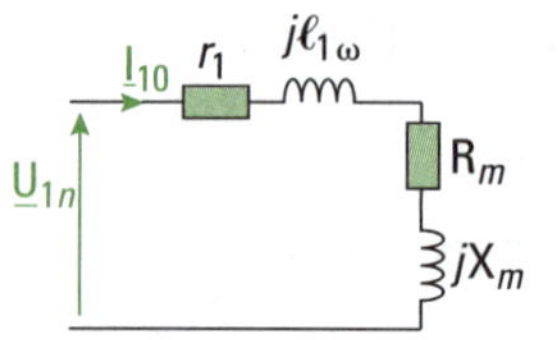

r_1 = résistance du bobinage primaire
$\ell_1\omega$ = réactance des fuites magnétiques au primaire.

La puissance moyenne P_{10} mesurée s'écrit donc :

$$P_{10} = r_1 I_{10}^2 + R_m I_{10}^2, \text{ où } R_m I_{10}^2 \text{ représente les pertes fer } P_{fer}.$$

En pratique, $r_1 I_{10}^2$ est faible devant P_{fer}, donc :

$$P_{10} \approx R_m I_{10}^2 \Rightarrow \mathbf{R_m} = \frac{\mathbf{P_{10}}}{\mathbf{I_{10}^2}}.$$

$A.N.\ \mathbf{R_m} = \dfrac{720}{1{,}2^2} = \mathbf{500\ \Omega.}$

On peut également négliger la chute de tension $|(r_1 + j\,\ell_1\omega)\underline{I}_{10}|$ devant $|\underline{U}_{1m}|$ ce qui conduit au schéma simplifié :

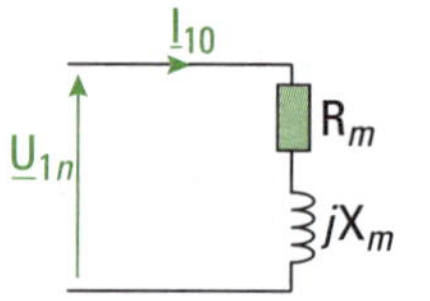

$$\Rightarrow \frac{U_{1n}}{I_{10}} = \sqrt{R_m^2 + X_m^2}$$

$$\Leftrightarrow \mathbf{X_m} = \sqrt{\left(\frac{\mathbf{U_{1n}}}{\mathbf{I_{10}}}\right)^2 - \mathbf{R_m^2}}$$

$A.N.:\ \mathbf{X_m} = \sqrt{\left(\dfrac{5\,000}{1{,}2}\right)^2 - 500^2} = \mathbf{4\,137\ \Omega.}$

• **Test**

Les valeurs numériques de R_m et X_m doivent être grandes devant l'unité dans la mesure où le courant magnétisant est de faible intensité.

• **Essai en court-circuit**

Cet essai permet la détermination des éléments R_S et X_S. Représentons le modèle équivalent vu au secondaire du transformateur :

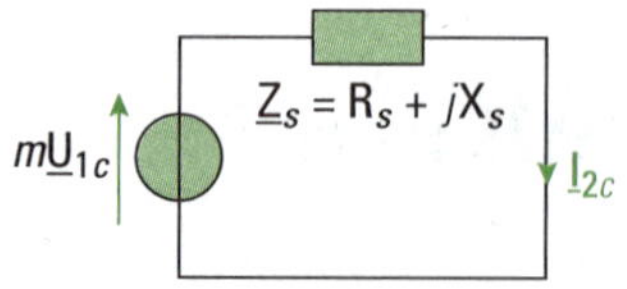

I_{2c} = courant du secondaire en court-circuit

On commence par calculer R_S en raisonnant sur la puissance moyenne absorbée dans cet essai :

$$P_{1c} = R_S I_{2c}^2 + P_{fer\,cc} \text{ où } P_{fer\,cc} \text{ pertes fer en court-circuit.}$$

Nous avons montré en cours que ces pertes sont proportionnelles au carré de la tension U_1 appliquée sur l'enroulement primaire qui, dans cet essai, est réduite devant U_{1n} $\left(\text{ici } \dfrac{U_{1c}}{U_{1n}} \approx 12\ \%\right)$.

On peut donc, avec une bonne approximation les négliger devant $R_S I_{2c}^2$ (d'autant que I_{2c} est élevée).

$$\Rightarrow P_{1c} \approx R_S I_{2c}^2$$

En introduisant le rapport de transformation m :

$$I_{2c} = \frac{I_{1c}}{m} \Rightarrow \mathbf{R_S} = \frac{\boldsymbol{m^2 P_{1c}}}{\mathbf{I_{1c}^2}}.$$

A.N. m se calcule à partir de l'essai à vide :

$$m = \frac{U_2}{U_{1n}} = \frac{390}{5\,000} = 7{,}8 \cdot 10^{-2}$$

$$\Rightarrow \mathbf{R_S} = \frac{(7{,}8 \cdot 10^{-2})^2 \times 320}{10^2} = \mathbf{19{,}5\ m\Omega}.$$

⚠ En général, cet essai est réalisé pour l'intensité secondaire nominale ce qui ici n'est pas le cas car $I_{2c} = \frac{I_{1c}}{m} = 128$ A.

Le modèle équivalent ramené au secondaire permet alors d'écrire :

$$Z_S = \frac{mU_{1c}}{I_{2c}} = \frac{m^2 U_{1c}}{I_{1c}}, \text{ avec } Z_S = \sqrt{R_S^2 + X_S^2}$$

$$\Rightarrow \mathbf{X_S} = \sqrt{\left(\frac{\boldsymbol{m^2 U_{1c}}}{\mathbf{I_{1c}}}\right)^2 - \mathbf{R_S^2}}.$$

A.N. $\mathbf{X_S} = \sqrt{\left[\frac{(7{,}8 \cdot 10^{-2})^2 \times 45{,}25}{10}\right]^2 - (19{,}5 \cdot 10^{-3})^2} = \mathbf{19{,}5\ m\Omega}.$

3) a) On commence par représenter $\underline{U}_S$ qui est dirigée selon l'axe origine des phases que l'on prend usuellement à l'horizontal. Ensuite, on peut représenter la grandeur $\underline{I}_2$ avec :

$$\text{Arg}(\underline{I}_2) = \text{Arg}(\underline{U}_S) - \varphi_2 = -\varphi_2.$$

Ceci permet de placer $R_S \underline{I}_2$, colinéaire à $\underline{I}_2$, puis $jX_S\underline{I}_2$ déphasé de $+\frac{\pi}{2}$ par rapport à la direction de $\underline{I}_2$.

Enfin, par addition on obtient $\underline{U}_2 = \underline{U}_S + R_S\underline{I}_2 + jX_S\underline{I}_2$ en faisant apparaître l'angle $\alpha = (\widehat{\underline{U}_2, \underline{U}_S})$. D'où :

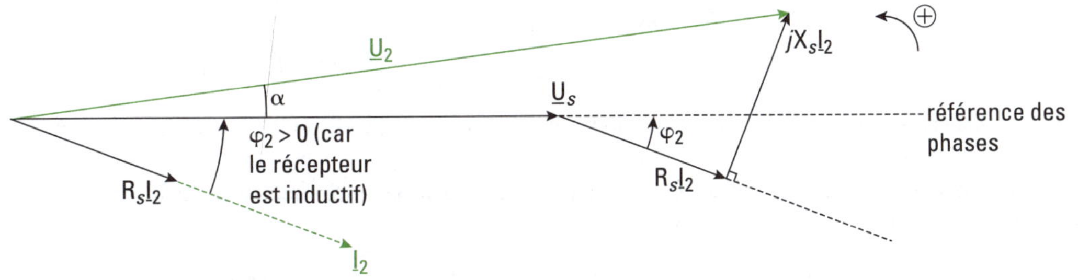

b) • La conception du transformateur doit faire en sorte de minimiser les résistances des enroulements (modélisées par R_S) et les fuites magnétiques (modélisées par X_S).

Donc cette impédance est **faible** de même que la chute de tension $|m\,\underline{U}_1 - \underline{U}_S| = |\underline{U}_2 - \underline{U}_S|$ à ses bornes.

• Dans ces conditions, les modules $|R_S\underline{I}_2|$ et $|jX_S\underline{I}_2|$ sont faibles devant $|\underline{U}_2|$ et $|\underline{U}_S|$ ce qui revient à dire que **l'angle α est faible**.

c) La loi des mailles au secondaire s'écrit :

$$\underline{U}_2 = R_S\underline{I}_2 + jX_S\underline{I}_2 + \underline{U}_S .$$

En projection sur l'axe de référence, il vient :

$$U_2 \cos\alpha = R_S I_2 \cos\varphi_2 + X_S I_2 \sin\varphi_2 + U_S .$$

Avec α faible, $\cos\alpha \approx 1$, donc :

$$\mathbf{\Delta U_2 = U_2 - U_S = (R_S \cos\varphi_2 + X_S \sin\varphi_2) I_2} \qquad \mathbf{(1)}$$

4) a) On utilise (1) :

$$\mathbf{U_S} = U_2 - \Delta U_2 = \boldsymbol{m}\mathbf{U_{1n} - (R_S \cos\varphi_2 + X_S \sin\varphi_2) I_{2n}} \qquad \mathbf{(2)}$$

A.N. $\cos\varphi_2 = 0{,}5$, avec $\varphi_2 > 0 \Rightarrow \sin\varphi_2 = \dfrac{\sqrt{3}}{2}$.

donc $\mathbf{U_S} = 7{,}8{\cdot}10^{-2} \times 5\,000 - \left(19{,}5 \times 0{,}5 + 19{,}5 \times \dfrac{\sqrt{3}}{2}\right){\cdot}10^{-3} \times 256 = \mathbf{383\ V}$.

b) On utilise toujours (2) avec ici $\varphi_2 < 0$ (car le récepteur est capacitif).

A.N. $\mathbf{U_S} = 7{,}8{\cdot}10^{-2} \times 5\,000 - \left(19{,}5 \times 0{,}5 - 19{,}5 \times \dfrac{\sqrt{3}}{2}\right) \times 10^{-3} \times 256 = \mathbf{392\ V}$.

La tension U_S aux bornes de la charge est ici supérieure à la tension secondaire à vide U_2 (en effet $\Delta U_2 < 0$).

Exercice 12

1) Le transfert d'impédance a été étudié au chapitre 1. Ici, il est possible de transférer r_1 et ℓ_1 au secondaire en notant $m = \dfrac{U_2}{U_1}$ le rapport de transformation du transformateur parfait :

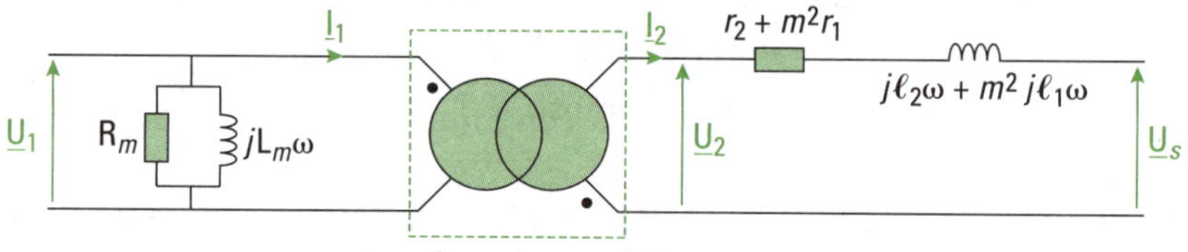

Ce schéma équivalent fait apparaître une impédance $\underline{Z}_S$ ramenée au secondaire telle que :

$$\mathbf{\underline{Z}_S = R_S + \boldsymbol{j}X_S}, \text{ avec } R_S = r_2 + m^2 r_1$$
$$X_S = \ell_2\omega + m^2\ell_1\omega$$

R_S modélise la résistance des enroulements primaire et secondaire. X_S modélise les fuites magnétiques.

2) • La tension secondaire à vide U_2 n'est pas égale à la tension secondaire U_S réellement disponible sur la charge. L'énoncé précise que :

$$\Delta U_2 = U_2 - U_S = 4\ \%\, U_2 \Rightarrow U_2 = \frac{U_S}{0{,}96} = \mathbf{1{,}04\ U_S}.$$

A.N. $U_S = 24\ V \Rightarrow \mathbf{U_2 = 25\ V}$.

• Intensité I_{2n} du courant secondaire nominal :

$$\mathbf{I_{2n} = \frac{S}{U_2}} \qquad \textit{A.N. } I_{2n} = \frac{1{,}5{\cdot}10^3}{25} = \mathbf{60\ A}.$$

3) • Rapport de transformation :

$$\boldsymbol{m} = \mathbf{\frac{U_2}{U_1}} \qquad \textit{A.N. } m = \frac{25}{380} = \mathbf{6{,}58{\cdot}10^{-2}}.$$

• On commence par calculer N_1 en utilisant la formule de Boucherot qui a été établie dans l'exercice 2 du chapitre 1 :

$$U_1 = \frac{2\pi}{\sqrt{2}} N_1 f B_m s \Rightarrow \mathbf{N_1} = \frac{\mathbf{U_1\sqrt{2}}}{\mathbf{2\pi f B_m s}} \qquad \textit{A.N.}\ \mathbf{N_1} = \frac{380\sqrt{2}}{2\pi \times 50 \times 0{,}9 \times 25 \cdot 10^{-4}} = \mathbf{760}.$$

On peut ensuite déduire N_2 à l'aide du rapport de transformation :

$$m = \frac{N_2}{N_1} \Rightarrow \mathbf{N_2} = \boldsymbol{m}\mathbf{N_1} \qquad \textit{A.N.}\ \mathbf{N_2 = 50}.$$

⚠ En toute rigueur, il est plus légitime d'appliquer la formule de Boucherot au secondaire car le courant est nul. Ici néanmoins, les résultats obtenus sont identiques.

4) On applique ici le théorème d'Ampère le long de la ligne de champ moyenne, en remarquant qu'à vide $I_1 = I_2 = 0$ (méthode 1) :

$$\oint_{(C)} \overrightarrow{H} \cdot \overrightarrow{d\ell} = N_1 I_m \Leftrightarrow I_m = \frac{H\ell}{N_1}, \text{ avec } H = \frac{B}{\mu_0 \mu_r}$$

donc : $I_m(t) = \dfrac{B(t)\,\ell}{N_1 \mu_0 \mu_r}$.

Sachant que B varie sinusoïdalement dans le temps comme le montre la formule de Boucherot, la valeur efficace I_m se déduit de la valeur efficace $\dfrac{B_m}{\sqrt{2}}$ de $B(t)$:

$$I_m = \frac{B_m \ell}{N_1 \mu_0 \mu_r \sqrt{2}} \qquad \textbf{(1)}$$

Reste que l'on demande de déterminer la valeur efficace de la composante réactive $\underline{I}_{mr}$ de $\underline{I}_m$ et non celle de $\underline{I}_m$. Toutefois, l'énoncé précise que la valeur de μ_r est mesurée en courant **continu** ; en ce cas, $\overrightarrow{B}$ et $\overrightarrow{H}$ sont nécessairement en phase (dans le cas contraire, la perméabilité est une grandeur complexe). Or ceci n'est possible qu'à la condition de négliger tout phénomène d'hystérésis donc à considérer R_m infinie.

Rappel : R_m modélise les pertes fer.

Conclusion : la valeur $\mu_r = 3\ 180$ reportée dans (1) doit conduire à la composante réactive I_{mr} de I_m, d'où :

$$\mathbf{I_{mr}} = \frac{\mathbf{B_m \ell}}{\mathbf{N_1 \mu_0 \mu_r \sqrt{2}}} \qquad \textit{A.N.}\ \mathbf{I_{mr}} = \frac{0{,}9 \times 0{,}6}{760 \times 4\pi \cdot 10^{-7} \times 3\ 180 \times \sqrt{2}} = \mathbf{0{,}126\ A}.$$

On peut retrouver qu'en utilisant (1) et la valeur de μ_r mesurée en continu, on obtient I_{mr}. En effet, $B(t)$ et $I_m(t)$ étant en phase si μ_r réelle, $B(t)$ étant en quadrature arrière sur $u_1(t)$ en régime sinusoïdal permanent ($u_1 = N_1 S \dfrac{dB}{dt}(t)$), on déduit que $I_m(t)$ doit être en quadrature arrière sur $u_1(t)$ ce qui caractérise une bobine parfaite L_m (R_m infinie).

5) a) • Résistance globale ramenée au secondaire.

$$\mathbf{R_S} = r_2 + m^2 r_1 = 4 + (6{,}58 \cdot 10^{-2})^2 \times 875 = \mathbf{7{,}8\ m\Omega}.$$

• Les pertes dans le cuivre en fonctionnement nominal sont les pertes Joule modélisées par la résistance R_S, donc :

$$\mathbf{P_{cc} = R_S I_{2n}^2} \qquad (I_2 = I_{2n} \text{ en fonctionnement nominal})$$

A.N. $\mathbf{P_{cc}} = 7{,}8 \cdot 10^{-3} \times 60^2 = \mathbf{28\ W}$.

b) • Le modèle équivalent du transformateur se réduit à :

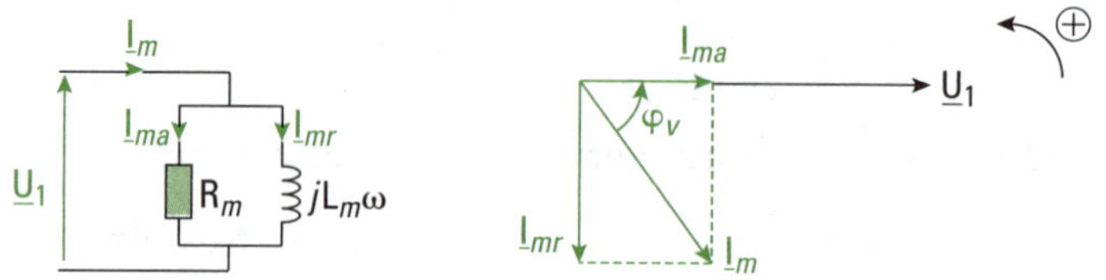

Le facteur de puissance φ_v est donc défini selon :

$$\cos\varphi_v = \frac{I_{ma}}{I_m}.$$

Or $I_m^2 = I_{ma}^2 + I_{mr}^2 \Rightarrow I_{ma} = \sqrt{I_m^2 - I_{mr}^2}$

donc : $\mathbf{\cos\varphi_v} = \dfrac{\sqrt{I_m^2 - I_{mr}^2}}{I_m} = \sqrt{\mathbf{1 - \left(\dfrac{I_{mr}}{I_m}\right)^2}}.$

A.N. $\mathbf{\cos\varphi_v} = \sqrt{1 - \left(\dfrac{0{,}126}{0{,}149}\right)^2} = \mathbf{0{,}53}.$

• Les pertes fer sous tension primaire nominale sont modélisées par la résistance R_m, donc :

$$\mathbf{P_{fer}} = U_1 I_{ma} = \mathbf{U_1\sqrt{I_m^2 - I_{mr}^2}}.$$

A.N. $P_{fer} = 380\sqrt{0{,}149^2 - 0{,}126^2} = \mathbf{30\ W}.$

6) La charge nominale résistive correspond au cas $U_S = 24$ V, $I_{2n} = 60$ A et $\cos\varphi_2 = 1$ donc (méthode 2) :

$$\eta = \frac{\mathbf{U_S I_{2n} \cos\varphi_2}}{\mathbf{U_S I_{2n} \cos\varphi_2 + P_{fer} + P_{cc}}} \qquad \textit{A.N.}\ \eta = \frac{24 \times 60}{24 \times 60 + 28 + 30} = \mathbf{96\ \%}.$$

Exercice 13

1)

Analyse qualitative préalable : les essais sur charge résistive sont à étudier en premier lieu, car alors $\varphi_2 = 0$ ce qui permet de simplifier l'expression de ΔU_2 et d'extraire les résistances R_S et R'_S.

• À l'aide de l'essai 2 :
Pour T, on a :

$$\Delta U_2 = U_{20} - U_2 = R_S \cos\varphi_2\, I_2 + 0 = R_S I_2 \quad \text{et} \quad I_2 = \frac{U_2}{R}$$

$$\Rightarrow R_S = \frac{U_{20} - U_2}{\left(\dfrac{U_2}{R}\right)} = \mathbf{R\left(\frac{U_{20}}{U_2} - 1\right)} \qquad \textit{A.N.}\ R_S = 6\left(\frac{40}{39{,}4} - 1\right) = \mathbf{91{,}4\ m\Omega}.$$

De même pour T′ :

$$\mathbf{R'_S = R'\left(\frac{U'_{20}}{U'_2} - 1\right)} \qquad \textit{A.N.}\ \mathbf{R'_S} = 4\left(\frac{40}{39} - 1\right) = \mathbf{102{,}5\ m\Omega}.$$

• À l'aide de l'essai 3 :
Pour T, on a :

$$U_{20} - U_2 = (R_S \cos\varphi_2 + X_S \sin\varphi_2)\, I_{2N}$$

$$\Rightarrow \mathbf{X_S = \frac{U_{20} - U_2}{I_{2N}\sin\varphi_2} - R_S \operatorname{cotan}\varphi_2}$$

De même pour T′ (pour l'essai 4) :

$$\mathbf{X'_S = 2\,\frac{U'_{20} - U'_2}{I'_{2N}\sin\varphi'_2} - R'_S\cot an\,\varphi'_2}$$

A.N. $I_{2N} = \dfrac{S}{U_{20}} = \dfrac{0{,}5\cdot10^3}{40} = 12{,}5$ A.

$I'_{2N} = \dfrac{S'}{U'_{20}} = \dfrac{10^3}{40} = 25$ A.

$\Rightarrow X_S = \dfrac{40-39}{12{,}5\times0{,}6} - 91{,}4\cdot10^{-3}\times\dfrac{0{,}8}{0{,}6}$ ($\sin\varphi_2 = 0{,}6$ car $\varphi_2 > 0$: inductif)

$= \mathbf{11{,}5\ m\Omega}$.

$\mathbf{X'_S} = 2\times\dfrac{40-38{,}5}{25\times0{,}43} - 102{,}5\cdot10^{-3}\times\dfrac{0{,}9}{0{,}43}$ ($\sin\varphi'_2 = 0{,}43$)

$= \mathbf{64{,}5\ m\Omega}$.

2) • Pour le transformateur T :

$$R_S I_{2N} = 91{,}4\cdot10^{-3}\times12{,}5 = 1{,}12\ \text{V}.$$
$$X_S I_{2N} = 11{,}5\cdot10^{-3}\times12{,}5 = 0{,}14\ \text{V}.$$

En prenant $\underline{I}_{2N}$ comme référence des phases dans le plan complexe, on a :

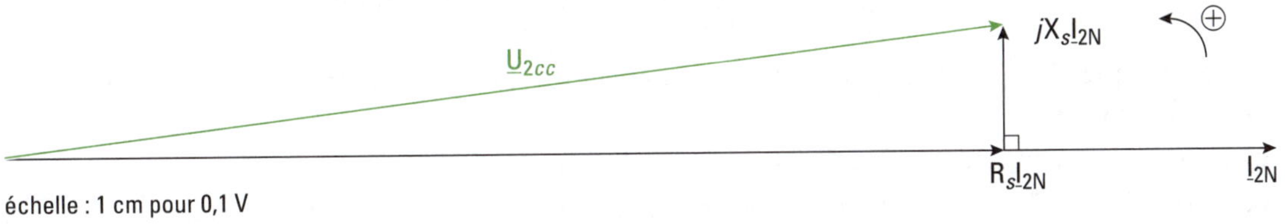

La tension au secondaire en court-circuit s'écrit donc :

$$U_{2cc} = \sqrt{R_S^2 + X_S^2}\,I_{2N} = \mathbf{1{,}13\ V}.$$

• Pour le transformateur T′ :

$$R'_S I'_{2N} = 102{,}5\cdot10^{-3}\times25 = 2{,}56\ \text{V}.$$
$$X'_S I'_{2N} = 64{,}5\cdot10^{-3}\times25 = 1{,}61\ \text{V}.$$

En prenant $\underline{I}'_{2N}$ comme référence des phases dans le plan complexe, on a :

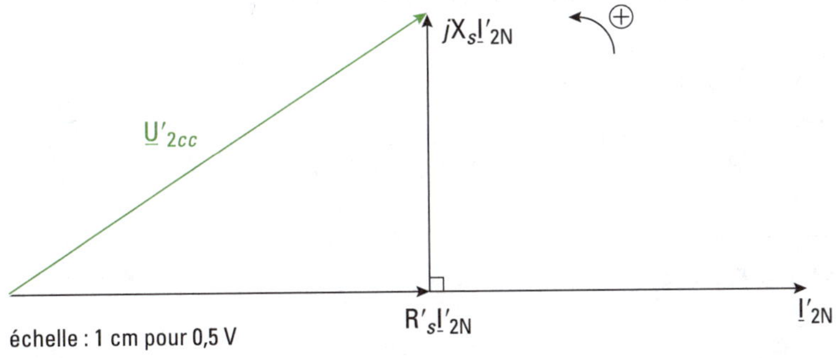

La tension au secondaire en court-circuit s'écrit donc :

$$U'_{2cc} = \sqrt{R'^2_S + X'^2_S}\,I'_{2N} = \mathbf{3{,}03\ V}.$$

3) a) On peut proposer un modèle équivalent électrique ramené au secondaire sachant que :
– T et T′ sont alimentés sous la même tension au primaire ;
– les secondaires sont en court-circuit.
Si T et T′ débitaient leurs courants nominaux, on aurait donc :

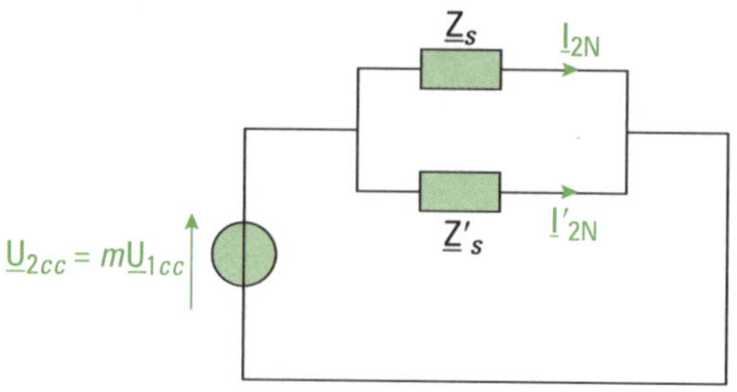

U_{1cc} : tension au primaire (secondaires en court-circuit)

Il est nécessaire de réaliser la condition :

$$Z_S I_{2N} = Z'_S I'_{2N} \,.$$

Mais ici :

$$\left.\begin{aligned} Z_S I_{2N} &= U_{2cc} = 1{,}13\ \text{V} \\ Z'_S I'_{2N} &= U'_{2cc} = 3{,}03\ \text{V} \end{aligned}\right\} \Rightarrow \text{donc T et T′ ne peuvent pas être branchés en parallèle.}$$

b) Les deux tensions de court-circuit doivent être égales et il ne faut pas trop excéder les valeurs nominales des courants. L'étude précédente montre donc qu'il est nécessaire de diminuer U'_{2cc} donc I'_{2N}. C'est donc T′ qui est alors surdimensionné et le courant I'_{2p} qu'il doit débiter vaut :

$$\mathbf{I'_{2p}} = I'_{2N}\left(\frac{U_{2cc}}{U'_{2cc}}\right) = 25 \times \left(\frac{1{,}13}{3{,}03}\right) = \mathbf{9{,}3\ A.}$$

4) a) Puisque $Z_S I_{2N} < Z'_S I'_{2N}$, il faut augmenter la tension U_{2cc} en ajoutant une réactance $X = L\omega$ **en série avec T.**

b) Pour que le couplage de T et T′ soit optimal, il faut obtenir $U_{2cc} = U'_{2cc}$. Construisons le nouveau diagramme associé à T dans le plan complexe.

Le modèle électrique équivalent du secondaire de T, en notant $X = L\omega$, est représenté ci-contre.

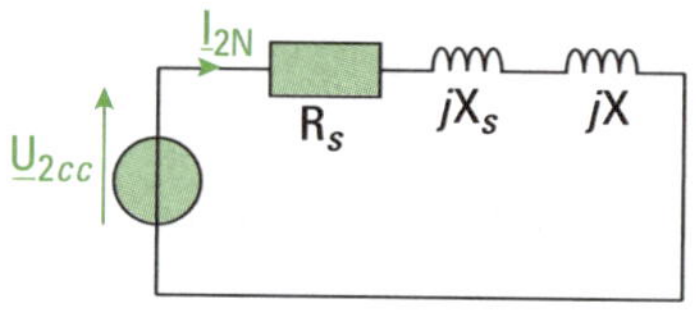

Donc : $\underline{U}_{2cc} = R_S \underline{I}_{2N} + j(X_S + X)\underline{I}_{2N}$

avec : $jX\underline{I}_{2N}$ colinéaire à $jX_S\underline{I}_{2N}$

$|\underline{U}_{2cc}| = |\underline{U}'_{2cc}| = 3{,}03\ \text{V}.$

Ce qui conduit au diagramme ci-contre dans le plan complexe.

Donc :

$$\underline{U}'_{2cc} = \sqrt{R_S^2 + (X + X_S)^2}\, I_{2N}$$

$$\Rightarrow X = \sqrt{\left(\frac{U'_{2cc}}{I_{2N}}\right)^2 - R_S^2} - X_S\,, \quad \text{avec ici } X = L\omega \text{ (bobine parfaite)}$$

$$\Rightarrow \mathbf{L} = \frac{\sqrt{\left(\frac{\mathbf{U'_{2cc}}}{\mathbf{I_{2N}}}\right)^2 - \mathbf{R_S^2}} - \mathbf{X_S}}{\boldsymbol{\omega}}\,.$$

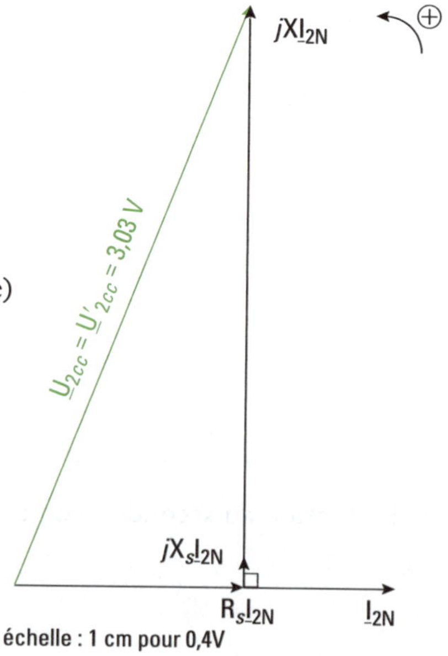

$$\textit{A.N.}\ \mathbf{L} = \frac{\sqrt{\left(\frac{3{,}03}{12{,}5}\right)^2 - (91{,}4\cdot 10^{-3})^2} - 11{,}5\cdot 10^{-3}}{2\pi \times 50} = \mathbf{0{,}7\ mH.}$$

Cette bobine en série avec T a été supposée placée au secondaire mais elle peut être aussi transférée au primaire à condition de changer la valeur de son inductance qui devient :

$$L' = \frac{L}{m^2} = \frac{0,7}{0,1^2} = 70 \text{ mH}.$$

Cette inductance est plus simple à réaliser, d'autant plus qu'elle est traversée par un courant $m^2 I_{2N} = 0,01 \times 12,5 = 125$ mA.

Exercice 14

1) Bien qu'il soit impossible de définir un nombre de spires pour ces deux enroulements, il est en revanche possible de mesurer un rapport de transformation (enroulement secondaire à vide). De plus en réalisant l'essai en court-circuit, il est aussi possible de déterminer les caractéristiques de l'impédance Z_S ramenée au secondaire (voir exercice 11).
On peut donc donner un modèle électrique équivalent.

Comme aucun circuit magnétique n'est utilisé, l'impédance magnétisante Z_b, constituée des éléments R_{PF} et L_{Pm}, n'existe pas.

2) Envisageons par exemple la position des bornes homologues comme ci-dessous :

avec le nombre n_1 de spires au primaire très inférieur au nombre n_2 de spires au secondaire : $n_1 \ll n_2$.

En appliquant le théorème d'Ampère le long de la ligne de champ moyenne de longueur ℓ (méthode 1) :

$$n_1 i_1(t) - n_2 i_2(t) = H(t)\,\ell$$

avec $H(t) = \dfrac{B(t)}{\mu_0 \mu_r} = \dfrac{1}{\mu_0 \mu_r S}\Phi(t)$ en introduisant la section transversale S du circuit magnétique qu'on supposera constante et Φ désignant le flux magnétique.

$$\Rightarrow n_1 i_1(t) - n_2 i_2(t) = \frac{\ell}{\mu_0 \mu_r S}\Phi(t) \qquad \textbf{(1)}$$

Si alors le secondaire du transformateur est ouvert, immédiatement $i_2(t) = 0$. L'équation (1) montre que la quantité $n_1 i_1(t) - n_2 i_2(t)$ augmente brutalement et il en est donc de même pour $\dfrac{\ell}{\mu_0 \mu_r S}\Phi(t)$.

Puisque $\dfrac{\ell}{\mu_0 \mu_r S}$ est une constante dans notre problème, cela montre que le flux magnétique **$\Phi(t)$ augmente brutalement**.

Une surtension $u_2(t) \approx -n_2 \dfrac{d\Phi}{dt}$ apparaît aux bornes de l'enroulement secondaire, ce qui peut provoquer sa destruction ou un danger pour l'opérateur qui aurait ouvert le circuit au secondaire.

Ce phénomène concerne essentiellement les transformateurs de courant car $n_2 \gg n_1$: (1) montre que l'augmentation de flux est d'autant plus importante.

3) Le démontage du circuit magnétique provoque l'apparition de deux entrefers que l'on supposera pour simplifier de même épaisseur e. L'exercice 7 a mis en évidence que l'apparition d'un entrefer provoque une augmentation du courant consommé par les enroulements. Introduisons les paramètres suivants pour le montrer à nouveau :

μ_r : perméabilité magnétique relative du circuit magnétique ;

ℓ : longueur de la ligne de champ moyenne ;

i_1 : intensité consommée par l'enroulement primaire (pour simplifier on peut supposer le transformateur à vide : $i_2 = 0$) ;

n_1 : nombre de spires au primaire.

On utilise alors le théorème d'Ampère sur le circuit fermé comprenant les deux entrefers (voir méthode 1) :

– avant le démontage (on note i_{1i} l'intensité primaire initiale avant le démontage) :

$$\frac{B}{\mu_0 \mu_r} \ell = n_1 i_{1i} ;$$

– après le démontage (on note i_{1f} l'intensité finale au primaire) : à tension d'alimentation U_1 constante, B ne varie pas (relation de Boucherot) et on peut faire un calcul pour e petit car ceci permet de supposer le tube de champ de section constante (sinon, le tube de champ s'élargit au niveau des entrefers : voir exercice 7). Donc :

$$\frac{B}{\mu_0 \mu_r}(\ell - 2e) + \frac{B}{\mu_0} 2e = n_1 i_{1f} \qquad \textbf{(2)}.$$

On fait ici l'hypothèse que μ_r reste constante ce qui est acceptable si le matériau fonctionne dans la zone linéaire de sa caractéristique magnétique B(H).

Les relations (1) et (2) conduisent sans difficulté à la détermination de la variation relative du courant absorbé par l'enroulement primaire :

$$\frac{\Delta i_1}{i_1} = \frac{i_{1f} - i_{1i}}{i_{1i}} = \frac{2e\mu_r}{\ell}\left(1 - \frac{1}{\mu_r}\right) \qquad \textbf{(3)}$$

Dans ce type de question, il faut ensuite procéder à un rapide calcul numérique en choisissant des valeurs cohérentes avec le problème étudié ; prenons ici :

$e = 0{,}5$ mm ; $\ell = 70$ cm ; $\mu_r = 5\,000$ (exemple du fer sans affinage spécial).

La relation (3) donne :

$$\frac{\Delta i_1}{i_1} = +\,7{,}14 = 714\ \%\,!$$

On comprend que le disjoncteur coupe l'alimentation puisqu'il détecte la sur-intensité consommée par le montage.

CHAPITRE 3

La machine à courant continu

Introduction

Rappelons quelques dates essentielles dans l'histoire de la conversion électromécanique de puissance. En 1821, Michaël Faraday (1791-1867) montre la possibilité d'extraire de l'énergie mécanique à partir d'une énergie électrique : c'était le premier moteur. En 1822, Peter Barlow (1776-1862) lui adjoint une roue dentée, la célèbre « roue de Barlow ». En 1832, Hippolyte Pixii met en œuvre les principes de l'induction énoncés par Faraday, et réalise une machine formée d'un aimant en fer à cheval tournant devant une bobine de cuivre : il s'agit de la première génératrice, qui fournit un courant alternatif. André-Marie Ampère (1775-1836) suggère par la suite un dispositif de redressement mécanique permettant de produire du courant continu. Enfin, Zénobe Théophile Gramme (1826-1901) invente la dynamo (génératrice à courant continu) et perçoit la possibilité d'en inverser le fonctionnement.

Plan du chapitre 3

A. Rappels d'électromagnétisme

Dans ce premier paragraphe, nous rappelons quelques définitions vues dans le cours d'électromagnétisme[1] qui seront utiles à la modélisation d'un convertisseur électromécanique.

1. Nous restreindrons notre exposé à celui de l'électromagnétisme non relativiste.
Cette hypothèse est cohérente avec les systèmes décrits dans la suite.

A.1. Force de Lorentz et force de Laplace

La loi de Lorentz donne l'expression de la force exercée sur une particule chargée en mouvement soumise à un champ électromagnétique constitué d'un champ électrique $\vec{E}$ associé à un champ magnétique $\vec{B}$.

Définition 1

Une particule de charge q, se déplaçant à la vitesse[2] $\vec{v}$ dans un référentiel d'étude $\mathfrak{R}$, en présence d'un champ électrique $\vec{E}$ et d'un champ magnétique $\vec{B}$, est soumise à la **force de Lorentz $\vec{F}_\ell$** telle que :

$$\vec{F}_\ell = q(\vec{E} + \vec{v} \wedge \vec{B})$$

- $\vec{F}_\ell$ force (N)
- q (C)
- $\vec{E}$ champ électrique (V.m^{-1})
- $\vec{v}$ vitesse (m·s^{-1})
- $\vec{B}$ champ magnétique (T)

2. Plus précisément, il s'agit de la vitesse *moyenne* des porteurs de charge de même type que la particule de charge q considérée.

Définition 2

Dans un milieu conducteur possédant une densité volumique de charges mobiles ρ_m se déplaçant à la vitesse d'ensemble $\vec{v}$, **la densité volumique de courant $\vec{j}$** est donnée par la relation :

$$\vec{j} = \rho_m \vec{v}$$

- $\vec{j}$ vecteur densité de courant (A·m^{-3})
- ρ_m densité volumique de charges (C·m^{-3})
- $\vec{v}$ vitesse (m·s^{-1})

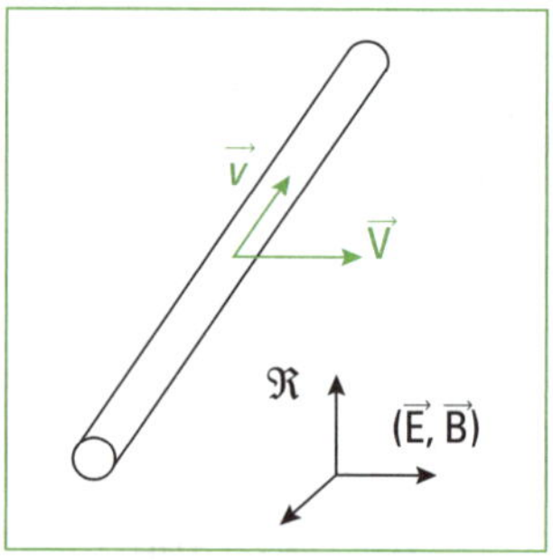

Fig. 1 – Portion de conducteur électrique mobile et placé dans un champ électromagnétique.

Nous pouvons, à l'aide de ces deux définitions, proposer une autre formulation de la force de Lorentz qui s'exerce sur une portion de conducteur placée dans un référentiel galiléen. Le champ électrique $\vec{E}$ et le champ magnétique $\vec{B}$ sont définis dans le référentiel $\mathfrak{R}$ comme le montre la figure 1. Les porteurs de charges se déplacent à la vitesse d'ensemble $\vec{v}$ par rapport au conducteur, tandis que celui-ci se déplace à la vitesse $\vec{V}$ par rapport au référentiel $\mathfrak{R}$.

En notant ρ_m la densité de charges mobiles par rapport au conducteur et ρ_f les charges qui y sont fixes, nous avons :

$$\delta \vec{f}_\ell \text{ (charges fixes)} = \rho_f (\vec{E} + \vec{V} \wedge \vec{B})d\tau$$

$$\delta \vec{f}_\ell \text{ (charges mobiles)} = \rho_m (\vec{E} + (\vec{v} + \vec{V}) \wedge \vec{B})d\tau.$$

En sommant ces deux équations membre à membre et en remarquant que $\rho_m + \rho_f = 0$ dans un conducteur électriquement neutre, nous obtenons alors :

$$\delta \vec{f}_\ell \text{ (résultante)} = \rho_m (\vec{v} \wedge \vec{B})d\tau = (\vec{j} \wedge \vec{B})d\tau.$$

Nous obtenons dans cette dernière équation, l'expression de la densité volumique de la force magnétique, appelée force de Laplace :

$$\frac{\delta \vec{f}_\ell}{d\tau} = \vec{j} \wedge \vec{B}.$$

Dans le cas d'un conducteur filiforme, cette expression permet d'aboutir à la force élémentaire $d\vec{F}$ s'exerçant sur une portion $d\ell$ de ce conducteur, parcourue par un courant d'intensité I :

$$d\vec{F} = I\, d\vec{\ell} \wedge \vec{B}.$$

A.2. Champ électromoteur dans un champ magnétique constant

Propriété 1

Une portion de conducteur, mobile à la vitesse $\vec{V}$ dans le référentiel d'étude $\Re$, est le siège d'un **champ électromoteur $\vec{E}_m$** :

$\vec{E}_m = \vec{V} \wedge \vec{B}$	$\vec{E}_m$ champ électrique (V·m⁻¹) $\vec{V}$ vitesse (m·s⁻¹) $\vec{B}$ champ magnétique (T)

B. Conversion électromécanique de la puissance

B.1. Système électromécanique en mouvement de translation

Nous allons analyser à présent l'expérience des rails de Laplace, qui fut une expérience importante dans l'histoire de l'avènement des machines. Le dispositif étudié comprend deux rails parallèles dans un plan horizontal, conducteurs et distants de L. On place sur ceux-ci une tige mobile[1] conductrice NM. L'ensemble est placé dans un champ magnétique uniforme et constant :

1. Nous supposons ici que la tige glisse sans rouler.

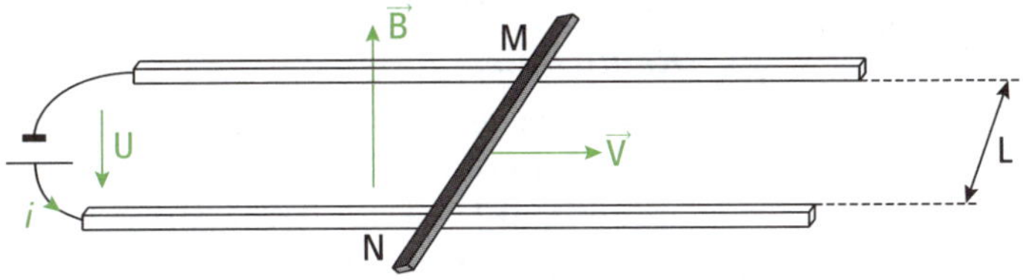

Fig. 2 – Dispositif des rails de Laplace.

B.1.1 – Bilan des puissances

Considérons un conducteur électrique dans lequel les porteurs[2] de charges sont des électrons de charge notée $-q$. En conservant l'hypothèse du champ magnétique constant et en notant que la barre se déplace à la vitesse $\vec{V}$ par rapport au référentiel $\Re$ lié au laboratoire, exprimons la puissance P de la force $\vec{f} = (-q(\vec{v} + \vec{V}) \wedge \vec{B})$ exercée sur les porteurs, qui se déplacent à la vitesse $\vec{v}$:

2. Dans les systèmes électromécaniques étudiés, les porteurs de charges mobiles sont des électrons de charge $-q = -1{,}6 \cdot 10^{-19}$ C.

$$P = \vec{f} \cdot (\vec{v} + \vec{V}) = (-q(\vec{v} + \vec{V}) \wedge \vec{B}) \cdot (\vec{v} + \vec{V}) = 0.$$

En développant et conservant les produits mixtes non nuls, il vient :

$$P = (-q\vec{v} \wedge \vec{B}) \cdot \vec{V} + (-q\vec{V} \wedge \vec{B}) \cdot \vec{v} = 0. \quad (1)$$

Le premier terme de l'expression (1) de la puissance, $P_m = (-q\vec{v} \wedge \vec{B}) \cdot \vec{V}$ représente la puissance d'une force $\vec{F}_L = -q\vec{v} \wedge \vec{B}$ orthogonale au plan formé par les vecteurs $\vec{v}$ et $\vec{B}$: elle est donc colinéaire à $\vec{V}$. Cependant, les porteurs de charges sont liés au réseau cristallin qui constitue le conducteur mobile. Ils ne peuvent s'extraire de ce dernier. En contrepartie, d'après la troisième loi de Newton, le réseau cristallin exerce[3] la force $-\vec{F}_L$ sur les électrons. Par conséquent, la quantité de mouvement associée à $\vec{F}_L$ est *transférée* au réseau.

3. Ceci rend compte des chocs des électrons sur le réseau cristallin.

Le bilan complet se traduira ainsi par un mouvement macroscopique du conducteur. Ce mouvement est dû à la force de Laplace[1]. On peut aussi dire qu'il y a eu transfert d'une *énergie de nature électrique* (associée au mouvement des porteurs de charges mobiles) en une *énergie de nature mécanique* : c'est la **conversion électromécanique de la puissance**.

1. Cela n'a rien d'étonnant puisque P_m s'identifie à la puissance développée par la force de Laplace dont nous avons établi l'expression (1) précédemment.

Étudions à présent le second terme de puissance $P_e = (-q\vec{V} \wedge \vec{B})\cdot\vec{v}$ contenu dans (1). La force $-q\vec{V} \wedge \vec{B}$ est dans ce cas, dirigée selon l'axe du conducteur : elle met en mouvement les porteurs de charges et donne ainsi lieu à une puissance de nature électrique. Il convient de noter qu'il s'agit à nouveau d'un transfert d'énergie car $-q\vec{V} \wedge \vec{B}$ est une force due au mouvement mécanique de la tige. Il y a donc transfert de l'*énergie de nature mécanique* en *énergie de nature électrique*. C'est donc une conversion électromécanique de la puissance.

Cette étude pourrait sans difficulté être étendue à l'ensemble des porteurs de charges mobiles circulant dans le conducteur sans en changer les conclusions. Le bilan complet s'écrit alors :

$$\mathbf{P}_m + \mathbf{P}_e = 0.$$

Cette équation résume ainsi la conversion électromécanique de la puissance ayant lieu à chaque instant, puisque $P_m = -P_e$. En d'autres termes, la puissance mécanique créée P_m provient de la puissance électrique $-P_e$ perdue par les porteurs de charges. Elle traduit en outre la conservation de l'énergie[2].

2. Cette équation ne signifie nullement qu'aucune partie de l'énergie électrique ou mécanique peut être perdue par effet dissipatif comme nous le verrons plus loin. Elle traduit seulement l'identité des énergies transférées entre le système mécanique et le système électrique.

Pour conclure, il convient de noter que l'étude précédente s'appuie sur une étude microscopique des transferts de puissance. Elle illustre également, du point de vue macroscopique, une conversion d'énergie de nature électrique (fournie pas le générateur électrique) en une énergie de nature mécanique qui donne lieu au mouvement de la barre.

Remarques

– D'après le cours d'induction électromagnétique, un mouvement mécanique imposé à la barre engendre réciproquement l'apparition d'un courant induit dans le circuit fermé formé par les deux rails où le générateur est remplacé par une résistance. Dans cette situation, l'énergie mécanique fournie est transmise à la résistance sous forme d'énergie électrique. Il s'agit dans ce cas d'une conversion d'énergie mécanique en énergie électrique. Nous reviendrons sur ce point au paragraphe B.1.3.

– Nous n'avons pas pris en compte la partie électrique de la force de Lorentz dans le calcul de P puisque le dispositif est supposé être placé dans une zone où le champ magnétique est constant dans le temps et où le champ électrique extérieur au circuit est nul.

– Dans le terme P_e, on voit apparaître le champ électromoteur $\vec{E}_m = \vec{V} \wedge \vec{B}$. Ceci permet de réécrire, pour l'ensemble du conducteur mobile, $P_e = e \cdot i$, avec e et i fléchées dans le même sens comme il est d'usage en induction électromagnétique.

B.1.2 – Modèle électrique du système des rails de Laplace

L'expérience des rails de Laplace illustre le principe du moteur électrique à courant continu. Dans ce cas, la source d'énergie électrique étant continue, la machine est dite à courant continu.

De plus, l'alimentation du circuit électrique est à l'origine du phénomène observé qui donne lieu, en présence de la source de champ magnétique, à un mouvement mécanique (la conséquence de l'alimentation électrique). Ainsi, nous dirons qu'*à l'échelle de l'observateur*[3], la conversion de la puissance s'est

3. Nous avons montré que le mouvement mécanique du conducteur donnait lieu à un transfert d'énergie mécanique en énergie électrique. Cet effet est, d'une part, non observable dans les conditions de l'expérience précédente.
D'autre part, il vient, en quelque sorte, contrer le transfert en sens inverse, sans pour autant le supprimer.
Comment l'interpréter de manière qualitative ? Il s'agit là d'un phénomène d'induction qui traduit la loi de Lenz. Il ne sera donc pas surprenant de trouver une force électromotrice induite dans le modèle électrique de cette machine.

effectuée à partir d'une énergie de nature électrique vers une énergie de nature mécanique : c'est le principe d'une machine électrique fonctionnant en moteur.

Concluons cette expérience en proposant un modèle électrique équivalent du conducteur mobile, qui nous servira ultérieurement pour le moteur à courant continu réel.

Comme tout conducteur ohmique, le conducteur mobile possède une certaine résistance R. D'autre part, il y a un champ électromoteur dont la circulation le long du conducteur NM donne naissance à une force électromotrice induite e (notée en abrégé f.é.m. par la suite). Le signe de la f.é.m. est défini par celui de la circulation[1] du champ électromoteur le long du conducteur mobile NM. Le modèle électrique[2] que nous pouvons proposer à ce stade du cours est représenté en figure 3.

1. La circulation de N vers M de $\vec{E}_m$ donne une f.é.m. orientée du point N vers le point M.

2. Nous supposons dans notre modélisation l'inductance propre du conducteur NM négligeable ce qui est une hypothèse plausible.

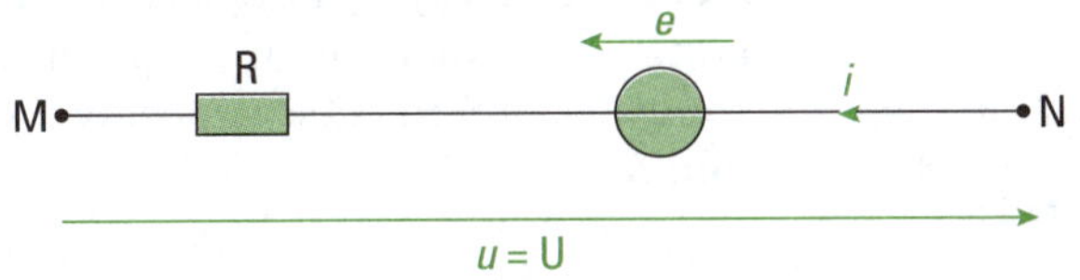

Fig. 3 – Modèle électrique équivalent du conducteur mobile NM pour le fonctionnement en moteur à courant continu.

B.1.3 – Modélisation de la conversion de l'énergie mécanique en énergie électrique par le système des rails de Laplace

Nous supprimons la source d'alimentation électrique U en la remplaçant par un galvanomètre (micro ampèremètre). Puis, en conservant la source du champ magnétique, nous décidons de déplacer, grâce à un système mécanique annexe, le conducteur mobile NM dans le même sens que celui observé dans la situation précédente. Nous observons alors l'apparition d'un courant électrique dans le galvanomètre.

Nous en concluons que l'énergie mécanique communiquée par le système annexe est ici convertie en énergie électrique. Il y a, à nouveau, conversion électromécanique de la puissance, mais cette fois, le transfert s'est effectué dans le sens opposé à celui mis en évidence pour le moteur à courant continu : la machine[3] fonctionne désormais en génératrice.

Pour donner le modèle électrique équivalent au conducteur mobile dans cette expérience, orientons le conducteur de M vers N afin d'obtenir une f.é.m. :

$$e = \int_{MN} \vec{E}_m \cdot \overrightarrow{d\ell} \text{ positive}^{4}.$$

Le courant induit d'intensité i étant orienté dans le sens de cette f.é.m., nous obtenons[5] :

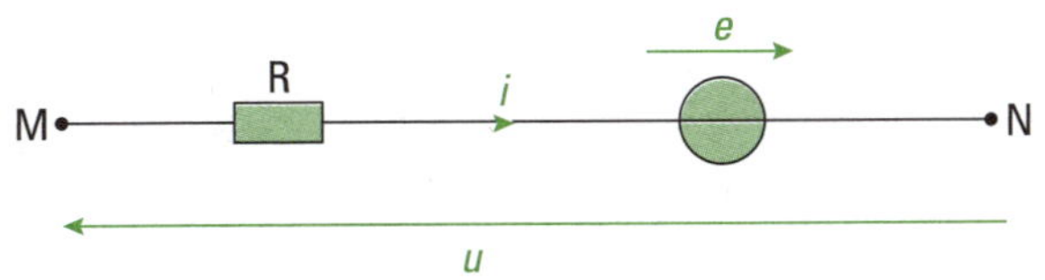

Fig. 4 – Modèle électrique équivalent du conducteur mobile NM pour le fonctionnement en génératrice à courant continu.

3. Ainsi décrite, l'expérience ne permet pas de vérifier que le courant électrique est continu. Ceci ne sera d'ailleurs possible que si la puissance mécanique est constante dans le temps, ce qui suppose des conditions opératoires adéquates (force et vitesse de déplacement colinéaires et constantes par exemple).

4. Le signe est obtenu en calculant la circulation du champ électromoteur de M vers N, champ ici dirigé de M vers N.

5. La tension est fléchée conformément aux règles d'orientation données dans le cours de l'induction électromagnétique.

Cette réciprocité des échanges d'énergie dans l'expérience des rails de Laplace est vérifiée dans tout type de machine électrique, c'est-à-dire dans tout dispositif de conversion électromécanique. On parle de réversibilité énergétique d'une machine électrique[1] : celle-ci peut convertir de l'énergie électrique en énergie mécanique et inversement.

1. En pratique, rien n'interdira de faire fonctionner un moteur en génératrice, du moins temporairement. Toutefois, la conception technologique est en général adaptée à la fonctionnalité prévue par le constructeur.

B.2. Retour sur les conventions d'orientation des grandeurs électriques

Dans l'exposé précédent, l'orientation du circuit électrique pour le conducteur mobile NM s'appuie sur les conventions usuelles vues dans le cours d'induction électromagnétique. Le lecteur pourra s'y reporter au besoin.

Dans la littérature électrotechnique, on préfère introduire dans le modèle du moteur électrique, l'opposé de la f.é.m. précédemment mise en évidence. L'intérêt est de pouvoir proposer une équation électrique dans laquelle cette «nouvelle» f.é.m. E sera positive[2] et orientée dans le même sens que la tension u :

2. La circulation de $\vec{E}_m$, de N vers M, conduit en effet à une f.é.m. négative sur la figure 3.

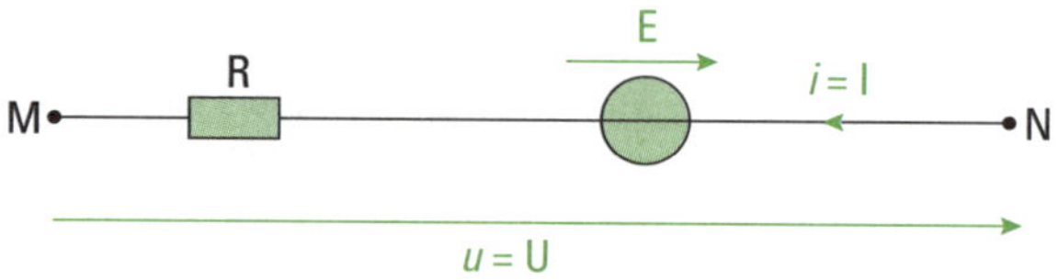

Fig. 5 – Modèle électrique équivalent du conducteur mobile NM pour le fonctionnement en moteur à courant continu avec la convention électrotechnique.

Remarque

Afin de souligner le caractère continu des grandeurs électriques, ces dernières seront notées en lettres majuscules dans la suite du cours. Signalons à ce propos qu'une grandeur est dite continue lorsqu'elle est unidirectionnelle et de valeur moyenne non nulle (elle n'est donc pas nécessairement constante dans le temps).

Outre le problème des signes inversés[3] (comme par exemple dans l'équation de la conversion électromécanique qui devient $P_m = P_e$), il faut noter que cette orientation de E illustre, d'une certaine manière, le caractère modérateur propre à la loi de Lenz. En effet, E est fléchée dans le sens inverse[4] de la tension d'alimentation u. Ceci revient à adopter la *convention récepteur* pour l'orientation de cette grandeur.

3. Notons que la f.é.m. E est ici positive.

4. Autrefois, certains auteurs employaient le terme de «force contre électromotrice» pour souligner cet aspect.

Dans la suite de ce cours, nous adopterons cette convention afin de conserver cette approche du phénomène électromécanique.

Concernant le modèle électrique de la génératrice, nous pouvons remarquer que la machine fournit de la puissance électrique au circuit extérieur à MN. Aussi, il est d'usage en électrotechnique de flécher la tension u dans l'autre sens, afin d'illustrer le sens du transfert énergétique. Sachant que la f.é.m. représentée en figure 4 est positive :

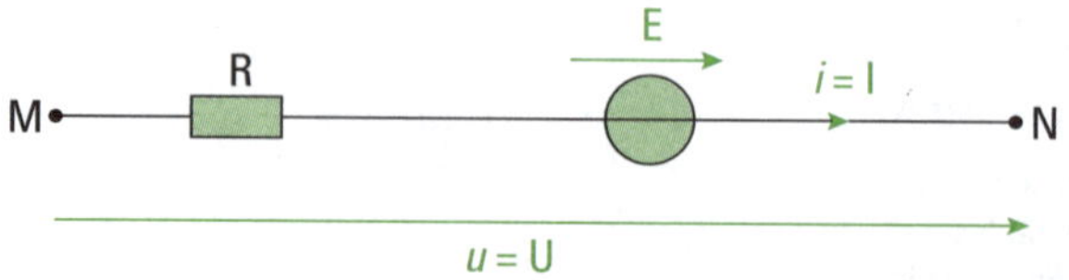

Fig. 6 – Modèle électrique équivalent du conducteur mobile NM pour le fonctionnement en génératrice à courant continu avec la convention électrotechnique.

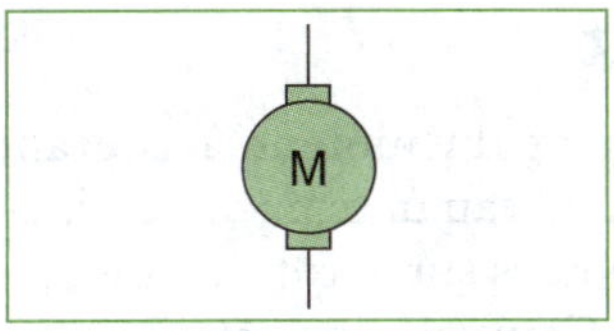

Fig. 7 – Symbole de la machine à courant continu.

C. Principe de fonctionnement d'une machine à courant continu

Conformément au programme de PSI, nous présenterons la structure et le principe de fonctionnement d'une machine à courant continu simplifiée en dehors de toute considération technologique.

Le symbole usuel de cette machine est donné en figure 7.

C.1. Structure de la machine à courant continu

Avant de décrire le principe de fonctionnement de cette machine, définissons dans ce qui suit, ses principaux éléments.

• **Circuits électriques**

– ***L'induit :*** circuit électrique soumis au champ magnétique et placé sur la partie mobile (le circuit électrique comprenant la tige mobile dans le dispositif des rails de Laplace).

– ***L'inducteur :*** il constitue la source de champ magnétique dans la machine. Il peut être réalisé soit à partir d'aimants permanents[1], soit à l'aide d'un second bobinage[2] qui se rajoute à celui du circuit induit.

1. Cela concerne des machines de faible puissance (quelques watts) utilisées, par exemple, en robotique.

2. Si l'inducteur est bobiné, le contrôle de la machine est plus souple et la puissance disponible peut atteindre une dizaine de mégawatts.

• **Circuits magnétiques**

– ***Le stator*** : partie fixe de la machine qui est suffisamment massive pour ne pas être mise en mouvement par l'action de la partie mobile. Lorsque l'inducteur est bobiné, elle porte les connexions électriques vers les bobinages internes de la machine et est reliée avec un ou deux circuits extérieurs. Si la machine est à aimants permanents, cette partie comporte des aimants.

– ***Le rotor :*** partie mobile, solidaire de l'arbre mécanique et sur laquelle est bobiné le circuit induit. Le rotor est relié au stator grâce à des paliers.

– ***L'entrefer :*** espacement présent entre l'inducteur et l'induit qui sont en regard. Il doit être suffisamment faible afin d'optimiser le couplage électromagnétique et de limiter la consommation énergétique de l'inducteur bobiné (de l'ordre du millimètre au centimètre au plus).

Nous proposons ci-dessous une coupe schématique d'une machine bipolaire à inducteur bobiné :

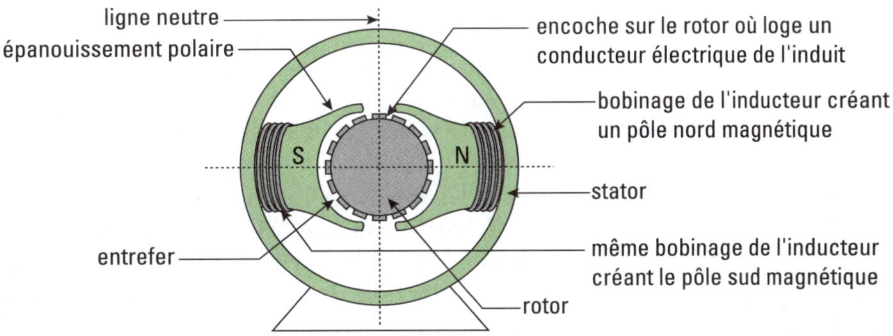

Fig. 8 – Structure interne simplifiée d'une machine à deux pôles magnétiques.

C.2. Principe de fonctionnement

Nous allons illustrer le principe de fonctionnement du moteur à courant continu. Afin de simplifier l'étude, considérons à nouveau une machine bipolaire et isolons deux encoches diamétralement opposées sur le rotor, dans lesquelles sont logés deux conducteurs de l'induit. Ceux-ci sont réunis entre eux pour former une spire ouverte LMNOPQ représentée dans la figure 9. Nous supposons en outre, que le champ magnétique est radial autour de l'axe de rotation Δ de la machine.

Remarque

La liaison entre les conducteurs de l'induit et l'alimentation électrique extérieure est rendue possible grâce à l'ensemble des *balais* et des lames du *collecteur*. Les lames sont circulaires sur la figure 9 et frottent chacune sur un balai assurant la liaison électrique avec la source de tension U. Notons que ce dispositif est indispensable au mouvement du rotor puisque lorsqu'un conducteur de l'induit traverse la ligne neutre, il se rapproche d'un pôle contraire de l'inducteur. Grâce à ce dispositif[1], on constate que le courant change de sens à la traversée de la ligne neutre, ce qui permet de maintenir le même sens de rotation.

1. Ce dispositif est ici très simplifié. Il permet en outre, de créer une f.é.m. induite continue peu ondulée. Pour cette raison, il est qualifié de *redresseur mécanique*.

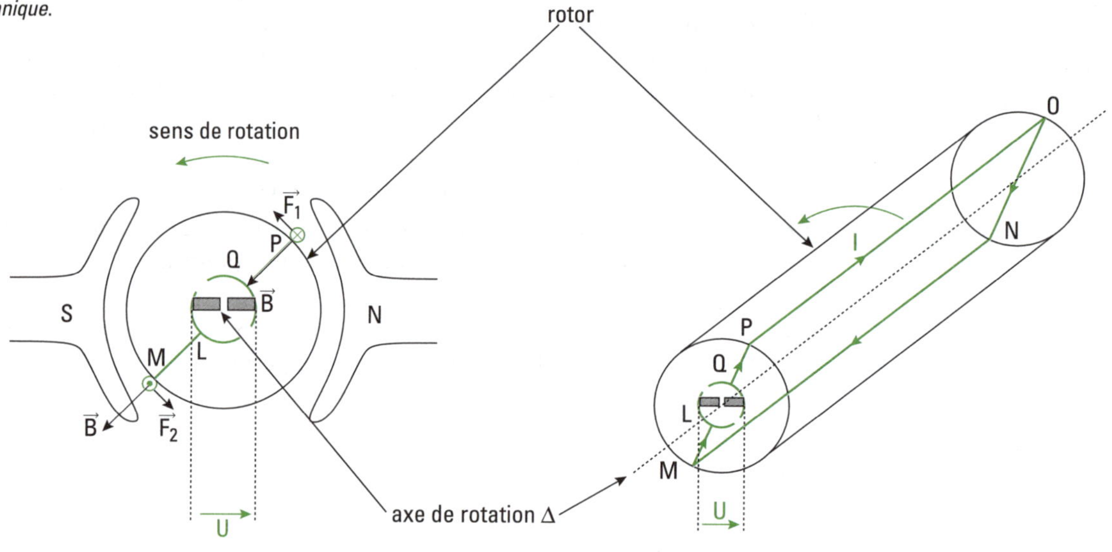

Fig. 9 – Mise en évidence du principe de fonctionnement simplifié du moteur. Sur les deux vues, les éléments constituant le circuit électrique sont de couleur verte. Sur la vue en perspective, les flèches indiquent le sens du courant I dans les conducteurs de l'induit.

Ce sont des forces de Laplace qui sont responsables du mouvement mécanique du rotor, comme cela a été vu dans l'expérience des rails. Les brins PQ, LM et NO ne participent pas au mouvement de rotation, car ils sont en pratique situés hors de la zone du champ magnétique[2]. Par conséquent, seuls les conducteurs[3] MN et OP placés dans les encoches sont soumis à une force de Laplace. Leur résultante est nulle car ils sont de même longueurs et parcourus par des courants de même intensité et de sens opposé :

$$\vec{F}_1 + \vec{F}_2 = 0.$$

Le torseur des actions mécanique se réduit donc à un *couple* de forces électromagnétiques.

2. Si le champ créé est radial autour de l'axe Δ, ces conducteurs ne seront soumis à aucune force de Laplace même s'ils sont situés dans la zone de champ magnétique.

3. On les qualifie de *conducteurs actifs*.

1. Ceci est une approximation qui se justifie par le fait que la perméabilité magnétique relative du stator et du rotor est élevée.

2. On conçoit que les dispositions relatives de l'inducteur et de l'induit ne sont pas le fruit du hasard et on pourrait ainsi dégager un critère concernant les architectures souhaitables.

Il est intéressant de noter que puisque le champ magnétique est radial au voisinage des pôles[1], il est pratiquement orthogonal à la direction des conducteurs MN et OP. Aussi, le module des forces est maximal ce qui favorise le mouvement de rotation[2].

Comme nous l'avons déjà mentionné, lorsqu'un conducteur franchit la ligne neutre, il faut pouvoir inverser le sens du courant dans la spire LMNOPQ. Ceci est possible grâce au dispositif balais – collecteur.

Remarque

Les encoches contiennent plusieurs conducteurs électriques. Afin d'augmenter leur nombre, le bobinage réel est très différent de celui qui a été suggéré dans la description précédente.

D. Étude de la machine à excitation indépendante

3. La machine est utilisée alors avec un champ inducteur fixé mais qui peut être ajusté par l'intensité circulant dans l'inducteur s'il est bobiné.

Conformément au programme, nous étudierons une des structures possibles de la machine à courant continu : la machine à excitation indépendante. Dans le cas de cette dernière, les circuits de l'inducteur et de l'induit sont indépendants du point de vue électrique. On parle aussi de machine à excitation séparée, à flux constant[3] ou à excitation constante. En pratique, on rencontre d'autres types de couplage pour ces machines (machine à excitation série, composée ou parallèle).

D.1. Couple électromagnétique

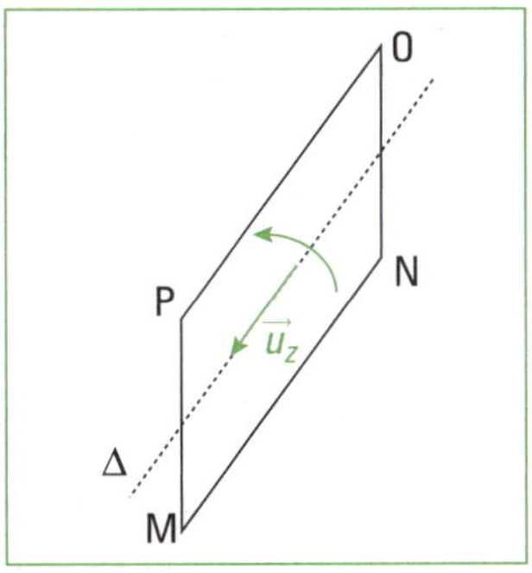

Fig. 10 – Orientation de l'axe de rotation.

Déterminons le couple résultant $\vec{\Gamma}$ exercé sur la spire LMNOPQ. Notons ℓ la longueur des conducteurs actifs MN et OP traversés par un courant d'intensité I et R le rayon du rotor. Dans le repère cylindrique de base $(\vec{u}_r, \vec{u}_\theta, \vec{u}_z)$ d'axe Δ, nous avons :

$$\vec{\Gamma} = R\vec{u}_r \wedge \vec{F}_1 + (-R\vec{u}_r \wedge \vec{F}_2).$$

Pour simplifier la formulation de ce couple, nous supposons que le champ magnétique est radial et de module constant au voisinage immédiat des conducteurs. Avec la relation $\vec{F}_1 = I\vec{\ell} \wedge \vec{B} = -\vec{F}_2$, nous obtenons donc :

$$\vec{\Gamma} = 2RI\ell B\vec{u}_z.$$

La grandeur usuelle est le module C de ce couple appelé *moment du couple électromagnétique*, ou plus simplement *couple électromagnétique*, tel que :

$$C = 2RI\ell B.$$

4. Cette constante est proportionnelle au flux magnétique créé par l'inducteur. Elle dépend aussi des caractéristiques géométriques et du bobinage de la machine.

Il est alors possible de transformer cette dernière écriture en remarquant que le terme $2R\ell$ est homogène à une surface et $2R\ell B$ à un flux magnétique que nous noterons par la suite Φ_0[4].

Le **couple de force de Laplace** qui s'exerce sur la spire LMNOPQ s'exprime par :

$\mathbf{C = \Phi_0 I}$	C moment du couple (N·m) Φ_0 flux magnétique en V·s ou weber (Wb) I intensité de courant (A)

Il est important de nous arrêter quelques instants sur ce résultat et de le commenter. Nous constatons que lorsque le terme Φ_0 est constant, le couple électromagnétique C est directement proportionnel à l'intensité électrique I.

1. Le flux est constant si le courant traversant l'inducteur est fixé. Le flux est donc réglable par action sur le courant dans l'inducteur.

En pratique, c'est bien le cas car le circuit inducteur (bobiné ou non) travaille à flux constant[1]. Par conséquent, la grandeur qui contrôle le couple est l'intensité électrique I qui traverse le circuit de l'induit. Cette remarque est capitale si l'on veut comprendre les stratégies de commande de la machine pour la grandeur mécanique, le couple C.

D'autre part, il est important de comprendre qu'en régime permanent, c'est la charge mécanique du moteur qui imposera le couple résistant et, par conséquent, la valeur de C (aux pertes éventuelles près). Le débit de courant dans l'induit du moteur est donc l'image de cette charge entraînée par le moteur.

D.2. F.é.m. d'induction

Pour établir l'expression de la f.é.m. E, reprenons la loi de conservation de la puissance électromagnétique en tenant compte du signe des grandeurs en convention récepteur :

$$P_m = P_e.$$

En notant $\vec{\Omega} = \Omega \, \vec{u}_z$ la vitesse angulaire de rotation du rotor, nous avons :

$$P_m = \vec{\Gamma}\vec{\Omega} = C\Omega = \Phi_0 I\Omega \text{ et } P_e = EI.$$

La **f.é.m. d'induction** E est donnée par :

$\mathbf{E = \Phi_0 \Omega}$	E f.é.m. (V)
	Φ_0 flux magnétique en V·s ou weber (Wb)
	Ω vitesse angulaire ($rad \cdot s^{-1}$)

2. Cette approximation est réaliste en régime établi car les conducteurs de l'induit sont choisis peu résistants afin de limiter les pertes par effet Joule.

3. Cette remarque justifie l'intérêt porté à cette machine qui a longtemps été la seule machine permettant de réaliser simplement de la variation de vitesse.

Ce dernier résultat appelle un autre commentaire très important en pratique. Pour simplifier, en régime établi, on peut en première approximation négliger[2] la chute de tension résistive RI dans l'induit, ce qui permet d'écrire que $U \approx \Phi_0 \Omega$. Nous constatons que la grandeur mécanique Ω est contrôlée par la valeur de la tension U appliquée à l'induit du moteur. La commande de la vitesse sera donc réalisable par l'intermédiaire de cette grandeur électrique. Cette commande est d'ailleurs dans ce cas simple puisque c'est une loi proportionnelle[3] qui relie U à Ω.

D.3. Modèle électromécanique équivalent

Pour proposer un modèle électrique équivalent du circuit de l'induit, nous reprendrons celui de la figure 5, qui se transpose sans difficulté au cas de la machine à excitation indépendante :

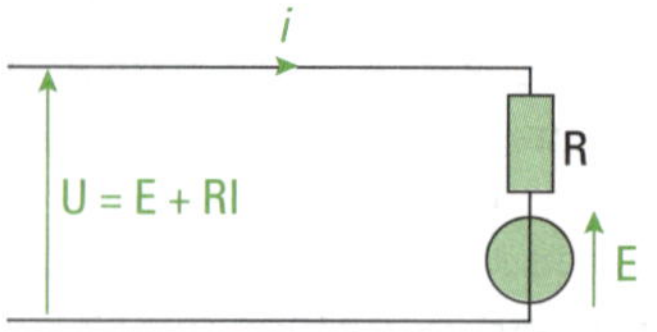

U : tension d'alimentation de l'induit
E : f.é.m. induite
R : résistance de l'induit
I : intensité du courant dans l'induit

Fig. 11 – Modèle électrique équivalent de l'induit d'une machine à excitation indépendante en régime permanent.

Par ailleurs, comme nous l'a montré l'étude précédente, les grandeurs électriques E et I sont associées respectivement aux grandeurs mécaniques Ω et C. Ainsi, le modèle électrique donné en figure 11 définit également les signes positifs de ces deux grandeurs mécaniques. Il convient de proposer un schéma électromécanique complet résumant l'ensemble des orientations comme le montre la figure 12.

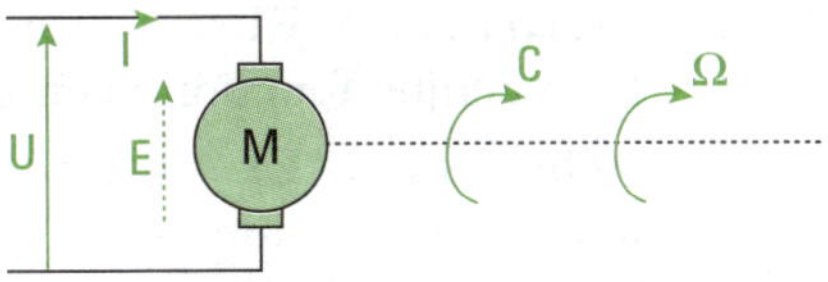

Fig. 12 – Modèle électromécanique du moteur à excitation indépendante. Les flèches indiquent le sens du mouvement associé à un signe positif pour les grandeurs C et Ω. Le sens positif de Ω est lié au sens du fléchage de E, le sens positif de C est lié au sens du fléchage de I. Pour simplifier, le circuit inducteur n'est pas représenté sur cette figure.

Remarque

En réalité, il existe une réaction du bobinage induit[1] sur les lignes du champ créées par l'inducteur. C'est la *réaction magnétique de l'induit.* En pratique, celle-ci se traduit par une diminution de la f.é.m. lorsque l'induit est traversé par un courant. Dans le cadre du programme PSI, nous ne tiendrons pas compte de ce phénomène de réaction.

1. Le bobinage de l'induit étant parcouru par un courant, il crée à son tour un champ magnétique qui perturbe ainsi le champ magnétique dû à l'inducteur. Dans les machines de volume suffisant, un enroulement de compensation permet d'annuler pratiquement cette réaction de l'induit.

N'oublions pas que pour créer le champ magnétique, le circuit inducteur lorsqu'il est bobiné doit être alimenté par une seconde alimentation, indépendante de celle du circuit de l'induit. Aussi, on rencontre dans certains ouvrages, un modèle représentant ces deux circuits électriques couplés par voie électromagnétique mais indépendants du point de vue électrique. Pour le circuit inducteur en régime permanent, le modèle électrique équivalent est le suivant :

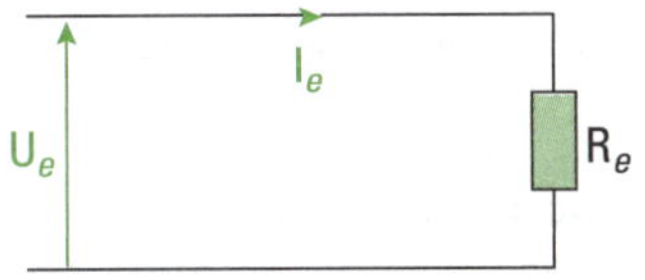

U_e : tension d'alimentation de l'inducteur
R_e : résistance de l'inducteur
I_e : intensité du courant dans l'inducteur

Fig. 13 – Modèle électrique équivalent de l'inducteur bobiné d'une machine à excitation indépendante.

D.4 Modes de fonctionnement d'une machine

D.4.1 – En moteur ou en génératrice

En conservant toujours la même convention[2] pour l'orientation de la f.é.m. induite E, nous avons : $E > 0$ et $I > 0$ (convention récepteur). Ainsi, lorsque la machine fonctionne en moteur, $EI > 0$. À contrario, lorsque $EI = C\Omega < 0$ (convention récepteur), la machine reçoit de la puissance mécanique et fonctionne donc en génératrice.

2. Nous insistons volontairement sur ce point pour souligner que les résultats énoncés sont dépendants des choix du problème étudié : convention récepteur ou convention générateur.

Propriété 2

La machine fonctionne :
– **en moteur** lorsque $EI > 0$ (la machine reçoit de la puissance électrique et fournit de la puissance mécanique) ;
– **en génératrice** lorsque $EI < 0$ (la machine reçoit de la puissance mécanique et fournit de la puissance électrique).

Nous pouvons détailler cette propriété en envisageant différents cas selon le signe de Ω. Ce sont les *quatre quadrants de la machine* à courant continu :

– *Quadrant 1 :* $EI > 0$ avec $E > 0$ (donc $\Omega > 0$) et $I > 0$

Dans cette situation, la machine est un moteur qui tourne dans le sens positif choisi[3].

3. Plus précisément, le signe de I détermine celui de C qui détermine à son tour le sens de Ω positif.

– *Quadrant 2:* $EI < 0$ avec $E > 0$ et $I < 0$
La machine fonctionne en génératrice et tourne dans le sens positif.

– *Quadrant 3:* $EI > 0$ avec $E < 0$ et $I < 0$
Ici, la machine fonctionne en moteur et tourne dans le sens négatif.

– *Quadrant 4:* $EI < 0$ avec $E < 0$ et $I > 0$
La machine fonctionne en génératrice et tourne dans le sens négatif.

Ces différents cas de fonctionnement sont illustrés dans la figure 14.

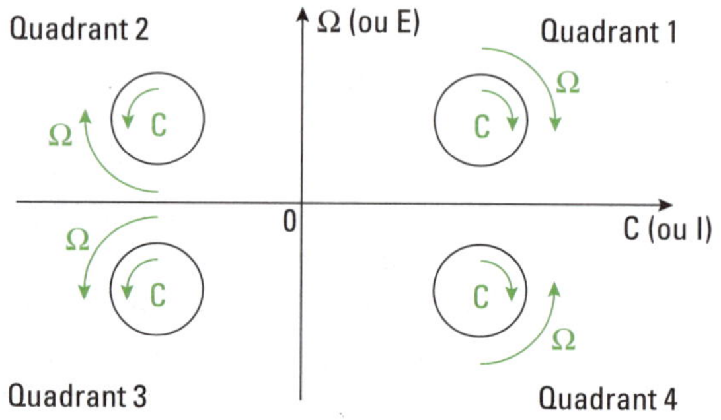

Fig. 14 – Régimes de fonctionnement dans les quatre quadrants.

D.4.2 – À vide ou en charge

Les définitions suivantes sont générales à tout type de machines telles que les machines alternatives que nous étudierons ultérieurement.

Définition 3

Une machine fonctionne **à vide** lorsque son axe n'est soumis à aucun couple de charge résistant de moment Cr.

Définition 4

Un moteur fonctionne **en charge** lorsqu'une charge mécanique exerce un couple résistant de moment Cr sur l'axe de rotation de cette machine.

Remarque

Il peut s'agir par exemple, d'une seconde machine entraînée par la dite machine lorsque l'on souhaite simuler une charge mécanique et obtenir ainsi, certaines courbes caractéristiques du moteur. La figure 15 illustre cet exemple.

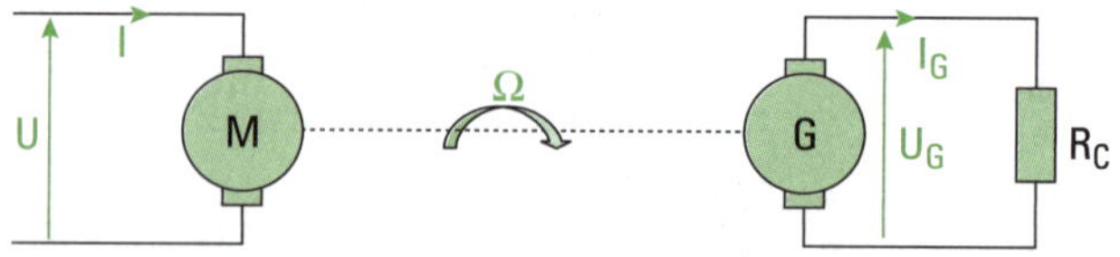

Fig. 15 – Représentation d'un groupe {machine + charge mécanique entraînée}. La machine entraînée est une machine à courant continu qui fonctionne en génératrice et qui est notée G.

Dans cet exemple, la charge mécanique est une autre machine (G) à courant continu fonctionnant en génératrice et débitant un courant d'intensité I_G dans une résistance qui charge (électriquement) cette seconde machine.

Remarque

La génératrice représentée en figure 15 est elle aussi dite « en charge » car elle débite un courant dans une résistance de charge R_C. Elle serait à vide si R_C était supprimée.

D.4.3 – Fonctionnement en régime dynamique

Jusqu'à ce point du cours, nous n'avons envisagé que des grandeurs parfaitement constantes dans le temps que nous avons, à juste raison, qualifiées de « continues ». En réalité, les grandeurs électriques et mécaniques peuvent varier dans le temps. En électrotechnique une grandeur est dite « continue » lorsque sa valeur moyenne est non nulle (pour plus de détails, voir le chapitre 4, paragraphe B.1).

Exemple

Un moteur à courant continu, alimenté par un hacheur absorbe le courant d'intensité I délivré par l'induit. Ce courant peut être très variable dans le temps entraînant des variations du couple électromagnétique. Cependant, seul le couple moyen sera pris en compte par la charge mécanique de ce moteur. En effet, son inertie mécanique est toujours grande devant la période des grandeurs électriques du moteur (période du hachage). Par conséquent, le couple électromagnétique moyen sera assimilé au couple du moteur[1] bien qu'il soit variable dans le temps.

1. La même remarque sera faite dans l'étude de la machine alternative synchrone.

Par ailleurs, il faut également prévoir le déroulement d'autres situations. Par exemple, lorsque la machine fonctionne en régime transitoire comme lors de son démarrage.

Nous avons jusqu'ici proposé des modèles électriques valables dans le cas d'un fonctionnement en régime constant dans le temps. En effet, nos modèles ne tiennent pas compte de l'inductance propre L des enroulements[2]. En régime variable dans le temps, ou régime dynamique, le nouveau modèle équivalent de l'induit du moteur devient :

2. Nous montrerons au chapitre 4 que cette hypothèse de travail est vérifiée en régime périodique.

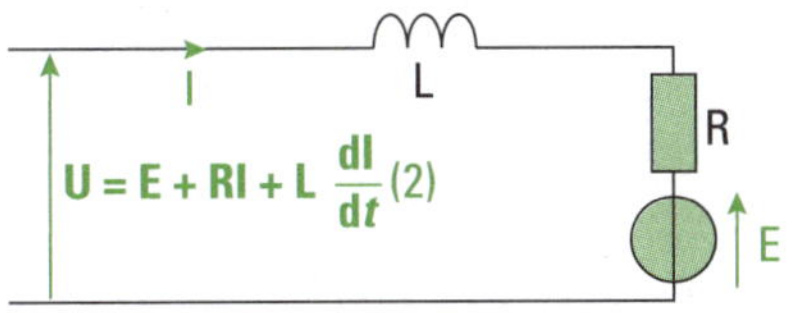

Fig. 16 – Modèle électrique équivalent de l'induit d'une machine à excitation indépendante, en régime dynamique.

Terminons cette étude en nous penchant sur l'équation mécanique qui permet de décrire le mouvement de la machine.

> Le théorème du moment cinétique, en projection sur l'axe de rotation de la machine donne la relation entre le **moment d'inertie total J** de l'ensemble du système mécanique considéré (machine et sa charge) et la somme algébrique[3] des moments exercés sur l'axe de rotation :
>
> $$\mathbf{J}\frac{\mathbf{d\Omega}}{\mathbf{d}t} = \sum_i \mathbf{C}_i \quad (3)$$
>
> J moment d'inertie ($kg \cdot m^2$)
> Ω vitesse angulaire ($rad \cdot s^{-1}$)
> $\sum_i C_i$ somme de moments ($N \cdot m$)

3. Le signe étant imposé par l'orientation de l'axe de rotation.

D.4.4 – Point de fonctionnement d'une machine en régime établi

Nous revenons à présent au cas du régime établi afin de déterminer les valeurs des grandeurs caractéristiques d'une machine associée à une charge mécanique quelconque. Le raisonnement est généralement axé sur les caractéristiques mécaniques des machines, qui donnent l'évolution des moments de couples C_i en fonction de la vitesse de rotation. La caractéristique méca-

1. Par exemple, le moment du couple résistant exercé par un ventilateur est une fonction quadratique de la vitesse : $C_r(\Omega) = k\Omega^2$.

nique de la charge Cr (Ω) est en général une donnée[1] du problème posé. Prenons le cas d'une machine fonctionnant en moteur et entraînant une charge donnée. Cherchons tout d'abord l'équation du couple électromagnétique en fonction de Ω :

$$C = \Phi_0 I \ (4) \quad \text{et} \quad U = E + RI = \Phi_0 \Omega + RI \ (5)$$

L'équation (5) aboutit à : $I = \dfrac{U - \Phi_0 \Omega}{R}$ et l'équation (4) devient :

$$C = \Phi_0 \left(\frac{U - \Phi_0 \Omega}{R} \right).$$

En négligeant pour l'instant d'éventuelles pertes dans le moteur, cette équation est celle de la caractéristique mécanique, qui est dans ce cas linéaire en fonction de Ω.

En régime établi, la vitesse de rotation Ω est constante et (3) donne :

$$\sum_i \mathbf{C}_i = 0 \ (6).$$

Remarque

2. Il faut, encore une fois, être vigilant aux conventions de signe du problème étudié.
Il est fréquent que l'on donne le module du couple résistant en fonction de Ω.

Par définition, le moment du couple résistant Cr est négatif[2] si C est positif et réciproquement.

Connaissant l'allure des caractéristiques mécaniques C(Ω) et Cr(Ω), il est alors possible de déterminer graphiquement le point de fonctionnement P du groupe {moteur + charge mécanique} comme le montre la figure 17.

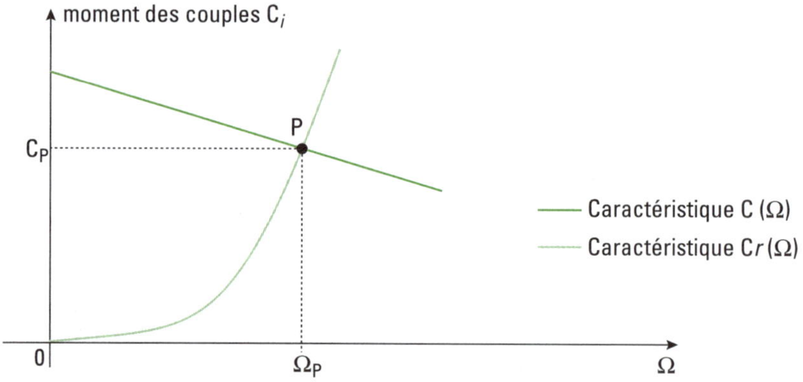

Fig. 17 – Détermination graphique d'un point de fonctionnement.

Les grandeurs mécaniques, au point de fonctionnement, sont une vitesse Ω_P et un couple moteur C_P. Il sera ensuite possible de remonter à d'autres grandeurs à l'aide des relations précédemment établies pour la machine.

Remarque

Il est aussi possible de déterminer Ω_P et C_P en résolvant l'équation algébrique (6), à condition de connaître l'expression analytique de la caractéristique mécanique Cr(Ω).

Terminons ce paragraphe en rappelant que la machine à courant continu est réversible et possède quatre quadrants. La caractéristique mécanique et, par conséquent, le point de fonctionnement de la machine peuvent donc être placés dans chacun de ces quadrants.

D.4.5 – Cas particulier du démarrage de la machine

Par définition, lorsque la machine démarre, sa vitesse initiale est nulle. Le courant de l'induit n'est donc limité que par la résistance des bobinages qui le constituent :

$$U = E + RI = RI \ (E = \Phi_0 \Omega = 0).$$

Par conséquent, le courant circulant dans l'induit est, dans ce cas, élevé puisqu'en pratique la résistance R est faible.

Il est donc nécessaire de démarrer la machine sous tension réduite afin de ne pas dépasser le courant maximal admissible par l'induit.

Par exemple, il est possible d'utiliser des rhéostats insérés en série avec le circuit de l'induit, mais cette solution est un peu obsolète et peu performante car elle implique des pertes par effet Joule, non souhaitables. La solution industrielle classique consiste à augmenter progressivement la tension de l'induit U par variateur de vitesse. Ceci peut, par exemple, être réalisé grâce au montage hacheur étudié dans un prochain chapitre.

Remarque

Au démarrage, la présence de l'inductance propre L de la machine interdit toute discontinuité du courant I de l'induit.

D.4.6 – Emballement de la machine à excitation indépendante

Reprenons l'équation électrique de l'induit en régime établi, afin de s'affranchir de l'inductance L des bobinages :

$$U = E + RI, \text{ avec } E = \Phi_0 \Omega \Leftrightarrow \Omega = \frac{U - RI}{\Phi_0} \quad (7).$$

Supposons que cette machine fonctionne *à vide*[1]. Le flux Φ_0 est créé par le circuit inducteur. Si ce dernier est bobiné, il est alors alimenté par un circuit extérieur qui lui fournit un courant d'intensité I_e (cf. figure 12). Si au cours du fonctionnement, le courant inducteur I_e est supprimé (suppression de l'alimentation de l'inducteur), alors Φ_0 s'annule et la vitesse tend mathématiquement vers l'infini, d'après (7). En pratique, le surcroît d'énergie cinétique peut se traduire par un emballement de la machine. En pratique, il faut néanmoins veiller à ne jamais couper l'alimentation du circuit inducteur d'une machine à excitation indépendante dont le circuit d'induit reste sous tension.

Conséquence : pour arrêter ce type de machine[2], on supprime d'abord l'alimentation électrique du circuit d'induit, puis ensuite celle du circuit inducteur.

1. Dans le cas contraire, l'emballement ne se produit pas puisque la charge exerce un couple résistant de freinage.

2. Dans la réalité industrielle, une seule source sert à alimenter induit et inducteur donc le problème ne se pose pas vraiment si le système est bien conçu.

D.5. Bilan des puissances du moteur à courant continu

Ce convertisseur électromécanique absorbe une puissance électrique et fournit en retour une puissance mécanique sur son axe de rotation.

La machine absorbe la puissance électrique UI absorbée à l'induit (convention récepteur), ajoutée à celle éventuellement absorbée par l'inducteur $U_e I_e$, lorsque celui-ci est bobiné. Toutefois, la puissance $U_e I_e$ est intégralement dissipée[3] par effet Joule puisque $U_e I_e = R_e I_e^2$.

La puissance absorbée à l'induit s'écrit $UI = (E + RI)I = EI + RI^2$. Ceci montre qu'une puissance RI^2 est aussi perdue par effet Joule au niveau de l'induit du moteur.

La puissance P_e alors disponible est EI, qui est aussi égale à $C\Omega$: cette puissance est usuellement appelée puissance électromagnétique.

Par soucis de clarté, nous avons négligé jusqu'ici les éventuelles pertes mécaniques (frottements sur roulements par exemple) et magnétiques au rotor (par hystérésis ou courants de Foucault[4]). Pour un bilan complet, il faut tenir

3. Il ne faut pas en conclure que l'inducteur est inutile. Son rôle est de créer le champ magnétique nécessaire à la création du couple électromagnétique.

4. En plus du cours sur l'induction électromagnétique, le lecteur pourra se reporter au TP cours consacré au transformateur.

1. On rencontre aussi, l'appellation de « pertes constantes » peu réaliste car ces pertes dépendent de la vitesse de rotation et du flux magnétique utile.

compte de ces pertes, appelées pertes collectives[1] et notées P_C. Ces pertes sont mesurables expérimentalement.

La puissance mécanique réellement disponible sur l'axe de la machine tiendra compte de l'ensemble de ces pertes : elle est nommée puissance utile P_U.

Ceci se résume sur le diagramme des puissances suivant :

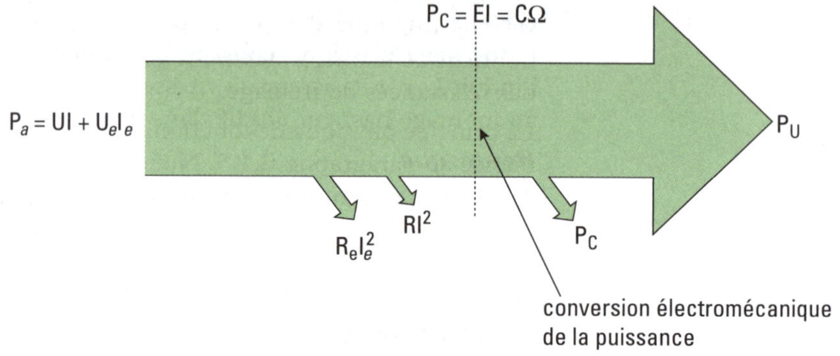

Fig. 18 – Bilan des puissances pour un moteur à courant continu, inducteur bobiné et à excitation indépendante.

Remarques

– La puissance utile est de nature mécanique. Il est donc possible de définir un moment de couple utile C_U tel que : $P_U = C_U\Omega$.
– Si l'inducteur est à aimants permanents, il ne consomme (et donc ne dissipe) aucune puissance électrique.
– Lorsque la machine n'est pas à flux constant, il convient d'adapter ce diagramme. Ainsi, si l'inducteur est connecté en série avec l'induit, ils sont traversés par un même courant (cas de la machine à excitation en série).

Définition 5

Le **rendement η** d'un moteur à courant continu est le rapport de la puissance mécanique utile divisée par la puissance électrique totale absorbée :

$$\eta = \frac{P_U}{P_a} = \frac{P_U}{P_U + P_C + RI^2 + R_eI_e^2}.$$

Application 1 **Rendement d'un moteur à courant continu**

Une machine à courant continu à aimants permanents fonctionne en moteur. La tension aux bornes de l'induit est U = 150 V. La résistance des conducteurs de l'induit est égale à 0,3 Ω et le courant absorbé à l'induit vaut 40 A. La machine tourne à 105 rad·s^{-1} et les pertes collectives valent 200 W.

Déterminer la puissance électromagnétique, le couple électromagnétique, la puissance et le couple utile et le rendement.

Solution

$P_e = EI = (U - RI)I = 5\,520$ W ; $C_e = \dfrac{P_e}{\Omega} = 52{,}6$ N·m ; $P_u = P_e - P_C = 5\,320$ W ;

$C_u = \dfrac{P_u}{\Omega} = 50{,}7$ N·m ; $\eta = \dfrac{P_u}{P_a}$ avec ici $P_a = UI$, car l'inducteur est à aimants permanents. Ceci conduit à $P_a = 6000$ W, puis à $\eta = 88{,}7$ %.

1. Nous limiterons notre étude à celle de la génératrice à excitation indépendante, comme nous l'avons fait pour le moteur.

D.6. Fonctionnement de la machine en génératrice[1]

Actuellement, l'usage de la machine à courant continu en génératrice est, en pratique, moins fréquent que celui du moteur. Toutefois, son étude n'est pas superflue. Il est par exemple fréquent de faire fonctionner la machine en mode génératrice lorsque l'on souhaite déterminer la caractéristique électrique de l'induit ou la caractéristique à vide du moteur considéré. De plus, certaines machines utilisées, par exemple, pour la traction ferroviaire, fonctionnent de manière transitoire en génératrice et fournissent de l'énergie sur des résistances de freinage.

Le principe physique de fonctionnement a été mis en évidence lors de l'étude menée au paragraphe B.1.3. Nous savons donc que cette machine effectue la conversion électromécanique en sens inverse du moteur. Ainsi le diagramme des puissances donné en figure 18 doit être lu « à l'envers ».

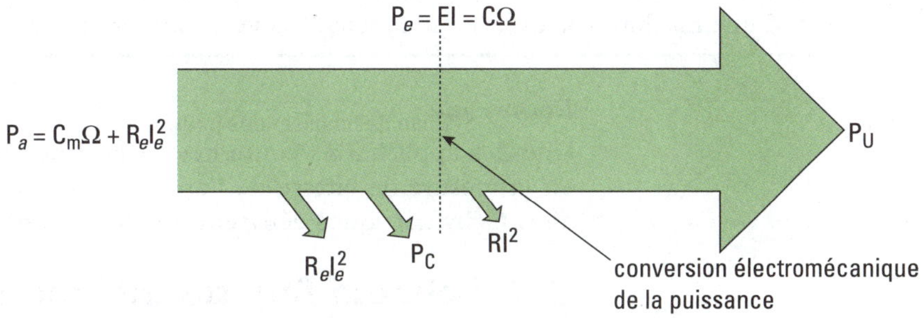

Fig. 19 – Bilan des puissances pour une génératrice à courant continu, inducteur bobiné et à excitation indépendante.

Il faut noter que dans ce cas, la puissance absorbée est de nature mécanique. Ici, le couple moteur est noté C_m. La puissance utile P_U est de nature électrique.

En ce qui concerne le modèle électrique équivalent, il est possible, là encore, d'adopter différentes conventions. Nous donnons en figure 20 la convention la plus courante. Elle consiste à compter positivement le courant d'intensité I dans l'induit lorsqu'il est débité par la génératrice (ici en convention générateur) :

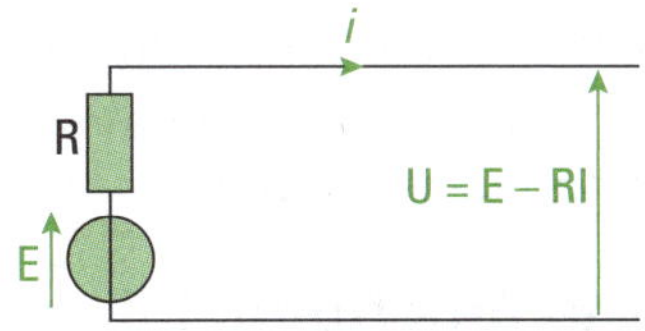

U : tension d'induit délivrée par la génératrice
I : intensité débitée par l'induit de la génératrice
R : résistance de l'induit
E : f.é.m. induite

Fig. 20 – Modèle électrique équivalent de l'induit d'une génératrice à excitation indépendante, en régime permanent.

Comme pour le moteur à courant continu, l'orientation des grandeurs électriques impose aussi celles des grandeurs mécaniques C et Ω. Nous pouvons résumer l'ensemble des orientations sur un modèle électromécanique :

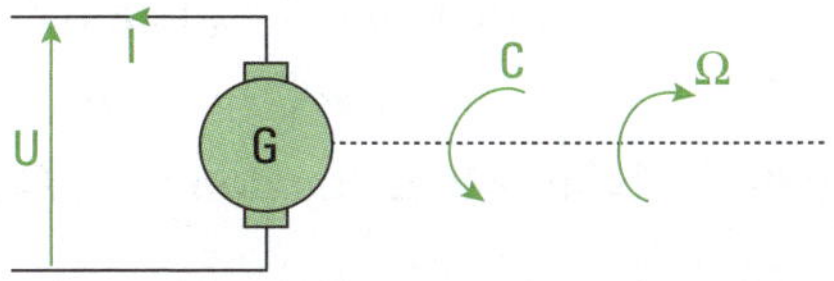

Fig. 21 – Modèle électromécanique de la génératrice à excitation indépendante. Par rapport à la figure 12, le sens de I est inversé, ce qui correspond à une inversion du sens positif du couple C (couple de freinage). Dans ce cas, l'équation liant C et I est toujours $C = \Phi_0 I$.

Application 2 **Force électromotrice**

Déterminer la force électromotrice d'une machine à courant continu pour laquelle la tension de l'induit est égale à 220 V et la résistance de l'induit est égale à 1 Ω. Cette dernière absorbe à l'induit un courant d'une intensité de 13 A pour les deux modes de fonctionnement, moteur et génératrice. Que peut-on conclure ?

Solution

En fonctionnement moteur : U = E + RI donne E = 207 V.

En fonctionnement génératrice : U = E – RI conduit à E = 233 V.

On constate que pour ces deux conditions de fonctionnement (même tension et intensité pour le circuit d'induit), la f.é.m. de la machine est différente. La vitesse de rotation n'est donc pas la même elle non plus. Ceci illustre le fait que lorsque l'on passe du mode de fonctionnement en moteur à celui en génératrice, le comportement de la machine change même si les conditions d'alimentation de l'induit sont inchangées. Ceci rejoint la remarque faite à propos de la prédisposition de fonctionnement d'une machine lorsqu'elle est conçue. Ceci est toujours reporté sur sa plaque signalétique.

Remarque

Une des applications courantes de la génératrice à excitation indépendante est la mesure de vitesse de l'arbre auquel elle est couplée. Ces génératrices dites tachymétriques délivrent une tension proportionnelle à la vitesse.

D.7. Schéma fonctionnel du moteur en régime variable

D.7.1 – Introduction

Nous avons préalablement donné des outils permettant l'étude en régime dynamique. Cependant, ils peuvent s'avérer, dans certains cas, incomplets, comme par exemple lorsqu'il s'agit de prévoir le comportement de la machine en régime transitoire lorsqu'elle évolue d'un premier point à un nouveau point de fonctionnement. La théorie des asservissements semble la plus appropriée[1] pour traiter les variations d'état de la machine. Rappelons à ce propos un point capital de cet outil : il s'agit de décrire les variations des grandeurs électriques et mécaniques autour d'un point de fonctionnement.

L'étude qui va suivre sera consacrée uniquement au cas du moteur à courant continu, à excitation indépendante.

1. Signalons qu'elle n'est pas la seule. La modélisation peut, par exemple, définir des *variables d'état* d'entrée et de sortie. Ceci donne lieu à un modèle dit *causal* de la machine.

D.7.2 – Schéma fonctionnel du moteur à excitation indépendante[2]

Nous supposerons que le moment du couple des frottements internes à la machine (donnant lieu à une partie des pertes collectives) est proportionnel à la vitesse angulaire de rotation Ω. Nous noterons f le coefficient de frottement associé. En notant $-Cr$ le moment du couple résistant exercé sur l'axe de la machine, l'équation (3) s'écrit :

$$Jp\Omega(p) = C(p) - f\Omega(p) - Cr(p) \text{ avec } C(p) = \Phi_0 I(p) \quad (8).$$

Nous obtenons donc : $\Omega(p) = \dfrac{1}{f + Jp}\,(C(p) - Cr(p)) \quad (9).$

Cette relation montre que la vitesse de la machine est la sortie d'un filtre passe-bas d'ordre un, de constante de temps mécanique $\tau_m = \dfrac{J}{f}$ et dont l'entrée est la grandeur $C(p) - Cr(p)$.

2. Et constante, ce qui implique que Φ_0 est une constante dans ce paragraphe.

$I(p)$ est la transformée de Laplace de $i(t)$, également appelée *représentation symbolique* de $i(t)$.

L'équation électrique (2) de l'induit conduit par ailleurs à la relation :

$$U(p) = E(p) + R\,I(p) + LpI(p) \text{ avec } E(p) = \Phi_0\Omega(p) \text{ (10).}$$

Nous obtenons donc : $I(p) = \dfrac{1}{R + Lp}(U(p) - E(p))$ (11).

Cette relation montre que l'intensité du courant traversant l'induit est la sortie d'un second filtre passe-bas d'ordre un, de constante électrique $\tau_e = \dfrac{L}{R}$ et dont l'entrée est la grandeur $U(p) - E(p)$.

Nous pouvons résumer les relations (8) à (11) en construisant un schéma fonctionnel de cette machine donné en figure 22.

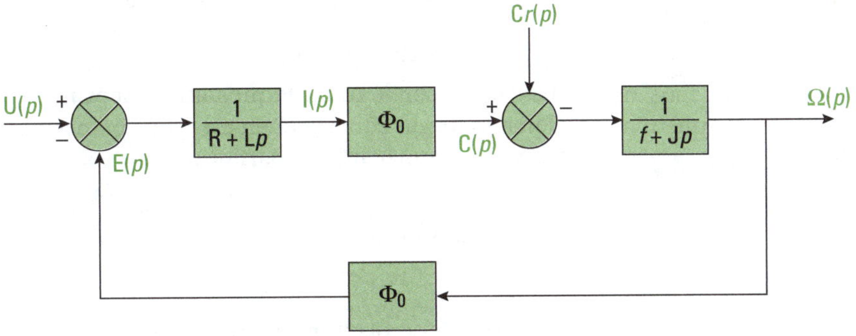

Fig. 22 – Schéma fonctionnel du moteur à courant continu à excitation indépendante.

Remarques

– Le moteur à courant continu et à excitation indépendante est un *système naturellement asservi*. Le sens « physique profond » de cet asservissement est la loi de Lenz.

– Ce moteur se comporte comme *un filtre passe-bas du deuxième ordre*, la vitesse $\Omega(p)$ étant la grandeur de sortie et la tension d'alimentation de l'induit $U(p)$ la grandeur d'entrée.

– Lorsque l'inertie électrique est très inférieure à l'inertie mécanique, on a $\tau_m >> \tau_e$ ce qui est une hypothèse réaliste en régime transitoire périodique par exemple. Il est alors possible de simplifier la modélisation précédente. Le moteur se comporte dans ce cas comme un système passe-bas du premier ordre, de constante de temps τ_m.

L'essentiel

✓ Conversion électromécanique de la puissance

Actuellement, la plupart des énoncés de concours utilisent la convention électrotechnique, qui fournit les deux modèles électriques du moteur et de la génératrice représentés ci-dessous :

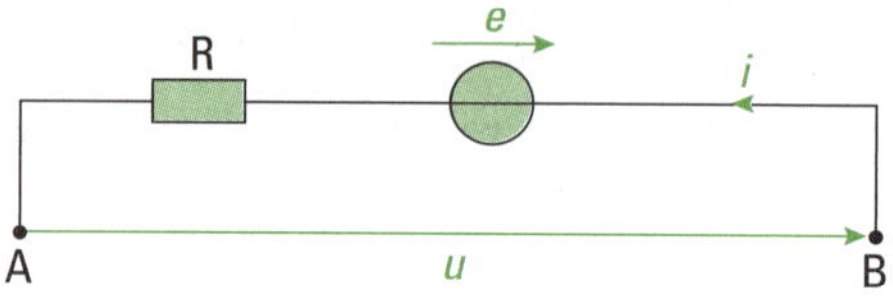

Moteur : $u = Ri + e$

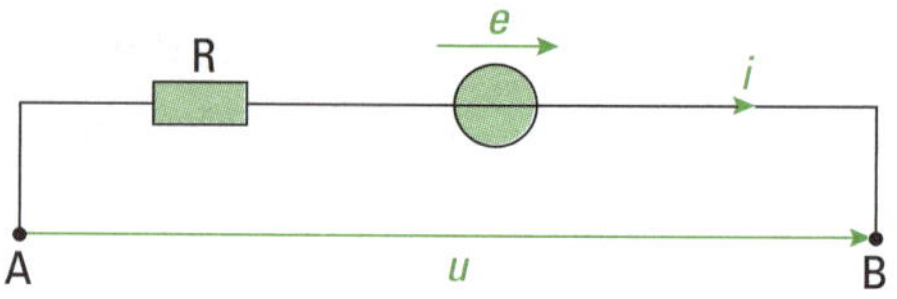

Génératrice : $u = e - Ri$

Avec cette convention, la puissance mécanique $P_m = C\Omega$ et la puissance électromagnétique $P_e = ei$ échangées sont reliées par l'équation exprimant un couplage électromécanique parfait :

$$\mathbf{P_m = P_e}.$$

Si cette convention n'est pas choisie, alors l'équation s'écrit :

$$\mathbf{P_m + P_e = 0}.$$

✓ Couple électromagnétique

Le **moment C du couple électromagnétique** s'exerçant sur les conducteurs de l'induit parcourus par un courant d'intensité I vaut :

$$\mathbf{C = \Phi_0 I}$$

- Φ_0 flux magnétique en V·s ou weber (Wb)
- C moment de couple(N·m)
- I intensité de courant (A)

Le flux magnétique Φ_0 est une constante pour la machine à excitation indépendante.

✓ F.é.m. d'induction

La **force électromotrice (f.é.m.) d'induction E** développée dans le circuit de l'induit de la machine qui tourne à la vitesse angulaire Ω s'écrit :

$$\mathbf{E = \Phi_0 \Omega}$$

- E f.é.m (V)
- Φ_0 flux magnétique en V·s ou weber (Wb)
- Ω vitesse angulaire ($rad \cdot s^{-1}$)

✓ Modèle électromécanique équivalent du moteur à courant continu

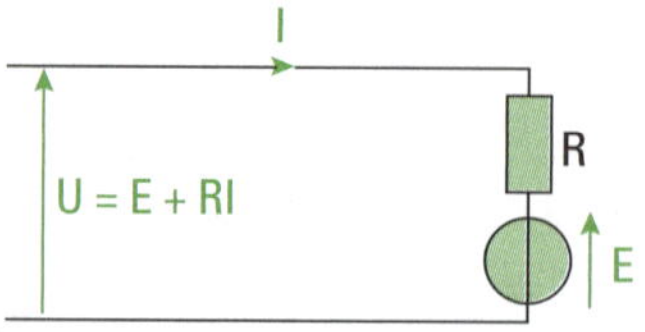

U : tension d'alimentation de l'induit
E : f.é.m. induite
R : résistance de l'induit
I : intensité du courant dans l'induit

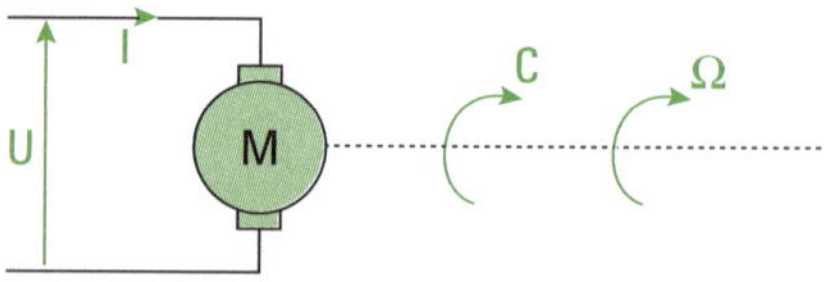

Les flèches indiquent le sens du mouvement associé à un signe positif pour les grandeurs C et Ω. Pour simplifier, le circuit inducteur n'est pas représenté sur cette figure.

Le flux magnétique est créé par le circuit inducteur, qui peut être alimenté électriquement de manière indépendante s'il n'est pas à aimants permanents. L'inducteur est modélisé par un bobinage assimilé à un conducteur ohmique s'il n'est pas à aimants permanents.

✓ Fonctionnement en moteur ou en génératrice

Lorsque la puissance $P_e = EI = C\Omega$ est positive, la machine fonctionne **en moteur** : elle reçoit de la puissance électrique et la convertit en puissance mécanique. Dans le cas contraire, elle fonctionne **en génératrice**.

✓ Fonctionnement à vide ou en charge

- Lorsque l'axe de la machine n'est soumis à aucun couple de charge résistant, la machine est **à vide**.
- Un moteur fonctionne **en charge** si une charge mécanique exerce sur son axe un couple résistant.
- Une génératrice est dite **en charge** si elle débite un courant dans son circuit d'induit.

✓ Fonctionnement en régime dynamique

- Le circuit d'induit possède une **inductance propre** L qui peut être à prendre en compte dans la mise en équation (elle est en général négligée dans les problèmes).
- Le mouvement mécanique est décrit par le théorème du moment cinétique projeté sur l'axe de rotation Δ. Il fait intervenir la somme *algébrique* des moments exercés sur Δ :

$$\mathbf{J\frac{d\Omega}{d\mathit{t}} = \sum_{\mathit{i}} C_{\mathit{i}}}$$

J moment d'inertie ($kg{\cdot}m^2$)
Ω vitesse angulaire ($rad{\cdot}s^{-1}$)
C_i moment ($N{\cdot}m$).

- En régime établi, la somme des moments est nulle. C'est ce qui définit le **point de fonctionnement** de la machine.

✓ Bilans des puissances

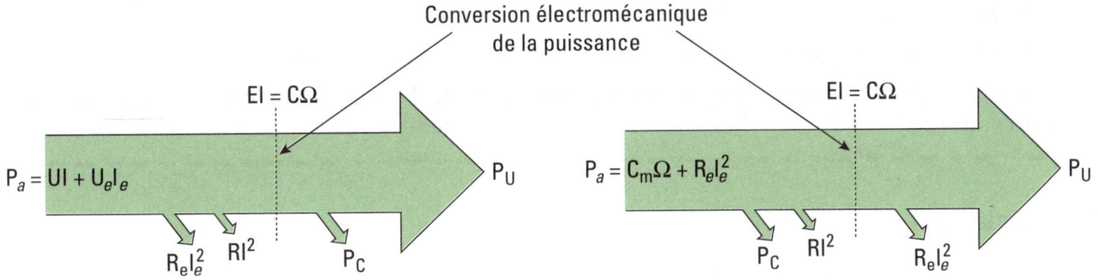

Cas du moteur — Cas de la génératrice

- Ces diagrammes de puissances sont à adapter selon le problème posé. Par exemple, aucune puissance électrique n'est consommée par l'inducteur d'un moteur à aimants permanents.
- Dans les deux cas de fonctionnement, le **rendement** de la machine est défini par le rapport de la puissance utile divisée par la puissance absorbée.

✓ Fonctionnement de la machine à excitation indépendante en régime variable

La machine se comporte en régime dynamique comme un **filtre passe-bas du deuxième ordre**, caractérisé par une constante de temps électrique :

$$\tau_e = \frac{L}{R}$$

et une constante de temps mécanique τ_m. En pratique, cette dernière est grande devant τ_e, ce qui peut conduire à un modèle simplifié passe-bas du premier ordre.

Mise en œuvre

Méthode n° 1

Comment étudier un conducteur mobile dans un champ magnétique uniforme ?

→ Problème à résoudre

On détermine la force électromotrice induite dans le conducteur mobile et la force de Laplace qui s'y applique. On en déduit le couplage électromécanique.

→ Savoir faire

❶ Orienter le circuit afin de calculer les forces électromotrices et de déterminer les courants induits.

⚠ Il est important de rappeler ici que l'orientation du circuit est choisie de manière arbitraire (par expérience, on pourra déterminer des orientations logiques en fonction du circuit étudié). Par contre, cette orientation arbitraire a une influence sur tous les calculs en aval. Que ce soit des calculs de flux (l'orientation de la surface dépend de celle du contour sur lequel elle s'appuie), de f.é.m. ou de courant induit. Il est donc primordial de conserver toujours la même orientation au fil de l'exercice.

❷ Déterminer la force électromotrice induite et en déduire l'équation électrique pour trouver le courant qui traverse le conducteur mobile.

❸ Déduire la force de Laplace qui s'exerce sur le conducteur mobile.

❹ Calculer les puissances électrique et mécanique, et en déduire l'équation du couplage électromécanique.

→ Application

Étudions le système physique constitué par les rails de Laplace :

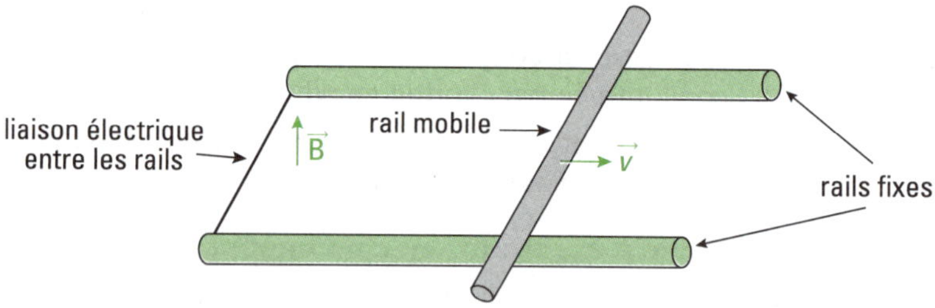

On considère un conducteur mobile en mouvement rectiligne uniforme dans un champ magnétique uniforme dirigé dans une direction normale au plan des rails. Dans le montage électrique équivalent, toute résistance sera négligée devant la résistance du conducteur mobile notée R.

Exprimer la force de Laplace qui s'exerce sur ce conducteur et en déduire que ce système réalise un couplage électromécanique parfait.

Solution

❶ On impose dans un premier temps une orientation à notre circuit. On choisit l'orientation dans le sens trigonométrique.

❷ On introduit un repère (Oxyz). Le champ électromoteur est : $\vec{E}_m = \vec{V} \wedge \vec{B}$.

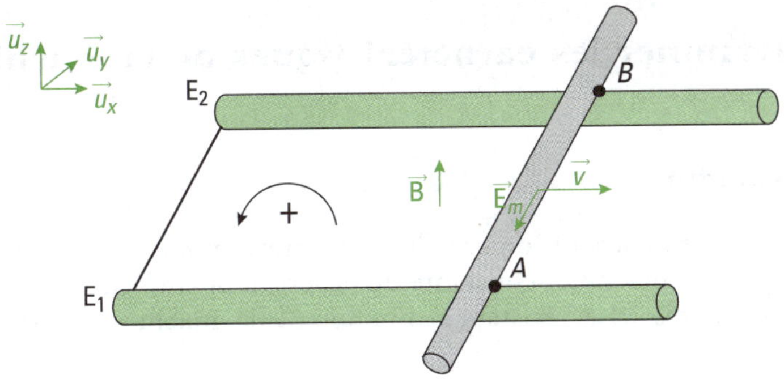

Le calcul de la force électromotrice donne :

$$e = \int_A^B \vec{E}_m \cdot \vec{dl} = \int_0^L (\vec{V} \wedge \vec{B}) \cdot \vec{dl} = \mathrm{VB}\int_0^L dl(\vec{u}_x \wedge \vec{u}_z) \cdot \vec{u}_y = -\mathrm{VBL}.$$

Ce calcul est effectué en suivant l'orientation choisie. La f.é.m. e sera orientée de A vers B.

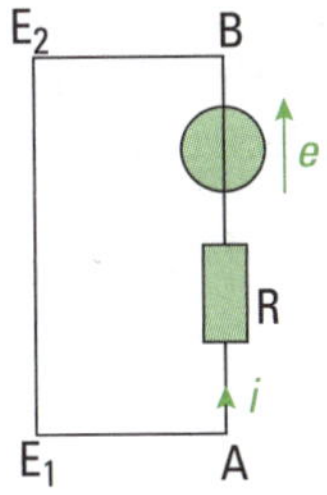

Le dispositif peut être considéré comme un circuit fermé AE_1E_2B. Le rail AB se comporte comme un générateur placé dans une maille et engendre l'apparition d'un courant i. Le schéma équivalent électrique du système « rails de Laplace » est représenté sur la figure ci-contre.

Par application de la loi des mailles, on obtient :

$$i = \frac{E}{R}.$$

❸ Le circuit parcouru par un courant i est placé dans un champ magnétique $\vec{B}$. Chaque partie du circuit est soumise à une force de Laplace :

$$\vec{F_L} = \int_{\text{circuit}} i\,\vec{dl} \wedge \vec{B}.$$

$\vec{dl}$ est orienté dans le sens du courant i. Il faut donc intégrer dans le sens du courant i, soit de A vers B.

Le courant i étant constant dans le conducteur, la force de Laplace a pour expression :

$$\vec{F_L} = \int_A^B i\,\vec{dl} \wedge \vec{B} = \int_0^L i\,dl\,\mathrm{B}\,\vec{u}_y \wedge \vec{u}_z = i\mathrm{LB}\vec{u}_x.$$

❹ Dans le cas d'un mouvement uniforme, par application de la deuxième loi de Newton, on montre que la force exercée par un opérateur pour déplacer le rail mobile est l'opposée de la force de Laplace :

$$m\frac{d\vec{v}}{dt} = \vec{0} = \vec{F_L} + \vec{F}_{\text{opérateur}}, \text{ donc } \vec{F}_{\text{opérateur}} = -\vec{F_L}.$$

Donc la puissance mécanique fournie par l'opérateur au rail mobile est :

$$P_m = \vec{F}_{\text{opérateur}} \cdot \vec{V} = -\vec{F_L} \cdot \vec{V} = -i\mathrm{LBV}, \text{ où } \vec{V} = \mathrm{V}\vec{u}_x.$$

La puissance électrique reçue (convention récepteur) par le rail mobile est :

$$P_e = -U_{AB}\,i = -(e - Ri)i = -ei + Ri^2 = i\mathrm{VBL} + Ri^2.$$

On trouve alors :

$$\mathbf{P_m + P_e = R}i^2,$$

que l'on écrit aussi $P_m = Ri^2 - P_e$. Donc, la puissance mécanique reçue par le conducteur mobile (fournie par l'opérateur) est transformée en puissance électrique fournie au circuit électrique (l'opposé de la puissance reçue par le rail mobile) et dissipée par effet Joule dans le dispositif.

Nous avons réalisé une conversion d'énergie mécanique en énergie électrique. Le dispositif des rails de Laplace constitue un convertisseur électromécanique.

Méthode n° 2

Comment déterminer les caractéristiques de la machine à courant continu ?

→ Problème à résoudre

À partir des données nominales ou de certaines mesures, on cherche à déterminer les caractéristiques principales de la machine : constante de proportionnalité entre la f.é.m. et la vitesse de rotation ; couple de pertes. (La résistance d'induit de la machine est souvent donnée dans l'énoncé.)

→ Savoir faire

❶ Ecrire l'équation électrique de la machine en régime nominal afin de déterminer la force électromotrice pour déduire la constante Φ.

Si aucune donnée ne permet de déterminer le mode de fonctionnement, on considère le fonctionnement moteur. Au cours de l'exercice, on déterminera le courant d'induit. Si le produit f.é.m.-intensité du courant induit est positif, on est bien dans le cas du fonctionnement moteur et s'il est négatif, on est dans le cas du fonctionnement génératrice.

❷ Déterminer le couple de pertes à partir de l'essai à vide. (Ce couple de pertes est parfois donné dans l'énoncé ou négligé.)

❸ En utilisant le couplage électromécanique parfait, trouver l'expression du couple électromagnétique.

→ Application

Un moteur à courant continu, à excitation indépendante maintenue constante, a pour résistance d'induit R = 0,8 Ω. Ses caractéristiques nominales sont :

$$U_n = 130\,\text{V};\ I_n = 20\,\text{A} \quad \text{et} \quad \Omega_n = 125{,}7\ \text{rad}\cdot\text{s}^{-1}.$$

À vide, l'induit absorbe un courant de 1,2 A sous la tension nominale lorsqu'il tourne à la vitesse de rotation nominale.

Déterminer la constante de proportionnalité entre la f.é.m. et la vitesse de rotation, ainsi que le couple de pertes. En déduire le rendement de la machine en fonctionnement nominal.

Solution

❶ On indique dans l'énoncé que la machine est utilisée en moteur. Le schéma électrique équivalent est donc réalisé en convention récepteur :

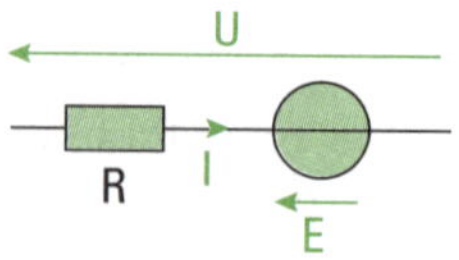

Les caractéristiques nominales sont $U_n = 130$ V et $I_n = 20$ A. On en déduit la valeur de la force électromotrice $E_n = U_n - RI_n = 114$ V lorsque le moteur tourne à la vitesse $\Omega_n = 125{,}7\ \text{rad}\cdot\text{s}^{-1}$.

Donc la constante de proportionnalité Φ_0 entre la f.é.m. et la vitesse de rotation est :

$$\boldsymbol{\Phi_0 = \frac{E_n}{\Omega_n}}.$$

A.N. $\boldsymbol{\Phi_0 = 0{,}91\ \text{V}\cdot\text{s}\cdot\text{rad}^{-1}}$ ou plus simplement en V·s.

❷ L'essai à vide nous permet de déterminer le couple de pertes. En effet, le moteur n'est soumis à aucune charge. Ce qui signifie que le couple moteur compense le couple de pertes. On écrira alors :

$$\mathbf{T}_p = \mathbf{T}_{em\ \text{à vide}} = \Phi_0 \mathbf{I}_v. \quad \textit{A.N. } \mathbf{T}_p = \mathbf{1{,}1\ N{\cdot}m}.$$

❸ Sauf avis contraire, nous considérons le couplage électromécanique parfait. Toute la puissance électrique reçue par le moteur est convertie en puissance mécanique aux pertes Joule près, c'est-à-dire : $E_n I_n = T_n \Omega_n$.

On en déduit que :

$$\mathbf{T}_{em} = \Phi_0 \mathbf{I}_n. \qquad \textit{A.N. } \mathbf{T}_{em} = \mathbf{18{,}1\ N{\cdot}m}.$$

Le couple utile est la différence entre le couple électromagnétique et le couple de pertes :

$$T_u = T_{em} - T_p = 17\ \text{N·m}.$$

La machine fonctionne en moteur donc la puissance utile est la puissance mécanique fournie par le rotor. La puissance utile est donc : $P_u = T_u \Omega_n = 2{,}14$ kW.

Les pertes correspondent à la somme des pertes mécaniques associées au couple de pertes $P_p = T_p \Omega_n = 138$ W et des pertes Joule dans le bobinage d'induit $P_j = RI_n^2 = 320$ W.

On trouve alors un rendement :

$$\eta = \frac{P_u}{P_u + P_p + P_j}. \qquad \textit{A.N. } \boldsymbol{\eta} = \mathbf{82{,}4\ \%}.$$

Méthode n° 3

Comment étudier l'évolution de la vitesse de rotation d'une machine à courant continu en régime variable ?

→ Problème à résoudre

Cette méthode permet de déterminer l'évolution de la vitesse de rotation dès que l'on modifie la tension d'alimentation ou la charge d'une machine à courant continu.

→ Savoir faire

❶ Rechercher le mode de fonctionnement de la machine : moteur ou génératrice. Si aucune donnée ne permet de le déterminer, considérer le mode moteur. Établir l'équation électrique.

On tiendra rarement compte de l'inductance du circuit d'induit. En effet, la constante caractéristique des variations des grandeurs électriques est négligeable devant celle des grandeurs mécaniques (*cf.* exercice 6). En conséquence, on supposera toujours les variations des grandeurs électriques comme instantanées.

❷ Effectuer un bilan des couples s'exerçant sur la partie mobile.

❸ Utiliser le théorème du moment cinétique afin d'obtenir une équation différentielle portant sur la vitesse de rotation.

❹ Résoudre l'équation différentielle et au besoin commenter.

→ Application

Une machine à courant continu, à excitation indépendante constante, a pour résistance d'induit $R = 0{,}6\ \Omega$, la constante liant la f.é.m. et la vitesse de rotation est $\Phi_0 = 0{,}2\ \text{V·rad}^{-1}\text{·s}$ et le moment d'inertie des parties mobiles est pris égal à $J = 0{,}6\ \text{kg·m}^2$. Le couple de pertes est constant $T_r = 1$ N·m. La machine fonctionne en moteur, à vide, à la vitesse de 1200 tr/min.

La tension d'alimentation diminue brusquement de 5 V. Étudier l'évolution de la vitesse de rotation du moteur.

Solution

❶ L'énoncé indique que la machine est utilisée en moteur. On en déduit que le schéma électrique équivalent est réalisé en convention récepteur :

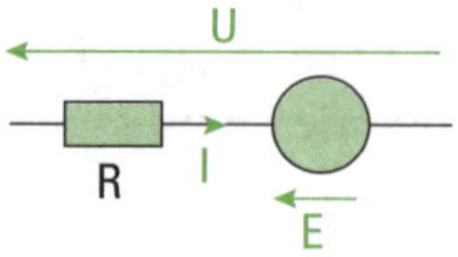

❷ Les couples qui s'exercent sur la machine sont :
- couple électromagnétique : $T_{em} = \Phi I$;
- couple de pertes : T_r;
- couple de charge : $T_C = 0$ N·m car la machine est à vide.

❸ On applique le théorème du moment cinétique :

$$J\frac{d\Omega(t)}{dt} = T_{em} - T_r + T_C.$$

Il faut ici être attentif au signe des couples. Si le couple est moteur, sa valeur algébrique est positive ; s'il est résistant, sa valeur algébrique est négative. C'est pourquoi ici, le couple de pertes est égal à $-T_r$.

❹ Sachant que $U = RI + E = RI + \Phi\Omega$, on peut écrire :

$$J\frac{d\Omega(t)}{dt} = T_{em} - T_r + T_C = \Phi I - T_r = \Phi\left(\frac{U - \Phi\Omega}{R}\right) - T_r.$$

Ce qui conduit à l'équation différentielle du premier ordre portant sur $\Omega(t)$ suivante :

$$J\frac{d\Omega(t)}{dt} + \frac{\Phi^2}{R}\,\Omega(t) = \frac{\Phi}{R}U - T_r.$$

Deux possibilités pour résoudre cette équation :

- On résout de manière classique l'équation différentielle. La solution de cette équation comporte deux termes :
- solution de l'équation sans second membre : $\Omega_g(t) = Ae^{-\frac{\Phi^2 t}{JR}}$;
- solution particulière : $\Omega_p(t) = \dfrac{U}{\Phi} - \dfrac{R}{\Phi^2}T_r$.

On trouve donc : $\Omega(t) = \Omega_g(t) + \Omega_p(t) = Ae^{-\frac{\Phi^2 t}{JR}} + \dfrac{U}{\Phi} - \dfrac{R}{\Phi^2}T_r$.

Les conditions initiales permettent ensuite de déterminer la valeur de la constante A : $\Omega(0) = 125{,}7$ rad·s^{-1}. Donc :

$$\mathbf{\Omega(t) = \frac{U}{\Phi} - \frac{R}{\Phi^2}T_r + \left(\Omega(0) - \frac{U}{\Phi} + \frac{R}{\Phi^2}T_r\right)e^{-\frac{\Phi^2 t}{JR}}}$$

L'application numérique nécessite la détermination préalable de U. En régime permanent,

$$U_p = E_p + RI_p = \Phi\Omega_p + \frac{T_r}{\Phi} \text{ et } T_{em} = \Phi I_p = T_r,$$

soit numériquement :

$$U_p = 0{,}2 \times 125{,}7 + 0{,}6 \times \frac{1}{0{,}2} = 28{,}14 \text{ V}.$$

Donc : $U = U_p - 5 = 23{,}14$ V. D'où, après calcul, il vient :

$$\mathbf{\Omega(t) = 100{,}7 + 25e^{-0{,}1t}}.$$

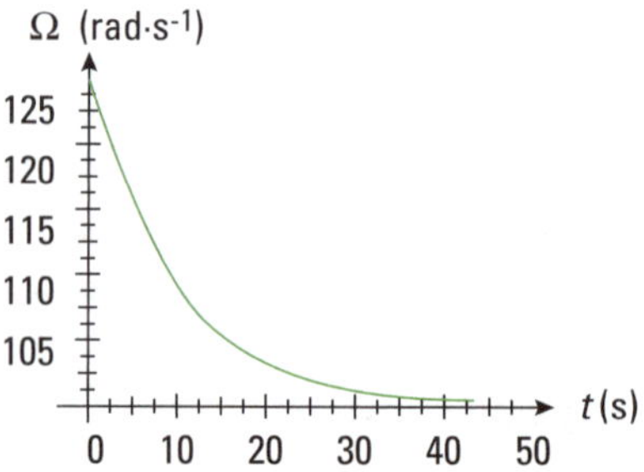

- On utilise la notation de Laplace pour étudier le régime dynamique. On ne prend alors en compte que les variations des grandeurs physiques autour de leur valeur en régime établi. Ici, la tension d'induit diminue brusquement d'une amplitude de 5 V. En notation symbolique, on a donc $U(p) = -\dfrac{5}{p}$ (échelon d'amplitude – 5V).

Le couple de pertes $T_r(p)$ est quant à lui nul puisque constant par hypothèse. (En régime dynamique, on ne prend pas en compte les données constantes.)

En notant $\Omega_d(p)$, la variation de la grandeur vitesse, l'équation différentielle s'écrit alors en notation symbolique de Laplace :

$$\left(Jp + \frac{\Phi^2}{R}\right)\Omega_d(p) = \frac{\Phi}{R}\, U(p) = -\frac{\Phi}{R}\,\frac{5}{p}.$$

D'où :

$$\Omega_d(p) = -\frac{\Phi}{JR}\,\frac{5}{p\left(p + \frac{\Phi^2}{JR}\right)} = -\frac{5}{\Phi}\left(\frac{1}{p} - \frac{1}{p + \frac{\Phi^2}{JR}}\right).$$

La transformée inverse de Laplace conduit ainsi à :

$$\Omega_d(t) = \Omega_d(0) - \frac{5}{\Phi}\left(1 - e^{-\frac{\Phi^2 t}{JR}}\right).$$

À l'instant initial, la vitesse de rotation Ω est celle du régime établi, ce qui revient à dire que sa variation Ω_d à cet instant est nulle : $\Omega_d(0) = 0 \text{ rad·s}^{-1}$. Donc :

$$\Omega_d(t) = -\frac{5}{\Phi}\left(1 - e^{-\frac{\Phi^2 t}{JR}}\right) \qquad \textit{A.N.}\ \boldsymbol{\Omega_d(t) = -25(1 - e^{-0,1t})}.$$

À ce régime dynamique, il ne faut pas oublier d'associer le régime permanent de départ :

$\Omega(0) = 125,7 \text{ rad·s}^{-1}$. Application numérique :

$$\boldsymbol{\Omega(t)} = 125,7 - 25(1 - e^{-0,1t}) = \boldsymbol{100,7 + 25e^{-0,1t}}.$$

Exercices

Niveau 1

Ex. 1 Relation couple-f.é.m.

Un moteur à courant continu en régime permanent est considéré comme une source de tension de résistance R et de force électromotrice E telle que $|E| = \Phi\Omega$, où Φ est une constante positive. On désigne par Ω la vitesse angulaire du rotor.

1) Déterminer le signe dans la relation algébrique liant la force électromotrice et la constante Φ.

2) Sachant que l'on considère le couplage électromécanique parfait, donner l'expression du couple T exercé par l'arbre moteur sur la charge.

3) Justifier par une étude dimensionnelle la cohérence des expressions du moment T et de la force électromotrice E.

Ex. 2 Rendement d'une machine à courant continu

Un moteur à courant continu, à excitation indépendante maintenue constante, a pour résistance d'induit R = 0,80 Ω. Il est alimenté sous sa tension nominale U = 130 V maintenue constante.

À vide, l'induit absorbe le courant I_0 = 1,2 A; en charge, lorsque le courant I est de 20 A, la vitesse de rotation est 1 200 tr·min^{-1}.

1) Déterminer, pour le fonctionnement en charge :

a) la f.é.m. E;

b) le couple électromagnétique T_{em};

c) le couple de pertes T_p (que l'on supposera constant quelle que soit la vitesse de rotation);

d) la puissance utile P_u;

e) le rendement du moteur.

2) Calculer, en régime établi, la vitesse de rotation :

a) à vide;

b) lorsque le couple résistant vaut 10 N·m.

Ex.3 Étude d'un bogie d'une rame de métro

Dans chaque bogie moteur d'une rame de métro est placé un moteur à courant à excitation indépendante maintenue constante.

À la température de fonctionnement (115 °C), on a mesuré la résistance de l'induit R = 0,082 Ω.

En fonctionnement nominal, on mesure : U_n = 720 V, I_n = 340 A, T_{un} = 1 800 N·m et Ω_n = 120,4 rad·s^{-1}, où T_{un} est le couple utile nominal.

1) Calculer :

a) la puissance utile;

b) le rendement;

c) les pertes;

d) la f.é.m.;

e) le couple électromagnétique.

2) Au démarrage, sous tension réduite, le moteur absorbe un courant de 600 A. Calculer le couple électromagnétique correspondant.

Ex.4 Étude des rails de Laplace

Sur deux rails conducteurs rectilignes parallèles à la distance b l'un de l'autre et placés dans un plan horizontal, se déplace sans frottement et perpendiculairement aux rails, une barre rigide MN.

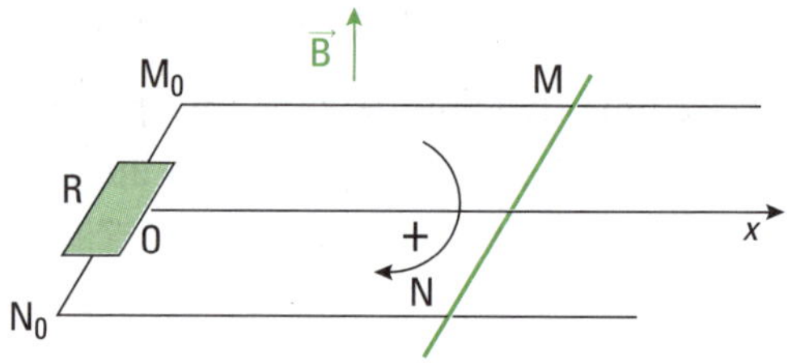

Les deux rails sont reliés à leurs extrémités M_0 et N_0 par une résistance R. La résistance de la barre MN et des rails est négligeable devant R. L'inductance propre du circuit ainsi réalisé peut également être négligée.

Le dispositif est dans une région de l'espace où règne un champ magnétique statique et uniforme de vecteur $\vec{B}$ vertical et ascendant.

On éloigne la barre MN de la partie fixe du circuit M_0N_0 à la vitesse constante v ($v > 0$).

On choisit comme sens positif de parcours sur le circuit le sens de M vers N.

1) Calculer la force électromotrice induite e sachant que :

$$B = 0{,}8\ \text{T},\ b = 10\ \text{cm et } v = 15\ \text{m·s}^{-1}.$$

a) $e = -0{,}5$ V; **b)** $e = 1{,}2$ V;

c) $e = 0{,}2$ V; **d)** $e = -2{,}4$ V.

2) Calculer l'intensité i du courant induit et la puissance électrique induite P (en convention récepteur) dans la barre que l'on exprimera respectivement en milliampère et en milliwatt. On donne R = 2 Ω.

a) i = 600mA; **b)** $i = -50$ mA;

c) P = – 720 mW; **d)** P = 25 mW.

3) Indiquer le sens et l'intensité F de la force nécessaire pour assurer le déplacement de la barre.

a) sens des $x < 0$; **b)** sens des $x > 0$;

c) F = 4,8·10^{-2} N; **d)** F = 10^{-4} N.

4) On insère dans la branche N_0M_0 du circuit un générateur de tension continue de force électromotrice E = 1,4 V dont la borne positive est reliée à M_0 et dont la résistance interne est r = 0,5 Ω.

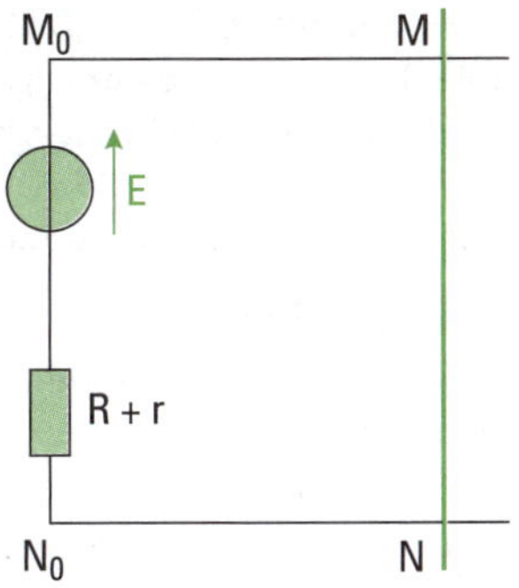

On rapproche la barre MN de la partie fixe du circuit M_0N_0 toujours à la vitesse constante v. Déterminer la valeur v_1 non nulle de la vitesse v pour laquelle s'annule la puissance électrique induite P′ dans la barre.

a) $v_1 = 6{,}25\ \text{m·s}^{-1}$; **b)** $v_1 = -17{,}5\ \text{m·s}^{-1}$;
c) $v_1 = 0{,}87\ \text{m·s}^{-1}$; **d)** $v_1 = -3{,}63\ \text{m·s}^{-1}$.

5) Lorsque $v < v_1$, indiquer le signe de P′. De façon générale, le dipôle que constitue la barre MN est actif ou passif (le dispositif se comporte comme un générateur type dynamo ou comme un récepteur type moteur). Préciser ici la nature du fonctionnement de ce dipôle.

a) $P' > 0$; **b)** $P' < 0$;
c) fonctionnement générateur ;
d) fonctionnement moteur.

D'après Écrit ENAC 2001

Niveau 2

Ex.5 Étude physique de la machine à courant continu

Le rotor d'une machine à courant continu est constitué de N spires rectangulaires (de côtés 2R et L) tournant autour d'un axe (Δ) coïncidant avec l'axe (Oz) parallèle aux côtés CD et C′D′ comme indiqué sur la figure ci-dessous. Chaque spire est parcourue par un courant continu I dans le sens indiqué ci-dessous.

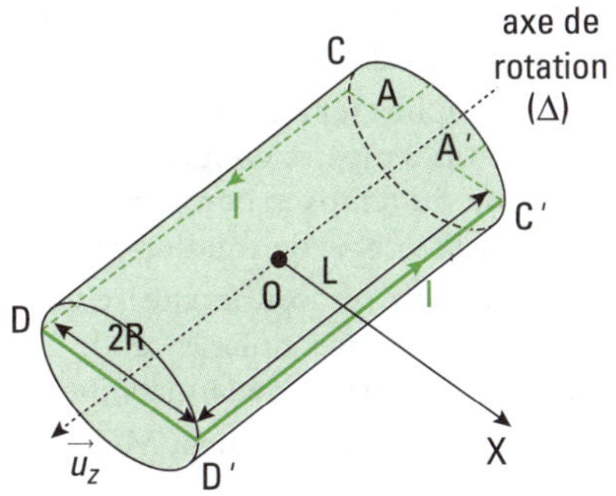

Il est plongé dans un champ magnétique $\vec{B}$. Le champ $\vec{B}$ est négligeable sur les brins DD′, AC et A′C′. Sur les brins CD et C′D′, il est radial et de norme B pratiquement constante.

Dans le domaine caractérisé par $y < 0$, ce qui est le cas du brin C′D′ dans la position représentée sur la figure ci-dessus, $\vec{B}$ est radial entrant, tandis qu'il est radial sortant dans le domaine caractérisé par $y > 0$, ce qui est le cas du brin CD dans la position représentée sur la figure ci-dessous.

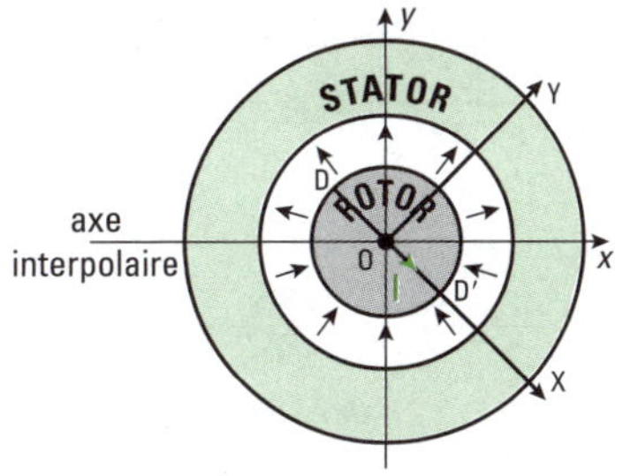

Un point M courant du brin CD sera repéré par :

$$\overrightarrow{OM} = R\vec{e_X} + z\vec{e_z},\ \text{avec}\ z \in \left[-\frac{L}{2}, \frac{L}{2}\right].$$

La forme des pièces polaires du stator et la présence d'un noyau de fer cylindrique d'axe (Oz) permet d'obtenir un champ magnétique $\vec{B}$ pratiquement radial, au niveau des brins CD et C′D′.

1) Calcul du couple qui s'exerce sur le rotor

a) Comparer les directions et les sens des champs $\vec{B}$ en un point M du tronçon CD et en un point M′ du tronçon C′D′ symétriques l'un de l'autre par rapport à l'axe (Oz).

b) Comparer les forces de Laplace $\overrightarrow{F_{CD}}$ et $\overrightarrow{F_{C'D'}}$ s'exerçant sur ces deux tronçons.

c) Montrer que le moment T_1 par rapport à l'axe (Δ) des forces de Laplace s'exerçant sur la spire peut se mettre sous la forme $T_1 = I\Phi_1$; exprimer Φ_1 ; montrer que Φ_1 a les dimensions d'un flux magnétique.

2) Utilité du commutateur

a) L'expression de Φ_1 dépend-elle de la position de la spire ?

b) Que se passe-t-il si le brin CD passe dans le domaine $y < 0$?

c) Quelle serait la valeur moyenne de T_1 sur un tour si l'intensité I, comptée positivement dans le sens CD, était constante ?

d) En fait, un commutateur permet d'avoir toujours une intensité de même signe dans le brin qui évolue dans la zone $y > 0$. Quel est l'intérêt de cette commutation ?

e) Dans la suite, on admettra que le moment des efforts de Laplace (qu'on désignera par le terme de couple moteur) s'exerçant sur le rotor dans son ensemble peut s'écrire :

$$T = \Phi I,\ \text{avec}\ \Phi = N\Phi_1,$$

quelle que soit la position du rotor. Justifier ce résultat et indiquer l'approximation qui doit être effectuée.

3) Calcul de la f.é.m.

a) La spire tournant à la vitesse angulaire Ω autour de l'axe (Δ), calculer la force électromotrice induite $e_{AA'}$ dans le cas représenté sur la première figure.

b) Mettre cette force électromotrice sous la forme $e_{AA'} = -\Phi_2\Omega$. Comparer Φ_1 et Φ_2.

c) Justifier le schéma électrique de la figure ci-dessous, proposé pour le moteur alimenté par une source idéale de tension de force électromotrice E.

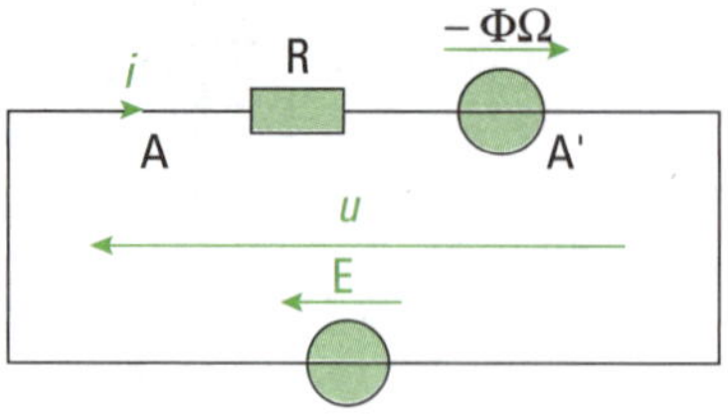

D'après écrit Centrale-Supélec, TSI, 2002

Ex. 6 Comparaison des constantes de temps électrique et mécanique

Soit un moteur à courant continu de caractéristiques :

$U_n = 220$ V, $I_n = 28$ A et $\Omega_n = 125,7$ rad·s^{-1}.

L'induit possède une résistance R et une inductance globale L valant respectivement 0,2 Ω et 9 mH. Le moment d'inertie de la partie mobile est $J = 0,6$ kg·m^2 et le rotor est soumis à un couple de frottement d'expression $T_f = -f\Omega$ où $f = 0,4$ N·m·s. On supposera dans tout le problème que le fonctionnement s'effectue à flux constant et que l'on néglige les pertes de la machine.

1) Déterminer le coefficient de proportionnalité Φ entre la f.é.m. et la vitesse de rotation.

2) Établir l'équation mécanique qui régit le fonctionnement du système.

3) On applique un échelon de tension d'amplitude 10 V aux bornes de l'induit.

a) En supposant la vitesse de rotation nulle, donner la valeur I_p du courant qui traverse l'induit en régime établi.

b) Déterminer le temps nécessaire pour que le courant d'induit, partant d'une valeur nulle, atteigne $0,9I_p$ en considérant la machine à l'arrêt.

4) En supposant le courant absorbé par l'induit égal à I_p :

a) Calculer la vitesse de rotation Ω_0 en régime établi pour une tension d'induit $U_n = 220$ V.

b) Évaluer le temps nécessaire pour que, partant d'une vitesse nulle, celle-ci atteigne $0,9\Omega_0$.

5) Conclure.

Ex. 7 Commande d'une MCC

Une machine à courant continu, à excitation indépendante constante, est accouplée à une charge imposant un couple résistant indépendant de la vitesse. Le couple de pertes est également constant.

Le moteur utilisé à vide a une vitesse de rotation de 1500 tr·min^{-1} lorsque l'induit est alimenté sous 143 V en absorbant 0,9 A.

La résistance de l'induit est R = 1,2 Ω.

À vitesse stable, la machine absorbe 16 A.

Un essai de mise en vitesse de l'ensemble est effectué à courant constant d'intensité 25 A. La vitesse de rotation atteint 1 200 tr·min^{-1} au bout de 4,8 s.

1) Étude de la machine

a) Décrire et justifier une méthode de mesure permettant de déterminer la résistance totale du circuit d'induit.

b) Exprimer la relation liant le moment du couple électromagnétique à l'intensité du courant d'induit. Calculer la constante de proportionnalité.

c) Calculer la valeur numérique du moment du couple électromagnétique lorsque la machine en charge a atteint un fonctionnement stable.

d) Quelle est alors la valeur du moment du couple résistant exercé par la charge ?

e) Calculer le moment d'inertie J de l'ensemble machine-charge.

2) Commande de la machine

La machine, associée à sa charge, doit, dans l'utilisation qui en est faite, avoir une évolution de vitesse $\Omega(t)$ suivant le cycle suivant :

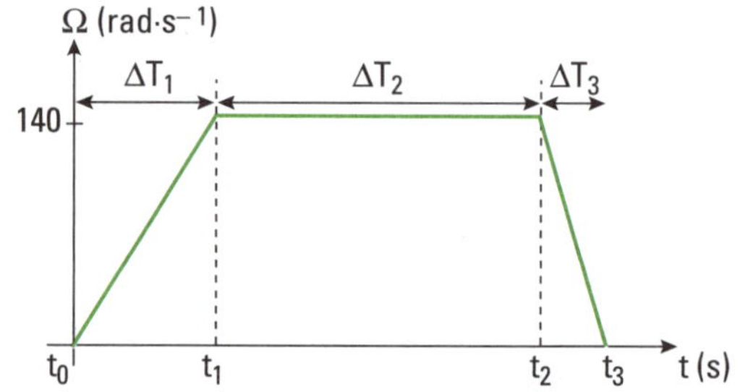

On pose : $t_0 = 0$ s ; $t_1 = 6$ s ; $t_2 = 22$ s ; $t_3 = 24$ s. Au-delà de 24 s, un système mécanique maintient l'ensemble à l'arrêt.

a) Déterminer les valeurs du courant I dans l'induit pour chaque intervalle de temps ΔT_1, ΔT_2 et ΔT_3. On prendra $J = 0,31$ kg·m^2.

b) Préciser, dans chaque intervalle de temps, le mode de fonctionnement de la machine à courant continu.

c) Tracer les graphes représentant la tension d'induit U en fonction du temps, le couple électromagnétique T_{em} en fonction du temps et l'évolution du couple T_{em} en fonction de la vitesse de rotation Ω.

d) Dans l'intervalle ΔT_2 où la vitesse est constante, déterminer la puissance utile P_u et le moment du couple utile T_u sur l'arbre de la machine.

e) En déduire le rendement de la MCC.

Ex. 8 Détermination du point de fonctionnement d'une machine

Soit un moteur de résistance d'induit R = 0,17 Ω et de f.é.m. $e = \Phi\Omega$, où $\Phi = 0,1$ V·s et Ω désigne la vitesse angulaire du rotor.

Le rotor est soumis à un couple résistant T_1 (charge et frottements) dont le moment est modélisé par une loi de la forme :

$$T_1 = \varepsilon T_0 + \gamma\Omega + T_r,$$

où $\gamma = 3 \cdot 10^{-2}$ N·m·s, $T_0 = 3{,}4$ N·m, $T_r = 3{,}1$ N·m et ε est égal à +1 si Ω est positif et égal à −1 si Ω est négatif. Lorsque la vitesse angulaire Ω est nulle, ε est indéfini et compris entre − 1 et + 1. On ne tiendra pas compte des pertes collectives.

1) Représenter les variations du couple de frottement en fonction de la vitesse angulaire pour $\Omega \in [-150 ; 150]$ en rad·s^{-1}. Commenter.

2) Sur le même graphe, tracer le couple électromagnétique en fonction de la vitesse de rotation pour une tension d'alimentation de 20 V.

3) En déduire, en régime permanent, la vitesse de rotation du moteur dans ces conditions et le courant parcourant l'induit.

4) Déterminer, en régime permanent, la tension d'induit et le courant d'induit pour une vitesse de rotation de 100 rad·s^{-1}.

5) On modifie la valeur du couple résistant en imposant $T_r = 5$ N·m. Représenter les variations du couple résistant en fonction de la vitesse angulaire pour $\Omega \in [-150 ; 150]$ en rad·s^{-1}. Commenter.

Ex. 9 MCC en excitation série

Une machine à courant continu est utilisée en excitation série pour la traction d'une locomotive SNCF.

La machine série est une machine dont l'inducteur bobiné est en série avec le circuit d'induit du moteur. L'inducteur et l'induit sont alors connectés à la même source d'alimentation notée U.

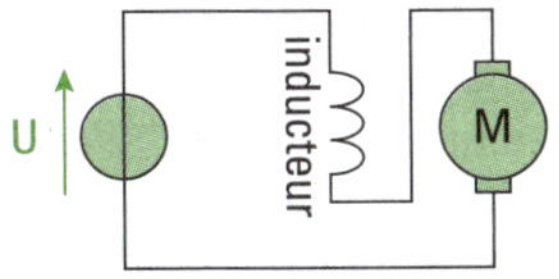

1) En déduire que le coefficient Φ, liant la f.é.m. et la vitesse de rotation Ω, est proportionnel à l'intensité du courant dans l'induit.

2) La machine possède les caractéristiques suivantes :
– résistance de l'inducteur $R_{ind} = 7{,}5$ mΩ ;
– résistance de l'induit R = 19 mΩ ;
– pour une vitesse de rotation de 800 tr·min^{-1}, on mesure U = 1350 V pour un courant I de 1 kA.
En déduire l'expression de Φ en fonction du courant induit.

3) Tracer le graphe représentant le couple électromagnétique en fonction de la vitesse de rotation pour une tension d'induit égale à 1 500 V (pour $\Omega \in [30 ; 130]$). Commenter.

4) Sachant que le couple résistant est de la forme :

$$T_r = 15\,340 + 5{,}5\,\Omega,$$

en déduire graphiquement les valeurs du couple électromagnétique, de la vitesse de rotation de la machine, du courant d'induit et de la tension d'alimentation.

5) Sachant que le courant est limité à 2 500 A au démarrage, déterminer le couple de démarrage.

Niveau 3

Ex. 10 Étude d'un monte-charge

Un moteur à courant continu, à excitation constante, porte sur sa plaque les indications suivantes : 220 V, 100 A, 1 200 tr·min^{-1}. Lorsqu'on applique 20 V aux bornes de l'induit, le rotor étant bloqué, la machine absorbe un courant de 100 A. On néglige les pertes fer et les pertes mécaniques.

1) Déterminer la résistance d'induit, la f.é.m. et la constante de proportionnalité entre la f.é.m. et la vitesse de rotation de la MCC.

2) Que vaut le couple électromagnétique lors du fonctionnement nominal ?
Ce moteur entraîne un réducteur de rapport 10 couplé à une poulie de diamètre 500 mm sur laquelle s'enroule un câble soutenant une charge de masse M. (On suppose l'accélération de la pesanteur égale à 10 m·s^{-2}.) On néglige toute perte mécanique au niveau du réducteur et de la poulie.

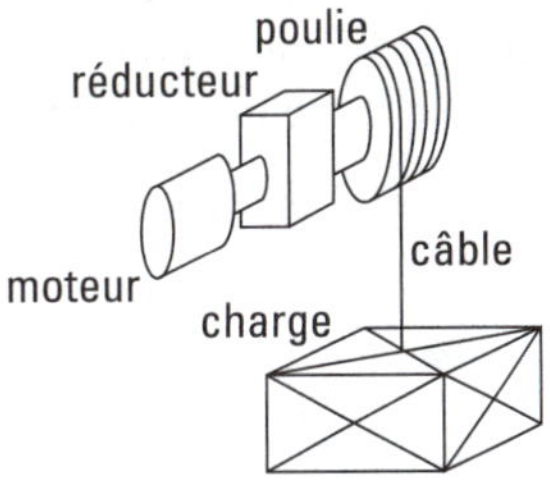

3) Quelle est la vitesse v de montée de la charge si la vitesse de rotation du moteur vaut 1 200 tr·min^{-1} ?

4) Quelle est la valeur de M pour être dans les conditions de fonctionnement nominal du moteur (pour une montée à vitesse constante) ?

5) Déterminer la valeur du courant et celle de la tension d'induit pour soutenir une charge de 500 kg en équilibre ($v = 0$).

6) Quelles doivent être la valeur du courant et la valeur de la tension d'induit pour limiter, à couple électromagnétique constant, la vitesse de descente d'une charge de 500 kg à 0,5 m·s^{-1} ?

7) À partir du point de fonctionnement de la question 5, on impose brusquement un courant d'induit égal à 100 A que l'on maintient constant. Après 2 s, la charge est montée de 2 m. Déterminer la valeur du moment d'inertie de l'ensemble du système par rapport à l'arbre moteur.

8) Si on néglige les masses du réducteur et de la poulie, déterminer la valeur du moment d'inertie du moteur seul (désaccouplé du réducteur).

Ex.11 Machines en opposition

Soient deux machines à courant continu identiques M_1 et M_2 et reliées électriquement.

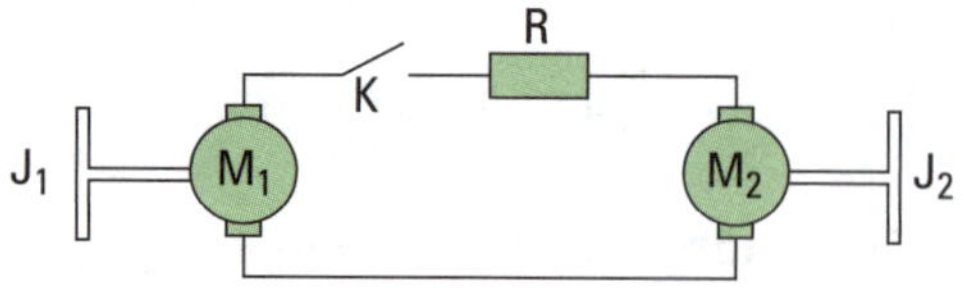

J_1 et J_2 sont les moments d'inerties des parties tournantes. On note Ω_1 et Ω_2 les vitesses de rotation des deux machines, R_1 et R_2 les résistances du circuit d'induit des deux machines et on néglige les inductances.

À $t = 0$, on ferme K lorsque $\Omega_1 = \Omega_0$ et $\Omega_2 = 0$.

1) Donner l'évolution des vitesses Ω_1 et Ω_2 en fonction du temps pour $t > 0$.

2) Représenter graphiquement cette évolution. Montrer que la vitesse finale peut être déterminée sans utiliser les lois établies à la question précédente.

3) Faire un bilan énergétique du système.

Oral Centrale-Supélec, PSI, 1998*

Ex. 12 Régimes permanents d'une association de deux machines

Deux machines à courant continu M_1 et M_2 à aimants permanents, considérées comme identiques, sont associées sur le même arbre mécanique, selon le schéma suivant :

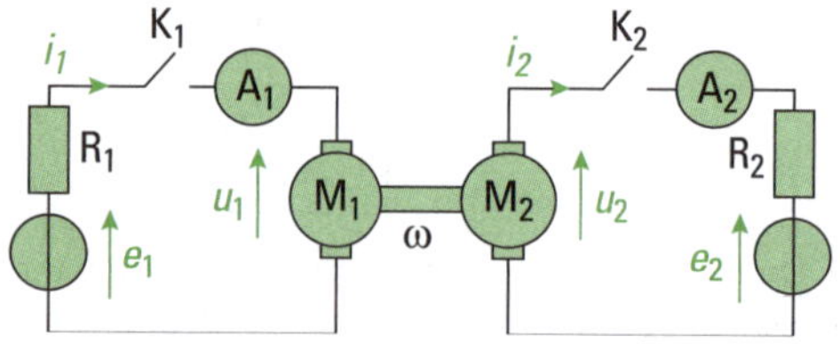

Chaque machine est connectée à une source de tension, réversible en courant, modélisée par sa force électromotrice et une résistance (e_1 et R_1 pour le circuit 1 et e_2 et R_2 pour le circuit 2). La vitesse de rotation angulaire est notée $\omega(t)$; elle est considérée comme positive lorsque la machine M_1 fonctionne en moteur avec $e_1 > 0$ et M_2 en génératrice. Chaque machine, dont on néglige l'inductance d'induit et dont la résistance d'induit est notée R, développe, lorsqu'elle tourne, une force électromotrice $e_m = \Phi_0\omega$. Dans cet exercice, on néglige toutes les pertes autres que celles qui correspondent à l'effet Joule (sauf dans la question 2.f). Les intensités i_1 et i_2 des courants traversant les deux machines, comptées positivement dans les sens indiqués sur la figure, sont mesurées en régime permanent par les deux ampèremètres A_1 et A_2.

1) On s'intéresse à un régime permanent dans lequel les deux interrupteurs K_1 et K_2 sont fermés et les forces électromotrices e_1 et e_2 ont pour valeurs respectives E_1 et E_2 avec $E_1 > E_2 > 0$.

a) Montrer qu'avec les conventions de la figure ci-dessus, les couples électromagnétiques appliqués sur l'arbre commun par les machines sont respectivement de la forme :

$$T_1 = \Phi_0 i_1 \text{ et } T_2 = -\Phi_0 i_2.$$

b) Les rotors des deux machines constituent les seuls éléments en rotation. Le moment d'inertie de l'ensemble est noté J. Préciser la relation qui existe entre i_1 et i_2 en régime permanent.

c) On pose $R'_1 = R_1 + R$ et $R'_2 = R_2 + R$. Donner les expressions de i_1, i_2, u_1, u_2 et ω en fonction des éléments du montage.

2) On réalise maintenant une séquence d'opérations conduisant, après des régimes transitoires, à des régimes permanents.

a) Les machines sont immobiles. Les interrupteurs K_1 et K_2 sont tous deux ouverts ; la force électromotrice e_1 est réglée à la valeur $e_1 = E_1$. On ferme K_1 à l'instant $t = 0$ tandis que K_2 reste ouvert. Donner, avec les hypothèses précédentes, les valeurs de i_1, i_2, u_1, u_2 et ω à l'instant 0^+ suivant immédiatement l'instant initial. Caractériser le régime permanent obtenu en précisant les valeurs de i_1, u_1, u_2 et ω dont la valeur particulière est notée Ω_1. Quelle est la fonction (moteur ou génératrice) assurée par chacune des machines M_1 et M_2 ?

b) À partir du régime précédent, on ferme K_2 alors que $e_2 = 0$. Exprimer i_1, u_1, u_2 et ω lorsque le régime permanent est atteint. La valeur particulière de ω obtenue est notée Ω_2. Comparer Ω_2 à Ω_1.

c) À partir du régime précédent, on augmente e_2 jusqu'à la valeur $E_2 < E_1$. Le régime permanent atteint, la vitesse angulaire se fixe alors à la valeur Ω_3. Comparer Ω_3 à Ω_2 et Ω_1.

d) Caractériser le régime permanent correspondant à $E_2 = E_1$.

e) K_1 et K_2 étant toujours fermés et E_1 inchangée, on règle e_2 jusqu'à une valeur $E_2 > E_1$. Caractériser le régime permanent obtenu, dont la vitesse angulaire est notée Ω_4, en précisant les signes de i_1 et i_2, la fonction de chaque machine et en comparant Ω_4 et Ω_1.

f) On revient au cas où $E_2 = E_1$, mais on tient compte des pertes négligées jusqu'ici. Ces pertes entraînent l'existence d'un couple de pertes de moment négatif noté T_p. Exprimer i_1 et i_2 en fonction des éléments du montage dans le cas particulier où $R'_1 = R'_2$. Comment qualifier le fonctionnement de chacune des machines M_1 et M_2 ?

D'après Écrit Centrale-Supélec, PSI, 1998

Ex. 13 Étude d'une association de deux machines

On reprend le montage de l'exercice précédent. Dans cette partie, on modélise les pertes autres que celles dues à l'effet Joule, pour l'ensemble des deux machines, par un couple de frottement visqueux dont le moment vaut $-T_p = f\omega$.

1) Préciser l'unité du coefficient *f*.

2) K_2 est fermé, $e_2 = 0$, $R_1 = 0$, $R_2 = 100\ \Omega$. Le moment d'inertie de l'ensemble des parties tournantes des deux machines vaut $J = 1{,}0 \cdot 10^{-5}\ \text{kg} \cdot \text{m}^2$. On considère un régime transitoire correspondant à K_1 fermé et $e_1 > 0$.

a) Exprimer l'équation différentielle liant ω et i_1 ; montrer que pour le moteur M_1, la génératrice M_2 débitant sur la résistance R_2 présente un couple de même nature qu'un frottement visqueux. On notera f_T la valeur absolue du coefficient global de frottement visqueux.

b) Écrire l'équation liant e_1, i_1 et ω.

c) On note $\Omega(p)$, $I_1(p)$ et $E_1(p)$ les représentations symboliques respectives des grandeurs $\omega(t)$, $i_1(t)$ et $u_1(t)$. Déduire des résultats des deux questions précédentes les fonctions de transfert :

$$H_I(p) = \frac{I_1(p)}{E_1(p)} \text{ et } H_\Omega(p) = \frac{\Omega(p)}{E_1(p)}.$$

3) Les essais suivants ont été effectués :

– *Essai 1 :* rotor bloqué (machines maintenues à l'arrêt) et K_2 fermé :

$e_1 = E_1(\text{V})$	1,00	3,00	6,00
$i_1 = I_I\ (\text{A})$	0,167	0,50	1,01

– *Essai 2 :* K_2 ouvert

$e_1 = E_1(\text{V})$	2,00	4,00	6,00
Vitesse en $\text{tr} \cdot \text{min}^{-1}$	584	1 169	1 753

– *Essai 3 :* K_1 et K_2 ouverts. À l'instant initial, la vitesse angulaire est 1 700 tours par minute et on observe une décroissance qui amène la vitesse angulaire à 850 tours par minute au bout de 6,9 s.

– *Essai 4 :* K_1 et K_2 sont fermés mais le groupe est au repos car $e_1 = 0$. On applique alors au système une tension $e_1(t)$ ayant la forme d'un échelon d'amplitude $E_1 = 3{,}0$ V. Les évolutions au cours du temps de l'intensité du courant i_1 et de la vitesse angulaire ω sont données ci-dessous.

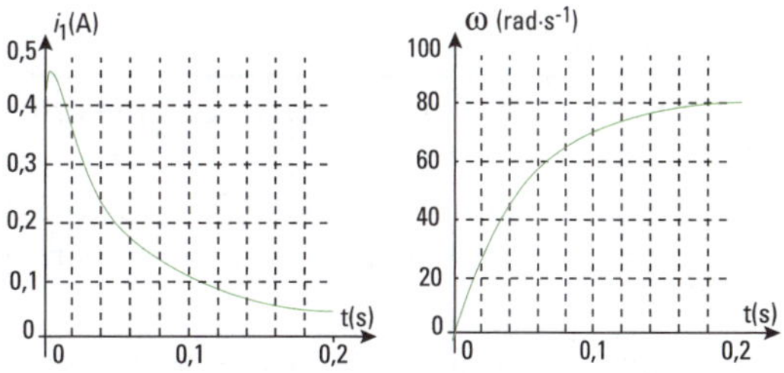

a) L'allure de $i_1(t)$ proposée est-elle compatible avec la modélisation précédente ? Dans le cas contraire, préciser comment diffère l'évolution au cours du temps et proposer une interprétation.

b) L'évolution de $\omega(t)$ proposée est-elle compatible avec la modélisation précédente ? Dans le cas contraire, préciser comment diffère l'évolution au cours du temps et proposer une interprétation.

c) À partir des essais précédents, en détaillant la démarche suivie et en faisant figurer, si nécessaire, les constructions graphiques utilisées, évaluer numériquement les paramètres R, f, Φ_0 et f_T. L'ensemble des parties tournantes des machines possède un moment d'inertie $J = 1{,}0 \cdot 10^5\ \text{kg} \cdot \text{m}^2$.

D'après Écrit Centrale-Supélec, PSI, 1998

Indications

Ex. 6

1) Utiliser les valeurs nominales.

5) Comparer les constantes de temps électrique et mécanique.

Ex. 7

1) b) Utiliser le couplage électromécanique parfait.

1) d) Ne pas oublier le couple de pertes.

1) e) Utiliser l'essai de mise en vitesse.

Ex. 8

Utiliser des méthodes de résolution graphiques.

Ex. 11

1) Étudier qualitativement le mode de fonctionnement de chaque machine avant d'écrire les équations mécaniques et électriques. Essayer de trouver une équation différentielle faisant intervenir la fonction $\Omega_1(t) - \Omega_2(t)$.

2) Étudier la somme des équations mécaniques.

Ex. 12

1) a) Étudier le mode de fonctionnement de chaque machine.

Ex. 13

3) c) L'étude de l'essai 2 nécessite une donnée que l'on détermine à partir de l'essai 3.

Solutions des exercices

Exercices de niveau 1

Exercice 1

On va mettre en évidence certaines caractéristiques d'une machine à courant continu (*cf.* méthode n° 2).

1) La machine fonctionne en moteur. On se place donc en **convention récepteur**. De ce fait, la f.é.m. E est considérée comme positive quand la vitesse de rotation est positive.

Le signe de Ω est défini par convention.

De plus, la constante Φ est toujours positive. On a bien :

$E = \Phi\Omega$, avec un signe positif dans la relation.

2) On note I le courant traversant l'induit. Le couplage électromécanique est parfait. De ce fait, on peut écrire que toute la puissance électrique reçue par la machine hors pertes Joule ($P_e = EI$) se transforme en puissance mécanique ($P_m = T\Omega$).

On travaille en convention récepteur, ce qui explique que la puissance électrique reçue s'écrive : $P_e = EI$.

Donc : $EI = T\Omega$. On en déduit :

$$\mathbf{T = \Phi I.}$$

3) • Considérons d'abord le produit $\Phi\Omega$. D'après le cours, nous savons que Φ a la dimension d'un flux. Elle est donc homogène au produit d'une inductance par une intensité de courant électrique. Ainsi, le produit $\Phi\Omega$ est homogène au produit d'une inductance, d'une pulsation Ω et d'une intensité. Cependant, le produit d'une inductance et d'une pulsation est homogène à une impédance. Donc $\Phi\Omega$ est homogène au produit d'une impédance par une intensité.
Conclusion :

Le produit $\Phi\Omega$ est homogène à une tension.

• Considérons ensuite le produit ΦI. On a toujours Φ homogène au produit d'une inductance par une intensité de courant électrique. Donc le produit ΦI est homogène au produit d'une inductance par une intensité élevée au carré. Cependant, ce produit est aussi homogène à une énergie. Or un couple a la même unité qu'un travail qui est homogène à une énergie.
Conclusion :

Le produit ΦI est homogène à un couple.

Exercice 2

Le courant I_0 absorbé par le moteur à vide est nul pour un moteur parfait. Dans le cas d'un moteur réel, les pertes collectives (mécanique, fer) et les pertes Joule dans le rotor imposent une puissance électrique à l'entrée de la machine à vide qui explique l'existence de ce courant.

On cherche les caractéristiques d'un moteur à courant continu (*cf.* méthode n° 2).

On travaille souvent avec des moteurs à excitation indépendante constante. Ces moteurs peuvent être étudiés comme les moteurs à aimant permanent. En fait, les moteurs à aimant permanent sont plutôt utilisés en faible puissance (champ magnétique plus faible) et les moteurs à excitation indépendante pour les fortes puissances.

1) a) La machine est en fonctionnement moteur. On travaille donc en **convention récepteur**.

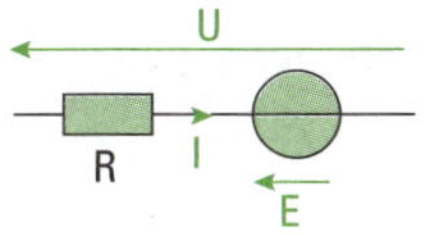

L'équation électrique du moteur est : U = RI + E. Lors du fonctionnement en charge, on a : U = 130 V et I = 20 A. On en déduit :

$$\mathbf{E = U - RI} \qquad \textit{A.N.}\ \mathbf{E = 114\,V.}$$

b) On utilise le couplage électromécanique parfait afin de déterminer le couple. La puissance mécanique disponible sur l'axe du rotor $T\Omega$ est égale à la puissance électrique reçue par le moteur EI :

$$EI = T\Omega.$$

Il est important de se rappeler que dans cette expression Ω doit être exprimée en $rad{\cdot}s^{-1}$. Donc :

$$\Omega = \frac{2\pi}{60} \times 1\,200 = 125{,}7\ rad{\cdot}s^{-1}.$$

⚠ Il est d'usage en électrotechnique de définir les vitesses de rotation en $tr{\cdot}min^{-1}$ (tours par minute) au lieu de $rad{\cdot}s^{-1}$. Il est important dans les expressions de travailler en $rad{\cdot}s^{-1}$ afin de se placer dans les unités légales. On donne :

$$1\ tr{\cdot}min^{-1} = \frac{2\pi}{60}\ rad{\cdot}s^{-1}.$$

On obtient :

$$\mathbf{T_{em} = \frac{EI}{\Omega}} \qquad \textit{A.N.}\ \mathbf{T_{em} = 18{,}1\ N{\cdot}m.}$$

c) À partir du fonctionnement à vide, on détermine les pertes mécaniques que l'on associe à un couple de pertes. Ce couple de pertes est le même en charge car, comme indiqué dans le texte, on le suppose indépendant de la vitesse de rotation. D'après le théorème du moment cinétique :

$$J\frac{d\Omega}{dt} = T + T_p,\ \text{où}\ T = \Phi I\ \text{est le couple moteur.}$$

Nous sommes en régime permanent, donc $J\frac{d\Omega}{dt} = 0$. Le couple exercé par la machine à vide, en régime permanent, est donc égal au couple de pertes : $T = -T_p$. Donc :

$$\mathbf{T_p = -\Phi I_0}.$$

Il reste à déterminer Φ. L'énoncé précise que l'excitation est maintenue constante. Ceci signifie que Φ est invariant dans tous les régimes de fonctionnement. Donc, on peut déterminer Φ à partir du fonctionnement en charge. On trouve :

$$\mathbf{\Phi = \frac{E}{\Omega}} \qquad \textit{A.N.}\ \mathbf{\Phi = 0{,}907\ V{\cdot}s},\ \text{d'où : } \mathbf{T_p = -1{,}1\ N{\cdot}m.}$$

Ce couple résistant est négatif, ce qui est logique puisqu'il s'oppose au mouvement du rotor.

d) La puissance utile est obtenue par le produit du couple utile par la vitesse de rotation. Le couple utile est la somme du couple électromagnétique et du couple de pertes :

$$\mathbf{T_u = T_{em} + T_p} \qquad \textit{A.N.}\ \mathbf{T_u = 17\ N{\cdot}m.}$$

La puissance utile est :

$$\mathbf{P_u = T_u\,\Omega} \qquad \textit{A.N.}\ \mathbf{P_u = 2{,}14\ kW.}$$

Il s'agit d'une puissance mécanique fournie à la charge.

e) Le rendement d'un moteur est par définition le rapport de la puissance utile sur la puissance absorbée. La puissance absorbée correspond à la puissance fournie pour la source. C'est une puissance électrique donnée par : $P_a = UI$. Donc :

$$\eta = \frac{\mathbf{P_u}}{\mathbf{P_a}} = \frac{\mathbf{T_u\Omega}}{\mathbf{P_a}} \qquad \textit{A.N.}\ \mathbf{\eta = 82\ \%.}$$

⚠ Dans le cas d'une machine à excitation indépendante, il faudrait introduire dans ce bilan énergétique la puissance électrique fournie à l'inducteur. Cependant, dans le cadre du cours de PSI, elle n'est pas prise en compte car on étudie tout moteur comme un moteur à aimant permanent.

2) a) On applique la loi des mailles : $E = U - RI_0 = \Phi\Omega$. Donc :

$$\mathbf{\Omega = \frac{U - RI_0}{\Phi}} \qquad \textit{A.N.}\ \mathbf{\Omega = 142{,}2\ rad{\cdot}s^{-1} = 1\,358\ tr{\cdot}min^{-1}}.$$

b) En régime établi, $\frac{\mathrm{d}\Omega}{\mathrm{d}t} = 0$. Donc le théorème du moment cinétique donne :

$$T_r + T_p + T_{em} = 0,$$

où T_{em} représente le couple électromagnétique et T_r est le couple résistant qui est négatif car il s'oppose à la rotation. En notant I le courant dans l'induit de ce moteur, on trouve :

$$T_{em} = -T_r - T_p \text{ et } I = \frac{T_{em}}{\Phi} = \frac{-T_r - T_p}{\Phi}.$$

Donc :

$$\Omega = \frac{U - RI}{\Phi} = \frac{U + R\left(\frac{T_r + T_p}{\Phi}\right)}{\Phi} \qquad \textit{A.N.}\ \mathbf{\Omega = 132{,}6\ rad{\cdot}s^{-1} = 1\ 265\ tr{\cdot}min^{-1}}.$$

Exercice 3

1)a) On travaille avec les grandeurs nominales. La puissance utile est obtenue par le produit du couple utile par la vitesse de rotation :

$$P_{un} = T_{un}\,\Omega_n \qquad \textit{A.N.}\ \mathbf{P_{un} = 217\ kW.}$$

Il s'agit d'une puissance mécanique fournie à la charge.

b) Le rendement d'un moteur est par définition le rapport de la puissance utile sur la puissance absorbée. La puissance absorbée correspond à la puissance fournie pour la source. C'est une puissance électrique donnée par : $P_{an} = U_n I_n$. On a alors :

$$\eta_n = \frac{P_{un}}{P_{an}} \qquad \textit{A.N.}\ \mathbf{\eta_n = 88{,}5\ \%.}$$

c) Les pertes correspondent à la différence entre la puissance absorbée et la puissance utile :

$$\mathbf{P_{pertes} = 28{,}1\ kW.}$$

Ces pertes peuvent se décomposer en pertes Joule dans les bobinages de l'induit et en pertes mécaniques et fer qui correspondent aux pertes dites collectives.

– Les pertes Joule dans l'induit peuvent être définies par :

$$\mathbf{P_{Jn} = RI_n^2} \qquad \textit{A.N.}\ \mathbf{P_{Jn} = 9{,}5\ kW.}$$

– On en déduit les pertes collectives :

$$\mathbf{P_c = P_{pertes} - P_{Jn}} \qquad \textit{A.N.}\ \mathbf{P_c = 18{,}6\ kW.}$$

d) L'équation électrique permet de déterminer la f.é.m. (*cf.* méthode n° 2) :

$$\mathbf{E_n = U_n - RI_n} \qquad \textit{A.N.}\ \mathbf{E_n = 692\ V.}$$

e) Le couplage électromécanique étant parfait, on en déduit :

$$\mathbf{T_n = \frac{E_n I_n}{\Omega_n}} \qquad \textit{A.N.}\ \mathbf{T_n = 1\ 954\ N{\cdot}m.}$$

2) On considère l'excitation constante. Le couple exercé au démarrage est :

$$\mathbf{T_d = \Phi I_d = \frac{E_n}{\Omega_n} I_d} \qquad \textit{A.N.}\ \mathbf{T_n = 3448\ N{\cdot}m.}$$

Exercice 4

1) On utilise pour calculer la f.é.m. e la formule du cours d'induction (*cf.* méthode n° 1) :

$$e = \int_M^N \vec{E}_m \cdot \vec{dl} = \int_0^b (\vec{v} \wedge \vec{B}) \cdot \vec{dl}, \text{ d'où } \boldsymbol{e = vBb}.$$

⚠ L'intégration s'effectue du point M vers N du fait de l'orientation du contour imposée par l'énoncé.

On trouve alors $\boldsymbol{e}$ **= 1,2 V**. La réponse est donc **b**.

2) On établit l'équation électrique du système afin d'en déduire la valeur du courant. L'énoncé précise que la seule résistance à considérer est la résistance R. On note i l'intensité du courant qui traverse le rail et on l'oriente dans le sens positif imposé. Donc la loi des mailles donne : $e - Ri = 0$. Nous en déduisons :

$$\boldsymbol{i = \frac{e}{R}} \qquad \textit{A.N. } \boldsymbol{i = 0{,}6 \text{ A}}.$$

D'ailleurs, on remarque que la deuxième valeur de i ne correspond à aucune valeur de e proposée dans la question 1.

Le courant étant positif, on en conclut qu'il est bien orienté dans le sens choisi. Le rail mobile se comporte alors comme un générateur (u et i de même sens). La puissance électrique reçue par la barre sera donc négative :

$$\mathbf{P = -\,ui} \qquad \textit{A.N. } \mathbf{P = -\,720 \text{ mW}}.$$

Les deux réponses exactes sont **a** et **c.**

3) Le circuit parcouru par un courant d'intensité i est placé dans un champ magnétique $\vec{B}$. Chaque partie du circuit sera soumise à une force de Laplace : $\vec{F_L} = \int_M^N i\vec{dl} \wedge \vec{B}$. Le courant i étant constant dans le conducteur, la force de Laplace a pour expression :

$$\vec{F_L} = -\,ibB\vec{u_x}.$$

Comme i est positif, cette force est orientée suivant $-\vec{u_x}$. Le déplacement, dû à cette force, s'effectue dans le sens des $\boldsymbol{x < 0}$.

$$\textit{A.N. } \|\vec{F}\| = 4{,}8 \cdot 10^{-2} \text{ N}.$$

Les solutions sont **a** et **c.**

On remarque, d'après la loi de Lenz, que la force de Laplace doit s'opposer au déplacement de la barre. Donc une orientation suivant $-\vec{u_x}$ est tout à fait logique.

4) Reprenons la même orientation que précédemment pour le circuit. On obtient :

$$e = \int_M^N \vec{E_m} \cdot \vec{dl} = \int_0^b (\vec{v} \wedge \vec{B}) \cdot \vec{dl} = vBb, \text{ si on considère } \vec{v} = v\vec{u_x} \text{ avec } v < 0.$$

La loi des mailles donne : $e - (R + r)\,i + E = 0$. La puissance électrique dans la barre est définie par $P' = ei$ nulle si $i = 0$ car $e = 0$ n'a pas de sens ici. On en déduit que : $E = -\,e = -\,v_1Bb$. Donc :

$$\boldsymbol{v_1 = -\frac{E}{Bb}} \qquad \textit{A.N. } \boldsymbol{v_1 = -17{,}5 \text{ m}\cdot\text{s}^{-1}}.$$

La solution est **b**.

5) Dans le cas où $v < v_1$, on a $-\,v_1Bb = E < -\,vBb = -\,e$, ce qui donne $E + e < 0$.
Or d'après la loi des mailles, $(R + r)i = E + e$, donc $i < 0$.
La puissance induite a pour expression $P' = -\,ei = -\,vBbi$, où i est négatif et v positif. Donc **P′ est positif** et le rail fournit de l'énergie électrique.
Le couplage électromécanique étant supposé parfait (résistance et frottements négligeables), cette puissance électrique provient de la puissance mécanique fournie pour le déplacement de la barre. Ce système fonctionne **en moteur**.
Les réponses sont **a** et **d**.

Exercices de niveau 2

Exercice 5

1) a) Le plan (P) défini par l'axe interpolaire et l'axe (Oz) est un plan d'antisymétrie de la distribution de courant formée par les spires enroulées autour du rotor. De plus, le champ magnétique $\vec{B}$ est radial.
Donc, d'un côté du plan (P), le champ magnétique est orienté suivant $+\vec{e_r}$ et de l'autre suivant $-\vec{e_r}$. Or les points M et M′ sont situés de part et d'autre de ce plan. On en conclut que le champ magnétique a même direction et même sens sur les deux points :

$$\vec{B}(M) = \vec{B}(M').$$

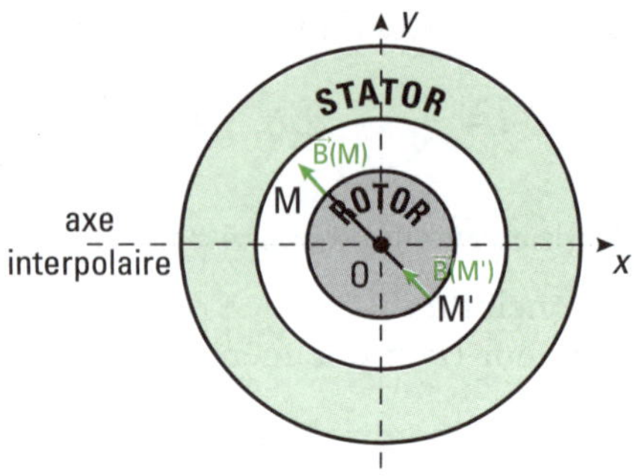

b) Dans cet exercice, le sens du courant I est imposé. Il faut alors orienter notre spire dans ce sens, c'est-à-dire de A vers A′. La force de Laplace qui s'exerce sur le tronçon CD s'écrit :

$$\overrightarrow{F_{CD}} = \int_C^D I\,\overrightarrow{dl} \wedge \overrightarrow{B} \text{ (\textit{cf.} méthode n° 1).}$$

Avec $\overrightarrow{dl} = dl\,\overrightarrow{u_z}$, car I est orienté dans le sens de $\overrightarrow{u_z}$, et $B = B\overrightarrow{u_r}$, où $\overrightarrow{u_r}$ est le vecteur de base en coordonnées cylindriques $(\overrightarrow{u_r}, \overrightarrow{u_\theta}, \overrightarrow{u_z})$, on trouve :

$$\overrightarrow{F_{CD}} = IB\left(\int_C^D dl\right)\overrightarrow{u_\theta} = ILB\overrightarrow{u_\theta}, \text{ car I et B sont constants sur le tronçon CD.}$$

Sur le tronçon C′D′, $\overrightarrow{dl} = -\,dl\overrightarrow{u_z}$ car I est orienté dans le sens de $-\overrightarrow{u_z}$ et $\overrightarrow{B} = -\,B\overrightarrow{u_r}$ où $\overrightarrow{u_r}$ est le vecteur de base en coordonnées cylindriques. On trouve alors :

$$\overrightarrow{F_{C'D'}} = ILB\overrightarrow{u_\theta}.$$

Les points M et M′ sont symétriques par rapport à l'axe (Oz). Donc les vecteurs de base $\overrightarrow{u_\theta}$ en ces deux points ont des directions opposées. On en déduit :

$$\mathbf{\overrightarrow{F_{C'D'}} = -\,\overrightarrow{F_{CD}}}.$$

⚠ Les autres tronçons de la spire sont supposés placés dans un champ magnétique négligeable. Même si cela n'était pas le cas, remarquons que les forces de Laplace sur ces tronçons seraient nulles puisque le courant est orienté dans la même direction que le champ magnétique.

c) Le moment des forces qui s'exerce sur la spire est la somme des moments qui s'exercent sur chaque tronçon CD et C′D′. Les forces de Laplace étant uniformément réparties sur le tronçon CD, le moment par rapport à l'axe (Δ) est égal à :

$$\overrightarrow{T_{CD}} = R\overrightarrow{u_r} \wedge \overrightarrow{F_{CD}} = ILBR\overrightarrow{u_z}.$$

De même, le moment des forces de Laplace sur le tronçon C′D′ est :

$$\overrightarrow{T_{CD}} = R\overrightarrow{u_r} \wedge \overrightarrow{F_{C'D'}} = R\overrightarrow{u_r} \wedge \overrightarrow{F_{C'D'}} = ILBR\overrightarrow{u_z}.$$

Donc le moment des forces de Laplace sur la spire a pour module :

$$\mathbf{T_1 = 2RLBI}.$$

La constante Φ_1 est donc :

$$\mathbf{\Phi_1 = 2RLB,}$$

homogène au produit d'un champ magnétique par une surface. Donc $\mathbf{\Phi_1}$ est **homogène à un flux.**

On remarque ici que la spire est soumise à un couple. C'est-à-dire, du point de vue mécanique, à un ensemble de forces dont la résultante est nulle et dont le moment est non nul. C'est pourquoi, dans la littérature, on parle de couple pour définir le module du moment par rapport à l'axe de rotation des forces exercées sur le rotor.

2) a) L'expression de Φ_1 est **indépendante de la position de la spire**. (Donc Φ_1 n'est pas modifié si le tronçon CD passe dans le domaine $y < 0$).

b) Quand le brin CD passe dans le domaine $y < 0$, le champ magnétique change de sens et donc la force de Laplace qui s'exerce sur ce brin change de sens. Il en est de même pour le brin C′D′. Donc le moment des forces de Laplace change de signe et devient **négatif**.

c) Si I est constante, T_1 est positif pendant un demi-tour et négatif pendant l'autre demi-tour. Donc la valeur moyenne de T_1 est **nulle**.

d) Le cas I constant n'a donc aucun intérêt. Il faut trouver un moyen d'inverser le courant lors du passage d'un domaine à l'autre. Ceci engendre un moment des forces de Laplace toujours du signe du courant I. Ce système peut alors produire **un moment non nul** capable de mettre en mouvement une charge.

e) Le rotor est constitué de N spires identiques. On peut donc supposer que, chacune des spires engendrant le même moment des forces de Laplace, le moment résultant sera égal à N fois le moment précédemment calculé. Donc il paraît logique de trouver :

$$T = \Phi I, \text{ où } \Phi = N\Phi_1 = 2NRLB.$$

Il faut pour cela pouvoir considérer le champ magnétique comme constant. Ce qui n'est pas idéalement le cas. En effet, il existe une zone autour de l'axe interpolaire où le champ magnétique varie. Il faut supposer que sur cette zone le nombre de spires est **très faible**.

⚠ Lors de la commutation, on s'arrange pour qu'au niveau du système de commutation, la f.é.m. soit la plus faible possible pour éviter d'endommager le circuit de commutation lors du changement de sens du courant (création d'un arc électrique du fait des inductances des spires). Il faut donc que le champ soit nul autour de cette zone.

3) a) Le circuit étant orienté, on calcule la circulation du champ électromoteur apparaissant dans les tronçons de spire (*cf.* méthode 1). Donc :

$$e_{AA'} = e_{CD} + e_{D'C'} = \int_C^D \overrightarrow{E_m} \cdot \overrightarrow{dl} + \int_{D'}^{C'} \overrightarrow{E_m} \cdot \overrightarrow{dl}.$$

Rappelons que $\overrightarrow{E_m} = \vec{v} \wedge \vec{B} = R\Omega\overrightarrow{u_\theta} \wedge \vec{B} = -R\Omega B\overrightarrow{u_z}$ sur le tronçon CD et $\overrightarrow{E_m} = R\Omega B\overrightarrow{u_z}$ sur le tronçon C′D′. Nous en déduisons :

$$\boldsymbol{e_{AA'} = -R\Omega B\left(\int_C^D dl + \int_{D'}^{C'} dl\right) = -2RLB\Omega.}$$

💡 Les autres tronçons de la spire sont supposés placés dans un champ magnétique négligeable. Même si cela n'était pas le cas, remarquons que le champ électromoteur sur ces tronçons serait nul puisque l'élément de longueur $\overrightarrow{dl}$ est orienté dans la même direction que le champ magnétique. Donc $I\overrightarrow{dl} \wedge \vec{B} = \vec{0}$ en tout point de ces tronçons.

b) On trouve :

$$\boldsymbol{e_{AA'} = -\Phi_2\Omega}, \text{ où } \Phi_2 = 2RLB.$$

Donc $\boldsymbol{\Phi_1 = \Phi_2}$, ce qui est logique car on a supposé le couplage électromécanique parfait.

⚠ On remarque qu'ici on obtient $e = -\Phi\Omega$, alors qu'en cours on a écrit $e = \Phi\Omega$. Cependant, dans le cours, la machine est étudiée en convention récepteur. Or, dans cet exercice, la f.é.m. et le courant sont orientés dans le même sens et donc on utilise la convention générateur. Ceci explique le signe « – ».

c) La dernière figure montre bien un fonctionnement génératrice de la machine ce qui correspond bien au cas étudié. De plus, on tient compte des résistances des spires. L'équation électrique est donc :

$$u = RI - e = E.$$

Exercice 6

1) Φ est obtenu grâce aux valeurs nominales :

$$\boldsymbol{\Phi = \frac{E_n}{\Omega_n} = \frac{U_n - RI_n}{\Omega_n}} \qquad \textit{A.N.}\ \boldsymbol{\Phi = 1{,}71\ V\cdot s}.$$

2) La machine est soumise à son couple électromagnétique et au couple de frottement. Appliquons le théorème du moment cinétique :

$$\boldsymbol{J\frac{d\Omega(t)}{dt} = \Phi I - f\Omega(t).}$$

3) a) La vitesse de rotation étant nulle, la f.é.m. est aussi nulle. Donc l'équation électrique donne :

$$\mathbf{I_p = \frac{U}{R}} \qquad \textit{A.N.}\ \mathbf{I_p = 50\ A.}$$

b) Dans cette question, on étudie le régime variable électrique de la machine.

Dans cette question, on s'intéresse en réalité à la réponse du moteur lorsque le régime permanent est perturbé par un échelon de 10 V. Pour cela, on réalise une étude dynamique du système en ne tenant pas compte des grandeurs statiques. En effet, il s'agit d'étudier les variations des grandeurs électriques autour d'un point de fonctionnement (*cf.* D.7 du cours). Dans notre cas, on considère que la constante de temps électrique est négligeable devant la constante de temps mécanique (ce que l'on démontre en fin d'exercice). De ce fait, Ω est une grandeur statique qui est donc prise égale à 0 (il faut comprendre que la variation de Ω est nulle). Ce type d'étude dynamique est très utilisée en automatique (se reporter au cours de Sciences Industrielles).

Le schéma électrique équivalent de l'induit se réduit ici à une résistance R en série avec une inductance L.

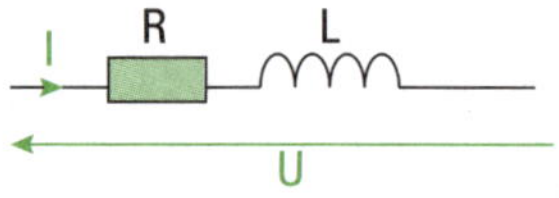

L'équation électrique devient : $U = RI(t) + L\dfrac{dI(t)}{dt}$.

La tension d'alimentation est constante égale à 10 V, donc la solution de cette équation différentielle à coefficient constant est :

$$I(t) = I_p\left(1 - \exp\left(-\frac{t}{\tau_e}\right)\right), \text{ où } \tau_e = \frac{L}{R} = 4{,}5\cdot 10^{-2}\ \text{s.}$$

Le courant est égal à $0{,}9I_p$ dans l'induit à l'instant t_1 tel que : $0{,}9 = 1 - \exp\left(-\dfrac{t_1}{\tau_e}\right)$. Donc :

$$\mathbf{t_1 = \tau_e \ln (10)} \qquad \textit{A.N.}\ \mathbf{t_1 = 0{,}1\ s.}$$

4) a) La vitesse de rotation est obtenue à partir de l'expression de la f.é.m. L'équation électrique nous donne $E = U_n - RI_p = 210$ V. Nous trouvons alors :

$$\mathbf{\Omega_0 = \frac{E}{\Phi} = \frac{U_n - RI_p}{\Phi}} \qquad \textit{A.N.}\ \Omega_0 = \frac{220 - 0{,}2 \times 50}{1{,}71} = \mathbf{122{,}8\ rad\cdot s^{-1} = 1\ 173\ tr\cdot min^{-1}}.$$

b) L'équation de la mécanique nous permet d'écrire :

$$J\frac{d\Omega(t)}{dt} = \Phi I_p - f\Omega.$$

La solution de cette équation est :

$$\Omega(t) = \frac{\Phi I_p}{f}\left(1 - \exp\left(-\frac{t}{\tau_m}\right)\right), \text{ où } \tau_m = \frac{J}{f} = 1{,}5\ \text{s.}$$

La vitesse $0{,}9\Omega_0$ est obtenue pour t_2 tel que :

$$\mathbf{t_2 = -1{,}5 \ln\left(1 - \frac{0{,}9\Omega_0 f}{\Phi I_p}\right)} \qquad \textit{A.N.}\ \mathbf{t_2 = -1{,}5 \ln\left(1 - \frac{0{,}9 \times 122{,}8 \times 0{,}4}{1{,}71 \times 50}\right) = 1{,}1\ s.}$$

5) On peut comparer ces deux valeurs de temps et se rendre compte que l'approximation consistant à considérer les variations de courant très rapides devant les variations de vitesse angulaire semble valable :

$$\frac{t_2}{t_1} = 11.$$

Plus généralement, il est souvent légitime de considérer que les grandeurs mécaniques évoluent peu sur la durée du régime transitoire électrique.

Exercice 7

1) a) Afin de déterminer la résistance totale du circuit d'induit, on maintient le rotor fixe. On applique alors une tension U aux bornes du circuit d'induit. Il suffit de mesurer le courant traversant ce circuit (méthode dite «voltampèremètrique»).

Cette mesure doit être effectuée pour plusieurs positions du rotor. En effet en fonction, notamment, de la position des connexions par rapport au circuit de commutation, la résistance du circuit peut varier. La résistance d'induit changeant avec la température, il est préférable de faire la mesure à chaud, c'est-à-dire après avoir utilisé le moteur en fonctionnement nominal.

b) Dans un premier temps, on cherche à déterminer les caractéristiques de la machine à courant continu (*cf.* méthode n° 2). L'expression de la force électromotrice est obtenue par la loi des mailles E = U – RI. D'après la mesure à vide :

$$E = 143 - 1{,}2 \times 0{,}9 = 141{,}92\ \text{V, pour } \Omega = 157\ \text{rad·s}^{-1}\ (1\ 500\ \text{tr·min}^{-1}).$$

On utilise le couplage électromécanique parfait afin d'en déduire l'expression du couple électromagnétique :

$$\mathbf{T}_{em} = \frac{\mathbf{EI}}{\mathbf{\Omega}}.$$

Pour une machine à courant continu, E est proportionnelle à la vitesse de rotation et ne dépend pas du courant d'induit. Donc le rapport $\frac{E}{\Omega}$, noté Φ, est indépendant du courant I. On en déduit :

$$\mathbf{T}_{em} = \mathbf{\Phi I}\text{, où } \Phi = \frac{E}{\Omega} \qquad A.N.\ \mathbf{T}_{em} = \mathbf{0{,}9I} \quad \mathbf{(1)}.$$

c) À vitesse stable, I = 16 A. Donc : $\mathbf{T}_{em} = \mathbf{14{,}46\ N·m}$.

d) Le couple de pertes est considéré constant. On peut alors le déterminer à partir de l'essai à vide :

$$T_p = \Phi I_p\text{, où } I_p \text{ est le courant absorbé par la machine.}$$

A.N. $T_p = -\ 0{,}81$ N·m. (*cf.* méthode n° 2).

Le moteur fonctionne en régime permanent. La somme des couples qui s'exercent sur le rotor est donc nulle. Les couples qui s'exercent sur la machine sont le couple électromagnétique, le couple de pertes et le couple résistant exercé par la charge noté T_r. On en déduit :

$$\mathbf{T}_r = -\mathbf{T}_{em} - \mathbf{T}_p \qquad A.N.\ \mathbf{T}_r = -\ \mathbf{13{,}65\ N·m}.$$

e) Pour déterminer le moment d'inertie, on applique le théorème du moment cinétique au système machine-charge (*cf.* méthode 3). Les couples qui s'exercent sur la machine sont le couple électromagnétique, le couple de pertes et le couple résistant exercé par la charge noté T_r. Ces deux derniers couples sont considérés constants. Les seules données à notre disposition concernant un régime variable sont des mesures lors de la mise en vitesse. Dans ce cas, le courant I est constant et donc le couple électromagnétique. Le théorème du moment cinétique donne :

$$J\frac{d\Omega(t)}{dt} = T_{em} + T_p + T_r\ \mathbf{(2)}\text{, d'où : } \Omega(t) = \frac{T_{em} + T_p + T_r}{J}t,$$

en prenant Ω(0) = 0 dans le cas de l'essai de mise en vitesse.

La seule inconnue est J. Il reste à écrire que pour $t = 4{,}8$ s, $\Omega = \frac{1\ 200 \times 2\pi}{60} = 125{,}7$ rad·s^{-1}. Donc :

$$\mathbf{J} = \frac{\mathbf{T}_{em} + \mathbf{T}_p + \mathbf{T}_r}{\mathbf{\Omega}(t)}t \qquad A.N.\ \mathbf{J} = \frac{\mathbf{0{,}9 \times 25 - 0{,}81 - 13{,}65}}{\mathbf{125{,}7}}\mathbf{4{,}8} = \mathbf{0{,}31\ kg·m^2}.$$

2) a) D'après les équations (1) et (2) :

$$\mathbf{I} = \frac{\mathbf{T}_{em}}{\mathbf{\Phi}} = \frac{\mathbf{1}}{\mathbf{\Phi}}\left(\mathbf{J}\frac{\mathbf{d\Omega}(t)}{\mathbf{d}t} - \mathbf{T}_p - \mathbf{T}_r\right).$$

– Pour $t_0 < t < t_1$, l'évolution de Ω(*t*) étant linéaire, on déduit de la figure de l'énoncé :

$$\frac{d\Omega(t)}{dt} = \frac{140}{t_1} = 23{,}33\ \text{rad·s}^{-2}.$$

$$A.N.\ \mathbf{I} = \frac{\mathbf{1}}{\mathbf{0{,}9}}(\mathbf{0{,}31 \times 23{,}33 + 0{,}81 + 13{,}65}) = \mathbf{24\ A}.$$

– Pour $t_1 < t < t_2$, $\Omega(t)$ étant constant, $\dfrac{d\Omega(t)}{dt} = 0$.

$$A.N.\ \mathbf{I = \frac{1}{0{,}9}(0{,}81 + 13{,}65) = 16{,}1\ A.}$$

– Pour $t_2 < t < t_3$, l'évolution de $\Omega(t)$ étant linéaire, on déduit de la figure de l'énoncé :

$$\frac{d\Omega(t)}{dt} = -\frac{140}{t_3 - t_2} = -70\ \text{rad·s}^{-2}.$$

$$A.N.\ \mathbf{I = \frac{1}{0{,}9}(0{,}31 \times -70 + 0{,}81 + 13{,}65) = -7{,}8\ A.}$$

b) – Pendant les intervalles ΔT_1 et ΔT_2, le courant est positif, ainsi que la f.é.m. E dans la convention récepteur, donc la machine est **en fonctionnement moteur**.
– Pendant l'intervalle T_3, le courant est négatif et la f.é.m. positive dans la convention récepteur. La machine fonctionne alors **en génératrice**.

Cette phase de freinage est aussi appelée phase de récupération. Pendant cet intervalle de temps, la machine fournit de la puissance à l'alimentation. Ceci permet de récupérer une partie de l'énergie qui serait sinon perdue sous forme thermique dans un système de freinage traditionnel. On peut alors améliorer le rendement du système. Il faut pour cela que l'alimentation soit réversible en courant.

c) La tension d'induit est définie par :

$$U(t) = E(t) + RI(t) = \Phi\Omega(t) + RI(t) = 0{,}9\ \Omega(t) + 1{,}2I$$

en convention récepteur où $\Omega(t) = \dfrac{d\Omega(t)}{dt}t + \Omega_0$. Le couple électromagnétique est donné par

$$\mathbf{T_{em} = \Phi I = 0{,}9I.}$$

– Dans la première phase, le courant est constant et égal à I = 24 A.
A.N. $\Omega(t) = 23{,}33t$; $T_{em} = 0{,}9 \times 24 = 21{,}6$ N·m ; $U(t) = 0{,}9 \times 23{,}33t + 1{,}2 \times 24 = 21t + 28{,}8$ pour $t_0 < t < t_1$.
$\Omega(t)$ varie linéairement donc la tension d'induit varie linéairement.

– Dans la deuxième phase, le courant est constant et égal à I = 16,1 A.
A.N. $\Omega(t) = 140$ rad·s^{-1} ; $T_{em} = 0{,}9 \times 16{,}1 = 14{,}5$ N·m ; $U(t) = 0{,}9 \times 140 + 1{,}2 \times 16{,}1 = 106{,}7$ V pour $t_1 < t < t_2$.
$\Omega(t)$ est constant donc la tension d'induit est constante.

– Dans la dernière phase, le courant est constant et égal à I = – 7,8 A.
A.N. $\Omega(t) = -70t + 1\,680$; $U(t) = 0{,}9 \times (-70t + 1\,680) + 1{,}2 \times (-7{,}8) = -63t + 1\,463{,}8$; $T_{em} = \Phi I = 0{,}9 \times -7{,}8 = -7{,}0$ N·m pour $t_2 < t < t_3$.
$\Omega(t)$ varie linéairement donc la tension d'induit varie linéairement.

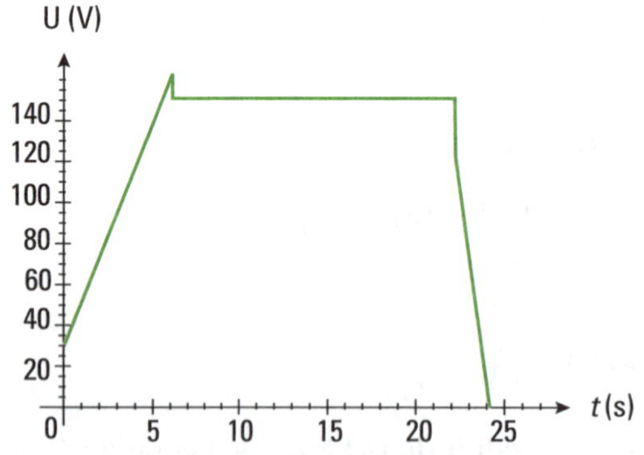

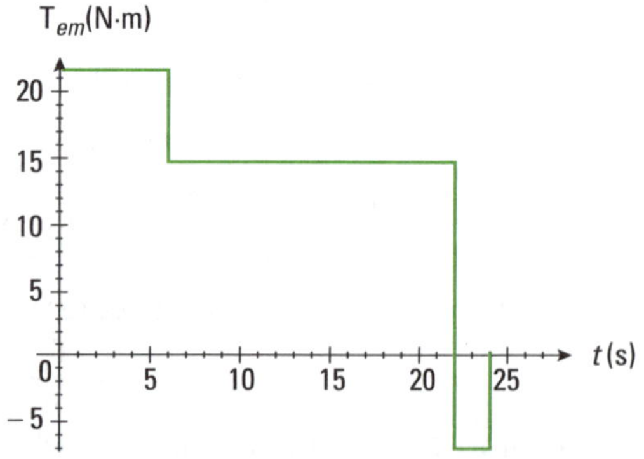

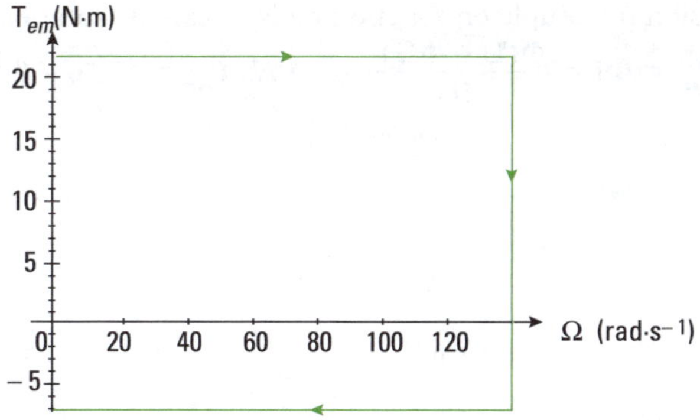

Ce dernier graphe permet de visualiser le déplacement du point de fonctionnement dans le plan (T_{em}, Ω).

d) Sur l'intervalle ΔT_2, la machine fonctionne en régime permanent : $\frac{d\Omega(t)}{dt} = 0$. Donc l'équation (2) devient : $T_{em} + T_p + T_r = 0$.
Le couple utile est celui exercé sur la charge. Il est donc opposé au couple exercé par la charge sur le moteur :

$$\mathbf{T_u = -T_r = T_{em} + T_p = \Phi I + T_p} \qquad \textit{A.N.}\ \mathbf{T_u = 13{,}7\ N{\cdot}m.}$$

La puissance utile fournie par la machine est :

$$\mathbf{P_u = T_u\Omega = (\Phi I + T_p)\Omega} \qquad \textit{A.N.}\ \mathbf{P_u = 1{,}9\ kW.}$$

e) La machine absorbe une puissance électrique égale à $P_a = UI = 2{,}34$ kW. Le rendement de la machine est :

$$\eta = \frac{\mathbf{P_u}}{\mathbf{P_a}} \qquad \textit{A.N.}\ \mathbf{\eta = 82\ \%.}$$

Ce type de fonctionnement du moteur à courant continu est très fréquent. En effet, un démarrage à courant constant est très performant du point de vue de la rapidité de mise en rotation du moteur. De plus, le freinage en génératrice permet éventuellement de récupérer une partie de l'énergie, ce qui améliore le rendement.

En règle générale, pour commander le moteur, on utilise un asservissement de courant qui impose un courant constant jusqu'à une certaine valeur de Ω (inférieure à la vitesse de rotation en régime permanent pour que le moteur ne dépasse pas cette valeur de vitesse de rotation avant de passer en régulation de vitesse). Puis on passe en régulation de vitesse.

Exercice 8

1) La caractéristique couple en fonction de la vitesse de rotation est donnée ci-contre.
On constate que pour démarrer le moteur, il faut que $T_{em} > 6{,}5$ N·m pour une rotation avec une vitesse positive (rotation dans un sens défini par convention comme le sens positif) et $|T_{em}| > 0{,}3$ N·m pour une rotation avec une vitesse négative. Le démarrage nécessite donc un courant minimum, qui est différent en fonction du sens de rotation de l'arbre.
Après le démarrage, le couple résistant augmente linéairement avec la vitesse de rotation. Cette droite a un coefficient directeur égal à γ.

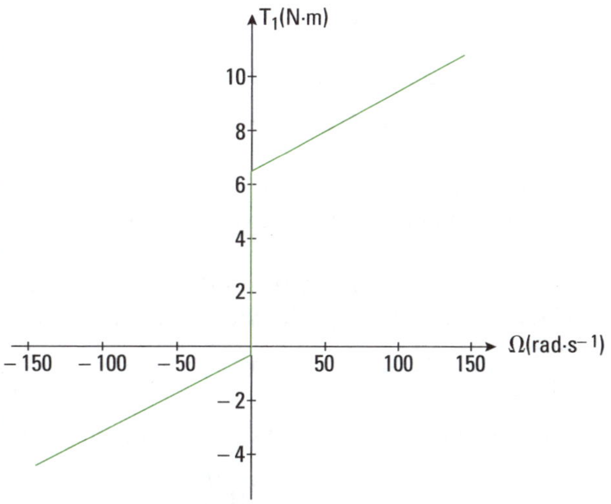

2) Le couple électromagnétique est défini par :

$T_{em} = \Phi I$, où I vérifie l'équation électrique
$$U = RI + \Phi\Omega.$$

On en déduit l'expression du couple en fonction de la vitesse de rotation :

$$\mathbf{T}_{em} = \mathbf{\Phi I} = \frac{\mathbf{\Phi(U - \Phi\Omega)}}{\mathbf{R}} \qquad \textit{A.N.}\ \mathbf{T}_{em} = \mathbf{11{,}76 - 0{,}06\Omega}.$$

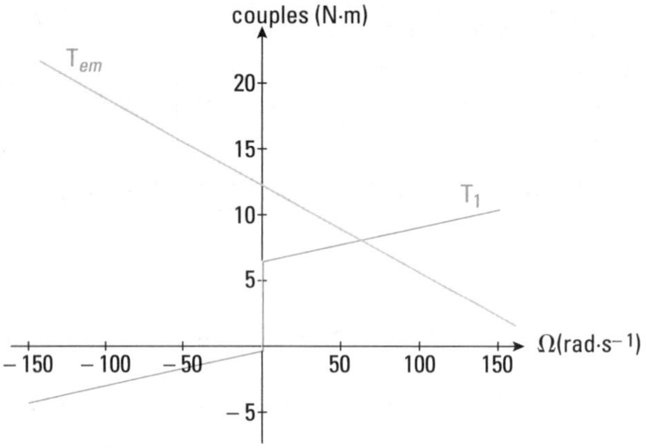

3) L'équation de la mécanique (théorème du moment cinétique) s'écrit :

$$J\frac{d\Omega(t)}{dt} = T_{em} - T_1$$

puisque l'on néglige les pertes collectives. En régime permanent, $\frac{d\Omega(t)}{dt} = 0$, donc $T_{em} = T_1$.

On en déduit le point de fonctionnement du moteur comme le point où le couple électromagnétique est égal au couple résistant, c'est-à-dire le point d'intersection des deux caractéristiques.

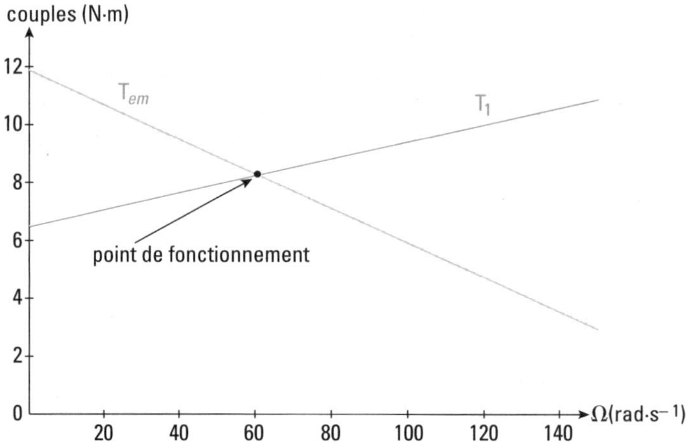

On obtient par lecture sur la courbe :

$$\mathbf{T}_{em} = \mathbf{8{,}25\ N{\cdot}m\ ;\ \Omega = 58{,}5\ rad{\cdot}s^{-1} = 559\ tr{\cdot}min^{-1}\ et\ I} = \frac{\mathbf{T}_{em}}{\mathbf{\Phi}} = \mathbf{82{,}5\ A.}$$

4) En régime permanent $T_{em} = T_1$, d'après la question précédente. Nous trouvons sur la caractéristique de la question 1 la valeur du couple électromécanique pour $\Omega = 100$ rad·s^{-1} :

$$T_{em} = T_1 = 9{,}5\ \text{N·m}.$$

Afin de déterminer la tension d'induit, on peut tracer la caractéristique du couple électromagnétique en fonction de la vitesse de rotation. En effet, la pente de cette caractéristique est $\frac{\Phi^2}{R} = 0{,}06$ N·m·s et elle passe par le point $\Omega = 100$ rad·s^{-1} et $T_{em} = T_1 = 9{,}5$ N·m. Cette caractéristique coupe l'axe $\Omega = 0$ rad·s^{-1} pour $T_{em} = \Phi\ \frac{U}{R}$. On en déduit :

$$\mathbf{U = R\frac{T_{em}}{\Phi}}, \text{ avec graphiquement, } \mathbf{T_{em} = 15{,}5\ N{\cdot}m}.$$

Donc :

$$\mathbf{U = 26{,}4\ V}\ \text{et}\ \mathbf{I = \frac{T_{em}}{\Phi} = 95\ A.}$$

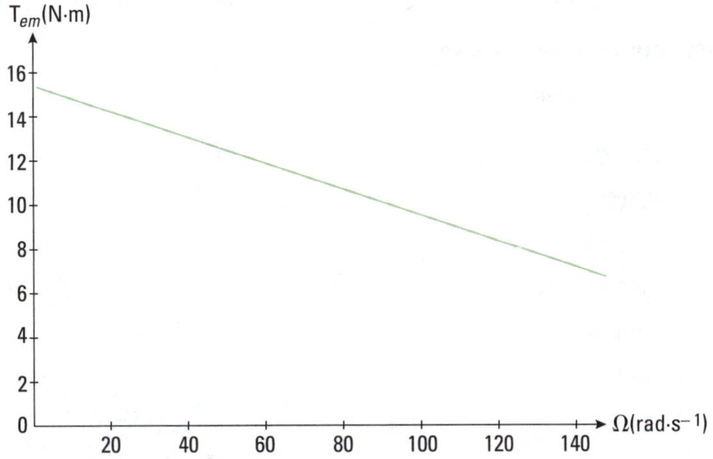

5) On trace la caractéristique demandée. On remarque qu'il existe un couple minimal pour lequel la machine fonctionne en moteur avec une vitesse de rotation positive (toujours avec la convention choisie) :

$$T_{em} > 8{,}4\ \text{N·m}.$$

On observe aussi que cette machine peut fonctionner en génératrice dans une zone où la vitesse de rotation est négative, le couple électromagnétique est positif et donc le courant d'induit est positif :

$$T_{em} \in [0\ ;\ 1{,}6]\ \text{en N·m}$$
$$\text{et}\ |\Omega| \in [0\ ;\ 53{,}4]\ \text{en rad·s}^{-1}.$$

En effet, la puissance électromagnétique $EI = \Phi\Omega I$ est alors négative.

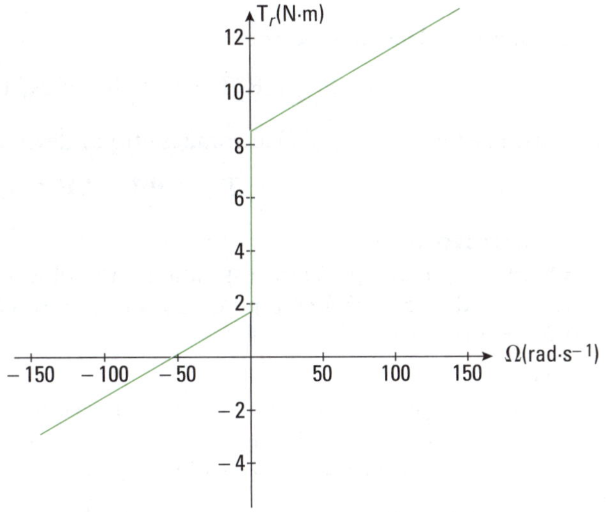

Exercice 9

1) Le coefficient Φ est proportionnel au champ magnétique créé par l'inducteur. Or ce champ magnétique étant créé par les bobinages du circuit inducteur, il est lui-même proportionnel au courant traversant cet inducteur. Donc **Φ est proportionnel à I car l'inducteur est en série avec l'induit** :

$\Phi = kI$, où k est une constante de proportionnalité dépendant des caractéristiques de la machine.

⚠ Ceci n'est valable que si l'on suppose le circuit magnétique de la machine non saturé.

Lorsque le moteur fonctionne à vide (couple électromagnétique de faible valeur si on néglige les pertes fer et mécanique), le courant dans l'induit est faible. Dans ce cas, Φ a une valeur faible. Si le moteur est en fonctionnement, $E = \Phi\Omega \approx U$, où U est la tension aux bornes de l'induit, la vitesse de rotation de la machine devenant alors très grande il y a risque d'emballement. C'est un des défauts de ce type de configuration. Ainsi, en pratique, une telle machine utilisée en levage doit toujours soulever une charge minimale au démarrage. On place pour cela un crochet de masse suffisante à l'extrémité du câble porteur.

2) L'application de la loi des mailles donne :

$$U = (R_{ind} + R_I)I + E = (R_{ind} + R_I)I + \Phi\Omega.$$

Nous en déduisons :

$$\mathbf{\Phi = kI = \frac{U - (R_{ind} + R_I)I}{\Omega}} \qquad \textit{A.N. } \mathbf{k = 1{,}6 \cdot 10^{-2}\ V \cdot s.}$$

3) • Caractéristique couple-vitesse

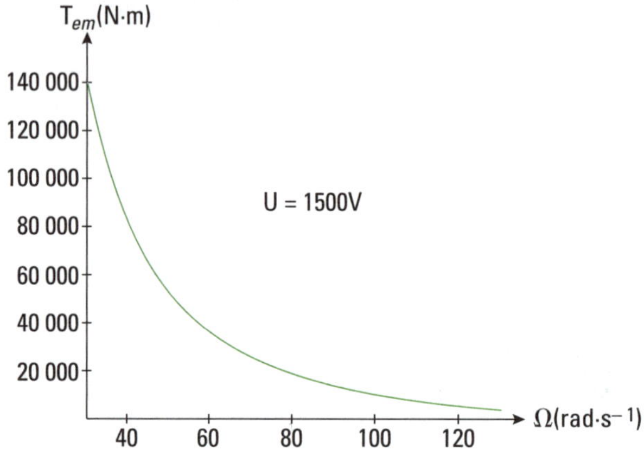

L'équation électrique donne :

$$U = (R_{ind} + R_I)I + E = (R_{ind} + R_I)I + kI\Omega, \text{ d'où } I = \frac{U}{R_{ind} + R_I + k\Omega}.$$

L'expression du couple électromagnétique devient :

$$\mathbf{T_{em} = \Phi I = kI^2 = k\left(\frac{U}{R_{ind} + R_I + k\Omega}\right)^2.}$$

• Commentaires

On remarque que plus la vitesse augmente, plus le couple électromagnétique diminue ce qui donne une grande stabilité à ce type de configuration. On constate aussi que le couple au démarrage est très important.

Afin d'augmenter la plage de vitesse accessible par le moteur en charge, on ajoute en parallèle avec l'inducteur une résistance. Ceci diminue le courant dans l'inducteur et donc le produit kI, ce qui permet d'augmenter la vitesse de rotation à couple constant ($T_{em} = kI\Omega$). Ce mode de fonctionnement est appelé « shunt ».

4) On trace le graphe précédent et le graphe du couple résistant. Le point de fonctionnement correspond au point où les couples sont égaux, donc au point d'intersection des deux caractéristiques :

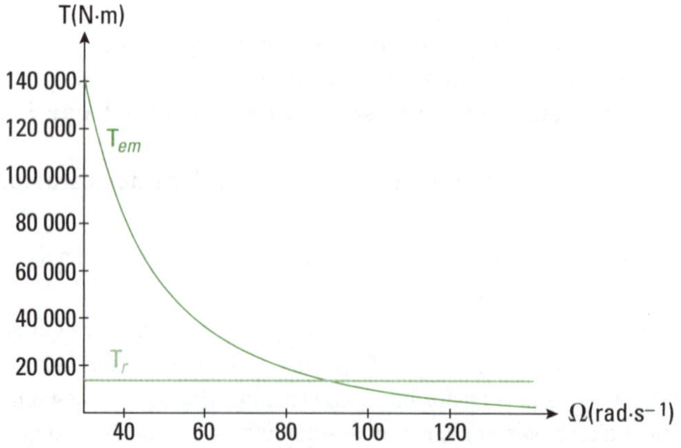

On déduit de ce graphique :

$$\mathbf{T_{em} = 15\ 846\ N \cdot m \text{ et } \Omega = 92{,}5\ rad \cdot s^{-1} = 884\ tr \cdot min^{-1}.}$$

Le courant d'induit est $\mathbf{I} = \sqrt{\dfrac{\mathbf{T}_{em}}{\boldsymbol{k}}}$, la f.é.m. $\mathbf{E} = \boldsymbol{k}\mathbf{I}\boldsymbol{\Omega}$ et l'alimentation $\mathbf{U} = (\mathbf{R}_{ind} + \mathbf{R}_\mathbf{I})\mathbf{I} + \mathbf{E}$.

A.N. **I = 995 A ; E = 1472,6 V** et **U = 1 499 V.**

5) Au démarrage, le courant est de 2 500 A, donc le couple au démarrage est égal à :

$$\mathbf{T}_d = \boldsymbol{k}\mathbf{I}^2 \qquad \textit{A.N. } \mathbf{T}_d = \mathbf{100\ kN{\cdot}m}.$$

Exercices de niveau 3

Exercice 10

Rappelons que les grandeurs indiquées sur la plaque signalétique sont définies pour un fonctionnement nominal (celui prévu par le constructeur de la machine).

1) • On étudie le moteur en convention récepteur. L'essai à rotor immobilisé permet de déterminer la résistance de l'induit. Il correspond à un courant absorbé d'intensité 100 A pour une tension d'induit de 20 V. Comme le rotor est bloqué, E = 0. D'où :

$$\mathbf{R} = \frac{\mathbf{U}_b}{\mathbf{I}_b} \qquad \textit{A.N. } \mathbf{R = 0{,}2\ \Omega}.$$

• En régime nominal, l'équation électrique du montage s'écrit :

$$\mathbf{E}_n = \mathbf{U}_n - \mathbf{RI}_n \qquad \textit{A.N. } \mathbf{E}_n = 220 - 0{,}2 \times 100 = \mathbf{200\ V}.$$

• En régime nominal, $\Omega_n = 1\ 200 \times \dfrac{2\pi}{60} = 125{,}7\ \text{rad}{\cdot}\text{s}^{-1}$. On en déduit la constante de proportionnalité entre la f.é.m. et la vitesse de rotation :

$$\boldsymbol{\Phi} = \frac{\mathbf{E}_n}{\boldsymbol{\Omega}_n} \qquad \textit{A.N. } \boldsymbol{\Phi} = \frac{200}{125{,}7} = \mathbf{1{,}60\ V{\cdot}s}.$$

2) On néglige les pertes fer et les pertes mécaniques. Donc le couplage électromécanique est supposé parfait. Le couple nominal s'écrit alors :

$$\mathbf{T}_n = \boldsymbol{\Phi}\mathbf{I}_n = \frac{\mathbf{E}_n\mathbf{I}_n}{\boldsymbol{\Omega}_n} \qquad \textit{A.N. } \mathbf{T}_n = \mathbf{159\ N{\cdot}m}.$$

3) L'arbre du moteur est relié à la poulie par l'intermédiaire d'un réducteur de rapport 10. Donc la vitesse de rotation de la poulie est de 120 tr·min⁻¹.
La poulie ayant un diamètre D = 0,5 m, elle entraîne le câble et donc la charge à une vitesse

$$\boldsymbol{v} = \frac{\mathbf{D}}{\mathbf{2}}\,\frac{\boldsymbol{\Omega}}{\mathbf{10}} \qquad \textit{A.N. } \boldsymbol{v} = 0{,}25 \times 12{,}6 = \mathbf{3{,}15\ m{\cdot}s^{-1}}.$$

4) D'après l'application du théorème du moment cinétique pour un moteur en régime permanent (montée à vitesse constante), le couple exercé par le moteur doit être égal au couple résistant exercé par la charge.
Dans cet exercice, la charge est reliée au moteur par le réducteur. Quel est le rôle du réducteur sur la transmission du couple ?
Le réducteur entraîne la poulie et lui fournit donc une puissance égale à $T_{red}\,\Omega_{red}$, où Ω_{red} représente la vitesse de rotation de la poulie et T_{red} le couple exercé sur l'axe en sortie du réducteur (donc sur la poulie).
Cette puissance est fournie au réducteur par le moteur. Le moteur fournit une puissance $T_n\Omega_n$, où T_n est le couple électromagnétique nominal (il n'y a pas de pertes, donc le couple utile est égal au couple électromagnétique) et Ω_n la vitesse de rotation nominale du moteur.
Comme les pertes mécaniques sont négligées au niveau du réducteur et de la poulie, ces deux puissances sont égales. On en déduit que :

$$T_n = \frac{T_{red}\,\Omega_{red}}{\Omega} = \frac{T_{red}}{10}.$$

Or, d'après le théorème du moment cinétique appliqué à la poulie en régime permanent, T_{red} est égal au couple exercé par la masse sur la poulie, c'est-à-dire le moment du poids : $Mg\frac{D}{2}$. On en déduit :

$$T_n = \frac{T_{red}}{10} = Mg\frac{D}{20}, \text{ d'où } \mathbf{M = \frac{20T_n}{gD}} \qquad \textit{A.N.}\ \mathbf{M = 636\ kg}.$$

5) • Pour maintenir une charge fixe, il faut que le couple électromagnétique soit égal au couple exercé par la charge :

$$T_{em} = \frac{MgD}{20} = 125\ \text{N·m}.$$

On en déduit l'intensité du courant traversant l'induit du moteur :

$$\mathbf{I = \frac{T_{em}}{\Phi} = \frac{MgD}{20\Phi}} \qquad \textit{A.N.}\ \mathbf{I = 78{,}1\ A}.$$

• La charge étant immobile, le rotor est immobile. Donc $E_1 = 0$. D'où :

$$\mathbf{U_1 = RI} \qquad \textit{A.N.}\ \mathbf{U_1 = 15{,}6\ V}.$$

6) • En régime permanent, le couple électromagnétique est égal au couple résistant. Or, la détermination de l'intensité du courant s'effectue toujours à partir du couple électromagnétique. On obtient donc le même courant :

$$\mathbf{I = \frac{T_{em}}{\Phi}} \qquad \textit{A.N.}\ \mathbf{I = 78{,}1\ A.}$$

• Par contre, la f.é.m. n'est plus nulle et la vitesse de rotation est négative puisque le rotor tourne dans le sens opposé à la question précédente. La vitesse de descente est de $0{,}5\ \text{m·s}^{-1}$, le moteur a une vitesse de rotation :

$$|\Omega_1| = 10|\Omega_{red}| = 10\frac{2|v_1|}{D} = 20\ \text{rad·s}^{-1} = 1\ 910\ \text{tr·min}^{-1}.$$

Donc $\Omega_1 = -20\ \text{rad·s}^{-1}$ et :

$$\mathbf{U'_1 = E_1 + RI = \Phi\Omega_1 + RI} \qquad \textit{A.N.}\ \mathbf{U'_1 = -16{,}4\ V}.$$

La machine fonctionne maintenant en génératrice car E_1 et I ont des signes opposés en convention récepteur ($E_1 I < 0$).

7) On impose une brusque variation du courant dans le circuit d'induit.

On rappelle qu'en réalité, le courant n'est pas discontinu en raison du caractère inductif du circuit d'induit. Cependant, la constante de temps électrique étant très petite devant la constante de temps mécanique, du point de vue mécanique, les variations du courant peuvent être considérées comme instantanées.

Le moteur est soumis à un échelon de courant d'intensité $\Delta I = 100 - 78{,}1 = 21{,}9$ A (*cf.* méthode n° 3) puisque l'intensité du courant passe de la valeur nominale à une valeur de 100 A.
La machine fonctionne en moteur. La tension aux bornes de l'induit est $U_2 = E_2 + R(I + \Delta I)$.
Elle est soumise au couple électromagnétique et au couple de charge puisque l'on néglige toute perte mécanique. Le théorème du moment cinétique appliqué sur l'axe de la machine à courant continu donne donc :

$$J\frac{d\Omega(t)}{dt} = T_{em} - T_r, \text{ où } T_r = \frac{T_{red}}{10} \text{ est le couple exercé à l'entrée du réducteur par la charge.}$$

D'où : $J\dfrac{d\Omega(t)}{dt} = \Phi(I + \Delta I) - \dfrac{MgD}{20} = \Phi I$ (*cf.* question 5).

Φ, J et ΔI étant des constantes, la solution est donc du type :

$$\Omega(t) = \frac{\Phi\Delta I}{J}t + \Omega(0), \text{ avec } \Omega(0) = 0 \text{ (\textit{cf.} question 5).}$$

La vitesse de la charge est donc définie par :

$$v = \Omega_{red}\frac{D}{2} = \frac{\Omega(t)}{10}\frac{D}{2} = \frac{D\Phi\Delta I}{20J}t.$$

Ainsi, la charge monte de $x = \dfrac{D\Phi\Delta I}{20J}\dfrac{t^2}{2}$ mètres sur une durée de t secondes. Donc :

$$\mathbf{J = \dfrac{D\Phi\Delta I}{20x}\dfrac{t^2}{2}}.$$

A.N. La charge est montée de 2 m en 2 s, $\mathbf{J} = \dfrac{0{,}5 \times 1{,}60 \times 21{,}9}{20 \times 2} \times \dfrac{(2)^2}{2}$ **= 0,88 kg·m²**.

Une autre méthode consiste à utiliser la transformation de Laplace (cette méthode n'est pas au programme du cours de Physique, mais elle est donnée à titre informative car très simple d'utilisation). L'équation mécanique devient :

$$Jp\Omega(p) = \Phi I(p) = \Phi\,\frac{\Delta I}{p},$$

où $I(p)$ représente la variation du courant d'induit autour du point de fonctionnement. Donc :

$$\Omega(p) = \frac{\Phi I(p)}{Jp} = \Phi\,\frac{\Delta I}{Jp^2}.$$

Or la transformée de Laplace inverse de la fonction $\dfrac{1}{p^2}$ est la fonction rampe t, donc :

$$\Omega(t) = \frac{\Phi\Delta I}{J}\,t, \text{ avec } \Omega(0) = 0.$$

8) Le moment d'inertie J_c de l'ensemble {réducteur + charge + masse} peut être défini au niveau du rotor par l'étude de l'énergie cinétique fournie à cet ensemble.
Dans le cas de la question 6, il y a conservation de l'énergie cinétique du système {réducteur + charge + masse} car la somme des travaux des couples (couple moteur de la machine et couple résistant de la masse) qui s'y exercent est nulle.
On néglige les moments d'inertie du réducteur et de la poulie, donc l'énergie cinétique de l'arbre du réducteur est égale à l'énergie cinétique de la masse :

$$\frac{1}{2}\,J_c\Omega^2 = \frac{1}{2}Mv^2.$$

D'après les données de la question 6, on obtient :

$$J_c = \frac{Mv^2}{\Omega^2} = \frac{500(0{,}5)^2}{(-20)^2} = 0{,}31 \text{ kg·m}^2.$$

On obtient le moment d'inertie de la machine à partir du moment d'inertie de l'ensemble {moteur + réducteur + poulie + masse} déterminé à la question 7 et du moment trouvé ci-dessus. Donc le moment d'inertie de la machine est :

$$\mathbf{J_m = J - J_c = J - \frac{Mv^2}{\Omega^2}} \qquad \textit{A.N.}\ \mathbf{J_m = 0{,}57\ kg·m^2}.$$

Exercice 11

Dans cet exercice, on étudie la machine en régime variable (*cf.* méthode n° 3).

1) • Analyse qualitative
Il n'y a aucune alimentation électrique extérieure aux machines, donc, pour que le système fonctionne, il est nécessaire qu'une des deux machines fonctionne en génératrice. D'après les conditions initiales, la machine M_2 est à l'arrêt, il est donc évident que la machine M_1 fonctionne en génératrice. Cette première analyse permet d'écrire les tensions aux bornes des induits dans la convention adaptée. Pour la machine M_1, en convention génératrice :

$$U_1 = E_1 - R_1I = \Phi\Omega_1 - R_1I$$

et pour la machine M_2, en convention récepteur :

$$U_2 = E_2 + R_2I = \Phi\Omega_2 + R_2I.$$

Les grandeurs indicées 1 se rapportent à la machine M_1 et les grandeurs indicées 2 à la machine M_2. La constante Φ reliant la f.é.m. à la vitesse de rotation est la même pour les deux machines puisqu'elles sont identiques.

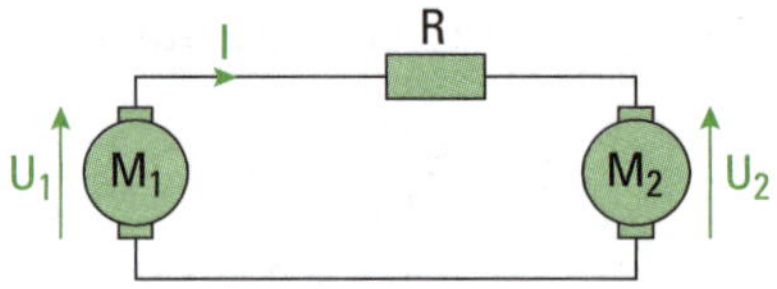

• Puisque aucun renseignement n'est donné sur les pertes mécaniques, on les suppose négligeables. Les machines ne sont, *a priori*, reliées à aucune charge donc le couple de charge est nul : $T_{c_1} = 0$ et $T_{c_2} = 0$.
Le théorème du moment cinétique appliqué au rotor de chaque machine s'écrit :

$$J_1 \frac{d\Omega_1(t)}{dt} = T_{em_1} = -\Phi I \ \textbf{(1)} \quad \text{et} \quad J_2 \frac{d\Omega_2(t)}{dt} = T_{em_2} = \Phi I \ \textbf{(2)}.$$

La constante Φ reliant le couple à la vitesse de rotation est la même pour les deux machines puisqu'elles sont identiques.
La loi des mailles pour le circuit électrique donne $U_2 + RI - U_1 = 0$, l'intensité du courant dans les machines est alors égale à :

$$I = \frac{\Phi(\Omega_1 - \Omega_2)}{R + R_1 + R_2} \ \textbf{(3)}.$$

En effectuant la différence des équations (1) et (2), on obtient :

$$\frac{d(\Omega_1(t) - \Omega_2(t))}{dt} = \Phi\frac{I_1}{J_1} - \Phi\frac{I_2}{J_2} = -\left(\frac{1}{J_2} + \frac{1}{J_1}\right)\Phi I.$$

D'après l'équation (3), on trouve :

$$\frac{d(\Omega_1(t) - \Omega_2(t))}{dt} = -\left(\frac{1}{J_2} + \frac{1}{J_1}\right)\frac{\Phi^2}{R + R_1 + R_2}(\Omega_1(t) - \Omega_2(t)).$$

Il reste à résoudre cette équation différentielle du premier ordre. Tout d'abord, on pose :

$$\frac{1}{\tau} = \left(\frac{1}{J_2} + \frac{1}{J_1}\right)\frac{\Phi^2}{R + R_1 + R_2}$$

afin de simplifier l'écriture de l'équation. La résolution de l'équation différentielle de la forme :

$$\frac{d(\Omega_1(t) - \Omega_2(t))}{dt} = -\frac{1}{\tau}(\Omega_1(t) - \Omega_2(t))$$

donne des solutions du type :

$$\Omega_1(t) - \Omega_2(t) = \Omega \exp\left(-\frac{t}{\tau}\right).$$

La constante Ω est obtenue par utilisation des conditions initiales : $\Omega_1(0) - \Omega_2(0) = \Omega$. Or, à l'instant initial, $\Omega_1(0) - \Omega_2(0) = \Omega_0$. Donc :

$$\Omega_1(t) - \Omega_2(t) = \Omega_0 \exp\left(-\frac{t}{\tau}\right), \text{ où } \frac{1}{\tau} = \left(\frac{1}{J_2} + \frac{1}{J_1}\right)\frac{\Phi^2}{R + R_1 + R_2}.$$

On en déduit l'expression de l'intensité du courant :

$$I = \frac{\Phi}{R + R_1 + R_2}\Omega_0 \exp\left(-\frac{t}{\tau}\right).$$

⚠ On vérifie, *a posteriori*, que l'intensité du courant I est positive. Donc la machine M_1 fonctionne en génératrice et la machine M_2 fonctionne en moteur.

Le théorème du moment cinétique appliqué à la machine M_1 donne :

$$J_1\frac{d\Omega_1(t)}{dt} = -\Phi I = -\frac{\Phi^2}{R + R_1 + R_2}\Omega_0 \exp\left(-\frac{t}{\tau}\right).$$

La solution est donc de la forme :

$$\Omega_1(t) = \frac{\tau\Phi^2}{J_1(R + R_1 + R_2)}\Omega_0 \exp\left(-\frac{t}{\tau}\right) + \Omega,$$

où Ω est la constante d'intégration déterminée par la condition initiale $\Omega_1(0) = \Omega_0$. La condition initiale donne :

$$\Omega = \Omega_1(0) - \frac{\tau\Phi^2}{J_1(R + R_1 + R_2)}\,\Omega_0 = \Omega_0\left(1 - \frac{J_2}{J_1 + J_2}\right) = \frac{J_1}{J_1 + J_2}\,\Omega_0.$$

D'où :

$$\boldsymbol{\Omega_1(t)} = \frac{\tau\Phi^2}{J_1(R + R_1 + R_2)}\,\Omega_0 \exp\left(-\frac{t}{\tau}\right) + \frac{J_1}{J_1 + J_2}\,\Omega_0 = \boldsymbol{\frac{\Omega_0}{J_1 + J_2}\left(J_2 \exp\left(-\frac{t}{\tau}\right) + J_1\right)}.$$

Le théorème du moment cinétique appliqué à la machine M_2 donne :

$$J_2\frac{d\Omega_2(t)}{dt} = \Phi I_2 = \frac{\Phi^2}{R + R_1 + R_2}\,\Omega_0 \exp\left(-\frac{t}{\tau}\right).$$

La solution est donc de la forme :

$$\Omega_2(t) = -\frac{\tau\Phi^2}{J_2(R + R_1 + R_2)}\,\Omega_0 \exp\left(-\frac{t}{\tau}\right) + \Omega,$$

où Ω est la constante d'intégration déterminée par la condition initiale $\Omega_2(0) = 0$. La condition initiale donne :

$$\Omega = \Omega_2(0) + \frac{\tau\Phi^2}{J_1(R + R_1 + R_2)}\,\Omega_0 = \frac{J_2}{J_1 + J_2}\,\Omega_0.$$

On obtient alors :

$$\boldsymbol{\Omega_2(t) = \frac{J_1\Omega_0}{J_1 + J_2}\left(1 - \exp\left(-\frac{t}{\tau}\right)\right)}.$$

2) • Représentons l'évolution des vitesses de rotation en fonction du temps :

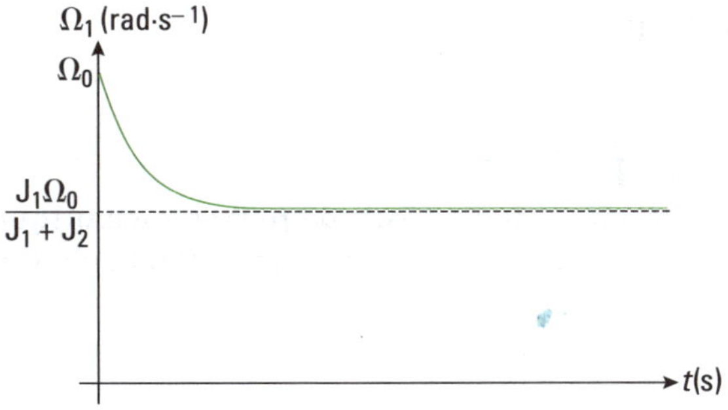

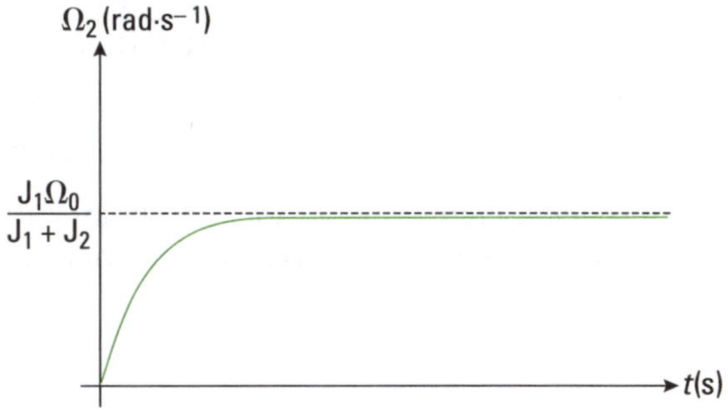

• En sommant les deux équations (1) et (2), on obtient :

$$\frac{d(J_1\Omega_1(t) + J_2\Omega_2(t))}{dt} = 0.$$

On conclut à la conservation du moment cinétique du système. Donc le moment cinétique à l'instant initial est égal au moment cinétique dans l'état final :

$$J_1\Omega_0 = J_1\Omega_{1_{final}} + J_2\Omega_{2_{final}}.$$

L'état final est un état d'équilibre où les vitesses de rotation des machines ne vont plus évoluer avec le temps. Les équations (1) et (2) permettent alors de déduire que le courant I est nul dans l'état final, c'est-à-dire que les tensions aux bornes des deux machines sont égales et égales à la f.é.m. Les deux f.é.m. étant égales, les machines tournent à la même vitesse : $\Omega_{1_{final}} = \Omega_{2_{final}}$.
D'où : $(J_1 + J_2)\Omega_{final} = J_1\Omega_0$, et on trouve donc :

$$\boldsymbol{\Omega_{final} = \frac{J_1}{J_1 + J_2}\,\Omega_0},$$

ce qui est en accord avec les expressions trouvées dans la question 1.

3) Afin d'effectuer un bilan énergétique, on détermine l'énergie du système à l'état initial et à l'état final. Enfin, on étudie les pertes dans le montage.
– À l'état initial, la machine M_1 est en mouvement et possède une énergie cinétique :

$$E_{c_{10}} = \frac{1}{2}\,J_1\Omega_0^2.$$

Il n'y a aucune autre source d'énergie.

– À l'état final, la machine M_1 est en mouvement et possède une énergie cinétique :

$$E_{c_{1f}} = \frac{1}{2} J_1 \Omega_{final}^2 = \frac{1}{2} \frac{J_1^3}{(J_1 + J_2)^2} \Omega_0^2.$$

La machine M_2 est en mouvement et possède une énergie cinétique :

$$E_{c_{2f}} = \frac{1}{2} J_2 \Omega_{final}^2 = \frac{1}{2} \frac{J_2 J_1^2}{(J_1 + J_2)^2} \Omega_0^2.$$

Donc l'énergie cinétique totale du système est :

$$E_{c_{final}} = \frac{1}{2} \frac{J_1^2}{J_1 + J_2} \Omega_0^2.$$

Il y a eu une diminution de l'énergie du système :

$$\Delta E_c = E_{c_{final}} - E_{c_{10}} = - \frac{1}{2} \frac{J_1 J_2}{J_1 + J_2} \Omega_0^2.$$

Étudions les pertes dans le circuit électrique pendant la phase de transition de l'état initial à l'état final. Dans le circuit électrique, on étudie les pertes Joule qui auront lieu dans les résistances R, R_1 et R_2 :

$$E_{Joule} = \int_{initial}^{final} (R + R_1 + R_2) I^2(t) dt.$$

L'état initial est l'instant $t = 0$ et l'état final l'instant $+\infty$, puisque la transition est exponentiellement décroissante et s'effectue donc en un temps « infini ». Donc :

$$E_{Joule} = \int_0^{+\infty} (R + R_1 + R_2) \left(\frac{\Phi}{R + R_1 + R_2} \Omega_0 \exp\left(-\frac{t}{\tau}\right)\right)^2 dt$$

$$= - \frac{\tau \Phi^2}{2(R + R_1 + R_2)} \Omega_0^2 \left[\exp\left(-2\frac{t}{\tau}\right)\right]_0^{+\infty}$$

D'où :

$$\mathbf{E_{Joule} = \frac{1}{2} \frac{J_1 J_2}{J_1 + J_2} \Omega_0^2.}$$

Le système étant supposé idéal du point de vue mécanique, il n'y a **pas de pertes mécaniques**. On trouve donc que la variation de l'énergie cinétique a été transférée sous forme **d'énergie thermique (effet Joule)**.

Exercice 12

1) a) • D'après les conventions d'orientation de la figure, la machine M_1 est en convention récepteur. Donc, la puissance électrique qui sera transformée en puissance mécanique est :

$$P_{e_1} = e_{m_1} i_1, \text{ où } e_{m_1} = \Phi_0 \omega$$

et la puissance mécanique cédée à la charge est :

$$P_{m_1} = T_1 \omega, \text{ où } T_1 \text{ désigne le couple électromagnétique.}$$

En considérant la conversion électromécanique parfaite ($P_e = P_m$), nous trouvons :

$$\mathbf{T_1 = \Phi_0 \boldsymbol{i}_1}.$$

• Par contre, la machine M_2 est en convention générateur. Donc, la puissance électrique est obtenue à partir d'une puissance mécanique. Cette puissance électrique fournie est :

$$P_{e_2} = e_{m_2} i_2, \text{ où } e_{m_2} = \Phi_0 \omega$$

et la puissance mécanique reçue est :

$$P_m = -T_2 \omega, \text{ où } T_2 \text{ désigne le couple électromagnétique.}$$

En considérant la conversion parfaite ($P_e = P_m$), nous trouvons le couple électromagnétique égal à :

$$\mathbf{T_2 = -\Phi_0 \boldsymbol{i}_2}.$$

Il est négatif car il s'agit ici d'un couple résistant comme la machine fonctionne en génératrice.

b) Appliquons le théorème du moment cinétique à l'ensemble mobile qui se trouve en régime permanent. Les couples qui s'exercent sur la partie mobile sont les couples électromagnétiques créés par chaque machine puisque l'on néglige toutes les pertes (mécaniques + fer) :

$$J \frac{d\omega(t)}{dt} = 0 = \Phi_0 i_1 - \Phi_0 i_2, \text{ d'où : } \boldsymbol{i_1 = i_2}.$$

c) La loi des mailles appliquée pour chaque circuit électrique donne :

$$\begin{cases} E_1 = e_1 = R_1 i_1 + u_1 = R_1 i_1 + R i_1 + e_{m_1} = (R_1 + R) i_1 + e_{m_1} = R'_1 i_1 + e_{m_1} \quad (1) \\ E_2 = e_2 = -R_2 i_2 + u_2 = -R_2 i_2 - R i_2 + e_{m_2} = -(R_2 + R) i_2 + e_{m_2} = -R'_2 i_2 + e_{m_2} \quad (2) \end{cases}$$

Les deux machines identiques ont la même vitesse de rotation, donc $e_{m_1} = \Phi_0 \omega = e_{m_2}$.
De plus, $i_1 = i_2$.

Il en sort :

$$\boldsymbol{i_1 = i_2 = \frac{E_1 - E_2}{R'_1 + R'_2}}.$$

D'où :

$$\boldsymbol{\omega = \frac{e_{m_1}}{\Phi_0} = \frac{E_1 - R'_1 i_1}{\Phi_0} = \frac{R'_2 E_1 + R'_1 E_2}{\Phi_0 (R'_1 + R'_2)}}$$

$$\boldsymbol{u_1 = R i_1 + e_{m_1} = \frac{(R_2 + 2R) E_1 + R_1 E_2}{(R_1 + R_2 + 2R)}}$$

$$\boldsymbol{u_2 = -R i_2 + e_{m_2} = \frac{R_2 E_1 + (R_1 + 2R) E_2}{(R_1 + R_2 + 2R)}}.$$

2) a) • Étude à l'instant $t = 0^+$

Les machines sont immobiles car la vitesse ne peut être discontinue du fait de l'inertie du rotor :

$$\boldsymbol{\omega = 0.}$$

L'interrupteur K_2 étant ouvert et les machines immobiles, nous en déduisons :

$$\boldsymbol{i_2 = 0} \text{ et } \boldsymbol{u_2 = 0}.$$

La machine M_1 est immobile ($e_{m_1} = 0$), d'où :

$$\boldsymbol{i_1 = \frac{E_1}{R + R_1}} \quad \text{et} \quad \boldsymbol{u_1 = R i_1 = \frac{R}{R + R_1} E_1}.$$

• Étude du régime permanent

En régime permanent, on a toujours : $i_2 = 0$, car K_2 est ouvert.

Comme $i_2 = 0$ et $\dfrac{d\omega(t)}{dt} = 0$, l'équation de la mécanique donne : $J \dfrac{d\omega(t)}{dt} = 0 = \Phi_0 i_1$.

Donc $\boldsymbol{i_1 = 0}$ et, de ce fait :

$$\boldsymbol{E_1 = u_1 = e_{m_1} = e_{m_2} = u_2} \quad \text{et} \quad \boldsymbol{\Omega_1 = \frac{E_1}{\Phi_0}}.$$

• Fonction assurée par chaque machine

La machine M_1 et la machine M_2 ne fonctionnent ni en moteur, ni en génératrice (ce qui n'a aucun sens physique, puisque l'on néglige les pertes).
On peut supposer que la machine M_1 fonctionne en moteur puisqu'elle entraîne l'arbre en rotation (si l'on ne néglige pas les pertes mécaniques) et que la machine M_2 fonctionne en génératrice puisqu'elle crée une f.é.m. du fait de la rotation de son axe.

b) • Étude du régime permanent

Il est obtenu à partir des équations (1) et (2) pour $E_2 = 0$. Donc :

$$\boldsymbol{i_1 = i_2 = \frac{E_1}{R'_1 + R'_2}, \quad \Omega_2 = \frac{R'_2 E_1}{\Phi_0 (R'_1 + R'_2)}, \quad u_1 = \frac{(R_2 + 2R) E_1}{(R_1 + R_2 + 2R)}} \quad \text{et} \quad \boldsymbol{u_2 = \frac{R_2 E_1}{(R_1 + R_2 + 2R)}}.$$

• Comparaison de Ω_1 et Ω_2

$\Omega_2 < \Omega_1$, ce qui est logique puisque la machine M_2 exerce un couple résistant sur le rotor, ce qui ralentit sa rotation.

c) On trouve d'après les expressions de la question 1.c :

$$\boldsymbol{\Omega_3 = \frac{R'_2 E_1 + R'_1 E_2}{\Phi_0 (R'_1 + R'_2)} < \Omega_1} \quad \text{et} \quad \boldsymbol{\Omega_2 < \Omega_3}, \quad \text{donc : } \Omega_2 < \Omega_3 < \Omega_1.$$

Ce résultat est cohérent, car l'augmentation de E_2 (depuis sa valeur nulle jusqu'à la valeur correspondant à Ω_3) provoque la diminution du courant i_2. Ainsi, le couple exercé par M_2 diminue, donc la vitesse augmente et $\Omega_2 < \Omega_3$, mais le couple reste résistant, donc $\Omega_3 < \Omega_1$.

d) Toujours avec les expressions de la question 1.c, on trouve :

$$\boldsymbol{i_1 = i_2 = 0,\ \Omega_3 = \frac{E_1}{\Phi_0}} \quad \text{et} \quad \boldsymbol{u_1 = E_1 = u_2.}$$

Il s'agit du même état final que celui obtenu à la question 2.a.

e) Dans ce cas :

$$\boldsymbol{\Omega_4 = \frac{R_2'E_1 + R_1'E_2}{\Phi_0(R_1' + R_2')}} > \boldsymbol{\Omega_1} \quad \text{et} \quad \boldsymbol{i_1 = i_2 = \frac{E_1 - E_2}{R_1' + R_2'}}.$$

De plus :

$$\boldsymbol{u_1 = \frac{(R_2 + 2R)E_1 + R_1E_2}{(R_1 + R_2 + 2R)}} \quad \text{et} \quad \boldsymbol{u_2 = \frac{R_2E_1 + (R_1 + 2R)E_2}{(R_1 + R_2 + 2R)}}.$$

Les courants sont négatifs et les tensions d'induit positives. Nous en déduisons que la machine M_1 fonctionne **en génératrice** et la machine **M_2 en moteur**.

f) • Appliquons le théorème du moment cinétique à l'ensemble mobile qui se trouve en régime permanent. Les couples qui s'exercent sur la partie mobile sont les couples électromagnétiques créés par chaque machine et le couple de pertes T_p (ce couple incluant les pertes des deux machines). On obtient :

$$J\frac{d\omega(t)}{dt} = 0 = \Phi_0 i_1 - \Phi_0 i_2 + T_p.$$

Le rotor de chaque machine tourne à la vitesse ω, donc : $e_{m_1} = \Phi_0\omega = e_{m_2}$.
Les équations électriques s'écrivent :

$E_1 = R_1' i_1 + e_{m_1}$ et $E_2 = -R_2' i_2 + e_{m_2}$, d'où $i_1 = -i_2$ puisque $R_1' = R_2'$ et $e_{m_1} = e_{m_2}$.

Donc : $2\Phi_0 i_1 + T_p = 0$. Finalement, on trouve :

$$\boldsymbol{i_1 = -i_2 = -\frac{T_p}{2\Phi_0}}.$$

⚠ Le couple T_p correspond à un couple de pertes. Il est donc négatif.

• Les f.é.m. e_{m_1} et e_{m_2} sont positives et les courants dans les machines sont positifs en convention récepteur : les deux machines fonctionnent donc **en moteur**.

Exercice 13

1) Le couple s'exprime en N·m, donc *f* s'exprime **en N·m·s**, ce qui correspond à des kg·m²·s⁻¹.

2) a) • On applique le théorème du moment cinétique à l'ensemble mobile. Les couples qui s'exercent sur la partie mobile sont les couples électromagnétiques créés par chaque machine et le couple de pertes T_p. Donc :

$$J\frac{d\omega(t)}{dt} = \Phi_0 i_1 - \Phi_0 i_2 + T_p.$$

Or $i_2 = \dfrac{e_{m_2}}{R + R_2} = \dfrac{\Phi_0}{R_2'}\omega$. Donc :

$$J\frac{d\omega(t)}{dt} = \Phi_0 i_1 - \frac{\Phi_0^2}{R_2'}\omega + T_p.$$

• Le couple électromagnétique exercé par la machine M_2 s'écrit sous la forme :

$$-\Phi_0 i_2 = -\frac{\Phi_0^2}{R_2'}\omega.$$

Ce couple est effectivement équivalent à **un couple de frottement visqueux :**

$$\boldsymbol{f_2 = \frac{\Phi_0^2}{R_2'}}.$$

Le coefficient de frottement visqueux global est alors :

$$\boldsymbol{f_T = f + \frac{\Phi_0^2}{R'_2}}.$$

b) L'équation électrique nous donne :

$$\boldsymbol{e_1 = \Phi_0\omega + Ri_1}.$$

c) En utilisant les équations mécanique et électrique, on obtient à l'aide de la notation symbolique de Laplace :

$$Jp\Omega(p) = \Phi_0 I_1(p) - f_T\Omega(p) \quad \text{et} \quad E_1(p) = \Phi_0\Omega(p) + RI_1(p).$$

Donc :

$$\boldsymbol{H_I(p) = \frac{Jp + f_T}{JRp + Rf_T + \Phi_0^2} \quad \text{et} \quad H_\Omega(p) = \frac{\Phi_0}{JRp + \Phi_0^2 + Rf_T}}.$$

3) a) L'application d'un échelon de tension engendre l'apparition d'un courant $i_1(t)$ que l'on détermine en résolvant l'équation différentielle obtenue à partir de la fonction de transfert $H_I(p)$:

$$\frac{I_1(p)}{E_1(p)} = \frac{Jp + f_T}{JRp + Rf_T + \Phi_0^2}, \text{ donc } (JRp + Rf_T + \Phi_0^2)\, I_1(p) = (Jp + f_T)E_1(p).$$

Avec $e_1(t) = E_1$, pour $t = 0$, on obtient :

$$JR\frac{di_1(t)}{dt} + (Rf_T + \Phi_0^2)\, i_1(t) = J\frac{de_1(t)}{dt} + f_T e_1(t) = f_T E_1.$$

Donc :

$$i_1(t) = \frac{f_T}{Rf_T + \Phi_0^2}E_1 + A\exp\left(-\frac{t}{\tau}\right), \text{ où } \tau = \frac{JR}{Rf_T + \Phi_0^2}.$$

La fonction $i_1(t)$ est exponentiellement décroissante. Ceci est en accord avec l'enregistrement uniquement pour $t > 20$ ms. Par contre, le courant augmente au voisinage de l'instant $t = 0$.
Donc, globalement, la fonction trouvée n'est **pas compatible** avec l'enregistrement car le modèle n'est pas valable au démarrage.
Si on se penche sur cette courbe, on se rend compte que le courant ne possède pas de discontinuité à l'instant $t = 0$. En effet, l'inductance du bobinage d'induit empêche la discontinuité du courant et modère les variations du courant $i_1(t)$. Il manque donc, au moins, ce paramètre dans notre modélisation. On remarque, cependant, que le courant augmente très rapidement car la constante de temps du circuit électrique est faible.

b) L'application d'un échelon de tension engendre l'apparition d'un courant $i_1(t)$ et donc d'un couple moteur qui va entraîner l'arbre en rotation. La vitesse de rotation est déterminée en résolvant l'équation différentielle obtenue à partir de la fonction de transfer $H_\Omega(p)$:

$$\frac{\Omega(p)}{E_1(p)} = \frac{\Phi_0}{JRp + Rf_T + \Phi_0^2}, \text{ donc : } (JRp + Rf_T + \Phi_0^2)\,\Omega(p) = \Phi_0 E_1(p).$$

On obtient :

$$JR\frac{d\omega(t)}{dt} + (Rf_T + \Phi_0^2)\,\omega(t) = \Phi_0 E_1 \text{ pour } t > 0.$$

Donc :

$$\omega(t) = \frac{\Phi_0}{Rf_T + \Phi_0^2}E_1\left(1 - \exp\left(-\frac{t}{\tau}\right)\right), \text{ où } \tau = \frac{JR}{Rf_T + \Phi_0^2}.$$

Cette solution est **cohérente** avec l'évolution enregistrée.

c) Prenons les essais un par un.

- **Essai 1**

Le rotor est bloqué. Ceci signifie que $\omega(t) = 0$ et donc $e_1 = 0$. La loi des mailles s'écrit : $u_1 = Ri_1$.
On peut donc définir :

R = 6,0 Ω (à 1 % près), grâce au tableau de mesures fourni.

• **Essai 2**

Le courant dans la machine M_2 est nul. L'équation mécanique se restreint à :

$$J\frac{d\omega(t)}{dt} = 0 = \Phi_0 i_1 - f\omega(t) = \Phi_0 i_1 - f\omega$$

en régime permanent (en effet, les mesures de vitesse fournies ne peuvent logiquement que correspondre au régime permanent).

L'équation électrique donne : $e_1 = Ri_1 + \Phi_0\omega$ (M_1 fonctionne en moteur).

Nous pouvons en déduire $e_1 = R\frac{f}{\Phi_0}\omega + \Phi_0\omega$ et donc la valeur de Φ_0 qui est solution de l'équation :

$$Rf\omega - e_1\Phi_0 + \Phi_0^2\omega = 0.$$

Donc : $\Phi_{01} = \dfrac{e_1 + \sqrt{e_1^2 - 4Rf\omega^2}}{2\omega}$ ou $\Phi_{02} = \dfrac{e_1 - \sqrt{e_1^2 - 4Rf\omega^2}}{2\omega}$

f n'étant pas déterminé dans cet essai, le choix de la solution physiquement acceptable sera fait par la suite.

• **Essai 3**

K_1 et K_2 sont ouverts, donc $i_1 = i_2 = 0$. L'équation mécanique devient :

$$J\frac{d\omega(t)}{dt} = -f\omega(t).$$

La solution est :

$$\omega(t) = \omega(0)\left(1 - \exp\left(-\frac{t}{\tau_a}\right)\right), \text{ où } \tau_a = \frac{J}{f}.$$

On déduit des mesures :

$$\tau_a = -\frac{6{,}9}{\ln\left(1 - \frac{850}{1\,700}\right)} = 9{,}95 \text{ s}.$$

Or $\boldsymbol{f = \frac{J}{\tau_a}}$, donc $\boldsymbol{f = 1{,}0 \cdot 10^{-6}}$ **kg·m²·s⁻¹**.

• On reprend maintenant les résultats de l'essai 2. En prenant le cas $e_1 = 4{,}00$ V et $\omega = 122{,}4$ rad·s⁻¹, on obtient :

$$\Phi_{01} = \frac{e_1 + \sqrt{e_1^2 - 4Rf\omega^2}}{2\omega} = 0{,}0325 \text{ V·rad·s}^{-1} \text{ ou } \Phi_{02} = \frac{e_1 - \sqrt{e_1^2 - 4Rf\omega^2}}{2\omega} = 1{,}85 \cdot 10^{-4} \text{ V·rad·s}^{-1}$$

On en déduit deux valeurs du coefficient de frottement visqueux global :

$$f_{T_1} = f + \frac{\Phi_{01}{}^2}{R'_2} = 11 \cdot 10^{-6} \text{ kg·m}^2\text{·s}^{-1} \text{ ou } f_{T_2} = f + \frac{\Phi_{02}{}^2}{R'_2} = 1{,}0 \cdot 10^{-6} \text{ kg·m}^2\text{·s}^{-1}.$$

Pour déterminer la bonne valeur de Φ_0, il faut calculer les constantes de temps correspondantes à la loi d'évolution de l'intensité du courant $i_1(t)$:

$$\tau_1 = \frac{JR}{Rf_{T_1} + \Phi_{01}{}^2} = 0{,}053 \text{ s} \quad \text{et} \quad \tau_2 = \frac{JR}{Rf_{T_2} + \Phi_{02}{}^2} = 9{,}94 \text{ s}.$$

On constate que la solution compatible avec la courbe représentant $i_1(t)$ est :

$$\boldsymbol{\Omega_0 = 0{,}0325 \text{ V·rad·s}^{-1}} \quad \text{et} \quad \boldsymbol{f_{T_2} = 11 \cdot 10^{-6} \text{ kg·m}^2\text{·s}^{-1}}.$$

On étudie : $\omega(t) = \dfrac{\Phi_0}{Rf_T + \Phi_0^2} E_1\left(1 - \exp\left(-\dfrac{t}{\tau}\right)\right)$. La limite de vitesse est :

$$\frac{\Phi_0}{Rf_T + \Phi_0^2} E_1 = 86{,}9 \text{ rad·s}^{-1}.$$

Cette valeur est cohérente avec la valeur lue sur la courbe.

CHAPITRE

4 Machines alternatives

Introduction

Le yougoslave Nikola Tesla (1856-1943) fabriqua, en 1883, la première machine asynchrone et déposa quantité de brevets en 1888 concernant les machines alternatives.
L'évolution de ces machines est fortement liée à l'évolution des technologies de l'électronique de puissance. En effet, ces machines, bien que plus robustes et moins coûteuses que les machines à courant continu, sont très délicates à commander ce qui a limité dans un premier temps leur utilisation. Aujourd'hui, les évolutions de l'électronique de puissance permettent le développement de ces machines, notamment dans la traction ferroviaire.
Ce chapitre a pour but d'introduire les principes de bases régissant le fonctionnement des machines synchrones et asynchrones.

Plan du chapitre 4

A. Quelques expériences

Dans ce paragraphe, nous présentons quelques expériences mettant en évidence les phénomènes mis à profit pour le fonctionnement des moteurs alternatifs.

A.1. Aiguille aimantée et aimant en U

Une aiguille aimantée[1] quelconque (ou une boussole) est placée sous un aimant en U (figure 1). Lorsque l'on fait tourner l'aimant en U, l'aiguille suit[2] le mouvement de l'aimant et se met en rotation avec la même vitesse.

1. L'aiguille possède donc un moment magnétique permanent.

2. L'aiguille aimantée tourne dans le même sens que l'aimant quel que soit son sens de rotation.

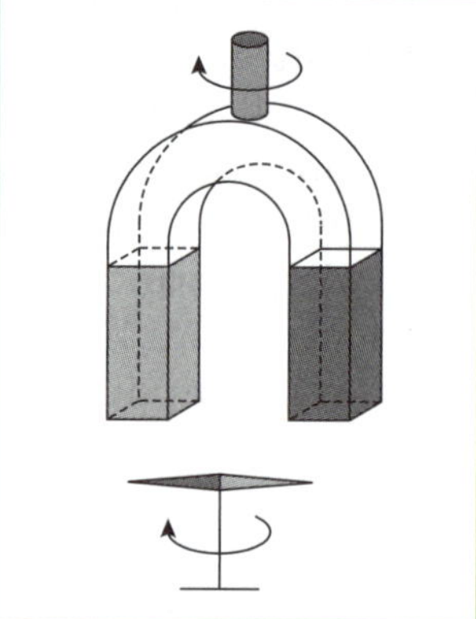

Fig. 1 – Aimant en U entraînant l'aiguille en rotation.

Il y a interaction entre l'aiguille aimantée et le champ magnétique créé par l'aimant. Le mouvement de l'aiguille étant de rotation, un couple est exercé sur elle. Le mouvement de rotation de l'aiguille est entretenu par la rotation du champ magnétique créé par l'aimant, appelé un champ tournant.

Propriété 1

L'interaction entre un champ magnétique tournant et un moment magnétique permanent permet de modéliser le fonctionnement de tout **moteur alternatif**.

A.2. Aiguille aimantée dans un champ magnétique variable de direction fixe

On considère maintenant une aiguille aimantée dans un champ magnétique variable dans le temps et de direction fixe.

Pour cela, deux bobines identiques sont placées face à face et connectées en série. Les faces en regard sont alors de nature opposée (un pôle Nord est en vis-à-vis avec un pôle Sud).

L'aiguille aimantée est posée entre les deux bobines à égale distance de celles-ci (figure 2).

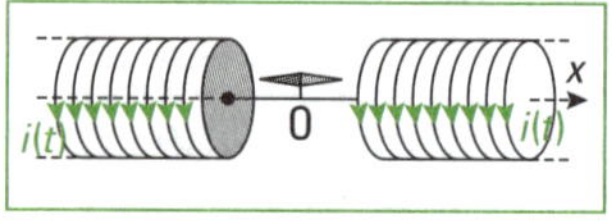

Fig. 2 – Modèle du moteur synchrone monophasé.

Les bobines sont alimentées par un signal sinusoïdal de pulsation ω qui engendre un champ magnétique sinusoïdal, variable dans le temps, au niveau de l'aiguille aimantée. Pour l'expérience, les fréquences sont de l'ordre de quelques hertz.

L'aiguille vibre légèrement mais ne tourne pas.

En lui communiquant une légère impulsion, elle tourne dans le sens donné par l'impact à une vitesse de rotation ω égale à la pulsation du courant traversant la bobine. Le courant créant le champ magnétique, cette pulsation est aussi la pulsation du champ magnétique.

L'aiguille tourne indifféremment dans l'un ou l'autre sens suivant l'impact, mais toujours avec la même vitesse.

Propriété 2

Une aiguille aimantée placée dans un champ magnétique variable dans le temps tourne à la vitesse de rotation ω correspondant à la pulsation du champ magnétique créé. On dit qu'elle tourne au **synchronisme**.

Il faut au préalable lancer l'aiguille. Le sens de rotation dépend des **conditions initiales**.

Application 1 **Champ créé par quatre bobines**

Deux systèmes de deux bobines identiques et parcourues par le même courant sont placées de sorte que leurs axes soient orthogonaux. Les bobines sont supposées à égale distance de l'aiguille aimantée.

Expliquer pourquoi on retrouve le même résultat qu'à l'expérience précédente.

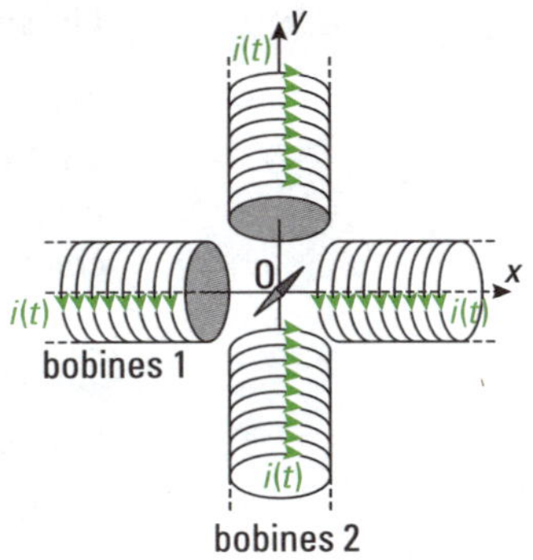

Solution

Le champ magnétique créé par le système de bobines 1 est de la forme : $\vec{B}_1 = ki(t)\vec{u}_x$.

Le champ magnétique créé par le système de bobines 2 est de la forme : $\vec{B}_2 = ki(t)\vec{u}_y$ car les bobines sont identiques, situées à égale distance de l'aiguille aimantée et parcourues par le même courant.

Donc le champ magnétique total au point d'intersection des axes des bobines est de la forme :

$$\vec{B} = ki(t)\,(\vec{u}_x + \vec{u}_y).$$

Il s'agit d'un champ magnétique **variable dans le temps et de direction fixe**, comme dans l'expérience précédente.

A.3. Aiguille aimantée dans un champ magnétique tournant

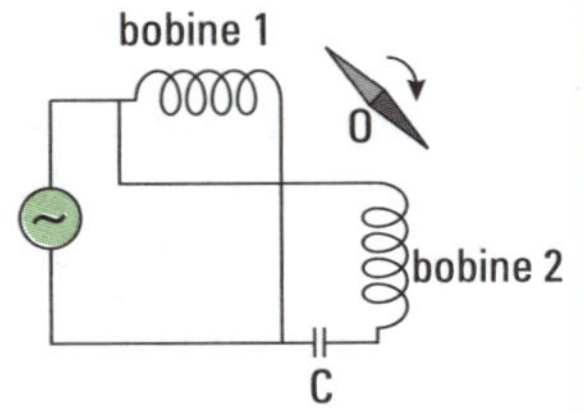

Fig. 3 – Représentation schématique du circuit électrique créant le champ tournant.

Sur la figure 3, la première bobine est directement alimentée par un générateur basses fréquences fournissant un signal sinusoïdal de pulsation ω. Par contre, la deuxième bobine est placée en série avec un condensateur.

L'aiguille aimantée se met alors en rotation dans le cas où la fréquence n'est pas trop élevée, à une vitesse de rotation ω égale à la pulsation du champ magnétique.

Si le condensateur est placé en série avec l'autre bobine, l'aiguille tourne dans l'autre sens. Elle possède un comportement similaire à celui de l'expérience du § A.1. Le système de bobines engendre donc un champ magnétique dont la direction varie de manière périodique et qui tourne dans le même sens que l'aiguille qu'il entraîne.

La mesure des courants parcourant les bobines réalisée à l'aide d'un oscilloscope montre que les courants dans chaque bobine sont déphasés l'un par rapport à l'autre. Le courant traversant un condensateur est en avance de phase par rapport à la tension. Le courant traversant une bobine est en retard de phase par rapport à la tension. Donc le courant traversant le condensateur est en avance de phase par rapport au courant traversant l'autre bobine.

Si l'avance de phase est égale à $\frac{\pi}{2}$, le condensateur permet de réaliser une distribution de deux courants diphasés[1].

1. Si le système de bobines est alimenté par des courants diphasés, le dispositif a un fonctionnement optimal. L'expérience simple illustrée en figure 3 ne permet pas de le démontrer.

Propriété 3

Un système de bobines dont les axes sont décalés de $\frac{\pi}{2}$ et parcourues par des courants déphasés engendre un **champ magnétique de direction variable au cours du temps**. Une aiguille placée dans ce champ magnétique tourne à la vitesse de rotation correspondant à la pulsation ω du champ.

Définition 1

Une **distribution diphasée de courants** est un système de deux courants déphasés l'un par rapport à l'autre de $\frac{\pi}{2}$.

A.4. Bobines placées dans un champ magnétique tournant

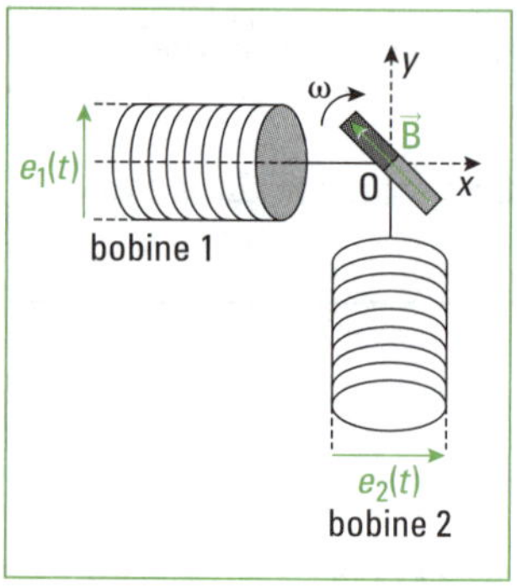

Fig. 4 – Principe de la génératrice synchrone.

Sur la figure 4, un aimant permanent en rotation de vitesse angulaire ω est placé au centre d'un système de deux bobines utilisées en circuit ouvert.

La mesure, à l'aide d'un oscilloscope, des f.é.m. induites dans chaque bobine montre que celles-ci sont alternatives et périodiques de période : $T = \frac{2\pi}{\omega}$.

De plus, $e_2(t)$ est en avance de phase de $\frac{\pi}{2}$ par rapport à $e_1(t)$. Le système engendre donc une distribution diphasée de tensions.

Propriété 4

Un système de bobines dont les axes sont orthogonaux et soumises au champ magnétique créé par un aimant permanent en rotation à la vitesse angulaire ω engendre l'apparition d'une **distribution diphasée de tensions**.

Dans l'expérience, chaque bobine est soumise au flux du champ magnétique tournant. Ce flux variable dans le temps est périodique de pulsation ω. Par induction électromagnétique, une force électromotrice apparaît dans la bobine en court-circuit. Si le flux dans la bobine 2 est maximal à l'instant $t = 0$ (un des pôles de l'aimant est en face de la bobine), il sera maximal dans la bobine 1 pour $t = \frac{T}{4}$. La force électromotrice est en avance de phase dans la bobine 2 et le déphasage est égal à :

$\omega \frac{T}{4} = \frac{\pi}{2}$, ce qui correspond bien à une distribution diphasée de tensions.

Application 2 **Bobines décalées de $\frac{2\pi}{3}$ dans l'espace**

Soit un système de deux bobines placées dans un champ magnétique tournant engendré par un aimant permanent en rotation. Quel est le déphasage entre les tensions dans les deux bobines lorsque celles-ci sont décalées d'un angle de $\frac{2\pi}{3}$ dans l'espace ?

Solution

Le flux du champ magnétique à travers la première bobine est maximal lorsque l'aimant présente un de ses pôles en face de cette bobine. Il sera maximal à travers la deuxième bobine lorsque l'aimant présente ce même pôle face à celle-ci, c'est-à-dire à l'instant :

$$t_1 = \frac{2\pi}{3\omega} = \frac{T}{3} \text{ où l'aimant a tourné d'un angle de } \frac{2\pi}{3}.$$

Donc la tension aux bornes de la première bobine est en retard de $\boldsymbol{\omega t_1 = \frac{2\pi}{3}}$ par rapport à la tension aux bornes de la deuxième bobine.

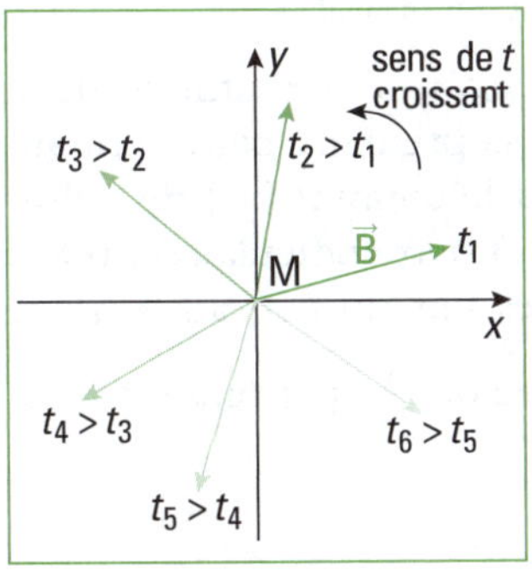

Fig. 5 – Représentation d'un champ magnétique tournant au cours du temps.

B. Le champ magnétique tournant

B.1. Définition du champ magnétique tournant

Définition 2

Un **champ magnétique tournant** est un champ de norme constante dont la direction varie dans un plan avec une vitesse angulaire ω constante.
On l'écrit :

$$\vec{\mathbf{B}} = \mathbf{B_0 \cos(\omega t)} \vec{u}_x + \mathbf{B_0 \sin(\omega t)} \vec{u}_y$$

où ω représente la pulsation du champ tournant.

Ce champ est appelé champ tournant car en un point M, le vecteur $\vec{B}$ semble tourner autour de ce point comme une hélice autour de son axe (figure 5).

Application 3 **Décomposition en champs tournants**

Montrer que le champ magnétique créé par chaque bobine de la figure 2 peut être décomposé en deux champs tournants dont on donnera la pulsation et le sens de rotation. On posera :

$$i(t) = I \sin(\omega t + \theta).$$

Solution

Le champ magnétique créé par les bobines est de la forme :

$$\vec{B} = k i(t) \vec{u}_x, \text{ d'où : } \vec{B} = k I \sin(\omega t + \theta) \vec{u}_x.$$

Cherchons deux champs de la forme :

$$\vec{B}_i = A(\cos(\omega' t + \alpha)\vec{u}_x + \sin(\omega' t + \alpha)\vec{u}_y) \text{ tels que } \vec{B}_1 + \vec{B}_2 = \vec{B}.$$

Il est évident que pour trouver un champ magnétique de pulsation ω, il faut que :

$$\omega = \omega'.$$

De plus, il faut que les composantes suivant $\vec{u}_y$ des deux champs soient opposées. Donc :

$$\vec{B}_1 = A(\cos(\omega t + \alpha)\vec{u}_x + \sin(\omega t + \alpha)\vec{u}_y) \text{ et } \vec{B}_2 = A(\cos(\omega t + \alpha)\vec{u}_x - \sin(\omega t + \alpha)\vec{u}_y).$$

Il faut alors que :

$$\vec{B}_1 + \vec{B}_2 = 2A\cos(\omega t + \alpha)\vec{u}_x = \vec{B}, \text{ d'où : } A = \frac{kI}{2} \text{ et } \alpha = \theta - \frac{\pi}{2}.$$

Le champ $\vec{B}$ peut donc être décomposé en deux champs de même pulsation ω tournant en sens opposé (cette propriété est connue en électrotechnique sous le nom de théorème de Leblanc) :

$\boldsymbol{\vec{B}_1 = A(\sin(\omega t + \theta)\vec{u}_x - \cos(\omega t + \theta)\vec{u}_y)}$ tournant dans le sens direct (ou sens trigonométrique) ;

$\boldsymbol{\vec{B}_2 = A(\sin(\omega t + \theta)\vec{u}_x + \cos(\omega t + \theta)\vec{u}_y)}$ tournant dans le sens inverse.

B.2. Réalisation d'un champ magnétique tournant

Nous avons vu au § A qu'un champ tournant peut être réalisé par un aimant en rotation autour d'un axe ou avec un système de deux bobines dont les axes sont orthogonaux.

– Dans le cas d'un aimant en U, le champ magnétique créé est orienté du pôle NORD vers le pôle SUD. Le mouvement de rotation de l'aimant engendre celui du champ magnétique (figure 6).

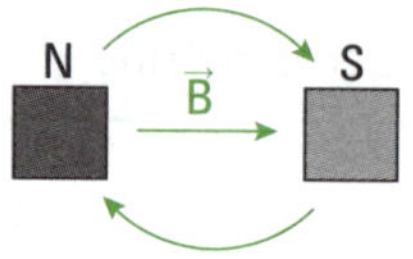

Fig. 6 – Vue de dessus du champ tournant créé par un aimant.

– Considérons à présent le dispositif représenté en figure 7 constitué de deux paires de bobines identiques. Les deux bobines de la première paire sont alignées sur le même axe (Ox) et sont alimentées par le courant $i_1(t)$ de pulsation ω. La deuxième paire est alignée sur l'axe (Oy) perpendiculaire à (Ox). Les deux bobines qui la constitue sont alimentées par un courant $i_2(t)$ de même amplitude et pulsation que $i_1(t)$, mais déphasé de $\frac{\pi}{2}$[1] par rapport à lui.

1. On rappelle que ce système réalise une distribution diphasée car il fait intervenir deux courants déphasés l'un par rapport à l'autre de $\frac{\pi}{2}$.
Le système est dit monophasé lorsque les bobinages sont parcourus par un courant unique. Un système triphasé fait intervenir trois courants déphasés les uns par rapport aux autres de $\frac{2\pi}{3}$.

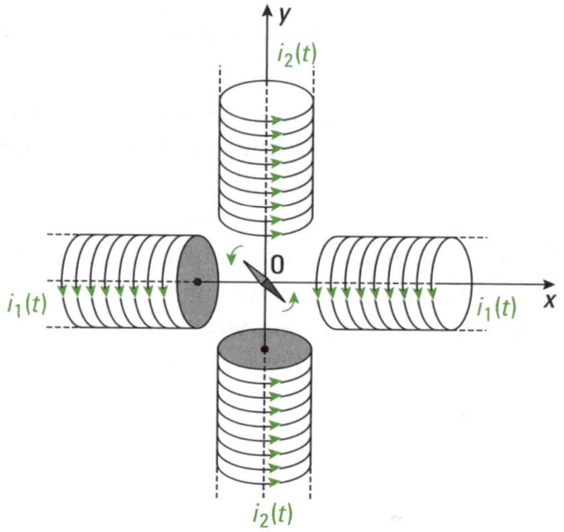

Fig. 7 – Création du champ magnétique tournant à partir d'un système de deux paires de bobines identiques en série alimentées par une distribution diphasée.
Les sens des bobinages sont choisis de telle sorte que l'on ait alternance d'un pôle SUD et d'un pôle NORD autour de l'aiguille.

Posons $i_1(t) = \text{I}\cos(\omega t)$ et $i_2(t) = \text{I}\cos\left(\omega t + \frac{\pi}{2}\right) = -\text{I}\sin(\omega t)$.

Les bobines créent au point où se trouve l'aiguille aimantée[2] un champ magnétique proportionnel au courant qui les traverse.

Notons $\vec{B}_1 = B_m \cos(\omega t)\vec{u}_x$ le champ magnétique[3] créé par les bobines parcourues par le courant $i_1(t)$ et $\vec{B}_2 = B_m \sin(\omega t)(-\vec{u}_y)$ le champ magnétique créé par les bobines parcourues par le courant $i_2(t)$.

Nous obtenons alors un champ tournant de la forme :

$$\vec{\mathbf{B}} = \mathbf{B}_0 \cos(\omega t)\vec{u}_x + \mathbf{B}_0 \sin(\omega t)\vec{u}_y$$ [4].

2. L'aiguille se trouve au point d'intersection des axes des bobines à égale distance de celles-ci.

3. Le calcul du champ créé par un solénoïde fait partie du cours d'électromagnétisme. Il n'est pas repris ici. Cependant, il constitue souvent un préliminaire à l'étude des champs tournants.

4. Le programme des classes de PSI impose l'étude d'un champ diphasé. Cependant, il faut savoir que la majorité des machines alternatives fonctionnent en triphasé (voir application 5). Notamment, les génératrices des centrales électriques fournissent du courant triphasé.

Application 4 **Valeur de la capacité pour obtenir des courants diphasés**

Les bobines de l'expérience du § A.3 créent, en première approximation, un champ magnétique tournant au point O. Ces bobines sont définies par leur inductance propre $\frac{L}{2}$ et leur résistance interne $\frac{R}{2}$. Nous négligeons les inductances mutuelles.

Déterminer la condition sur la capacité C du condensateur pour que les courants soient diphasés.

Solution

Notons $i_1(t)$ le courant dans la bobine 1 et $i_2(t)$ le courant dans la bobine 2 en série avec le condensateur. Les deux systèmes électriques sont en parallèles et branchés sur un générateur fournissant un signal sinusoïdal de pulsation ω que nous noterons $u(t)$.
Appliquons la loi des mailles en notation complexe :

$$\underline{u} = (R + jL\omega)\,\underline{i}_1 \quad \text{et} \quad \underline{u} = \left(R + j\left(L\omega - \frac{1}{C\omega}\right)\right)\underline{i}_2 .$$

Les déphasages des courants par rapport à la tension sont :

$$\varphi_{\underline{i}_1/\underline{u}} = -\,\text{Arctan}\left(\frac{L\omega}{R}\right) \quad \text{et} \quad \varphi_{\underline{i}_2/\underline{u}} = -\,\text{Arctan}\left(\frac{L\omega - \frac{1}{C\omega}}{R}\right).$$

Les deux courants sont déphasés de $\frac{\pi}{2}$ si : $\varphi_{\underline{i}_2/\underline{u}} = \varphi_{\underline{i}_1/\underline{u}} + \frac{\pi}{2}$.

Or : $\tan(a-b) = \dfrac{\tan(a) - \tan(b)}{1 + \tan(a)\tan(b)}$ et $\tan(\varphi_{\underline{i}_2/\underline{u}} - \varphi_{\underline{i}_1/\underline{u}}) = \pm\,\infty$. D'où : $\tan(\varphi_{\underline{i}_2/\underline{u}}) = -\dfrac{1}{\tan(\varphi_{\underline{i}_1/\underline{u}})}$, soit :

$$\left(\frac{L\omega - \frac{1}{C\omega}}{R}\right) = -\frac{R}{L\omega}, \text{ donc : } C = \frac{\mathbf{L}}{\mathbf{L^2\,\omega^2 + R^2}}.$$

Les techniques de fabrication des machines alternatives permettent de créer un champ magnétique dont la répartition spatiale est sinusoïdale dans l'entrefer de cette machine (zone située entre le rotor, c'est-à-dire la partie mobile de la machine par rapport à l'observateur, et le stator, c'est-à-dire la partie fixe de la machine par rapport à l'observateur). Il peut alors être assimilé à un champ tournant.

La création de ce champ magnétique tournant fait intervenir des enroulements situés au stator ou au rotor suivant la machine. Ces enroulements sont situés dans des encoches réparties sur la périphérie de ces pièces élaborées à l'aide de matériaux ferromagnétiques afin de canaliser les lignes de champ.

Application 5 **Champ tournant triphasé**

Un ensemble de bobinages est constitué de trois paires de bobines dont les axes sont décalés de $\frac{2\pi}{3}$. Les bobinages sont parcourus par des courants de la forme :

$$i_1(t) = I\cos(\omega t)\ ;\ i_2(t) = I\cos\left(\omega t + \frac{2\pi}{3}\right) \text{ et } i_3(t) = I\cos\left(\omega t + \frac{4\pi}{3}\right).$$

Sachant que le champ magnétique créé en O par chaque paire est de la forme :

$\vec{B} = ki(t)\vec{u}$, où $\vec{u}$ est un vecteur unitaire de l'axe de cette paire,

donner l'équation instantanée régissant le vecteur champ magnétique au point O.

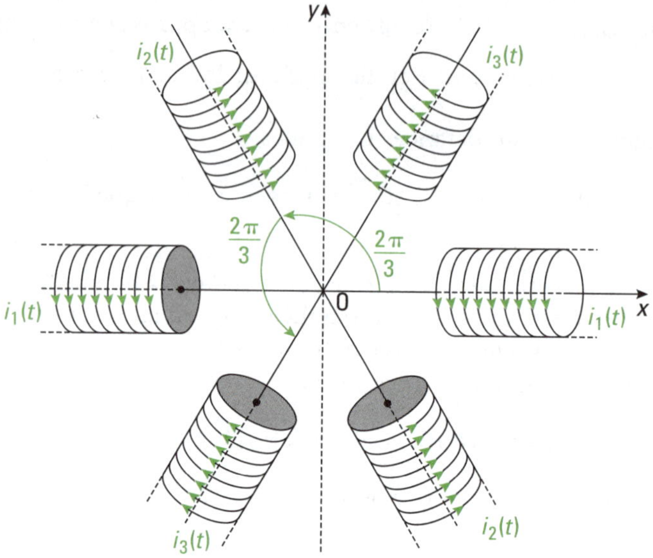

Solution

En notant $\vec{B}_1$ le champ créé par le système de bobines parcourues par le courant $i_1(t)$, $\vec{B}_2$ par le système de bobines parcourues par $i_2(t)$ et $\vec{B}_3$ par le système de bobines parcourues par $i_3(t)$, on a :

$$\vec{B}_1 = kI\cos(\omega t)\vec{u}_x$$

$$\vec{B}_2 = kI\cos\left(\omega t - \frac{2\pi}{3}\right)\left(\cos\left(\frac{2\pi}{3}\right)\vec{u}_x + \sin\left(\frac{2\pi}{3}\right)\vec{u}_y\right)$$

$$\vec{B}_3 = kI\cos\left(\omega t - \frac{4\pi}{3}\right)\left(\cos\left(\frac{4\pi}{3}\right)\vec{u}_x + \sin\left(\frac{4\pi}{3}\right)\vec{u}_y\right)$$

D'où :

$$\vec{B}_2 = \frac{kI}{2}\left[\left(\cos(\omega t) + \cos\left(\omega t - \frac{4\pi}{3}\right)\right)\vec{u}_x + \left(\sin(\omega t) - \sin\left(\omega t - \frac{4\pi}{3}\right)\right)\vec{u}_y\right]$$

$$\vec{B}_3 = \frac{kI}{2}\left[\left(\cos(\omega t) + \cos\left(\omega t - \frac{8\pi}{3}\right)\right)\vec{u}_x + \left(\sin(\omega t) - \sin\left(\omega t - \frac{8\pi}{3}\right)\right)\vec{u}_y\right]$$

Donc :

$$\vec{B} = \vec{B}_1 + \vec{B}_2 + \vec{B}_3 = \frac{kI}{2}\left(4\cos(\omega t) + \cos\left(\omega t - \frac{4\pi}{3}\right) + \cos\left(\omega t - \frac{8\pi}{3}\right)\right)\vec{u}_x$$
$$+ \frac{kI}{2}\left(2\sin(\omega t) - \sin\left(\omega t - \frac{4\pi}{3}\right) - \sin\left(\omega t - \frac{8\pi}{3}\right)\right)\vec{u}_y$$

Or : $\cos\left(\omega t - \frac{4\pi}{3}\right) + \cos\left(\omega t - \frac{8\pi}{3}\right) = 2\cos(\omega t)\cos\left(\frac{2\pi}{3}\right) = -\cos(\omega t)$

et : $\sin\left(\omega t - \frac{4\pi}{3}\right) + \sin\left(\omega t - \frac{8\pi}{3}\right) = 2\sin(\omega t)\cos\left(\frac{2\pi}{3}\right) = -\sin(\omega t)$.

D'où :

$$\vec{\mathbf{B}} = \frac{3k\mathbf{I}}{2}\left(\cos(\omega t)\vec{u}_x + \sin(\omega t)\vec{u}_y\right).$$

Le champ magnétique obtenu est un champ tournant d'amplitude plus importante que le champ diphasé.

C. Principe du moteur alternatif

Nous avons vu dans le paragraphe précédent comment créer un champ tournant. Nous allons modéliser à présent les interactions qui expliquent le fonctionnement des machines alternatives.

C.1. Moment magnétique

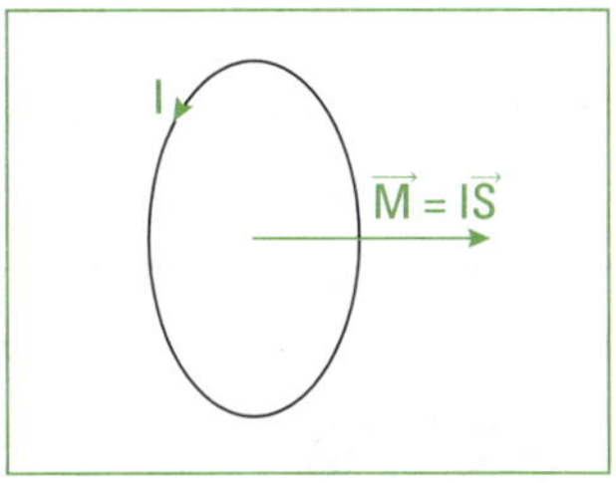

Fig. 8 – Moment magnétique d'une spire.

Définition 3

Le **moment magnétique** d'une spire de section S parcourue par un courant I est défini par :

$$\vec{M} = I\vec{S}$$

où $\vec{S}$ représente le vecteur surface orienté par la règle du tire-bouchon (ou de la main droite) à partir du sens du courant I (figure 8).

Propriété 5

La spire de moment magnétique $\vec{M} = I\vec{S}$ est assimilée à un **dipôle magnétique** si le champ magnétique dans lequel elle est plongée varie peu sur son étendue (sa section).

C.2. Actions subies par un dipôle magnétique

Propriété 6

Un dipôle magnétique de moment $\vec{M}$ plongé dans un champ magnétique $\vec{B}$ subit un couple[1] de moment :

$$\vec{\Gamma} = \vec{M} \wedge \vec{B}.$$

$\vec{\Gamma}$ représente le moment des forces magnétiques par rapport à l'axe de rotation.

C.3. Les moteurs alternatifs

Un moteur alternatif utilise l'interaction entre un champ magnétique engendré par un aimant permanent ou un électro-aimant et un champ magnétique tournant. Nous étudierons par la suite deux types de machines alternatives[2].

C.3.1 – Les moteurs synchrones

Le **moteur synchrone** est constitué d'un rotor à aimants permanents ou bobiné (constitué de bobinages) alimenté par un courant continu[3]. Le rotor crée un champ magnétique que l'on peut assimiler au champ créé par un aimant permanent.

Le stator est constitué de bobinages produisant un champ magnétique tournant et à répartition spatiale sinusoïdale le long de l'entrefer.

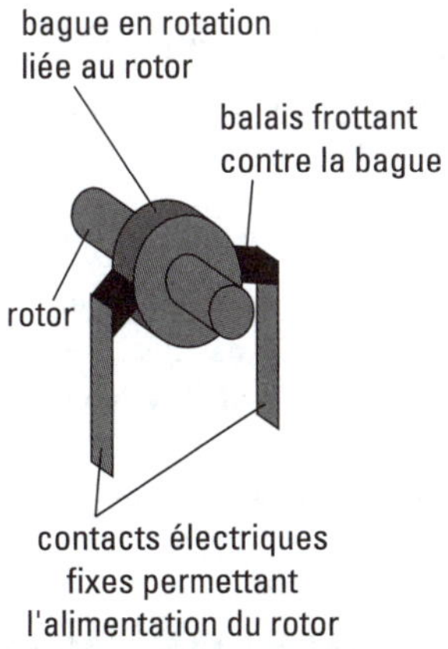

C.3.2 – Les moteurs asynchrones

Le **moteur asynchrone** est constitué d'un rotor bobiné en court-circuit qui, placé dans le champ tournant, est le siège d'une f.é.m. induite[4]. Celle-ci crée un courant induit dans le bobinage du rotor donnant ainsi naissance à un champ magnétique. Le rotor peut donc être assimilé à un moment magnétique permanent $\vec{M}$ en rotation.

1. Au sens mécanique, c'est-à-dire un système de forces de résultante nulle et de moment par rapport à l'axe de rotation non nul.

2. D'autres types de moteurs comme, par exemple, les moteurs à réluctance variable, sont aussi le fait d'interactions électromagnétiques.

3. L'alimentation du rotor s'effectue par un système de bagues et de balais frottant sur les bagues pour maintenir le contact.

4. Les machines asynchrones n'ont pas besoin de système de bagues et de balais. Les machines synchrones réclament donc une maintenance plus accrue que les machines asynchrones.

Le stator est constitué de bobinages produisant un champ magnétique tournant et à répartition spatiale sinusoïdale le long de l'entrefer.

Les machines alternatives possèdent en règle générale plusieurs pôles. Ceci signifie que le champ magnétique créé dans l'entrefer est assimilable au champ créé par une succession de pôles de polarités opposées réparties uniformément à la périphérie du stator du moteur (cf. Application 6). Si le stator possède n paires de pôles, la rotation du rotor s'effectue alors à la vitesse $\frac{\omega}{n}$, dans le cas des machines synchrones, où ω est la pulsation du courant créant le champ tournant.

Application 6 **Machine synchrone tétrapolaire**

Le stator d'une machine synchrone, constitué de deux paires de pôles, crée un champ tournant dans lequel se trouve le rotor, assimilé à un moment permanent constitué lui aussi de deux paires de pôles. Les pôles 1 et 3 ont même polarité et les pôles 2 et 4 ont la polarité inverse. Montrer que le rotor tourne à la vitesse $\Omega = \frac{\omega}{2}$ si ω représente la pulsation du champ tournant.

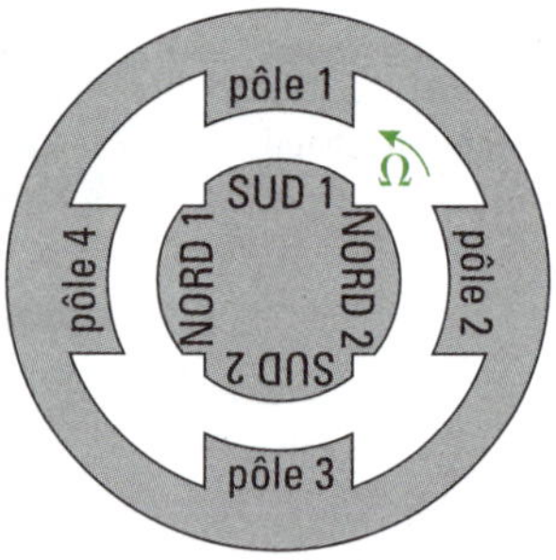

Solution

Chaque pôle du stator change de polarité en une demi-période $\frac{T}{2}$ de la tension d'alimentation du bobinage qu'il supporte. Il repousse alors les pôles de même nom du rotor.

– Quand le pôle 1 du stator est un pôle NORD, il repousse le pôle NORD 1 du rotor.

– À l'instant $\frac{T}{2}$, ce pôle du stator change de polarité et repousse le pôle SUD 1 du rotor.

– À l'instant T, ce pôle du stator change à nouveau de polarité et repousse le pôle NORD 2 du rotor.

– À l'instant $\frac{3T}{2}$, ce pôle du stator change encore de polarité et repousse le pôle SUD 2 du rotor.

– Enfin, à l'instant 2T, ce pôle du stator change de polarité et repousse le pôle NORD 1 du rotor.

Le rotor a effectué un tour en 2 périodes de la tension d'alimentation des bobinages du stator. La vitesse de rotation du rotor est donc égale à $\frac{\omega}{2}$.

Nous pouvons aussi remarquer que dans cette configuration, lorsque les pôles 1 et 3 du stator sont des pôles NORD, les deux pôles NORD du rotor interagissent avec les pôles 1 et 3 du stator et inversement. Il est alors évident que le couple sera plus important que pour une machine ne possédant qu'une seule paire de pôles et pour laquelle un seul pôle NORD du rotor interagit avec un seul pôle NORD du stator.

D. Réversibilité des machines alternatives

Ce paragraphe a pour objectif de décrire qualitativement les deux modes de fonctionnement d'une machine alternative : en *moteur* ou en *génératrice*[1].

• La mise en évidence expérimentale du fonctionnement en génératrice a été réalisée au § A.4. Nous avons montré l'apparition d'une f.é.m. d'induction aux bornes d'une bobine placée dans une région où règne un champ tournant.

1. Nous avons également rencontré ces deux modes de fonctionnement pour la machine à courant continu.

Dans le cas de la machine synchrone, le champ tournant est obtenu grâce à la rotation du rotor (aimant permanent ou bobinage parcouru par un courant constant). Le rotor constitue alors le circuit inducteur (pour la machine à courant continu, l'inducteur est au stator). La f.é.m. induite est donc créée aux bornes des enroulements du stator qui constitue le circuit d'induit. La machine synchrone utilisée en génératrice porte le nom d'**alternateur**.

• La mise en évidence expérimentale du fonctionnement en moteur a été réalisée au § A.3. Nous avons mis en évidence la rotation d'une aiguille aimantée placée dans une région où règne un champ magnétique tournant.

Dans le cas du moteur asynchrone, le champ tournant est produit par le stator (inducteur) et le phénomène d'induction a lieu dans le rotor (induit).

Nous généraliserons ces observations et retiendrons que :

– Lors du fonctionnement en moteur d'une machine alternative, les enroulements du stator sont placés dans un champ magnétique tournant et sont donc le siège d'une f.é.m. d'induction. Le rotor est soumis à un couple *moteur*.

– Lors du fonctionnement en génératrice d'une machine alternative, les enroulements du stator sont parcourus par des courants (puisque reliés à une charge électrique). Ceux-ci engendrent donc à leur tour un champ magnétique qui interagit avec le champ magnétique tournant créé par le stator. Le rotor est donc soumis à un couple *résistant*.

Lorsqu'une machine peut fonctionner soit en moteur soit en génératrice, elle est dite réversible.

Propriété 7

Les machines synchrone et asynchrone[1] sont **réversibles**.

En fonctionnement moteur, le couple est une grandeur algébrique positive. En fonctionnement génératrice, c'est une grandeur algébrique négative. Cette convention de signe est toujours liée à celle des grandeurs électriques[2].

1. Les machines asynchrones sont parfois constituées d'un rotor n'ayant aucune connexion vers l'extérieur (rotor à cage d'écureuil par exemple). Dans ce cas, il est impossible de récupérer l'énergie électrique induite au rotor, qui est alors dissipée par effet Joule. Ces machines sont utiles pour les moteurs étanches dans le cas d'un fonctionnement en atmosphère extrême.

2. Nous avons déjà souligné ce point lors de l'étude des machines à courant continu (*cf.* chapitre 3).

Application 7 Alternateur monophasé

Montrer que dans le cas d'un alternateur monophasé dont le rotor bobiné tourne à la vitesse de rotation ω, la f.é.m. induite possède des harmoniques impairs. Le stator est supposé relié à une charge électrique, ce qui entraîne l'apparition de courants dans les bobinages statoriques.

Solution

La f.é.m. induite dans le stator d'une machine monophasée possède une pulsation égale à ω.

Le courant dans le stator donne naissance à un champ magnétique variable dans le temps. Ce champ est équivalent à la superposition de deux champs tournant de vitesse de rotation ω et $-\omega$ (cf. Application 3).

Le premier champ tournant à la vitesse ω est fixe dans un référentiel lié au rotor. Par contre, le champ tournant à la vitesse $-\omega$ tourne à la vitesse -2ω dans un référentiel lié au rotor.

Le rotor étant bobiné, il est le siège d'une f.é.m. de pulsation 2ω qui engendre un courant de même pulsation. Ce courant passant dans les bobinages engendre un champ magnétique de pulsation 2ω dans le référentiel du rotor. D'après la loi de Lenz, ce champ tourne dans le sens opposé au champ tournant créé par le stator, donc à la vitesse de rotation $+2\omega$.

Or ce champ tournant à la vitesse 2ω dans le référentiel lié au rotor tourne à la vitesse 3ω dans le référentiel lié au stator (la rotation s'effectue dans le même sens), donc il y a création d'une f.é.m. de fréquence 3ω dans le stator.

Cette f.é.m. engendre deux champs tournants à la pulsation -3ω et 3ω.

Donc il y a création de courant induit dans le rotor de pulsation 2ω et 4ω. Il y a alors création d'un nouveau champ tournant à la pulsation 5ω. Ainsi de suite…

On prouve donc que la f.é.m. statorique possède des harmoniques impairs (et le champ tournant des harmoniques pairs).

Les amplitudes des champs magnétiques et f.é.m. successifs diminuent au fur et à mesure que le rang de l'harmonique augmente. D'ailleurs, en première approximation, ces amplitudes sont négligées pour l'étude du fonctionnement de la machine.

E. Couple électromagnétique et f.é.m.

Dans ce paragraphe, nous étudions les machines diphasées[1], qui sont alimentées et/ou créent des distributions de courants diphasées.

L'objectif est de modéliser quantitativement le fonctionnement générateur et le fonctionnement moteur.

Pour cela, nous ne tiendrons pas compte de la complexité de la machine et nous utiliserons un modèle très simplifié où n'interviennent que le champ tournant et le moment magnétique qui crée le champ magnétique interagissant avec le champ tournant.

Par souci de simplicité, nous n'étudions que les machines constituées d'un rotor et d'un stator bipolaire[2] (c'est-à-dire possédant un pôle NORD et un pôle SUD).

1. Conformément au programme officiel de la classe de PSI.

2. Moyennant quelques précautions, les résultats se généralisent aux machines multipolaires.

3. En réalité, le champ magnétique engendré par le rotor est canalisé par un matériau magnétique à l'intérieur des enroulements du stator que l'on assimile à une bobine. Pour la modélisation, nous considérons que le champ magnétique est uniforme à l'intérieur de la bobine.

E.1. Modèle électrique de la génératrice synchrone

Le champ magnétique tournant engendré par le rotor de la génératrice synchrone, appelée aussi alternateur, est assimilable à celui créé par un aimant permanent en rotation autour d'un axe.

Le rotor est placé au cœur d'un système de bobinages (stator) dans lesquels apparaissent des f.é.m. induites.

Considérons donc un moment magnétique permanent $\vec{M}$ en rotation autour d'un axe passant par un point fixe O et placé près[3] d'une bobine comportant N spires, de section droite S et d'axe (Ox) (figure 9).

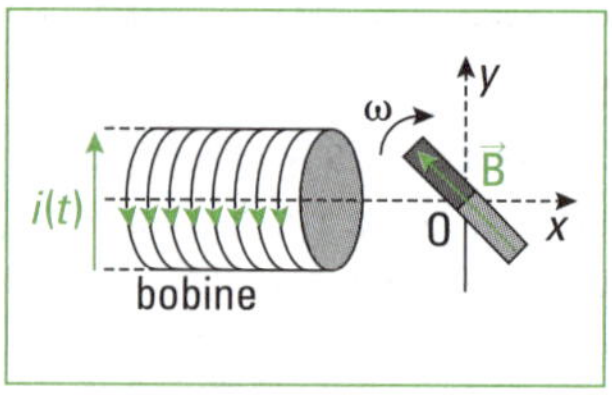

Fig. 9 – Moment magnétique permanent en rotation à proximité d'une bobine.

Ce moment magnétique engendre un champ tournant de la forme :

$$\vec{B} = B_0 \cos(\omega t + \theta_0)\vec{u}_x + B_0 \sin(\omega t + \theta_0)\vec{u}_y,$$

où θ_0 représente l'angle entre le champ tournant et l'axe de la spire à l'instant $t = 0$.

Cette bobine est le siège d'une f.é.m. calculée à partir de la loi de Faraday :

$$e = -\frac{d\Phi}{dt}, \text{ où } \Phi = \iint_{\text{bobine}} \vec{B}\cdot\vec{dS}.$$

Le champ magnétique étant supposé uniforme à l'intérieur de la bobine :

$$\Phi = NS\vec{B}\cdot\vec{u}_x$$

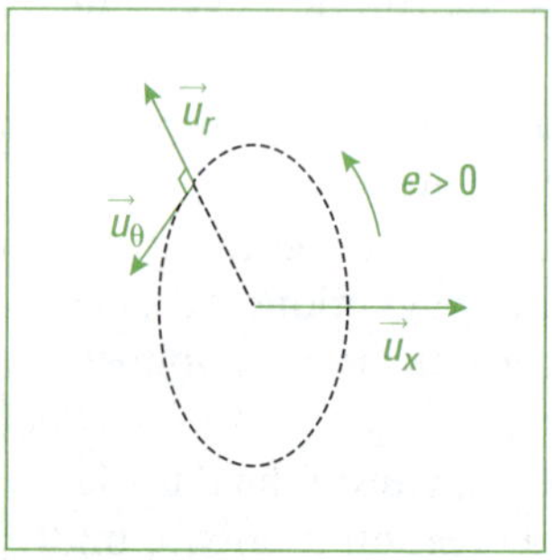

Fig. 10 – Convention d'orientation de la f.é.m. induite au stator.

où $\vec{u}_x$ est le vecteur unitaire normal à la spire. Ce vecteur sert à orienter la f.é.m. induite avec la règle du tire-bouchon ou de la main droite (dans la direction et le sens de $\vec{u}_\theta$ en coordonnées polaires $(\vec{u}_r, \vec{u}_\theta, \vec{u}_x)$).

Nous obtenons :

$$e = \omega NSB_0 \sin(\omega t + \theta_0).$$

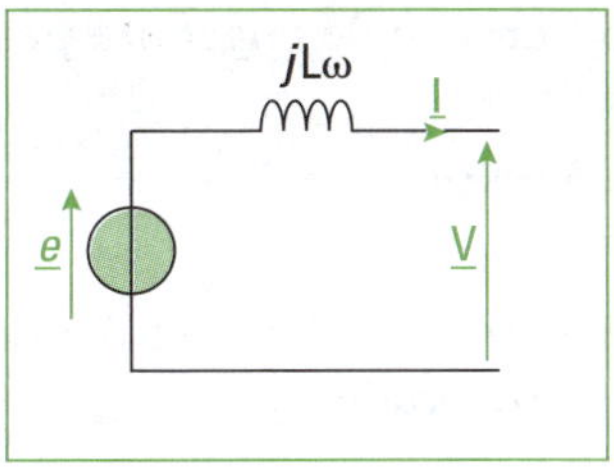

Fig. 11 – Modèle électrique équivalent de la génératrice synchrone.

Le stator de l'alternateur se comporte donc comme un générateur de tension de f.é.m. $\underline{e}$ et d'impédance interne $\underline{Z}$. Cette impédance interne est l'impédance du bobinage que l'on considère comme l'association série d'une résistance et d'une bobine parfaite.

En régime permanent, la résistance interne du bobinage est, très souvent, négligeable devant la réactance (partie imaginaire de $\underline{Z}$).

Nous obtenons alors le modèle électrique équivalent de la figure 11.

Les alternateurs sont utilisés par exemple en sortie des centrales électriques vers le réseau ou dans les moteurs des véhicules automobiles.

Application 8 **Détermination des f.é.m. induites**

Le stator est constitué d'un système équivalent à deux bobines de N spires, de section S et dont les axes sont orthogonaux.

Les bobines sont soumises sur toute leur longueur L à un champ tournant de la forme :

$$B = B_0 \cos(\omega t + \theta_0)\vec{u}_x + B_0 \sin(\omega t + \theta_0)\vec{u}_y.$$

Déterminer les f.é.m. induites dans chaque bobine.

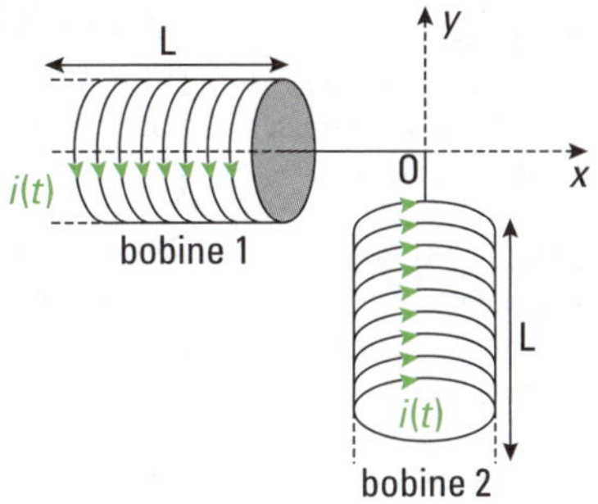

Solution

La f.é.m. induite dans la bobine 1 s'écrit :

$$e_1 = -\frac{d\Phi}{dt}, \text{ où : } \Phi = \iint_{\text{bobine}} \vec{B}\cdot\vec{dS} = NS\vec{B}\cdot\vec{u}_x$$

(d'après le sens du courant, $\vec{dS}$ est orienté suivant $\vec{u}_y$ par la règle du tire-bouchon).

Donc : $e_1 = \omega NSB_0 \sin(\omega t + \theta_0)$.

La f.é.m. induite dans la bobine 2 s'écrit :

$$e_2 = -\frac{d\Phi}{dt}, \text{ où : } \Phi = \iint_{\text{bobine}} \vec{B}\cdot\vec{dS} = NS\vec{B}\cdot\vec{u}_y .$$

Donc : $e_2 = -\,\omega NSB_0 \cos(\omega t + \theta_0)$.

La bobine 2 est décalée dans l'espace de $-\dfrac{\pi}{2}$ par rapport à la bobine 1. La f.é.m. induite dans la bobine 2 est en retard de $\dfrac{\pi}{2}$ par rapport à la f.é.m. dans la bobine 1 : on trouve alors un système diphasé de tension.

Il s'agit ici de la méthode utilisée pour créer des courants diphasés à partir d'une même machine.

E.2. Étude mécanique du moteur synchrone

Dans ce mode de fonctionnement, le champ tournant est créé par les enroulements du stator. Le rotor est assimilé à un moment magnétique $\vec{M}$ avec lequel le champ tournant interagit.

Le champ tournant est noté :

$$\vec{B} = B_0 \cos(\omega t + \theta_0)\vec{u}_x + B_0 \sin(\omega t + \theta_0)\vec{u}_y$$

où θ_0 représente l'angle entre le champ tournant et le moment magnétique $\vec{M}$ à l'instant $t = 0$. Comme nous le verrons plus loin, le couple résistant appliqué au moteur modifie la valeur de θ_0.

Le rotor est considéré en rotation dans le plan (Oxy). Notons :

$$\vec{M} = M_0 \cos(\Omega t)\vec{u}_x + M_0 \sin(\Omega t)\vec{u}_y$$

où Ω représente la vitesse de rotation du rotor.

Le moment magnétique $\vec{M}$ et, de fait, le rotor subit un couple engendré par le champ tournant de la forme $\vec{\Gamma} = \vec{M} \wedge \vec{B}$, soit ici :

$$\vec{\Gamma}(t) = M_0 B_0 (\cos(\Omega t)\sin(\omega t + \theta_0) - \sin(\Omega t)\cos(\omega t + \theta_0))\vec{u}_z$$
$$= M_0 B_0 \sin((\omega - \Omega)t + \theta_0)\vec{u}_z \,.$$

L'équation instantanée du couple ne permet pas d'interpréter à elle seule les observations expérimentales. Précisons à cette fin notre étude.

- **Expérience et interprétation**

Expérimentalement :

– lorsque le moteur synchrone est directement alimenté par une tension de fréquence 50 Hz, celui-ci ne démarre pas ;

– en réduisant la fréquence, le moteur démarre à des fréquences faibles. On peut ensuite augmenter progressivement celle-ci jusqu'à 50 Hz sans que le rotor s'arrête de tourner.

La constante de temps mécanique τ du moteur est importante devant la période de la tension d'alimentation. Cette inertie mécanique fait que la machine n'est sensible en réalité qu'à la valeur moyenne des grandeurs électriques si la pulsation est trop importante (on dit quelquefois que la machine a un comportement de type filtre passe-bas).

Ainsi, lorsque le moteur est à l'arrêt ($\Omega = 0$ et $\omega = 100\pi$ rad·s^{-1}),
$\langle\vec{\Gamma}(t)\rangle = M_0 B_0 \langle\sin(\omega t + \theta_0)\rangle \vec{u}_z = \vec{0}$[1] et le moteur ne démarre pas.

Lorsque la fréquence est diminuée, la période T des grandeurs électriques (et donc du champ magnétique) se rapproche de τ. À partir d'un certain seuil[2], le rotor est sensible à la valeur instantanée du couple et la machine se met à tourner à la vitesse angulaire $\Omega = 2\pi f$ (f est la fréquence du signal électrique). On retrouve le cas de l'aiguille aimantée entraînée par l'aimant en rotation[3].

En régime permanent, le couple électromagnétique moyen exercé sur le rotor s'écrit :

$$\langle\vec{\Gamma}(t)\rangle = M_0 B_0 \sin(\theta_0)\vec{u}_z$$

puisqu'alors le rotor tourne au synchronisme ($\omega = \Omega$)[4] d'où le nom donné de moteur synchrone[5].

Remarque :

θ_0 représente l'angle entre le champ tournant et le moment magnétique $\vec{M}$ à tout instant, puisque le champ tournant et le moment magnétique tournent au synchronisme.

1. Rappelons que cette valeur moyenne est une valeur moyenne temporelle :
$$\langle\vec{\Gamma}(t)\rangle = \frac{1}{T}\int_0^T \vec{\Gamma}(t)\,dt.$$

2. Pour réduire l'inertie du moteur, on préfère réaliser un démarrage à vide (sans charge), puis on accroche la charge.

3. D'autres techniques de démarrage existent :
– le démarrage grâce à un moteur auxiliaire de faible puissance ;
– l'ajout d'amortisseurs (barres de conducteur pour créer une cage d'écureuil) pour un démarrage en asynchrone.

4. Dans le cas d'une machine possédant p paires de pôles, la vitesse de rotation est proche de :
$$\frac{\omega}{p}.$$

5. La rotation du rotor au synchronisme fait que, dans un référentiel lié au rotor, le champ tournant paraît constant et n'entraîne pas d'induction, donc de pertes joules, dans le rotor. Sa réalisation est donc moins contraignante que celle d'une machine à courant continu.

Application 9 **Sens de rotation d'une aiguille aimantée**

Expliquer qualitativement pourquoi, dans l'expérience du § A.2, l'aiguille aimantée peut avoir deux sens de rotation possibles au synchronisme.

Solution

Dans l'expérience du § A.2, l'aiguille est soumise à un champ monophasé qui peut être décomposé en deux champs tournant dans des sens opposés à la même vitesse (*cf.* Application 3). Donc l'aiguille s'accroche sur le champ tournant dans le sens où elle est lancée et tourne alors au synchronisme dans ce sens.

Ce phénomène est utilisé notamment dans les moteurs de machine à laver où le démarrage s'effectue avec un champ diphasé (deux bobines parcourues par des courants diphasés). Ensuite, une des deux bobines est déconnectée par un interrupteur mécanique. Le rotor est alors soumis à un champ monophasé et continue sa rotation au synchronisme.

Il existe aussi d'autres systèmes qui permettent de créer une dissymétrie des deux champs tournants et privilégient alors un sens de rotation.

1. Ce qualificatif vient du fait que cet angle repère les directions relatives de $\vec{B}$ et de $\vec{M}$.

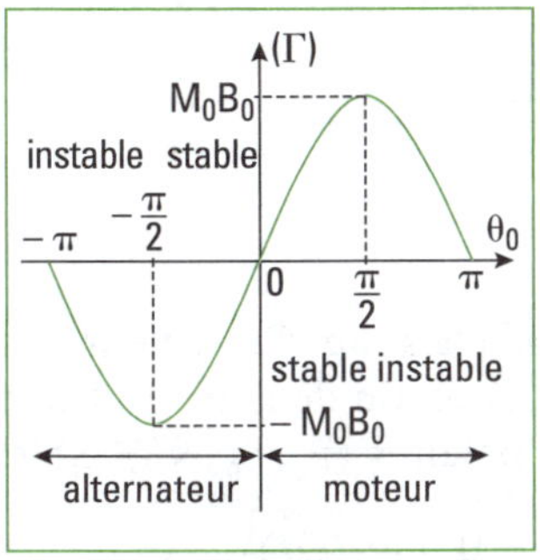

Fig. 12 – Évolution du couple en fonction de l'angle interne.

- **Étude du couple en fonction de l'angle interne[1] θ_0**

D'après l'expression de la valeur de $\langle \vec{\Gamma}(t) \rangle$, la valeur de θ_0 influe sur le couple. Cet angle θ_0 est considéré comme la variable dont dépend le couple, c'est-à-dire que la machine « adapte » cette valeur pour qu'en régime permanent il y ait égalité du couple moteur et du couple résistant s'exerçant sur la machine.

Le signe de l'angle θ_0 permet de définir le mode de fonctionnement de la machine. En effet, si θ_0 est positif, il s'agit d'un couple moteur (moteur). S'il est négatif, il s'agit d'un couple résistant (génératrice).

La figure 12 donne l'évolution du couple en fonction de l'angle θ_0.

Suivant le mode de fonctionnement, apparaissent une zone de fonctionnement stable et une zone instable. Un raisonnement tel que celui de l'application 9 permet de retrouver ces zones sur le graphe. Par exemple, $\theta_0 \in \left[0, \frac{\pi}{2}\right]$ pour un moteur synchrone en régime de fonctionnement stable.

Si lors du fonctionnement moteur, le couple résistant devient, en valeur absolue, supérieur à M_0B_0, le moteur « décroche », c'est-à-dire que ne pouvant pas fournir le couple nécessaire, il s'arrête.

La partie $\theta_0 < 0$ correspond au fonctionnement génératrice.

Application 10 **Positions d'équilibre d'un moteur**

Lorsque le moteur est soumis à un couple de charge $-\Gamma_c$ constant tel que $\Gamma_c < M_0B_0$, montrer qu'il possède deux positions d'équilibre, une stable et une instable.

Solution

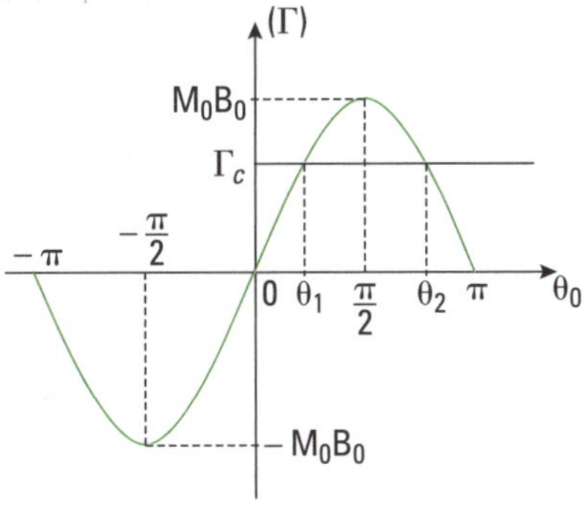

Le point de fonctionnement du moteur est obtenu à partir de l'intersection des caractéristiques mécaniques de la charge et du moteur. Les deux points de fonctionnement sont définis ici par les angles θ_1 et θ_2.

– *Pour* $\theta_0 = \theta_1$: si le moteur accélère, le moment magnétique tourne plus rapidement que le champ tournant et le « rattrape », donc l'angle θ_0 diminue. Si cet angle diminue, le graphe indique que le couple moteur diminue, donc le moteur ralentit. Cette position d'équilibre est donc **stable**.

– *Pour* $\theta_0 = \theta_2$: si le moteur accélère, le moment magnétique tourne plus rapidement que le champ tournant et le « rattrape », donc l'angle θ_0 diminue. Si cet angle diminue, le couple moteur augmente, donc le moteur accélère. Cette position d'équilibre est **instable**.

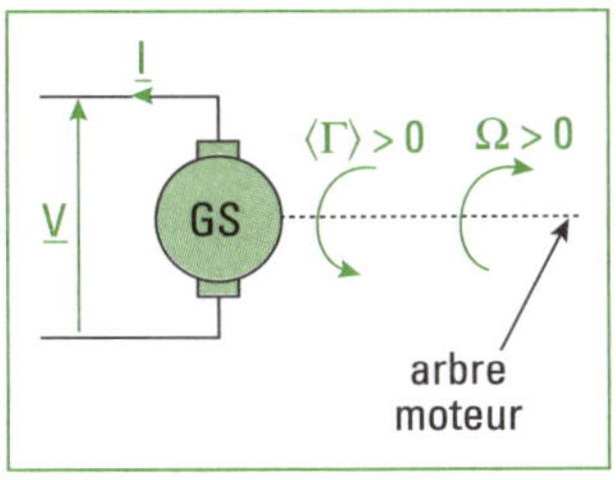

Fig. 13 – Modèle électromécanique de la génératrice synchrone.

- **Modèle électromécanique de la génératrice synchrone**

Sur la figure 13, les flèches indiquent le sens du mouvement associé à un signe positif pour les grandeurs $\langle \Gamma \rangle$ (qui est ici un couple résistant) et Ω. Le circuit électrique est modélisé avec la convention générateur.

E.3. Étude mécanique de la machine asynchrone

Nous étudions ici le fonctionnement du moteur asynchrone.

- **Détermination du courant induit dans le rotor**

Nous avons vu que le stator de la machine asynchrone crée le champ tournant et que le rotor peut être assimilé à un bobinage de résistance R, d'inductance propre L, comportant N spires, de section S et dans lequel on peut considérer le champ uniforme.

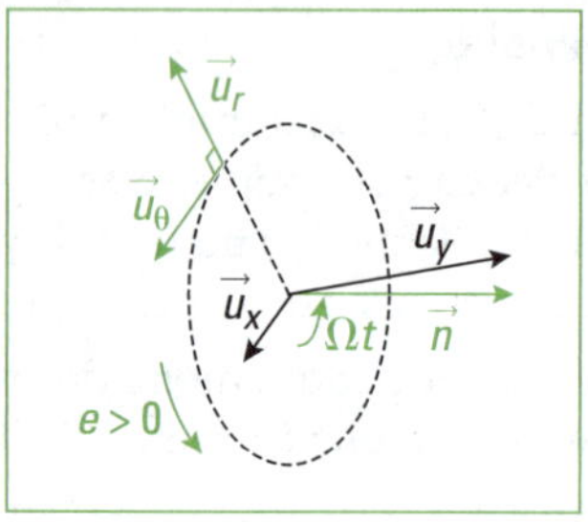

Fig. 14 – Sens de la f.é.m. dans une spire du bobinage au rotor.

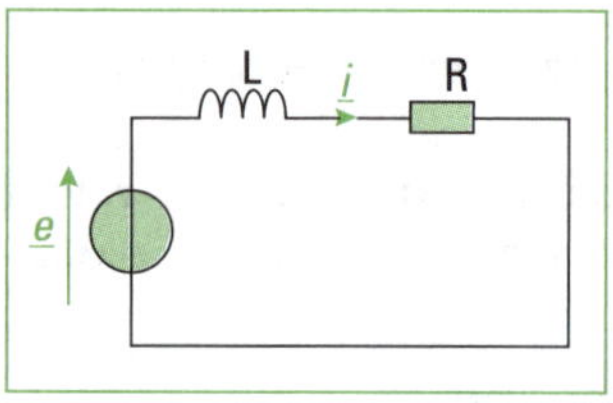

Fig. 15 – Modèle électrique équivalent du rotor en court-circuit.

1. R désigne ici la résistance globale du rotor de la machine asynchrone qui n'est pas négligeable en pratique.

Le rotor tourne à la vitesse de rotation Ω et le champ tournant est de la forme :

$$\vec{B} = B_0 \cos(\omega t + \theta_0)\vec{u}_x + B_0 \sin(\omega t + \theta_0)\vec{u}_y,$$

où θ_0 représente l'angle entre le champ tournant et l'axe de la spire à $t = 0$.

Cette bobine est le siège d'une f.é.m. calculée à partir de la loi de Faraday :

$$e = -\frac{d\Phi}{dt}, \text{ où } \Phi = \iint_{\text{bobine}} \vec{B}\cdot\vec{dS}.$$

D'après la figure 14, on a :

$$\Phi = NS\vec{B}\cdot\vec{n}$$

où $\vec{n} = \cos(\Omega t)\vec{u}_x + \sin(\Omega t)\vec{u}_y$ est le vecteur normal à la spire. Ce vecteur sert à orienter le f.é.m. induite avec la règle du tire-bouchon ou de la main droite (dans la direction et le sens de $\vec{u}_\theta$ en coordonnées polaires $(\vec{u}_r, \vec{u}_\theta, \vec{n})$). Soit :

$$e = -\frac{d}{dt}(NSB_0(\cos(\omega t + \theta_0)\cos(\Omega t) + \sin(\omega t + \theta_0)\sin(\Omega t)))$$

$$e = -\frac{d}{dt}(NSB_0(\cos((\omega - \Omega)t + \theta_0)) = (\omega - \Omega)NSB_0 \sin((\omega - \Omega)t + \theta_0).$$

Cette f.é.m. présente dans le bobinage en circuit fermé engendre l'apparition d'un courant induit i. Elle est sinusoïdale et de pulsation $\omega - \Omega$. Nous pouvons alors utiliser la notation complexe pour définir ce courant induit.

Le bobinage statorique peut ainsi être modélisé par un générateur de Thévenin de f.é.m. $\underline{e}$ et d'impédance interne $\underline{Z}$ car le bobinage possède une résistance[1] R et une inductance propre L. Il débite un courant $\underline{i}$ (figure 15).

Le bobinage étant en court-circuit :

$$\underline{e} = (R + jL(\omega - \Omega))\,\underline{i},$$

d'où : $$i = \frac{(\omega - \Omega)NSB_0}{\sqrt{R^2 - L^2(\omega - \Omega)^2}} \sin\left((\omega - \Omega)t + \theta_0 - \text{Arctan}\left(\frac{L(\omega - \Omega)}{R}\right)\right).$$

On pose par la suite $\varphi = \text{Arctan}\left(\frac{L(\omega - \Omega)}{R}\right)$.

- **Détermination du couple électromagnétique moyen**

Le bobinage parcouru par le courant i est assimilé à un moment magnétique :

$$\vec{M} = NSi\vec{n} = MSi(\cos(\Omega t)\vec{u}_x + \sin(\Omega t)\vec{u}_y).$$

Le moment magnétique $\vec{M}$ subit un couple engendré par le champ tournant de la forme $\vec{\Gamma} = \vec{M} \wedge \vec{B}$. D'où :

$$\vec{\Gamma}(t) = NSiB_0(\cos(\Omega t)\sin(\omega t + \theta_0) - \sin(\Omega t)\cos(\omega t + \theta_0))\vec{u}_z.$$

Or $\cos(\alpha)\sin(\beta) - \sin(\alpha)\cos(\beta) = \sin(\beta - \alpha)$, donc :

$$\vec{\Gamma}(t) = NSiB_0 \sin((\omega - \Omega)t + \theta_0)\vec{u}_z.$$

D'où :

$$\vec{\Gamma}(t) = \frac{(\omega - \Omega)(NSB_0)^2}{\sqrt{R^2 + L^2(\omega - \Omega)^2}} \sin((\omega - \Omega)t + \theta_0 - \varphi)\sin((\omega - \Omega)t + \theta_0))\vec{u}_z.$$

Or, $2\sin(a)\sin(b) = \cos(a - b) - \cos(a + b)$, ce qui donne :

$$\vec{\Gamma}(t) = \frac{(\omega - \Omega)(NSB_0)^2}{2\sqrt{R^2 + L^2(\omega - \Omega)^2}} [\cos(\varphi) - \cos(2(\omega - \Omega)t + 2\theta_0 - \varphi)]\vec{u}_z.$$

De même que pour la machine synchrone, le rotor, du fait de son inertie, n'est sensible qu'à la valeur moyenne du couple, c'est-à-dire :

$$\langle\vec{\Gamma}(t)\rangle = \frac{(\omega - \Omega)(NSB_0)^2}{2\sqrt{R^2 + L^2(\omega - \Omega)^2}} \cos(\varphi)\vec{u}_z.$$

1. Ce paramètre quantifie l'écart relatif entre la vitesse de rotation du rotor et celle du champ tournant.

2. Dans le cas d'une machine possédant p paires de pôles, la vitesse de rotation est proche de : $\frac{\omega}{p}$.

3. Dans l'absolu, la machine fonctionne en génératrice mais elle appelle une puissance fournie par l'arbre qu'elle perd intégralement (effet Joule, pertes magnétiques...). Elle ne fournit alors aucune puissance électrique au circuit extérieur.

4. L'étude des zones stables et instables s'effectue de la même manière que pour la machine synchrone. Nous ne la détaillerons pas ici.

On pose : $(\omega - \Omega) = g\omega$, où g est appelé glissement[1].

De plus, $\cos(\varphi) = \sqrt{\dfrac{1}{1+\tan^2(\varphi)}} = \dfrac{R}{\sqrt{R^2 + L^2(\omega - \Omega)^2}}$, soit :

$$\langle \vec{\Gamma}(t) \rangle = \frac{g\omega(NSB_0)^2R}{2(R^2 + g^2L^2\omega^2)}\,\vec{u}_z\,.$$

Contrairement au moteur synchrone, le moteur asynchrone possède un couple nul au synchronisme ($g = 0$). Il tourne donc à une vitesse différente de la pulsation d'alimentation, d'où sa dénomination : « moteur asynchrone ».

En règle générale, la valeur du glissement est faible et le rotor tourne à une vitesse de rotation proche de la valeur de la pulsation[2]. La valeur du glissement dépend de la charge mécanique (tout comme l'angle interne θ_0 du moteur synchrone dépend de la charge).

Remarquons que le couple de démarrage, obtenu pour $g = 1$, est non nul :

$$\langle \vec{\Gamma}_d(t) \rangle = \frac{\omega(NSB_0)^2R}{2(R^2 + L^2\,\omega^2)}\,\vec{u}_z\,.$$

Sur la figure 16 :

– Lorsque la vitesse de rotation est positive et le couple positif, la machine fonctionne en moteur puisque l'étude est réalisée en convention récepteur : c'est ce qui correspond à la zone $g \in [0, 1]$.

– Lorsque la vitesse de rotation est négative (ce qui correspond en fait à une rotation du rotor en sens inverse du champ tournant) et le couple moyen positif, le couple est résistant et freine la machine : c'est ce qui correspond à la zone $g > 1$. Une étude détaillée dans cette zone montre que la machine ne fournit aucune puissance électrique à l'extérieur. Il ne s'agit donc pas d'un fonctionnement génératrice[3]. La machine fonctionne en mode freinage.

– Lorsque la vitesse de rotation est positive et supérieure à la pulsation du champ tournant et le couple négatif, la machine fonctionne en génératrice : c'est ce qui correspond à la zone $g < 0$.

Nous remarquons que le moteur asynchrone possède un couple maximal et que la zone de fonctionnement stable est réduite[4]. Nous vérifions ainsi que le glissement doit être faible en régime établi.

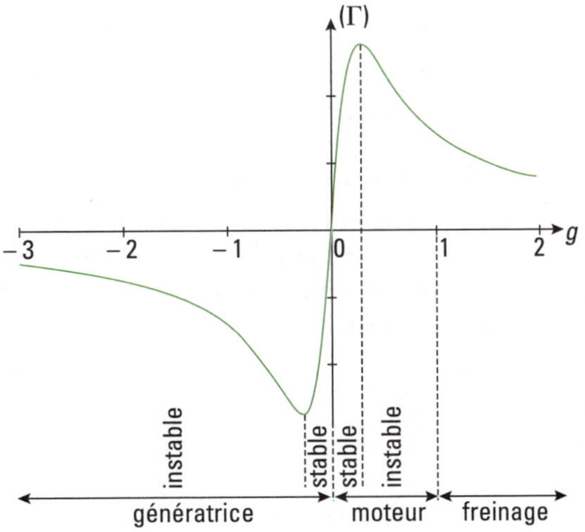

Fig. 16 – Évolution du couple électromagnétique moyen en fonction du glissement.

L'essentiel

✓ Champ magnétique tournant

• Un champ tournant est un champ de norme constante dont la direction varie dans un plan avec une vitesse angulaire ω constante. On peut le représenter sous la forme :

$$\vec{\mathbf{B}} = \mathbf{B_0 \cos(\omega t)}\,\vec{u}_x + \mathbf{B_0 \sin(\omega t)}\,\vec{u}_y \,,$$

où ω représente la pulsation du champ tournant.

• Réalisation d'un champ tournant à partir d'un système de deux bobines dont les axes sont orthogonaux et parcourues par deux **courants diphasés** i_1 et i_2 $\left(i_1(t) \text{ est déphasé de } \frac{\pi}{2} \text{ par rapport à } i_2(t)\right)$:

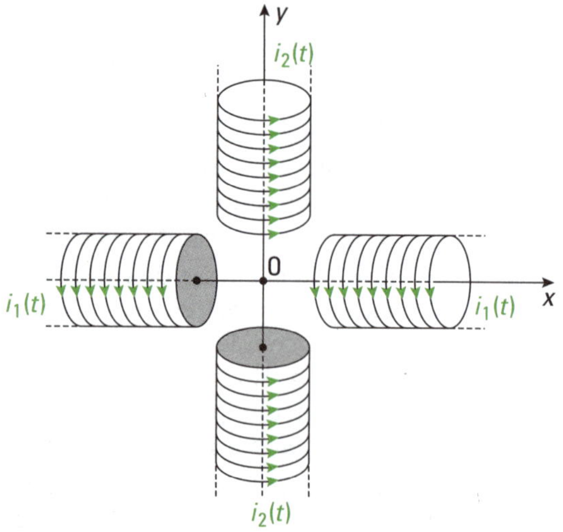

✓ Couple électromagnétique

• Il résulte de l'interaction entre un champ tournant $\vec{B}$ et un moment magnétique $\vec{M}$ permanent et tournant :

$$\vec{\Gamma} = \vec{\mathbf{M}} \wedge \vec{\mathbf{B}} \,.$$

• Les machines alternatives sont sensibles à la **valeur moyenne** de ce couple.

• Il convient de rappeler que ceci n'est qu'une modélisation simplifiée du fonctionnement de la machine.

✓ F.é.m. d'induction

La f.é.m. d'induction $e(t)$ est obtenue en étudiant l'induction créée par le champ tournant dans une bobine appelée **enroulement**, située au stator ou au rotor selon la machine considérée. $e(t)$ est obtenue à partir du calcul du flux $\Phi(t)$ du champ tournant à travers cet enroulement :

$$e(t) = -\frac{\mathrm{d}\Phi(t)}{\mathrm{d}t} \,.$$

Mise en œuvre

Méthode n°1

Comment déterminer le champ tournant créé par un ensemble de bobines ?

On souhaite déterminer l'expression du champ tournant créé par un ensemble de bobinages traversés par des courants électriques.

→ Savoir faire

❶ Étudier la direction et le sens du champ créé par chaque système de bobines.

❷ Vérifier que la superposition des deux champs forme un champ tournant.

→ Application

Soit deux ensembles de bobines B_1 (constitué de deux bobines parcourues par un courant $i_1(t)$) et B_2 (constitué de deux bobines parcourues par un courant $i_2(t)$) et dont les axes, respectivement (Ox) et (Oy), sont orthogonaux. Les courants sont déphasés de $\frac{\pi}{2}$ de sorte que :

$$i_1(t) = I_m \cos(\omega t) \text{ et}$$
$$i_2(t) = I_m \cos\left(\omega t - \frac{\pi}{2}\right) = I_m \sin(\omega t).$$

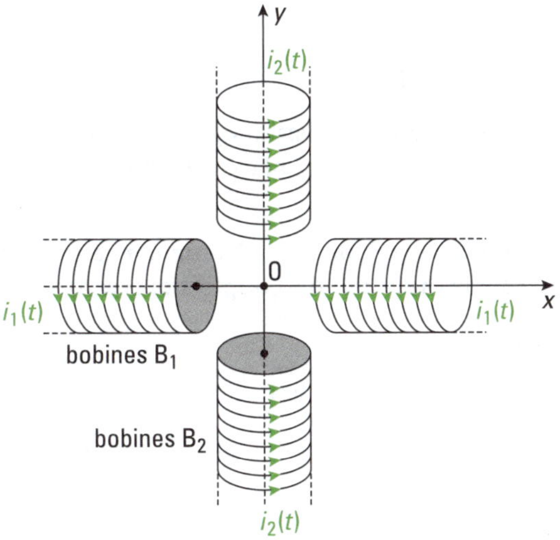

Chaque système crée au point O, intersection des deux axes, un champ magnétique de norme égale à $k|i|$ où k est une constante identique pour chaque système et i le courant traversant la bobine considérée.

Exprimer le champ résultant au point O.

Solution

❶ Du fait de la symétrie cylindrique de la bobine, le champ magnétique créé par une bobine est dirigé suivant son axe. La bobine B_1 crée le champ magnétique :

$$\vec{B}_{B_1}(O) = kI_m \cos(\omega t)\vec{u}_x \,.$$

Le sens est donné par la règle du tire-bouchon ou de la main droite.

Par un raisonnement similaire, on montre que la bobine B_2 crée en O le champ magnétique :

$$\vec{B}_{B_2}(O) = kI_m \sin(\omega t)\vec{u}_y \,.$$

❷ Le champ résultant en O est la somme des champs définis ci-dessus :

$$\vec{B}(O) = kI_m \cos(\omega t)\vec{u}_x + kI_m \sin(\omega t)\vec{u}_y \,.$$

La norme de ce champ est : $|\vec{B}| = kI_m$ constante.

La direction du champ est : $\vec{u}(O) = \cos(\omega t)\vec{u}_x + \sin(\omega t)\vec{u}_y$, direction d'un vecteur tournant autour du point O.

Le champ résultant possède donc bien les caractéristiques d'un **champ tournant** : direction **tournant autour de O** et **norme constante**.

Méthode n°2

Comment étudier l'interaction entre un champ tournant et une bobine assimilée à un moment magnétique ?

On souhaite étudier l'influence du champ tournant sur une bobine parcourue par un courant i, ce qui revient à déterminer l'expression du couple moyen s'exerçant sur la bobine.

→ Savoir faire

❶ Déterminer le moment magnétique.

❷ Établir l'équation instantanée du couple exercé sur le dipôle magnétique dont on vient de déterminer le moment magnétique.

⚠ Il est nécessaire de supposer la bobine en rotation avant toute autre étude.

❸ Déduire à quelle condition le mouvement de rotation existe. Préciser le vecteur rotation associé.

❹ Exprimer la valeur moyenne du couple s'exerçant sur la bobine.

→ Application

Une bobine de résistance R et d'inductance propre L est alimentée par un générateur de tension continue U et placée dans un champ magnétique tournant de la forme :

$$\vec{B} = B_0(\cos(\omega t)\vec{u}_x + \sin(\omega t)\vec{u}_y)\ .$$

Soit S la section de la bobine, $\vec{n}$ sa normale et α l'angle $(\vec{B}, \vec{n})$ à l'instant initial. Quelle est la valeur moyenne du couple s'exerçant sur cette bobine ?

Solution

❶ La bobine est alimentée par une tension continue. La loi des mailles donne : U = RI.

Le moment magnétique associé vaut donc : $\vec{M} = IS\vec{n} = \dfrac{US}{R}\vec{n}$.

⚠ Dans le cas de cette application, la bobine est parcourue par un courant continu. L'inductance propre est donc une donnée inutile qu'il faudrait prendre en compte dans le cas d'un courant variable.

❷ Le couple s'exerçant sur la bobine est : $\vec{\Gamma} = \vec{M} \wedge \vec{B}$. La bobine soumise au champ tournant est supposée en mouvement de rotation. En notant Ω la vitesse de rotation de la bobine, il vient :

$$\vec{n} = \cos(\Omega t + \alpha)\vec{u}_x + \sin(\Omega t + \alpha)\vec{u}_y\ .$$

D'où :

$$\vec{\Gamma} = \frac{U}{R} SB_0(\cos(\Omega t + \alpha)\sin(\omega t) - \sin(\Omega t + \alpha)\cos(\omega t))\vec{u}_z\ .$$

Soit :

$$\vec{\Gamma} = \frac{U}{R} SB_0 \sin((\omega - \Omega)t - \alpha)\vec{u}_z\ .$$

❸ La rotation est possible si la valeur moyenne du couple est non nulle : $\langle\vec{\Gamma}\rangle \neq \vec{0}$, soit : $\Omega = \omega$.

La bobine tourne donc à la vitesse angulaire ω dans le même sens que le champ : $\vec{\Omega} = \omega\vec{u}_z$.

❹ Dans ce cas, le couple exercé sur la bobine est :

$$\langle\vec{\Gamma}\rangle = -\frac{\mathbf{U}}{\mathbf{R}}\mathbf{SB_0\sin(\alpha)}\vec{u}_z\ .$$

Exercices

Niveau 1

Ex. 1 Création d'un champ tournant

On met en place deux systèmes de bobines (S) et (S′) tels que les axes Oy de (S) et Ox de (S′) sont orthogonaux et se coupent en O, milieu commun. (S) et (S′) sont constitués de deux bobines connectées en série.

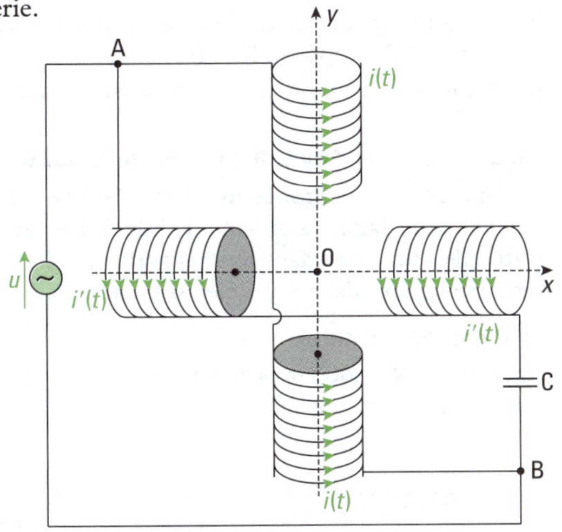

Chaque système, parcouru par un courant i, a une résistance électrique totale R, une inductance totale L et engendre un champ magnétique d'amplitude :

$$ki, \text{ où } k = 1{,}6 \cdot 10^{-3} \text{ S.I.}$$

est une constante identique pour chaque système, et dirigé suivant son axe.

Entre les points A et B sont branchés en parallèle :

– un générateur de tension de force électromotrice sinusoïdale :

$$u(t) = \mathrm{U}\sqrt{2}\cos(\omega_0 t) ;$$

– le système (S) ;

– le système (S′), monté en série avec un condensateur de capacité C.

1) À tension $u(t)$ donnée, prévoir qualitativement le rôle de la capacité C sur le courant $i'(t)$ dans (S′) par rapport au courant $i(t)$ dans (S). Comment évolue au point O l'extrémité du champ magnétique total dans le plan xOy ?

2) Déterminer, en utilisant la méthode complexe, les intensités instantanées réelles $i(t)$ et $i'(t)$ sous la forme :

$$i(t) = \mathrm{I}\sqrt{2}\cos(\omega_0 t - \varphi)$$
$$i'(t) = \mathrm{I}'\sqrt{2}\cos(\omega_0 t - \varphi')$$

Donner les expressions des intensités efficaces I et I′, ainsi que $\tan(\varphi)$ et $\tan(\varphi')$.

3) En supposant R et ω_0 imposées, exprimer L et C en fonction de R et ω_0 pour satisfaire la double condition :

$$\mathrm{I} = \mathrm{I}' \quad \text{et } \varphi = \varphi' - \frac{\pi}{2}.$$

Que valent dans ces conditions I, I′ (en fonction de U et R), φ et φ' ? Peut-on alors préciser la réponse à la question 1 ?

4) Calculer L et C sachant que R = 25,1 Ω et f_0 = 50 Hz ; que valent alors numériquement I et I′ sachant qu'en plus U = 110 V ?

5) Déterminer dans les conditions de la question 3 le vecteur représentant le champ magnétique $\vec{B}$ au point O en notant B_0 son module (à exprimer en fonction de k, U et R) et $\vec{u}_x$ et $\vec{u}_y$, les vecteurs unitaires des deux axes.

À quelle fréquence ce champ tourne-t-il dans le plan xOy ? Quelle est la valeur numérique de B_0 avec les conditions précédentes ?

D'après écrit ESIM, MP, 2002

Ex. 2 Principe du moteur synchrone

Un système de bobines (le stator) produit dans un certain volume un champ magnétique $\vec{B}$ supposé uniforme, d'amplitude B_0, qui tourne dans le plan xOy autour de l'axe Oz avec la pulsation ω_0 constante. Les vecteurs $\vec{u}_x$ et $\vec{u}_y$ sont tels que le champ magnétique à l'instant $t = 0$ est dirigé selon $\vec{u}_x$ uniquement.

D'autre part, une pièce mobile autour de l'axe Oz (le rotor) constituée d'un petit aimant portant un moment magnétique permanent $\vec{M}$, orthogonal à Oz, tourne dans le plan xOy d'un mouvement de rotation uniforme de pulsation ω.

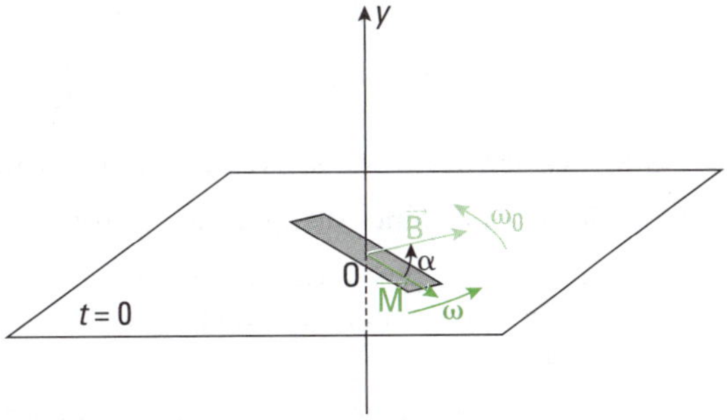

La valeur de l'angle $(\vec{M}, \vec{B})$ à l'instant initial est notée α. On note $\vec{u}_z$ le vecteur unitaire de l'axe Oz.

1) Calculer la valeur instantanée du couple magnétique $\vec{\Gamma}(t)$ exercé par le champ $\vec{B}$ sur la pièce mobile.

En déduire sa valeur moyenne $\langle \vec{\Gamma} \rangle$ au cours du temps et commenter le résultat en distinguant le cas $\omega = \omega_0$ du cas $\omega \neq \omega_0$.

2) Pour quelles valeurs de ω et α ce dispositif fonctionne-t-il en moteur ? Justifier la terminologie de « moteur synchrone » ; l'aimant suit-il ou précède-t-il alors le champ magnétique dans son mouvement ?

Quelle est dans ce cas la puissance maximale P_m que peut fournir le moteur en régime permanent? Où est précisément la source d'énergie dans ce montage?

3) On note $\Gamma = |\langle\vec{\Gamma}\rangle|$ le module de la valeur moyenne du couple magnétique, Γ_m la valeur maximale de Γ et $\Gamma_u \leq \Gamma_m$ le couple utile fourni par le moteur en régime permanent.

Tracer le graphe $\Gamma(\alpha)$ pour les valeurs de α correspondant à un dispositif fonctionnant en moteur.

Quelle relation lie Γ et Γ_u en régime permanent de fonctionnement du moteur?

Que constate-t-on alors graphiquement pour une valeur donnée de Γ_u?

4) Énoncer le critère de stabilité de fonctionnement du moteur en régime permanent (lorsque par exemple celui-ci prend accidentellement de l'avance ou du retard sur son régime permanent), puis déterminer qualitativement à partir du graphe $\Gamma(\alpha)$ le domaine de α correspondant à un régime stable.

5) Ce type de moteur peut-il démarrer seul? Expliquer.

D'après écrit ESIM, MP, 2002

Ex. 3 Rendement d'une machine asynchrone

Le couple moteur d'une machine asynchrone est de la forme:

$$\vec{\Gamma}_m = \frac{K^2}{2} \times \frac{g\omega R}{(R^2 + g^2 L^2 \omega^2)} \vec{u}_z$$

où $g = \dfrac{\omega - \omega_{\text{rotor}}}{\omega}$ représente le glissement du moteur, L l'auto-inductance du rotor, R la résistance du rotor, ω la pulsation du champ tournant et K une constante.

Le courant traversant le rotor est donné par:

$$i(t) = \frac{Kg\omega}{\sqrt{R^2 + (gL\omega)^2}} \sin\left(g\omega t - \text{Arctan}\left(\frac{Lg\omega}{R}\right)\right).$$

1) Quelle est la vitesse et le sens de rotation du rotor?

2) Exprimer la puissance dissipée dans le rotor.

3) Déterminer la puissance mécanique moyenne fournie par le rotor lorsqu'on néglige toutes les pertes mécaniques.

4) Exprimer le rendement du moteur asynchrone. Commenter.

Niveau 2

Ex. 4 Point de fonctionnement du moteur asynchrone

Le couple moteur d'une machine asynchrone est de la forme:

$$\Gamma_m = K \frac{g\omega R}{(R^2 + g^2 L^2 \omega^2)}$$

où g représente le glissement du moteur, L l'auto-inductance du rotor, R la résistance du rotor et ω la pulsation du champ tournant. La charge exerce un couple résistant de la forme:

$$-\Gamma_C = \Gamma_0 + \alpha\omega^2.$$

1) Déterminer les positions d'équilibre et discuter de la stabilité de ces équilibres.

D'après oral TPE, PSI, 2002

2) À l'aide d'une étude graphique, répondre aux questions suivantes:

a) Le moteur peut-il démarrer seul?

b) Comment peut-on faciliter ou rendre possible le démarrage? On suppose $R < L\omega$.

c) Quelle vitesse est-on certain de ne jamais dépasser?

Ex. 5 Machine asynchrone monophasée

Les moteurs asynchrones monophasés équipent des machines de faibles puissances (inférieures au kilowatt). Ils sont cependant très répandus car ils entraînent beaucoup d'appareils électroménagers.

1) Démarrage du moteur

La figure ci-dessous présente le schéma de principe d'un moteur asynchrone monophasé.

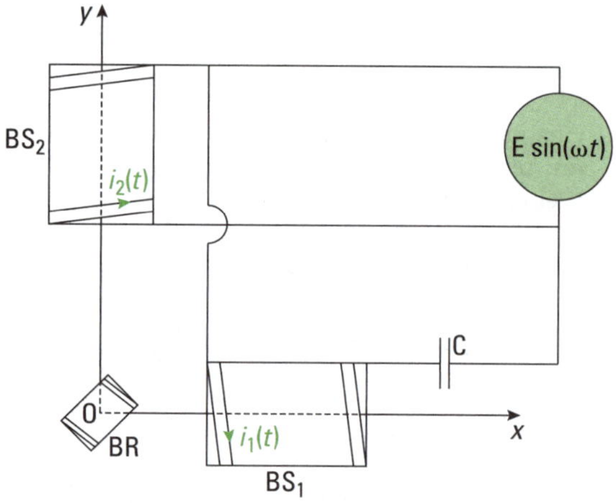

Le stator est composé de deux bobines BS_1 et BS_2 identiques, placées orthogonalement (BS_1 sur l'axe Ox et BS_2 sur l'axe Oy), alimentées par une source de tension alternative $V(t) = E\sin(\omega t)$.

Chaque bobine, comprenant n spires par unité de longueur, a une résistance R et une inductance L. La bobine BS_1 est placée en série avec un condensateur de capacité C. On notera i_1 et i_2 les courants parcourant respectivement les bobines BS_1 et BS_2.

On se place dans les conditions suivantes:

$$R = L\omega \text{ et } LC\omega^2 = \frac{1}{2}.$$

Le rotor est constitué d'une seule bobine BR, de résistance r et d'inductance ℓ, en court-circuit, pouvant tourner librement autour de l'axe Oz normal au plan de figure.

a) Quel est le rôle du condensateur placé en série avec la bobine BS_1?

b) Montrer que les champs B_1 et B_2 créés respectivement par les bobines BS_1 et BS_2 du stator peuvent s'écrire au point O :

$$\vec{B}_1 = k\mu_0 n i_1 \vec{u}_x \quad \text{et} \quad \vec{B}_2 = k\mu_0 n i_2 \vec{u}_y$$

$\vec{u}_x$ et $\vec{u}_y$ étant les vecteurs unitaires respectifs des axes Ox et Oy. Que représente k?

On admettra que ces expressions restent valables dans tout le domaine occupé par le rotor.

c) Montrer que le champ résultant $\vec{B}$ est un champ tournant à la vitesse angulaire ω.

d) En admettant que le rotor se trouve entraîné à une vitesse angulaire constante ω_r, exprimer le courant i induit dans la bobine BR du rotor. On pourra supposer, sans nuire à la généralité du résultat, que les bobines BS_1 et BR sont alignées à l'instant $t = 0$. On introduira le glissement défini par $g = 1 - \dfrac{\omega_r}{\omega}$ et on note S la section de BR.

e) En déduire le moment magnétique porté par la bobine BR.

f) Calculer le couple $\vec{\Gamma}$ exercé par le champ statorique sur la bobine BR.

g) En déduire que la valeur moyenne de $\vec{\Gamma}$ est de la forme :

$$\Gamma\vec{u}_z, \text{ avec } \Gamma = \frac{(BS)^2}{2} \times \frac{r(\omega - \omega_r)}{r^2 + \ell^2(\omega - \omega_r)^2}.$$

2) Régime stationnaire

Dès que le rotor a atteint une vitesse angulaire constante ω_r, on supprime le courant dans la bobine BS_2. On cherche à montrer que le seul champ $\vec{B}_1$ créé par la bobine BS_1 suffit à entretenir la rotation du rotor.

a) Montrer qu'on peut décomposer $\vec{B}_1$ en deux champs tournants, l'un $\vec{B}_d$ dans le sens direct à la vitesse angulaire ω, l'autre $\vec{B}_i$ en sens inverse à la vitesse angulaire $-\omega$.

b) Quelle est l'expression du couple moyen Γ_d exercé par le champ $\vec{B}_d$ sur la bobine rotorique?

c) Montrer que le couple Γ_i exercé par le champ $\vec{B}_i$ vérifie la relation :

$$\Gamma_i(\omega_r) = -\Gamma_d(-\omega_r).$$

d) Tracer sur la même figure l'allure des couples $\Gamma_i(\omega_r)$ et $\Gamma_d(\omega_r)$ dans le cas où :

$$r = \frac{\ell\omega}{4}.$$

e) Conclure.

D'après écrit École de l'air, PSI, 2001

Ex. 6 Compensatrice synchrone

Une machine synchrone monophasée, composée de trois enroulements au stator connectés en parallèle, possède les caractéristiques suivantes :

– le rotor comporte 4 pôles et tourne à une vitesse égale à la moitié de la pulsation d'alimentation ;

– la fréquence des tensions aux bornes de la machine est égale à 50 Hz, quel que soit le fonctionnement de la machine ;

– à la fréquence de rotation nominale, la caractéristique à vide de la machine est assimilable à une droite d'équation :

$$U_0 = 40{,}4\, i_e,$$

où U_0 est la valeur efficace de la tension à vide aux bornes d'un enroulement du stator et i_e l'intensité du courant d'excitation (circulant dans le rotor) ;

– à la fréquence de rotation nominale, la caractéristique de court-circuit de la machine est une droite d'équation :

$$I_{cc} = 8{,}1\, i_e,$$

où I_{cc} est l'intensité efficace du courant dans un enroulement du stator.

On modélise chaque enroulement du stator par le modèle électrique suivant (ici en convention générateur pour le fonctionnement générateur de la machine) où $\underline{E} = E\sqrt{2}\,e^{j\omega t}$ est la f.é.m. induite dans un enroulement du stator et ω la pulsation des tensions d'alimentation :

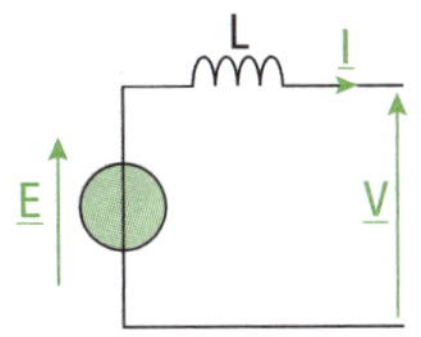

1) La machine fonctionne en alternateur

a) Déterminer la fréquence de rotation du rotor, en tours par minute.

b) Donner la valeur de la f.é.m. induite à vide dans un enroulement du stator, lorsque le courant d'excitation a pour intensité $i_e = 8{,}2$ A.

c) Calculer L.

2) La machine fonctionne en moteur synchrone

Le moteur est alimenté par un réseau sous une tension de valeur efficace U = 220 V et de fréquence 50 Hz. Il entraîne une charge mécanique qui lui oppose en régime permanent un couple résistant de moment constant égal à 115 N·m. L'intensité i_e du courant d'excitation est réglée pour que l'intensité efficace I du courant dans chaque enroulement du stator soit minimale. Dans ces conditions de fonctionnement, le rendement du moteur est égal à 90 %.

a) Déterminer la puissance électrique fournie à chaque enroulement par l'alimentation.

b) Calculer l'intensité efficace du courant dans un enroulement du stator.

c) En déduire la valeur efficace de la f.é.m. d'un enroulement.

d) Calculer l'intensité du courant d'excitation qui permet d'obtenir ce fonctionnement.

3) Le moteur fonctionne en compensateur synchrone dans le but de relever de 0,80 à 0,96, le facteur de puissance d'une installation dont les caractéristiques de fonctionnement sont les suivantes :

– tension d'alimentation de valeur efficace $U = 220\,V$ et de fréquence $f = 50$ Hz ;

– puissance active fournie par le réseau à l'installation : $P = 36$ kW.

Pour cela, on règle le courant d'excitation afin d'obtenir un facteur de puissance nul. Le moteur a alors un comportement capacitif.

On mesure, dans ce cas, une intensité du courant égale à 25 A dans chaque enroulement du stator.

a) Déterminer la valeur efficace de la f.é.m. d'un enroulement statorique.

b) Calculer l'intensité du courant d'excitation nécessaire pour obtenir ce fonctionnement.

Ex. 7 Étude d'un moteur asynchrone

Le couple moteur d'une machine asynchrone est de la forme :

$$\vec{\Gamma}_m = \frac{K^2}{2}\,\frac{g\omega R}{(R^2 + g^2L^2\omega^2)}\,\vec{u}_z$$

où $g = \dfrac{\omega - \omega_{rotor}}{\omega}$ représente le glissement du moteur,

L l'auto-inductance du rotor, R la résistance du rotor, ω la pulsation du champ tournant et K une constante.

Le courant traversant le rotor est donné par :

$$i(t) = \frac{Kg\omega}{\sqrt{R^2 + (gL\omega)^2}}\,\sin\left(g\omega t - \text{Arctan}\left(\frac{Lg\omega}{R}\right)\right).$$

Un moteur asynchrone, constitué de trois enroulements identiques en parallèle, a les caractéristiques suivantes :

– tension d'alimentation : 220 V ;
– fréquence d'alimentation : 200 Hz ;
– vitesse de rotation nominale : 11500 $tr{\cdot}min^{-1}$;
– puissance reçue en fonctionnement nominal : 4,20 kW avec $\cos(\varphi) = 0{,}6$;
– rotor en court-circuit ;
– résistance de chaque enroulement du stator : 0,16 Ω.

1) Ce moteur entraîne sa charge nominale.

a) Calculer le glissement.

b) Donner l'intensité efficace du courant dans un enroulement du stator.

c) Déterminer les pertes par effet Joule au stator.

d) Sachant que les pertes dans le fer du stator sont de 350 W et que les pertes dans le fer au rotor, ainsi que les pertes mécaniques, sont négligeables, calculer la puissance P_r fournie au rotor.

e) À partir d'un bilan de puissance, déterminer une autre expression de la puissance P_r reçue par le rotor. En déduire une relation entre la puissance dissipée par effet Joule au rotor et la puissance transmise au rotor.

f) Calculer les pertes par effet Joule rotoriques.

g) Calculer le rendement.

h) Déterminer le moment du couple utile.

2) Les conditions d'alimentation restent les mêmes qu'en 1. La caractéristique du couple $T_u = f(g)$ dans la zone utile, passe par le point :

$$g = 0{,}10\,;\quad T_u = 6{,}0\ N{\cdot}m.$$

Ce moteur entraîne une pompe dont le moment du couple résistant varie en fonction de la fréquence de rotation suivant la relation :

$$T_r = 2{,}0{\cdot}10^{-8}\,n^2$$

où T_r est défini en N·m et n en tours par minute.

a) Modéliser la caractéristique $T_u = f(g)$ pour des valeurs faibles du glissement ($R >> gL\omega$).

b) Quelle est la fréquence de rotation de l'ensemble en régime établi ?

c) Quelle est la puissance transmise par le moteur à la pompe ?

Niveau 3

Ex. 8 Machine synchrone réversible

Une machine hydraulique (turbine ou pompe) est accouplée à une machine synchrone qui peut fonctionner en alternateur ou en moteur. Aux heures de pointe, le groupe turbine-alternateur fournit de l'énergie au réseau. Aux heures creuses, le groupe moteur-pompe permet de remonter l'eau d'un bassin aval vers un bassin amont.

La machine synchrone possède les caractéristiques suivantes :

– puissance apparente nominale : $S_N = 170$ MVA ;
– valeur efficace nominale de la tension aux bornes du stator : $U_N = 8{,}95$ kV ;
– fréquence de l'alimentation : $f = 50$ Hz ;
– trois enroulements identiques en parallèle au stator.

La machine synchrone tourne à une vitesse angulaire égale à $\dfrac{2\pi f}{5}$.

Nous modélisons chaque enroulement du stator par le circuit électrique suivant :

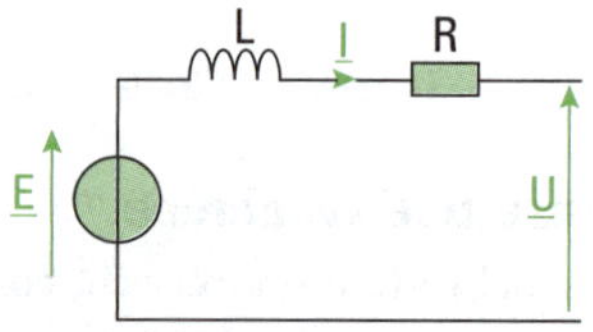

– Des mesures à chaud sur un enroulement ont donné, en continu et à l'arrêt : U = 5 V ; I = 500 A.

– À vide : U = 9 000 V pour f = 50 Hz.

– En court-circuit : I = 9 360 A pour f = 50 Hz, la f.é.m. conservant la valeur mesurable à partir de l'essai à vide.

Nous ne tiendrons compte d'aucun phénomène de saturation du circuit magnétique.

1) Déterminer les éléments du modèle électrique d'un enroulement du stator.

2) L'alternateur fonctionne sous tension nominale, fournit une puissance de 150 MW et le facteur de puissance du réseau est cos(φ) = 0,90 (inductif).

a) Calculer l'intensité efficace du courant nominal dans un enroulement de l'induit.

b) En déduire la f.é.m. dans l'alternateur.

c) Déterminer le rendement de l'alternateur, sachant que l'ensemble des pertes mécaniques, ferromagnétiques et dans le circuit d'excitation s'élève à 2,8 MW.

3) La machine synchrone fonctionne en moteur sous sa tension nominale. Elle absorbe une puissance de 120 MW avec un facteur de puissance proche de l'unité.

a) Déterminer le courant dans l'induit.

b) En déduire la f.é.m. d'un enroulement.

c) Calculer la puissance mécanique fournie par le moteur à la pompe (l'ensemble des pertes autres que l'effet Joule est égal à 2,8 MW).

d) En déduire le couple utile du moteur.

Ex. 9 Démarrage d'un moteur asynchrone

Un moteur asynchrone est utilisé pour une opération de levage.

Dans tout le problème, la charge impose un couple résistant de moment constant, T_r = 160 N·m. Le moteur est alimenté par un réseau 380 V ; 50 Hz.

Le couple moteur de cette machine asynchrone est de la forme :

$$\vec{\Gamma}_m = 9{,}3\ \frac{g\omega R}{(R^2 + g^2 L^2 \omega^2)}\ \vec{u}_z$$

où $g = \dfrac{\omega - \omega_{\text{rotor}}}{\omega}$ représente le glissement du moteur,

L = 17,2 mH est l'auto-inductance du rotor, R = 0,2 Ω la résistance du rotor et ω la pulsation du champ tournant.

1) Tracer la caractéristique mécanique du moteur. Comment évolue-t-elle lorsque l'on modifie la résistance du rotor ?

2) Pourrait-on effectuer un démarrage direct en charge avec ce moteur ? Justifier votre réponse.

3) On connecte en série avec le rotor n résistances de valeur R. On suppose que le moteur est en rotation et soumis à un couple de charge constant. Comment varie le glissement quand on passe d'une résistance de rotor égale à R à une résistance égale à nR ?

4) Donner la valeur minimale N de n permettant de réaliser le démarrage.

5) On démarre avec les N résistances en série avec le rotor jusqu'au régime permanent. Ensuite, on court-circuite chaque résistance une à une en attendant à chaque fois le régime permanent. Déterminer la suite des valeurs de la vitesse de rotation angulaire au fur et à mesure que l'on diminue la résistance du rotor (n varie de N à 1) jusqu'au fonctionnement à rotor court-circuité.

Indications

Ex. 4

1) On détermine le maximum du couple, la valeur pour $g = 0$ et $g = 1$ afin de tracer la caractéristique mécanique de la machine.

2) a) Discuter suivant la valeur de Γ_0.

2) b) Étudier l'évolution du couple en fonction des caractéristiques que l'on peut faire varier en plaçant en série avec le rotor de la machine des dipôles à définir.

2) a) On part de l'expression générale des champs tournant $\vec{B}_d$ et $\vec{B}_i$.

2) c) Il faut tenir compte du sens de rotation de l'arbre.

2) e) Étudier les conditions de fonctionnement suivant les valeurs de ω_r.

Ex. 5

1) b) Aucun calcul n'est demandé.

1) d) Utiliser la loi d'Ohm généralisée. Le calcul de la f.é.m. dans le rotor fait intervenir deux termes : l'induction mutuelle et l'induction propre.
On utilise la notation complexe en remplaçant les dérivées temporelles par une multiplication par $jg\ell\omega$.

Ex. 6

2) c) Le stator est alimenté en régime sinusoïdal forcé de pulsation ω.

Ex. 8

2) b) L'angle φ qui intervient dans le facteur de puissance (cos(φ)) est le déphasage du courant par rapport à la tension. Le système est inductif, donc le déphasage du courant par rapport à la tension est négatif en valeur algébrique.

Solutions des exercices

Exercices de niveau 1

Exercice 1

1) Le condensateur de capacité C engendre un déphasage du courant i' par rapport au courant i. Plus précisément, l'effet d'un condensateur est de retarder le courant. Le courant i' est **retardé** par rapport au courant i.

Si le courant i' est déphasé de $-\dfrac{\pi}{2}$ par rapport au courant i, le système de bobines engendre alors un champ tournant, donc l'extrémité du vecteur champ magnétique tourne à la **pulsation ω_0 autour de l'axe (Oz)** perpendiculaire au plan de la figure.

2) On applique la loi des mailles à chaque système de bobines :

- Pour (S) : $U\sqrt{2}e^{j\omega_0 t} = (R + jL\omega_0)\,\underline{i}(t)$ en régime sinusoïdal forcé.

Ce qui donne : $\underline{i}(t) = \dfrac{U\sqrt{2}e^{j\omega_0 t}}{R + jL\omega_0} = \dfrac{U\sqrt{2}}{\sqrt{R^2 + (L\omega_0)^2}}\, e^{j\left(\omega_0 t - \text{Arctan}\left(\frac{L\omega_0}{R}\right)\right)}$

Soit, en notation réelle : $i(t) = \dfrac{U\sqrt{2}}{\sqrt{R^2 + (L\omega_0)^2}} \cos\left(\omega_0 t - \text{Arctan}\left(\dfrac{L\omega_0}{R}\right)\right)$.

D'où :
$$\mathbf{I} = \frac{\mathbf{U}}{\sqrt{\mathbf{R}^2 + (\mathbf{L}\omega_0)^2}} \quad \text{et} \quad \mathbf{tan}\,(\varphi) = \frac{\mathbf{L}\omega_0}{\mathbf{R}}.$$

- Pour (S′) : $U\sqrt{2}e^{j\omega_0 t} = \left(R + jL\omega_0 + \dfrac{1}{jC\omega_0}\right)\underline{i}'(t)$ en régime sinusoïdal forcé.

Ce qui donne : $\underline{i}'(t) = \dfrac{U\sqrt{2}e^{j\omega_0 t}}{R + jL\omega_0 + \dfrac{1}{jC\omega_0}} = \dfrac{U\sqrt{2}}{\sqrt{R^2 + \left(L\omega_0 - \dfrac{1}{C\omega_0}\right)^2}}\, e^{j\left(\omega_0 t - \text{Arctan}\left(\frac{L\omega_0 - \frac{1}{C\omega_0}}{R}\right)\right)}$.

Soit, en notation réelle : $i'(t) = \dfrac{U\sqrt{2}}{\sqrt{R^2 + \left(L\omega_0 - \dfrac{1}{C\omega_0}\right)^2}} \cos\left(\omega_0 t - \text{Arctan}\left(\dfrac{L\omega_0 - \dfrac{1}{C\omega_0}}{R}\right)\right)$.

D'où :
$$\mathbf{I}' = \frac{\mathbf{U}}{\sqrt{\mathbf{R}^2 + \left(\mathbf{L}\omega_0 - \dfrac{\mathbf{1}}{\mathbf{C}\omega_0}\right)^2}} \quad \text{et} \quad \mathbf{tan}\,(\varphi') = \frac{\mathbf{L}\omega_0 - \dfrac{\mathbf{1}}{\mathbf{C}\omega_0}}{\mathbf{R}}.$$

3) • Pour que $I = I'$, d'après les expressions de la question précédente, il faut que :

$(L\omega_0)^2 = \left(L\omega_0 - \dfrac{1}{C\omega_0}\right)^2$, c'est-à-dire : $L\omega_0 = L\omega_0 - \dfrac{1}{C\omega_0}$ **(1)** ou $L\omega_0 = \dfrac{1}{C\omega_0} - L\omega_0$ **(2)**.

L'égalité (1) est évidemment irréalisable. À partir de l'égalité (2), on obtient alors :
$$\mathbf{2LC\omega_0^2 = 1.}$$

• Pour que $\varphi = \varphi' - \frac{\pi}{2}$, il faut que :

$$\tan(\varphi) = \tan\left(\varphi' - \frac{\pi}{2}\right) = -\frac{1}{\tan(\varphi')}, \text{ c'est-à-dire : } \frac{L\omega_0}{R} = -\frac{R}{L\omega_0 - \frac{1}{C\omega_0}}.$$

À l'aide de (2), il vient :

$$\mathbf{R = L\omega_0}, \text{ d'où : } \mathbf{L = \frac{R}{\omega_0}} \text{ et } \mathbf{C = \frac{1}{2R\omega_0}}.$$

En utilisant ces relations, on obtient :

$$\mathbf{I = I' = \frac{U}{R\sqrt{2}}} \; ; \; \mathbf{\tan(\varphi) = 1} \text{ et } \mathbf{\tan(\varphi') = -1}.$$

Or $\varphi \in \left[0, \frac{\pi}{2}\right]$ car les parties réelle et imaginaire du complexe $R + jL\omega_0$ sont positives.

$\varphi' \in \left[-\frac{\pi}{2}, 0\right]$ car la partie réelle du complexe $R + j\left(L\omega_0 - \frac{1}{C\omega_0}\right) = R - jL\omega_0$ est positive et la partie imaginaire est négative. Ainsi :

$$\mathbf{I = I' = \frac{U}{R\sqrt{2}}} \; ; \; \boldsymbol{\varphi = \frac{\pi}{4}} \text{ et } \boldsymbol{\varphi' = -\frac{\pi}{4}}.$$

On trouve i' en **quadrature retard** par rapport à i.

4) *A.N.* **L = 79,9 mH ; C = 63,4 μF ; I = I′ = 3,10 A.**

5) On applique la méthode n° 1.

Le champ magnétique créé par une bobine en un point de son axe est dirigé selon cet axe. L'énoncé donne le module des champs magnétiques. On en conclut que :

– le champ magnétique créé par le système (S) est : $\vec{B}_1 = ki\vec{u}_y$;

– le champ magnétique créé par le système (S′) est : $\vec{B}_2 = ki'\vec{u}_x$;

– le champ résultant au point O est alors : $\vec{B} = ki'\vec{u}_x + ki\vec{u}_y$.

Donc : $\vec{B} = kI\sqrt{2}\left(\cos\left(\omega_0 t + \frac{\pi}{4}\right)\vec{u}_x + \cos\left(\omega_0 t - \frac{\pi}{4}\right)\vec{u}_y\right)$.

Sachant que $\cos\left(\omega_0 t - \frac{\pi}{4}\right) = \sin\left(\omega_0 t + \frac{\pi}{4}\right)$, on en déduit :

$$\boldsymbol{\vec{B} = k\frac{U}{R}\left(\cos\left(\omega_0 t + \frac{\pi}{4}\right)\vec{u}_x + \sin\left(\omega_0 t + \frac{\pi}{4}\right)\vec{u}_y\right)}.$$

Le champ magnétique a pour module $\mathbf{B_0 = k\frac{U}{R}}$ constant et **le vecteur tourne à la vitesse angulaire** ω_0 donc à la fréquence f_0, ici dans le sens trigonométrique.

A.N. $\mathbf{B_0 = 7 \cdot 10^{-3}\,T}$.

Exercice 2

1) On applique la méthode n° 2.

Le couple exercé sur la pièce mobile est $\vec{\Gamma}(t) = \vec{M} \wedge \vec{B}$. Or le champ magnétique est un champ tournant de la forme :

$$\vec{B} = B_0(\cos(\omega_0 t)\vec{u}_x + \sin(\omega_0 t)\vec{u}_y)$$

et le moment magnétique en rotation s'écrit :

$$\vec{M} = M(\cos(\omega t - \alpha)\vec{u}_x + \sin(\omega t - \alpha)\vec{u}_y)$$

du fait des conditions initiales : $\alpha = (\overrightarrow{M}, \overrightarrow{B})$ à l'instant $t = 0$. Donc :

$$\overrightarrow{\Gamma}(t) = MB_0(\cos(\omega t - \alpha)\sin(\omega_0 t) - \sin(\omega t - \alpha)\cos(\omega_0 t))\vec{u}_z .$$

Comme $\cos(\omega t - \alpha)\sin(\omega_0 t) - \sin(\omega t - \alpha)\cos(\omega_0 t) = \sin((\omega_0 - \omega)t + \alpha)$, il vient :

$$\boldsymbol{\overrightarrow{\Gamma}(t) = MB_0 \sin((\omega_0 - \omega)t + \alpha)\vec{u}_z} .$$

On en déduit :

– $\boldsymbol{\langle\overrightarrow{\Gamma}\rangle = \vec{0}}$ **lorsque** $\boldsymbol{\omega \neq \omega_0}$, donc l'aimant ne reçoit aucune puissance mécanique ;

– $\boldsymbol{\langle\overrightarrow{\Gamma}\rangle = MB_0 \sin(\alpha)\vec{u}_z}$ **lorsque** $\boldsymbol{\omega = \omega_0}$, donc l'aimant est entraîné en rotation à la pulsation ω_0.

2) • Si on considère la vitesse de rotation ω_0 constante, la puissance mécanique moyenne fournie est :

$$P_m = \langle\Gamma\omega_0\rangle = \langle\Gamma\rangle\omega_0.$$

Le dispositif fonctionne en moteur si le champ tournant fournit de la puissance mécanique à l'aimant. Il faut donc que la valeur moyenne du couple soit positive (si on suppose, par exemple, la vitesse de rotation ω_0 positive). On en déduit :

$$\boldsymbol{\omega = \omega_0 > 0 \text{ et } \alpha \in [0, \pi]}.$$

• Ce moteur est appelé moteur synchrone du fait que l'aimant tourne à **la même pulsation** que le champ tournant. On dit aussi que l'aimant tourne au synchronisme.

• L'angle α est compris entre 0 et π, donc l'aimant **suit le champ tournant**.

• La puissance maximale que peut fournir le moteur est obtenue lorsque le couple est maximal, c'est-à-dire pour :

$$\alpha = \frac{\pi}{2} \text{ et vaut : } \boldsymbol{P_m = \langle\Gamma\rangle_{max}\omega_0 = MB_0\omega_0} .$$

• La source d'énergie est **la source du champ tournant**.

3) • Traçons l'évolution du couple en fonction de l'angle α entre 0 et π :

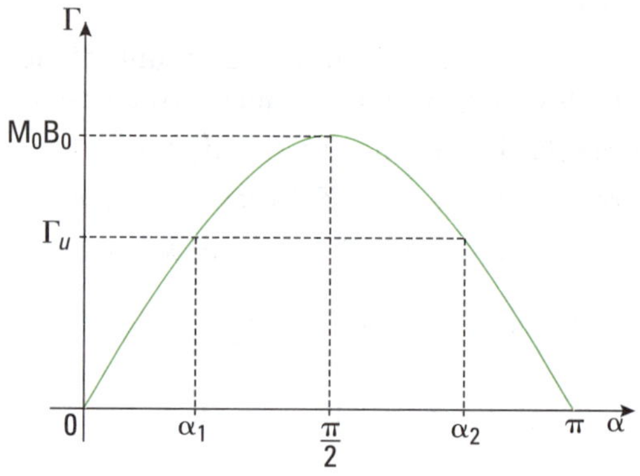

• En régime permanent, la vitesse de rotation est constante et le théorème du moment cinétique appliqué à l'aimant donne : $\Gamma - \Gamma_u = 0$. Donc :

$$\boldsymbol{\Gamma_u = \Gamma}.$$

• Graphiquement, pour une valeur du couple utile, il existe deux positions d'équilibre (α_1 et α_2), c'est-à-dire deux valeurs de l'angle α pour lesquelles le couple fourni par la machine est égal au couple utile.

4) • Lorsque le moteur prend de l'avance, il faut que le couple diminue de manière à ralentir l'aimant qui revient alors à sa position d'équilibre.
Lorsque le moteur prend du retard, il faut que le couple augmente de manière à accélérer l'aimant qui revient alors à sa position d'équilibre.

On parle ici de retard ou d'avance du rotor (représenté par le moment magnétique) par rapport au champ magnétique tournant $\overrightarrow{B}$.

• Si l'aimant prend de l'avance, $\alpha < \alpha_1$, alors, d'après la caractéristique mécanique, le couple diminue et le moteur ralenti pour revenir à la position d'équilibre. De même, si l'aimant prend du retard, $\alpha > \alpha_1$, on observe sur le graphe que le couple augmente afin d'accroître la vitesse de rotation de l'aimant pour revenir à la position d'équilibre.
Il s'agit donc d'une position d'équilibre stable. Ce raisonnement peut être tenu pour toute valeur de $\boldsymbol{\alpha} \in \left[\mathbf{0}; \dfrac{\boldsymbol{\pi}}{\mathbf{2}}\right]$ qui représente donc le domaine de **fonctionnement stable**.

• Si l'aimant prend de l'avance, $\alpha < \alpha_2$, alors, d'après la caractéristique mécanique, le couple augmente et le moteur accélère et s'éloigne de la position d'équilibre. De même, si l'aimant prend du retard, $\alpha > \alpha_2$, on observe sur le graphe que le couple diminue et l'aimant ralentit et s'éloigne de la position d'équilibre.
Il s'agit donc d'une position d'équilibre instable. Ce raisonnement peut être tenu pour toute valeur de $\boldsymbol{\alpha} \in \left[\dfrac{\boldsymbol{\pi}}{\mathbf{2}}; \boldsymbol{\pi}\right]$, qui représente donc le domaine de **fonctionnement instable**.

Donc, on peut mettre en évidence deux domaines sur le graphe $\Gamma(\alpha)$:

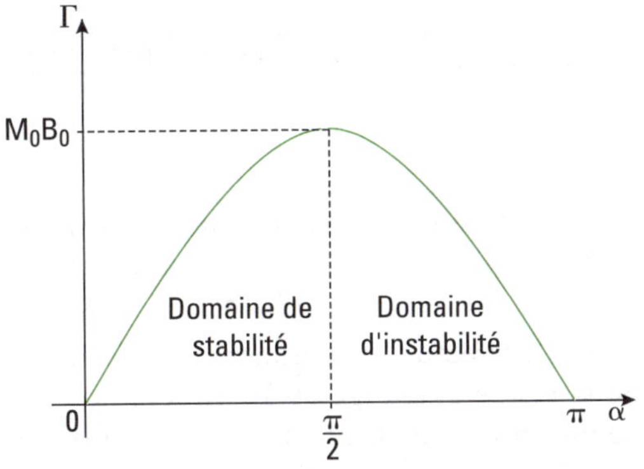

5) Au démarrage, l'aimant est fixe et le champ tournant possède une pulsation $\omega_0 \neq 0$. Le couple exercé sur l'aimant est donc, en valeur moyenne, nul. **Le moteur ne peut démarrer seul**.

Exercice 3

1) Le couple est dirigé suivant le vecteur $\vec{u}_z$ (car sa projection est positive sur cet axe) ; il entraîne donc l'arbre **en rotation dans le sens direct** car, par hypothèse, il s'agit d'un couple *moteur*.
La vitesse de rotation est, par définition, $\omega_{rotor} = (1 - g)\,\omega$. Donc :

$$\overrightarrow{\boldsymbol{\omega}_{\mathbf{rotor}}} = \mathbf{(1 - \boldsymbol{g})\,w\vec{\boldsymbol{u}}_{\boldsymbol{z}}}\,.$$

2) La puissance dissipée dans le rotor correspond à la puissance perdue par effet Joule dans celui-ci :

$$P_J = RI^2, \text{ où } I = \frac{Kg\omega}{\sqrt{2}\sqrt{R^2 + (gL\omega)^2}} \text{ est la valeur efficace du courant dans le rotor.}$$

Donc :
$$\mathbf{P_J = RI^2 = \frac{RK^2\boldsymbol{g}^2\boldsymbol{\omega}^2}{2(R^2 + (\boldsymbol{g}L\boldsymbol{\omega})^2)}}.$$

3) Comme on néglige toutes les pertes mécaniques, la puissance mécanique moyenne fournie par le rotor s'exprime sous la forme :

$$P_{meca} = \Gamma_m\,\omega_{rotor}, \text{ donc : } \mathbf{P_{meca} = \frac{K^2}{2} \times \frac{\boldsymbol{g}(1 - \boldsymbol{g})\,\boldsymbol{\omega}^2 R}{(R^2 + \boldsymbol{g}^2L^2\boldsymbol{\omega}^2)}}\,.$$

4) Le rendement est le rapport entre la puissance mécanique moyenne fournie par le rotor et la puissance consommée par le moteur. La puissance consommée est la somme de la puissance fournie et des pertes. Ici, on prend uniquement en compte les pertes Joule dans le rotor. Cependant, on remarque que :

$$P_J = RI^2 = g\left(\frac{RK^2 g\omega^2}{2(R^2 + (gL\omega)^2)}\right) \text{ et } P_{meca} = (1-g)\left(\frac{RK^2 g\omega^2}{2(R^2 + (gL\omega)^2)}\right) = \frac{(1-g)}{g} P_J.$$

Donc :
$$\boldsymbol{\eta = \frac{P_{meca}}{P_{meca} + P_J} = 1 - g.}$$

Le glissement d'un moteur synchrone est, en régime établi, de l'ordre de quelques dixièmes. On peut en conclure que le rendement de ce moteur est proche de l'unité. Il s'agit donc d'un moteur très performant du point de vue énergétique. Cependant, on n'a pas tenu compte des pertes dans le stator, donc le rendement est majoré par $1 - g$.

En pratique, on dit que $1 - g$ représente le rendement rotorique.

Exercices de niveau 2

Exercice 4

1) Le couple Γ_C est un couple résistant qui doit avoir une valeur algébrique négative. En régime permanent, la vitesse de rotation est constante et le théorème du moment cinétique donne :

$$\Gamma_m - \Gamma_C = 0.$$

La résolution de cette égalité s'effectue graphiquement en déterminant les points d'intersection des caractéristiques mécaniques de la charge et du moteur.

On trace la caractéristique mécanique de la machine en fonctionnement moteur, ce qui signifie que la vitesse de rotation de l'arbre ne peut pas dépasser ω. Afin de tracer cette caractéristique, on détermine le maximum de cette courbe en annulant sa dérivée :

$$\frac{d\Gamma_m}{dg} = KR\omega\left(\frac{1}{R^2 + g^2L^2\omega^2} - \frac{2L^2\omega^2 g^2}{(R^2 + g^2L^2\omega^2)^2}\right) = 0.$$

On trouve alors un maximum pour :

$$g = \frac{R}{L\omega}, \text{ avec } \Gamma_{max} = \frac{K}{2L} \text{ car } \omega \text{ est positive.}$$

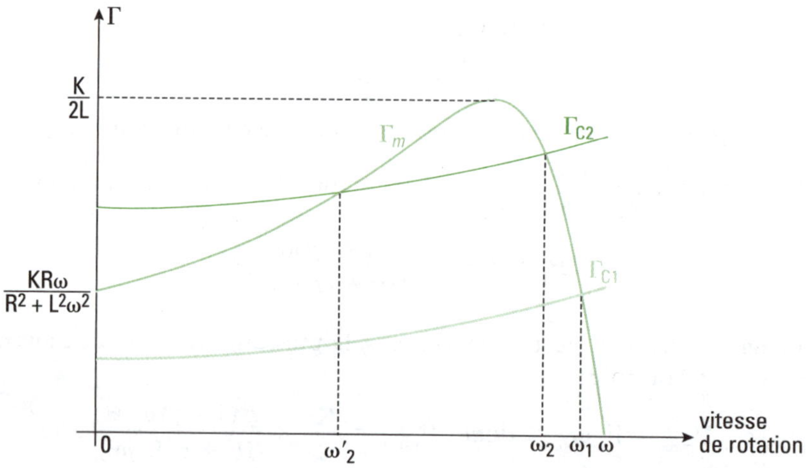

– Pour $\Gamma_0 < \dfrac{KR\omega}{R^2 + L^2\omega^2}$: cas de la caractéristique Γ_{C1}.

Il n'existe qu'un point de fonctionnement, et donc qu'une position d'équilibre pour $\omega = \omega_1$.
Autour de cette position d'équilibre, si le moteur accélère, alors le couple diminue et donc le moteur a tendance à retourner vers cette position d'équilibre. De même, si le moteur ralentit, le couple augmente et le moteur tend à retourner vers cette position d'équilibre.
Le fonctionnement à la pulsation ω_1 correspond à une position **d'équilibre stable**.

– Pour $\Gamma_0 > \dfrac{KR\omega}{R^2 + L^2\omega^2}$: cas de la caractéristique Γ_{C2}.

Il existe deux points de fonctionnement et donc deux positions d'équilibre pour $\omega = \omega_2$ et $\omega = \omega'_2$.
Par un raisonnement similaire au précédent, on trouve que la position $\omega = \omega_2$ est une position **d'équilibre stable**.
Par contre, l'étude graphique pour $\omega = \omega'_2$ donne : si le moteur accélère, alors le couple augmente et le moteur s'éloigne de cette position d'équilibre. De même, si le moteur ralentit, le couple diminue et le moteur tend à ralentir de plus en plus. Donc $\omega = \omega'_2$ est une position **d'équilibre instable**.
On peut donc distinguer deux domaines sur la caractéristique mécanique :

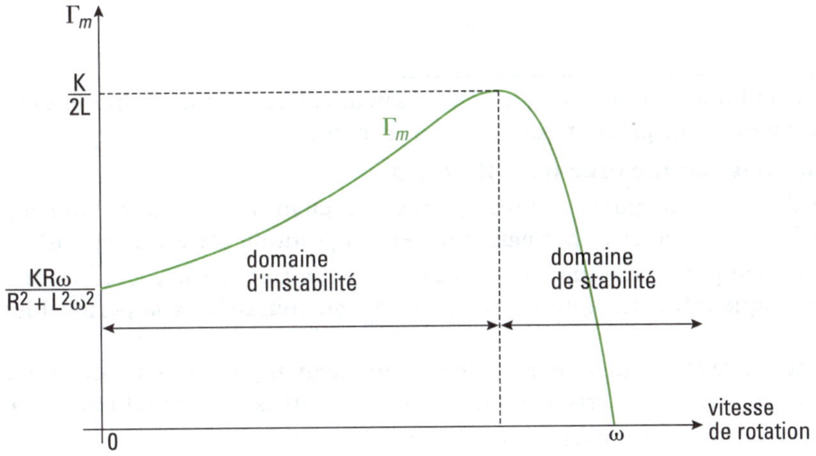

2) a) Le couple de démarrage Γ_d de la machine asynchrone est obtenu pour $g = 1$ (machine à l'arrêt). Donc :

$$\Gamma_d = \frac{KR\omega}{R^2 + L^2\omega^2}.$$

– Pour $\Gamma_0 < \Gamma_d$, le couple de démarrage est supérieur au couple de frottement. Donc le moteur **démarre seul**.
– Pour $\Gamma_0 > \Gamma_d$, le couple de démarrage est inférieur au couple de frottement. Donc le moteur **ne peut pas démarrer seul**.

b) Pour faciliter le démarrage, il faut augmenter le couple de démarrage. Pour cela, il y a deux possibilités.
– Soit on augmente l'inductance propre L du rotor par adjonction d'une inductance en série avec le rotor. On étudie l'évolution du couple de démarrage :

$$\frac{d\Gamma_d}{dL} = -KR\omega\,\frac{2L\omega^2}{(R^2 + L^2\omega^2)^2} < 0.$$

Donc le couple de démarrage décroît si on augmente L. Augmenter L n'est pas la solution.
– Soit on augmente la résistance du rotor par adjonction d'une résistance en série avec le rotor. On étudie l'évolution du couple de démarrage :

$$\frac{d\Gamma_d}{dR} = K\omega\left(\frac{1}{R^2 + L^2\omega^2} - \frac{2R^2}{(R^2 + L^2\omega^2)^2}\right) = K\omega\left(\frac{L^2\omega^2 - R^2}{(R^2 + L^2\omega^2)^2}\right) > 0, \text{ car } R < L\omega \text{ par hypothèse.}$$

On peut ajouter en série avec le rotor **une résistance** pour augmenter la valeur de R (en conservant $R < L\omega$) et ainsi augmenter le couple de démarrage.
Il suffit d'augmenter le couple de démarrage suffisamment pour qu'il soit supérieur au couple de frottement. Remarquons en particulier que si $R = L\omega$, le couple de démarrage est égal au couple maximal de la machine.

Ce procédé n'est possible que sur un rotor bobiné où on ajoute des résistances en série qui sont en pratique supprimées progressivement, une fois la machine lancée, afin de limiter les pertes Joule au rotor.

On peut donc dans tous les cas démarrer la machine quand le couple de frottement est inférieur au couple maximal (dans le cas contraire, la machine ne fonctionnera pas, ce qui ne présente aucun intérêt).

3) Le couple moteur devient nul pour une vitesse de rotation égal à ω ($g = 0$). Dans le cas où le moteur atteint cette vitesse, il est ralenti par les frottements. Donc ω est la vitesse de rotation **maximale** accessible au moteur.

Exercice 5

1) a) Comme indiqué dans le cours, le condensateur est utilisé afin d'obtenir des courants **en quadrature de phase** pour produire un champ tournant.

b) • Champ magnétique créé par BS_1 en O

– Direction du champ magnétique : tout plan comprenant l'axe de la bobine est plan d'antisymétrie pour celle-ci, donc le champ magnétique en un point de Ox est dirigé suivant $\vec{u}_x$.

– Norme du champ magnétique : d'après la loi de Biot et Savart, le courant étant constant, le champ magnétique est, entre autres, proportionnel au courant et à la perméabilité magnétique du vide.

On peut donc écrire $\vec{B}_1 = k\mu_0 n i_1 \vec{u}_x$ pour le champ magnétique créé par BS_1 en O, où k est un coefficient qui dépend des caractéristiques de la bobine et de la distance du point O à BS_1.

• De même, pour le champ magnétique créé par BS_2 en O :

$$\vec{B}_2 = k\mu_0 n i_2 \vec{u}_y$$

car l'axe du solénoïde est l'axe (Oy). On a la même constante k car les deux bobines sont identiques et le point O est situé à égale distance des deux bobines.
k est un coefficient dépendant de **la géométrie** des bobines et de **la distance** au point où on cherche à déterminer le champ magnétique.

c) Le champ magnétique résultant est la somme des deux champs magnétiques définis précédemment :

$$\vec{B} = k\mu_0 n i_1 \vec{u}_x + k\mu_0 n i_2 \vec{u}_y \,.$$

Il reste à déterminer les expressions des courants i_1 et i_2. Pour cela, on utilise la loi des mailles en notation complexe pour obtenir les courants :

– aux bornes de BS_1 en série avec le condensateur : $\underline{i}_1(t) = \dfrac{-jEe^{j\omega t}}{R + jL\omega + \dfrac{1}{jC\omega}}$;

– aux bornes de BS_2 : $\underline{i}_2(t) = \dfrac{-jEe^{j\omega t}}{R + jL\omega}$.

E sin(ωt) en complexe s'écrit $-jEe^{j\omega t}$.

Sachant que $R = L\omega$ et $LC\omega^2 = \dfrac{1}{2}$, il vient :

$$\underline{i}_1(t) = \frac{E}{\sqrt{R^2 + (-L\omega)^2}} e^{j\left(\omega t + \text{Arctan}\left(\frac{L\omega}{R}\right)\right)} = \frac{E}{R\sqrt{2}} e^{j\left(\omega t + \frac{\pi}{4}\right)}$$

$$\underline{i}_2(t) = \frac{E}{\sqrt{R^2 + (L\omega)^2}} e^{j\left(\omega t - \text{Arctan}\left(\frac{L\omega}{R}\right)\right)} = \frac{E}{R\sqrt{2}} e^{j\left(\omega t - \frac{\pi}{4}\right)}$$

Donc : $i_1(t) = \dfrac{E}{\sqrt{2}R} \sin\left(\omega t + \dfrac{\pi}{4}\right)$ et $i_2(t) = \dfrac{E}{\sqrt{2}R} \sin\left(\omega t - \dfrac{\pi}{4}\right)$. On trouve alors :

$$\vec{B} = k\mu_0 n i_1 \vec{u}_x + k\mu_0 n i_2 \vec{u}_y = k\mu_0 n \frac{E}{\sqrt{2}R}\left(\sin\left(\omega t + \frac{\pi}{4}\right)\vec{u}_x + \sin\left(\omega t - \frac{\pi}{4}\right)\vec{u}_y\right).$$

Or, $\sin\left(\omega t + \dfrac{\pi}{4}\right) = \cos\left(\omega t - \dfrac{\pi}{4}\right)$. On peut alors écrire :

$$\vec{B} = B\left(\cos\left(\omega t - \frac{\pi}{4}\right)\vec{u}_x + \sin\left(\omega t - \frac{\pi}{4}\right)\vec{u}_y\right), \text{ où } B = k\mu_0 n \frac{E}{R\sqrt{2}}.$$

Ce champ possède une norme B constante, et tourne à la vitesse angulaire ω autour du point O dans le sens trigonométrique. Il s'agit bien d'un **champ tournant** à la vitesse angulaire ω.

d) On applique la méthode n° 2.

La loi d'Ohm généralisée appliquée à la bobine BR en court-circuit donne :

$$ri(t) - e(t) = 0,$$

où $e(t) = -\dfrac{d\Phi(t)}{dt}$ est la f.é.m. induite dans la spire et $\Phi(t)$ le flux magnétique à travers la spire.

Déterminons l'expression du flux afin d'en déduire la f.é.m. induite :

$$\Phi(t) = \Phi_p(t) + \Phi_m(t),$$

où $\Phi_p(t) = \ell i(t)$ correspond au flux propre à travers la spire et $\Phi_m(t) = \iint_S \vec{B}\cdot\vec{dS}$ correspond au flux du champ tournant.

On suppose le champ magnétique uniforme sur la section de la bobine BR, que l'on note S. On peut alors définir le flux du champ magnétique tournant à travers BR :

$$\Phi_m(t) = S\vec{B}\cdot\vec{n}, \text{ où } \vec{B} = B\left(\cos\left(\omega t - \frac{\pi}{4}\right)\vec{u}_x + \sin\left(\omega t - \frac{\pi}{4}\right)\vec{u}_y\right).$$

La normale $\vec{n}$ se détermine en utilisant le fait que le rotor tourne à la vitesse angulaire ω_r positive et qu'à l'instant $t = 0$, son axe est aligné sur celui de BS_1 :

$$\vec{n} = \cos\left(\omega_r t - \frac{\pi}{4}\right)\vec{u}_x + \sin\left(\omega_r t - \frac{\pi}{4}\right)\vec{u}_y .$$

Après calcul, en utilisant la relation $\cos(a)\cos(b) + \sin(a)\sin(b) = \cos(a - b)$, on obtient :

$$\Phi_m(t) = SB\cos((\omega - \omega_r)t), \text{ d'où : } e(t) = -\ell\frac{di(t)}{dt} + SB(\omega - \omega_r)\sin((\omega - \omega_r)t).$$

La loi d'Ohm s'écrit alors :

$$ri(t) + \ell\frac{di(t)}{dt} = SB(\omega - \omega_r)\sin((\omega - \omega_r)t).$$

Pour exprimer le courant, on utilise la notation complexe car on se trouve en régime sinusoïdal forcé.

Dans l'étude des moteurs, on sait que la constante de temps mécanique est négligeable devant la constante de temps électrique. Il n'est donc pas nécessaire en pratique d'étudier le régime transitoire du courant car il n'influe pas sur le fonctionnement mécanique de la machine.

D'où : $i(t) = \dfrac{SB(\omega - \omega_r)}{\sqrt{r^2 + (\ell(\omega_r - \omega))^2}} \sin\left((\omega - \omega_r)t - \text{Arctan}\left(\dfrac{\ell(\omega - \omega_r)}{r}\right)\right).$

On pose : $\boldsymbol{\varphi = \text{Arctan}\left(\dfrac{\ell(\omega - \omega_r)}{r}\right) = \text{Arctan}\left(\dfrac{g\ell\omega}{r}\right)}$.

Donc :
$$\boldsymbol{i(t) = \frac{gSB\omega}{\sqrt{r^2 + (g\ell\omega)^2}}\sin(g\omega t - \varphi)}.$$

e) On peut maintenant déterminer le moment magnétique associé à la spire $\vec{M} = i(t)\,S\vec{n}$:
$$\boldsymbol{\vec{M} = \frac{gS^2B\omega}{\sqrt{r^2 + (g\ell\omega)^2}}\sin(g\omega t - \varphi)\left(\cos\left(\omega_r t - \frac{\pi}{4}\right)\vec{u}_x + \sin\left(\omega_r t - \frac{\pi}{4}\right)\vec{u}_y\right)}.$$

f) Par définition, $\vec{\Gamma}(t) = \vec{M} \wedge \vec{B}$, d'où :
$$\vec{\Gamma}(t) = \frac{gS^2B^2\omega}{\sqrt{r^2 + (g\ell\omega)^2}}\sin(g\omega t - \varphi)\left(\cos\left(\omega_r t - \frac{\pi}{4}\right)\sin\left(\omega t - \frac{\pi}{4}\right) - \sin\left(\omega_r t - \frac{\pi}{4}\right)\cos\left(\omega t - \frac{\pi}{4}\right)\right)\vec{u}_z.$$
Or, $\cos(a)\sin(b) - \sin(a)\cos(b) = \sin(b - a)$, ce qui donne :
$$\vec{\Gamma}(t) = \frac{gS^2B^2\omega}{\sqrt{r^2 + (g\ell\omega)^2}}\sin(g\omega t - \varphi)\sin((\omega - \omega_r)t)\vec{u}_z.$$

D'où :
$$\boldsymbol{\vec{\Gamma}(t) = \frac{gS^2B^2\omega}{\sqrt{r^2 + (g\ell\omega)^2}}\sin(g\omega t - \varphi)\sin(g\omega t)\vec{u}_z}.$$

Or, $2\sin(a)\sin(b) = \cos(a - b) - \cos(a + b)$. On peut alors écrire :
$$\vec{\Gamma}(t) = \frac{gS^2B^2\omega}{2\sqrt{r^2 + (g\ell\omega)^2}}(-\cos(2g\omega t - \varphi) + \cos(\varphi))\vec{u}_z,$$
expression plus adaptée au calcul de la valeur moyenne.

g) D'après l'expression précédente, $\langle\vec{\Gamma}\rangle = \dfrac{gS^2B^2\omega}{2\sqrt{r^2 + (g\ell\omega)^2}}\cos(\varphi)\vec{u}_z$. Or $\cos(\varphi) = \dfrac{r}{\sqrt{r^2 + (g\ell\omega)^2}}$.

On obtient :
$$\vec{\Gamma} = \frac{grS^2B^2\omega}{2(r^2 + (g\ell\omega)^2)}\vec{u}_z \quad \textbf{(1)} \quad \text{où } g\omega = (\omega - \omega_r),$$
qui est bien la forme proposée par l'énoncé.

2) a) • Dans un premier temps, on exprime les champs tournants $\vec{B}_d$ et $\vec{B}_i$. Le champ tournant dans le sens direct à la pulsation ω s'exprime sous la forme :
$$\vec{B}_d = B_d(\cos(\omega t + \alpha_d)\vec{u}_x + \sin(\omega t + \alpha_d)\vec{u}_y)$$
et le champ tournant dans le sens inverse à la pulsation ω s'exprime sous la forme :
$$\vec{B}_i = B_i(\cos(\omega t + \alpha_i)\vec{u}_x - \sin(\omega t + \alpha_i)\vec{u}_y).$$
• D'autre part, le champ magnétique créé par BS_1 s'écrit :
$$\vec{B}_1 = k\mu_0 n\frac{E}{\sqrt{2}R}\sin\left(\omega t + \frac{\pi}{4}\right)\vec{u}_x.$$
Puisque l'on doit avoir $\vec{B} = \vec{B}_d + \vec{B}_i$, il vient par identification des deux expressions :
$$B_i\cos(\omega t + \alpha_i)\vec{u}_x + B_d\cos(\omega t + \alpha_d)\vec{u}_x = k\mu_0 n\frac{E}{\sqrt{2}R}\sin\left(\omega t + \frac{\pi}{4}\right)\vec{u}_x$$
$$B_d\sin(\omega t + \alpha_d)\vec{u}_y - B_i\sin(\omega t + \alpha_i)\vec{u}_y = \vec{0}$$
Cette double égalité devant être vérifiée, on peut choisir, par exemple, la solution :
$$B_i = B_d = k\mu_0 n\frac{E}{2\sqrt{2}R} \quad \text{et} \quad \alpha_d = \alpha_i = -\frac{\pi}{4}.$$

On obtient alors :
$$\boldsymbol{\vec{B}_d = k\mu_0 n\frac{E}{2\sqrt{2}R}\left(\cos\left(\omega t - \frac{\pi}{4}\right)\vec{u}_x + \sin\left(\omega t - \frac{\pi}{4}\right)\vec{u}_y\right)}$$
$$\boldsymbol{\vec{B}_i = k\mu_0 n\frac{E}{2\sqrt{2}R}\left(\cos\left(\omega t - \frac{\pi}{4}\right)\vec{u}_x - \sin\left(\omega t - \frac{\pi}{4}\right)\vec{u}_y\right)}.$$

Le champ magnétique créé par BS_1 peut donc se décomposer en la somme des deux champs tournant précédents : $\vec{B} = \vec{B}_d + \vec{B}_i$.

On vient d'établir ici le résultat du théorème de Leblanc.

b) À partir de l'expression (1), on déduit par analogie que le champ magnétique tournant $\vec{B}_d$ engendre un couple moyen :

$$\vec{\Gamma}_d = \frac{g r S^2 B_d^2 \omega}{2(r^2 + (g\ell\omega)^2)} \vec{u}_z .$$

c) Le champ $\vec{B}_i$ tourne dans le sens inverse et doit donc entraîner le rotor dans le sens inverse. Le couple Γ_i est alors dirigé suivant $-\vec{u}_z$. Ceci signifie que l'expression du couple est valable dans le cas d'une rotation dans le sens opposé à celui choisi dans cet exercice.
Ainsi, l'expression du glissement associé au champ inverse $\vec{B}_i$ est :

$$g_i = \frac{\omega + \omega_r}{\omega} = \frac{\omega - (-\omega_r)}{\omega}$$

car pour le champ $\vec{B}_i$, le rotor tourne à la vitesse $-\omega_r$.
D'après l'expression (1), on en déduit que le champ tournant $\vec{B}_i$ engendre un couple moyen tel que :

$$\vec{\Gamma}_i = -\frac{g_i r S^2 B_d^2 \omega}{2(r^2 + (g\ell\omega)^2)} \vec{u}_z, \text{ où } g_i = \frac{\omega - (-\omega_r)}{\omega} \text{ et } B_i = B_d.$$

On a donc bien : $\Gamma_i(\omega_r) = -\Gamma_d(-\omega_r)$.

d) Dans le cas où $r = \dfrac{\ell\omega}{4}$,

$$\Gamma_d = \frac{g S^2 B_d^2 \omega}{2r(1 + 16g^2)} = \frac{S^2 B_d^2}{2r} \times \frac{(\omega - \omega_r)}{1 + 16\left(\dfrac{\omega - \omega_r}{\omega}\right)^2}.$$

Afin de tracer le couple $\Gamma_d(\omega_r)$, on étudie la dérivée pour déterminer la valeur du couple maximum :

$$\frac{d}{dg}\left(\frac{g}{1 + 16g^2}\right) = \frac{1 - 16g^2}{(1 + 16g^2)^2} = 0, \text{ soit : } g = \frac{1}{4} \text{ et } \omega_r = \frac{3}{4}\omega.$$

Donc : $\Gamma_{d\,max} = \Gamma_{max} = \dfrac{S^2 B^2}{16r}\omega$ pour $\omega_r = \dfrac{3}{4}\omega$.

La caractéristique pour le couple inverse est obtenu à partir de Γ_d en utilisant l'expression démontrée à la question précédente. On obtient ainsi :

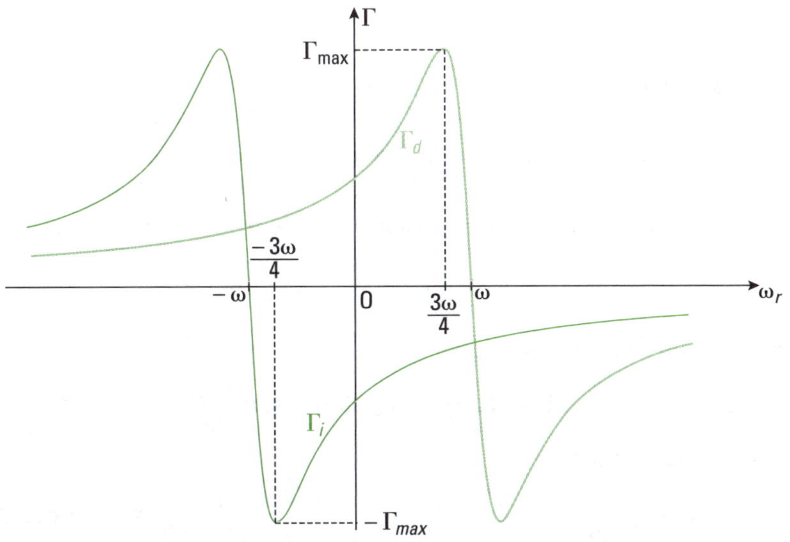

e) On remarque que, pour la rotation en sens direct, le couple Γ_d est prépondérant lors du fonctionnement moteur. Le couple qui s'exerce sur BR est alors $\Gamma_d - \Gamma_i$, ce qui permet au moteur de continuer à tourner dans ce sens après la suppression de l'alimentation de BS_2.
De même le couple Γ_i est prépondérant lors du fonctionnement moteur pour une rotation en sens inverse, ce qui permet encore au moteur de continuer sa rotation dans le même sens.

On peut utiliser le cours pour étudier le fonctionnement de la machine suivant la valeur de ω_r. Dans le cas de la rotation en sens direct, la zone de fonctionnement moteur correspond à $\omega_r \in [0, \omega]$. La zone $\omega_r \in \left[\frac{3}{4}\omega, \omega\right]$ est une zone de fonctionnement stable et la zone $\omega_r \in \left[0, \frac{3}{4}\omega\right]$ est une zone de fonctionnement instable. La zone $\omega_r > \omega$ correspond à un fonctionnement en freinage et la zone $\omega_r < 0$ correspond à un fonctionnement génératrice. Dans le cas d'une rotation en sens inverse, la zone de fonctionnement moteur correspond à $\omega_r \in [-\omega, 0]$, la zone $\omega_r < -\omega$ correspond à un fonctionnement en freinage et la zone $\omega_r > 0$ correspond à un fonctionnement génératrice.

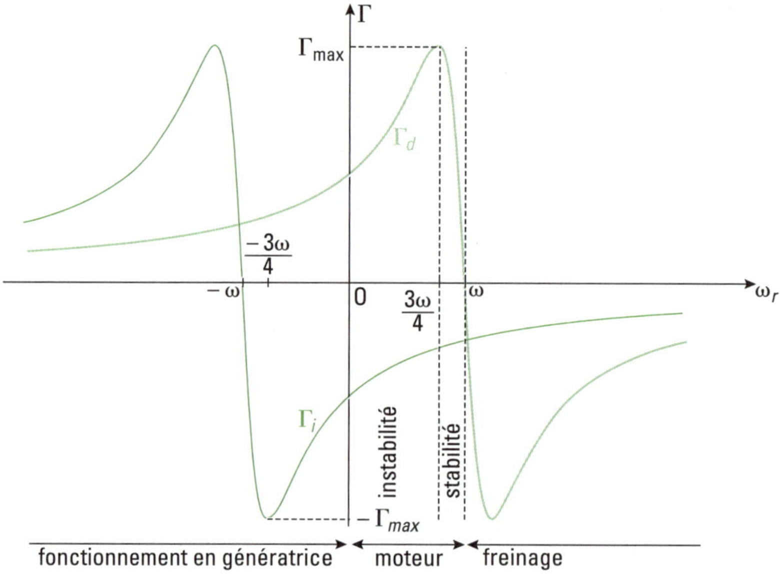

Exercice 6

1) a) L'arbre de la machine tourne à une vitesse égale à la moitié de la pulsation d'alimentation donc :

$$\boldsymbol{\omega_r = \pi f} \qquad A.N.\ \omega_r = \mathbf{1\,500\ tr \cdot min^{-1}}.$$

b) À vide, la f.é.m. est égale à la tension aux bornes des enroulements :

$$\mathbf{E = U_0 = 40{,}4\ i_e} \qquad A.N.\ \mathbf{E = 331\ V}.$$

c) Le modèle électrique montre que les résistances des enroulements statoriques sont ici négligées.

Cette simplification est très réaliste (*cf.* résultats de l'exercice n° 8).

En court-circuit, la loi des mailles s'écrit :

$$\underline{E} - jL\omega\underline{I}_{cc} = 0, \text{ donc : } L = \frac{\underline{E}}{j\omega\underline{I}_{cc}}.$$

On en déduit, en valeur efficace :

$$\mathbf{L = \frac{E}{I_{cc}\omega}} \qquad A.N.\ \mathbf{L} = \frac{\mathbf{40{,}4 \times 8{,}2}}{\mathbf{8{,}1 \times 8{,}2 \times 2\pi \times 50}} = \mathbf{15{,}9\ mH}.$$

2) a) Le rendement étant de 90 %, on en déduit la puissance électrique fournie à la machine à partir de la puissance utile fournie par le moteur. Celle-ci est obtenue à partir du couple utile égal au couple résistant puisque l'on est en régime permanent. On en déduit :

$$P_f = \frac{T_u \omega_r}{0{,}9} = \frac{T_r \omega_r}{0{,}9}.$$

Sachant que cette puissance est fournie à trois enroulements, on en déduit la puissance fournie à chaque enroulement :

$$\mathbf{P_{1f}} = \frac{\mathbf{P_f}}{\mathbf{3}} = \frac{\mathbf{T_r \omega_r}}{\mathbf{3 \times 0{,}9}} \text{ avec } \omega_r = 157 \text{ rad·s}^{-1} \qquad A.N.\ \mathbf{P_{1f}} = \frac{\mathbf{115 \times 157}}{\mathbf{3 \times 0{,}9}} = \mathbf{6{,}69\ kW}.$$

b) Le courant est obtenu à partir de la puissance reçue par chaque enroulement :

$$P_{1f} = U I \cos(\varphi).$$

Sachant que la valeur efficace du courant est réglée ici à sa valeur minimale, que la tension et la puissance sont fixées, il faut que cos (φ) soit maximal et donc cos (φ) = 1. On en déduit la valeur efficace du courant :

$$\mathbf{I} = \frac{\mathbf{P_{1f}}}{\mathbf{U}} \qquad A.N.\ \mathbf{I = 30{,}4\ A}.$$

c) La valeur efficace de la f.é.m. est obtenue par le calcul en notant que le déphasage entre le courant et la tension aux bornes de chaque enroulement est nul puisque cos (φ) = 1.

⚠ On rappelle le modèle électrique équivalent pour le moteur synchrone donné dans l'énoncé, mais en convention récepteur pour le moteur :

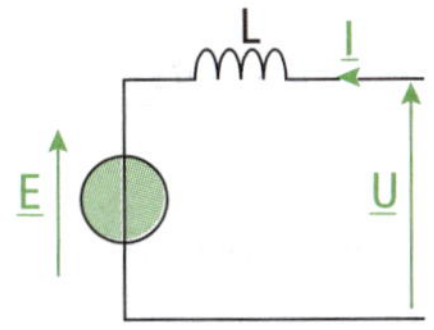

La loi des mailles en complexe s'écrit alors :

$$\underline{E} = \underline{U} - jL\omega I, \text{ d'où : } \mathbf{E} = \sqrt{\mathbf{U^2 + (L\omega I)^2}} \qquad A.N.\ \mathbf{E = 267{,}3\ V}.$$

d) Puisque E = 40,4 i_e, on déduit :

$$\boldsymbol{i_e} = \frac{\mathbf{E}}{\mathbf{40{,}4}} \qquad A.N.\ \boldsymbol{i_e} = \mathbf{6{,}62\ A}.$$

3) a) Sachant que le facteur de puissance est nul et le comportement capacitif, le courant est donc déphasé de $-\frac{\pi}{2}$ par rapport à la tension aux bornes de chaque enroulement.

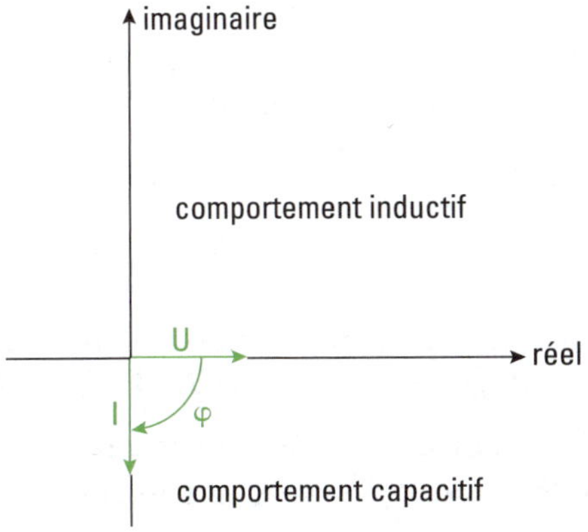

Or la f.é.m. est donnée par :

$$\underline{E} = \underline{U} - jL\omega\underline{I}, \text{ avec ici : } \underline{I} = I e^{-j\frac{\pi}{2}} = -jI$$

si la référence des phases est la tension U. Donc :

$$\mathbf{E = U + L\omega I} \qquad A.N.\ \mathbf{E = 345\ V.}$$

b) Puisque $E = 40{,}4\ i_e$, on en déduit :

$$\boldsymbol{i_e} = \frac{\mathbf{E}}{\mathbf{40{,}4}} \qquad A.N.\ \boldsymbol{i_e} = \mathbf{8{,}54\ A.}$$

Ces compensateurs sont utilisés dans le réseau de distribution électrique et sont placés à la sortie des centres de distribution. Aux heures de forte charge, ils permettent d'augmenter le facteur de puissance afin de diminuer le courant et les chutes de tension associées dans les lignes.

Exercice 7

1) Le moteur entraîne sa charge nominale, ce qui signifie que les caractéristiques à prendre en compte dans cette question sont les **caractéristiques nominales**.

a) Le glissement est obtenu par son expression :

$$\boldsymbol{g_N} = \frac{\boldsymbol{\omega - \omega_{\text{rotor N}}}}{\boldsymbol{\omega}}.$$

$$A.N.\ \omega_{\text{rotor N}} = \frac{2\pi}{60}\ 11\,500 = 1\,204\ \text{rad}\cdot\text{s}^{-1},\ \text{soit : } f_{\text{rotor N}} = \frac{1\,204}{2\pi} = 191{,}7\ \text{Hz. Donc :}$$

$$\boldsymbol{g_N} = \frac{\mathbf{200 - 191{,}7}}{\mathbf{200}} = \mathbf{4{,}2\ \%.}$$

b) La puissance reçue par les trois enroulements du stator est : $P = 3U_N I_{SN} \cos(\varphi)$. On a alors :

$$\mathbf{I_{SN}} = \frac{\mathbf{P}}{\mathbf{3U_N \cos(\varphi)}} \qquad A.N.\ \mathbf{I_{SN} = 10{,}6\ A.}$$

c) L'arbre des puissances représenté ci-dessous permet de visualiser les pertes dans le moteur.

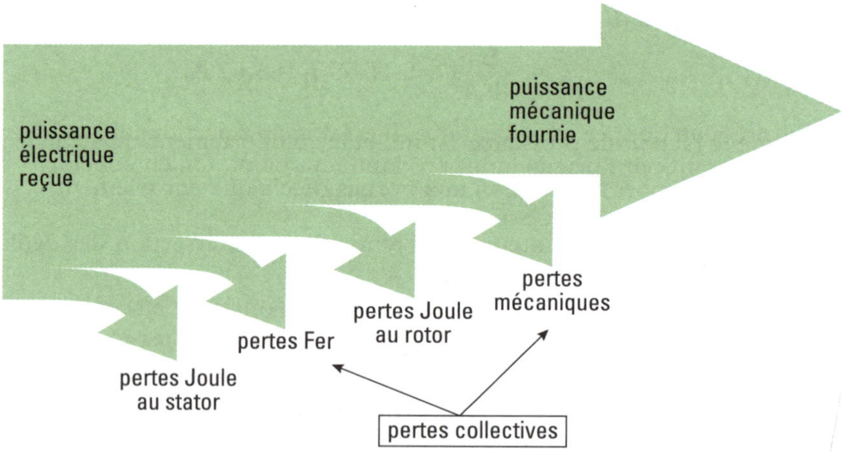

Les pertes Joule dans les trois enroulements du stator de résistance r sont :

$$\mathbf{P_{JSN} = 3\boldsymbol{r}I_{SN}^2} \qquad A.N.\ \mathbf{P_{JSN} = 54\ W.}$$

d) La puissance reçue par le rotor est la différence entre la puissance reçue et les pertes au stator :

$$\mathbf{P_r = P - P_{JS} - P_{FS}} \quad \text{où } P_{FS} \text{ correspond aux pertes dans le fer du stator.}$$

$A.N.$ $\mathbf{P_r = 3\,796\ W.}$

e) • La puissance reçue par le rotor peut être déterminée à partir des pertes Joule dans le rotor P_{Jr}, des pertes mécaniques (supposées négligeables ici) et de la puissance mécanique disponible sur l'arbre du moteur P_{meca} :

$$P_r = P_{Jr} + P_{meca}.$$

• La valeur efficace du courant dans le rotor I s'écrit :

$$I = \frac{i_{max}}{\sqrt{2}} = \frac{Kg\omega}{\sqrt{2}\sqrt{R^2 + (gL\omega)^2}}, \text{ d'où : } P_{Jr} = RI^2 = \frac{RK^2 g^2 \omega^2}{2(R^2 + (gL\omega)^2)} \qquad \textbf{(1)}.$$

• La puissance mécanique fournie par le rotor est :

$$P_{meca} = \Gamma_m \omega_{rotor} = \Gamma_m (1-g)\omega = \frac{RK^2 g(1-g)\omega^2}{2(R^2 + (gL\omega)^2)}.$$

On en déduit :

$$\mathbf{P_r = P_{meca} + P_{Jr} = \frac{RK^2 g\omega^2}{2(R^2 + (gL\omega)^2)}} \qquad \textbf{(2)}.$$

On voit donc apparaître en comparant (1) et (2) une relation qui lie P_r à P_{Jr} et qui s'écrit :

$$\mathbf{P_{Jr} = gP_r}.$$

f) On a montré que :

$$\mathbf{P_{Jr} = gP_r}. \qquad \textit{A.N.}\ \mathbf{P_{Jr} = 159{,}4\,W}.$$

g) Comme on néglige les pertes mécaniques, la puissance utile transmise à la charge est égale à la puissance mécanique fournie par le rotor :

$$P_{meca} = P_r - P_{Jr} = (1-g)P_r.$$

On en déduit le rendement :

$$\eta = \frac{\mathbf{P_{meca}}}{\mathbf{P}} \qquad \textit{A.N.}\ \eta = \mathbf{86{,}6\ \%}.$$

h) Le couple utile est obtenu à partir de la puissance mécanique fournie par le rotor et de la vitesse de rotation du rotor $\omega_{rotor} = (1-g)\omega$. Donc :

$$\mathbf{T_u = \frac{P_{meca}}{(1-g)\omega}} \qquad \textit{A.N.}\ \mathbf{T_u = 3{,}02\ N{\cdot}m}.$$

2) a) Puisqu'on ne prend en compte aucune perte mécanique, le couple utile est égal au couple moteur. Dans la zone où $R >> gL\omega$, on trouve :

$$T_u = \Gamma_m \approx \frac{K^2 g\omega}{2R}$$

en utilisant l'expression donnée dans l'énoncé. Il est donc proportionnel à g. La caractéristique est alors une droite passant par l'origine dont on donne un point. On en conclut :

$$\mathbf{T_u = 60g}.$$

b) La fréquence de rotation du moteur est obtenue pour l'intersection des deux caractéristiques mécaniques :

$T_u(\omega_r) = T_r(\omega_r)$ (d'après le théorème du moment cinétique en régime permanent).

On résout donc $T_u(\omega_r) = T_r(\omega_r)$, en prenant garde à modifier l'expression de T_r afin de l'exprimer en fonction de ω_r.

Comme $n = \dfrac{60}{2\pi}\omega_r$, on obtient : $T_r = 1{,}8 \cdot 10^{-6}\,\omega_r^2$.

Il reste à résoudre l'égalité : $1{,}8 \cdot 10^{-6}(1-g)^2 = 60g$.

La solution est $g = 4{,}3\ \%$ qui correspond à :

$$\mathbf{\omega_{rotor} = 1\,202\ rad{\cdot}s^{-1}} \quad \text{ou} \quad \mathbf{n_{rotor} = 11\,480\ tr{\cdot}min^{-1}}.$$

c) La puissance transmise est :

$$\mathbf{P_{tr} = T_u \omega_{rotor} = 60g(1-g)\omega} \qquad \textit{A.N.}\ \mathbf{P_{tr} = 3{,}10\ kW}.$$

Exercices de niveau 3

Exercice 8

1)

Dans ce type d'exercice, il faut utiliser les différents essais réalisés sur la machine afin de déterminer les éléments du modèle électrique équivalent.

- Les mesures à chaud sur un enroulement du stator nous permettent de déterminer la valeur de R.

Les mesures de résistances doivent se faire à chaud, c'est-à-dire après avoir utilisé la machine en fonctionnement nominal. En effet, la résistance varie avec la température. La mesure à chaud est plus juste car les conducteurs sont alors à température de fonctionnement.

En continu et à l'arrêt, U = RI. Donc :

$$\mathbf{R = \frac{U}{I}} \qquad \textit{A.N.}\ \mathbf{R = 0{,}010\ \Omega.}$$

- En court-circuit (U = 0), la loi des mailles donne :

$$\underline{E} = (R + jL\omega)\underline{I} \quad \text{en régime sinusoïdal forcé.}$$

Or, l'essai à vide permet de déterminer la valeur efficace de E, qui vaut ici 9 000 V, pour cette fréquence de rotation. On a : $E = |R + jL\omega|I = \sqrt{R^2 + (L\omega)^2}\,I$, ce qui donne alors :

$$\mathbf{L = \frac{1}{\omega}\sqrt{\left(\frac{E}{I}\right)^2 - R^2}} \qquad \textit{A.N.}\ \mathbf{L = \frac{1}{2\pi \times 50}\sqrt{\left(\frac{9000}{9360}\right)^2 - 0{,}010^2} = 3\ mH.}$$

On constate que la réactance ($L\omega = 0{,}961\,\Omega$)est très grande devant la résistance. De ce fait, dans la suite du problème, on peut négliger la différence de potentiel aux bornes de la résistance devant celle aux bornes de la réactance et on écrit $\underline{E} \approx \underline{U} - jL\omega\underline{I}$.

2) a) La puissance active fournie par l'alternateur est donnée par : $P_N = 3U_N I_N \cos(\varphi)$, puisque la machine possède trois enroulements identiques. Donc chaque enroulement est parcouru par un courant nominal égal à :

$$\mathbf{I_N = \frac{P_N}{3U_N \cos(\varphi)}} \qquad \textit{A.N.}\ \mathbf{I_N = \frac{150 \cdot 10^6}{3 \times 8950 \times 0{,}9} = 6{,}21 \cdot 10^3\ A.}$$

b) La force électromotrice dans l'induit est obtenue grâce à la loi des mailles :

$$\underline{E_N} \approx \underline{U_N} - jL\omega\underline{I_N}\,.$$

Le courant dans le stator est déphasé par rapport à la tension d'un angle $-\varphi < 0$, puisque le système est inductif. En choisissant (arbitrairement) la tension aux bornes du stator comme l'origine des phases, il y a deux méthodes pour résoudre cette équation.

- **Première méthode**

On détermine la valeur complexe de la f.é.m. :

$$E_N\sqrt{2}e^{j(\omega t + \varphi')} \approx U_N\sqrt{2}e^{j(\omega t)} - jL\omega I_N\sqrt{2}e^{j(\omega t - \varphi)}.$$

D'où : $E_N e^{j(\varphi')} \approx U_N - jL\omega I_N\, e^{-j(\varphi)}$, ce qui donne, si l'on décompose les parties réelle et imaginaire :

$$\begin{cases} E_N \cos(\varphi') \approx U_N - L\omega I_N \sin(\varphi) \\ E_N \sin(\varphi') \approx -L\omega I_N \cos(\varphi) \end{cases}, \text{ donc : } \mathbf{E_N \approx \sqrt{(U_N - L\omega I_N \sin(\varphi))^2 + (L\omega I_N \cos(\varphi))^2}}.$$

A.N. $\mathbf{E_N = 8{,}3 \cdot 10^3\ V.}$

- **Deuxième méthode**

On utilise la représentation de Fresnel : chaque tension est représentée par un vecteur dans le plan complexe. Les composantes de ce vecteur sont respectivement la partie réelle et la partie imaginaire du complexe.

Si on considère la tension aux bornes des enroulements comme référence de phase, celle-ci est horizontale et de norme égale à sa valeur efficace 8 950 V.
On trace ensuite le vecteur courant tel que l'angle entre ce vecteur et le vecteur tension soit égal à $-\varphi$.
Le vecteur représentant la tension aux bornes de l'inductance est de module égal à $L\omega I$ et déphasé d'un angle $+\frac{\pi}{2}$ par rapport au vecteur courant (puisque le nombre complexe associé est imaginaire pur de partie imaginaire positive).
On effectue graphiquement la soustraction vectorielle des deux vecteurs tensions :

$$\overrightarrow{U_N} - \overrightarrow{jL\omega I_N},$$

afin d'obtenir le vecteur représentant la f.é.m. dont la norme donne sa valeur efficace.

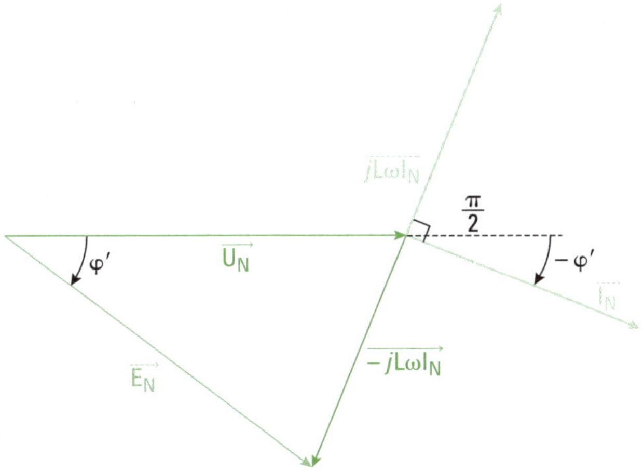

On obtient, aux imprécisions de tracé près : $\mathbf{E_N \approx 8{,}3 \cdot 10^3\ V}$.

c) L'ensemble des pertes correspond aux pertes mécaniques, ferromagnétiques et d'excitation (au rotor), auxquelles il faut ajouter les pertes Joule dans le stator, c'est-à-dire :

$$P_J = 3RI_N^2 = 1{,}15\ \text{MW}.$$

La puissance mécanique reçue par l'alternateur est la somme de la puissance fournie et des pertes :

$$P_{meca} = 150 + 2{,}8 + 1{,}15.$$

Donc le rendement est : $$\boldsymbol{r = \frac{150}{150 + 1{,}15 + 2{,}8} = 97{,}4\ \%}.$$

3) a) La puissance absorbée permet de déterminer le courant : $P = 3U_N I_N \cos(\varphi)$.

⚠ Le courant nominal est noté aussi I_N bien qu'il soit différent du courant trouvé dans la partie 2 de l'exercice puisque la machine a changé de mode de fonctionnement.

Donc : $$\mathbf{I_N = \frac{P}{3U_N \cos(\varphi)}} \qquad \textit{A.N.}\ \mathbf{I_N = 4\,469\ A}.$$

b) La f.é.m. est obtenue par l'une des deux méthodes développées dans la question 2.b avec $\cos(\varphi) = 1$ et $\sin(\varphi) = 0$. On obtient :

$$\underline{E}'_N = \underline{U}_N - jL\omega\underline{I}_N \text{ et } \mathbf{E'_N = \sqrt{U_N^2 + (L\omega I_N)^2}} \qquad \textit{A.N.}\ \mathbf{E'_N = 9{,}9\ kV}.$$

c) La puissance mécanique fournie est obtenue en soustrayant à la puissance absorbée les pertes Joule, mécaniques et ferromagnétiques. Les pertes Joule dans le stator sont : $3RI_N^2 = 600$ kW.
Donc la puissance mécanique fournie est :

$$\mathbf{P_{meca} = P_{abs} - P_J - P_{pertes}}.$$

A.N. $\mathbf{P_{meca} = 120 - 0{,}6 - 2{,}8 \approx 116{,}6\ MW}$.

d) Le couple moteur, qui correspond au couple utile, est déduit de la puissance mécanique fournie :

$$\mathbf{T_u = \frac{P_{meca}}{\omega_{rotor}} = \frac{5P_{meca}}{\omega}} \qquad \textit{A.N.}\ \mathbf{T_u = 1{,}86 \cdot 10^6\ N{\cdot}m.}$$

Exercice 9

1) • Afin de tracer la caractéristique mécanique du moteur asynchrone, on calcule la fonction $\Gamma_m(\omega_r)$ ce qui conduit à :

$$\mathbf{\Gamma_m = 1{,}86 \times \frac{314 - \omega_r}{0{,}04 + 2{,}96 \cdot 10^{-4}(314 - \omega_r)^2}}, \text{ où } \omega_r \text{ est exprimée en rad·s}^{-1}.$$

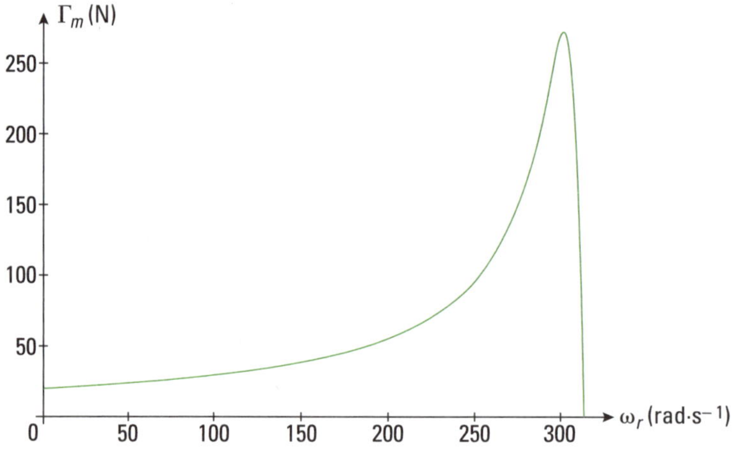

• On détermine l'évolution du couple moteur avec la résistance du rotor en étudiant la dérivée du couple par rapport à R :

$$\frac{d\Gamma_m}{dR} = 9{,}3 g\omega \left(\frac{1}{R^2 + g^2L^2\omega^2} - \frac{2R^2}{(R^2 + g^2L^2\omega^2)^2} \right) = 9{,}3 g\omega\ \frac{g^2L^2\omega^2 - R^2}{(R^2 + g^2L^2\omega^2)^2}.$$

A.N. $\mathbf{\dfrac{d\Gamma_m}{dR} = 2{,}92 \cdot 10^3 g\ \dfrac{29{,}2g^2 - R^2}{(R^2 + 29{,}2g^2)^2}}$.

Conclusion : si $R < 29{,}2g$, le couple **augmente** avec R puisque la dérivée est positive, et si $R > 29{,}2g$, le couple **diminue** avec R.

2) Le couple au démarrage ($\omega_{rotor} = 0$) est égal à 20 N·m. Il est donc trop faible pour démarrer le moteur soumis à un couple de charge égal à 160 N·m. **On ne peut pas réaliser un démarrage direct avec ce moteur**.

3) Le moteur est en rotation et soumis à un couple de charge constant. Lorsque la résistance dans le circuit d'induit est R, le couple moteur s'écrit :

$$\Gamma_{m_1} = \frac{g_1 \omega R}{(R^2 + g_1^2 L^2 \omega^2)}, \text{ le glissement correspondant étant noté } g_1.$$

Lorsque la résistance dans le circuit d'induit est nR, le couple moteur s'écrit :

$$\Gamma_{m_n} = 9{,}3\ \frac{g_n \omega n R}{(n^2R^2 + g_n^2 L^2 \omega^2)}, \text{ le glissement correspondant étant noté } g_n.$$

Dans les deux cas, si le moteur est soumis au même couple résistant, on a : $\Gamma_{m_1} = \Gamma_{m_n}$.
On résout cette égalité afin de déterminer l'expression de g_1 en fonction de g_n :

$$9{,}3\ \frac{g_1 \omega R}{(R^2 + g_1^2 L^2 \omega^2)} = 9{,}3\ \frac{g_n \omega n R}{(n^2R^2 + g_n^2 L^2 \omega^2)}.$$

Donc : $g_1(n^2R^2 + g_n^2L^2\omega^2) = ng_n(R^2 + g_1^2L^2\omega^2)$. D'où :

$$\boldsymbol{g_1 n = g_n} \quad \textbf{(1).}$$

4) Afin de démarrer le moteur, on modifie la résistance du circuit d'induit en plaçant en série avec le rotor des résistances.

D'après la question 1, on peut augmenter au démarrage la résistance du circuit d'induit R_i jusqu'à $29{,}2g$ avec $g = 1$, soit 29,2 Ω. Le couple de démarrage est alors égal à :

$$\Gamma_d = 2{,}92 \cdot 10^3 \frac{R_i}{(R_i^2 + 29{,}2)}.$$

Il doit être supérieur au couple de charge qui est de 160 N·m pour rendre possible le démarrage. On en déduit les valeurs possibles de R_i :

$$1{,}78\ \Omega \leqslant R_i \leqslant 16{,}5\ \Omega.$$

On prend la valeur minimale $R_i > 1{,}78\ \Omega$ afin de permettre au moteur de démarrer. Il faut donc ajouter en série N résistances R de valeur 0,02 Ω.

On peut alors prendre pour N la partie entière de $\dfrac{R_i}{R}$.

Donc la valeur minimale de N est **N = 8** au démarrage car :

$$R_i = 8R + R = 1{,}8\Omega > 1{,}78\Omega.$$

5) Pour déterminer la vitesse de rotation, on étudie le glissement dans le cas d'une résistance externe égale à 8R en trouvant le point de fonctionnement stable du moteur, c'est-à-dire la valeur du glissement pour $\Gamma_m = 160$ N·m. On résout :

$$5{,}26 \cdot 10^3 \frac{g_9}{(3{,}24 + 29{,}2g_9^2)} = 160, \text{ ce qui donne : } g_9 = 0{,}105.$$

Donc : $\boldsymbol{\omega_{\text{rotor}\,9} = (1 - g_9)\omega}$ *A.N.* $\boldsymbol{\omega_{\text{rotor}\,9} = 281{,}2\ \text{rad·s}^{-1}} = 2\,685\ \text{tr·min}^{-1}$.

On peut alors déterminer la suite des vitesses de rotation en utilisant la relation (1) :

$$\omega_{\text{rotor}\,8} = (1 - g_8)\omega = \left(1 - \frac{8}{9}g_9\right)\omega;$$

$$\omega_{\text{rotor}\,7} = \left(1 - \frac{7}{9}g_9\right)\omega;$$

$$\omega_{\text{rotor}\,6} = \left(1 - \frac{6}{9}g_9\right)\omega;$$

$$\omega_{\text{rotor}\,5} = \left(1 - \frac{5}{9}g_9\right)\omega;$$

$$\omega_{\text{rotor}\,4} = \left(1 - \frac{4}{9}g_9\right)\omega;$$

$$\omega_{\text{rotor}\,3} = \left(1 - \frac{3}{9}g_9\right)\omega;$$

$$\omega_{\text{rotor}\,2} = \left(1 - \frac{2}{9}g_9\right)\omega;$$

$$\omega_{\text{rotor}} = \left(1 - \frac{1}{9}g_9\right)\omega.$$

A.N. $\boldsymbol{\omega_{\text{rotor}\,8} = 284{,}8\ \text{rad·s}^{-1}}$; $\boldsymbol{\omega_{\text{rotor}\,7} = 288{,}5\ \text{rad·s}^{-1}}$;
$\boldsymbol{\omega_{\text{rotor}\,6} = 292{,}2\ \text{rad·s}^{-1}}$; $\boldsymbol{\omega_{\text{rotor}\,5} = 295{,}8\ \text{rad·s}^{-1}}$;
$\boldsymbol{\omega_{\text{rotor}\,4} = 299{,}5\ \text{rad·s}^{-1}}$; $\boldsymbol{\omega_{\text{rotor}\,3} = 303{,}2\ \text{rad·s}^{-1}}$;
$\boldsymbol{\omega_{\text{rotor}\,2} = 306{,}8\ \text{rad·s}^{-1}}$; $\boldsymbol{\omega_{\text{rotor}} = 310{,}5\ \text{rad·s}^{-1}}$,

soit 2 965 tr·min⁻¹ pour un glissement de 1,2 % en régime permanent.

On peut représenter l'évolution des caractéristiques mécaniques en fonction de la résistance externe ajoutée en série avec le rotor :

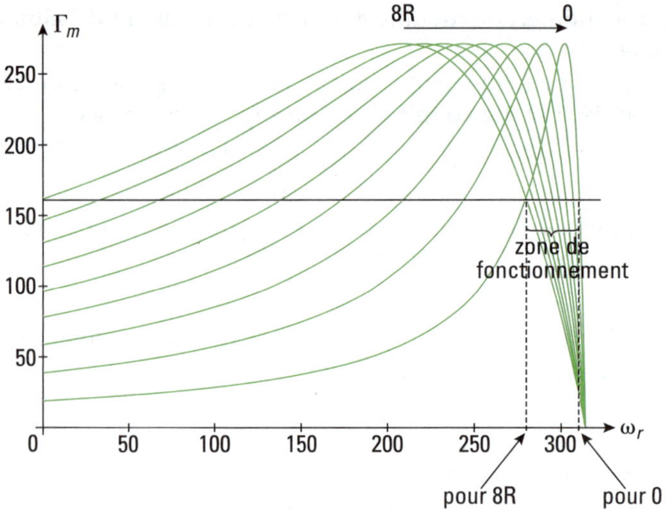

Sur ce réseau de caractéristiques, on remarque que la valeur du couple maximum est indépendante de la résistance externe ajoutée en série avec le rotor.

Cet exercice illustre la méthode rhéostatique de démarrage d'un moteur asynchrone. Le rotor est connecté à un rhéostat ou à une batterie de résistances. Au fur et à mesure de la montée en vitesse, la résistance du rhéostat est diminuée ou les résistances sont shuntées.

CHAPITRE

5 Introduction à la conversion électronique de la puissance

Introduction

Ce chapitre introduit toutes les définitions et propriétés générales et utiles à l'étude des convertisseurs électroniques d'énergie. Cette discipline est couramment appelée *électronique de puissance* ou *électronique des courants forts.*

Plan du chapitre 5

A. Introduction

A.1. Puissances mises en jeu

Actuellement, la gamme des puissances couvertes par l'électronique de puissance se situe entre la centaine de et plusieurs mégawatts. Ce domaine est très différent de la gamme de puissance mise en jeu dans les circuits étudiés en première année, qui eux relèvent de l'électronique dite des petits signaux, c'est-à-dire de faible puissance.

Citons quelques exemples et ordres de grandeur:
– La puissance fournie par une alimentation à découpage pour une application portable (montre, agenda, appareil photo, etc.) peut atteindre plusieurs dizaines de watts.
– En traction ferroviaire, la puissance totale de la rame du TGV Atlantique s'élève à 8 800 kW.
– La puissance moyenne consommée par chaque moteur du paquebot *Queen Mary 2* est de plusieurs mégawatts.

Nous allons présenter dans ce chapitre les outils nécessaires à l'étude des structures usuelles de l'électronique de puissance. Ces structures sont communément appelées convertisseurs statiques d'énergie. Dans le chapitre 6 nous étudierons une des familles de ces convertisseurs, à savoir les montages hacheurs.

A.2. Nécessité de la commutation

Tous les convertisseurs constituent une interface entre une source d'entrée, qui fournit de l'énergie et une source de sortie qui la consomme[1]. Il est donc crucial de réaliser ce transfert énergétique avec un très bon rendement. Imaginons par exemple un convertisseur de rendement égal à 90 % qui transfère une puissance d'un mégawatt: la perte est de 100 kW!

1. Si le transfert peut s'effectuer dans l'autre sens, la problématique reste la même.

En pratique, cette conversion doit également permettre de régler le transfert de puissance donné à la charge (c'est-à-dire la source de sortie). Le diviseur de tension est le montage le plus simple qui permet de réaliser un tel réglage, mais son rendement n'est pas satisfaisant. Comment contourner cette difficulté?

La réponse à ce problème repose sur la remarque suivante: si la charge est alimentée de manière périodique, mais seulement sur une partie de la période, alors aucune énergie ne sera consommée pendant le reste de la période. Cette situation correspond à la présence de **commutations**[2] dans le montage. Ceci suppose que le convertisseur soit sans pertes (cas idéal) et que la charge puisse s'auto-alimenter lorsque la source d'entrée ne l'alimente pas.

2. Cette fonction de commutation sera réalisée grâce à la présence d'interrupteurs dans le convertisseur.

La structure générale qui peut être proposée pour la conversion statique de l'énergie est donnée ci-dessous:

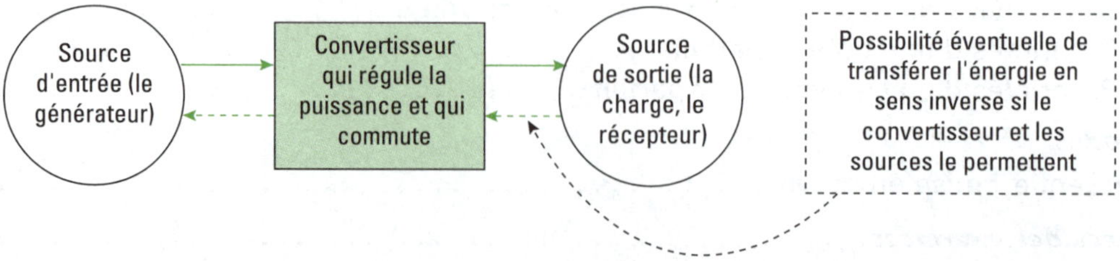

Fig. 1 – Synoptique d'une conversion de puissance.

Nous conclurons en disant qu'il y aura commutation dans le convertisseur statique et nécessité d'utiliser des éléments accumulant de l'énergie. Les deux dipôles qui permettent cette accumulation sont d'une part, la bobine (accumulation d'énergie sous forme magnétique) et d'autre part, le condensateur (accumulation sous forme électrostatique).

Remarque

Cette fonction commutation ne doit en aucun cas perturber la finalité première du convertisseur. Ainsi, si le récepteur est par exemple un dispositif d'éclairage, le régime commuté ne doit pas induire un éclairage intermittent susceptible d'être perçu par notre œil. En d'autres termes, la commutation doit être suffisamment rapide devant la constante de temps du récepteur: dans ce cas, notre œil.

B. Sources de courant et sources de tension

B.1. Sources continues parfaites en régime commuté

Le mot «source» est ici employé dans un sens générique: il peut désigner à la fois le générateur et le récepteur du convertisseur d'énergie.

En électronique de puissance, les sources ne sont pas définies comme elles l'ont été en première année. En effet, c'est avant tout le comportement vis-à-vis des commutations qui doit être pris en compte. Dans ce qui suit, nous allons définir les sources dans ce cadre: leur fonction devra être réalisée malgré les rapides commutations.

B.1.1 – Sources parfaites de tension continue

Définition 1

Une **source parfaite de tension continue** présente à ses bornes une tension u constante[1] quelles que soient les brusques variations du courant d'intensité i qu'elle débite.

1. À l'échelle des durées de commutation des interrupteurs.

Envisageons le cas le plus critique, qui correspond à des variations de l'intensité i du courant en créneaux rectangulaires comme dans les circuits simples suivants:

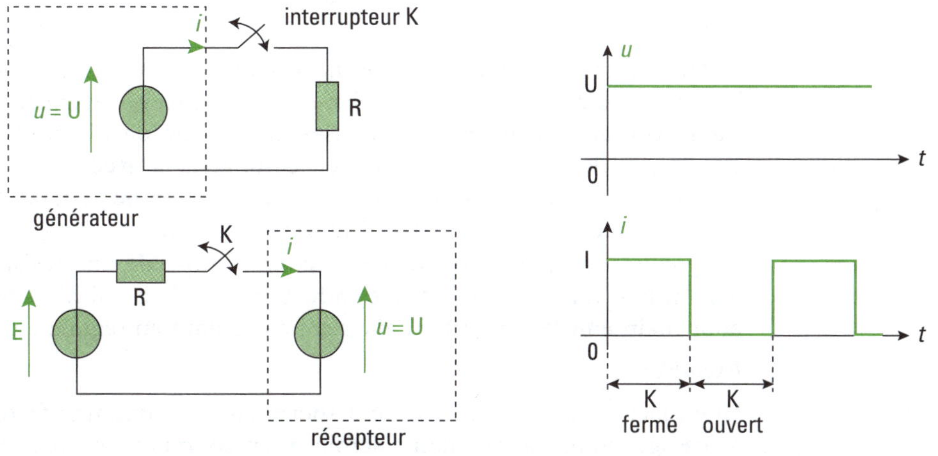

Fig. 2 – Sources parfaites de tension continue.

Remarques

– Dans cette modélisation, nous ne prenons pas en compte la résistance interne de la source de tension. En effet, si la source de tension est parfaite alors la chute de tension qu'elle occasionne est négligeable devant la valeur de U. En outre, une source de tension ne peut être parfaite que si son inductance[1] interne est nulle.

– Ceci nous permet de préciser qu'une source réelle de tension continue possède une résistance et une inductance interne non négligeables.

Exemples

Avec une bonne approximation[2], une alimentation de laboratoire stabilisée en tension, une batterie d'accumulateurs peuvent être considérées comme des sources de tension continue parfaites.

1. Cette hypothèse permet de légitimer les discontinuités de courant envisagées en figure 2.

2. Cette approximation n'est valide que dans un certain domaine de charges ou de fréquences.

B.1.2 – Sources parfaites de courant continu

Définition 2

Une **source parfaite de courant continu** débite un courant d'intensité i constante[3] quelles que soient les brusques variations de la tension u à ses bornes.

3. A l'échelle des durées de commutations.

Envisageons le cas le plus critique qui correspond à des variations de la tension u en créneaux rectangulaires comme dans les circuits simples suivants :

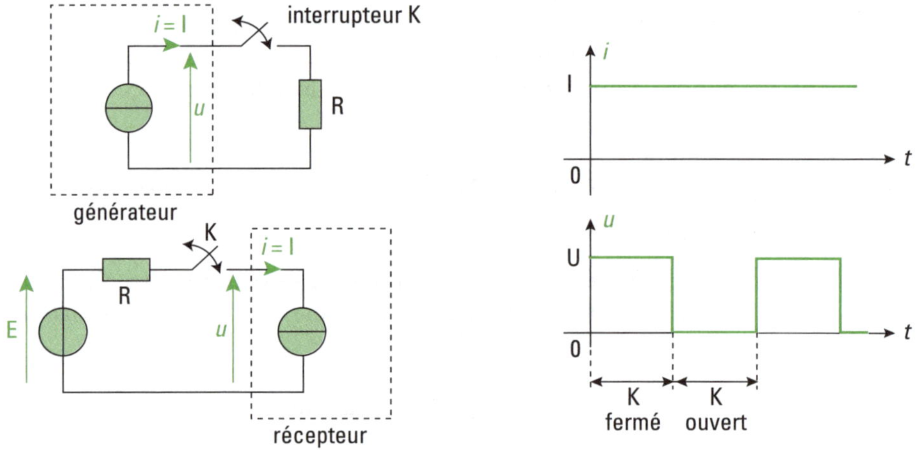

Fig. 3 – Sources parfaites de courant continu.

Remarques

– Dans cette modélisation, nous ne prenons pas en compte la résistance interne de la source de courant. En effet, étant élevée et placée en parallèle sur le courant électromoteur (penser au modèle de Norton), elle n'occasionne pas de courant significatif en comparaison avec la valeur de I si la source est parfaite. En outre, une source de courant ne peut être parfaite que si son inductance interne est suffisamment élevée.

– Signalons qu'une source réelle de courant possède une résistance interne dont il faut tenir compte et une inductance interne qui n'est pas suffisante pour maintenir le courant qu'elle débite constant en régime commuté.

Exemples

Une machine à courant continu associée en série avec une forte inductance de lissage, ou une alimentation stabilisée en courant peuvent être considérées comme des sources de courant parfaites avec une bonne approximation.

B.2. Cas d'une source continue

Dans le chapitre suivant nous étudierons une famille de convertisseurs dits « continu – continu » ce qui signifie que la source d'entrée et la source de sortie sont toutes deux qualifiées de continues. Il convient de préciser ce que signifie dans cette situation le qualificatif « continu ».

> Lorsque la variation d'une grandeur autour de sa valeur moyenne est limitée, comparativement à cette valeur moyenne, la grandeur est dite continue[1].

1. Rappelons d'autre part qu'une grandeur est dite alternative lorsque sa valeur moyenne est nulle.

Il est donc important de comprendre qu'une source peut ne pas être parfaite mais qualifiée néanmoins de continue. Toutes les sources qui seront considérées dans la suite du cours et dans les exercices seront qualifiées de « continues » en ce sens.

Exemple

La source de sortie d'un hacheur série est de type source de courant. Le courant n'est jamais tout à fait constant dans cette source. Il possède au contraire une ondulation (que nous déterminerons dans un cas particulier au chapitre suivant). Néanmoins, cette source sera considérée comme continue.

B.3. Sources continues de nature capacitive ou inductive

B.3.1 – Le problème des discontinuités des grandeurs électriques

Comme nous l'avons mentionné en introduction, le convertisseur est constitué d'éléments qui commutent. Rappelons cependant que certaines grandeurs électriques ne peuvent être discontinues pour le condensateur et l'inductance :
– le condensateur s'oppose à toute discontinuité de la tension à ses bornes (mais le courant qui le traverse peut être discontinu) ;
– la bobine s'oppose à toute discontinuité du courant qui la traverse (mais la tension à ses bornes peut être discontinue).

B.3.2 – Sources continues de nature capacitive

Le rappel précédent permet d'affirmer qu'une source continue de nature capacitive ne présente pas à ses bornes de discontinuité de la tension u. Pour simplifier, une telle source sera dite de tension dans la suite de l'ouvrage.

Définition 3

> Une source de tension est une source continue de nature **capacitive**.

B.3.3 – Sources continues de nature inductive

De même, une source de nature inductive ne présente pas de discontinuité de l'intensité du courant i qui la traverse. Pour simplifier, dans la suite de l'ouvrage, nous allons considérer qu'une telle source est une source de courant.

Définition 4

> Une source de courant est une source continue de nature **inductive**.

B.4. Amélioration des sources continues

Les concepts de sources parfaites sont peu réalistes si l'on considère les générateurs et les récepteurs usuels. Il est en effet impossible de maintenir rigoureusement les grandeurs courant ou tension constantes en toutes circonstances.

En revanche, il est tout à fait possible de supprimer les discontinuités de ces grandeurs et de réaliser ainsi des sources de tension continue (c'est-à-dire de nature capacitive) ou de courant continu (c'est-à-dire de nature inductive). Pour y parvenir, il suffit[1] de les associer à des dipôles élémentaires : c'est ce que l'on nomme l'amélioration des sources.

1. Du moins, en théorie. Il est clair que cette association nécessite un minimum de calculs et la prise en compte d'un ensemble de paramètres au cas par cas.

B.4.1 – Amélioration d'une source de tension

Une source de tension réelle possède[2] toujours une résistance interne r. Pour améliorer une telle source de tension continue, on place un condensateur entre ses bornes. En effet, ce dipôle empêche les discontinuités de la tension u :

2. Penser au modèle de Thévenin introduit en première année.

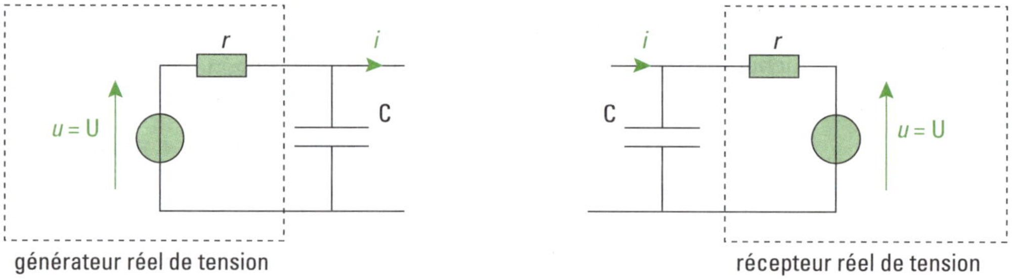

Fig. 4 – Amélioration des sources de tension.

Exemple

Citons le cas particulier de la source de tension continue qui alimente les moteurs de traction ferroviaire. Cette alimentation est acheminée par des caténaires qui possèdent une inductance interne ℓ non négligeable. Dans ce cas, le condensateur permet aussi de réduire l'effet de cette inductance parasite de la source.

B.4.2 – Amélioration d'une source de courant

Une source de courant réelle possède[3] toujours une résistance interne R. Pour améliorer une telle source de courant continu, il faut ajouter une inductance supplémentaire en série :

3. Penser au modèle de Norton.

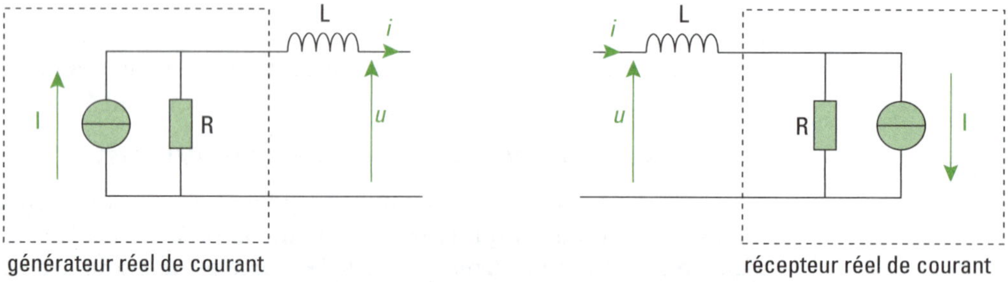

Fig. 5 – Amélioration des sources de courant.

Application 1 **Régulation du courant**

Montrer sur un exemple de circuit très simple, que l'inductance permet de réguler le courant qui la traverse.

Solution

Prenons l'exemple du circuit suivant :

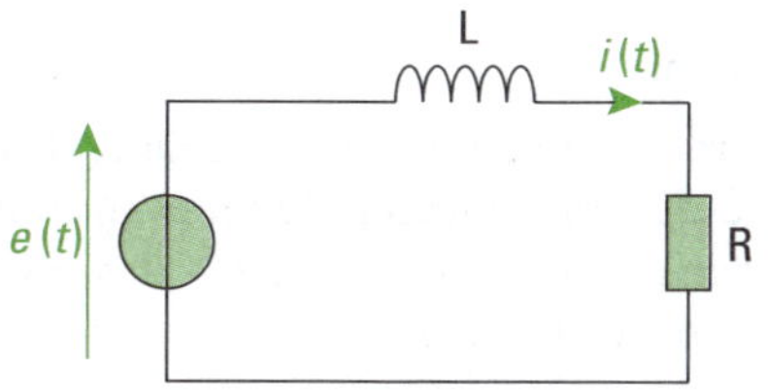

Quelle que soit la nature de la tension $e(t)$ délivrée par le générateur de tension, nous avons :

$$i(t) = \frac{e(t) - L\frac{di}{dt}}{R} \quad (1)$$

$e(t)$ tension en volt (V)
L inductance en henry (H)
R résistance en ohm (Ω)

• Si i augmente, consécutivement à une augmentation de la tension du générateur, alors $L\frac{di}{dt} > 0$ ce qui modère l'augmentation de $i(t)$ comme le montre (1).

• Si i diminue alors $L\frac{di}{dt} < 0$ ce qui modère la décroissance de $i(t)$ d'après (1).

La bobine permet effectivement de **réguler les variations du courant qui la traverse**. Ceci montre l'intérêt de son utilisation dans la réalisation d'une source de courant.

B.5. Modification de la nature d'une source continue

Propriété 1

La **mise en série** d'une inductance avec une source de tension continue permet d'obtenir une source de courant continu.

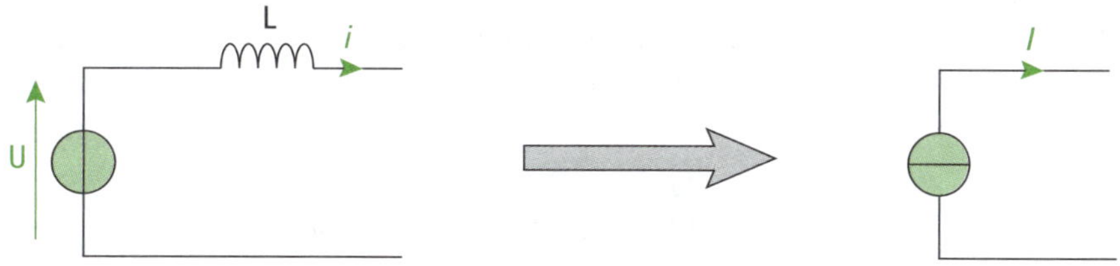

Fig. 6 – Réalisation d'une source de courant à partir d'une source de tension[1].

1. Le symbole utilisé ci-contre pour la source de courant définit, dans le cadre de l'électrotechnique, une source de nature inductive, et en aucun cas une source parfaite de courant (constant).

La valeur de cette inductance dépendra bien évidemment de la source de tension considérée et des contraintes liées au fonctionnement en charge de la source.

Remarque

En pratique, il n'est pas toujours possible de réaliser naturellement une source de courant. En effet, l'énergie est distribuée avant tout par un générateur de tension[2]. Cette transformation est donc très fréquente.

2. En effet, le réseau de distribution électrique impose par exemple un niveau de tension de 230 V en monophasé.

Propriété 2

La **mise en parallèle** d'un condensateur avec une source de courant continu permet d'obtenir une source de tension continue.

1. Le symbole utilisé ci-contre pour la source de tension définit, dans le cadre de l'électrotechnique, une source de nature capacitive mais en aucun cas une source parfaite de tension.

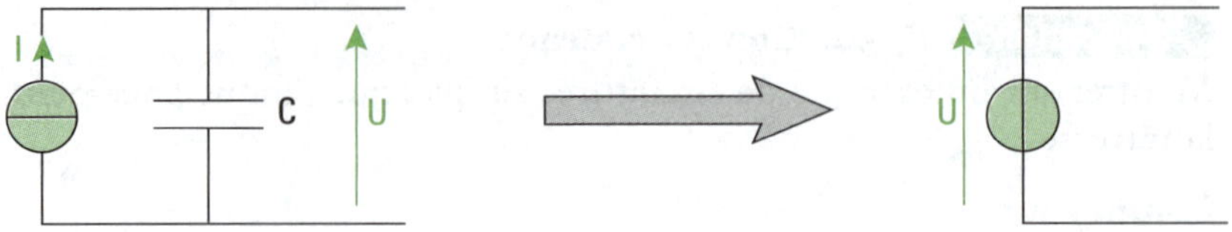

Fig. 7 – Réalisation d'une source de tension à partir d'une source de courant[1].

Application

Une source de tension débitant dans des câbles de longueur non négligeable nécessite de tenir compte de leurs inductances de lignes. Il faut alors utiliser un condensateur dit de « lissage » destiné à réduire l'ondulation de la tension délivrée en fin de câble.

B.6. Réversibilité d'une source

Définition 5

Une source est dite **réversible en tension** lorsque la tension instantanée à ses bornes peut changer de signe.

Définition 6

Une source est dite **réversible en courant** lorsque le courant instantané la traversant peut changer de signe.

Exemples

– Une batterie d'accumulateurs est réversible en courant.

– Une machine à courant continu peut absorber du courant en phase motrice et débiter du courant en phase de freinage.

Signalons qu'il faut veiller à ne pas conclure trop rapidement quant au mode de fonctionnement de la source qui est déterminé par le signe de la puissance moyenne absorbée. Nous avions déjà évoqué ce point au chapitre consacré à l'étude de la machine à courant continu.

B.7. Règles de connexion des sources

Nous avons montré qu'une source de courant est de nature inductive. Elle ne peut donc pas supporter les brusques discontinuités de courant. Nous en déduisons la propriété suivante :

Propriété 3

Une source de courant ne doit **jamais** se trouver **en circuit ouvert**.

De même, une source de tension ne supporte pas les discontinuités de tension car elle est de nature capacitive. Ainsi :

Propriété 4

Une source de tension ne doit **jamais** se trouver **en court-circuit**.

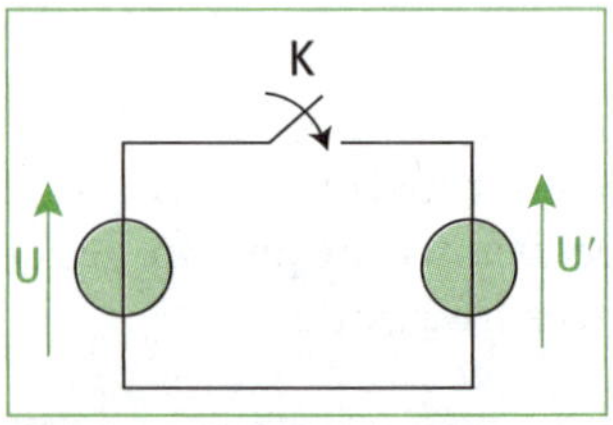

Fig. 8 – Connexion directe de deux sources de tension différentes.

Envisageons à présent un circuit où plusieurs sources sont présentes et peuvent à certains instants être reliées entre elles. Prenons, par exemple, le cas de deux sources de tension respectivement U et U′ de valeurs différentes comme indiqué en figure 8. Quelle est la tension aux bornes des sources lorsque l'interrupteur K est fermé ?

En pratique, une telle situation va imposer un courant d'intensité très élevée dans la maille de ce circuit, qui ne sera limité que par les faibles résistances

des fils de connexion et des deux sources. Ceci s'appelle tout simplement un court-circuit, lequel provoque la destruction du montage !
De même, la connexion directe de deux sources de courants électromoteurs différents ne peut pas être réalisée. Nous pouvons donc dégager une nouvelle propriété résumant ces deux cas :

1. On dit également que les deux sources sont duales ou bien qu'il est nécessaire d'assurer la dualité de la nature des deux sources.

Propriété 5

Deux sources de même nature[1], mais de valeurs différentes, ne doivent **jamais** être **en connexion directe**.

Remarques

– Une telle propriété peut paraître anodine et être facile à éviter dans un montage mais ce n'est pas si simple. En effet, il arrive par exemple que l'on omette de prendre en compte les inductances des connexions ou les inductances de fuites. Ces dernières peuvent modifier la nature d'une source qu'on croyait être une source de tension, ce qui peut conduire à la destruction d'une partie du montage.
– Pour connecter deux sources de même nature, il faut utiliser un système intermédiaire qui permet d'accumuler temporairement de l'énergie. Le lecteur se reportera à l'exercice 2 question 3 pour un exemple ou au chapitre 6.

2. Conformément à celui-ci, toute considération technologique est exclue. Ainsi, nous ne chercherons pas à détailler le fonctionnement de la diode ou du transistor.

3. Conformément au programme.

C. La fonction commutation

Après avoir montré l'intérêt de faire fonctionner le convertisseur d'énergie en régime commuté, nous allons dans la suite présenter les deux fonctions de commutation au programme[2] de la classe de PSI.

C.1. Introduction

Les interrupteurs utilisés en conversion de puissance sont à l'heure actuelle des interrupteurs électroniques. Notre étude sera limitée au cas des interrupteurs idéaux[3] (ou parfaits).

C.1.1 – États d'un interrupteur électronique

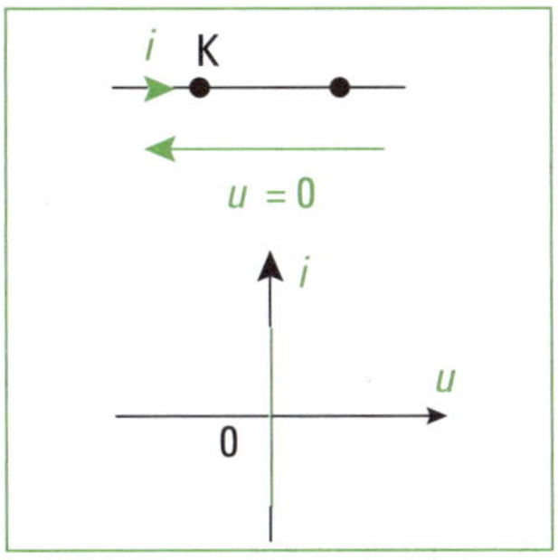

Fig. 9 – Symbole et caractéristique courant-tension de l'interrupteur passant.

• **L'état passant** (ou fermé, conducteur, amorcé, saturé) : l'interrupteur K est équivalent à un court-circuit. L'intensité du courant i qui le traverse dépend du circuit extérieur (figure 9).

• **L'état bloqué** (ou ouvert, isolant) : il est équivalent à un circuit ouvert. La tension u à ses bornes est imposée par le circuit extérieur (figure 10).

Exemples

– La tension aux bornes d'une diode passante est nulle.
– Aucune intensité électrique ne traverse un transistor bloqué.

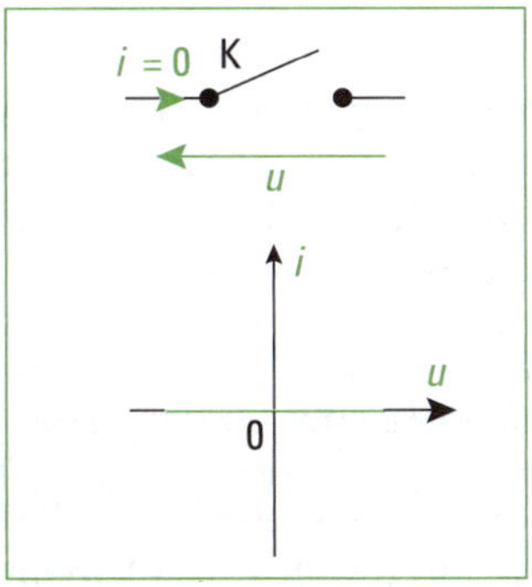

Fig. 10 – Symbole et caractéristique courant-tension de l'interrupteur bloqué.

C.1.2 – Changements d'état d'un interrupteur électronique

Lorsque l'interrupteur passe de l'état bloqué à l'état passant, on dit qu'il y a **amorçage**. Le changement d'état inverse est appelé le **blocage**.

Si le changement d'état est provoqué par un signal de commande de l'interrupteur, la commutation est dite **commandée** (ou forcée). Dans le cas contraire, elle est dite **spontanée** (ou naturelle).

Exemples

– Le blocage ou l'amorçage d'une diode est imposé par son circuit extérieur : **la diode est un interrupteur non commandé** (le blocage ou l'amorçage sont donc spontanés).

– L'amorçage ou le blocage d'un transistor nécessite un signal de commande de celui-ci : **le transistor est un interrupteur commandé** (le blocage et l'amorçage sont commandés).

Propriété 6

Les changements d'états d'un interrupteur seront toujours supposés **instantanés**.

En pratique, cette propriété n'est pas observable. Il s'agit d'une des conséquences du modèle de l'interrupteur parfait.

C.2. Fonction diode

La diode est un interrupteur non commandé. Il s'agit d'un dipôle dont l'une des extrémités est appelée l'anode (A) et l'autre la cathode (K). Le courant qui traverse ce composant considéré comme idéal, ne peut passer que de l'anode vers la cathode.

Rappelons son symbole et sa caractéristique courant – tension vus en TP en première année :

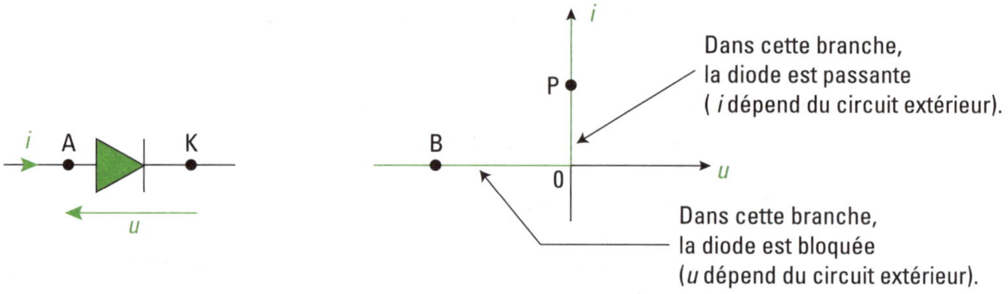

Fig. 11 – Symbole et caractéristique courant – tension de la diode idéale.

Une diode parfaite est donc passante si $i > 0$ ($u = 0$) et est bloquée lorsque $u < 0$ ($i = 0$).

Remarque

Une diode présentant une telle caractéristique est dite idéale (ou parfaite), ce qui sous entend que i est non nul dès que $u = 0$. Dans la réalité, il existe un seuil à partir duquel la diode devient passante (voir exercice 4 de ce chapitre). Dans ce cas, la pente de la caractéristique $i(u)$ est élevée, finie et inversement proportionnelle à la résistance directe.

Pour l'étude des circuits qui seront traités par la suite, il faut connaître à quelles conditions[1] une diode va devenir passante et à quelle condition elle va se bloquer, c'est-à-dire prévoir son comportement. Ce sont les conditions d'amorçage et de blocage que l'on décrit dans les propriétés suivantes :

Propriété 7

Une diode devient **passante** lorsque la tension u à ses bornes tend à devenir positive.

En pratique, la conduction de la diode (passante) peut être plus simplement anticipée. Il suffit de dire que la mise en conduction a lieu lorsque le circuit extérieur force un courant $i > 0$[2].

1. Il ne faut pas confondre les conditions de changement d'état et les équations électriques régissant les états passant ou bloqué.

2. Le cas classique est la charge inductive d'un hacheur série qui se démagnétise et rend la diode de roue libre passante lorsque l'interrupteur commandé est commandé à l'ouverture.

Au cours de cette commutation, le point de fonctionnement de l'état électrique de la diode se déplace depuis le point B (diode bloquée) vers le point P (diode passante), et ce le long des axes $i = 0$ puis $u = 0$ (sinon ceci signifierait que la diode reçoit de la puissance, ce qui est incompatible avec l'hypothèse d'un interrupteur parfait qui n'absorbe aucune puissance).

Propriété 8

Une diode **se bloque** lorsque le courant qui la traverse s'annule.

Lors de cette commutation, le point de fonctionnement se déplace depuis le point P vers le point B.

Remarque

Si la commutation n'est pas instantanée, cette condition de blocage devient équivalente à dire que la tension u devient négative. En effet, l'application d'une tension négative a pour conséquence d'annuler le courant i qui la traverse.

C.3. Fonction transistor[1]

1. Ou plus simplement « transistor », bien qu'en pratique le transistor ne soit qu'un exemple de réalisation technologique de cette fonction.

Le transistor est un interrupteur commandé. Il s'agit d'un composant à trois bornes dont l'une des extrémités est appelée l'anode (A) et l'autre la cathode (K). La troisième borne, dite de commande, permet de commander le composant par un signal extérieur. Le courant qui traverse ce composant considéré comme idéal ne peut passer que de l'anode vers la cathode.

Dans la figure 12 sont représentés son symbole et sa caractéristique courant – tension :

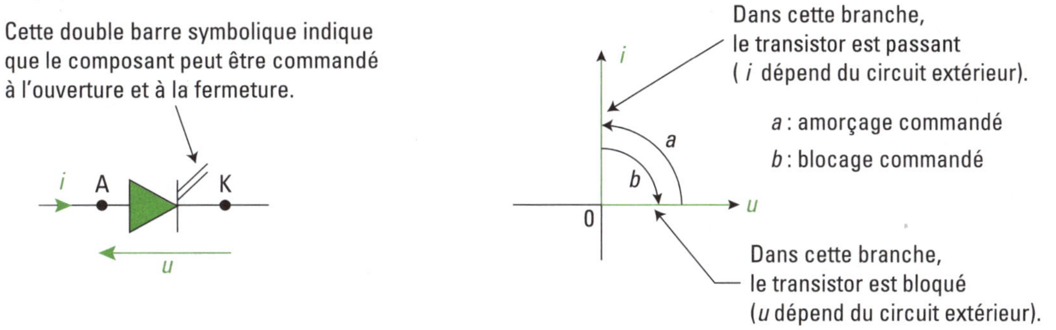

Fig. 12 – Symbole et caractéristique courant – tension de la fonction transistor idéal.

Remarques

– Les flèches de l'amorçage et du blocage commandés ne représentent nullement le chemin du point de fonctionnement. Ce dernier se déplace le long des axes de la caractéristique courant – tension puisque l'interrupteur est supposé parfait.

– Les commutations commandées ne peuvent avoir lieu que dans les quadrants où le produit $u{\cdot}i$ est positif, les deux autres quadrants n'étant jamais accessibles (pour le comprendre il faut envisager le cas de l'interrupteur réel qui dissipe et, par conséquent, consomme toujours une certaine puissance, même minime).

– L'état bloqué de la fonction transistor correspond à $u > 0$ contrairement au cas de la fonction diode.

Afin d'alléger les schémas et ne faire ressortir que la partie puissance du montage, le circuit électronique[2] qui permet de commander le transistor

2. La connaissance des circuits de commande est hors-programme.

n'est en général pas représenté. Ces circuits ne seront donc pas représentés par la suite, mais il convient de comprendre que leur présence est indispensable dans la pratique.

Comme pour la diode, il faut connaître les conditions d'amorçage et de blocage du transistor.

Propriété 9

Un transistor devient **passant** lorsque la tension u à ses bornes étant positive, le signal de commande de l'amorçage est **simultanément** appliqué au transistor.

Propriété 10

Un transistor **se bloque** lorsque le signal de blocage lui est appliqué.

Remarque

Si les commutations ne sont pas instantanées, le «vrai» critère de blocage est l'annulation du courant qui traverse l'interrupteur.

Application 2 **Caractéristiques courant-tension**

Représenter l'allure des caractéristiques courant-tension des interrupteurs donnés ci-dessous :

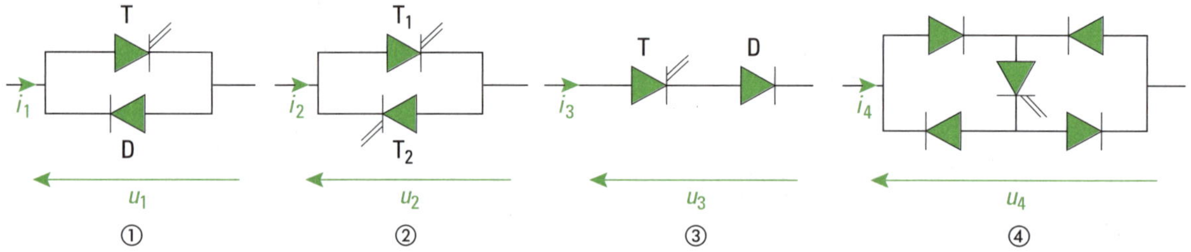

Dégager l'intérêt de ces structures de commutation.

Solution

Cellule ①:

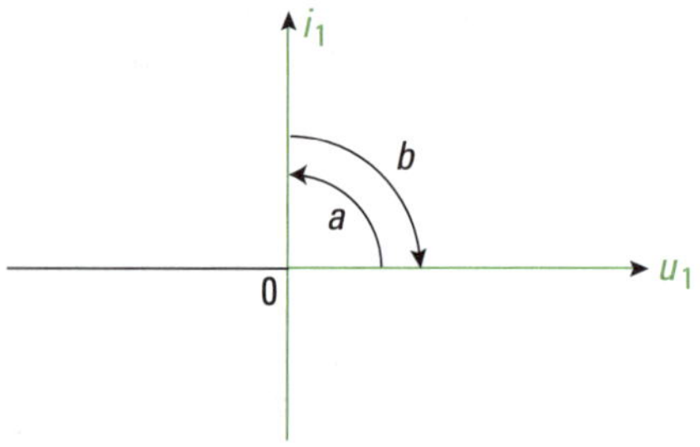

Cette cellule de commutation, outre sa fermeture et son ouverture commandées, est bidirectionnelle en courant grâce à la présence de D.

Cellule ②:

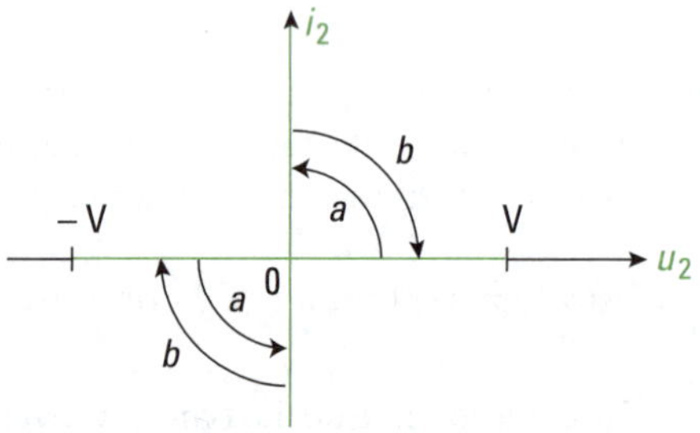

Cette cellule de commutation est totalement commandée dans les deux sens et est apte à bloquer des tensions positives V ou négatives – V.

Cellule ③:

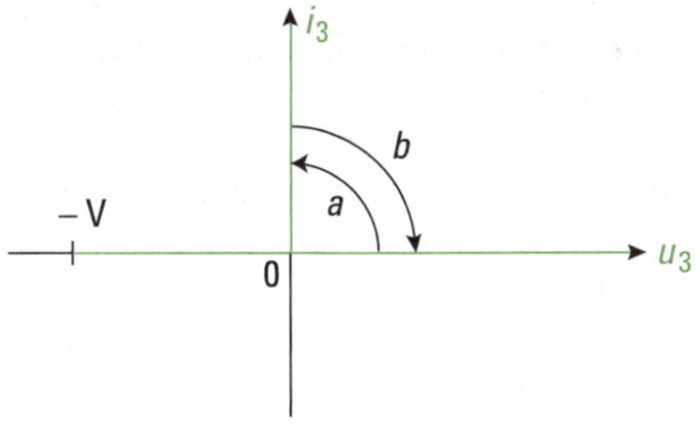

Cette cellule de commutation est celle d'un interrupteur unidirectionnel en courant mais apte à bloquer des tensions inverses – V (utilisé en pratique lorsqu'il s'agit de protéger des transistors bipolaires polarisés en inverse).

Cellule ④:

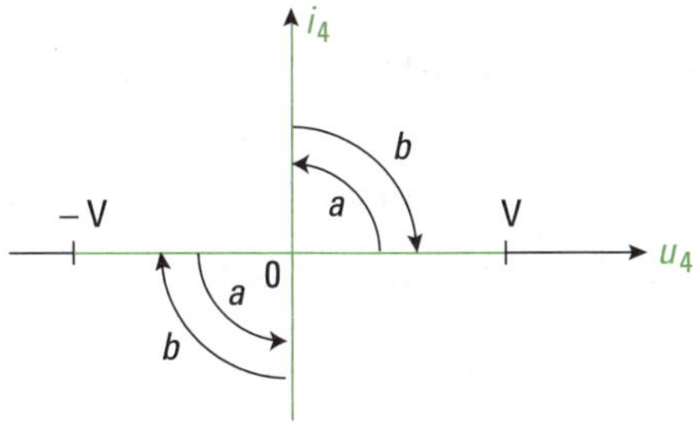

Cette cellule est équivalente, pour la fonction commmutation, à la cellule ②.

D. Conséquences du régime de commutation périodique

Nous allons dégager dans ce dernier paragraphe deux propriétés importantes pour l'étude des montages hacheurs. Elles concernent les dipôles bobine et condensateur supposés parfaits. Nous verrons également leurs significations énergétiques afin de comprendre le rôle essentiel que jouent ces deux dipôles dans les convertisseurs électroniques.

D.1. Propriétés d'une bobine parfaite

Étudions la tension moyenne aux bornes d'une bobine parfaite (sans résistance interne) et d'inductance L:

$$< L\frac{di}{dt} > = \frac{1}{T}\int_0^T L\frac{di}{dt}\,dt = \frac{1}{T}\int_0^T L\,di = L(i(T) - i(0)).$$ [1]

En régime permanent[2] de commutation périodique de période T, toutes les grandeurs électriques sont périodiques et de même période T. Le calcul précédent permet donc d'écrire:

$$< L\frac{di}{dt} > = 0.$$

Ce résultat est à retenir:

Propriété 11

La valeur moyenne de la tension aux bornes d'une bobine parfaite est **nulle** si le courant qui la traverse en régime permanent est **périodique**.

Déterminons également l'énergie moyenne reçue par le dipôle au cours d'une période:

$$< W_L > = \frac{1}{T}\int_0^T L\frac{di}{dt}\,i\,dt = \frac{1}{2T}\int_0^T (i^2(T) - i^2(0)).$$

1. Ce calcul suppose implicitement que L est indépendante du courant *i*. Cette hypothèse est correcte sauf pour une inductance saturable.

2. Le régime de commutation peut être périodique sans pour autant que le régime permanent ait été atteint pour ce qui est des grandeurs électriques.

En régime permanent périodique cette grandeur est également nulle, donc :

Propriété 12

En régime de fonctionnement permanent périodique, l'énergie moyenne accumulée par une bobine parfaite est **nulle**.

Ceci nous permet de comprendre le rôle de ce dipôle dans les convertisseurs d'énergie : sur une partie de la période, le générateur fournit de l'énergie à la bobine, qui dans un deuxième temps, la restitue au récepteur[1]. Cette propriété traduit la continuité de l'énergie magnétique qu'impose la **continuité du flux magnétique** au travers de la bobine. En effet, nous avons :

$$\Phi(0) = \mathrm{L}i(0) = \mathrm{L}i(\mathrm{T}) = \Phi(\mathrm{T}).$$

1. Cette phase de restitution de l'énergie est qualifiée de *phase de roue libre* par analogie à la descente en roue libre d'une côte à vélo...

D.2. Propriétés d'un condensateur parfait

Étudions l'intensité moyenne i_C du courant traversant un condensateur parfait (sans résistance de pertes), de capacité C et alimenté avec une tension u :

$$< i_{\mathrm{C}} > = \frac{1}{\mathrm{T}}\int_0^{\mathrm{T}} \frac{\mathrm{d}q}{\mathrm{d}t}\,\mathrm{d}t = \frac{1}{\mathrm{T}}\int_0^{\mathrm{T}} \mathrm{C}\frac{\mathrm{d}u}{\mathrm{d}t}\,\mathrm{d}t = \mathrm{C}(u(\mathrm{T}) - u(0)).$$

En régime permanent périodique de période T, la tension u est périodique de période T et donc :

$$< i_{\mathrm{C}} > = 0.$$

Retenons donc, la propriété suivante :

Propriété 13

La valeur moyenne de l'intensité du courant traversant un condensateur parfait est **nulle** si la tension à ses bornes en régime permanent est **périodique**.

Déterminons également l'énergie moyenne reçue par le dipôle au cours d'une période :

$$< \mathrm{W}_{\mathrm{C}} > = \frac{1}{\mathrm{T}}\int_0^{\mathrm{T}} u\mathrm{C}\frac{\mathrm{d}u}{\mathrm{d}t}\,\mathrm{d}t = \frac{\mathrm{C}}{2\mathrm{T}}(u^2(\mathrm{T}) - u^2(0)) = 0.$$

Propriété 14

En régime de fonctionnement permanent et périodique, l'énergie moyenne accumulée par un condensateur parfait est **nulle**.

Ainsi, le condensateur peut, lui aussi, se comporter comme un **réservoir d'énergie** apportée par le générateur et destinée au récepteur du convertisseur. Cette propriété traduit la **conservation de la charge électrique** puisque nous avons :

$$q(0) = \mathrm{C}u(0) = \mathrm{C}u(\mathrm{T}) = q(\mathrm{T}).$$

L'essentiel

✓ Sources en régime commuté

- Une source parfaite de tension continue maintient une tension constante à ses bornes. Une source de **nature capacitive** est assimilée à une source de tension continue. Une source de tension continue s'améliore si on place à ses bornes un condensateur.
- Une source parfaite de courant continu débite un courant constant. Une source de **nature inductive** est assimilée à une source de courant continu. Une source de courant continu s'améliore si on la place en série avec une inductance.
- Une source de tension continue mise en série avec une forte inductance devient équivalente à une **source de courant continu**. Une source de courant continu placée en dérivation sur un condensateur de forte capacité devient équivalente à une **source de tension continue**.
- Une source peut être **réversible** en courant et/ou en tension.
- Attention à respecter les **règles de sécurité** suivantes :
  - Une source de courant ne doit jamais se trouver en circuit ouvert.
  - Une source de tension ne doit jamais se trouver en court-circuit.
  - Deux sources de même nature, mais de valeurs différentes, ne doivent jamais être en connexion directe.

✓ Fonction diode

- Symbole et caractéristique courant-tension associée :

Symbole de la diode — Caractéristique courant – tension

- Une diode devient **passante** lorsque u tend à devenir positive (le circuit extérieur impose donc un courant i positif) ; elle **se bloque** lorsque i s'annule.

✓ Fonction transistor

- Symbole et caractéristique courant-tension associée :

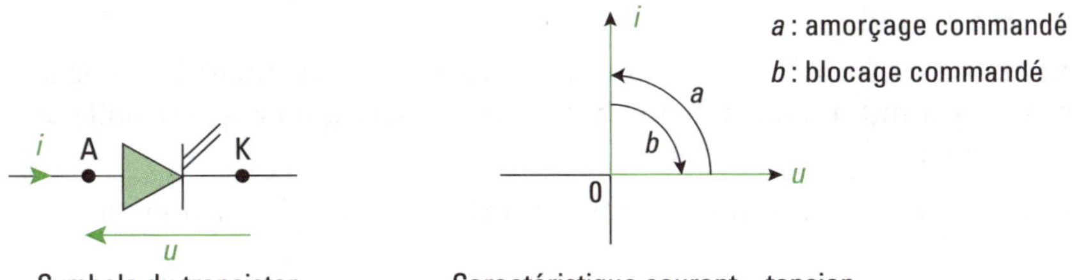

Symbole du transistor — Caractéristique courant – tension

- Un transistor devient **passant** lorsque la tension u à ses bornes étant positive, il est commandé ; il **se bloque** lorsque le signal de blocage lui est appliqué.

✓ En régime permanent périodique

- La valeur moyenne de la tension aux bornes d'une inductance parfaite est nulle. L'énergie moyenne accumulée par la bobine est donc nulle.
- La valeur moyenne du courant traversant un condensateur parfait est nulle. L'énergie moyenne accumulée par le condensateur est donc nulle.

Mise en œuvre

Méthode n°1

Comment déterminer le type d'un interrupteur ?

→ Problème à résoudre

On souhaite déterminer la nature d'un interrupteur utilisé dans un convertisseur statique d'énergie.

→ Savoir faire

❶ Lorsque les chronogrammes de grandeurs électriques ne sont pas connus, déterminer l'évolution de la tension et du courant aux bornes de l'interrupteur pendant la période.

❷ Représenter l'évolution du courant en fonction de la tension dans le composant.

❸ À partir du résultat précédent, trouver le type de l'interrupteur.

❹ Déterminer le sens des interrupteurs dans le montage.

→ Application

Soit deux interrupteurs K et K′.

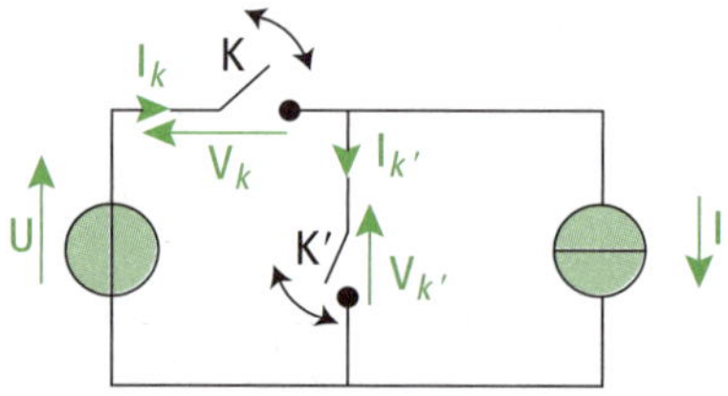

Entre les instants 0 et αT, l'interrupteur K est fermé et K′ est ouvert. Entre les instants αT et T, l'interrupteur K est ouvert et K′ est fermé.

Définir le type des interrupteurs K et K′.

Solution

❶ Lorsque K est fermé et K′ est ouvert, la tension aux bornes de l'interrupteur K est nulle et le courant qui le traverse est égal à I. La tension aux bornes de l'interrupteur K′ est égale à U et le courant qui le traverse est nul.

Lorsque K est ouvert et K′ est fermé, la tension aux bornes de l'interrupteur K est égale à U et le courant qui le traverse est nul. La tension aux bornes de l'interrupteur K′ est nulle et le courant qui le traverse est égal à – I.

❷ Réalisons le graphe représentant l'évolution du courant en fonction de la tension aux bornes du composant.

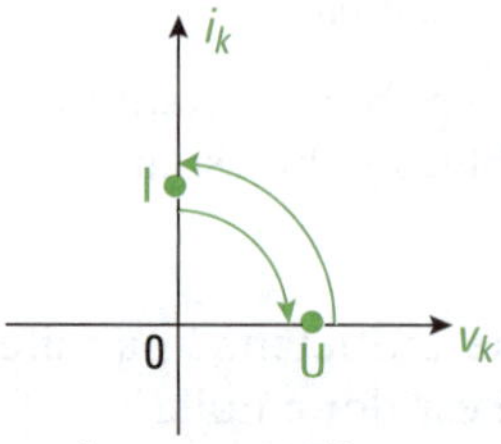

Interrupteur K

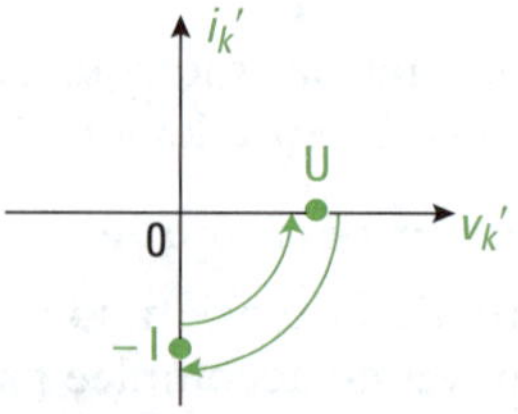

Interrupteur K′

❸ Pour l'interrupteur K, nous remarquons que la tension à l'état bloqué et le courant à l'état passant ont même signe. Il s'agit donc d'une fonction transistor.

Pour l'interrupteur K′, nous remarquons que la tension à l'état bloqué et le courant à l'état passant ont des signes opposés. Il s'agit donc d'une fonction diode.

❹ Rappelons que la tension à l'état bloqué dans une fonction transistor est positive. Donc la fonction transistor est connectée dans le sens défini par l'interrupteur de la figure :

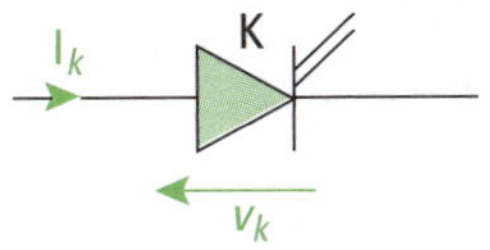

Rappelons que la tension à l'état bloqué pour une fonction diode est négative. Donc la fonction diode est connectée dans le sens inverse de celui défini par l'interrupteur de la figure de l'énoncé :

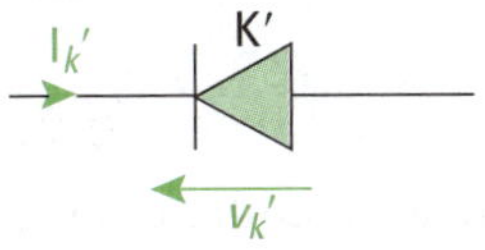

Le schéma du convertisseur est alors le suivant :

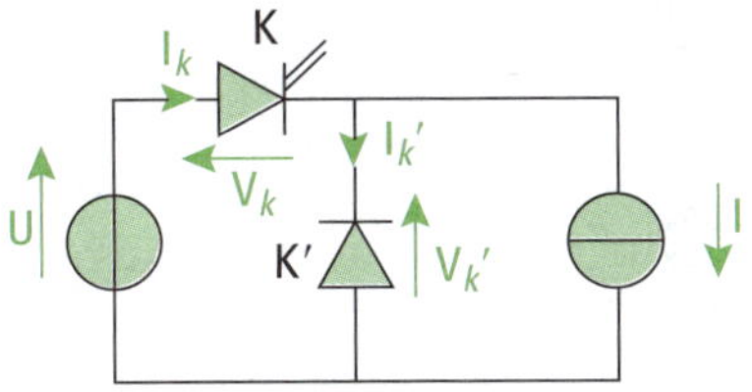

Méthode n°2

Comment prévoir le comportement d'une diode dans un circuit électrique ?

→ Problème à résoudre

On souhaite analyser le fonctionnement d'un circuit comprenant une ou plusieurs diodes.

→ Savoir faire

❶ Pour chaque diode, il faut envisager séparément les deux états possibles : diode passante puis diode bloquée. On peut commencer par déterminer à quelle condition chaque état est obtenu.

❷ Pour l'état passant, on remplace tour à tour chaque diode par son équivalent qui est soit un court-circuit si la diode est idéale (parfaite), soit un générateur de Thévenin avec ou sans résistance interne si la diode n'est pas idéale. On étudie les conséquences de cet état ce qui permet de prévoir le comportement du circuit.

❸ On procède de la même manière pour l'état bloqué sachant que la diode est, dans ce cas, équivalente à un coupe-circuit.

→ Application

Dans le circuit ci-après les diodes sont supposées idéales. Établir la relation entre les tensions v_1 et v_2.

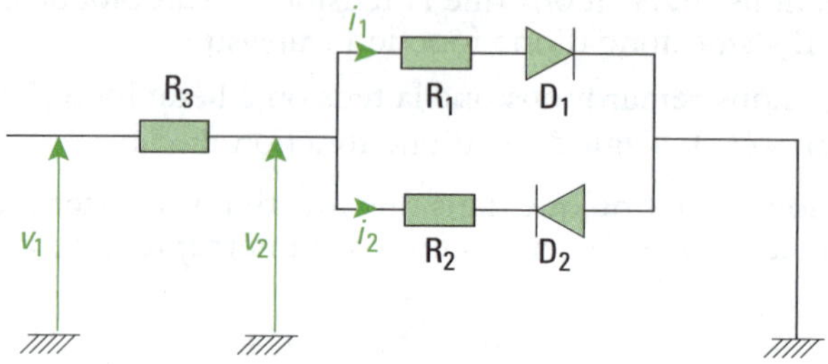

Solution

❶ D_1 est passante si $i_1 > 0 \Rightarrow v_2 > 0$; la tension aux bornes de D_2 est alors négative, elle est donc bloquée.

D_1 est bloquée si i_1 tend à devenir $< 0 \Rightarrow v_2 < 0$; la tension aux bornes de D_2 est alors positive, elle est donc passante.

D_1 et D_2 sont bloquées si $i_1 = i_2 = 0 \Rightarrow v_2 = 0$ et $v_1 = 0$.

❷ Si D_1 est passante : D_1 est équivalente à un court-circuit, D_2 est équivalente à un coupe-circuit. Le schéma électrique devient :

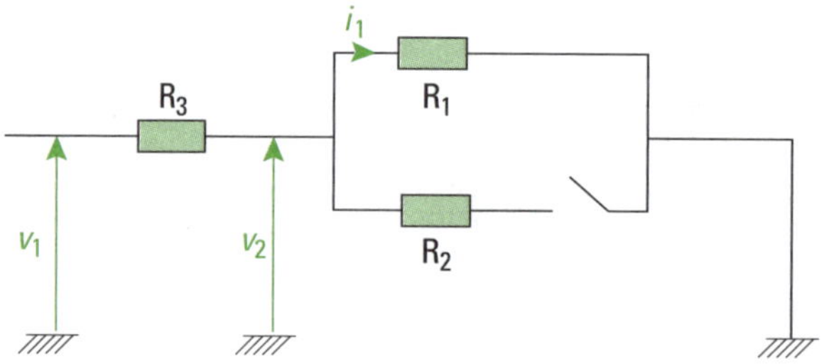

$$\Rightarrow \boldsymbol{v_2 = \frac{R_1}{R_1 + R_3} v_1} \textbf{ pour } \boldsymbol{v_2 > 0}$$

❸ Si D_1 est bloquée : D_1 est équivalente à un coupe-circuit, D_2 à un court-circuit. D'où :

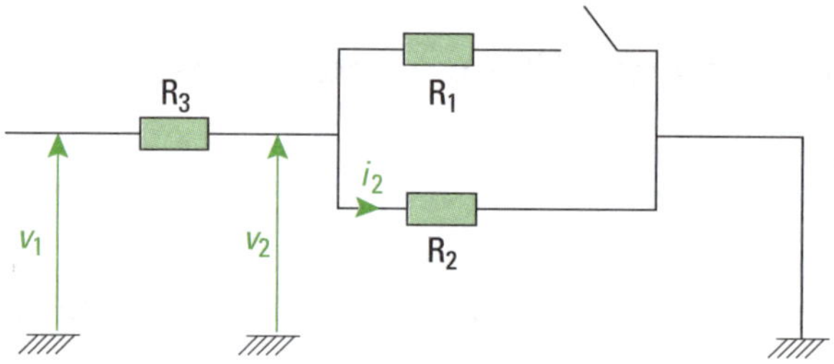

$$\Rightarrow \boldsymbol{v_2 = \frac{R_2}{R_2 + R_3} v_1} \textbf{ pour } \boldsymbol{v_2 < 0}$$

Si D_1 et D_2 sont bloquées simultanément : $\boldsymbol{v_2 = 0}$.

Exercices

Niveau 1

Ex. 1 Détermination de la nature d'interrupteurs à partir de chronogrammes

On considère deux interrupteurs K_1 et K_2 avec les conventions suivantes :

Déterminer la nature des deux interrupteurs et le type des commutations aux instants αT et T dans les trois cas suivants :

1)

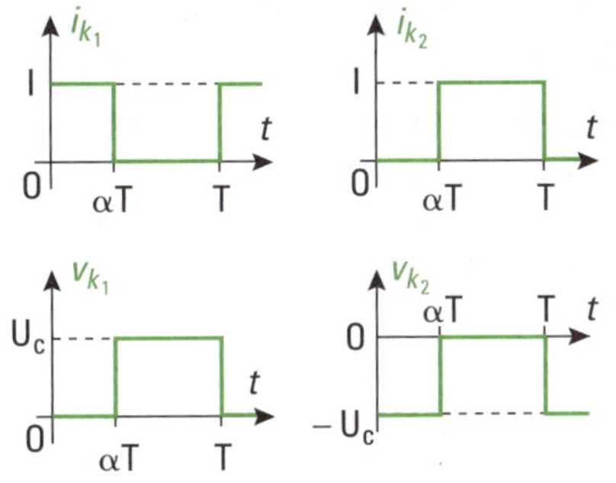

(α désigne un nombre compris entre 0 et 1, T la période de fonctionnement.)

2)

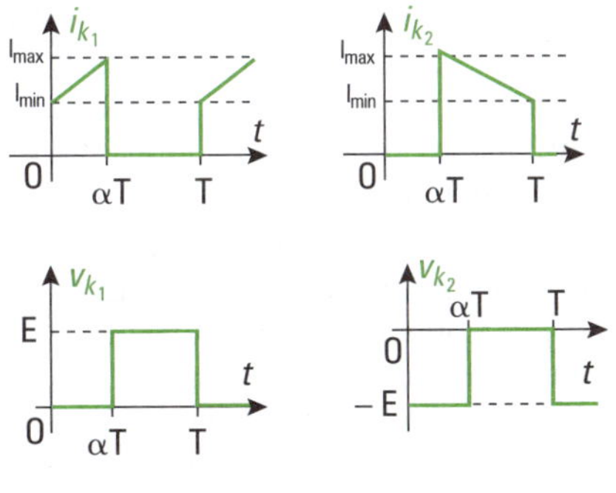

3)

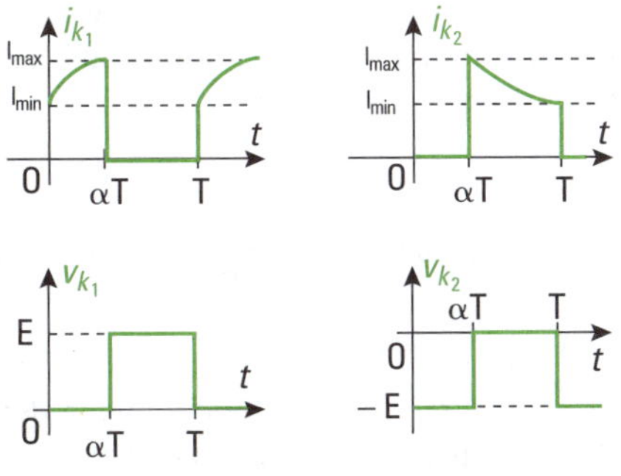

Ex. 2 Identification d'interrupteurs à partir de schémas de convertisseurs

Tous les interrupteurs sont supposés parfaits dans cet exercice.

1) On considère le convertisseur continu-continu suivant :

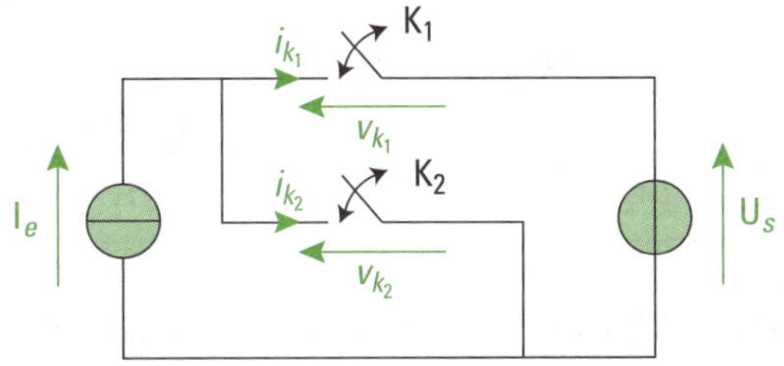

Aucune des sources n'est réversible en tension et/ou courant.

Déterminer la nature des interrupteurs K_1 et K_2 qui sont complémentaires (lorsque l'un d'eux est passant, l'autre est bloqué).

2) Même travail pour ce deuxième convertisseur où les deux sources sont réversibles en courant, K_1 et K_2 sont complémentaires :

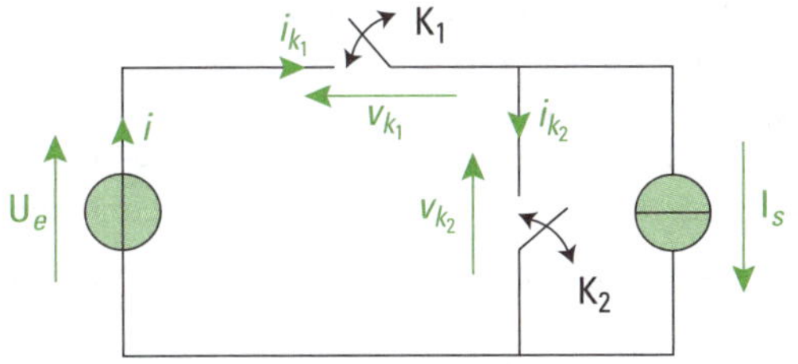

3) Même travail pour ce troisième convertisseur où les sources ne présentent aucune réversibilité :

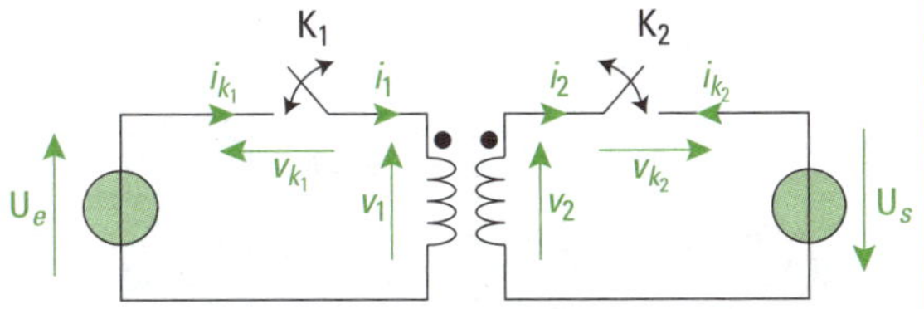

On suppose $U_e > 0$ et $U_S > 0$. La cathode de K_2 est reliée au secondaire du transformateur.

Le transformateur possède n_1 spires au primaire d'inductance L_1 et n_2 spires au secondaire d'inductance L_2. Aucune hypothèse n'est faite sur la complémentarité des interrupteurs. On introduira les valeurs minimale et maximale de i_{K_1} et i_{K_2} et on supposera que la quantité $n_1 i_1 - n_2 i_2$ reste constante lors des commutations.

Niveau 2

Ex. 3 Étude qualitative de quelques convertisseurs électroniques

1) On étudie le convertisseur suivant :

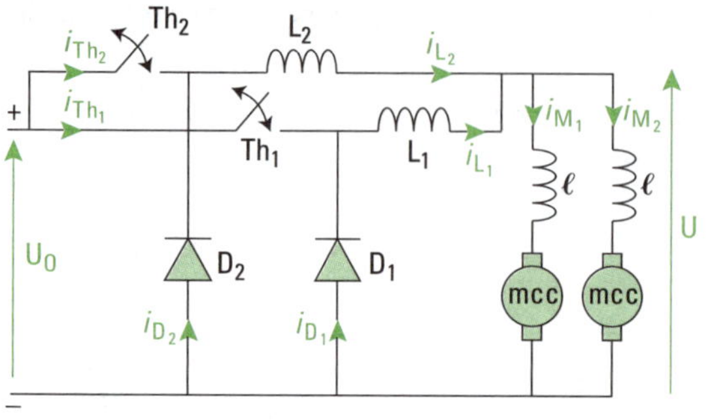

Th_1 et Th_2 sont deux interrupteurs parfaits dont les commandes sont décalées d'une demi-période $\frac{T}{2}$ avec :

– Th_1 commandé à la fermeture de 0 à αT avec $0 \leqslant \alpha \leqslant \frac{1}{2}$;

– Th_2 commandé à la fermeture de $\frac{T}{2}$ à $\frac{T}{2} + \alpha T$.

Les commutations des interrupteurs sont supposées instantanées et on admet que i_{Th_1}, i_{Th_2} sont nécessairement positifs ou nuls.

a) Identifier les sources en présence en émettant, si nécessaire, des hypothèses qui seront justifiées. Sont-elles réversibles ? Préciser la nature du convertisseur.

b) Sur l'intervalle de temps $\left]\alpha T, \frac{T}{2}\right[$, quels sont les états des interrupteurs du montage ?

c) Y a-t-il un risque à commander simultanément la fermeture de Th_1 et de Th_2 ?

Écrit, Saint-Cyr 93

2)

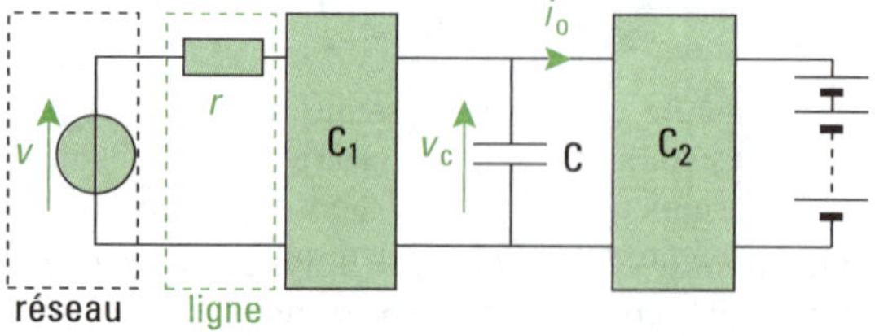

C_1 et C_2 sont deux convertisseurs statiques d'énergie dont la structure interne n'est pas donnée ici.

a) Identifier la nature des sources du montage.

b) Préciser la nature des deux convertisseurs si on suppose $< v_C > > 0$.

D'après écrit, CCP 96

3)

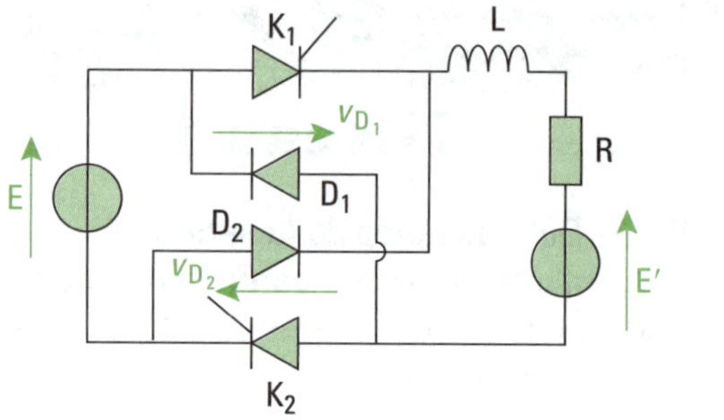

On donne L = 140 mH, R = 2Ω, E = 100 V (constante) et E′ = 50 V (constante).

D_1 et D_2 sont deux diodes supposées parfaites. K_1 et K_2 sont des thyristors assimilés à des interrupteurs parfaits, commandés de façon synchrone par un générateur de signaux de période T_0 = 1 ms et de rapport cyclique α : ils sont fermés pour $0 < t < \alpha T_0$ et ouverts le reste de la période.

a) Identifier la nature du convertisseur.

b) Préciser l'état des diodes sur une période de fonctionnement.

c) Identifier la nature de la source de sortie du convertisseur.

Écrit, École de l'air PSI, 2000

4)

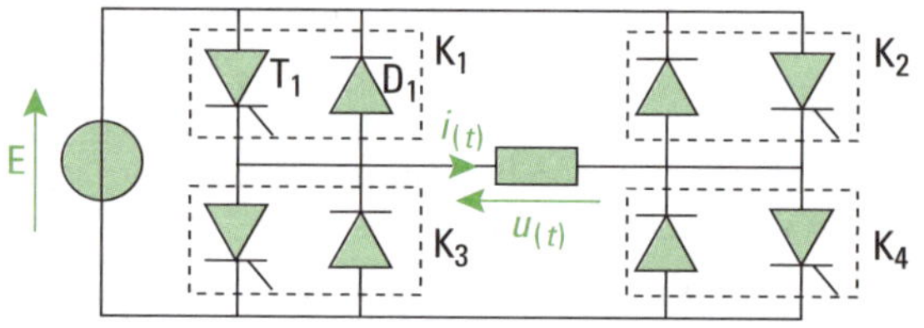

La charge passive, linéaire et soumise à la tension $u(t)$ est traversée par un courant supposé sinusoïdal d'intensité $i(t) = I_0 \sin(\omega t + \varphi)$.

La tension $u(t)$ est fournie par un onduleur, alimenté par un générateur continu de f.é.m. E, constitué de quatre interrupteurs électroniques K_1, K_2, K_3 et K_4. Chaque interrupteur est constitué par un thyristor et une diode supposés parfaits et montés en antiparallèle. Le thyristor est un interrupteur commandé qui laisse passer le courant uniquement lorsque l'intensité qui le traverse est positive (sens direct) et qui bloque le courant lorsque l'intensité est négative (sens inverse) :

$i(t) < 0$: sens inverse

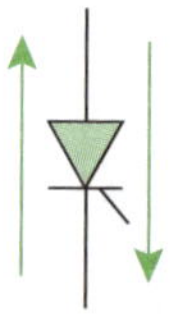

$i(t) > 0$: sens direct

Les quatre interrupteurs fonctionnent deux à deux c'est-à-dire que pendant une demi-période de fonctionnement les interrupteurs K_1 et K_4 sont fermés alors que les interrupteurs K_2 et K_3 sont ouverts, la demi-période suivante K_1 et K_4 sont ouverts alors que les interrupteurs K_2 et K_3 sont fermés.

a) Expliquer pourquoi K_2 et K_4 ne sont pas fermés simultanément. Tracer la caractéristique courant-tension de K_1. Commenter.

b) Identifier la nature du convertisseur.

c) Quelle est l'allure de $u(t)$? Commenter au regard de la forme de $i(t)$.

D'après écrit Mines-Ponts, 1re épreuve PSI 2000

Ex. 4 Analyse de montages à diodes

1) On considère le montage suivant comprenant une diode dont on donne la caractéristique courant-tension :

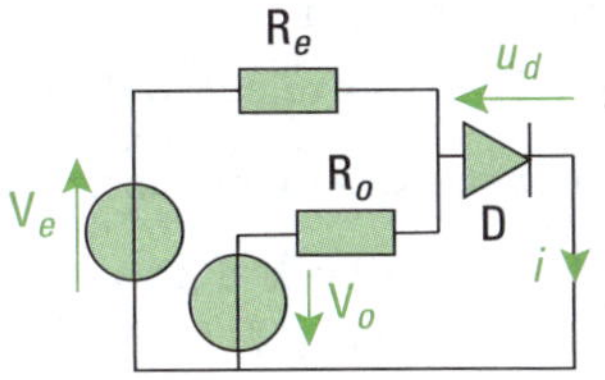

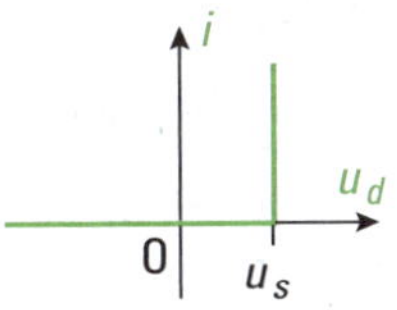

Déterminer $i(V_e)$ et tracer le graphe.

Oral TPE MP 2000

2) Étude du montage détecteur de crête.

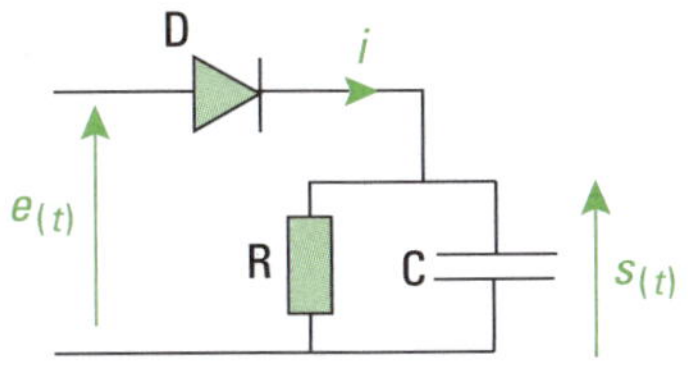

D est supposée idéale.

a) Dans ce circuit, $e(t) = E_0 \sin(\omega t)$. Déterminer l'équation que doit vérifier $s(t)$ quand la diode est bloquée ou passante.

b) On suppose désormais $RC\omega >> 1$. Donner les variations de $i(t)$.

c) Exprimer le premier instant t_1 où $i(t_1) = 0$.

d) Déterminer une condition portant sur l'instant t_2 pour lequel D devient passante et tel que : $t_1 < t_2 < T + \dfrac{T}{4}$. Donner une expression simplifiée de t_2.

e) Donner l'allure des variations de $e(t)$ et $s(t)$.

Oral, Centrale – Supélec PSI 2001

Niveau 3

Ex. 5 Étude d'un convertisseur statique d'énergie

On considère le montage suivant, alimenté par une source de tension v sinusoïdale et dont le récepteur est une résistance R :

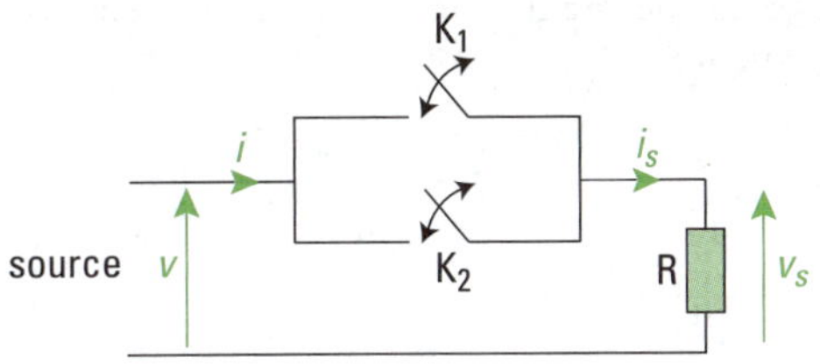

K_1 et K_2 sont supposés parfaits et unidirectionnels en courant. On note T la période de la tension v.

1) Est-il possible d'employer deux diodes pour réaliser les interrupteurs K_1 et K_2 si l'on souhaite obtenir une tension alternative sur le récepteur ? Proposer dans ce cas un schéma du montage retenu et représenter l'allure de la tension $v_S(t)$.

2) On se propose d'utiliser des interrupteurs K_1 et K_2 commandés à la fermeture. K_1 est amorcé avec un décalage temporel t_α ($t_\alpha > 0$) par rapport au passage par zéro de $v(t)$ et lorsque $v(t)$ est positive. K_2 est amorcé une demi-période plus tard.

a) Déterminer la structure du convertisseur afin d'obtenir une tension de sortie alternative. Indiquer sur les caractéristiques courant-tension des interrupteurs, les commutations réalisées, les points de fonctionnement.

b) Représenter, pour une période de la tension d'alimentation, l'allure des grandeurs $v(t)$, $v_S(t)$, $i_S(t)$, $i(t)$ en indiquant les intervalles de conduction des interrupteurs. Que peut-on en déduire concernant la source ?

c) Quel type de conversion électronique réalise ce montage ? Qu'en est-il de la dualité entre source et récepteur ? Dégager un intérêt pratique.

3) On conserve la structure de la question précédente mais on modifie la commande de K_1 et K_2 : $t_\alpha = 0$, K_2 toujours amorcé une demi-période après K_1, et ce pendant une durée finie θ multiple entier de T ; ensuite K_1 et K_2 restent bloqués pendant une durée θ' multiple entier de T avant à nouveau de reprendre le fonctionnement sur une durée θ, et ainsi de suite...

a) Représenter l'allure de $v(t)$, $v_S(t)$ avec $\theta = T$ et $\theta' = 2T$.

b) Dégager une utilisation pratique de cette nouvelle commande.

4) En haute tension, le système précédent n'est pas toujours souhaitable pour les interrupteurs soumis à des tensions trop élevées. Proposer une solution à ce problème en mettant en œuvre un convertisseur étudié dans un précédent chapitre. On donnera le schéma retenu en précisant brièvement son mode de fonctionnement.

Ex. 6 Étude d'une cellule de filtrage

Afin de produire une tension $v_S(t)$ ayant une très faible ondulation $\Delta v_S = v_{S_{max}} - v_{S_{min}}$, une cellule de filtrage est insérée en aval des alimentations à découpage qui délivrent à leur sortie une tension $e(t)$ rectangulaire :

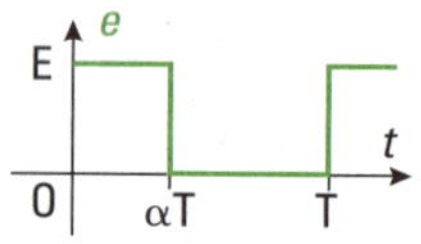

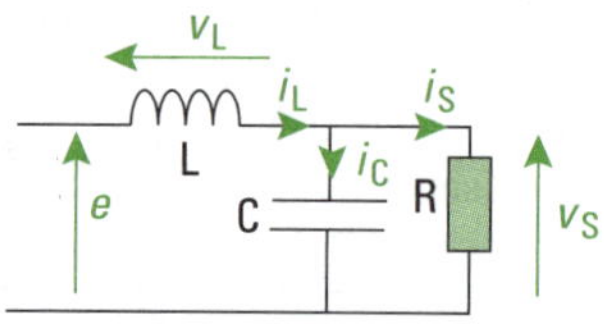

1) Dans un premier temps, on néglige l'ondulation de la tension de sortie $v_S(t)$ assimilée à sa valeur moyenne notée V_S ($V_S < E$). Représenter l'allure du courant d'intensité $i_L(t)$ en notant I_S sa valeur moyenne. Établir l'expression de l'ondulation $\Delta i_L = i_{L_{max}} - i_{L_{min}}$ de $i_L(t)$ en fonction de E, L, T et α.

2) On tient compte à présent de l'ondulation de la tension de sortie $v_S(t)$. On peut dire qu'elle est la somme d'une composante continue V_S et d'une composante alternative $\delta v_S(t)$ qui reste faible en pratique devant V_S.

a) Montrer que la composante alternative $\delta i_L(t)$ de $i_L(t)$ dépend uniquement, en première approximation, de $C\dfrac{d(\delta v_S(t))}{dt}$.

b) À partir de l'allure de $\delta i_L(t)$, montrer qu'on déduit très rapidement l'ondulation Δv_S de la tension de sortie.

c) Discuter la validité de cette étude.

Ex. 7 Source de courant en régime de commutation

Soit le montage suivant :

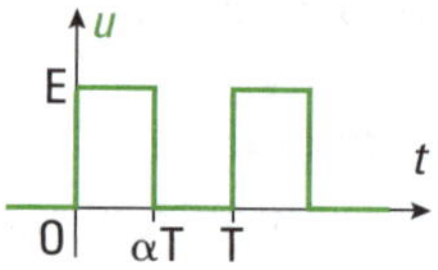

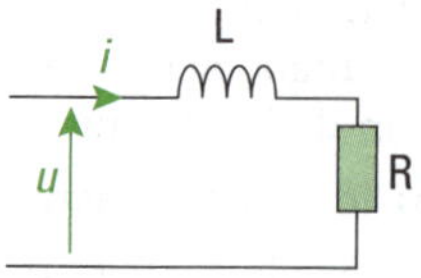

avec : L = 10 mH ; R = 0,5Ω.

Initialement, la bobine est entièrement démagnétisée et on applique à partir de l'instant $t = 0$ une tension $u(t)$ représentée ci-dessus.

1) Dégager un critère quantitatif simple permettant de considérer que ce montage est assimilable à un « bon » récepteur de courant en régime établi.

2) On étudie le cas où T est de valeur voisine de $\tau = \dfrac{L}{R}$. Établir les expressions des valeurs maximale I_{max} et minimale I_{min} de $i(t)$ au bout d'un nombre quelconque de périodes T écoulées à partir de l'instant $t = 0$. Évaluer la quantité $\Delta i = I_{max} - I_{min}$ qui représente l'ondulation du courant dans le récepteur. Retrouver le résultat obtenu à la première question.

Indications

Ex. 3

1) b) Utiliser la continuité du courant dans un circuit inductif.

1) b), 3) b), 4) a), 4) c) Faire des schémas équivalents sur chaque intervalle de fonctionnement.

Ex. 5

2) c) Une grandeur alternative est identifiée en pratique par sa valeur efficace.

4) Pour protéger un système de hautes tensions, il faut au moins abaisser le niveau de ces tensions.

Ex. 6

2) a) La résistance R modélise la charge située en aval de la cellule de filtrage, sa valeur est donc en pratique élevée. Que peut-on en déduire sur l'ondulation de l'intensité i_S ?

Ex. 7

2) Étudier les premiers intervalles de temps $\left[0, \dfrac{T}{2}\right], \left[\dfrac{T}{2}, T\right]$,... pour faire apparaître des relations de récurrence.

Solutions des exercices

Exercices de niveau 1

Exercice 1

1) Représentons les caractéristiques courant-tension de K_1 et K_2 à partir de la donnée des chronogrammes (méthode 1) :

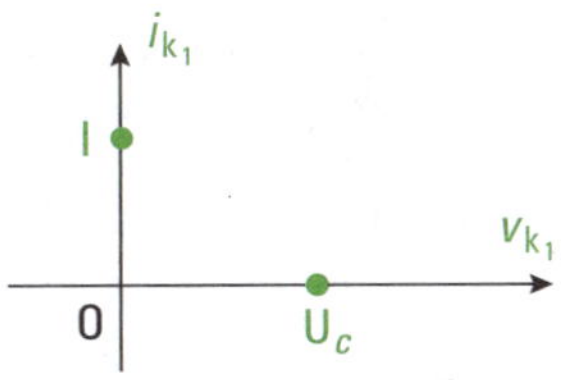

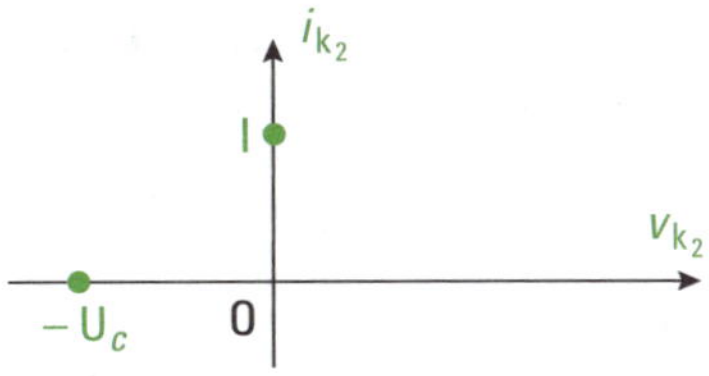

- K_1 réalise donc une fonction **transistor** et K_2 réalise une fonction **diode**.
- La commutation à $t = \alpha T$ (de K_1 passant à K_2 passant) doit être **commandée** car la tension v_{K_1} devient positive. Elle serait spontanée si le blocage de K_1 rendait v_{K_1} négative.
- La commutation à $t = T$ est **spontanée** car l'amorçage de K_1 rend négative la tension v_{K_2} aux bornes de K_2.

2) Sur le même principe :

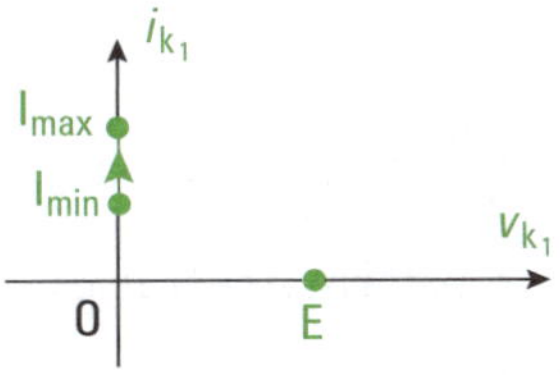

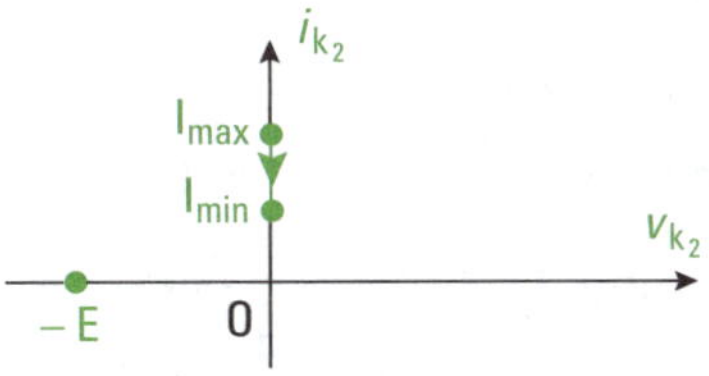

- K_1 réalise donc une fonction **transistor** et K_2 réalise une fonction **diode**.
- La commutation à $t = \alpha T$ est **commandée**.
- La commutation à $t = T$ est **spontanée**.

3) Ce troisième cas conduit aux mêmes résultats que ceux obtenus dans le cas précédent car seules les lois de variations de $i_{K_1}(t)$ et $i_{K_2}(t)$ sont différentes.

Exercice 2

1) • *Si K_1 est passant* : K_2 est bloqué car la commande est complémentaire.

Avec : $i_{K_1} = I_e - i_{K_2} = I_e$; $i_{K_2} = 0$.

$v_{K_1} = 0$; $v_{K_2} = + U_S$.

• *Si K_1 est bloqué* : K_2 est passant.

Avec : $i_{K_1} = 0$; $i_{K_2} = I_e - i_{K_1} = I_e$.

$v_{K_1} = v_{K_2} - U_S = - U_S$; $v_{K_2} = 0$.

Donc (*cf.* méthode 1) :

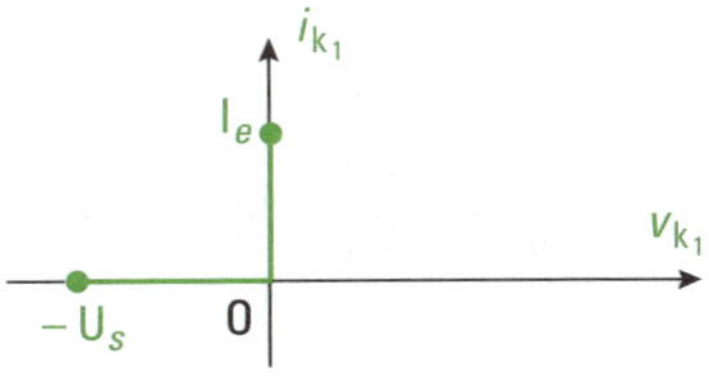

K_1 est une fonction **diode**.

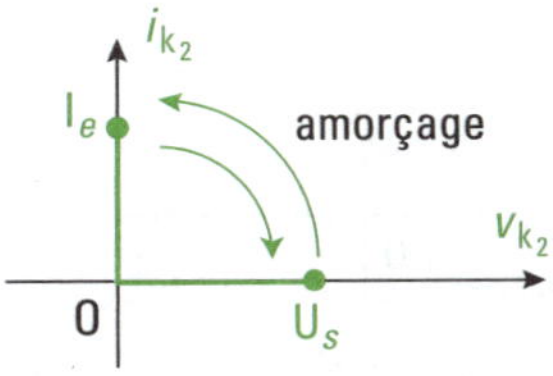

K_2 réalise une fonction **transistor**.

2) • *Si K_1 est passant*: K_2 est bloqué.

Avec: $i_{K_1} = I_S + i_{K_2} = I_S$; $i_{K_2} = 0$.

$v_{K_1} = 0$; $v_{K_2} = U_e - v_{K_1} = U_e$.

• *Si K_1 est bloqué*: K_2 est passant.

Avec: $i_{K_1} = 0$; $i_{K_2} = i_{K_1} - I_S = -I_S$.

$v_{K_1} = U_e - v_{K_2} = U_e$; $v_{K_2} = 0$.

Donc, en remarquant que l'on peut avoir $I_S > 0$ ou $I_S < 0$:

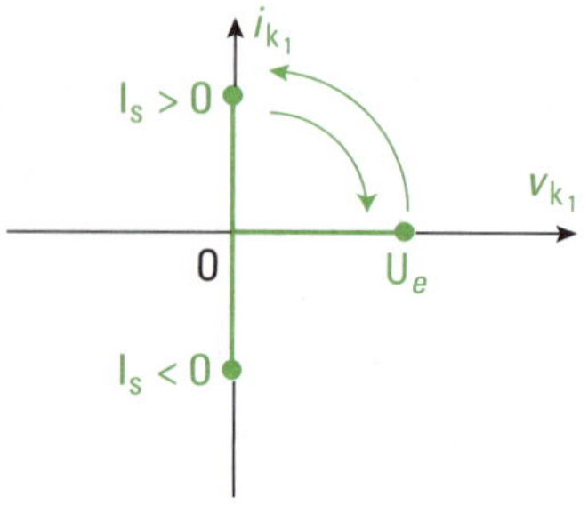

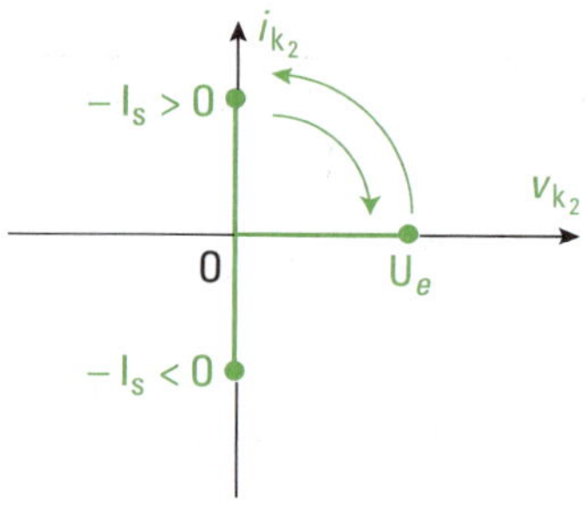

K_1 et K_2 ont la caractéristique étudiée en application 3 (cellule ①) et sont donc constitués d'un interrupteur réalisant une **fonction transistor associée en antiparallèle à une diode** qui permet d'assurer la bidirectionnalité en courant des interrupteurs:

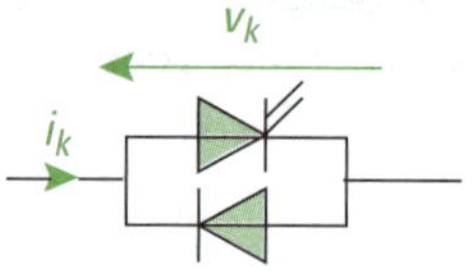

(K_1 ou K_2)

3) • *Si K_1 est passant*

$$v_{K_1} = 0 \Rightarrow v_1 = U_e - v_{K_1} = U_e \Rightarrow v_2 = \frac{n_2}{n_1} v_1 = \frac{n_2}{n_1} U_e > 0 \Rightarrow v_{K_2} = -U_S - v_2 < 0.$$

Puisque la cathode de K_2 est reliée au secondaire du transformateur, il est donc bloqué, d'où $i_{K_2} = 0$. D'autre part, $v_1 = L_1 \dfrac{di_1}{dt} = U_e > 0 \Rightarrow i_{K_1} = i_1$ est croissant de $i_{K_{1min}}$ à $i_{K_{1max}}$ (avec $i_{K_1} \geqslant 0$).

⚠ Il n'est pas possible d'utiliser la relation entre courants pour le transformateur car cette dernière n'est pas valable à vide ce qui est ici le cas puisque $i_{K_2} = 0$.

• *Si K_1 est bloqué*

Pour déterminer l'état de K_2, on utilise l'hypothèse de conservation de la quantité $n_1 i_1 - n_2 i_2$ au moment de la commutation que l'on notera C; si K_1 est passant, $C = n_1 i_1 > 0$, donc si K_1 est bloqué, nécessairement on doit avoir $C = -n_2 i_2 > 0 \Rightarrow i_2 < 0$ et $i_{K_2} > 0 \Rightarrow K_2$ est donc passant.

$$v_{K_2} = 0\,;\; v_{K_1} = U_e - v_1 = U_e - \frac{n_1}{n_2} v_2.$$

On peut enfin en déduire la loi de variation de i_{K_2}:

$$-L_2 \frac{di_2}{dt} = -U_S \Rightarrow L_2 \frac{di_{K_2}}{dt} = -U_S \Rightarrow i_{K_2} \text{ diminue de } i_{K_{2max}} \text{ à } i_{K_{2min}}.$$

On obtient donc:

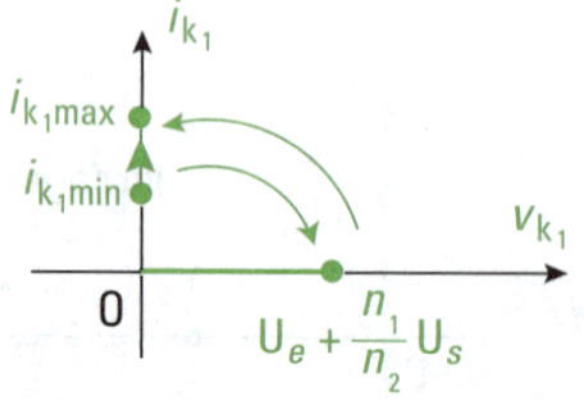

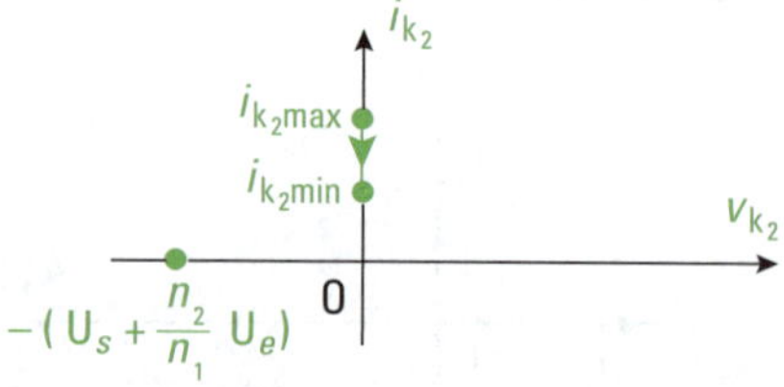

K_1 est donc une fonction **transistor** et K_2 une fonction **diode**.

L'hypothèse $n_1 i_1 - n_2 i_2$ constante traduit la continuité dans le temps du flux magnétique traversant le circuit magnétique du transformateur dont la perméabilité magnétique est supposée finie (le transformateur n'est donc pas supposé parfait).

Exercices de niveau 2

Exercice 3

1) a) • La source d'entrée est de type **tension continue**.

• La source de sortie est de type **courant** car lorsque Th_1 ou Th_2 sont fermés, elle est en liaison directe avec la source d'entrée et doit donc être de nature différente. Ceci suppose que les inductances ℓ soient suffisamment élevées comme nous le montrerons dans le chapitre suivant. Les machines étant en outre à courant continu, la source est aussi **continue**.

• Le convertisseur est donc de type **continu – continu**.

Étudions la réversibilité :

• La source de sortie peut, a priori, fonctionner **dans les quatre quadrants (u, i_M)**, le signe de i_M étant imposé par la charge mécanique des machines.

• La source d'entrée est **unidirectionnelle en tension** d'après les notations du schéma ; elle est également **unidirectionnelle en courant** si $i_{Th_1} \geqslant 0$ et $i_{Th_2} \geqslant 0$.

Est-il possible d'envisager $i_{M_1} \neq i_{M_2}$?

Si i_{M_1} et i_{M_2} sont différents, cela revient à envisager la mise en parallèle de deux sources de courant ce qui est a priori possible dans ce montage.

b) Th_1 est bloqué car sa conduction s'arrête à l'instant αT. Th_2 est bloqué car il n'est pas commandé à la fermeture sur cet intervalle de temps.

$\Rightarrow i_{L_1} = i_{Th_1} + i_{D_1} = i_{D_1}$ avec : $i_{D_1}(\alpha T^+) = i_{Th_1}(\alpha T^-)$

$i_{L_2} = i_{Th_2} + i_{D_2} = i_{D_2}$ avec : $i_{D_2}(\alpha T^+) = i_{Th_2}(\alpha T^-)$.

$\Rightarrow$ **D_1 et D_2 sont passantes.**

c) A priori, rien ne l'interdit. Notons toutefois que si $L_1 \neq L_2$, les interrupteurs Th_1 et Th_2 ne seront pas traversés par la même intensité de courant électrique.

Cette situation ne se rencontre pas en pratique car les commandes sont toujours décalées de $\frac{T}{n}$ pour n interrupteurs Th_n et diodes D_n entrelacés (*cf.* exercice 5 du chapitre 6). Ceci permet de réduire l'ondulation des courants dans les machines sans pour autant trop augmenter la fréquence de commutation.

2) a) • La source d'entrée, constituée par le réseau et la ligne, constitue une **source de tension alternative** (le réseau impose la tension mais pas l'intensité consommée...).

• Si l'ondulation de tension v_C est négligeable alors cette grandeur est considérée comme continue puisque $< v_C > \, > 0$. Donc le condensateur constitue une **source de tension continue**.

• Les batteries constituent une **source de tension continue**.

b) • C_2 est un **convertisseur continu – continu**.

• C_1 est un **convertisseur alternatif – continu**.

C_1 est appelé un redresseur et C_2 un hacheur.

3) a) Les sources d'entrée et de sortie sont de type continu compte tenu de l'hypothèse E et E′ constantes dans le temps : il s'agit d'un **convertisseur continu – continu**.

b) • *Pour* $0 < t < \alpha T_0$: K_1 et K_2 passants

$\Rightarrow v_{D_1} = v_{D_2} = -E$: les diodes **D_1 et D_2 sont bloquées.**

• *Pour* $\alpha T_0 < t < T_0$: K_1 et K_2 bloqués.

Comme il ne peut y avoir de discontinuité du courant traversant le récepteur de nature inductive, D_1 et D_2 deviennent **passantes**.

c) La constante de temps $\tau = \frac{L}{R}$ associée au récepteur vaut ici $\frac{140}{2} = 70$ ms à comparer à T = 1 ms ; le courant dans le récepteur varie donc peu autour de sa valeur moyenne ce qui permet de dire que la source de sortie est une **source de courant**.

4) a) • K_2 et K_4 ne peuvent **pas être fermés en même temps** sous peine de mettre en court-circuit la source de tension E située à l'entrée de l'onduleur.

• La caractéristique courant – tension de K_1, et des autres interrupteurs K, est (*cf.* méthode 1) :

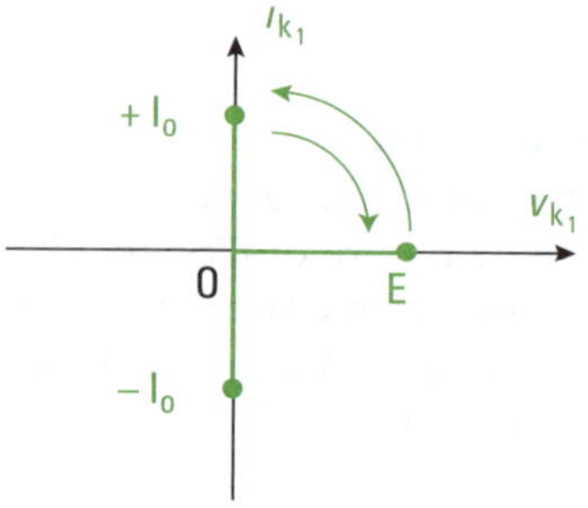

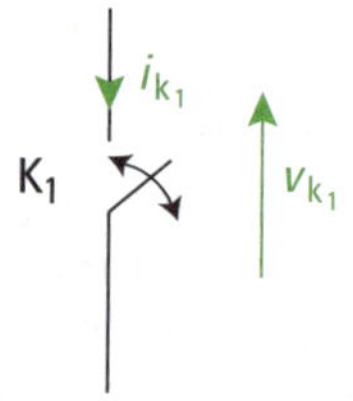

Cette cellule de commutation est bidirectionnelle en courant grâce à la présence de la diode placée en antiparallèle sur le thyristor. Ceci est caractéristique des onduleurs de tension.

b) La source d'entrée est de type continu et le récepteur est de type alternatif : le convertisseur est du type **continu – alternatif** (appelé onduleur en pratique).

c) Si $0 < t < \frac{T}{2}$: K_1 et K_4 sont fermés $\Rightarrow u(t) = +E$.

Si $\frac{T}{2} < t < T$: K_2 et K_3 sont fermés $\Rightarrow u(t) = -E$.

On en déduit :

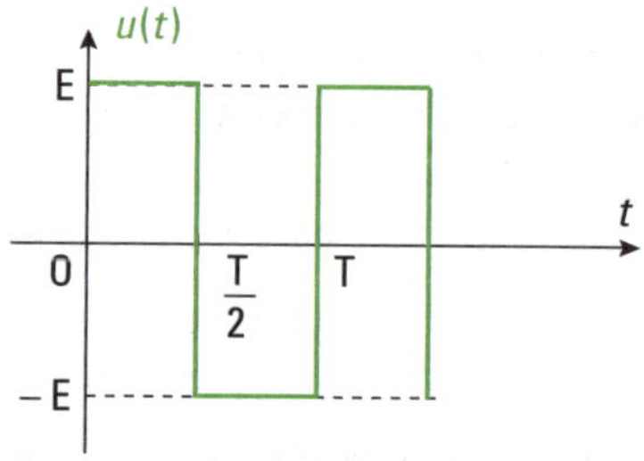

Il peut paraître surprenant de prime abord que $i(t)$ soit sinusoïdal et que $u(t)$ soit rectangulaire sachant que la charge est passive et linéaire ! Toutefois le convertisseur n'est quant à lui absolument pas linéaire, compte tenu de la présence d'interrupteurs qui commutent. Le résultat n'est donc pas absurde. Par ailleurs, la charge est en pratique constituée d'un circuit RLC qui fonctionne à sa fréquence de résonance afin de rendre $i(t)$ sinusoïdal le plus possible et ce, grâce à un asservissement.

Exercice 4

1)

La diode ne peut pas être qualifiée d'idéale puisque la tension à ses bornes n'est pas nulle lorsqu'elle est passante ($i \neq 0$). Cette tension u_S dite tension « de seuil » est voisine de 0,7 V pour une diode petits signaux et varie de 1 à quelques volts pour une diode de puissance.

Envisageons les deux états possibles de la diode D (*cf.* méthode 2).

• *Premier cas*

D est passante. Le schéma équivalent devient alors :

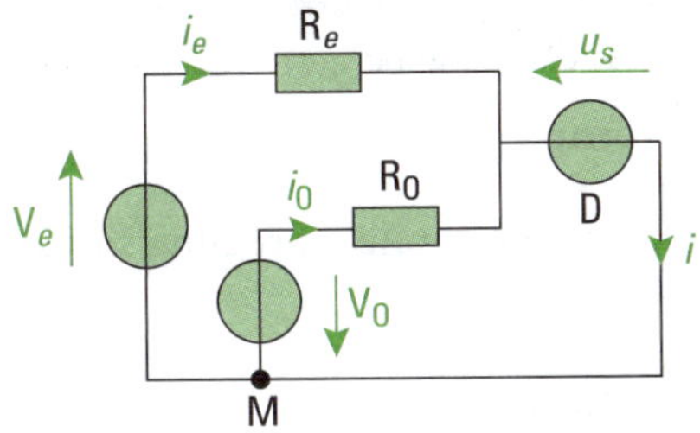

La diode est remplacée par un générateur équivalent de tension u_S.

La référence des potentiels (masse) peut être prise par exemple en M.

$$\text{Donc : } i = i_e + i_0 = \frac{V_e - u_S}{R_e} - \frac{V_0 + u_S}{R_0} \Rightarrow \boldsymbol{i = \frac{V_e}{R_e} - \left(\frac{1}{R_e} + \frac{1}{R_0}\right)u_S - \frac{V_0}{R_0}}.$$

$i(V_e)$ est donc l'équation d'une droite de pente $\dfrac{1}{R_e}$.

• *Deuxième cas*

D est bloquée. Le schéma équivalent devient alors :

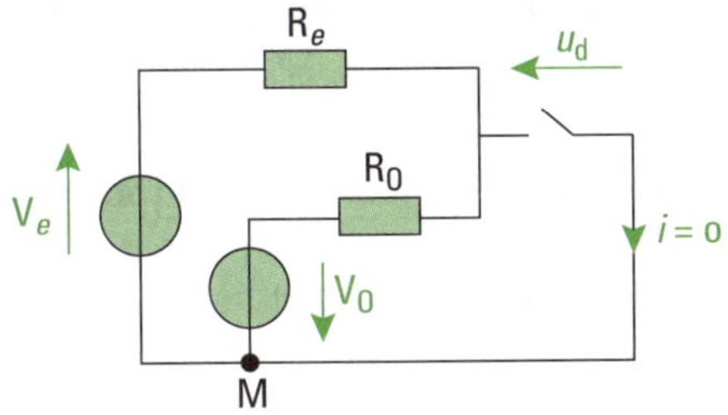

Cette situation a lieu si $u_d < u_S$, avec :

$$u_d = \frac{R_e}{R_e + R_0}(-V_0) + \frac{R_0}{R_0 + R_e}V_e \Leftrightarrow \frac{R_0}{R_0 + R_e}V_e < u_S + \frac{R_e}{R_e + R_0}V_0$$

$$\Leftrightarrow V_e < \frac{R_0 + R_e}{R_0}u_S + V_0\frac{R_e}{R_0} = \left(1 + \frac{R_e}{R_0}\right)u_S + \frac{R_e}{R_0}V_0 = u_1.$$

L'allure exacte de cette caractéristique dépend bien évidemment des valeurs numériques de R_e, R_0, V_e et V_0. En supposant V_e et $V_0 > 0$, on a par exemple :

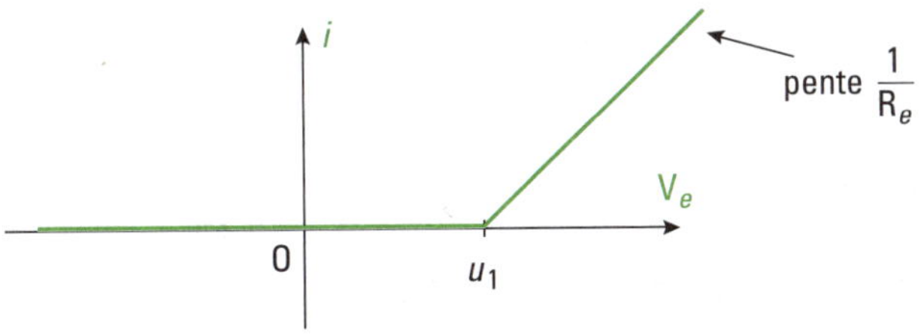

2) a) Commençons par donner les équations que doit vérifier $s(t)$.

• *Si D est passante* : $s(t) = e(t) = E_0 \sin(\omega t)$.

• *Si D est bloquée* : raisonnons sur le schéma équivalent.

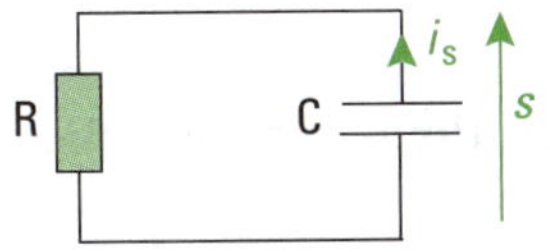

$$i_S = \frac{s}{R} = -C\frac{ds}{dt} \Leftrightarrow \mathbf{RC\frac{ds}{dt} + s = 0} \quad \mathbf{(1)}$$

b) Étudions maintenant les variations du courant d'intensité $i(t)$.

• *Si D est passante* : raisonnons sur le schéma équivalent.

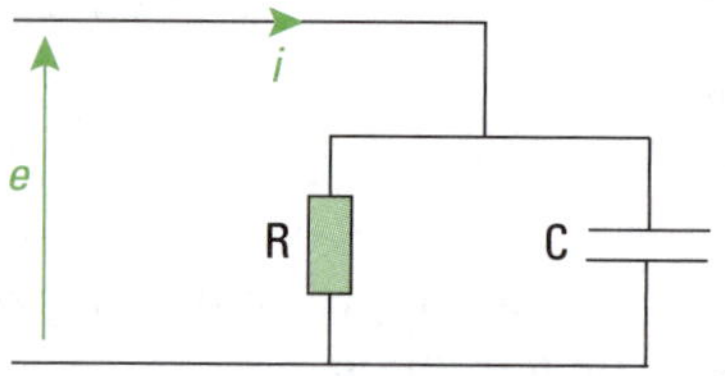

$$i = \frac{e}{R} + C\frac{de}{dt}, \text{ avec } e(t) = E_0 \sin(\omega t).$$

Utilisons la notation complexe puisque dans ce cas le circuit fonctionne en régime sinusoïdal et est linéaire :

$$\underline{i} = \frac{\underline{e}}{R} + jC\omega\underline{e} = \left(\frac{1}{R} + jC\omega\right)\underline{e}$$

$$\Rightarrow \begin{cases} |\underline{i}| = \sqrt{\frac{1}{R^2} + (C\omega)^2}\,|\underline{e}| \approx C\omega|\underline{e}| \text{ si } RC\omega >> 1\,; \\ \text{Arg}\,(\underline{i}) = \text{Arg}\,(\underline{e}) + \text{Arctan}\,(RC\omega) \approx +\frac{\pi}{2} \text{ si } RC\omega >> 1. \end{cases}$$

Donc :

$$\boldsymbol{i(t) \approx C\omega\, E_0 \sin\left(\omega t + \frac{\pi}{2}\right)} \text{ pour } RC\omega >> 1.$$

- *Si D est bloquée,* alors : $\boldsymbol{i(t) = 0}$.

c) Calcul de l'instant t_1 : on résout $i(t_1) = 0 = C\omega E_0 \sin\left(\omega t_1 + \frac{\pi}{2}\right)$.

$$\Rightarrow \omega t_1 + \frac{\pi}{2} = k\pi,\ k \in \mathbb{N} \Leftrightarrow \omega t_1 = k\pi - \frac{\pi}{2}.$$

Le premier instant ayant lieu pour $k = 1$: $\boldsymbol{t_1 = \frac{\pi}{2\omega}}$.

d) • Calcul de l'instant t_2 : à partir de $t = t_1$, $s(t)$ vérifie l'équation différentielle (1).

$$\tau = \frac{ds}{dt} + s = 0, \text{ avec } \tau = RC \Rightarrow s(t) = s(t_1)e^{-\frac{t - t_1}{\tau}} \quad (2).$$

La tension de sortie diminue et ce tant que $u_d < 0$, soit $e < s$. L'instant t_2 est donc déterminé en résolvant :

$$s(t_2) = s(t_1)e^{-\frac{t_2 - t_1}{\tau}} = e(t_2),$$

avec $s(t_1) = e(t_1) = E_0 \sin\frac{\pi}{2} = E_0$ et $e(t_2) = E_0 \sin(\omega t_2)$.

Il en vient donc : $\boldsymbol{e^{-\frac{t_2 - t_1}{\tau}} = \sin(\omega t_2)}$.

- Expression simplifiée de t_2 :

$$\frac{t_2 - t_1}{\tau} = \frac{t_2 - \frac{\pi}{2\omega}}{\tau} < \frac{T + \frac{T}{4} - \frac{\pi}{2\omega}}{\tau} = \frac{\frac{2\pi}{\omega}}{\tau} = \frac{2\pi}{RC\omega} << 2\pi$$

avec : $e^{-2\pi} \approx 1{,}9 \cdot 10^{-3}$, donc $\sin(\omega t_2) \approx 0 \Rightarrow \omega t_2 = k\pi$ sachant que $t_1 < t_2 < T$, donc $k = 1$. On en déduit donc que :

$$\boldsymbol{t_2 \approx \frac{\pi}{\omega}}.$$

e) L'allure de $e(t)$ est une sinusoïde. Lorsque D est bloquée, $s(t)$ décroît exponentiellement selon (2) avec $RC >> \omega$, donc lentement : cette décroissance est donc quasi linéaire.

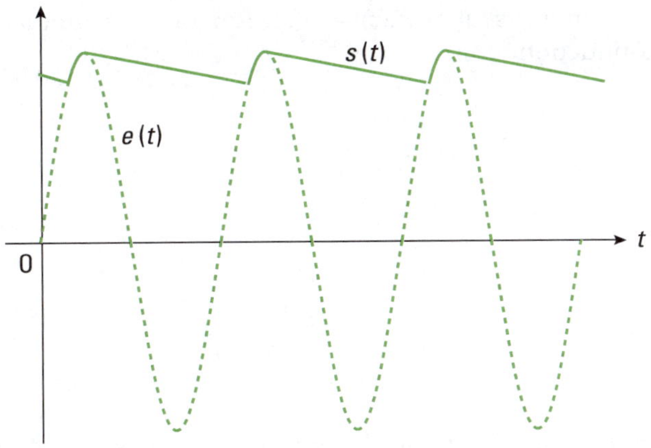

La tension de sortie s'appuie sur les crêtes de la tension d'entrée. Avec RCω >> 1, la variation de la tension de sortie est faible (ondulation de la tension) et $s(t)$ est ainsi quasi constante dans le temps.

Exercices de niveau 3

Exercice 5

1) A priori, il y a deux possibilités de montage.

• *Premier cas*

Les cathodes des diodes sont reliées électriquement.

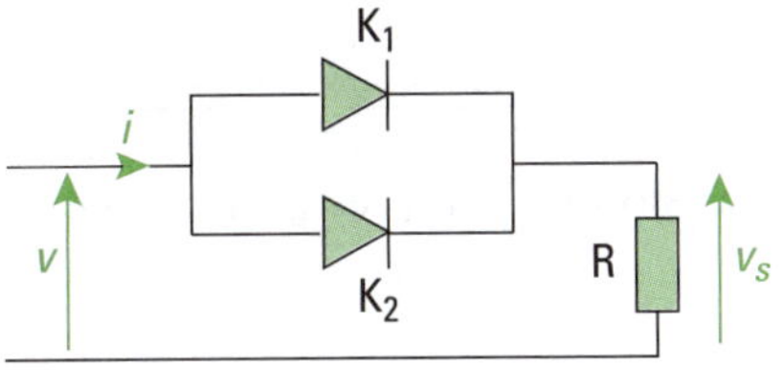

On applique la méthode 2 : dès que $v(t) > 0$, K_1 et K_2 conduisent simultanément car leur tension u_d devient positive. Lorsque v s'annule, $i = 0$ et dès lors les diodes se bloquent simultanément, donc :

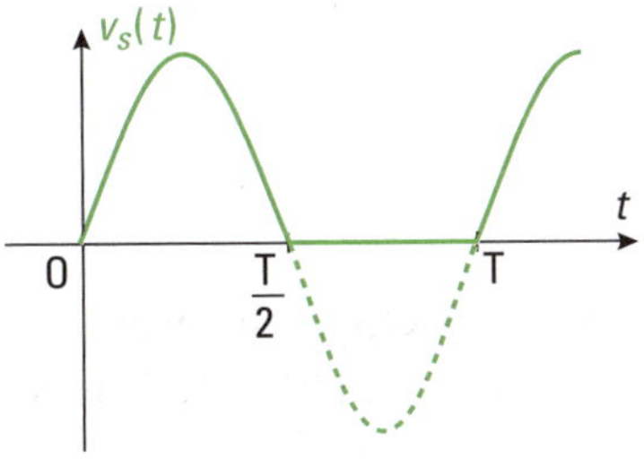

La moyenne de $v_S(t)$ est non nulle, donc il ne s'agit pas d'une grandeur alternative.

• *Deuxième cas*

Les diodes sont montées en antiparallèle (ou « tête-bêche »).

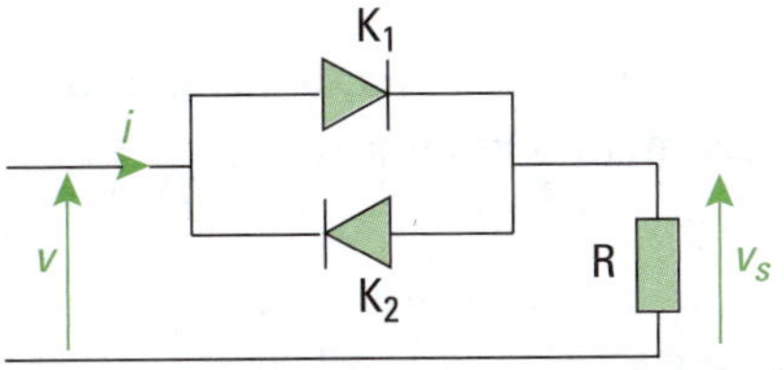

Dès que $v(t) > 0$, K_1 conduit seul et $v_S(t) = v(t)$. Lorsque v s'annule, K_1 se bloque et K_2 rentre simultanément en conduction, donc :

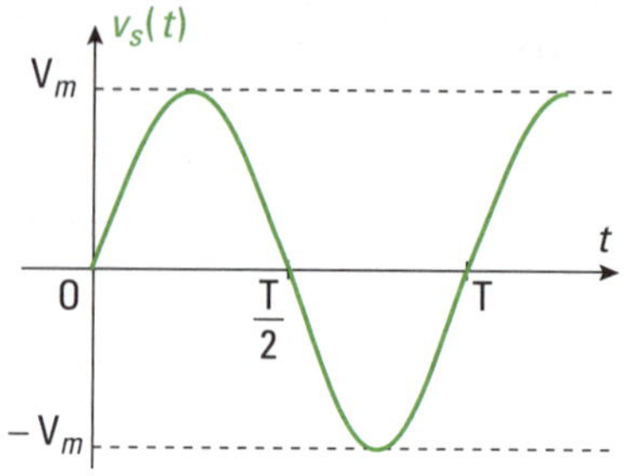

Ici, $v_S(t) = v(t)$ est alternative. Toutefois, le convertisseur n'est pas d'une grande utilité puisqu'il réalise, en permanence, une liaison directe entre la source et le récepteur, et ce sans isolation galvanique : il se comporte comme un fil électrique !

2) a) Au vu de l'étude réalisée à la question précédente, il est nécessaire de placer en antiparallèle K_1 et K_2 si l'on souhaite obtenir une tension $v(t)$ alternative. Cette remarque permet de proposer la structure suivante pour le convertisseur :

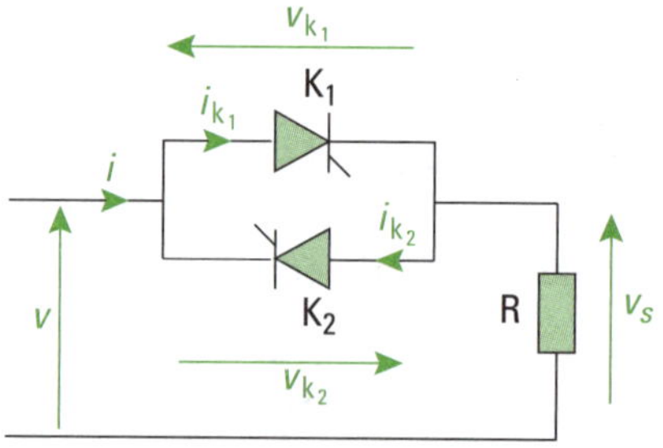

Les caractéristiques courant-tension (identiques pour les deux interrupteurs) s'en déduisent alors comme suit (*cf.* méthode 1) :

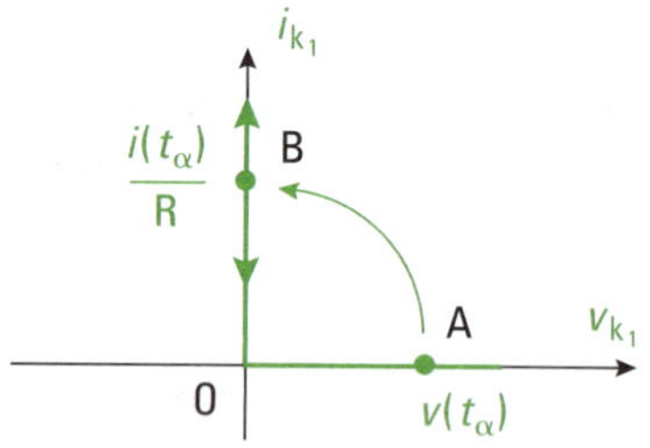

– Si $t = t_\alpha^-$: $v_{K_1} = v(t_\alpha^-) - v_S(t_\alpha^-) = v(t_\alpha^-) > 0 \Rightarrow$ point de fonctionnement A.

– Si $t = t_\alpha$: amorçage commandé de $K_1 \Rightarrow$ passage du point A au point de fonctionnement B.

– Si $t = t_\alpha^+$: $v_{K_1} = 0$; $i_{K_1} = \dfrac{v(t_\alpha^+)}{R} \Rightarrow$ point de fonctionnement B.

– Si $t > t_\alpha$: le point de fonctionnement B se déplace $\left(i_{K_1}\right.$ commence par augmenter tant que $\left.t_\alpha < \dfrac{T}{4}\right)$ pour tendre vers 0 lorsque v s'annule ; dès lors, K_1 se bloque spontanément.

Pour l'interrupteur K_2, on a les mêmes résultats.

⚠ K_1 et K_2 ne correspondent pas à la fonction transistor, car seul leur amorçage nécessite d'être commandé. En pratique, on utilise des thyristors. (Nous avons de ce fait utilisé dans les schémas précédents le symbole —▶|— qui n'est pas celui de la fonction transistor.)

b)

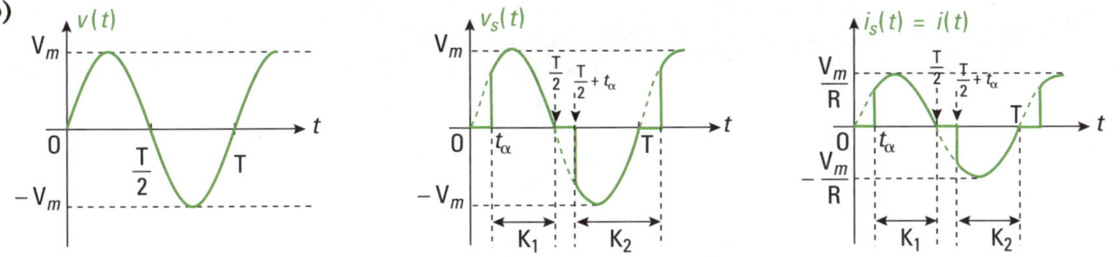

Le chronogramme de $i(t)$ nous permet de déduire que la source de tension doit être **réversible en courant**, car elle doit pouvoir absorber du courant lorsque $i < 0$. Il faut donc prévoir un « réservoir » d'énergie, par exemple un condensateur, placé entre la source et le convertisseur.

c) • Ce montage est alimenté par une source alternative et il alimente lui même un récepteur de type alternatif compte tenu des chronogrammes obtenus pour $i_S(t)$ et $v_S(t)$. Il s'agit donc d'un **convertisseur alternatif – alternatif**.

• L'intérêt pratique est de **pouvoir ajuster la valeur efficace de v_S et de i_S en agissant sur le décalage temporel t_α**; par exemple :

$$V_S^2 = \frac{1}{\frac{T}{2}} \int_0^{\frac{T}{2}} v_S^2(t)\,dt = \frac{2}{T} V_m^2 \int_\alpha^{\frac{T}{2}} \sin^2(\omega t)\,dt = \frac{2V_m^2}{T} \int_\alpha^{\frac{T}{2}} \frac{1-\cos(2\omega t)}{2}\,dt$$

$$\Leftrightarrow V_S^2 = \frac{V_m^2}{T}\left[\frac{T}{2} - t_\alpha - \frac{1}{2\omega}[(\sin 2\pi) - \sin(2\omega t_\alpha)]\right] = \frac{V_m^2}{T}\left[\frac{T}{2} - t_\alpha + \frac{T}{4\pi}\sin(2\omega t_\alpha)\right]$$

Soit : $V_S = V_m \sqrt{\frac{1}{2}\left[\frac{1}{2\pi}\sin(2\omega t_\alpha) + 1\right] - \frac{t_\alpha}{T}}$.

Ce type de convertisseur est appelé montage gradateur. Il est utilisé par exemple pour graduer l'intensité lumineuse d'un éclairage halogène.

• Dualité entre source et récepteur : le récepteur est ici indifférent (il n'est pas plus de tension que de courant). Par conséquent, **la règle de dualité entre source et récepteur est satisfaite dans ce montage**.

3) a)

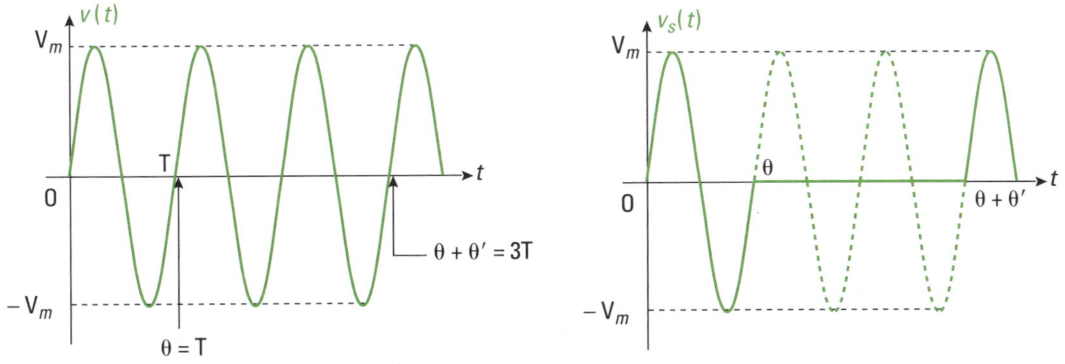

b) Le récepteur est alimenté à pleine puissance pendant un certain nombre de périodes et on a $I = I_S$, puis le récepteur est déconnecté de la source. On concentre ainsi l'énergie fournie au récepteur sur des durées qui peuvent être très courtes (par exemple, $\theta = 0{,}2$ s correspond à 20 périodes du réseau électrique français à 50 Hz). On rencontre par exemple cette utilisation dans les soudeuses industrielles où l'énergie à fournir sur une courte durée est importante.

4) Puisque les interrupteurs ne peuvent pas supporter les tensions trop élevées imposées par la source d'alimentation, on peut penser à les isoler de celle-ci en utilisant un transformateur abaisseur de tension et en plaçant la cellule de commutation $\{K_1 \cup K_2\}$ au secondaire.

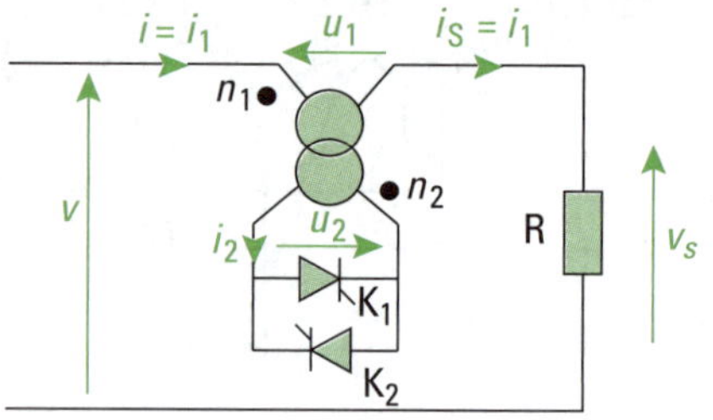

• Si K_1 est passant : $i_1 = mi_2$ donc le récepteur est alimenté avec $u_1 = 0$ (K_1 parfait donc $u_2 = 0$) ; de même si K_2 est passant.
• Si K_1 et K_2 sont bloqués : l'impédance ramenée au primaire du transformateur parfait est infinie et seule l'impédance magnétisante donne lieu à une chute de tension u_1 non nulle. Le courant magnétisant étant néanmoins nul dans le cas idéal, v_S est alors très proche de zéro.

Exercice 6

1) • Il faut commencer par mettre en équation le problème.
– Si $0 \leqslant t \leqslant \alpha T$:

$$e(t) = E \Rightarrow E - V_S = L\frac{di_L}{dt} \Rightarrow i_L(t) = \frac{E - V_S}{L}t + i_{L_{min}}. \quad \textbf{(1)}$$

– Si $\alpha T \leqslant t \leqslant T$:

$$e(t) = 0 \Rightarrow 0 - V_S = L\frac{di_L}{dt} \Rightarrow i_L(t) = -\frac{V_S}{L}(t - \alpha T) + i_{L_{max}}.$$

On en déduit alors l'allure de $i_L(t)$:

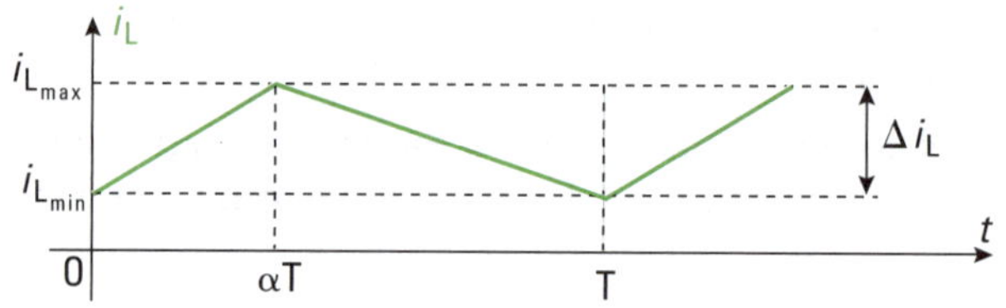

• Expression de l'ondulation du courant i_L :

$$\Delta i_L = i_{L_{max}} - i_{L_{min}} = i_L(\alpha T) - i_{L_{min}}$$

avec $i_L(\alpha T) = \frac{E - V_S}{L}\alpha T + i_{L_{min}}$ d'après (1).

$$\Rightarrow \Delta i_L = \frac{E - V_S}{L}\alpha T.$$

Pour éliminer V_S, remarquons que : $e(t) = v_L(t) + v_S(t)$

$$\Rightarrow \langle e \rangle = \langle v_L \rangle + V_S = V_S, \text{ car } \langle v_L \rangle = 0.$$

En remarquant enfin que $\langle e \rangle = \alpha E$, il vient :

$$V_S = \alpha E \Rightarrow \boldsymbol{\Delta i_L = \frac{\alpha(1 - \alpha)ET}{L}}.$$

2) a) Si $\delta v_S << v_S$, alors $\delta i_S = \frac{\delta v_S}{R}$ sera faible elle aussi (une résistance de charge R est en pratique élevée). Ceci permet de déduire que la composante alternative δi_L de $i_L(t)$ induit la variation δv_S avec :

$$\delta i_L = i_C(t) = C\frac{d(V_S + \delta v_S(t))}{dt} = \mathbf{C\frac{d(\delta v_S)}{dt}}.$$

L'hypothèse $\delta v_S << v_S$ permet de conclure que δi_L est l'intensité qui donne lieu à δv_S.

b) • L'allure de $\delta i_L = i_L(t) - I_S$ se déduit de celle de $i_L(t)$ comme suit :

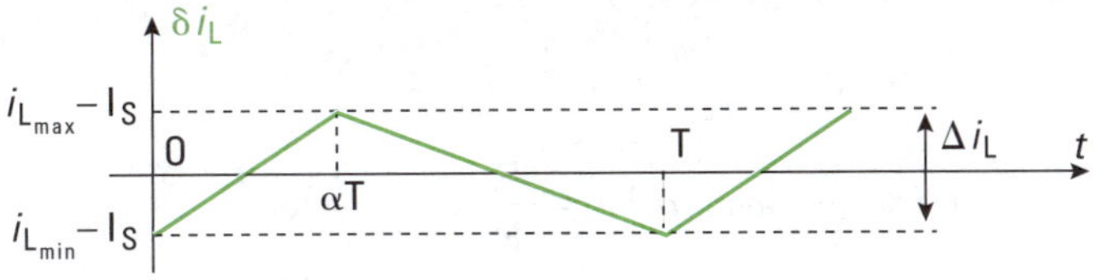

• En notant t_1 l'instant où v_S est minimale et t_2 l'instant où elle est maximale, il vient :

$$\Delta v_S = \int_{t_1}^{t_2} \frac{d(\delta v_S)}{dt} dt = \delta v_s(t_2) - \delta v_S(t_1) = (v_S(t_2) - V_S) - (v_S(t_1) - V_S) = v_S(t_2) - v_S(t_1).$$

Remarquons alors qu'entre les instants t_1 et t_2, δv_S est croissante, donc $\delta i_L = C\dfrac{d(\delta v_S)}{dt}$ doit être positive ou nulle. Ceci nous permet de placer les instants t_1 et t_2 sur la courbe de $\delta i_L(t)$:

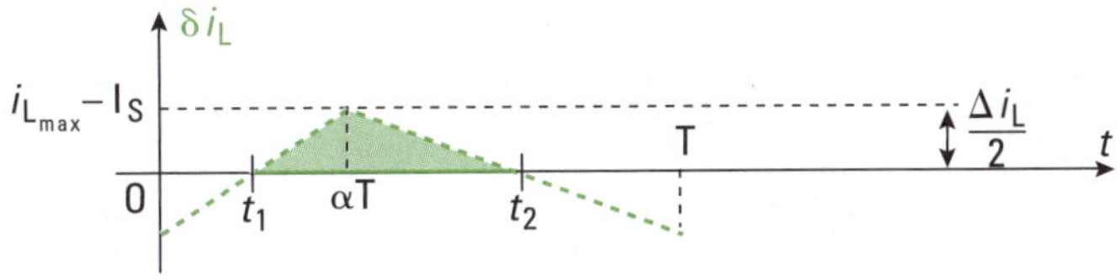

Δv_S se détermine donc à partir de l'aire colorée sur le chronogramme ci-dessus, avec :

$$\Delta v_S = \frac{1}{C} \times \frac{1}{2}\,\frac{\Delta i_L}{2}(t_2 - t_1), \quad \text{où} \quad t_2 - t_1 = \frac{1}{2}\alpha T + \frac{1}{2}(T - \alpha T) = \frac{T}{2}.$$

$$\Rightarrow \boldsymbol{\Delta v_S = \frac{\Delta i_L T}{8C} = \frac{\alpha(1-\alpha)ET^2}{8LC}}.$$

c) $\Delta v_S(\alpha)$ est maximale pour $\alpha = 0{,}5$, alors: $\Delta v_{S_{max}} = \dfrac{ET^2}{32LC}$.

L'étude précédente est valable tant que **l'ondulation sur la tension de sortie reste faible devant V_S,** ce qui permet de proposer le critère :

$$\frac{ET^2}{32LC} << V_S.$$

En pratique, le choix d'une capacité C suffisante permet de satisfaire à ce critère qui est vérifié lors du filtrage de la plupart des alimentations à découpage. De même, l'ondulation Δi_L est d'autant plus faible que L est élevée. Nous reviendrons sur ce point dans le prochain chapitre.

Exercice 7

1) Le circuit LR est assimilable à un « bon » récepteur de courant si l'ondulation du courant autour de sa valeur moyenne est faible (ce qui revient à définir une source de courant parfaite). Un critère simple peut être dégagé en comparant la constante de temps $\tau = \dfrac{L}{R}$ du circuit à la durée de chaque état de $u(t)$: τ doit être faible devant la demi-période $\dfrac{T}{2}$. Ainsi, on doit avoir :

$$\frac{L}{R} >> \frac{T}{2} \Leftrightarrow \mathbf{T << 2\frac{L}{R} = \frac{20}{0{,}5} = 40\ ms}.$$

2) • **Expressions de I_{max} et I_{min}**

– Si $t \in \left[0, \dfrac{T}{2}\right]$: $\tau\dfrac{di}{dt} + i = \dfrac{E}{R}$ avec $i(0) = 0$

$$\Rightarrow i(t) = \frac{E}{R}\left(1 - e^{-\frac{t}{\tau}}\right).$$

$$- \text{Si } t \in \left[\frac{T}{2}, T\right] : \tau\frac{di}{dt} + i = 0 \quad \text{avec } i\left(\frac{T}{2}\right) = \frac{E}{R}\left(1 - e^{-\frac{T}{2\tau}}\right)$$

$$\Rightarrow i(t) = \frac{E}{R}\left(1 - e^{-\frac{T}{2\tau}}\right)\left(1 - e^{-\frac{t - T/2}{\tau}}\right).$$

$$- \text{Si } t \in \left[T, \frac{3T}{2}\right] : \tau\frac{di}{dt} + i = \frac{E}{R} \quad \text{avec } i(T) = \frac{E}{R}\left(1 - e^{-\frac{T}{2\tau}}\right)e^{-\frac{T}{2\tau}}$$

$$\Rightarrow i(t) = \frac{E}{R} + Ae^{-\frac{t-T}{\tau}} = \frac{E}{R} + \frac{E}{R}\left[\left(1 - e^{-\frac{T}{2\tau}}\right)e^{-\frac{T}{2\tau}} - 1\right]e^{-\frac{t-T}{\tau}}$$

$$\Leftrightarrow i(t) = \frac{E}{R}\left[1 + \left(\left(1 - e^{-\frac{T}{2\tau}}\right)e^{-\frac{T}{2\tau}} - 1\right)e^{-\frac{t-T}{\tau}}\right].$$

En posant $\lambda = e^{-\frac{T}{2\tau}}$, on obtient :

– Sur $\left[0, \frac{T}{2}\right]$: $I_{min} = 0$ et $I_{max} = \frac{E}{R}(1 - \lambda)$.

– Sur $\left[\frac{T}{2}, T\right]$: $I_{min} = \frac{E}{R}(1 - \lambda)\lambda$ et $I_{max} = \frac{E}{R}(1 - \lambda)$.

– Sur $\left[T, \frac{3T}{2}\right]$: $I_{min} = \frac{E}{R}(1 - \lambda)\lambda$ et $I_{max} = \frac{E}{R}(1 + (\lambda - \lambda^2 - 1)\lambda) = \frac{E}{R}(1 - \lambda + \lambda^2 - \lambda^3)$.

De même, si $t \in \left[\frac{3T}{2}, 2T\right]$: $\tau\frac{di}{dt} + i = 0$ avec $i\left(\frac{3T}{2}\right) = I_{max} = \frac{E}{R}(1 - \lambda + \lambda^2 - \lambda^3)$

$$\Rightarrow i(t) = \frac{E}{R}(1 - \lambda + \lambda^2 - \lambda^3)e^{-\frac{t - 3T/2}{\tau}}$$

$$\Rightarrow I_{min} = \frac{E}{R}(1 - \lambda + \lambda^2 - \lambda^3)\lambda \text{ et } I_{max} = \frac{E}{R}(1 - \lambda + \lambda^2 - \lambda^3).$$

Toutes ces valeurs de I_{max} et I_{min} obtenues sur des intervalles de type $\left[(n - 1)T, n\frac{T}{2}\right]$, peuvent se généraliser comme suit :

– Si n pair : $\mathbf{I_{min}} = \frac{E}{R}(1 - \ldots - \lambda^{n-1})\lambda = \frac{E}{R} \times \frac{1 - (-\lambda)^n}{1 - (-\lambda)}\lambda = \mathbf{\frac{E}{R} \times \frac{1 - \lambda^n}{1 + \lambda}\lambda}$.

$\mathbf{I_{max}} = \frac{E}{R}(1 - \ldots - \lambda^{n-1}) = \mathbf{\frac{E}{R} \times \frac{1 - \lambda^n}{1 + \lambda}}$.

– Si n impair : $\mathbf{I_{min} = \frac{E}{R}(1 - \ldots - \lambda^{n-1})\lambda}$.

$\mathbf{I_{max}} = \frac{E}{R}(1 - \ldots - \lambda^n) = \frac{E}{R} \times \frac{1 - (-\lambda)^{n+1}}{1 - (-\lambda)} = \mathbf{\frac{E}{R} \times \frac{1 - \lambda^{n+1}}{1 + \lambda}}$.

• Ondulation du courant dans le récepteur

Pour exprimer l'ondulation, on peut utiliser les résultats obtenus pour n pair. Si on appelle N le nombre de périodes écoulées, on obtient :

$$n = 2N \Rightarrow \Delta i = I_{max} - I_{min} = \frac{E}{R} \times \frac{1 - \lambda^n}{1 + \lambda} - \frac{E}{R} \times \frac{1 - \lambda^n}{1 + \lambda}\lambda.$$

$$\Leftrightarrow \mathbf{\Delta i} = \frac{E}{R} \times \frac{(1 - \lambda^n)(1 - \lambda)}{1 + \lambda} = \mathbf{\frac{E}{R} \times \frac{(1 - \lambda)(1 - \lambda^{2N})}{1 + \lambda}} \text{ pour N périodes écoulées.}$$

• Retour sur la première question

En régime établi, on a $N \to +\infty$; par ailleurs, on note que $\lambda < 1$, donc $\lim\limits_{N \to +\infty} \lambda = 0$. Ceci conduit à :

$$\lim_{N \to +\infty} \Delta i = \frac{E}{R} \times \frac{1 - \lambda}{1 + \lambda}.$$

Or, lorsque $\tau >> T > \frac{T}{2}$, on a $\lambda \to 1$ et on retrouve bien que $\Delta i \to 0$.

CHAPITRE

6 Transfert de puissance en courant continu

Introduction

Dans le chapitre précédent, nous avons vu que l'usage d'un montage potentiométrique n'est pas souhaitable lorsqu'il s'agit de commander en puissance un récepteur en *tension continue réglable*. Pour cela, il faut avoir recours à des structures plus complexes, telles que les *convertisseurs continu – continu*. Pour ces derniers, le générateur qui alimente le convertisseur ainsi que le récepteur sont de type continu.

Dans le présent chapitre, nous étudierons quelques montages appartenant à ces convertisseurs continu – continu. Plus précisément, nous étudierons les montages *hacheurs*. Deux points importants seront abordés. D'abord, la notion de conduction discontinue, puis celle du régime transitoire périodique.

Plan du chapitre 6

A – Étude du montage hacheur série

A.1. Présentation

Ce montage de conversion de puissance est alimenté par une source de tension continue[1] U, fonctionnant uniquement en générateur et non réversible en tension (l'intensité qu'elle débite est positive). Le hacheur série alimente en sortie une source de courant continu[2] I, non réversible en courant (la tension à ses bornes est positive). Pour des raisons de rendement en puissance, le hacheur est quant à lui constitué d'interrupteurs (cf. chapitre 5). Ces interrupteurs seront périodiquement sollicités afin de produire une tension carrée périodique sur la source de courant : le montage « hache » périodiquement[3] la tension d'entrée U. Le transfert énergétique se fait dans un seul sens : depuis la source de tension vers la source de courant.

1. *Continue* au sens que nous avons précisé dans le chapitre précédent, c'est-à-dire de nature capacitive.

2. Il s'agit donc d'une source de nature inductive.

3. Dans les alimentations à découpage, la fréquence est supérieure à 15 kHz (ultrasons). Ceci permet de rendre inaudibles les sifflements parasites générés, par exemple, par les inductances.

A.2. Structure et choix des interrupteurs[4]

Voici la structure générale du hacheur série :

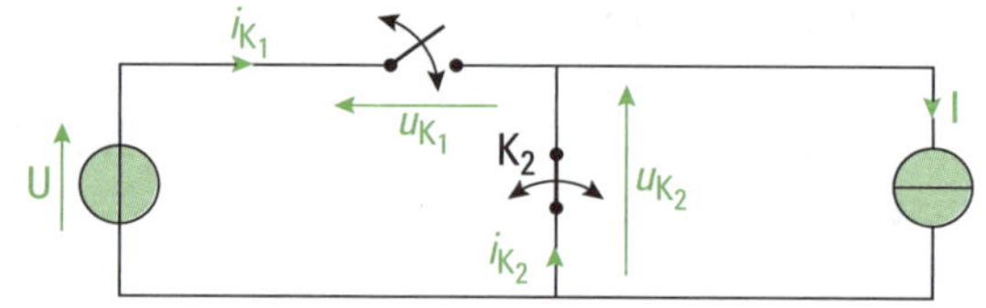

Fig. 1 – Schéma de principe du hacheur série.

4. Si l'on considère la structure donnée en figure 1, les interrupteurs étant tous parfaits, le rendement du convertisseur ne peut être qu'égal à 1, puisqu'il ne contient aucun élément dissipatif. Il en sera de même pour les autres hacheurs vus dans la suite de ce cours.

Pour que la règle de la dualité des sources soit respectée, il faut que la conduction des interrupteurs K_1 et K_2 soit complémentaire[5]. En effet, la source de tension ne doit pas être mise en court-circuit, et la source de courant ne doit pas être mise en circuit ouvert.

5. Ils ne peuvent ni être fermés ni être ouverts simultanément.

À l'aide des règles énoncées pour les interrupteurs dans le chapitre précédent, nous obtenons les caractéristiques suivantes pour K_1 et K_2 :

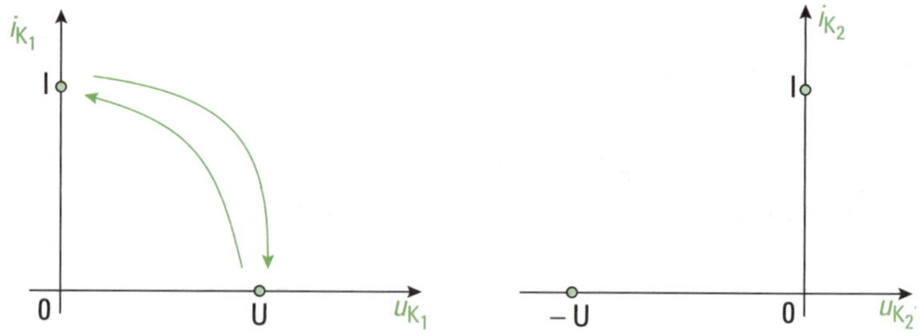

Fig. 2 – Caractéristiques courant – tension de K_1 et K_2.

Les commutations de K_1 sont dans le quadrant $u > 0$, $i > 0$ et donc nécessairement à fermeture et à ouverture commandées[6]. K_2 constitue quant à lui, une diode[7]. La structure à retenir est donc la suivante :

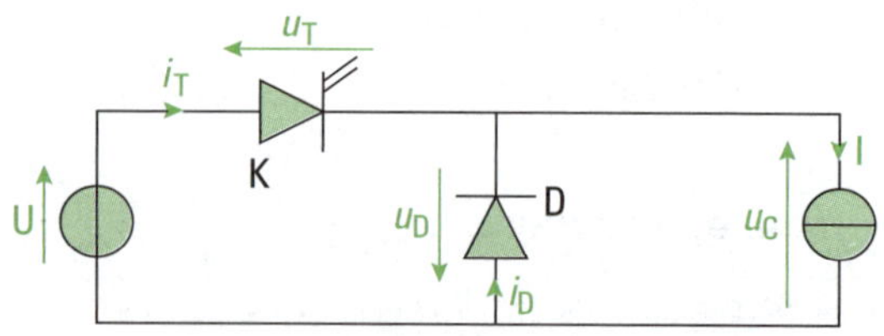

Fig. 3 – Structure du hacheur série.

5. Ceci n'est possible que si cet interrupteur est associé à un circuit électronique de commande. L'usage est de ne pas représenter ce circuit pour ne faire apparaître que la structure de puissance. Dans la suite du cours, nous ne parlerons donc pas de ce circuit, bien que sa présence soit, en pratique, indispensable.

7. Dans la suite du cours, K_1 est désormais remplacé par K, tandis que K_2 est remplacé par D (pour diode).

A.3. Analyse des grandeurs électriques – Application à la commande d'une MCC

1. Il s'agit là d'un choix arbitraire de l'origine des temps correspondant au début de la conduction de K. Cependant, rien n'interdit de la choisir à la fin de sa conduction.

Soit T la période de fonctionnement du montage. On considérera[1] que K est fermé durant la première partie de la période sur une durée αT. α est un nombre réel compris entre 0 et 1 et appelé rapport cyclique du hacheur. K est ensuite ouvert sur le reste de la période, c'est-à-dire entre les instants αT et T. Les paramètres T et α sont réglables par le circuit électronique de commande, non représenté dans le schéma du circuit de puissance.

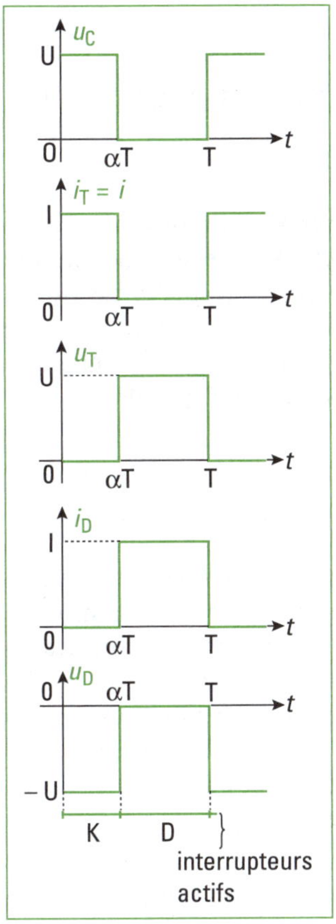

Fig. 4 – Chronogrammes des grandeurs électriques du hacheur série. Il est d'usage d'indiquer les interrupteurs commandés à la fermeture (ou spontanément fermés comme pour la diode) par une barre horizontale délimitant leurs zones de travail.

Les interrupteurs étant tous parfaits nous obtenons les chronogrammes de la figure 4.

– Si $0 \leqslant t \leqslant \alpha T$: K est fermé et D est bloquée.

– Si $\alpha T \leqslant t \leqslant T$: K est bloqué et D est fermée.

On peut vérifier que ces chronogrammes sont consistants avec les caractéristiques courant – tension de K et D :

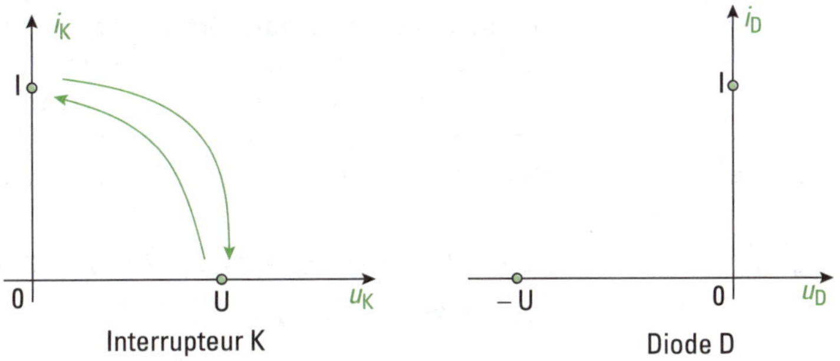

Remarque

Dans toute étude d'un circuit d'électronique de puissance, il convient d'effectuer une analyse très méthodique, sinon les conclusions tirées peuvent être entièrement fausses. En particulier, il est recommandé, lors de l'étude d'une nouvelle structure, de faire systématiquement un schéma équivalent pour chaque intervalle de fonctionnement (ici de 0 à αT et de αT à T) en remplaçant les interrupteurs par leurs équivalents. De même, lorsque vous devez tracer plusieurs courbes en concordance, il est plus judicieux d'étudier toutes les grandeurs sur un même intervalle avant de passer à l'intervalle suivant.

- **Étude de la tension moyenne aux bornes de la charge**

La valeur moyenne de la tension aux bornes du récepteur u_C est:

$$< u_C > = \frac{\alpha TU}{T} = \alpha U$$ [2].

Nous constatons que cette grandeur est contrôlée par le rapport cyclique α selon une loi de proportionnalité directe (en pratique, la tension U de la source de tension est constante ou du moins continue[3]). Cette loi de commande constitue le deuxième intérêt de ce montage convertisseur de puissance. En effet, la source de courant représente en pratique une machine à courant continu associée à une inductance de forte valeur alimentées sous la tension u_C. En notant r la résistance interne des bobinages de l'induit et L l'inductance, écrivons la loi des mailles:

$$u_C = E + ri_C + L\frac{di_C}{dt}.$$

ri_C est souvent négligeable devant la f.é.m. E de la machine en régime établi. Par conséquent, nous la négligerons dans la suite.

2. La tension de sortie $< u_C >$ est donc inférieure à la tension d'entrée U. Ce hacheur est aussi appelé *hacheur dévolteur.*

3. Toujours au sens de l'électronique de puissance. Elle est considérée comme constante pour la charge, souvent de nature électromécanique.

En valeur moyenne, cette équation devient alors :

$$< u_C > \approx < E > + < L\frac{di_C}{dt} >$$

avec : $< u_C > = \alpha U$, $< E > = E$[1], $< L\frac{di_C}{dt} > = 0$ car le courant est périodique (revoir à ce propos le paragraphe D.1 du chapitre 5).

Ainsi, $E \approx \alpha U$ et pour une machine à excitation indépendante de constante K, la vitesse angulaire de rotation Ω s'écrit :

$$\boldsymbol{\Omega = \frac{\alpha U}{K}} \quad (1).$$

Ce type de commande est idéal au niveau industriel car sa programmation, sur micro-contrôleur par exemple, est aisée[2].

Remarque

Le résultat précédent n'est valable que dans une certaine limite. En effet, la vitesse angulaire serait alors indépendante de la charge mécanique exercée sur l'axe de la machine, ce qui est insensé. Prenons par exemple le cas où cet axe est brusquement bloqué : d'après l'équation (1), la vitesse reste constante ! L'incohérence provient de l'hypothèse qui consiste à négliger la chute de tension ri_C : dans cette situation, elle n'est plus acceptable[3].

1. Cette équation traduit également le fait que les grandeurs d'origine mécanique, comme dans ce cas, la f.é.m. $E = K\Omega$, évoluent lentement à l'échelle d'une période électrique.

2. C'est ce qui a privilégié historiquement l'utilisation de la machine à courant continu.

3. À faible vitesse, le courant i_C n'est effectivement limité que par la faible résistance r. Il est donc élevé. La tension ri_C n'est plus négligeable devant la f.é.m. E de la machine.

A.4. Étude du fonctionnement sur une charge E + L

Comme l'illustre la figure 5, le récepteur qui est une source de nature inductive peut être représenté de manière équivalente par une source de tension E montée en série avec une forte inductance L : le récepteur est alors transformé en source de courant, comme défini au chapitre 5. Ce type de charge a une réalité physique : il s'agit d'une machine à courant continu à excitation indépendante, de résistance d'induit négligeable. Cette machine est associée en série à une bobine de forte inductance L, appelée *inductance de lissage* (elle « lisse »[4] le courant i_C autour d'une valeur moyenne $< i_C >$).

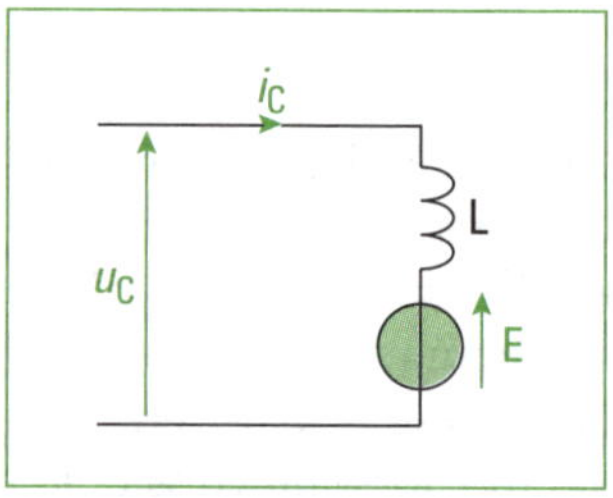

Fig. 5 – Modélisation du récepteur de courant.

4. On dit aussi que cette inductance réduit l'ondulation du courant autour de sa valeur moyenne comme nous le vérifierons plus loin.

Ainsi, cette étude sera plus réaliste que celle menée dans le paragraphe précédent, où nous avions supposé que le courant était constant et égal à I. En pratique, le courant est toujours ondulé autour de $< i_C >$, même si l'inductance de lissage est utilisée. Enfin, rappelons un point primordial qui a été souligné lors de l'étude des machines. La valeur moyenne $< i_C >$ est aussi déterminée par le récepteur du convertisseur : il peut s'agir par exemple de la charge entraînée par un moteur à courant continu, qui constitue le récepteur.

Par ailleurs, nous supposerons que le courant i_C ne s'annule jamais au cours de la période. On parle de *conduction continue* ou *ininterrompue*. Nous étudierons le cas de la *conduction discontinue*[5] en exercice. Cependant, nous signalons que la conduction est continue si $< i_C >$ est suffisamment grande devant la variation de i_C autour de cette valeur moyenne. Pour respecter la condition $i_C > 0$, il faut donc définir quels sont les paramètres qui ont une incidence sur cette ondulation (i_C ne peut pas être négatif puisque K est unidirectionnel en courant). Nous allons donc commencer par déterminer l'évolution de i_C au cours d'une période.

5. En pratique, on cherche à éviter ce type de conduction où le courant peut s'annuler, notamment à cause de la complexité de ce régime de conduction. Notons néanmoins, qu'en pratique, son étude doit être toujours menée, ne serait-ce que pour prévoir le fonctionnement du système à son démarrage.

- **Évolution du courant instantané dans la charge**

Dans ce type d'étude, il faut faire une mise en équation pour chaque intervalle de fonctionnement.

– Pour $0 \leqslant t \leqslant \alpha T$:

$$u_C = U$$

$$\Leftrightarrow L\frac{di_C}{dt} + E = U$$

$$\Leftrightarrow \int_0^t \frac{di_C}{dt}dt = \int_0^t \frac{U - E}{L}dt$$

$$\Leftrightarrow i_C(t) - i_C(0) = \frac{U - E}{L}t.$$

La constante d'intégration $i_C(0)$ se détermine facilement en remarquant que i_C est nécessairement positif et que $U > E$. i_C est donc une fonction croissante du temps. Ainsi, $i_C(0) = I_{min}$, valeur minimale du courant au cours d'une période de fonctionnement. D'où :

$$\boldsymbol{i_C(t) = \frac{U - E}{L}t + I_{min}} \quad (2).$$

– Pour $\alpha T \leqslant t \leqslant T$:

$$u_C = 0$$

$$\Leftrightarrow L\frac{di_C}{dt} + E = 0$$

$$\Leftrightarrow \int_{\alpha t}^t \frac{di_C}{dt}dt = \int_0^t \frac{U - E}{L}dt$$

$$\Leftrightarrow i_C(t) - i_C(\alpha T) = -\frac{E}{L}(t - \alpha T).$$

La constante d'intégration $i_C(\alpha T)$ peut se déterminer par le même type de considération que précédemment. Néanmoins, nous pouvons aussi raisonner qualitativement en remarquant que la charge inductive dans cette seconde phase se démagnétise[1]. Dans ce cas, le courant ne peut que prendre sa valeur maximale au début de cette phase. D'où :

$$\boldsymbol{i_C(t) = -\frac{E}{L}(t - \alpha T) + I_{max}}.$$

Signalons enfin que pour déterminer correctement les constantes d'intégration, il faut systématiquement effectuer l'analyse des conditions initiales. En effet, un simple changement de l'origine des temps dans l'exemple précédent modifierait les deux constantes $i_C(0)$ et $i_C(\alpha T)$ calculées.

Remarque

Les valeurs I_{min} et I_{max} ne sont absolument pas imposées par le hacheur mais par la charge de ce montage. De manière équivalente, le courant moyen est imposé par la charge du montage[2].

1. La nature inductive de la source sert de « réservoir » d'énergie, qu'elle restitue durant cette seconde phase. Cette dernière est donc une *phase de roue libre*. On qualifie ainsi D de diode de roue libre.

2. Si, par exemple, le récepteur est une machine à courant continu en régime permanent, pour une valeur de α imposée, c'est la charge mécanique de la machine qui détermine le courant moyen (sauf si le convertisseur est régulé en courant, etc.).

• **Évolution du courant dans la charge**

Définition 1

On appelle **ondulation Δi_C** du courant i_C dans la charge la quantité :

$$\boldsymbol{\Delta i_C = I_{max} - I_{min}}.$$

En posant $t = \alpha T$ dans l'équation (2) :

$$i_C(\alpha T) = \frac{U - E}{L}\alpha T + I_{min} = I_{max}.$$

D'où :

$$\Delta i_C = I_{max} - I_{min} = \frac{U - E}{L}\alpha T.$$

Or, la résistance de la charge étant nulle, nous avons montré que $E = \alpha U$:

$$\Delta i_C = \frac{U - \alpha U}{L} \alpha T = \frac{UT}{L} \alpha(1 - \alpha), \text{ soit : } \boldsymbol{\Delta i_C = \frac{U}{Lf} \alpha(1 - \alpha)}.$$

Lorsque la conduction continue est nécessaire, cette étude mathématique est capitale dans la prévision du fonctionnement de ce convertisseur. En effet, pour une valeur $< i_C >$ donnée[1], si l'ondulation augmente et dépasse $\frac{\Delta i_C}{2}$, alors i_C s'annule et la conduction devient interrompue.

Du résultat obtenu, découlent les observations suivantes :

- Pour diminuer l'ondulation du courant, il suffit d'augmenter la fréquence[2] ou l'inductance[3].
- À fréquence et inductance constantes, l'ondulation du courant dépend du rapport cyclique α :

1. Si $< i_C >$ est trop faible la conduction peut facilement être discontinue.

2. En pratique, il existe une limitation technologique liée aux interrupteurs électroniques commandés. En effet, lorsque la fréquence de leurs commutations augmente, ils occasionnent des pertes importantes appelées *pertes par commutation.*

3. Une forte inductance de lissage n'est pas nécessairement simple à réaliser et peut être source de perturbations électromagnétiques rayonnées.

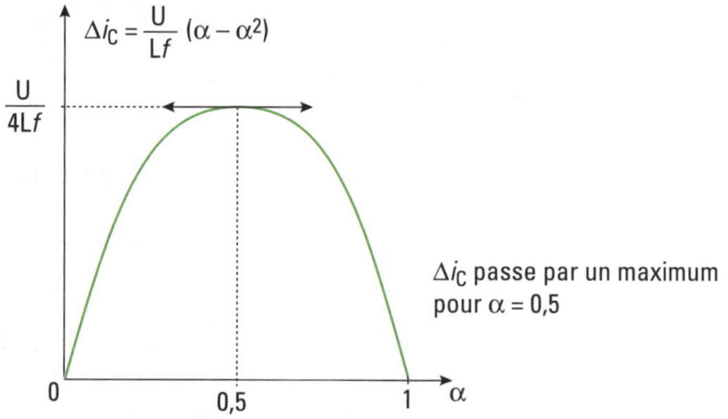

Fig. 6 – Variation de l'ondulation du courant en fonction du rapport cyclique α.

Application 1 **Dépendance de l'ondulation du courant avec la fréquence de hachage**

Justifier *qualitativement* la dépendance de l'ondulation avec la fréquence de hachage.

Solution

Lorsque la fréquence f augmente, l'ondulation diminue et tend à la limite vers 0. Dans ce cas, la période de hachage T diminue tandis que « l'inertie » de la charge reste constante et est quantifiée par sa constante de temps. Cette dernière peut s'écrire $\tau = \frac{L}{r}$, si nous tenons compte, entre autres, de la (faible) résistance de la bobine d'inductance L. Ainsi plus f augmente, plus l'évolution du courant i_C est courte et I_{max}, I_{min} sont peu différentes de $< i_C >$.

Remarques

– L'étude mathématique ne permet de calculer que Δi_C. Elle ne fournit pas les valeurs mathématiques de I_{max} et I_{min}. En effet, les valeurs de I_{max} et I_{min} sont imposées aussi par la charge : par exemple, $I_{max} = \frac{\Delta i_C}{2} + < i_C >$.

– Le rapport cyclique impose quant à lui la vitesse du moteur (revoir la relation (1) qui montre que Ω dépend de α).

– L'étude menée ne prétend pas répondre à toutes les situations, par exemple dans le problème du choix de la fréquence de hachage. En traction par exemple, compte tenu de l'inductance parasite de la caténaire, il est nécessaire de prévoir un filtre {L – C} à l'entrée du convertisseur. Cependant ce filtre donne lieu à un phénomène de résonance, qu'il convient d'éviter en choisissant une fréquence de hachage supérieure à la fréquence de résonance.

B – Étude du montage hacheur parallèle

B.1. Présentation

Le montage précédent est intéressant pour commander une machine à courant continu fonctionnant en moteur mais il est inadapté en phase de freinage de la machine[1].

1. En phase de freinage, la machine fonctionne en génératrice et n'est plus un récepteur de courant. Elle devient génératrice de courant. Il faut donc trouver une nouvelle structure, car celle du hacheur série ne permet pas ce fonctionnement à cause de l'unidirectionnalité des interrupteurs en courant.

Le générateur de courant du schéma de principe sera, en pratique, constitué d'une machine fonctionnant en génératrice, modélisée par une source de tension E en série avec une inductance L. Les résistances seront négligées. Le récepteur est une source de tension U_C supposée constante et positive :

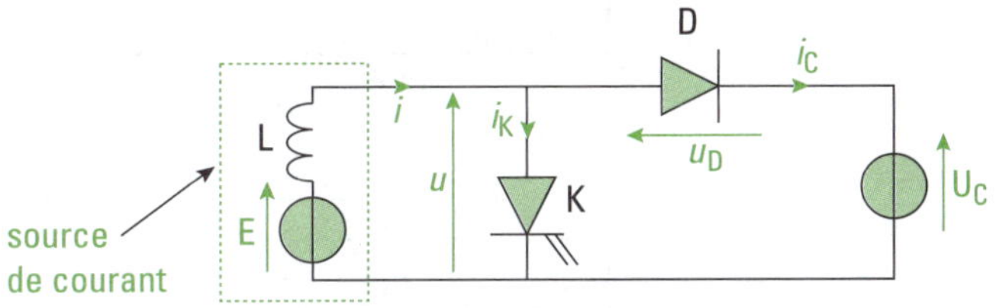

Fig. 7 – Schéma de principe du hacheur parallèle.

T désigne toujours la période de fonctionnement du montage. L'interrupteur K est fermé durant la première partie de la période sur une durée αT. α est le rapport cyclique du hacheur. Le circuit électronique de commande est indispensable mais n'est pas représenté sur le circuit de puissance. La conduction sera supposée continue. L'interrupteur K étant à nouveau unidirectionnel en courant, le transfert énergétique se fait, comme pour le hacheur série, dans un seul sens : de la machine (la source de courant) vers le récepteur de tension U_C dans ce cas.

B.2. Étude du fonctionnement

- **Évolution du courant instantané dans la charge**

– Pour $0 \leqslant t \leqslant \alpha T$: K conduit $\Rightarrow u = 0$

$u_D = u - U_C = -U_C < 0 \Rightarrow$ D bloquée $\Rightarrow i_C = 0 \Rightarrow i = i_K$.

L'équation différentielle qui régit le courant dans la machine est donc :

$$E - L\frac{di}{dt} = 0 \Rightarrow i(t) = \frac{E}{L}t + I_{min}.$$

– Pour $\alpha T \leqslant t \leqslant T$: K est bloqué

L'inductance libère l'énergie emmagasinée lors de la première phase. Ainsi, D conduit. En effet, le courant doit passer par la diode car il ne peut y avoir de discontinuité de courant dans la bobine d'inductance L. L'équation différentielle devient donc :

$$E - L\frac{di}{dt} = U_C$$

$$i\,(t) - i\,(\alpha T) = \frac{E - U_C}{L}(t - \alpha T).$$

Physiquement, l'inductance se démagnétise lors de cette seconde phase, $i\,(\alpha T) = I_{max}$ d'où :

$$i\,(t) = \frac{E - U_C}{L}(t - \alpha T) + I_{max}.$$

Remarque

L'hypothèse $i(\alpha T) = I_{max}$ est acceptable si $E < U_C$, ce que nous vérifierons plus loin.

• **Chronogrammes**

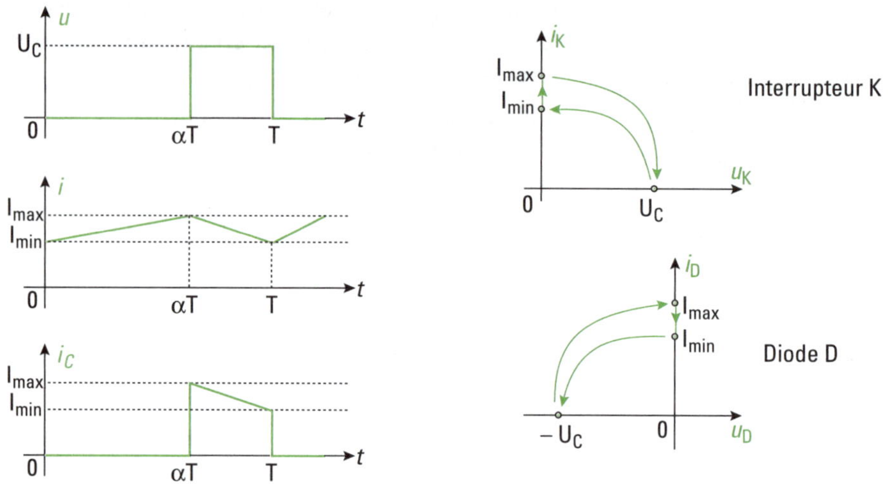

Fig. 8 – Chronogrammes des grandeurs électriques du hacheur parallèle.

• **Étude de la tension moyenne aux bornes de la charge**

La première courbe montre que :

$$< u > = \frac{(T - \alpha T)U_C}{T} = (1 - \alpha)U_C.$$

On peut également appliquer la loi des mailles en valeur moyenne :

$$u = E - L\frac{di}{dt} \Rightarrow < u > = < E - L\frac{di}{dt} > = < E > - < L\frac{di}{dt} >.$$

Or, nous avons :

$$< L\frac{di}{dt} > = 0,$$

car i est une grandeur périodique. Ainsi, si on considère, à juste titre, que les grandeurs mécaniques telles que Ω varient peu à l'échelle de la durée d'une période électrique, alors < E > = E. Plus précisément, la constante de temps mécanique associée à toute grandeur mécanique est suffisamment élevée devant la constante de temps électrique associée à l'évolution des grandeurs électriques.

Ainsi : $< u > = E = (1 - \alpha)U_C.$

Cette dernière relation montre que la vitesse de rotation de la machine est contrôlée par le rapport cyclique par une loi proportionnelle. En outre, nous vérifions que $E < U_C$[1].

1. La tension de sortie U_C est donc supérieure à la tension d'entrée $< u >$. Ce hacheur est aussi appelé hacheur survolteur. On peut aussi voir ce convertisseur comme un transformateur de rapport $\frac{1}{1-\alpha}$. Toutefois, si α tend vers 1, U_c ne tend pas en pratique vers l'infini à cause des résistances parasites négligées dans notre étude.

• **Application industrielle**

La source est une machine à courant continu, qui fonctionne en génératrice. Si l'inductance L est suffisamment grande afin de pouvoir négliger l'ondulation du courant d'intensité i et de l'assimiler à sa valeur moyenne $< i >$, alors tout se passe comme si la génératrice débite dans un conducteur ohmique de résistance :

$$R = \frac{U_C}{< i >}(1 - \alpha), \text{ qui varie de 0 à } \frac{U_C}{< i >}.$$

B.3. Énergie récupérée sur le réseau continu

La grandeur utile pour l'électrotechnicien est plutôt la puissance que l'énergie. Evaluons la puissance récupérée P_C par l'image du réseau électrique, de tension continue U_C, qui correspond à l'entrée de l'onduleur de tension :

$$P_C = \frac{1}{T}\int_0^T p_C(t)dt = \frac{1}{T}\int_0^T U_C i_C(t)dt,$$ p_C désignant la puissance instantanée.

$$\Leftrightarrow P_C = \frac{U_C}{T}\int_0^T i_C(t)dt = U_C < i_C >.$$

En outre, le chronogramme de $i_C(t)$ montre que :

$$< i_C > = \frac{1}{T}\left[\frac{I_{max} - I_{min}}{2}(T - \alpha T) + I_{min}(T - \alpha T)\right] = \frac{I_{max} + I_{min}}{2}(1 - \alpha),$$

or, $< i > = \dfrac{I_{max} + I_{min}}{2}$, d'où : $P_C = U_C(1 - \alpha) < i >$.

En considérant que $E = (1 - \alpha)U_C$, nous obtenons :

$$\mathbf{P_C = E < i >}.$$

Ainsi, la puissance récupérée par le réseau est également celle développée par la source, ici la machine. Ce résultat n'a rien d'étonnant et aurait pu être annoncé d'emblée, puisque tous les interrupteurs sont supposés parfaits dans le montage et que les résistances sont négligées.

C – Hacheurs à liaison indirecte

C.1. Présentation

Au chapitre précédent, nous avons indiqué qu'il est impossible de relier directement deux sources de même nature, sous peine de destruction du montage. Il est cependant possible de modifier la nature de l'une d'elles.

Une autre solution consiste à prévoir une « interface » entre elles, qui permettrait d'effectuer une liaison, mais cette fois indirecte. Cette interface doit pouvoir accumuler temporairement de l'énergie, puis la restituer. Ceci nous conduit logiquement à imaginer une liaison par condensateur ou inductance. De plus, cette interface devra respecter la dualité entre les sources qui se trouvent en amont et en aval. Ainsi, s'il faut par exemple relier deux sources de tension, alors l'élément de liaison serait constitué d'une inductance. Dans le paragraphe qui suit, nous envisageons un autre cas de figure.

C.2. Hacheur à stockage capacitif

On souhaite relier deux sources de courant par l'intermédiaire d'un condensateur, qui doit accumuler puis restituer au récepteur l'énergie délivrée par le générateur. Le montage est représenté ci-dessous :

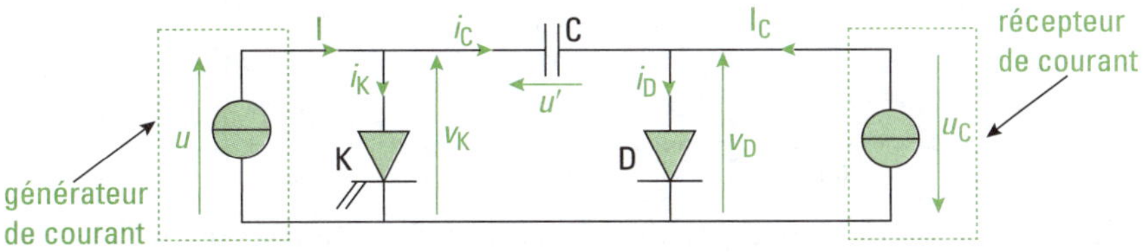

Fig. 9 – Schéma de principe du hacheur à stockage capacitif.

L'interrupteur K est commandé à la fermeture et à l'ouverture. Lorsqu'il est bloqué, de $t = \alpha T$ à $t = T$, le condensateur se charge à courant constant I, tandis que la diode isole le récepteur du reste du montage. En effet, elle est passante et est traversée par le courant $I + I_C$: l'énergie de la source en amont est accumulée dans le condensateur sous forme électrostatique. Lorsque K devient passant, le condensateur se décharge alors à courant constant I_C, imposé par le récepteur[1].

1. La diode D est en effet polarisée en inverse dans ce cas et est donc bloquée. Seule, la source de courant en aval peut recevoir le courant de décharge du condensateur.

Application 2 **Chronogrammes du hacheur à stockage capacitif**

Tracer, sur une période T de fonctionnement, les chronogrammes des grandeurs électriques suivantes : u, v_K, u', v_D, u_C, i_K, i_C et i_D. On s'assurera en particulier qu'aucune discontinuité de tension n'ait lieu aux bornes d'un des dipôles du montage.

Solution

Commençons par remarquer qu'à chaque instant, $u = v_K$.

– Lorsque K est bloqué : $i_K = 0 \Rightarrow I = i_C \Rightarrow i_D = I + I_C$. Ainsi, D est passante soit, $v_D = 0 \Rightarrow u' = v_K$. Reste à déterminer l'équation instantanée de ces tensions qui décrit la charge à courant constant I du condensateur :

$$i_C = I = C\frac{du'}{dt} \Rightarrow \boldsymbol{u' = \frac{I}{C}(t - \alpha T) + u'(\alpha T)}.$$

La diode doit isoler la charge de la source. Elle doit donc rester en permanence passante. Ainsi, u_C reste égale à 0.

– Lorsque K est passant : $v_K = 0 \Rightarrow v_D = -u' < 0$. Ainsi, D se bloque car elle est polarisée en inverse : $u' = u_C = -v_D$. De plus, $i_K = I + I_C$. Reste à déterminer l'équation instantanée qui décrit la décharge à courant constant I_C du condensateur :

$$i_C = -I_C = C\frac{du'}{dt} \Rightarrow \boldsymbol{u' = -\frac{I_C}{C}t + u'(0)}.$$

Les chronogrammes se déduisent alors comme suit :

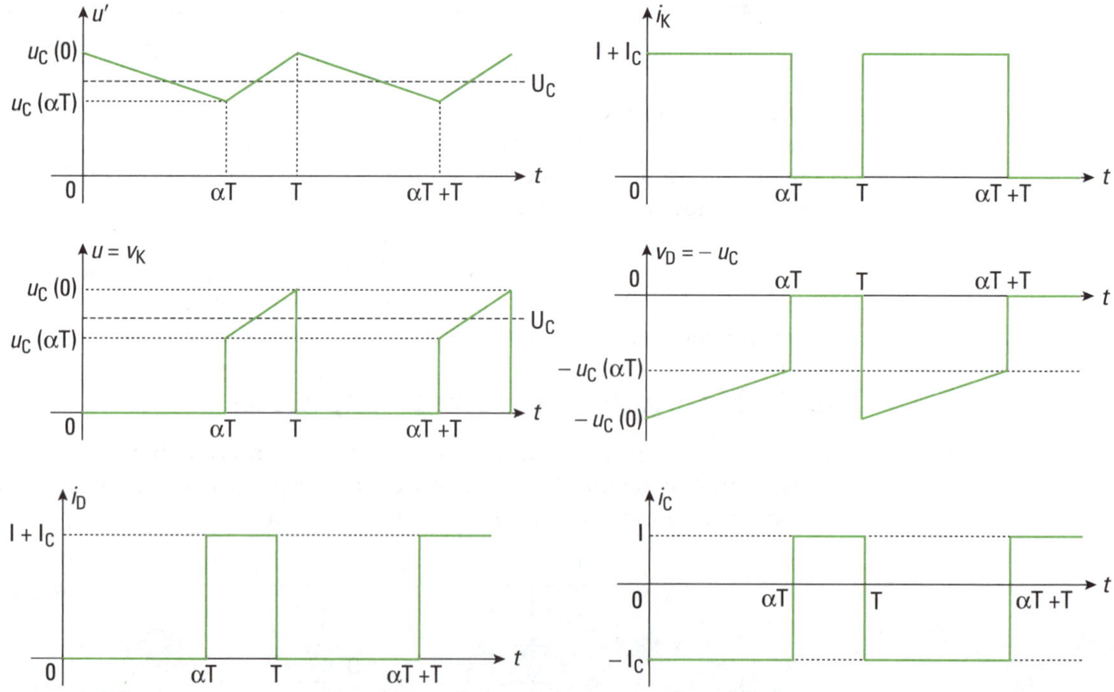

Le condensateur ne peut en aucun cas subir à ses bornes de discontinuité de tension. Nous le vérifions effectivement dans le chronogramme ci-dessus.

Remarque

Il est nécessaire d'étudier théoriquement les grandeurs électriques avant de passer à la réalisation pratique. Cela permet de prévoir le *dimensionnement* des composants du montage et de choisir les composants. Ainsi, dans cet exemple, il faut utiliser un condensateur, un interrupteur commandé et une diode. En pratique, il faudra également s'assurer que les grandeurs moyennes, maximales, efficaces soient compatibles avec les caractéristiques électriques supportées par ces composants[1].

1. On utilise alors les notices des constructeurs de ces composants, regroupées dans les « databook ».

D – Hacheurs « multiquadrants »

D.1. Position du problème

Les convertisseurs que nous avons étudiés précédemment présentent, en pratique, un inconvénient notable lorsqu'ils sont destinés à contrôler le fonctionnement d'une machine à courant continu. En effet, ils ne permettent pas le fonctionnement à la fois en moteur et en génératrice de la machine, ce qui est très contraignant. On dit également que la machine n'est utilisée que dans un seul des quadrants de fonctionnement que nous rappelons[2] figure 10.

2. Revoir à ce propos, le chapitre 2.

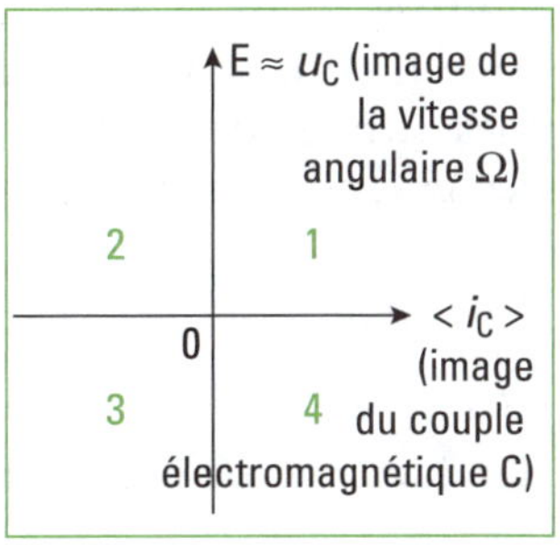

Fig. 10 – Les quatre quadrants de la machine à courant continu.

Lorsque le produit E < i_C > est positif, la machine reçoit de la puissance (convention thermodynamique). Cette situation correspond aux quadrants 1 et 3. Inversement, la machine fonctionne en génératrice dans les quadrants 2 et 4.

Dans la plupart des cas, il faudra permettre au point de fonctionnement de l'ensemble {machine + hacheur} de se placer au moins dans deux quadrants.

Nous allons voir dans les paragraphes suivants deux exemples qui répondent à cette exigence.

D.2. Hacheur réversible en courant

Ce type de hacheur relie deux sources réversibles en courant. La source d'entrée est de type tension et la source de sortie de type courant. De plus, il combine les structures du hacheur série et du hacheur parallèle.

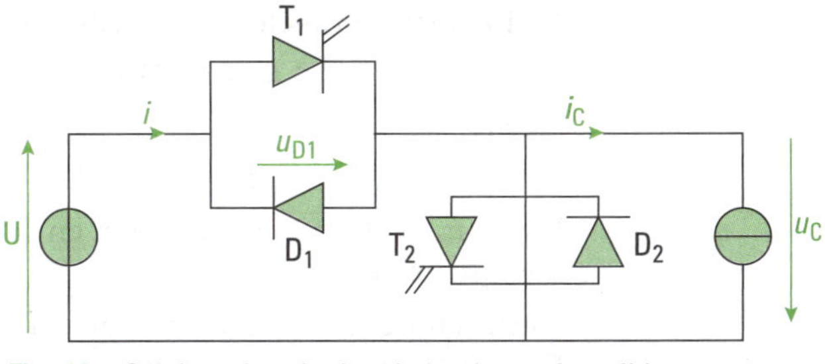

Fig. 11 – Schéma de principe du hacheur réversible en courant.

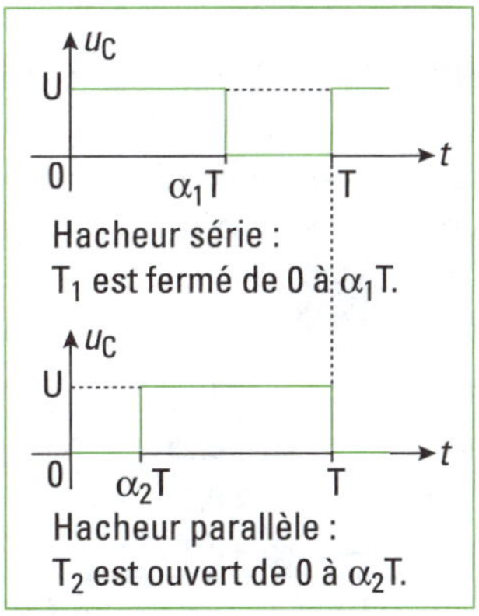

Fig. 12 – Chronogrammes de la tension de sortie pour les deux structures.

T_1 et D_2 constituent le hacheur série ; T_2 et D_1 le hacheur parallèle.

Lorsque i_C est positif, le hacheur série est sollicité. Lorsque i_C est négatif le hacheur parallèle est actif. Compte tenu des résultats précédemment établis pour ces deux montages, il est clair qu'à un instant donné, la valeur de u_C imposée doit être la même pour les deux hacheurs (sinon le récepteur de courant se trouve placé en court-circuit). Pour comprendre la conséquence de ceci, rappelons dans la figure 12 les chronogrammes de la tension $u_C(t)$ obtenue pour chaque structure. On note α_1 le rapport cyclique du hacheur série et α_2 le rapport cyclique du hacheur parallèle.

Nous constatons qu'il est nécessaire que la durée de fermeture de l'interrupteur T_1 du hacheur série, entre $\alpha_1 T$ et T, soit confondue avec la durée d'ouverture de l'interrupteur T_2 du hacheur parallèle, qui elle, s'étend de 0 à $\alpha_2 T$. Ainsi les rapports cycliques des deux structures de hacheurs ne sont pas indépendants. Ils sont reliés par l'équation :

$$T - \alpha_1 T = \alpha_2 T, \text{ soit : } \boldsymbol{\alpha_1 + \alpha_2 = 1}.$$

Cette relation montre que les commandes électroniques des deux hacheurs ne seront, en pratique, pas indépendantes entre elles.

T_2 doit donc être bloqué lorsque T_1 est passant. On dit que les deux structures sont à *commande complémentaire*.

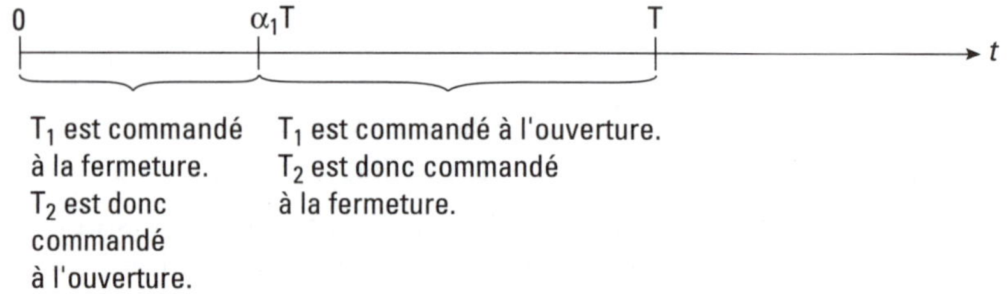

Fig. 13 – Chronogramme de la commande complémentaire.

- **Détermination de la caractéristique externe[1] du hacheur réversible en courant, associé à une machine à courant continu**

Déterminons l'équation reliant la force électromotrice E de la machine au courant moyen qu'elle débite $< i_C >$, en distinguant les deux modes de fonctionnement possibles. Nous introduisons la résistance interne r de l'induit[2].

– **Fonctionnement en moteur :** $\boldsymbol{i_C > 0}$

C'est le hacheur série qui est sollicité, ainsi :

$$< u_C > = \alpha_1 U \text{ et } < u_C > = E + r < i_C >$$

(rappelons que la tension moyenne aux bornes de l'inductance est nulle car le courant est périodique).

Ainsi :

$$E = \alpha_1 U - r < i_C > \quad (i_C > 0)$$

– **Fonctionnement en génératrice :** $\boldsymbol{i_C < 0}$

Le hacheur parallèle est sollicité dans cette phase, qui est à son freinage :

$$< u_C > = (1-\alpha_2)U \text{ et } < u_C > = E + r < i_C >.$$

Ainsi :

$$E = (1-\alpha_2)U - r < i_C > \quad (i_C > 0).$$

Pour un α donné, on obtient en fait la même équation que pour $i_C > 0$, puisque $\alpha_1 + \alpha_2 = 1$.

Cette étude conduit à la représentation graphique suivante, dans le plan E ($< i_C >$), pour deux quadrants de la machine à courant continu :

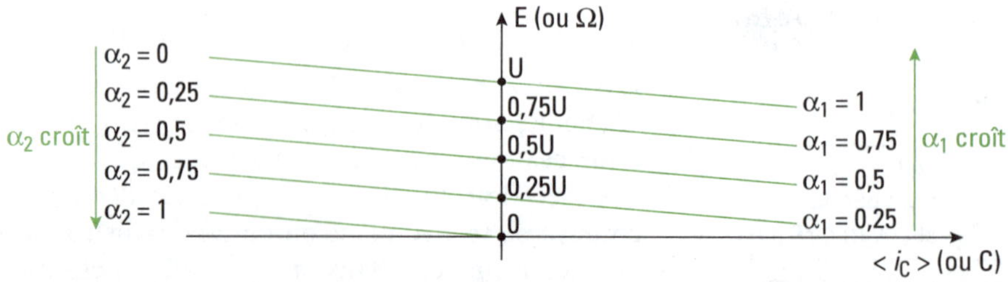

Fig. 14 – Quadrants de la machine à courant continu alimentée par le hacheur réversible en courant.

1. L'intérêt de cette étude est de caractériser le convertisseur en déterminant ses caractéristiques courant-tension. Il sera ensuite possible de prédéterminer son point de fonctionnement, lorsqu'il est associé à un récepteur de caractéristique également connue (par exemple une machine à courant continu).

2. Pour étudier la grandeur courant, il est ici nécessaire d'en tenir compte.

On obtient une famille de droites parallèles, de pente $-r$ et paramétrées par le rapport cyclique.

La diode D_2 supposée parfaite interdit toute valeur négative de u_C. C'est pour cette raison que le réseau de courbes précédentes n'est pas prolongé dans les quadrants $E < 0$ même si, en toute rigueur, u_C peut être légèrement négative à certains instants[1]. La conséquence pratique d'une telle restriction est que la machine ne peut pas tourner à l'envers. La machine pourra, par exemple, servir de moteur d'entraînement d'un ventilateur mais pas d'un treuil bidirectionnel.

1. En effet, si la tension de seuil de la diode n'est pas négligée, $< u_C >$ reste en moyenne positive.

Remarque

Avec la commande complémentaire, la conduction du courant dans la charge n'est jamais discontinue[2]. En effet, le courant peut s'annuler à certains instants de la période sans pour autant rester à zéro. Prenons le cas où le courant varie de manière exponentielle et indiquons dans la figure 15, quels sont les interrupteurs actifs.

2. On réserve le terme de conduction discontinue aux situations où le courant dans la charge est nul sur un intervalle de temps. Un simple passage par zéro n'est donc pas considéré comme un cas de conduction interrompue.

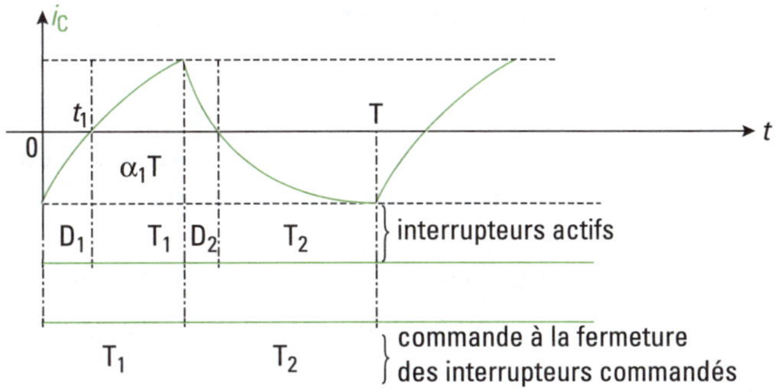

Fig. 15 – Séquences des interrupteurs en conduction continue.

Notons qu'il existe une différence entre la durée pendant laquelle T_1 est commandé à la fermeture (de $t = 0$ à $t = \alpha_1 T$) et la durée pendant laquelle il est actif, c'est-à-dire passant (de $t = t_1$ à $t = \alpha_1 T$). En effet, puisqu'il est unidirectionnel en courant, il ne peut être passant entre $t = 0$ et $t = t_1$ car $i_C < 0$ sur cet intervalle de temps.

Il est donc possible d'assurer la continuité[3] du courant dans la charge, bien que ce dernier puisse changer de signe au cours d'une période de fonctionnement.

3. La commande complémentaire permet donc de garantir une bonne continuité du couple, contrairement au cas des structures du hacheur série, du hacheur parallèle ou dans le cas où $\alpha_1 + \alpha_2 \neq 1$.

Application 1 **Blocage de la diode D_1**

Justifier que la diode D_1, unidirectionnelle en courant, soit bloquée lorsque T_2 est actif.

Solution

Lorsque T_2 est actif, i_C est nécessairement positif. Ce courant pourrait traverser la diode D_1, puisqu'il circulerait depuis sa cathode vers son anode. Mais il ne s'agit pas d'une condition suffisante car la diode, dans le même temps, doit être polarisée en direct, ce qui n'est pas le cas ici. En effet :

$$u_{D_1} = u_C - U = -u_C < 0.$$

D_1 est donc bien bloquée si T_2 est passant.

D.3. Hacheur réversible en pont

Cette dernière structure que nous présentons dans ce cours, permet à la machine à courant continu de fonctionner dans les quatre quadrants. Son schéma de principe est présenté en figure 16.

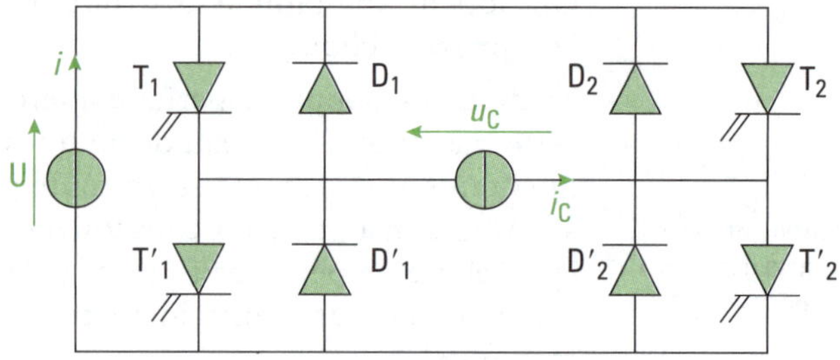

Fig. 16 – Schéma de principe du hacheur en pont.

Le courant i_C dans le récepteur peut être positif ou négatif, de même que pour la tension u_C aux bornes de cette charge.

Nous allons présenter deux commandes[1] usuelles des interrupteurs qui constituent ce convertisseur. Il est inutile de les retenir, seules les méthodes d'analyse développées sont à assimiler.

1. Chacune d'entre elles a ses avantages et inconvénients que nous ne détaillerons pas, conformément au programme. Signalons qu'il existe également des variantes de ces commandes.

- **Commande séquentielle**

On ne fait travailler que deux des interrupteurs commandés.

– L'un, fermé en permanence, joue le rôle d'interrupteur d'aiguillage.

– L'autre, fermé et ouvert à la fréquence de fonctionnement du hacheur, assure le hachage de la tension d'entrée U.

Par exemple, pour obtenir $u_C \geqslant 0$, on peut commander en permanence[2] la fermeture de T_2' et hacher par l'interrupteur T_1.

2. La machine fonctionne alors seulement dans deux quadrants.

Si on souhaite supprimer l'éventualité de la conduction discontinue, on peut adopter la commande complémentaire[3] des interrupteurs T_1 et T_1'.

3. Dans ce cas, la machine peut fonctionner dans les quatre quadrants.

- **Commande continue**

À chaque période, on commande la fermeture de T_1 et T_2' pendant αT et la fermeture de T_2 et T_1' pendant le reste de la période.

En comparaison avec la commande séquentielle, cette commande présente l'inconvénient de doubler le nombre de commutations par période. En effet, au lieu de commander un interrupteur à chaque changement d'état, on en commande deux. De plus, l'amplitude des variations de u_C est doublée, ce qui a pour effet d'augmenter l'ondulation du courant i_C. Par contre, la commande continue présente l'avantage de permettre des inversions rapides de i_C ou de u_C, puisque l'échelon de tension est deux fois plus important. En pratique, il faudra donc faire un choix en fonction du cahier des charges et des contraintes de la réalisation.

- **Le saviez-vous ?**

Dans les structures industrielles, on utilise souvent comme interrupteurs des thyristors. Ceux-ci, ainsi que tous les interrupteurs, possèdent des limitations technologiques, notamment une valeur maximale de leur fréquence de fonctionnement, qui ne doit pas être dépassée. Néanmoins, il est souhaitable d'augmenter la fréquence de hachage pour diminuer l'ondulation du courant dans la charge. Comme compromis, on n'hésite pas à augmenter le nombre d'interrupteurs pour aboutir à des structures entrelacées. La commande électronique de tous les interrupteurs sera plus compliquée mais le système sera, au final, plus performant, puisque, bien souvent, l'opération la plus délicate reste le filtrage[4], y compris pour d'autres convertisseurs.

4. On réduit ainsi le dimensionnement du condensateur de filtrage de la source d'alimentation.

L'essentiel

✓ Types de hacheur

- **Hacheur à liaison directe :** il relie deux sources continues de nature différente (de tension et de courant).
- **Hacheur à liaison indirecte :** il relie deux sources de même nature avec un élément réservoir d'énergie qui respecte la règle de dualité (un condensateur si ce sont des sources de courant ou une bobine si ce sont des sources de tension).

✓ Cas du hacheur série

Il est aussi appelé hacheur « dévolteur » ou hacheur « abaisseur » de tension car la tension moyenne en sortie du montage est **inférieure** à la tension de la source d'entrée.

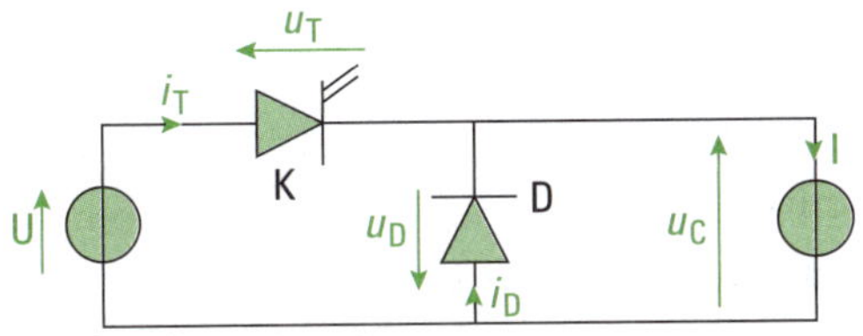

✓ Cas du hacheur parallèle

Il est aussi appelé hacheur « survolteur » ou hacheur « élévateur » de tension car la tension moyenne en sortie du montage est **supérieure** à la tension de la source d'entrée.

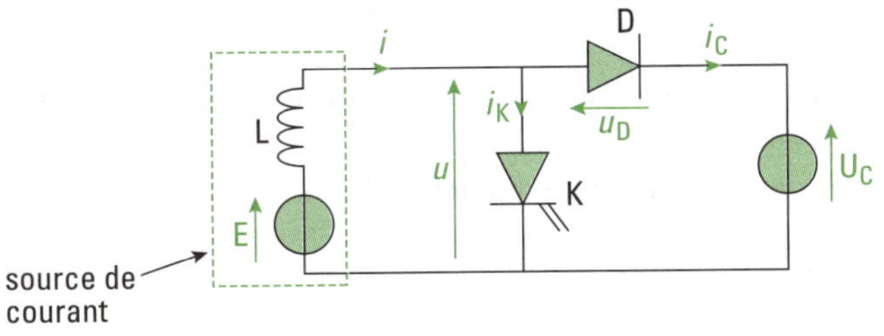

✓ Association d'un hacheur et d'une machine à courant continu

Pour étudier l'association d'un hacheur et d'une machine à courant continu, il faut superposer la caractéristique externe du hacheur et celle de la machine à courant continu, sachant que celle-ci ne peut fonctionner dans les quatre quadrants que si le hacheur le permet :

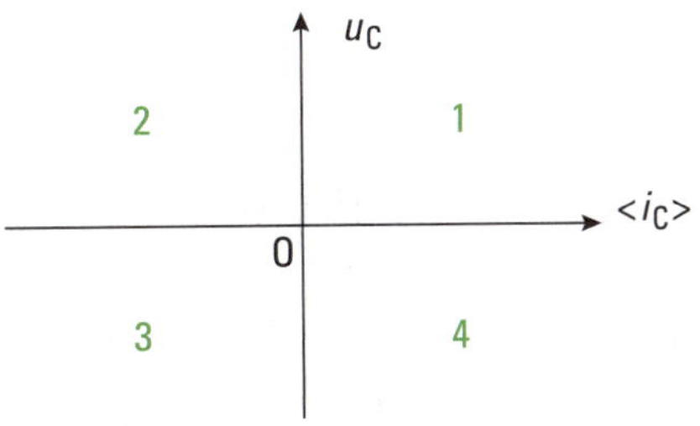

Dans le cours, seul le **hacheur en pont** permet de fonctionner dans les quatre quadrants car il peut alimenter la machine sous $u_C > 0$ ou $u_C < 0$ et lui fournir $< i_C > > 0$ ou $< i_C > < 0$.

Mise en œuvre

Méthode n°1

Comment déterminer le type d'un hacheur ?

On souhaite identifier la nature du montage hacheur associé à des sources connues.

→ Savoir faire

❶ Étudier la nature des sources à connecter entre elles.

❷ Définir le type de connexions possibles sur chaque source.

❸ En déduire le type de hacheur parmi :
- les hacheurs série,
- les hacheurs parallèle,
- les hacheurs à accumulation inductive,
- les hacheurs à accumulation capacitive.

→ Application

On souhaite connecter, d'une part, un générateur de f.é.m. E en série avec une inductance de forte valeur et, d'autre part, un récepteur constitué d'un condensateur de capacité C.

Quel type de hacheur doit-on utiliser?

Solution

❶ Le générateur est constitué d'un générateur de f.é.m. E en série avec une inductance de forte valeur. Il s'agit donc d'une source de courant.

Le récepteur est constitué d'un condensateur de capacité C. Il s'agit donc d'une source de tension.

❷ La source de courant ne peut être utilisée en circuit ouvert. Donc, au moins une des branches connectées à cette source ne doit pas être en circuit ouvert. On peut la placer en parallèle avec un interrupteur s'il existe une autre branche dans le montage connectée à cette source.

La source de tension ne peut pas être court-circuitée. On ne peut donc pas placer en parallèle avec celle-ci un interrupteur fermé : aucun interrupteur ne peut être placé en parallèle avec cette source.

❸ On rappelle les quatre structures principales :

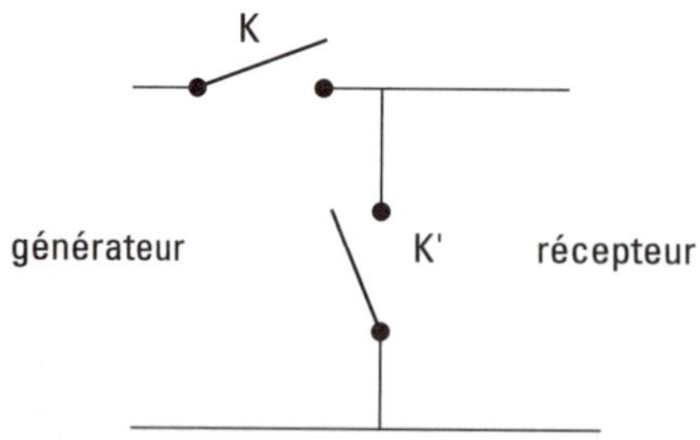

hacheur série

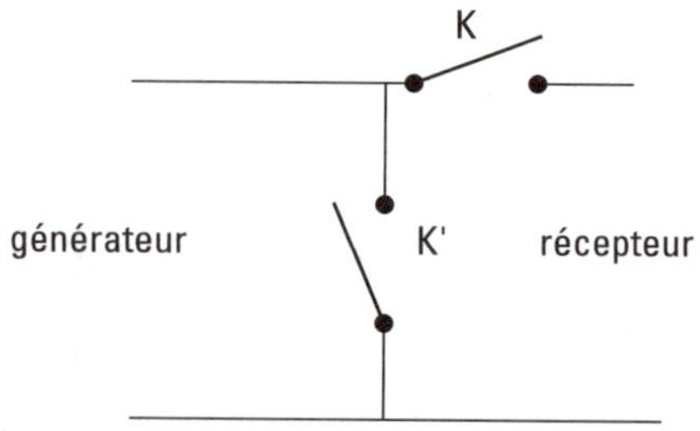

hacheur parallèle

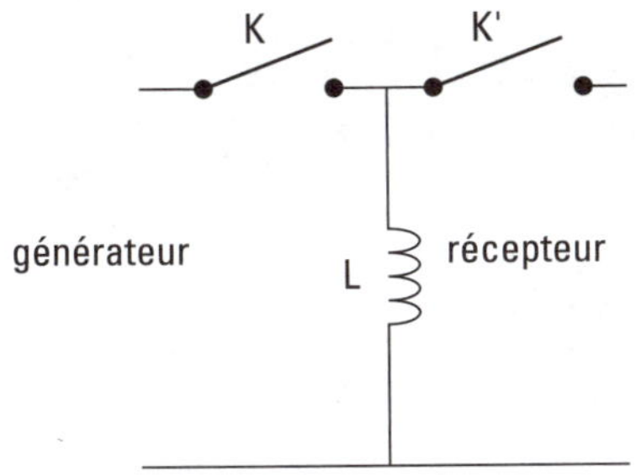

hacheur à accumulation inductive

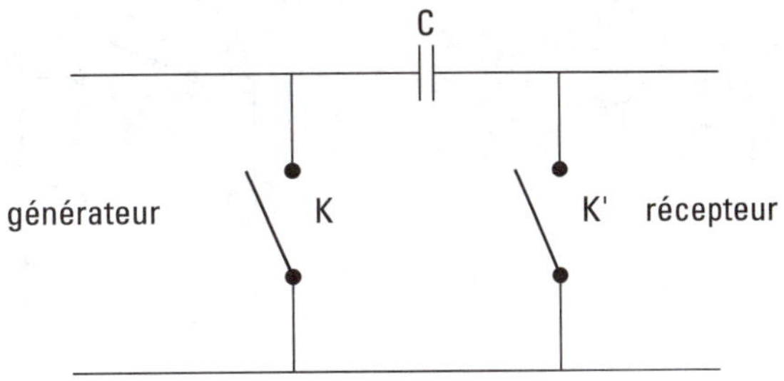

hacheur à accumulation capacitive

Aucun interrupteur ne peut être connecté en parallèle avec le récepteur. On ne peut donc pas utiliser les structures série ou à accumulation capacitive.

Dans la structure à accumulation inductive, le générateur peut se trouver en circuit ouvert. Elle ne convient donc pas.

La seule structure qui convient est donc la **structure type hacheur parallèle**.

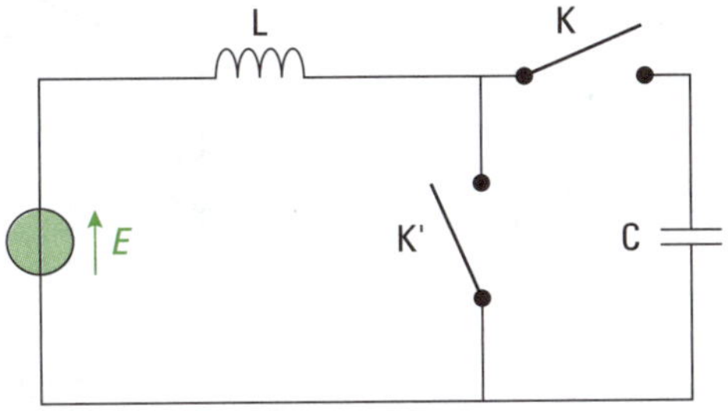

Méthode n°2

Comment déterminer la tension moyenne aux bornes du récepteur associé à un montage hacheur ?

On veut étudier les tensions aux bornes des différents interrupteurs du montage hacheur et celle aux bornes du récepteur.

→ Savoir faire

❶ Réaliser des schémas équivalents du montage pour chaque phase de fonctionnement.

❷ Étudier chaque configuration indépendamment. En déduire le chronogramme de la tension étudiée dans le circuit.

Sauf avis contraire, tous les interrupteurs sont considérés comme idéaux.

❸ À partir du chronogramme, calculer la valeur moyenne de la tension étudiée.

→ Application

On étudie le hacheur série, représenté ci-après, connecté à un générateur de tension idéal et alimentant un récepteur de courant constitué d'une inductance en série avec un générateur de tension idéal.

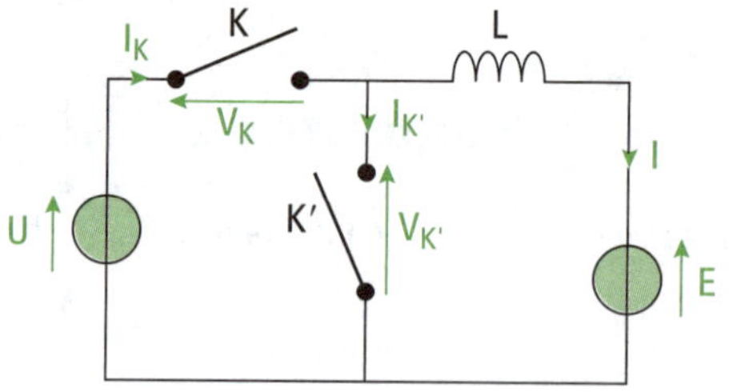

Entre les instants 0 et αT, l'interrupteur K est fermé et K′ est ouvert. Entre les instants αT et T, l'interrupteur K est ouvert et K′ est fermé.

Exprimer E en fonction de U.

Solution

❶ Seules deux configurations sont possibles :

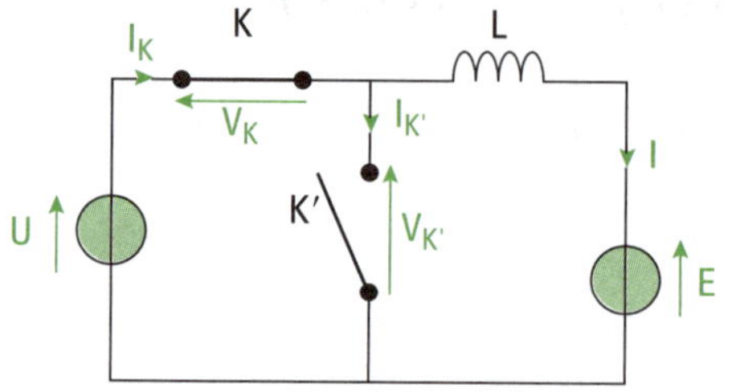

K fermé et K′ ouvert

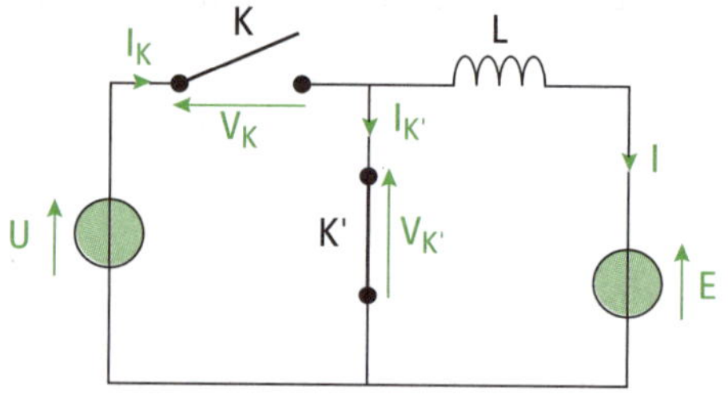

K ouvert et K′ fermé

❷ • Étudions le premier cas : K fermé et K′ ouvert.

La tension aux bornes de l'interrupteur K est nulle.

La tension aux bornes de l'interrupteur K′ est égale à U.

• Étudions le deuxième cas : K ouvert et K′ fermé.

La tension aux bornes de l'interrupteur K est égale à U.

La tension aux bornes de l'interrupteur K′ est nulle.

• On doit identifier la tension dont on va calculer la valeur moyenne. Ici, il s'agit de la tension aux bornes de K′ :

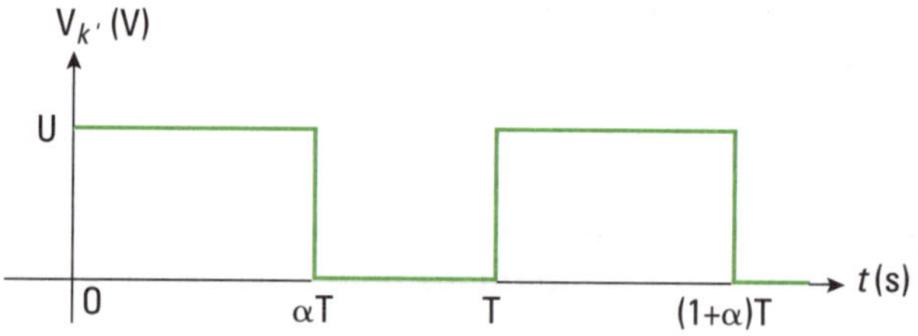

❸ On peut alors déterminer la valeur moyenne de la tension aux bornes de K′ :

$$\langle V_{K'} \rangle = \frac{1}{T}\int_0^T V_{K'}\,dt = \frac{1}{T}\int_0^{\alpha T} U\,dt = \alpha U.$$

La valeur moyenne de la tension aux bornes du récepteur est donc égale à αU.

Or, d'après la loi des mailles, on a : $V_{K'} = L\dfrac{dI}{dt} + E$.

Puisque la valeur moyenne de la tension aux bornes d'une inductance est nulle en régime permanent (voir chapitre 4), on a : $\langle V_{K'} \rangle = L\left\langle \dfrac{dI}{dt} \right\rangle + \langle E \rangle = E$.

D'où : $\mathbf{E = \alpha U.}$

Méthode n°3

Comment procéder pour l'étude des courants dans un montage hacheur ?

On veut étudier les courants dans les différentes branches d'un montage hacheur.

➜ Savoir faire

❶ Réaliser des schémas équivalents du montage pour chaque phase de fonctionnement.

❷ Étudier chaque configuration indépendamment. En déduire les équations instantanées des courants que l'on veut déterminer dans le circuit.

Sauf avis contraire, tous les interrupteurs sont considérés comme idéaux.

❸ Étudier les constantes d'intégration.

❹ En déduire les chronogrammes des courants étudiés dans le circuit.

➜ Application

On étudie le hacheur série, représenté ci-contre, connecté à un générateur de tension idéal et alimentant un récepteur de courant constitué par une inductance en série avec un récepteur équivalent à un générateur de tension idéal.

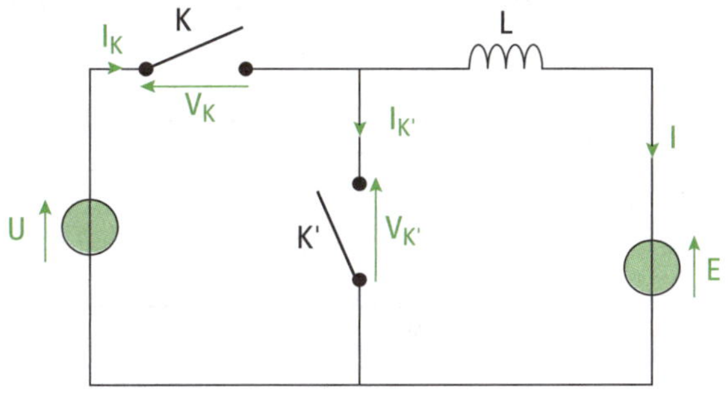

Entre les instants 0 et αT, l'interrupteur K est fermé et K′ est ouvert. Entre les instants αT et T, l'interrupteur K est ouvert et K′ est fermé.

Déterminer les chronogrammes des différents courants dans les branches du hacheur.

Solution

❶ Seules deux configurations sont possibles :

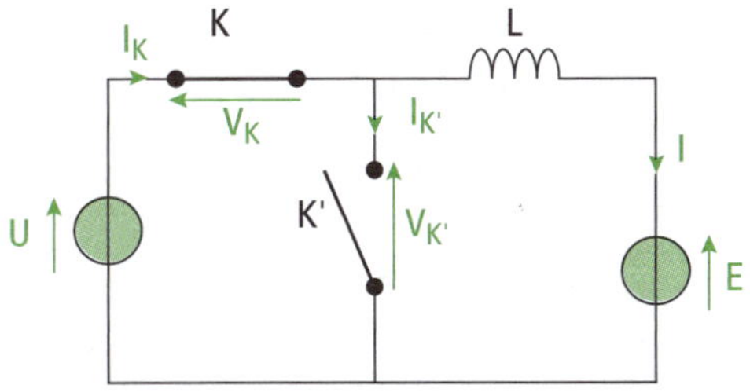

K fermé et K′ ouvert

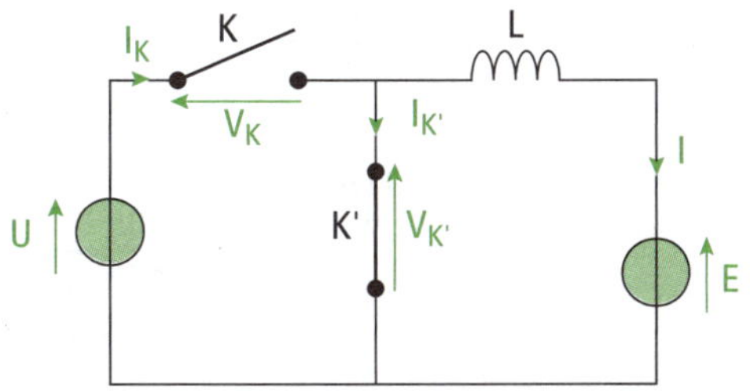

K ouvert et K′ fermé

❷ • *On étudie le premier cas :* K fermé et K′ ouvert.

Le courant I_K est égal à I dans l'interrupteur K. Le courant est nul dans l'interrupteur K′.

On peut alors déterminer l'équation du courant I en remarquant que dans cette phase $I = I_K$.

La loi des mailles s'écrit : $U = L\dfrac{dI}{dt} + E$,

d'où : $\frac{dI}{dt} = \frac{U - E}{L}$.

On trouve alors : $I(t) = \frac{U - E}{L} t + I(0) = I_K$ et $I_{K'} = 0$.

• *On étudie le deuxième cas :* K ouvert et K′ fermé.

Le courant est nul dans l'interrupteur K. Le courant $I_{K'}$ est égal à – I dans l'interrupteur K′.

On peut alors déterminer l'équation du courant I en remarquant que dans cette phase $I = -I_{K'}$.

La loi des mailles s'écrit : $0 = L \frac{dI}{dt} + E$,

d'où : $\frac{dI}{dt} = -\frac{E}{L}$.

On trouve alors : $I(t) = -\frac{E}{L}(t - \alpha T) + I(\alpha T) = -I_{K'}$ et $I_K = 0$.

❸ On notera I_{min} la constante d'intégration I(0). En effet, dans cette phase, la bobine se magnétise et donc nécessairement, $I(0) = I_{min}$.

On notera I_{max} la constante d'intégration $I(\alpha T)$ car la fonction $I(t)$ est décroissante dans l'intervalle de temps $[\alpha T ; T]$.

❹ La présence de l'inductance à la sortie du hacheur impose la continuité du courant I lors de chaque transition du hacheur d'un état à un autre. Donc la fonction $I(t)$ est continue aux instants αT et T.

On peut alors tracer les chronogrammes des courants :

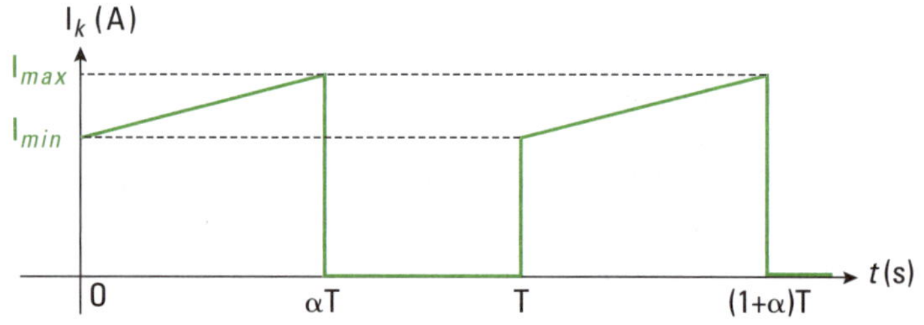

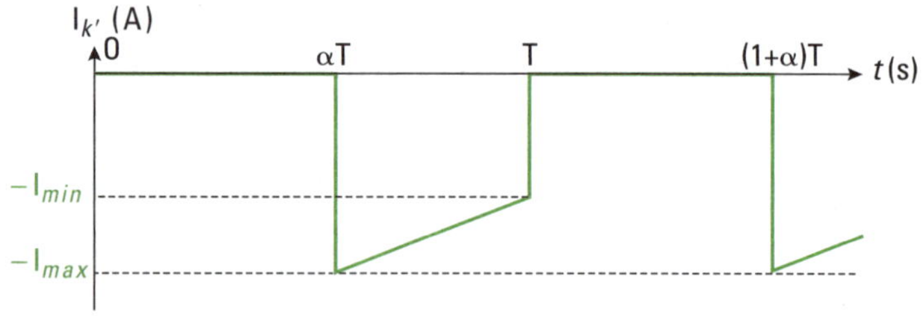

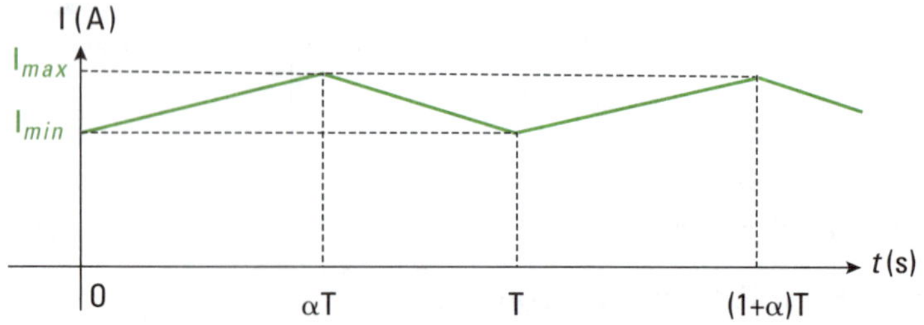

Exercices

Niveau 1

Ex. 1 Connexion de deux sources de courant

Quel type de hacheur permet de connecter deux sources de courant ? (Justifier votre choix par un raisonnement.)

Ex. 2 Commandes entrelacées

Afin de réduire l'ondulation du courant sans trop augmenter la fréquence de hachage, on double le montage hacheur parallèle d'un deuxième hacheur dont la commande est séparée.

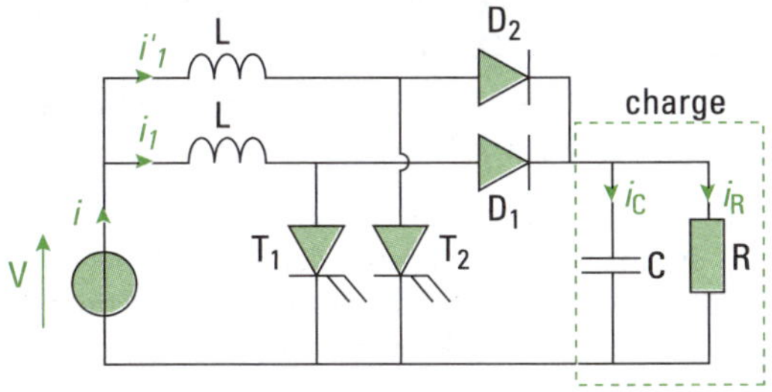

T_1 est fermé pour $t \in [0, \alpha T]$ et ouvert le reste de la période.

T_2 est fermé pour $t \in \left[\frac{T}{2}, \frac{T}{2} + \alpha T\right]$ et ouvert le reste de la période.

E est considérée constante et égale à 2,75 kV. De même, V est égale à 1,50 kV. On prend L = 5 mH et T = 3,33 ms.

1) Déterminer la relation entre V et E dans le cas du hacheur parallèle constitué de T_1 et D_1. En déduire la valeur numérique de α.

2) À l'aide de la représentation de $i_1(t)$ donnée ci-dessous, en déduire $i'_1(t)$.

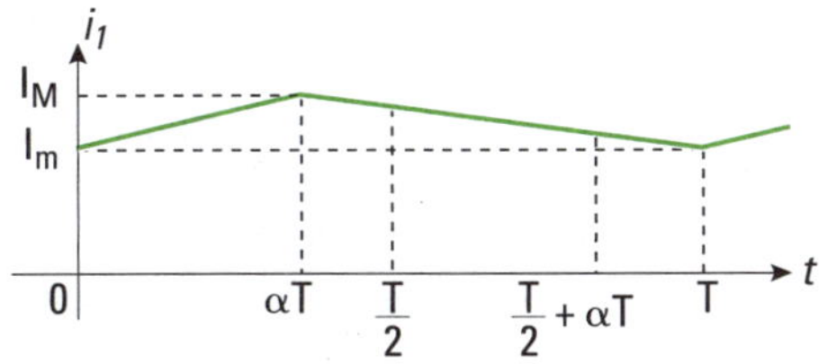

3) Donner la représentation graphique de $i(t)$ et préciser sa période.

4) Déterminer l'expression de $\frac{di}{dt}$ en fonction de E, V et L pour $t \in [0, \alpha T]$.

5) En déduire la valeur de $\Delta i = I_{max} - I_{min}$ pour la valeur de α trouvée à la question 1.

6) Sachant que, dans les mêmes conditions, $\Delta i = 452$ A pour un hacheur parallèle unique, conclure sur l'utilité d'un tel hacheur.

Niveau 2

Ex. 3 Étude des fonctions commutation

On étudie un hacheur série alimentant une machine à courant continu en série avec une inductance de lissage. Nous négligerons l'effet de la résistance d'induit et de l'inductance d'induit.

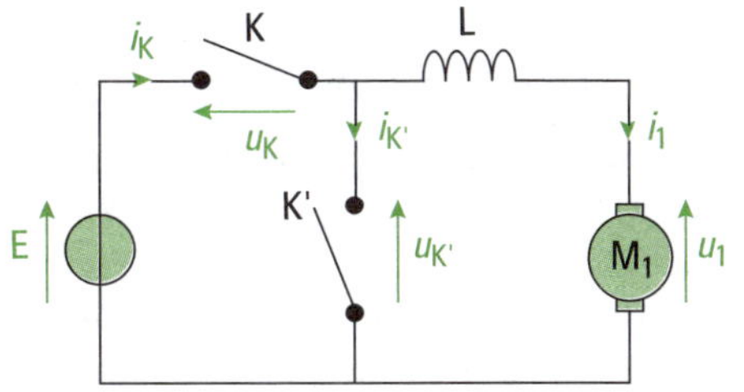

La séquence de commande des interrupteurs est périodique et, dans le fonctionnement envisagé ici, sur une période de durée [0, T], K′ est fermé pendant $[0, \alpha T]$ et $[(1 - \alpha)T, T]$, tandis que K conduit pendant $[\alpha T, (1 - \alpha)T]$ où α est un nombre réel compris entre 0 et 0,50.

1) Représenter l'évolution de la tension $u_{K'}$ aux bornes de K′ et exprimer sa valeur moyenne $U_{K'moy}$ en fonction de α et E en supposant que la vitesse de rotation de la machine est constante.

2) Quel est le rôle de la bobine d'inductance L placée entre le moteur et l'alimentation ?

3) Dans le cas d'un fonctionnement moteur de la machine M_1, de quel type de fonction de commutation a-t-on besoin pour K et K′ ?

Ex. 4 Conduction continue-discontinue

La figure suivante représente un hacheur série connecté à une source de tension idéale E et alimentant une association série d'une bobine d'inductance L et d'une cellule R, C.

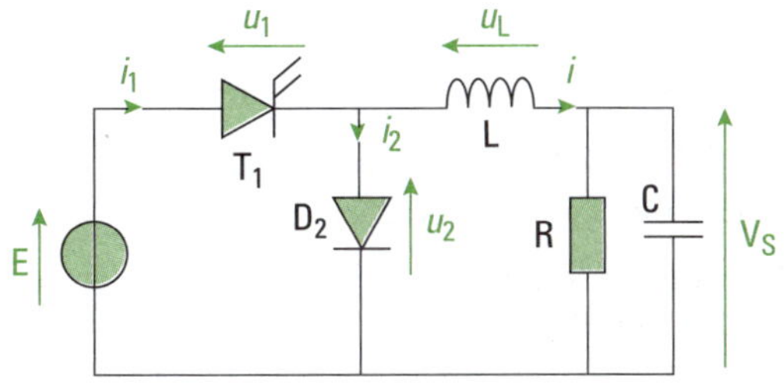

On suppose que l'interrupteur T_1 est fermé entre les instants 0 et αT et ouvert entre les instants αT et T, et ceci de manière périodique à la période T.

La cellule R, C est dimensionnée de manière à pouvoir considérer V_S constant sur une période du hacheur.

Pour les applications numériques, on pose :

$$E = 100\,V \text{ et } T = 1 \text{ ms}.$$

La puissance moyenne fournie par l'alimentation est $P = 600\,W$.

1) Étude du régime de conduction continue

On utilisera une inductance de lissage L = 10 mH et on prendra $\alpha = 0{,}6$.

a) Quelle est la relation liant V_S et E ?

b) Tracer le chronogramme du courant traversant la bobine en introduisant I_M et I_m, respectivement la valeur maximale et minimale du courant dans la bobine.

c) Déterminer les valeurs de I_M et I_m.

2) Étude du régime de conduction discontinue

a) On suppose que le courant dans la bobine d'inductance L s'annule à l'instant $t = \beta T$. Tracer le chronogramme du courant traversant la bobine.

b) En déduire l'expression de la tension aux bornes de la charge en fonction de α, β et E.

c) Exprimer la valeur moyenne I_S du courant dans la bobine en fonction de V_S, E, L, α et T.

d) Donner la relation liant V_S et I_S à la limite de la conduction continue.

3) Tracer le réseau de caractéristiques représentant V_S en fonction de I_S pour :

$$\alpha = 0{,}25 ; \alpha = 0{,}5 \text{ et } \alpha = 0{,}75.$$

Ex. 5 Hacheur dévolteur

On alimente un moteur à courant continu par l'intermédiaire d'un hacheur série en conduction continue pour $U_0 = 60\,V$, valeur de la tension d'alimentation du hacheur, $E_0 = 10\,V$, valeur de la tension aux bornes du moteur, et $N_0 = 3\,000 \text{ tr·min}^{-1}$, vitesse de rotation du moteur.

1) Quel est l'intérêt d'un hacheur ?

2) Représenter le montage.

3) Représenter les intensités caractéristiques en fonction du temps. On suppose que la tension de sortie du hacheur est égale à U_0 pour $t \in [0, \alpha T]$ et nulle pour $t \in [\alpha T, T]$.

4) Montrer que $E_0 = \alpha U_0$ en régime permanent.

5) Qu'est-ce que le régime discontinu ?

6) Calculer l'ondulation ΔI.

7) À quelle condition, portant sur α, la conduction est continue ?

Oral CCP, PSI, 2000

Ex. 6 Hacheur survolteur

On étudie l'alimentation à découpage suivante :

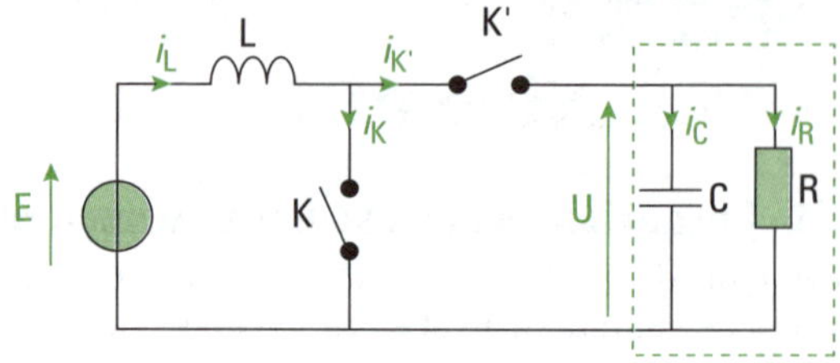

La séquence de commande des interrupteurs est la suivante :

– pour $0 \leqslant t < \alpha T$, K fermé, K′ ouvert ;

– pour $\alpha T \leqslant t < T$, K ouvert, K′ fermé.

On considère connus : $E = 50\,V$; $T = 50\ \mu s$.

On suppose dans un premier temps que l'association R//C entourée en pointillés se comporte comme une source de tension $U = E'$.

On se place dans l'hypothèse où le courant dans la bobine d'inductance L ne s'annule jamais.

1) Déterminer les expressions de $i_L(t)$, $i_K(t)$ et $i_{K'}(t)$, intensités des courants dans la bobine L et les interrupteurs K et K′, sur une période (on note I_m et I_M les valeurs minimale et maximale de i_L).

2) Représenter $i_L(t)$, $i_K(t)$ et $i_{K'}(t)$.

3) Déterminer, en fonction de E et α, la valeur moyenne de U.

4) On règle α à la valeur $\alpha = 0{,}6$. La puissance moyenne fournie par la source de tension E est alors $P = 150\,W$.

On accepte une ondulation $\Delta i_L = I_M - I_m$ maximale $\Delta i_{L\max} = 0{,}3$ A pour cette valeur de $\alpha = 0{,}6$.

a) Déterminer la valeur minimale de l'inductance L.

b) Pour la valeur de L trouvée à la question précédente, déterminer les valeurs minimale I_m et maximale I_M de i_L.

5) a) Tracer les portions de la caractéristique courant-tension décrites par chaque interrupteur au cours d'une période de fonctionnement.

b) En déduire les fonctions de commutation, transistor ou diode, correspondant aux interrupteurs K et K′ (les interrupteurs sont supposés idéaux).

c) Que vaut la valeur moyenne V_0 de la tension v_K aux bornes de K ?

6) On se place à nouveau dans les conditions de la question 4 :

$$\alpha = 0{,}6 \text{ et } P = 150\,W .$$

En réalité, la tension U aux bornes de l'association R//C n'est pas constante : c'est une fonction périodique qui présente une légère ondulation. On suppose que cela ne modifie pratiquement pas i_L, i_K et $i_{K'}$, qui conservent les mêmes formes que précédemment.

a) Déterminer, littéralement et numériquement, les intensités moyennes I_R et I_C des courants dans la charge R et dans le condensateur C en fonction de α, P et E.

b) Déterminer numériquement les valeurs moyennes P_R et P_C des puissances dissipées dans R et dans C.

D'après écrit CCP, PSI, 2001

Ex. 7 Alimentation d'un circuit L, C

On étudie un hacheur série débitant sur une charge qui assure la continuité du courant de sortie i'. Le hacheur est alimenté par une source de tension continue E = 100 V.

Il est nécessaire pour simplifier l'étude de supposer les interrupteurs bidirectionnels en courant.

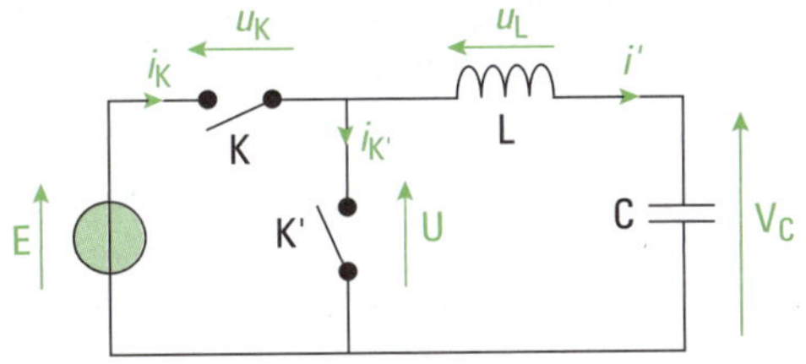

L'interrupteur K est fermé de 0 à αT et ouvert de αT à T, où T est la période de hachage. Les commutations de l'interrupteur K′ sont complémentaires de celles de K.

La décomposition en série de Fourier d'un signal s'écrit :

$$f(t) = f_{moy} + \sum_{n=1}^{+\infty}\left(a_n \cos\left(\frac{2\pi}{T}\,nt\right) + b_n \sin\left(\frac{2\pi}{T}\,nt\right)\right)$$

avec $a_n = \dfrac{2}{T}\displaystyle\int_0^T f(t)\cos\left(\frac{2\pi}{T}\,nt\right)\mathrm{d}t$

et $b_n = \dfrac{2}{T}\displaystyle\int_0^T f(t)\sin\left(\frac{2\pi}{T}\,nt\right)\mathrm{d}t.$

1) Calculer en fonction de α et de E, la valeur moyenne U_{moy} de la tension U(t) en sortie du hacheur.

2) Déterminer les coefficients a_n et b_n de la décomposition en série de Fourier de U(t) et exprimer l'amplitude $V'_1\sqrt{2}$ de son premier harmonique, ainsi que sa phase à l'origine φ_1.

3) On applique la tension U(t) aux bornes d'un circuit L, C série. En première approximation, on peut poser :

$$U(t) = U_{moy} + V'_1\sqrt{2}\sin(\omega t + \varphi_1).$$

Exprimer la tension aux bornes du condensateur, notée $V_{c1}(t)$, par superposition des effets de U_{moy} et $V'_1\sqrt{2}\sin(\omega t + \varphi_1)$.

On prend : $LC\left(\dfrac{2\pi}{T}\right)^2 = 2$ et $\alpha = \dfrac{1}{2}$, puis $\alpha = \dfrac{3}{4}$.

4) Conclure.

Ex. 8 Hacheur alimentant une charge R, L

On considère le montage hacheur suivant :

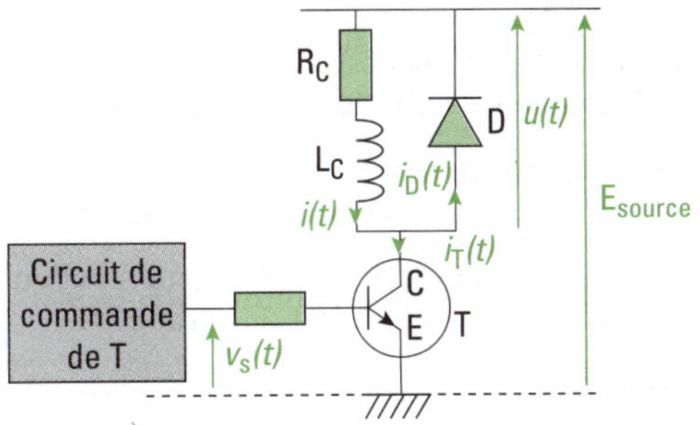

On prend : R_C = 10 Ω ; L_C = 1 H ; E_{source} = 15 V et T = 1,1 ms.

Le transistor T se comporte comme un interrupteur idéal :

– pour $t \in [0, \alpha T]$, T est fermé ;
– pour $t \in [\alpha T, T]$, T est ouvert.

Le système hacheur, constitué par le transistor, la diode D et l'alimentation continue E_{source}, alimente une charge équivalente à une résistance R_c en série avec une inductance L_c.

1) Représenter $u(t)$ et exprimer sa valeur moyenne $\langle u(t)\rangle$ en fonction de α.

2) À partir de l'équation différentielle reliant $u(t)$ à $i(t)$, exprimer $\langle i(t)\rangle$, en supposant que le régime permanent a été établi.

3) En admettant toujours que le régime permanent périodique est établi, déterminer les valeurs extrémales, I_{min} et I_{max}, entre lesquelles le courant $i(t)$ varie.

4) Établir l'expression simplifiée respectivement de I_{min} et I_{max} lorsque la constante de temps du circuit de charge est très supérieure à la période T. En déduire l'expression de l'ondulation :

$$\Delta I = I_{max} - I_{min}.$$

5) Représenter l'allure des grandeurs $i(t)$, $i_D(t)$ et $i_T(t)$. Calculer numériquement $\langle i(t)\rangle$, I_{min} et I_{max} pour $\alpha = 0{,}5$.

D'après écrit Mines-Ponts, PSI, 1998

Ex. 9 Hacheur type « Flyback »

On étudie une alimentation à découpage type « flyback » dont le schéma électrique est le suivant :

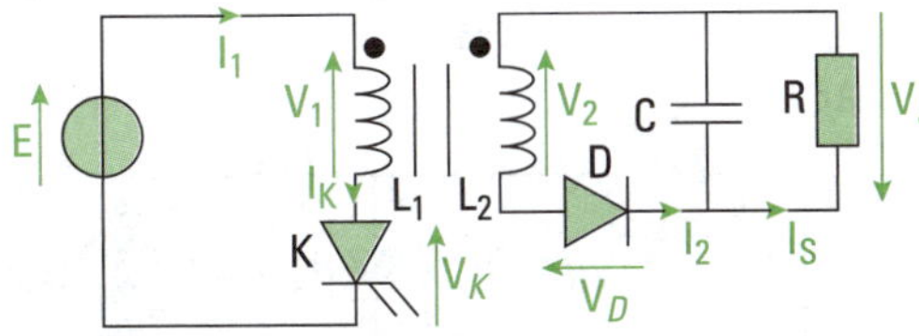

L'interrupteur K est fermé pour $t \in [0, \alpha T]$ et ouvert pour $t \in [\alpha T, T]$ où α est un réel compris entre 0 et 1

et T désigne la période de fonctionnement du montage.

L'isolement galvanique est assuré par un transformateur constitué de n_1 spires primaires et n_2 spires secondaires.

La tension V_s est supposée constante et positive telle qu'elle est fléchée sur la figure. E est également positive.

1) À $t = 0$, on ferme K. On suppose $I_1(0) = 0$. Donner la valeur de la tension V_2 en fonction de E, n_1 et n_2.

2) Donner alors l'expression de V_D en fonction de E, n_1, n_2 et V_s. En déduire l'état de la diode D.

3) Établir la loi d'évolution de $I_1(t)$ en fonction de E et L_1.

4) Nous rappelons que dans un transformateur, le flux du champ magnétique est proportionnel à :

$$n_1 i_1(t) + n_2 i_2(t).$$

Ce flux est toujours continu. À l'instant αT, donner l'expression de $I_2(\alpha T)$en fonction de $I_1(\alpha T)$, n_1 et n_2. En déduire l'état de la diode D à partir de l'instant αT.

5) Établir, pour $t \in [\alpha T, T]$, la loi d'évolution de $I_2(t)$ en fonction de E, V_s, L_1, n_1, n_2, α et T.

6) Donnez les expressions correspondantes de $V_1(t)$ et $V_K(t)$ en fonction de E, V_s, n_1 et n_2.

7) Déterminez l'expression en fonction de E, V_s, n_1, n_2, α et T de la durée de la deuxième phase se terminant à l'instant t_2 où I_2 s'annule. On rappelle que :

$$\frac{L_1}{L_2} = \frac{n_1^2}{n_2^2}.$$

8) Écrire la condition portant sur t_2 pour que le courant d'intensité I_2 soit nul avant la fin de chaque période T. Déduisez-en l'inégalité liant α, V_s et E.

Dans la suite, nous supposerons que le courant I_2 s'annule avant la fin de la période T.

9) Tracez les grandeurs $I_1(t)$, $V_1(t)$, $V_K(t)$, $I_2(t)$ et $V_d(t)$ en indiquant leurs valeurs maximales.

Ex. 10 Hacheur réversible en courant

Un ensemble {machine à courant continu + charge} est, dans certaines phases de son fonctionnement, réversible, c'est-à-dire que la machine peut fonctionner en génératrice. Afin de récupérer la puissance délivrée par cette machine lors d'un tel fonctionnement, on l'alimente par le hacheur réversible en courant représenté ci-dessous où la machine à courant continu sera assimilé à une association série d'une résistance r et d'une f.é.m. E.

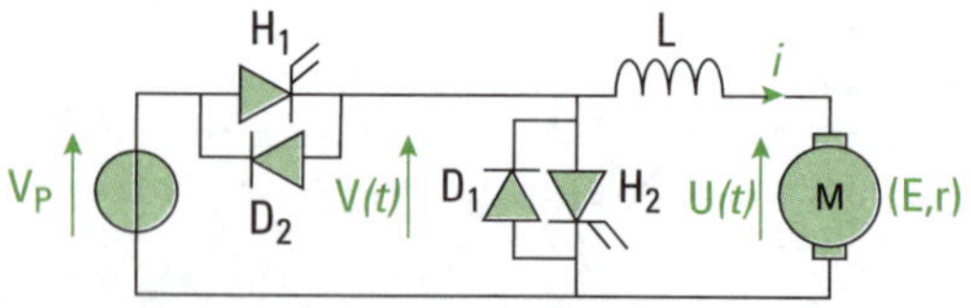

Les interrupteurs H_1 et H_2, parfaits, sont commandés par des signaux rectangulaires de période T et de rapport cyclique respectivement α_1 et α_2, tels que $\alpha_1 + \alpha_2 \leqslant 1$. Les diodes D_1 et D_2 sont idéales. La tension V_P est constante et positive. En régime permanent, on suppose que la différence de potentiel aux bornes de la résistance d'induit de la machine est plus faible en valeur absolue que la tension d'induit.

H_1 est commandé à la fermeture pour $t \in [0, \alpha_1 T]$ et commandé à l'ouverture pour $t \in [\alpha_1 T, T]$.

H_2 est commandé à l'ouverture pour $t \in [0, (1 - \alpha_2)T]$ et commandé à la fermeture pour $t \in [(1 - \alpha_2)T, T]$.

On peut obtenir les trois allures de courant suivantes :

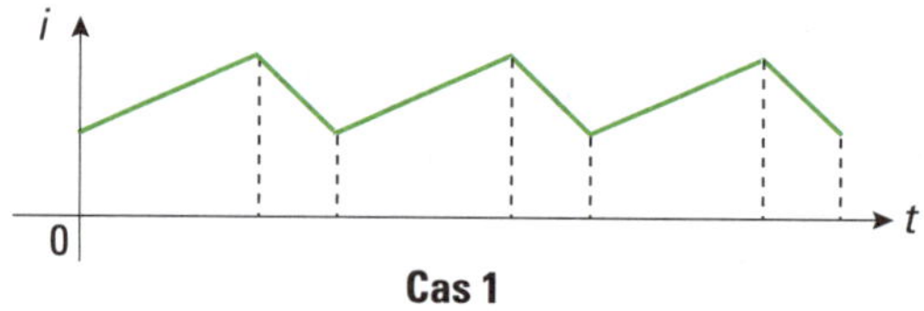

Cas 1

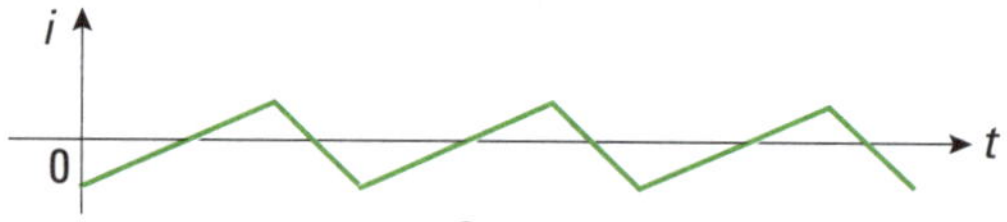

Cas 2

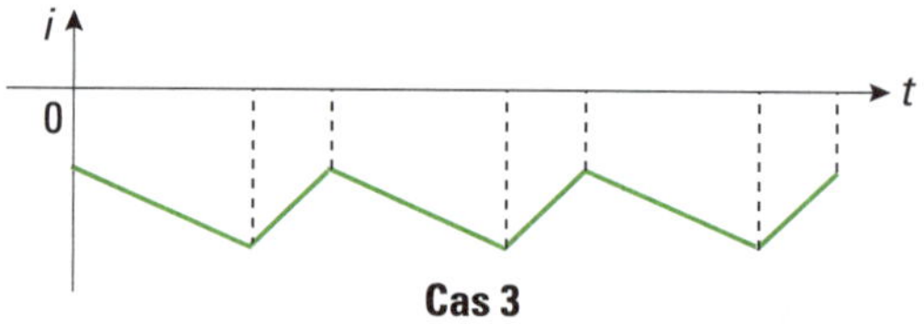

Cas 3

1) Dans chacun des cas 1 et 3, préciser :

a) le mode de fonctionnement de la machine à courant continu ;

b) les éléments qui assurent la conduction du courant pour chaque segment de droite.

2) En déduire la relation qui doit exister entre α_1 et α_2 pour que le cas 2 puisse se produire. Définir l'état des interrupteurs dans chaque phase de fonctionnement.

3) Conclure sur l'utilisation de ce type de hacheur.

D'après écrit ESIM, PSI, 1998

Ex. 11 Hacheur à accumulation inductive

On donne le circuit ci-dessous :

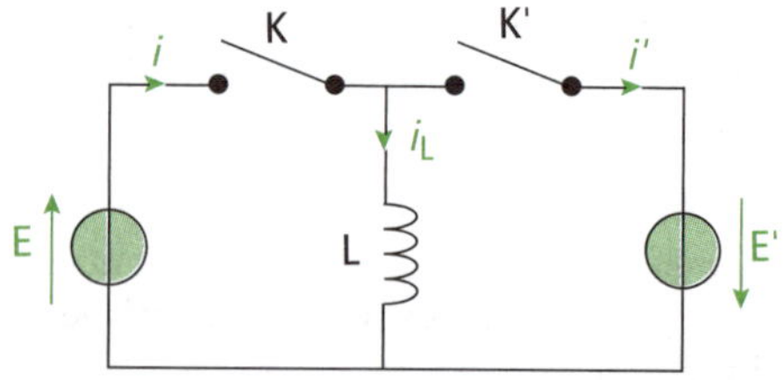

Le fonctionnement du système comporte deux phases :

– phase A : $0 \leqslant t \leqslant \alpha T$: K fermé, K′ ouvert ;

– phase B : $\alpha T \leqslant t \leqslant T$: K ouvert, K' fermé.

Le régime permanent est établi et on note i_{LM} l'intensité du courant dans la bobine à la fin de la phase A, i_{Lm} celle à la fin de la phase B.

1) Établir deux relations liant I_{LM} et i_{Lm}.

2) En déduire une relation entre E et E′.

3) On note ε_0 l'énergie échangée pendant chaque phase. En déduire i_{LM} et i_{Lm} en fonction de ε_0 et des paramètres du système étudié.

4) Quels composants électroniques peut-on utiliser pour réaliser les interrupteurs K et K′ ?

Oral CCP, PSI, 1997

Ex. 12 Hacheur réversible en tension

On étudie le hacheur suivant qui alimente une machine à courant continu de f.é.m. E et de résistance d'induit R associée à une bobine parfaite d'inductance L.

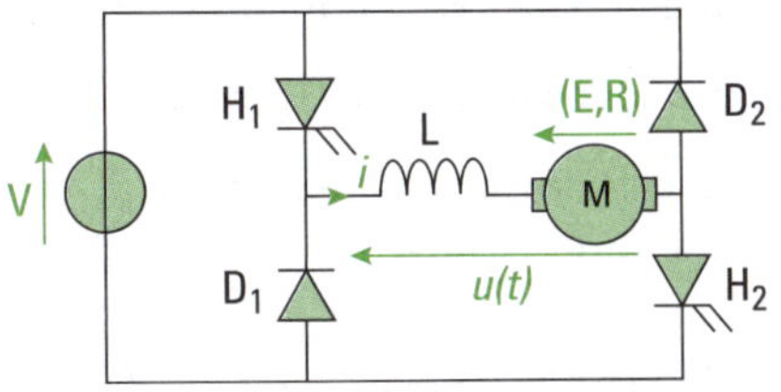

Les interrupteurs H_1 et H_2 sont commandés simultanément avec la période T $\left(T \ll \dfrac{L}{R}\right)$. Ils sont fermés pour $t \in [0, \alpha T]$ et ouverts le reste de la période. On suppose que le courant ne s'annule jamais.

1) Tracer l'allure de la tension $u(t)$ et du courant $i(t)$ pour $\alpha = 0{,}75$. On supposera $E < V$, ce que l'on démontrera dans la question 2.

2) En négligeant la chute de potentiel aux bornes de la résistance d'induit R, donner l'expression de E en fonction de V et α.

3) Discuter le mode de fonctionnement de la machine en fonction de la valeur de α.

Niveau 3

Ex. 13 Hacheur type « Forward »

On considère trois enroulements de N_1, N_2 et N_3 spires respectivement bobinés sur le même circuit magnétique, de longueur moyenne ℓ et de section S. L_S est assez élevée pour pouvoir considérer I_S constante.

On pose : $E = 300\text{ V}$ et $V_S = 5\text{ V}$.

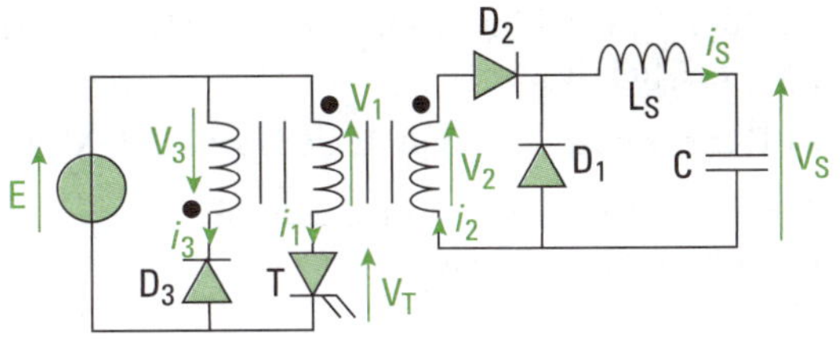

1) Définir les tensions V_1, V_2, V_3 en fonction du flux magnétique commun φ.

2) Établir la relation liant i_1, i_2, i_3 et φ ; on introduira la réluctance : $R = \dfrac{\ell}{\mu_0 \mu_S S}$.

3) Exprimer L_1, L_2, L_3 en fonction du nombre de spires associé et de R.

4) Quelles sont les grandeurs continues dans le circuit ?

5) Pour $0 < t < \alpha T$, le transistor T est passant. Déterminer les équations instantanées de V_1, V_2, V_3, i_1, i_2, i_3 et φ.

6) On suppose que, pour $\alpha T < t < T$, le transistor T est bloqué et la diode D_3 est passante. Déterminer les équations instantanées de V_1, V_2, V_3, i_1, i_2, i_3 et φ.

Oral Centrale-Supélec, 2002

7) Déterminer une condition sur φ pour que le montage fonctionne correctement. En déduire une relation liant α, N_1 et N_2.

Ex. 14 Fonctionnement 4 quadrants d'une machine à courant continu

On étudie le hacheur suivant qui alimente une machine à courant continu de f.é.m. E et de résistance d'induit R :

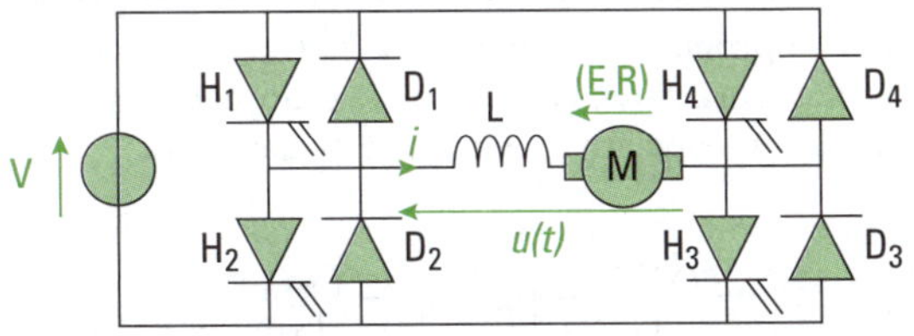

Dans tout l'exercice, on négligera la chute de potentiel aux bornes de la résistance d'induit.

Les interrupteurs H_1 et H_3 sont commandés simultanément avec la période T. Ils sont commandés à la fermeture pour $t \in [0, \alpha T]$ et ouverts le reste de la période.

Les interrupteurs H_2 et H_4 sont commandés simultanément avec la période T. Ils sont commandés à la fermeture pour $t \in [\alpha T, T]$ et ouverts le reste de la période.

1) Tracer l'allure de la tension $u(t)$ pour $\alpha = 0{,}75$ lorsque les interrupteurs H_1 et H_3 sont fermés pour

$t \in [0, \alpha T]$ et les interrupteurs H_2 et H_4 sont fermés pour $t \in [\alpha T, T]$.

2) Donner l'expression de E en fonction de V et α.

3) Étudier l'état des interrupteurs dans chacun des cas représentés ci-dessous.

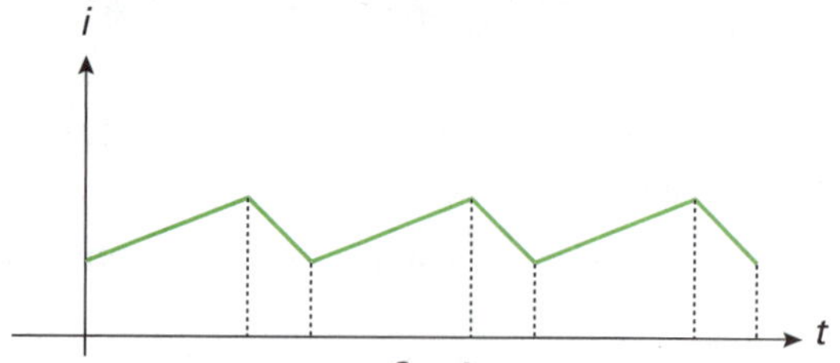

Cas 1

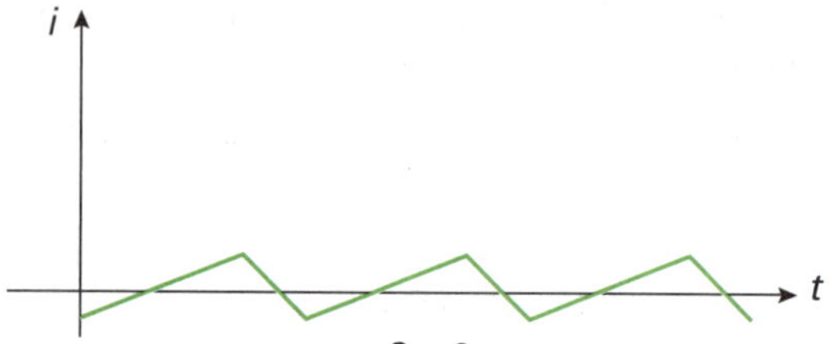

Cas 2

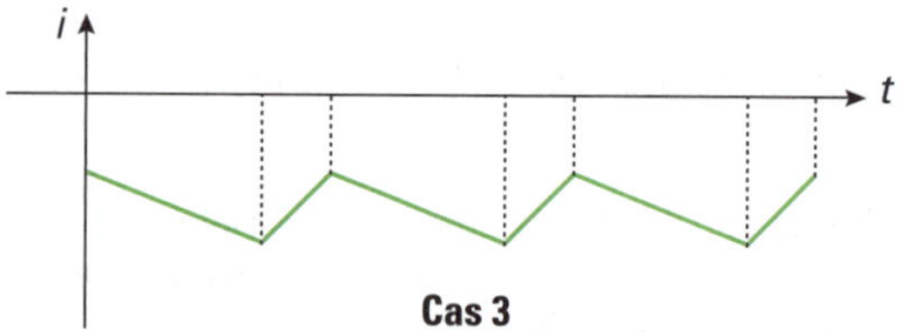

Cas 3

4) Indiquer le mode de fonctionnement de la machine en fonction de la valeur de α et du signe de la valeur moyenne du courant dans la charge.

Ex. 15 Hacheur à accumulation capacitive

On se propose d'étudier puis de tracer la caractéristique courant-tension en sortie d'un hacheur à accumulation capacitive représenté ci-dessous :

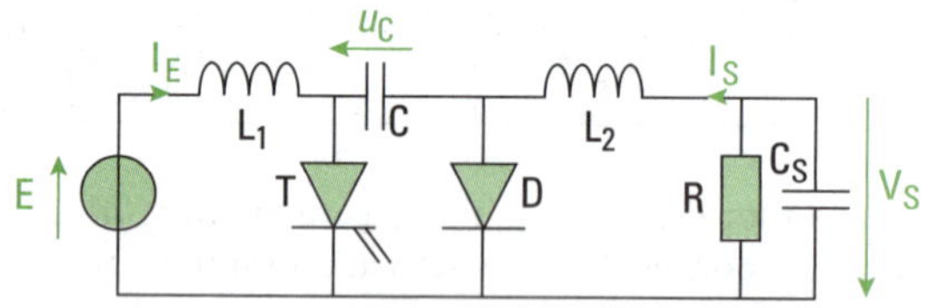

Les composants sont tous supposés parfaits.

Le convertisseur fonctionne avec une période de hachage égale à T. Le transistor T est fermé pour $t \in [0, \alpha T]$ et ouvert le reste de la période ($0 \leqslant \alpha \leqslant 1$). On considère que les tensions V_S et u_C sont constantes (sauf pour les questions 9 à 13). La tension E est toujours constante. On suppose enfin que $u_C > 0$.

1) Déterminer la relation liant E et V_S en régime permanent dans le cas de la conduction continue.

2) Établir les équations instantanées des courants dans les interrupteurs en fonction de E. On pose :

$$\frac{1}{L_{eq}} = \frac{1}{L_1} + \frac{1}{L_2}.$$

3) Montrer qu'il existe un régime de fonctionnement discontinu, pour le courant circulant dans la diode, qui impose :

$$I_{E\,min} = I_{S\,min} = 0.$$

4) Déterminer dans ces conditions $\langle I_E + I_S \rangle$.

5) Établir une relation entre $\langle I_E \rangle$ et $\langle I_S \rangle$.

6) Déterminer les expressions de $\langle V_T \rangle$ et $\langle V_D \rangle$ en fonction de α, β, E et u_C. En déduire une relation liant α, β, E et V_S.

7) En déduire V_S en fonction de $\langle I_S \rangle$ et des paramètres du montage dans le cas d'un régime discontinu de courant.

8) Quelle est la relation entre V_S, E et $\langle I_S \rangle$ dans le cas de la limite de conduction continue ?

9) On considère à présent que les courants I_S et I_E sont constants. Montrer qu'il peut se produire un régime discontinu de la tension aux bornes du condensateur.

10) Tracer l'évolution de V_S en fonction du temps et en déduire $\langle V_S \rangle$ en fonction de I_S et I_E.

11) Établir une relation entre E et I_E. En déduire $\langle V_S \rangle$ en fonction de I_S, α, T et E.

12) Quelle est la relation entre $\langle V_S \rangle$, E et I_S dans le cas de la limite de continuité de la tension aux bornes du condensateur ?

13) Tracer la caractéristique $\langle V_S \rangle$ en fonction de $\langle I_S \rangle$ pour $\alpha = 0{,}5$ et $\alpha = 0{,}75$ en prenant E = 100 V.

Indications

Ex. 3

3) Il faut établir l'expression de $u_1(t)$ en fonction de α et E. En déduire l'expression de l'intensité du courant $i_1(t)$, puis l'évolution des courants traversant K et K′ dans le domaine temporel.

Ex. 4

1) a) Étudier la tension aux bornes de la diode D_2.

1) c) Déterminer le courant moyen à partir de la puissance moyenne.

3) Avant de tracer les courbes, il convient de délimiter les zones de conduction continue.

Ex. 6

3) Utiliser les expressions de l'ondulation de courant.

Ex. 7

2) On a : $\sin(2\alpha) = 2\cos(\alpha)\sin(\alpha)$
et $1 - \cos(2\alpha) = 2\sin^2(\alpha)$.

Ex. 8

4) Utiliser un développement limité à l'ordre 2.

Ex. 9

4) Effectuer une étude en αT^- juste avant l'instant αT et en αT^+ juste après l'instant αT.

Ex. 10

1) a) Étudier le signe de la f.é.m. E.

1) b) Un seul interrupteur peut être passant dans chaque phase de fonctionnement.

3) Il faut étudier l'état des interrupteurs dans chaque phase avant de déterminer la relation demandée.

Ex. 13

1) Utiliser la loi de Faraday.

2) Appliquer le théorème d'Ampère sur la ligne de champ moyenne.

Ex. 15

1) Étudier les tensions aux bornes des interrupteurs.

5) Effectuer un bilan de puissance.

Solutions des exercices

Exercices de niveau 1

Exercice 1

On applique la méthode n° 1.

Les deux sources qui doivent être reliées sont des sources de courant. Ces sources ne peuvent être utilisées en circuit ouvert. De ce fait, on ne peut connecter un interrupteur en série avec ces sources. On en conclut que les interrupteurs sont placés en parallèle avec chaque source. Cependant, ces sources ne peuvent être connectées entre elles. Donc, on doit utiliser un étage complémentaire afin de les associer. Cet étage doit se comporter comme une source de tension afin de pouvoir le placer en parallèle avec une des sources de courant.

L'étage est donc constitué d'un condensateur de forte capacité, ce qui permet de constituer une source de nature capacitive (pouvant être considérée comme une source de tension continue).

Il faut donc réaliser un hacheur à accumulation capacitive, où K et K′ sont commandés de manière complémentaire.

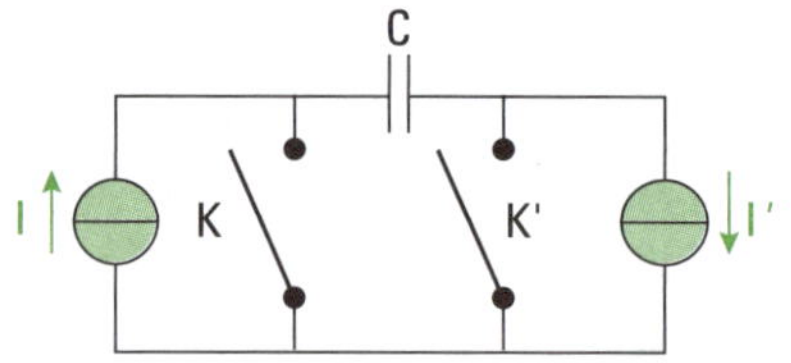

Exercice 2

1) On applique la méthode n° 2.

Les deux configurations possibles sont :

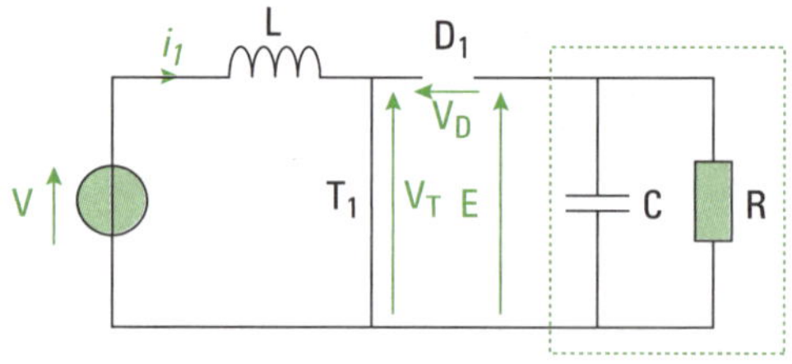

pour $t \in [0,\alpha T]$

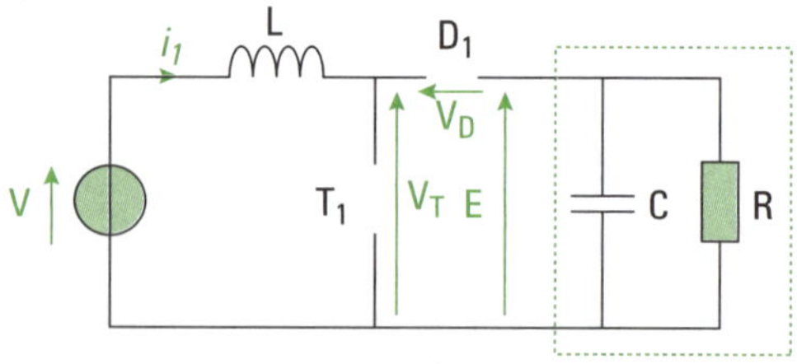

pour $t \in [\alpha T,T]$

– Pour $t \in [0, \alpha T]$, $V_T = 0$ et $V_D = -E$.

– Pour $t \in [\alpha T, T]$, $V_T = E$ et $V_D = 0$.

Le seul chronogramme utile est celui représentant V_T :

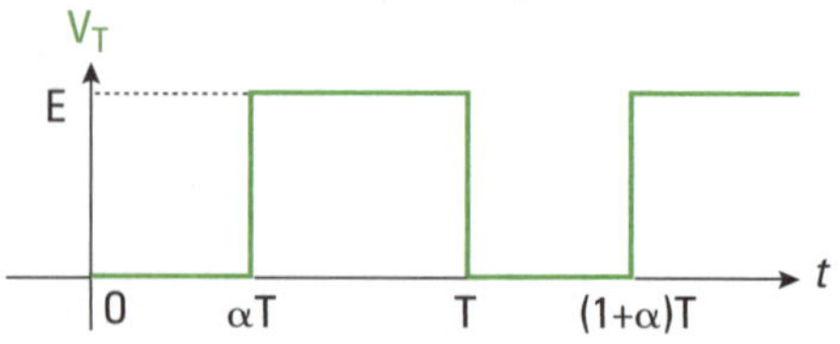

On calcule la valeur moyenne de la tension aux bornes de l'interrupteur T_1. D'après la loi des mailles :

$$V_T = L\,\frac{di}{dt} + V.$$

Or, $i(t)$ est une fonction T-périodique, donc :

$$L\left\langle \frac{di}{dt} \right\rangle = 0, \text{ d'où : } \langle V_T \rangle = V.$$

Or le chronogramme montre que : $\langle V_T \rangle = (1 - \alpha)E$. On en déduit :

$$\mathbf{E = \frac{V}{1-\alpha}}, \text{ d'où : } \boldsymbol{\alpha = 1 - \frac{V}{E}}. \qquad \textit{A.N.}\ \boldsymbol{\alpha = 0{,}45}.$$

2) La commande de l'interrupteur T_2 est en retard de $\frac{T}{2}$ par rapport à celle de T_1. On peut en conclure que le courant $i'_1(t)$ est en retard de $\frac{T}{2}$ par rapport à $i_1(t)$. Donc :

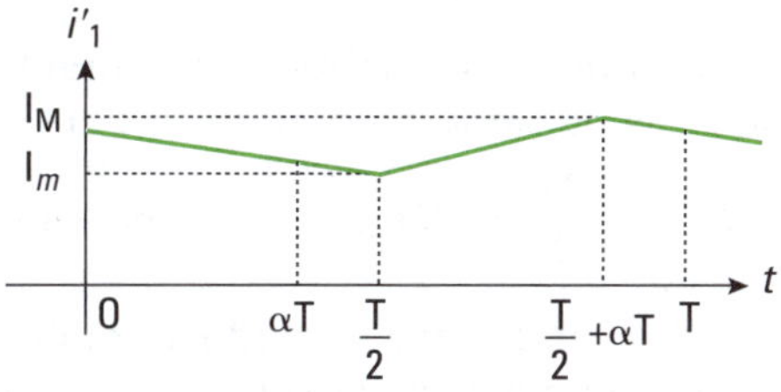

3) D'après la loi des nœuds : $i(t) = i_1(t) + i'_1(t)$.

– Pour $t \in [0, \alpha T]$, la pente de la fonction $|i_1(t)|$ est plus importante que celle de la fonction $|i'_1(t)|$. Donc la fonction $i(t) = i_1(t) + i'_1(t)$ est croissante.

– Pour $t \in \left[\alpha T, \frac{T}{2}\right]$, les intensités des deux courants sont représentées par des fonctions décroissantes. Donc la fonction $i(t) = i_1(t) + i'_1(t)$ est décroissante.

De plus : $i'_1\left(\frac{T}{2}\right) = i_1(0)$ et $i_1\left(\frac{T}{2}\right) = i'_1(0)$, donc : $i\left(\frac{T}{2}\right) = i_1\left(\frac{T}{2}\right) + i'_1\left(\frac{T}{2}\right) = i'_1(0) + i_1(0) = i(0)$.

– Pour $t \in \left[\frac{T}{2}, \frac{T}{2} + \alpha T\right]$, la pente de la fonction $|i'_1(t)|$ est plus importante que celle de la fonction $|i_1(t)|$. Donc la fonction $i(t) = i_1(t) + i'_1(t)$ est croissante.

De plus : $i'_1\left(\frac{T}{2} + \alpha T\right) = i_1(\alpha T)$ et $i_1\left(\frac{T}{2} + \alpha T\right) = i'_1(\alpha T)$.

Donc : $i\left(\frac{T}{2} + \alpha T\right) = i_1\left(\frac{T}{2} + \alpha T\right) + i'_1\left(\frac{T}{2} + \alpha T\right) = i'_1(\alpha T) + i_1(\alpha T) = i(\alpha T)$.

– Pour $t \in \left[\frac{T}{2} + \alpha T, T\right]$, les intensités des deux courants sont représentées par des fonctions décroissantes. Donc la fonction $i(t) = i_1(t) + i'_1(t)$ est décroissante.

De plus : $i_1(T) = i_1(0)$ et $i'_1(T) = i'_1(0)$, donc $i(T) = i_1(T) + i'_1(T) = i'_1(0) + i_1(0) = i(0)$.

D'où :

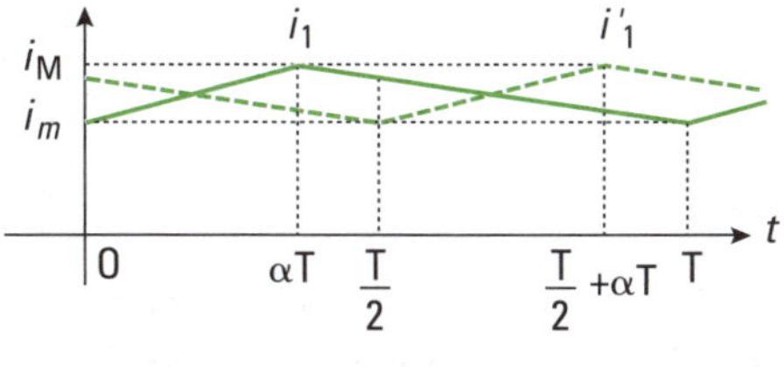

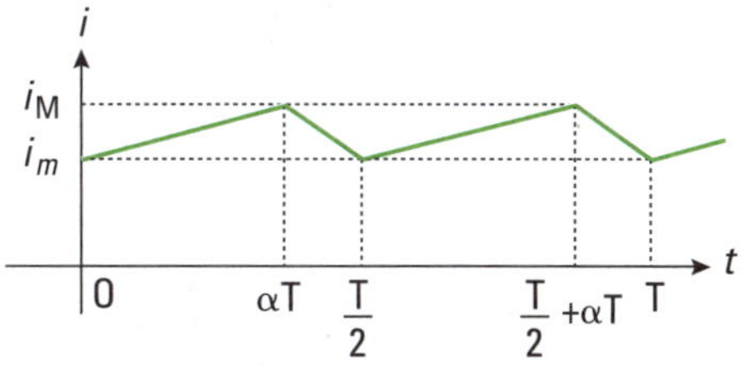

Le courant $i(t)$ est donc périodique de **période** $\boldsymbol{\frac{T}{2}}$.

4) Pour $t \in [0, \alpha T]$, on réalise le schéma équivalent du montage:
– T_1 est fermé, donc D_1 est bloquée.
– T_2 est ouvert, donc D_2 est passante.
On en déduit:

$$\frac{di_1}{dt} = \frac{V}{L} \text{ et } \frac{di'_1}{dt} = \frac{V-E}{L}.$$

Or $\dfrac{di}{dt} = \dfrac{di_1}{dt} + \dfrac{di'_1}{dt}$.

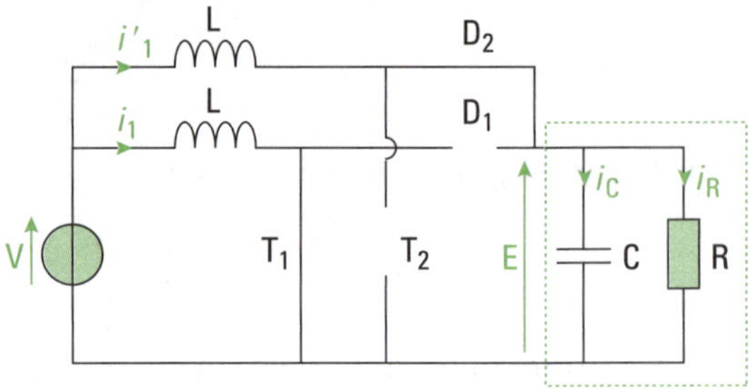

Donc: $$\mathbf{\frac{di}{dt} = \frac{2V - E}{L}}.$$

5) Le chronogramme de $i(t)$ montre que la variation de courant est définie par $\Delta i = i(\alpha T) - i(0)$. Donc, en utilisant le résultat de la question précédente, il vient:

$$\mathbf{\Delta i = \frac{2V - E}{L} \alpha T} \qquad \textit{A.N.}\ \mathbf{\Delta i = 74{,}9\ A}.$$

6) Ce type de commande réduit d'un facteur 6 l'ondulation de courant. On en voit alors l'utilité afin de réduire l'ondulation de courant dans la source d'entrée (qui peut être constituée d'une machine à courant continu).

Exercices de niveau 2

Exercice 3

On remarque ici qu'il s'agit d'un hacheur série classique. La différence avec le hacheur vu en cours est liée au fait que les instants de commutation sont décalés. On a simplement modifié l'origine des temps: la première commutation a lieu à l'instant $t = (1 - \alpha)T$ au lieu de l'instant $t = 0$. Le coefficient α n'a pas la même signification que dans le hacheur vu en cours, c'est ce que nous verrons dans l'exercice.

1) On représente les schémas équivalents pour chaque configuration (cf. méthode n°2). En cours, on a vu que si l'interrupteur K′ est fermé, l'interrupteur K est forcément ouvert. De même, si l'interrupteur K est ouvert, l'interrupteur K′ est forcément fermé.

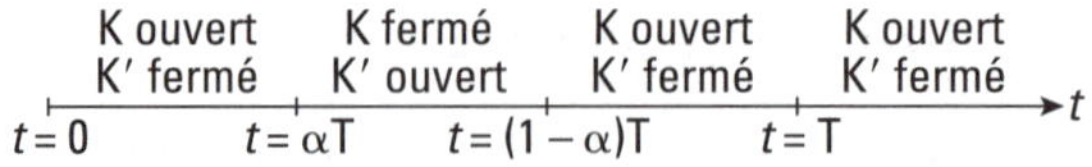

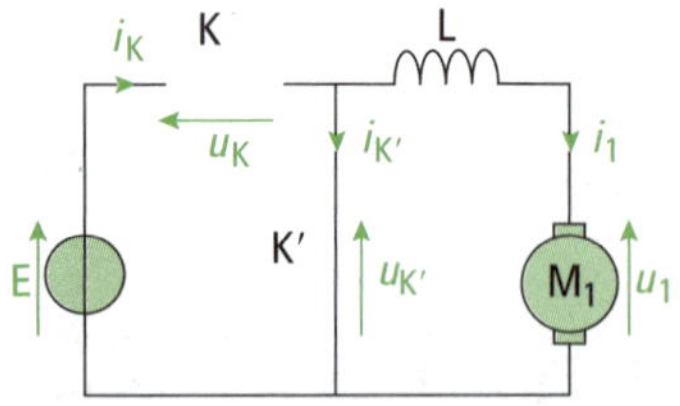

pour $t \in [0, \alpha T]$

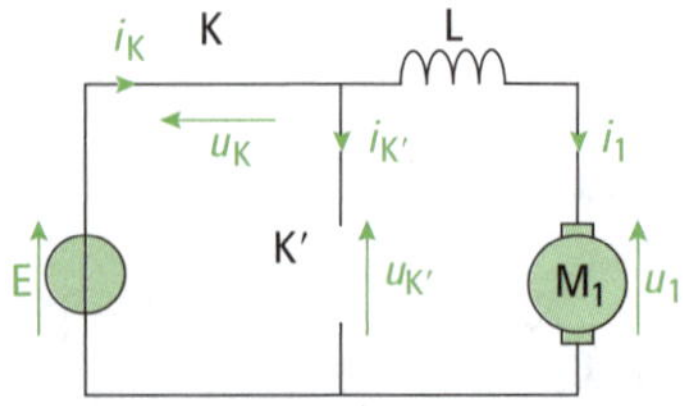

pour $t \in [\alpha T, (1 - \alpha) T]$

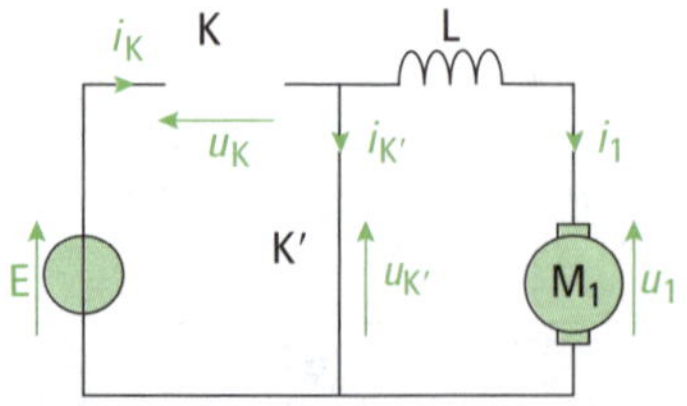

pour $t \in [(1 - \alpha) T, T]$

On étudie alors chaque configuration pour en déduire le chronogramme de la tension aux bornes de l'interrupteur K'.

– *Pour t ∈ [0, αT] :* l'interrupteur K est ouvert et K′ est fermé. D'après le schéma, $u_{K'} = 0$.

– *Pour t ∈ [αT, (1 – α) T] :* l'interrupteur K est fermé et l'interrupteur K′ est ouvert. D'après le schéma, $u_{K'} = E$.

– *Pour t ∈ [(1 – α) T, T] :* résultats identiques au premier intervalle.

On en déduit le chronogramme suivant :

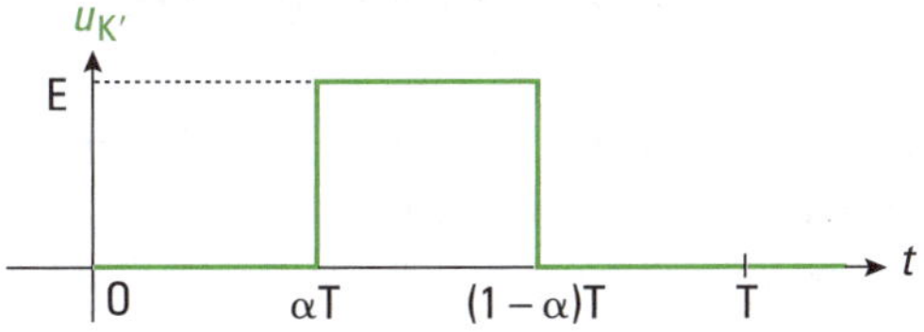

On peut alors déterminer :

$$U_{K'\,moy} = \langle U_{K'} \rangle = \frac{1}{T}\int_0^T u_{K'}\,dt = \frac{1}{T}\int_{\alpha T}^{(1-\alpha)T} E dt, \text{ soit : } \mathbf{U_{K'\,moy} = (1 - 2\alpha)E}.$$

2) La bobine sert à lisser le courant (réduire l'ondulation du courant). Le récepteur est donc de nature inductive et il est assimilé à un récepteur de courant.

La machine à courant continu sera parcourue par un courant ayant une ondulation faible. Ceci permet d'éviter de fortes variations du couple moteur (proportionnel au courant) qui engendreraient des contraintes mécaniques préjudiciables à la machine et non souhaitées sur la charge.

3) On cherche le type de fonction de commutation (cf. méthode n°2 du chapitre 3).

• Il faut étudier l'évolution du courant en fonction de la tension pour chaque interrupteur. On peut déterminer la tension aux bornes de l'interrupteur K en reprenant l'étude faite dans la question 1. On obtient :

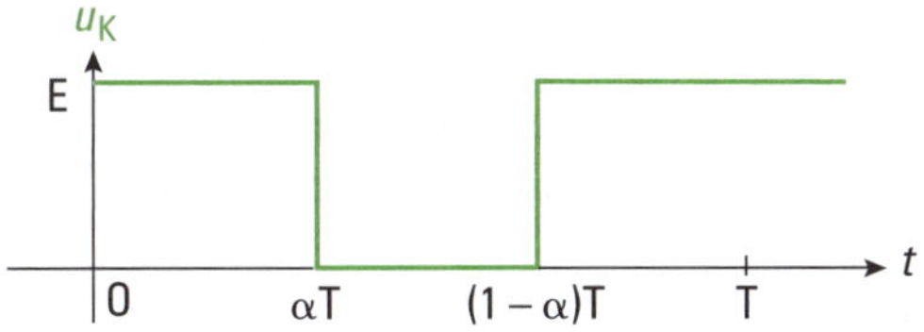

Pour l'instant, on a étudié uniquement la grandeur électrique tension. Il nous manque donc l'étude du courant (cf. méthode n°3).

• Le courant dans un interrupteur est égal à + ou – i_1 quand l'interrupteur est fermé et est nul quand l'interrupteur est ouvert. Il faut donc étudier i_1.

– *Pour t ∈ [0, αT] :* l'interrupteur K est ouvert et K′ est fermé.

L'application de la loi des mailles permet d'écrire :

$$u_1 + \frac{L\,di_1}{dt} = 0$$

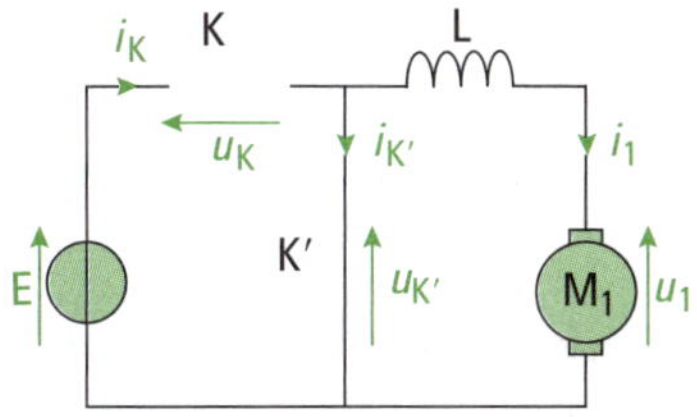

Comme on ne tient pas compte de l'effet de l'inductance et de la résistance de l'induit et que le rotor tourne à une vitesse angulaire constante, u_1 est une tension constante.

En réalité, dans un modèle plus détaillé, on assimile *L* à la somme de l'inductance de l'induit de la MCC et de l'inductance de lissage.

On détermine u_1 d'après la loi des mailles : $u_1 + L\dfrac{di_1}{dt} = u_K$. Donc :

$$\langle u_1 \rangle + L\left\langle \frac{di_1}{dt} \right\rangle = \langle u_{K'} \rangle = U_{K'\,moy}, \text{ où } \left\langle L\frac{di_1}{dt} \right\rangle = L\left\langle \frac{di_1}{dt} \right\rangle$$

en supposant L constante (inductance non saturable).

Cette hypothèse sur l'inductance non saturable sera toujours valable, sauf avis contraire dans l'énoncé.

Or $\left\langle \frac{di_1}{dt} \right\rangle = 0$ car i_1 est une grandeur périodique de période T. D'où : $u_1 = (1 - 2\alpha)E$.

On peut maintenant résoudre l'équation du courant : $u_1 + L\frac{di_1}{dt} = 0$. Donc :

$$i_1 = -\frac{u_1}{L}t + i_1(0) \qquad \textbf{(1)}.$$

– *Pour $t \in [\alpha T, (1-\alpha)T]$* : l'interrupteur K est fermé et l'interrupteur K′ est ouvert. L'application de la loi des mailles permet d'écrire :

$$u_1 + L\frac{di_1}{dt} = E.$$

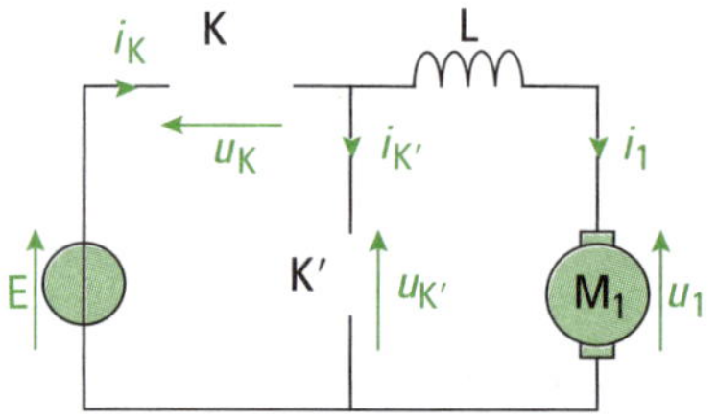

La résolution de cette équation donne :

$$i_1 = \frac{E - u_1}{L}(t - \alpha T) + i_1(\alpha T).$$

Cependant, $u_1 = (1 - 2\alpha)E \leqslant E$, donc $i(t)$ est une fonction croissante sur cet intervalle de temps. Donc $i_1(\alpha T)$ est une valeur minimale de i_1 que l'on note $i_{1\,min}$. D'où :

$$i_1 = \frac{E - u_1}{L}(t - \alpha T) + i_{1\,min} \qquad \textbf{(2)}.$$

– *Pour $t \in [(1-\alpha)T, T]$*: configuration identique au cas $t \in [0, \alpha T]$.

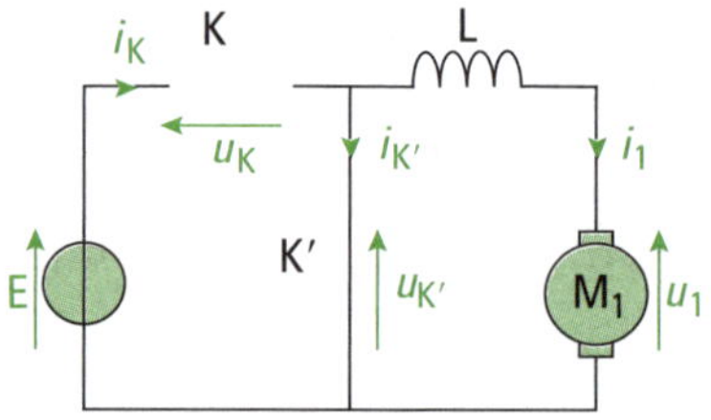

Donc : $i_1 = -\frac{u_1}{L}(t - (1-\alpha)T) + i_1((1-\alpha)T)$.

Or $i_1(t)$ est une fonction décroissante sur cet intervalle de temps. Donc $i_1((1-\alpha)T)$ est une valeur maximale de i_1 que l'on note $i_{1\,max}$. D'où :

$$i_1 = -\frac{u_1}{L}(t - (1-\alpha)T) + i_{1\,max} \qquad \textbf{(3)}.$$

Il faut rappeler qu'en régime permanent : $i(T) = i(0)$.

• *Étude de l'interrupteur K*

Sur l'intervalle de temps $[\alpha T, (1-\alpha)T)$, K est fermé donc :

$$i_K = i_1 = \frac{E - u_1}{L}(t - \alpha T) + i_{1\,min}.$$

Sur le reste de la période, K est ouvert donc :

$$i_K = 0.$$

• *Étude de l'interrupteur K′*

Sur l'intervalle de temps $[0, \alpha T]$, K′ est fermé donc :

$$i_{K'} = -i_1 = \frac{u_1}{L}t - i_1(0).$$

Sur l'intervalle de temps $[\alpha T, (1-\alpha)T]$, K′ est ouvert donc :

$$i_{K'} = 0.$$

Sur l'intervalle de temps $[(1-\alpha)T, T]$, K′ est fermé donc :

$$i_{K'} = -i_1 = \frac{u_1}{L}(t - (1-\alpha)T) - i_{1\,max}.$$

Dans le cas d'un fonctionnement moteur, i_1 est positif puisque le moteur est en convention récepteur. On obtient alors :

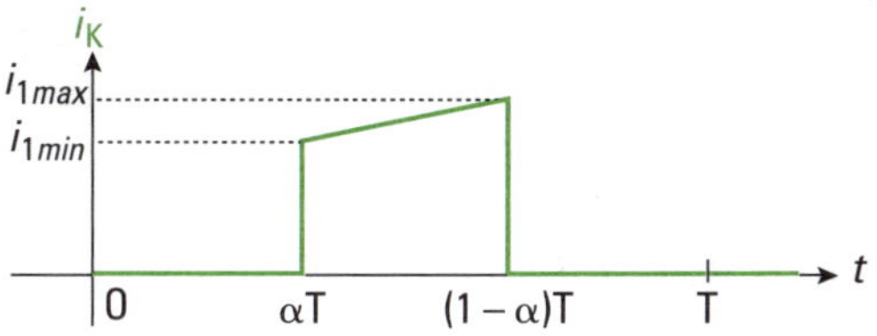

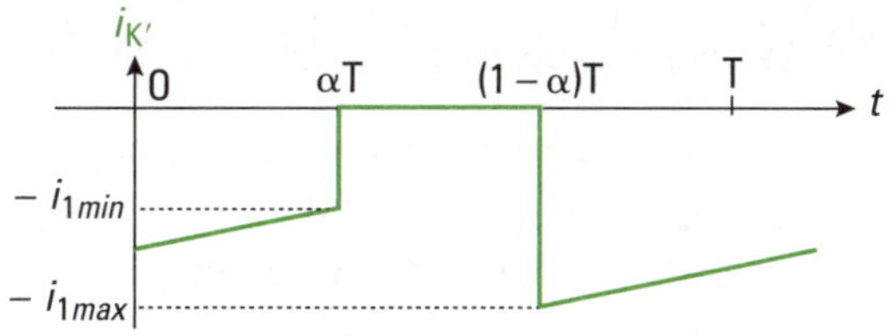

On peut donc tracer l'évolution du courant en fonction de la tension pour chaque interrupteur :

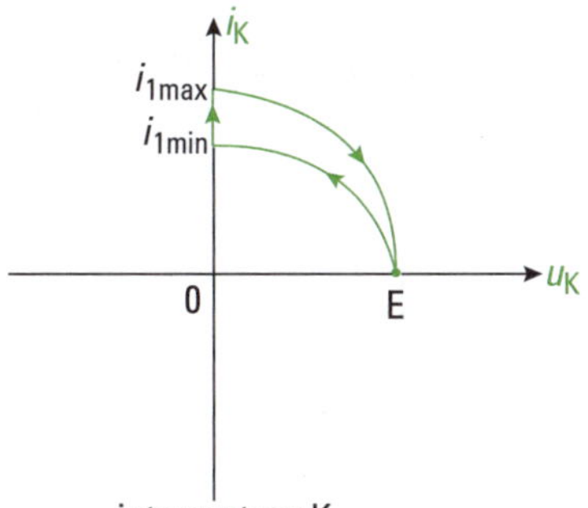

interrupteur K

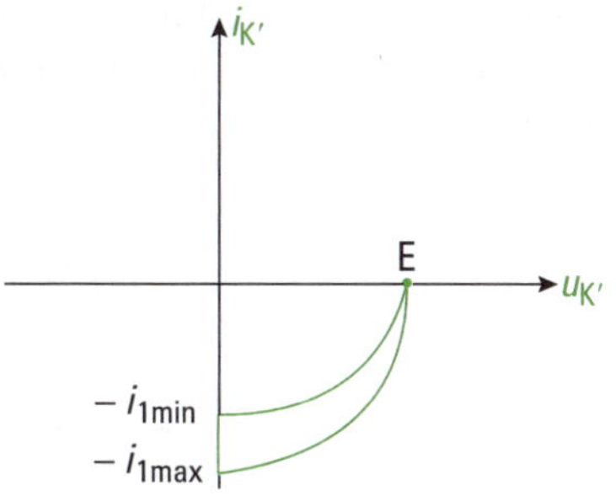

interrupteur K′

Le tracé du courant en fonction de la tension dans les interrupteurs n'a qu'une signification symbolique. Elle ne représente en rien la véritable évolution de ces grandeurs au cours de la commutation. En effet, lors de la commutation, les grandeurs tension et courant varient en restant toujours près des axes (le courant varie lorsque la tension est faible et la tension varie quand le courant est faible) afin de minimiser les pertes en puissance lors des commutations.

On en déduit que K est une fonction **transistor** et K′ une fonction **diode « inversée »**.

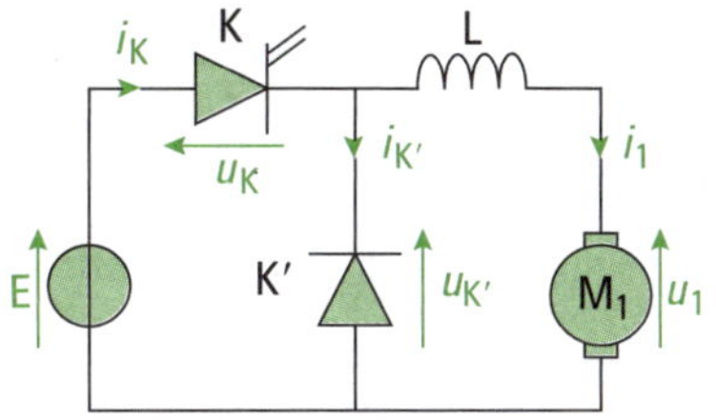

Exercice 4

1) Étudions le cas de la conduction continue qui a été développé en cours (cf. méthode n°2).

a) Les deux configurations possibles sont :

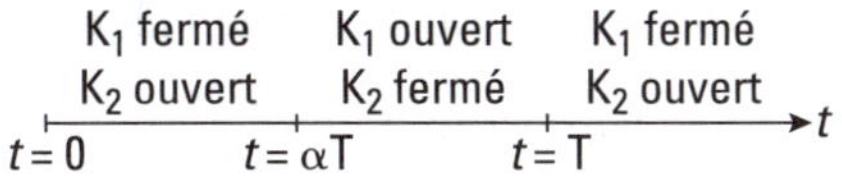

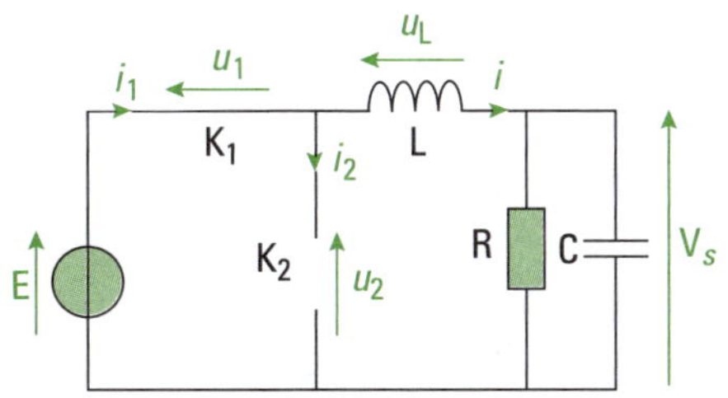

pour $t \in [0, \alpha T]$

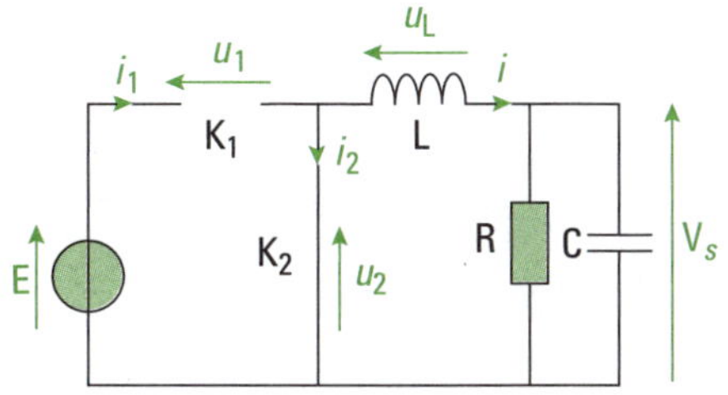

pour $t \in [\alpha T, T]$

⚠ Les interrupteurs sont considérés comme idéaux.

– *Pour $t \in [0, \alpha T]$:* K_1 fermé et K_2 ouvert.
La tension aux bornes de l'interrupteur K_1 est nulle : $u_1 = 0$.
La tension aux bornes de l'interrupteur K_2 est égale à E : $u_2 = E$.

– *Pour $t \in [\alpha T, T]$:* K_1 ouvert et K_2 fermé.
La tension aux bornes de l'interrupteur K_1 est égale à E : $u_1 = E$.
La tension aux bornes de l'interrupteur K_2 est nulle : $u_2 = 0$.
On peut alors tracer le chronogramme de la tension aux bornes de D_2 (le seul intéressant dans cette question) :

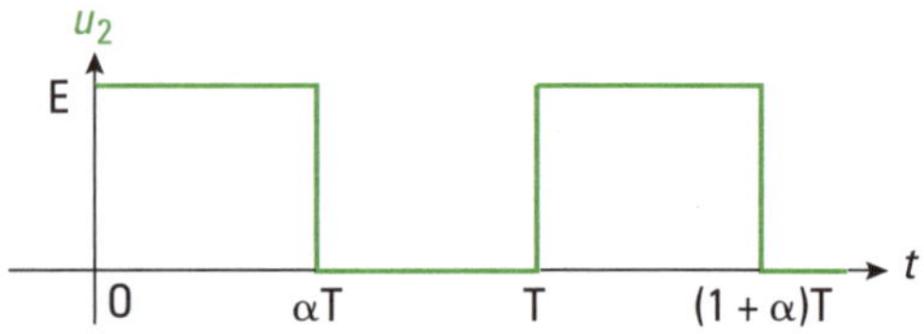

On en déduit la valeur moyenne de la tension aux bornes de la charge. D'après la loi des mailles :

$$L\left\langle \frac{di}{dt} \right\rangle + V_S = \langle u_2 \rangle, \text{ avec } \langle u_2 \rangle = \frac{1}{T}\int_0^{\alpha T} u_2 \, dt = \alpha E.$$

Or, en régime permanent, $\left\langle \frac{di}{dt} \right\rangle = 0$. D'où :

$$\mathbf{V_S = \alpha E} \qquad \textit{A.N.}\ \mathbf{V_S = 60\,V}.$$

b) La tension V_S est, d'après l'énoncé, considérée constante sur une période (cf. méthode n°3).
– *Pour $t \in [0, \alpha T[$:* K_1 fermé et K_2 ouvert. On obtient l'équation différentielle :

$$L\frac{di}{dt} + V_S = E.$$

La solution de cette équation est de la forme :

$$i(t) = \frac{E - V_S}{L}t + I_m, \text{ où } I_m \text{ est la valeur minimale de } i(t).$$

En effet, la fonction $i(t)$ est croissante ($V_S = \alpha E < E$), donc la valeur initiale est la valeur minimale.

– *Pour $t \in [\alpha T, T[$:* K_1 ouvert et K_2 fermé. On obtient l'équation différentielle :

$$L\frac{di}{dt} + V_S = 0.$$

La solution de cette équation est de la forme :

$$i(t) = -\frac{V_S}{L}(t - \alpha T) + I_M, \text{ où } I_M \text{ est la valeur maximale de } i(t).$$

En effet, le courant est une fonction décroissante sur cet intervalle de temps.

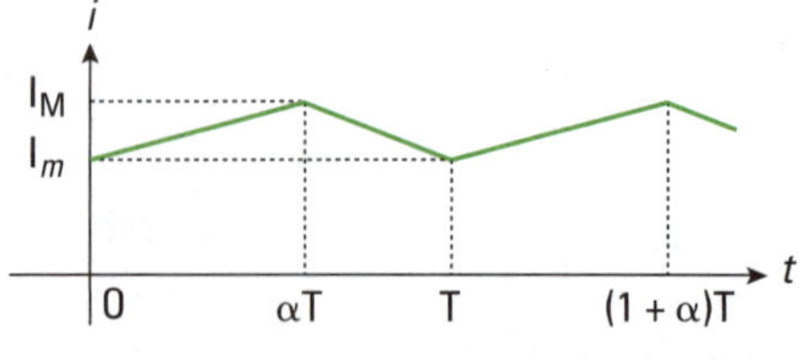

c) On cherche les valeurs des intensités des courants minimum et maximum.

• Pour cela, on utilise les conditions aux limites :

$$i(0) = I_m = i(T) = -\frac{V_S}{L}(1-\alpha)T + I_M \quad \text{et} \quad i(\alpha T) = \frac{E - V_S}{L}\alpha T + I_m = I_M \qquad \textbf{(4)}$$

On remarque que ces deux équations donnent le même résultat pour l'ondulation de courant :

$$\Delta i = I_M - I_m.$$

Après calcul, on trouve : $\Delta i = \dfrac{E - V_S}{L}\alpha T = 2{,}4\,\text{A}.$

• Cependant, il nous manque encore une donnée pour déterminer les valeurs extrémales I_M et I_m. On utilise alors la valeur moyenne du courant dans la bobine et qui peut être calculée à partir de la puissance fournie par l'alimentation, égale à la puissance consommée par la charge (P_{charge}), puisque les composants du hacheur sont supposés parfaits et ne dissipent donc pas de puissance. On a :

$$P_{charge} = \frac{1}{T}\int_0^T V_S\, i(t)\, dt = V_S \times \frac{1}{T}\int_0^T i(t)\, dt,$$

car V_S est considérée constante sur une période. On en déduit :

$$\langle i(t) \rangle = \frac{1}{T}\int_0^T i(t)\, dt = \frac{P}{V_S} = 10\,\text{A}.$$

Or $\int_0^T i(t)\, dt$ est égale, par définition mathématique, à l'aire située sous la courbe pour une période, c'est-à-dire l'aire du carré (1) plus celles des triangles (2) et (3) représentés ci-dessous :

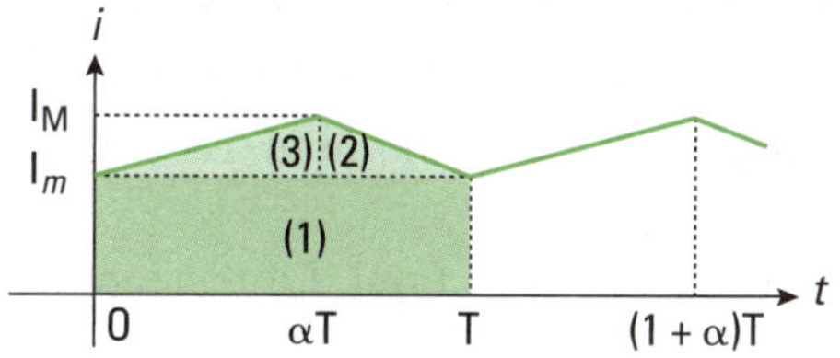

Donc : $$\frac{1}{T}\int_0^T i(t)\, dt = \frac{1}{T}\left(I_m T + \frac{1}{2}\Delta i\, \alpha T + \frac{1}{2}\Delta i (1-\alpha) T\right) = I_m + \frac{\Delta i}{2}.$$

On en déduit :

$$\mathbf{I_m = \langle i(t) \rangle - \frac{\Delta i}{2}} \quad \text{et} \quad \mathbf{I_M = I_m + \Delta i} \qquad \textit{A.N.}\ \mathbf{I_m = 8{,}8\ A} \text{ et } \mathbf{I_M = 11{,}2\ A.}$$

On obtient alors le chronogramme de $i(t)$:

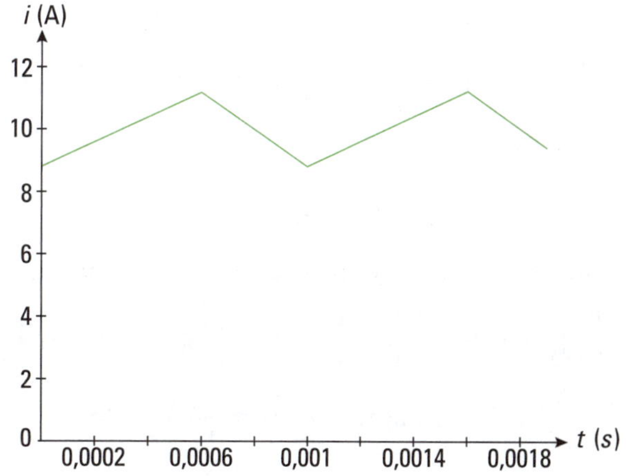

2) On peut reprendre un certain nombre de résultats précédemment établis, puisque les équations déduites des lois des mailles sont inchangées.

a) Le courant s'annulant dans la bobine, on en déduit que $I_m = 0$ et :

– pour $t \in [0, \alpha T[$, $i(t) = \dfrac{E - V_S}{L}\, t$, donc : $I_M = \dfrac{E - V_S}{L}\, \alpha T$;

– pour $t \in [\alpha T, \beta T[$, $i(t) = -\dfrac{V_S}{L}(t - \alpha T) + I_M$.

Il reste à déterminer la valeur du courant pour $t \in [\beta T, T[$. À partir de l'instant βT, K_2 se bloque par annulation du courant. K_1 reste bloqué jusqu'à la fin de la période. La bobine est démagnétisée et V_S est constant. Par conséquent, K_2 est bloqué jusqu'à la fin de la période (si ce n'était pas le cas, le courant deviendrait négatif dans K_2 ce qui est impossible) et $i(t) = 0$. On obtient ainsi :

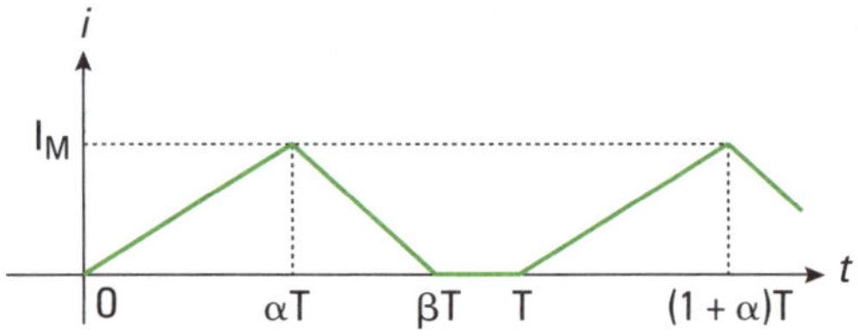

b) On étudie la tension aux bornes de la charge. Pour cela, on utilise tout d'abord le résultat de la question 1.a :

$$\langle u_2 \rangle = \frac{1}{T}\int_0^{\alpha T} u_2\, dt = V_S \qquad \textbf{(5)}.$$

D'autre part, on peut déterminer $\langle u_2 \rangle$ à partir du chronogramme de $u_2(t)$.

– Pour $t \in [0, \alpha T[$, K_1 fermé et K_2 ouvert. La tension aux bornes de l'interrupteur K_2 est égale à E.

– Pour $t \in [\alpha T, \beta T[$, K_1 ouvert, K_2 fermé et i non nul. La tension aux bornes de l'interrupteur K_2 est nulle.

– Pour $t \in [\beta T, T[$, K_1 ouvert, K_2 ouvert et i nul. La tension aux bornes de l'interrupteur K_2 est égale à V_S.

On trace alors le chronogramme de la tension aux bornes de l'interrupteur K_2 :

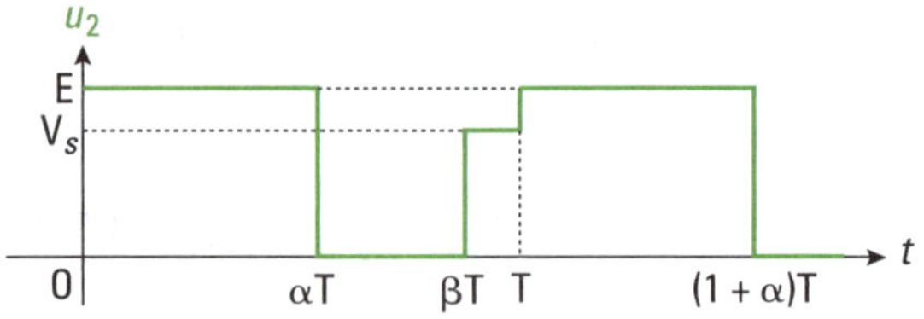

On trouve :

$$\langle u_2 \rangle = \frac{1}{T}\int_0^{\alpha T} E\, dt + \frac{1}{T}\int_{\beta T}^{T} V_S\, dt = V_S = \alpha E + (1 - \beta) V_S \qquad \textbf{(6)}.$$

En combinant (5) et (6), il vient :

$$\mathbf{V_S = \frac{\alpha}{\beta} E} \qquad (7).$$

c) En appliquant la même méthode que dans la question 1.c, on détermine $I_S = \langle i(t) \rangle$:

$$I_S = \frac{1}{T}\int_0^{T} i(t)\, dt = \frac{1}{T}\left(\frac{1}{2} I_M \alpha T + \frac{1}{2} I_M (\beta - \alpha) T\right) = I_M \frac{\beta}{2}.$$

Or, d'après (4), $I_M = \dfrac{E - V_S}{L}\alpha T$ et, d'après (7), $\beta = \dfrac{\alpha}{V_S} E$. D'où :

$$I_S = \frac{E - V_S}{2LV_S} \alpha^2 TE.$$

Ce régime de fonctionnement est très pénalisant car les relations entre la tension aux bornes de l'alimentation et le courant dans la charge ou la tension aux bornes de la charge ne sont plus simples. De plus, le facteur β, que nous ne pouvons contrôler si nous n'avons accès qu'à V_S, influe sur ces relations. C'est pourquoi, il est très important, notamment, de bien dimensionner les inductances de lissage. Ce mode de fonctionnement se produit lorsque le courant moyen est inférieur à $\frac{\Delta i}{2}$. Il peut se produire lors de commande de machines à courant continu en faible charge (notamment au démarrage).

d) Dans la limite de conduction continue, on a : $\beta = 1$. Donc :

$$I_S = \frac{I_M}{2}, V_S = \alpha E \text{ avec } I_M = \frac{E - V_S}{L} \alpha T.$$

On en déduit :

$$I_S = \frac{T}{2L} \left(1 - \frac{V_S}{E}\right) V_S.$$

3) Nous pouvons tracer sur le même graphe les caractéristiques $V_S = f(I_S)$ pour différentes valeurs du rapport cyclique du hacheur. On a fait également figurer la courbe représentant la limite de conduction continue.

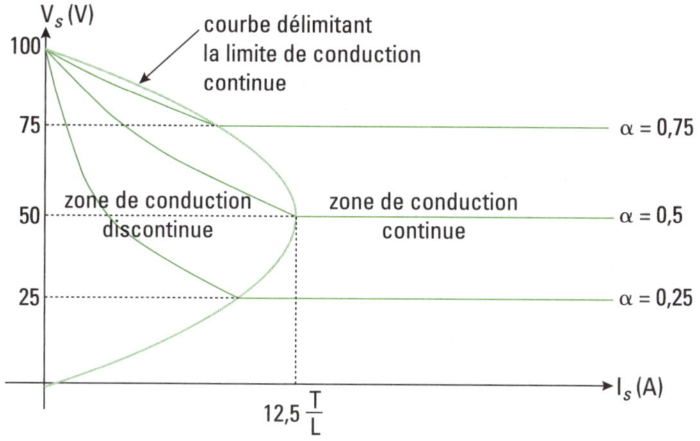

On peut alors superposer à ce réseau de caractéristiques, la caractéristique courant-tension du récepteur et ainsi déterminer le point de fonctionnement de l'ensemble {hacheur+récepteur}.

Exercice 5

1) L'intérêt du hacheur est d'avoir un rendement proche de 1 (valeur en théorie si les interrupteurs sont idéaux et si on néglige l'effet Joule dans les connexions électriques), avec un montage où l'on peut facilement faire varier la tension moyenne aux bornes de la machine à courant continu, et donc la f.é.m. qui est liée à la vitesse de rotation du moteur. Toute la puissance en entrée du hacheur est fournie au moteur.
Donc, cette structure permet un réglage simple de la vitesse de rotation du moteur quelle que soit la charge, sans pertes énergétiques entre l'alimentation et le moteur.

2) Nous n'avons aucune information sur la résistance d'induit de la machine à courant continu, on suppose donc que la différence de potentiel à ses bornes est négligeable devant la f.é.m. (ce qui est légitime en pratique).

La tension moyenne aux bornes de la machine est donc égale à la f.é.m.
Il est important de ne pas oublier l'inductance de lissage L, sans laquelle l'ondulation du courant d'induit serait trop importante (l'inductance interne de la machine n'est pas suffisante).

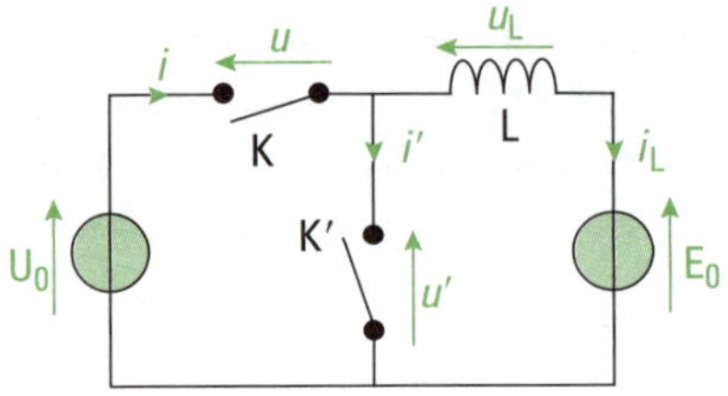

3) Seules deux configurations sont possibles (cf. méthode n°3) :

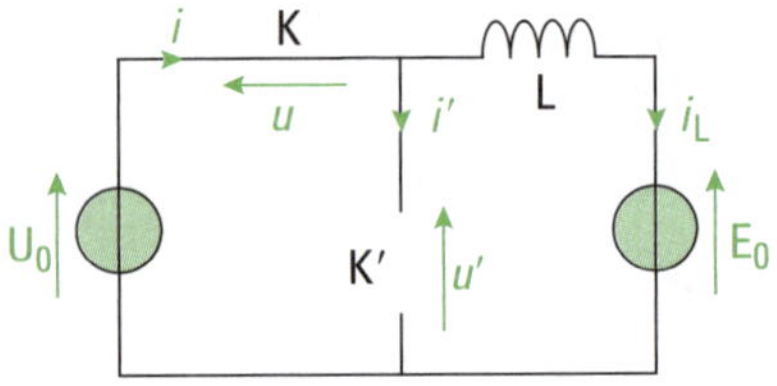

K fermé et K' ouvert

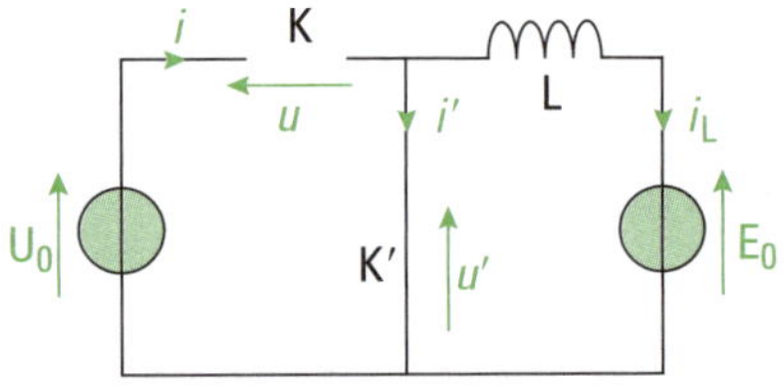

K ouvert et K' fermé

D'après l'énoncé, on impose de prendre K fermé et K' ouvert pour $t \in [0, \alpha T]$, et K ouvert et K' fermé pour $t \in [\alpha T, T]$.

• Pour $t \in [0, \alpha T]$, K fermé et K' ouvert : $i(t) = i_L(t)$ et $i'(t) = 0$.

La loi des mailles donne :

$$U_0 = L\frac{di_L}{dt} + E_0\text{, d'où : } \frac{di_L}{dt} = \frac{U_0 - E_0}{L}.$$

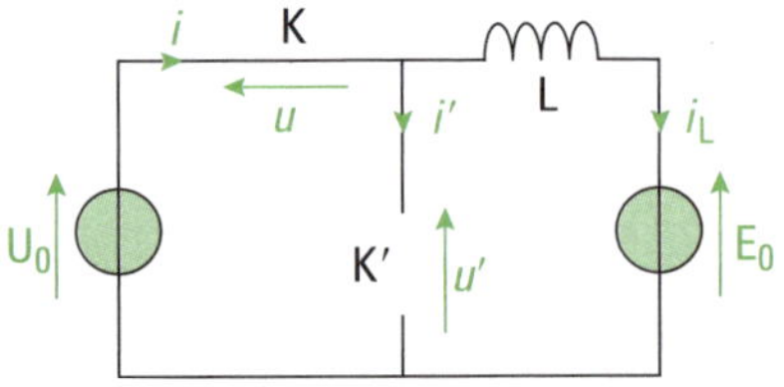

Donc :

$$i_L(t) = \frac{U_0 - E_0}{L}t + I_{min}.$$

En effet, $U_0 > E_0$, donc en $t = 0$ le courant est minimal.

• Pour $t \in [\alpha T, T]$, K ouvert et K' fermé :

$$i(t) = 0 \text{ et } i'(t) = -i_L(t).$$

La loi des mailles donne :

$$0 = L\frac{di_L}{dt} + E_0\text{, d'où : } \frac{di_L}{dt} = -\frac{E_0}{L}.$$

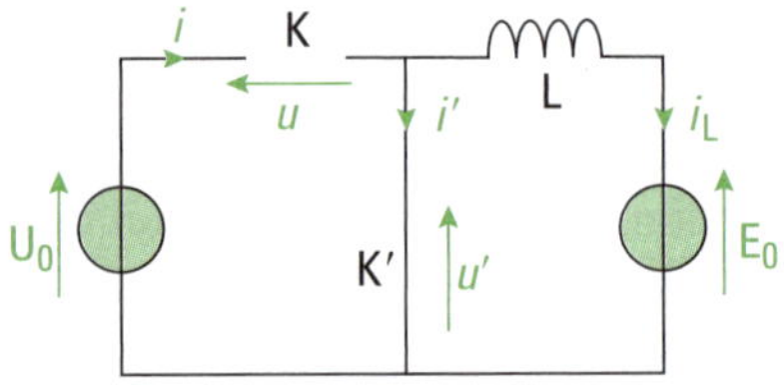

Donc :

$$i_L(t) = -\frac{E_0}{L}(t - \alpha T) + I_{max}.$$

E_0 étant positif, le courant est maximal pour $t = \alpha T$.

On peut alors tracer les chronogrammes des courants :

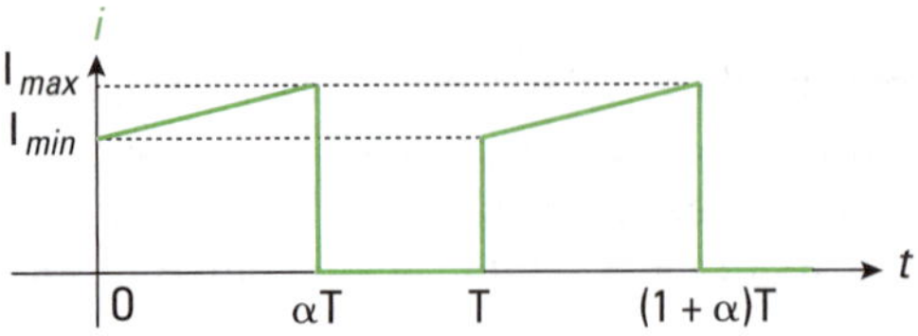

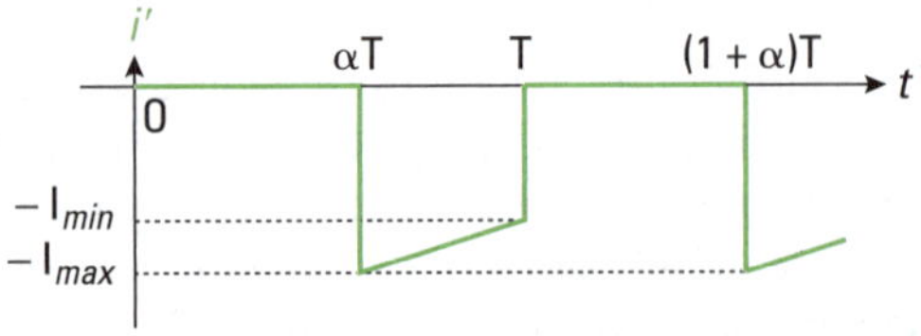

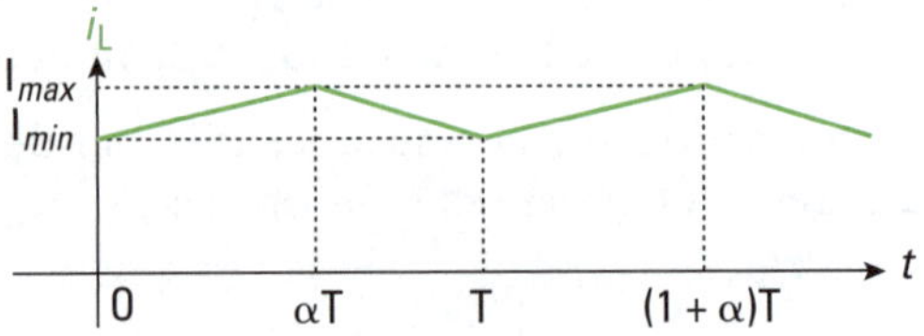

4) On applique la méthode n°2.

• Pour $t \in [0, \alpha T]$, K fermé et K′ ouvert.
La tension aux bornes de l'interrupteur K est nulle.
La tension aux bornes de l'interrupteur K′ est égale à U_0.

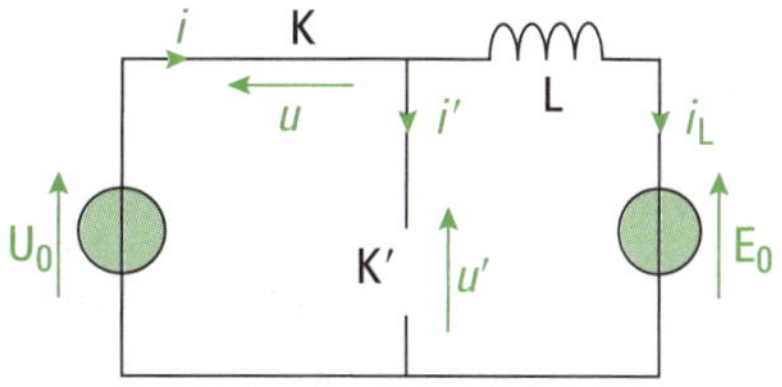

• Pour $t \in [\alpha T, T]$, K ouvert et K′ fermé.
La tension aux bornes de l'interrupteur K est égale à U_0.
La tension aux bornes de l'interrupteur K′ est nulle.

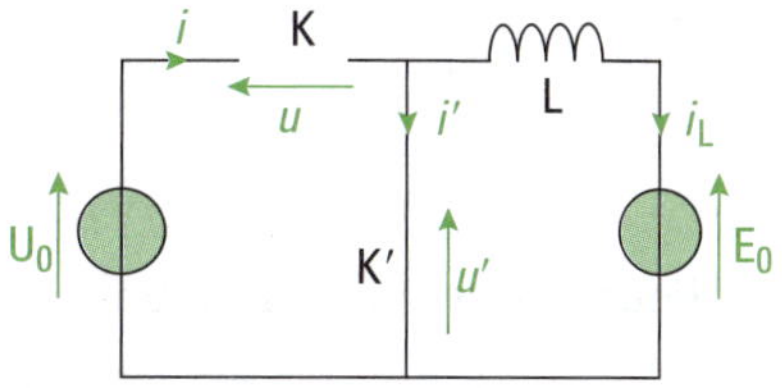

On peut alors tracer le chronogramme de la tension aux bornes de K′ (le seul intéressant dans cette question) :

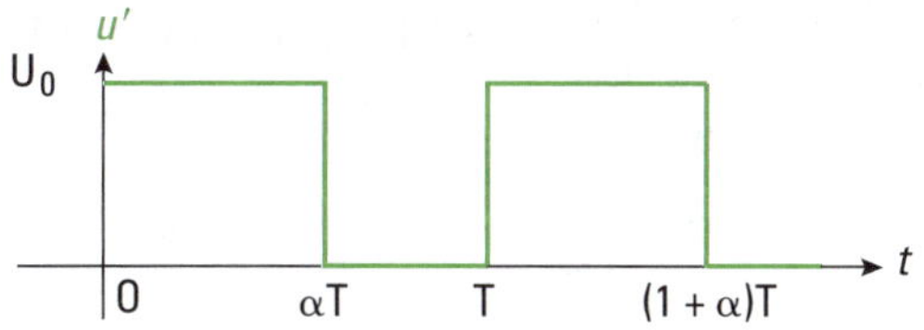

La loi des mailles donne :

$$u' = L\frac{di_L}{dt} + E_0.$$

La valeur moyenne de la tension aux bornes de l'inductance est nulle en régime permanent. Donc, on a :

$$\langle u' \rangle = L\left\langle \frac{di_L}{dt} \right\rangle + E_0 = E_0.$$

Or $\langle u' \rangle = \frac{1}{T}\int_0^T u'\,dt = \frac{1}{T}\int_0^{\alpha T} U_0\,dt = \alpha U_0$. D'où :

$$\mathbf{E_0 = \alpha U_0}.$$

5) Le régime discontinu est atteint si le courant d'induit $i_L(t)$ s'annule au cours de la période à un instant que l'on note βT tel que : $\alpha T < \beta T < T$. Ceci signifie que : $I_{min} = 0$.

Pour $t \in [0, \alpha T]$, $i_L = \frac{U_0 - E_0}{L}t$. On obtient alors : $I_{max} = \frac{U_0 - E_0}{L}\alpha T$.

Pour $t \in [\alpha T, \beta T]$, $i_L = -\frac{E_0}{L}(t - \alpha T) + \frac{U_0 - E_0}{L}\alpha T = \frac{U_0}{L}\alpha T - \frac{E_0}{L}t$, où β est tel que pour $t = \beta T$, $i_L(t) = 0$, d'où : $U_0\alpha = E_0\beta$.
Ensuite, le courant ne pouvant pas changer de direction dans l'interrupteur K', celui-ci se bloque et le courant reste nul dans l'induit jusqu'à la fin de la période de hachage.

6) Calculons l'ondulation dans les deux cas (cf. méthode n°3).
• En régime permanent, le courant est identique aux instants 0 et T :

$$I_{min} = -\frac{E_0}{L}(1 - \alpha)T + I_{max}.$$

⚠ On obtient la même équation en utilisant le fait qu'il n'y a pas de discontinuité du courant dans une bobine. Donc le courant à l'instant αT est continu : $I_{max} = \frac{U_0 - E_0}{L}\alpha T + I_{min}$.

On en conclut que :

$$I_{max} - I_{min} = \frac{U_0 - E_0}{L}\alpha T = \frac{E_0}{L}(1-\alpha)T.$$

Donc, l'ondulation de courant est :

$$\mathbf{\Delta I = I_{max} - I_{min} = \frac{E_0}{L}(1-\alpha)T.}$$

• Dans le cas du régime discontinu, on a :

$$\Delta I = I_{max}.$$

Or, $I_{max} = \frac{U_0 - E_0}{L}\alpha T$. Donc l'ondulation de courant est :

$$\mathbf{\Delta I = \frac{U_0 - E_0}{L}\alpha T.}$$

7) Pour rester en conduction continue, il faut que $i_L(t)$ ne s'annule pas, ce qui veut dire que $I_{min} > 0$. Or $I_{min} = -\frac{E_0}{L}(1-\alpha)T + I_{max}$ et $I_{max} = \frac{U_0 - E_0}{L}\alpha T$.

Donc : $\frac{U_0 - E_0}{L}\alpha T > \frac{E_0}{L}(1-\alpha)T$, ce qui donne : $E_0 < \alpha U_0$.

Dans le cas de l'exercice, il faut que :

$$\alpha > \frac{E_0}{U_0} \qquad \textit{A.N.}\ \mathbf{\alpha > 0,17}.$$

Exercice 6

1) On applique la méthode n°3.

• Pour $t \in [0, \alpha T]$, le schéma équivalent est ci-contre. La loi des mailles permet d'écrire :

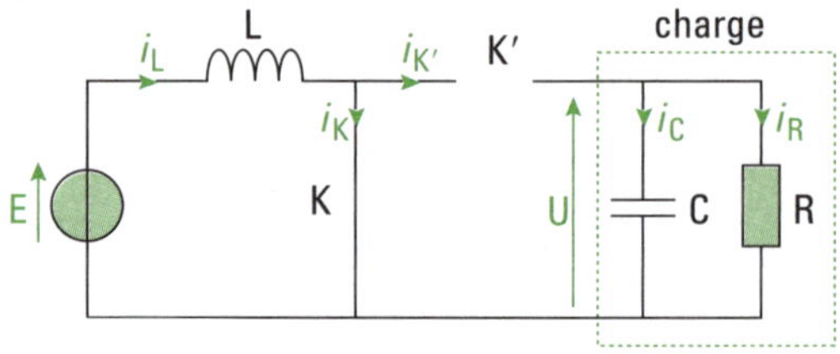

$$E = L\frac{di_L(t)}{dt}, \text{ d'où : } i_L(t) = \frac{E}{L}t + I_m$$

où I_m est la valeur minimale du courant puisque la fonction est croissante. On déduit également du schéma $i_K(t) = i_L(t)$ et $i_{K'}(t) = 0$.

• Pour $t \in [\alpha T, T]$, le schéma équivalent est ci-contre. La loi des mailles permet d'écrire :

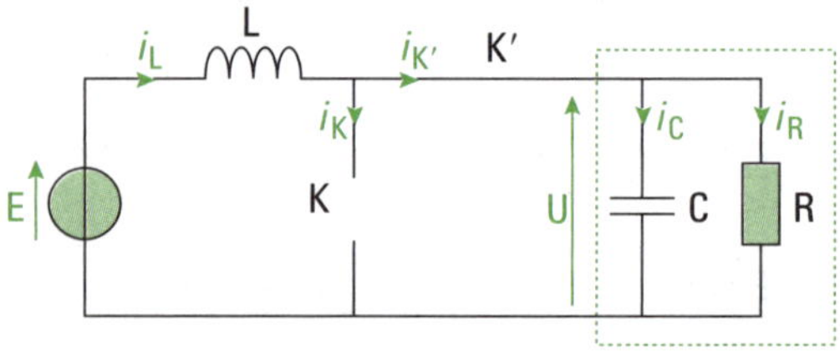

$$E = L\frac{di_L(t)}{dt} + U = L\frac{di_L(t)}{dt} + E'. \text{ D'où :}$$

$$i_L(t) = \frac{E - E'}{L}(t - \alpha T) + I_M$$

où I_M est la valeur maximale du courant. En effet, pour que la variation de courant soit périodique, il faut que cette fonction soit décroissante. On en conclut que E' doit être supérieur à E, ce que l'on vérifie plus loin.

D'autre part, on a : $i_K(t) = 0$ et $i_{K'}(t) = i_L(t)$.

En résumé :

– Pour $t \in [0, \alpha T]$, $i_K(t) = i_L(t) = \frac{E}{L}t + I_m$ **et** $i_{K'}(t) = 0$.

– Pour $t \in [\alpha T, T]$, $i_{K'}(t) = i_L(t) = \frac{E - E'}{L}(t - \alpha T) + I_M$ **et** $i_K(t) = 0$.

⚠ Dans les questions 2 à 5 incluses, la tension U est supposée constante et égale à E'. On écrira alors directement E'.

2) Le courant dans la bobine ne peut subir de discontinuité en $t = \alpha T$, donc :

$$I_M = I_m + \frac{E}{L}\alpha T \quad \textbf{(1)}.$$

De plus, le courant est périodique, donc :

$$I_m = \frac{E - E'}{L}(1 - \alpha)T + I_M \quad \textbf{(2)}.$$

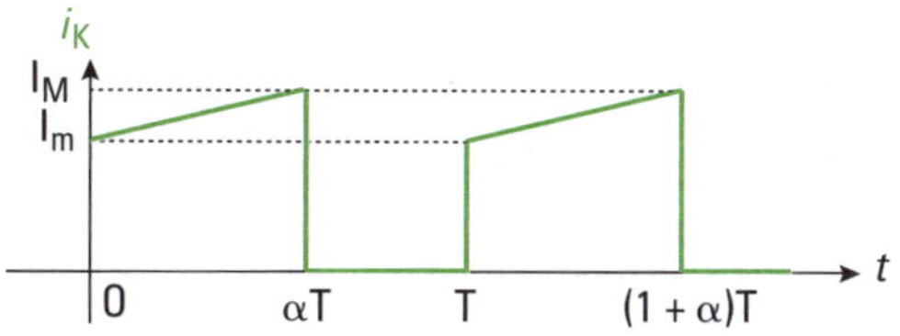

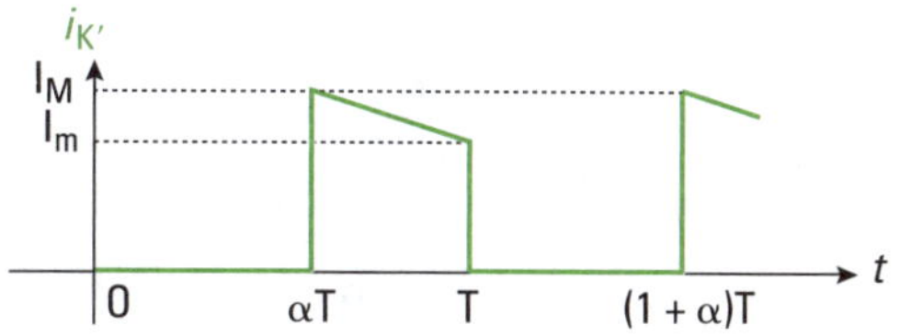

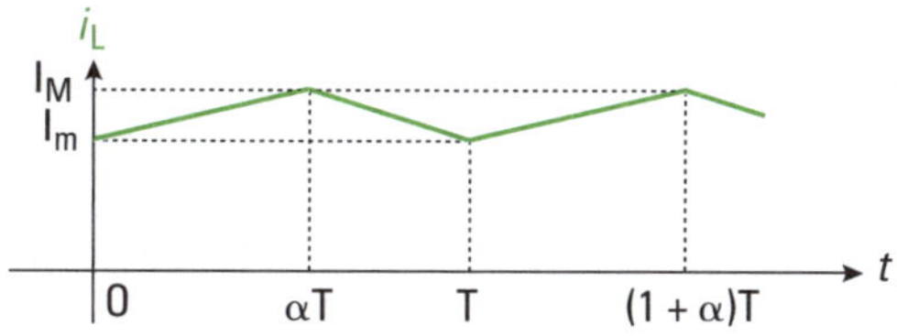

3) On détermine l'ondulation de courant à partir des relations **(1)** et **(2)**. On trouve :

$$\Delta i_L = I_M - I_m = \frac{E}{L}\alpha T = \frac{E' - E}{L}(1 - \alpha)T, \text{ d'où : } \mathbf{E' = \frac{E}{1 - \alpha}}.$$

Ce hacheur est un hacheur survolteur.

On peut utiliser la méthode n°2. Cependant, le résultat est plus rapidement obtenu avec les équations (1) et (2).

4) a) D'après l'équation **(1)**, l'ondulation de courant s'exprime : $\Delta i_L = \frac{E}{L}\alpha T$, donc :

$$\mathbf{L = \frac{E}{\Delta i_L}\alpha T} \qquad \textit{A.N.}\ \mathbf{L = 5\ mH}.$$

b) La puissance moyenne fournie par la source est :

$$P = \frac{1}{T}\int_0^T E i_L(t)\,dt = E \times \frac{1}{T}\int_0^T i_L(t)\,dt \quad \textbf{(3)}$$

car E est constante. Or par définition, $\int_0^T i_L(t)\,dt$ représente l'aire située entre l'axe des abscisses et la courbe. Cette aire correspond à la somme de l'aire du carré (1) et des aires des triangles (2) et (3).

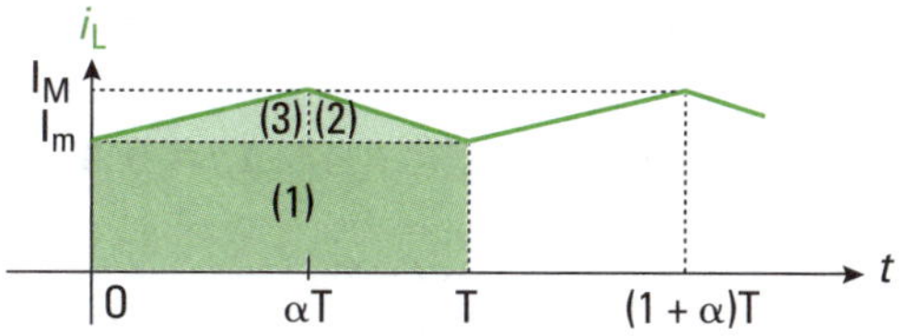

Donc :

$$\frac{1}{T}\int_0^T i_L(t)\,dt = \frac{1}{T}\left(I_m T + \frac{1}{2}\Delta i_L\,\alpha T + \frac{1}{2}\Delta i_L(1 - \alpha)T\right) = I_m + \frac{\Delta i_L}{2} \quad \textbf{(4)}.$$

On déduit de (3) et (4) :

$$\mathbf{I}_m = \frac{\mathbf{P}}{\mathbf{E}} - \frac{\Delta i_L}{2} \text{ et } \mathbf{I}_M = \mathbf{I}_m + \Delta i_L = \frac{\mathbf{P}}{\mathbf{E}} + \frac{\Delta i_L}{2} \qquad \textit{A.N. } \mathbf{I}_m = \mathbf{2{,}85\ A} \text{ et } \mathbf{I}_M = \mathbf{3{,}15\ A}.$$

5) a) En convention récepteur, les portions de caractéristiques obtenues sont :

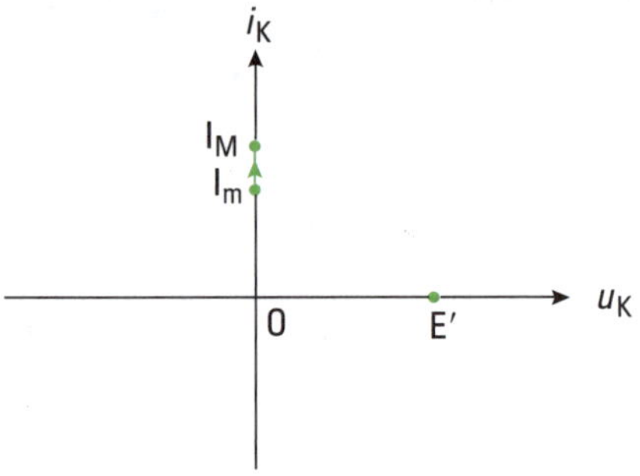

Interrupteur K

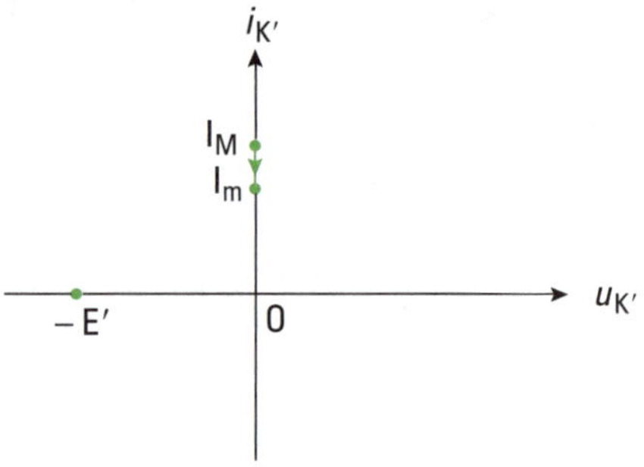

Interrupteur K′

Les portions de caractéristiques correspondant à la commutation des interrupteurs ne sont pas connues (elles dépendent de facteurs externe et interne à l'interrupteur dont l'étude est largement hors programme). C'est pourquoi on ne les représente pas sur le schéma.

b) On reconnaît une **fonction transistor** pour K et **diode** pour K′.

c) La tension aux bornes de K est nulle pour $t \in [0, \alpha T]$ et égale à E′ pour $t \in [\alpha T, T]$.

Donc : $\langle u_K \rangle = V_0 = (1-\alpha)E'$. Or $E' = \dfrac{E}{1-\alpha}$. Donc :

$$\mathbf{V_0 = E} \qquad \textit{A.N. } \mathbf{V_0 = 50\,V}.$$

6) a) Par définition, $I_C = \dfrac{1}{T}\displaystyle\int_0^T i_C(t)\,dt = \dfrac{C}{T}\displaystyle\int_0^T \dfrac{dU}{dt}dt = \dfrac{C}{T}\displaystyle\int_0^T dU = 0$ car U est périodique.

D'autre part, on a : $\langle i_{K'} \rangle = I_C + I_R = I_R$.

Or $\dfrac{1}{T}\displaystyle\int_0^T i_{K'}(t)\,dt$ représente la somme de l'aire du carré (4) et de l'aire du triangle (5).

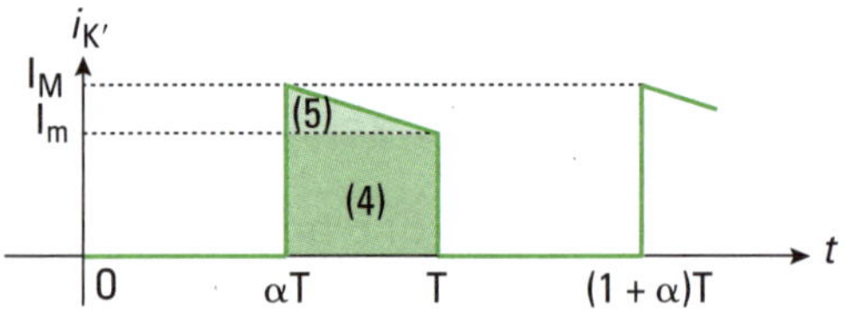

Donc : $I_R = \langle i_{K'} \rangle = \left(I_m + \dfrac{\Delta i_L}{2}\right)(1-\alpha) = \langle i_L \rangle (1-\alpha) = \dfrac{P}{E}(1-\alpha)$. Donc :

$$\mathbf{I_C = 0} \text{ et } \mathbf{I_R = \frac{P}{E}(1-\alpha)} \qquad \textit{A.N. } \mathbf{I_C = 0\ A} \text{ et } \mathbf{I_R = 1{,}2\ A}.$$

b) En convention récepteur :

$$P_C = \frac{1}{T}\int_0^T U(t)\, i_C(t)\,dt = \frac{C}{T}\int_0^T U(t)\,\frac{dU(t)}{dt}\,dt = \frac{C}{T}\int_0^T U(t)\,dU(t)$$

$$= \frac{C}{T}\left(U^2(T) - U^2(0)\right) = 0 \text{ car } U(t) \text{ est périodique.}$$

Ce résultat est conforme au résultat vu en première année, puisqu'un condensateur parfait ne consomme aucune puissance moyenne.

On peut en conclure que toute la puissance fournie par l'alimentation est reçue par la résistance R. Donc :

$$\mathbf{P_R = P = 150\,W} \quad \text{et} \quad \mathbf{P_C = 0\,W}.$$

Exercice 7

1) Comme cela a été vu dans la question 1 de l'exercice 4, la méthode n°2 permet d'établir :

$$\mathbf{U_{moy} = \alpha E.}$$

2) On applique la formule donnée dans l'énoncé afin de déterminer les coefficients :

$$\begin{cases} a_n = \dfrac{2}{T}\displaystyle\int_0^{\alpha T} E\cos\left(\dfrac{2\pi}{T}nt\right)dt = \dfrac{E}{n\pi}\sin(2\pi n\alpha) \\ b_n = \dfrac{2}{T}\displaystyle\int_0^{\alpha T} E\sin\left(\dfrac{2\pi}{T}nt\right)dt = \dfrac{E}{n\pi}(1-\cos(2\pi n\alpha)). \end{cases}$$

Donc :

$$U(t) = U_{moy} + \frac{E}{n\pi}\sum_{n=1}^{+\infty}\{\sin(2\pi n\alpha)\cos(n\omega t) + [1-\cos(2\pi n\alpha)]\sin(n\omega t)\}, \text{ avec } \omega = \frac{2\pi}{T}.$$

On sait que $\sin(2\pi n\alpha) = 2\sin(\pi n\alpha)\cos(\pi n\alpha)$ et $1-\cos(2\pi n\alpha) = 2\sin^2(\pi n\alpha)$, ce qui permet de simplifier l'expression précédente sous la forme :

$$U(t) = U_{moy} + \frac{2E}{n\pi}\sum_{n=1}^{+\infty}\sin(\pi n\alpha)\cos(n\omega t - \pi n\alpha).$$

Donc :

$$\mathbf{V'_1\sqrt{2} = \frac{2E}{\pi}\sin(\pi\alpha)} \quad \text{et} \quad \mathbf{\varphi_1 = -\pi\alpha.}$$

3) L'ensemble bobine et condensateur en série joue le rôle d'un filtre passe-bas du second ordre de fonction de transfert $\dfrac{1}{1-LC\omega^2}$. Donc aux bornes du condensateur :

$$V_{c1}(t) = U_{moy} + \left|\frac{1}{1-LC\left(\frac{2\pi}{T}\right)^2}\right| V'_1\sqrt{2}\cos\left(\omega t + \varphi_1 + \text{Arg}\left(1-LC\left(\frac{2\pi}{T}\right)^2\right)\right).$$

Donc pour $LC\left(\dfrac{2\pi}{T}\right)^2 = 2$ et $\alpha = \dfrac{1}{2}$, $U_{moy} = \alpha E = 50\,V$, $V'_1 = 63{,}7\,V$:

$$\mathbf{V_{c1} = 50 - 63{,}7\sin(\omega t).}$$

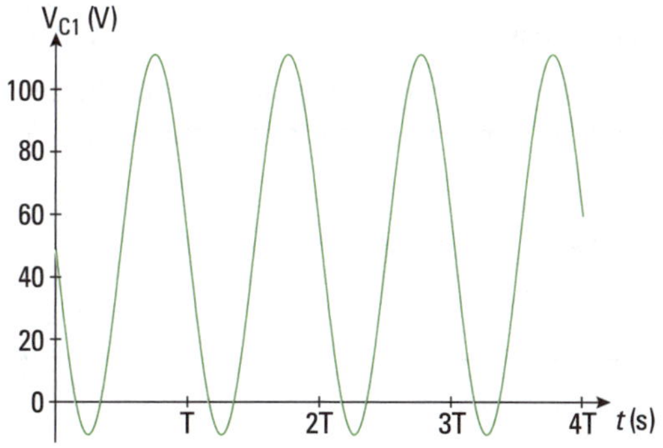

Donc pour $LC\left(\dfrac{2\pi}{T}\right)^2 = 2$ et $\alpha = \dfrac{3}{4}$, $U_{moy} = \alpha E = 75\,V$, $V'_1 = 45\,V$:

$$\mathbf{V_{c1} = 75 + 45\sin\left(\omega t + \frac{\pi}{4}\right).}$$

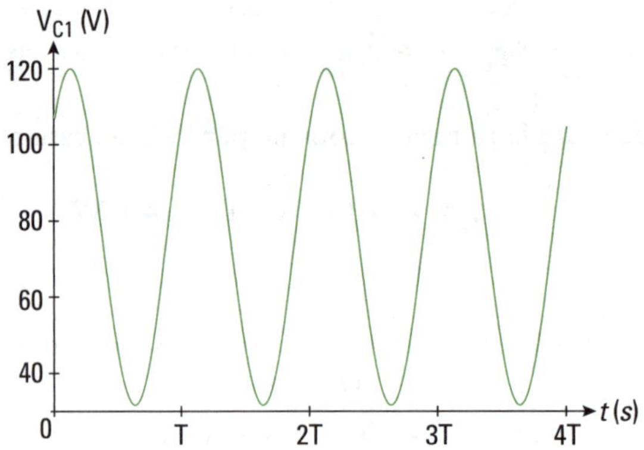

⚠ Dans ce cas, le filtrage est insuffisant pour assurer une tension continue en sortie du hacheur. Il faut alors diminuer la fréquence de coupure du filtre ou augmenter la fréquence de commutation.

4) On s'aperçoit ici que si l'on prend des valeurs de capacité et d'inductance assez élevées, on peut négliger toute variation autour de la valeur moyenne de la tension aux bornes du condensateur lorsque $LC >> \left(\frac{T}{2\pi}\right)^2$, ce qui est souvent le cas car :

– T est de l'ordre de 100 µs ;
– L est supérieur au millihenry ;
– C est de l'ordre du millifarad.

Exercice 8

1) On applique la méthode n° 2.

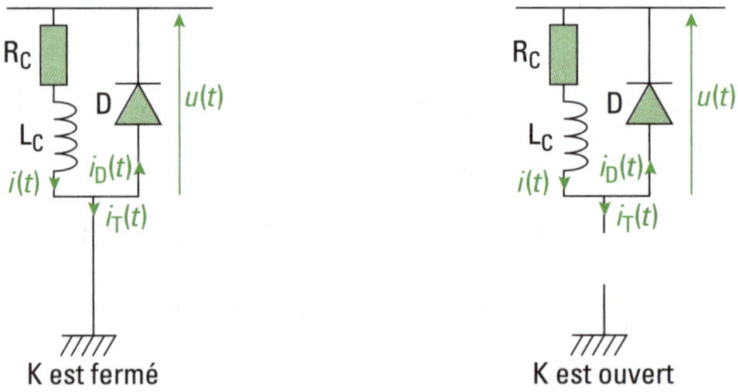

Si K est fermé, $u(t) = E_{source}$. Si K est ouvert, $u(t) = 0$ car la diode devient passante pour assurer la continuité du courant dans la bobine. Le chronogramme de $u(t)$ est donc :

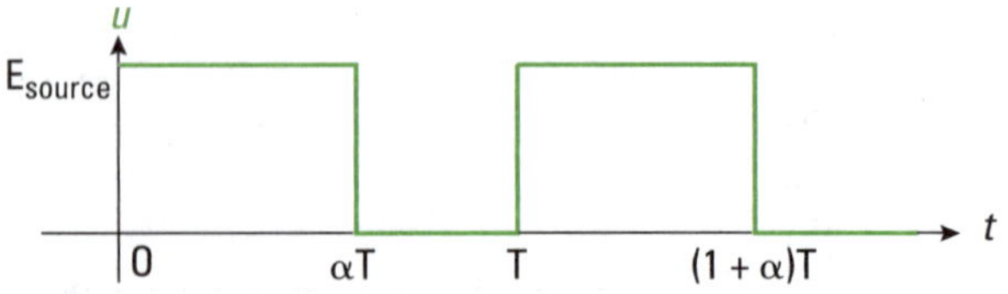

On obtient :

$$\langle u(t) \rangle = \alpha E_{source}.$$

Ce montage correspond à la structure du hacheur série (interrupteur K en série avec la charge R, L qui constitue la source de sortie de nature inductive).

2) Afin de déterminer la valeur moyenne du courant, on utilise la loi des mailles :

$$u(t) = R_c i(t) + L_c \frac{di(t)}{dt} \text{ donc} : \langle u(t) \rangle = R_c \langle i(t) \rangle + L_c \left\langle \frac{di(t)}{dt} \right\rangle.$$

Or, par définition, en régime permanent, $\left\langle \frac{di(t)}{dt} \right\rangle = 0$. Donc :

$$\boldsymbol{\langle i(t) \rangle = \frac{\langle u(t) \rangle}{R_c} = \frac{\alpha E_{source}}{R_c}}.$$

3) On applique la méthode n° 3.

• Pour $t \in [0, \alpha T]$, K est fermé. Donc : $u(t) = R_c i(t) + L_c \dfrac{di(t)}{dt} = E_{source}$. La solution de cette équation est :

$$i(t) = \frac{E_{source}}{R_c} + A \exp\left(-\frac{t}{\tau}\right), \text{ où } \tau = \frac{L_c}{R_c}.$$

• Pour $t \in [\alpha T, T]$, K est ouvert. Donc : $u(t) = R_c i(t) + L_c \dfrac{di(t)}{dt} = 0$. La solution de cette équation est :

$$i(t) = B \exp\left(-\frac{t-\alpha T}{\tau}\right), \text{ où } \tau = \frac{L_c}{R_c}.$$

Cette fonction est décroissante. On en déduit qu'à l'instant $t = \alpha T$, le courant est maximal et nous le noterons I_{max}. Donc le courant à l'instant $t = 0$ (ou T) est minimal et noté I_{min}.

On en déduit les constantes d'intégration : $B = I_{max}$ et $A = I_{min} - \dfrac{E_{source}}{R_c}$.

En utilisant la condition de continuité du courant à l'instant αT, il vient :

$$I_{max} = \frac{E_{source}}{R_c} + \left(I_{min} - \frac{E_{source}}{R_c}\right) \exp\left(-\frac{\alpha T}{\tau}\right).$$

Or, en régime périodique, $i(T) = I_{min} = I_{max} \exp\left(-\dfrac{(1-\alpha)T}{\tau}\right)$.

Donc :

$$I_{max} = \frac{E_{source}}{R_c} + \left(I_{max} \exp\left(-\frac{(1-\alpha)T}{\tau}\right) - \frac{E_{source}}{R_c}\right) \exp\left(-\frac{\alpha T}{\tau}\right).$$

D'où :

$$\boldsymbol{I_{max} = \frac{E_{source}}{R_c} \frac{1-\exp\left(-\frac{\alpha T}{\tau}\right)}{1-\exp\left(-\frac{T}{\tau}\right)}} \text{ et } \boldsymbol{I_{min} = I_{max} \exp\left(-\frac{(1-\alpha)T}{\tau}\right) = \frac{E_{source}}{R_c} \frac{\exp\left(\frac{\alpha T}{\tau}\right)-1}{\exp\left(\frac{T}{\tau}\right)-1}}.$$

4) Pour répondre à cette question, il faut effectuer un développement limité au second ordre des termes en exponentiel. En effet, un développement au premier ordre nous donne des valeurs identiques pour les deux extrema de courant.

Le développement limité à l'ordre deux de l'exponentielle est : $\exp(\varepsilon) = 1 + \varepsilon + \dfrac{\varepsilon^2}{2}$.

Donc :
$$I_{max} \approx \frac{E_{source}}{R_c} \frac{1-\left(1-\frac{\alpha T}{\tau}+\frac{1}{2}\left(\frac{\alpha T}{\tau}\right)^2\right)}{1-\left(1-\frac{T}{\tau}+\frac{1}{2}\left(\frac{T}{\tau}\right)^2\right)} = \frac{\alpha E_{source}}{R_c} \frac{1-\frac{1}{2}\left(\frac{\alpha T}{\tau}\right)}{1-\frac{1}{2}\left(\frac{T}{\tau}\right)}.$$

D'où :
$$I_{max} \approx \frac{\alpha E_{source}}{R_c}\left(1-\frac{1}{2}\left(\frac{\alpha T}{\tau}\right)\right)\left(1+\frac{1}{2}\left(\frac{T}{\tau}\right)\right).$$

Après approximation, on trouve : $\mathbf{I_{max}} \approx \dfrac{\boldsymbol{\alpha}\mathbf{E_{source}}}{\mathbf{R_c}}\left(\mathbf{1 + \dfrac{T}{2\tau}\,(1-\alpha)}\right)$.

De même, on obtient : $\mathbf{I_{min}} \approx \dfrac{\boldsymbol{\alpha}\mathbf{E_{source}}}{\mathbf{R_c}}\left(\mathbf{1 - \dfrac{T}{2\tau}\,(1-\alpha)}\right)$.

On en déduit : $\mathbf{\Delta I} \approx \dfrac{\boldsymbol{\alpha}\mathbf{E_{source}\,T}}{\mathbf{L_c}}\,\mathbf{(1-\alpha)}$.

5) On a **:**

$$I_{max} = \frac{E_{source}}{R_c} \times \frac{1-\exp\left(-\dfrac{\alpha T}{\tau}\right)}{1-\exp\left(-\dfrac{T}{\tau}\right)}\ ;\quad i(T) = \frac{E_{source}}{R_c} \times \frac{\exp\left(\dfrac{\alpha T}{\tau}\right)-1}{\exp\left(\dfrac{T}{\tau}\right)-1} \quad \text{et} \quad \langle i(t)\rangle = \frac{\alpha E_{source}}{R_c}.$$

A.N. $\mathbf{I_{max} = 0{,}752\ A}$, $\mathbf{I_{min} = 0{,}748\ A}$ et $\langle \boldsymbol{i(t)} \rangle \mathbf{= 0{,}750\ A}$.

On détermine alors les équations correspondantes des intensités des courants :

– pour $t \in [0, \alpha T]$, $i(t) = 1{,}5 - 0{,}752\exp(-10t) = i_T(t)$ et $i_D(t) = 0$.

– pour $t \in [\alpha T, T]$, $i(t) = 0{,}752\exp(-10(t - 55\cdot 10^{-5})) = i_D(t)$ et $i_T(t) = 0$.

On obtient ainsi les chronogrammes suivants :

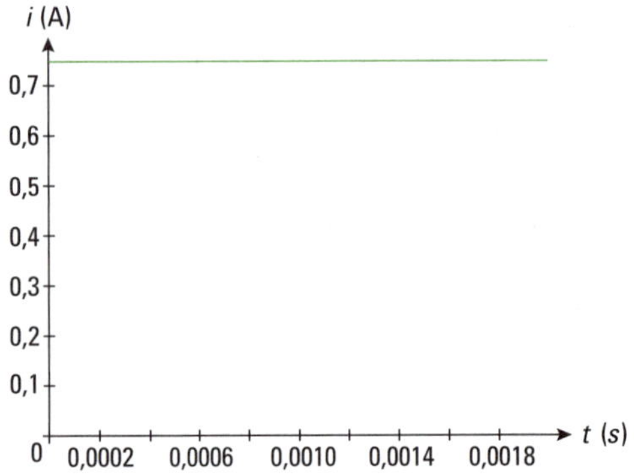

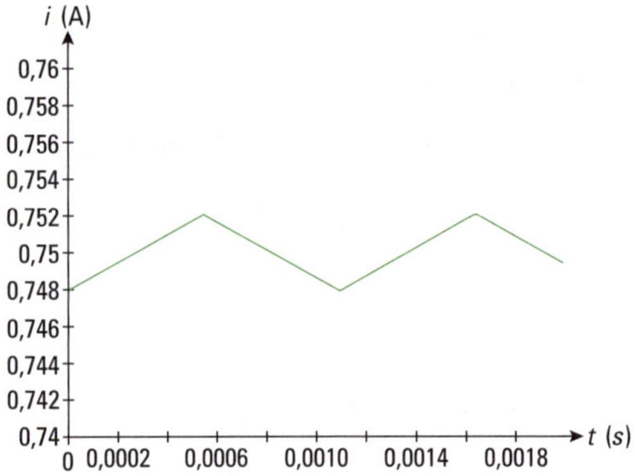

courant dans la bobine

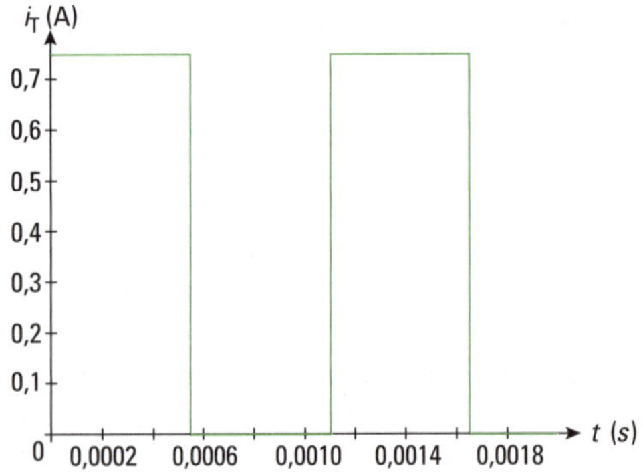

courant dans le transistor

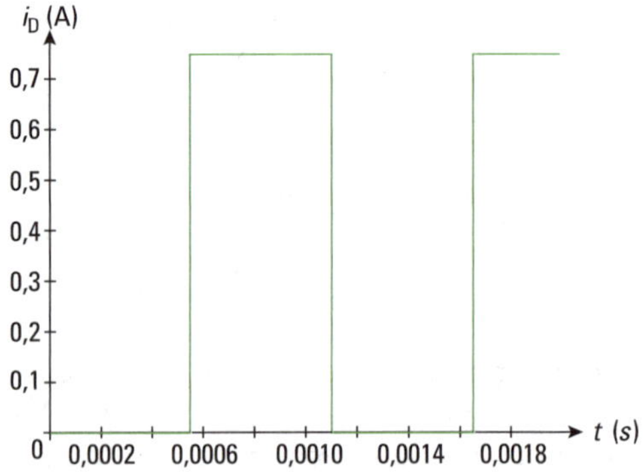

courant dans la diode

Exercice 9

1) K est fermé, donc $V_1 = E$. On applique la relation entre les tensions au primaire et au secondaire d'un transformateur :

$$\mathbf{V_2 = \frac{\boldsymbol{n_2}}{\boldsymbol{n_1}} V_1 = \frac{\boldsymbol{n_2}}{\boldsymbol{n_1}} E}.$$

2) D'après la loi des mailles : $V_D = -(V_2 + V_S) = -\frac{n_2}{n_1}E - V_S$.

Puisque E est positive, V_2 est positive. Or V_S est positive. Donc V_D est négative. De ce fait, la diode D est polarisée en inverse, c'est-à-dire **bloquée**.

3) Dans le cas où K est fermé, $E = L_1 \frac{dI_1(t)}{dt}$. Or $I_1(0) = 0$. Donc :

$$\mathbf{I_1(t) = \frac{E}{L_1}t.}$$

4) À cet instant, K est ouvert, donc le courant I_1 est nul.
On note $I_1(\alpha T^-)$ le courant dans la bobine 1 juste avant l'ouverture de K, $I_2(\alpha T^-)$ le courant dans la bobine 2 juste avant l'ouverture de K, $I_1(\alpha T^+)$ le courant dans la bobine 1 juste après l'ouverture de K et $I_2(\alpha T^+)$ le courant dans la bobine 2 juste après l'ouverture de K.
Dans notre cas, avant l'ouverture de K, la diode est bloquée, donc :

$$I_2(\alpha T^-) = 0 \text{ et } I_1(\alpha T^-) = \frac{E}{L_1}\alpha T.$$

Après l'ouverture de K, $I_1(\alpha T^+) = 0$.
Le flux étant continu dans le transformateur, $n_1 I_1(\alpha T^-) + n_2 I_2(\alpha T^-) = n_1 I_1(\alpha T^+) + n_2 I_2(\alpha T^+)$.
Donc :

$$\mathbf{I_2(\alpha T^+) = \frac{n_1}{n_2} I_1(\alpha T^-),}$$

soit : $I_2(\alpha T^+) = \frac{n_1}{n_2}\frac{E}{L_1}\alpha T$ est positif.
Avec les conventions du schéma, I_2 étant positif, la diode est **passante**.

⚠ Donc l'ouverture de K entraîne la mise en conduction de la diode. L'énergie emmagasinée sous forme magnétique entre les instants 0 et αT dans L_1 est transférée au secondaire à partir de l'instant αT.

5) Pour $t \in [\alpha T, T]$, la diode est passante, soit : $V_d = 0$. Donc, $V_S = -L_2 \frac{dI_2}{dt}$, ce qui donne par intégration :

$$I_2(t) = -\frac{V_S}{L_2}(t - \alpha T) + I_2(\alpha T^+).$$

Donc :

$$\mathbf{I_2(t) = -\frac{V_S}{L_2}(t - \alpha T) + \frac{n_1}{n_2}\frac{E}{L_1}\alpha T.}$$

6) À partir du schéma, on déduit :

$$\mathbf{V_1(t) = -\frac{n_1}{n_2}V_S \text{ et } V_K(t) = E + \frac{n_1}{n_2}V_S.}$$

7) La deuxième phase, qui commence à l'instant αT, se termine par l'annulation du courant dans le secondaire. On résout donc :

$$I_2(t_2) = 0 = -\frac{V_S}{L_2}(t_2 - \alpha T) + \frac{n_1}{n_2}\frac{E}{L_1}\alpha T.$$

D'où :

$$t_2 = \alpha T + \frac{n_1}{n_2}\frac{E}{V_S}\frac{L_2}{L_1}\alpha T = \alpha T\left(1 + \frac{n_1}{n_2}\frac{E}{V_S}\frac{L_2}{L_1}\right).$$

La durée de la deuxième phase est donc :

$$\mathbf{t_2 - \alpha T = \frac{n_1}{n_2}\frac{E}{V_S}\frac{L_2}{L_1}\alpha T.}$$

8) Pour une annulation du courant avant le début de la période suivante, il faut que $t_2 < T$.

Donc :

$$\mathbf{V_S > \frac{n_2}{n_1}\frac{\alpha}{1-\alpha}E.}$$

9) On trace les chronogrammes :

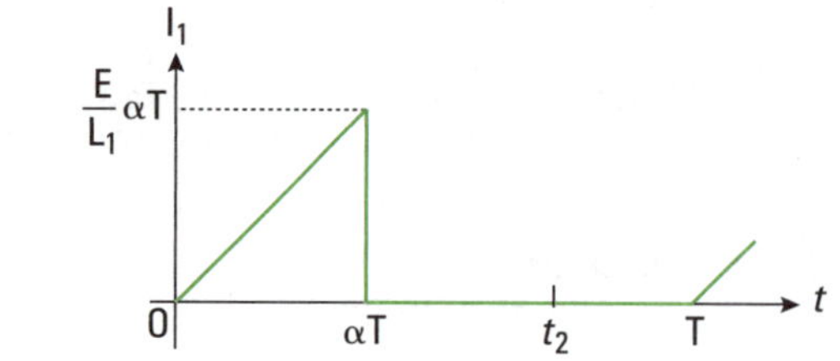

courant dans la bobine 1

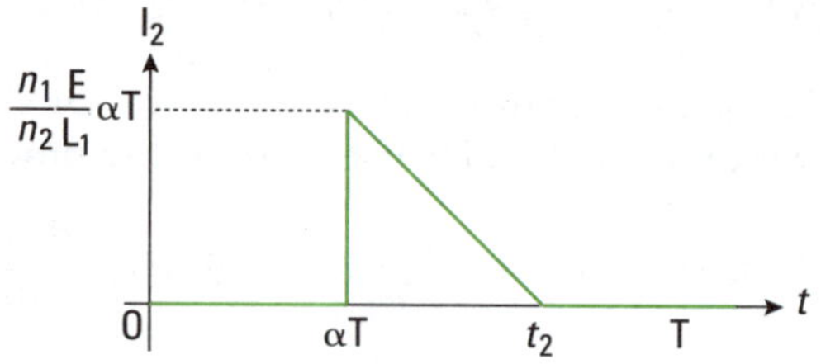

courant dans la bobine 2

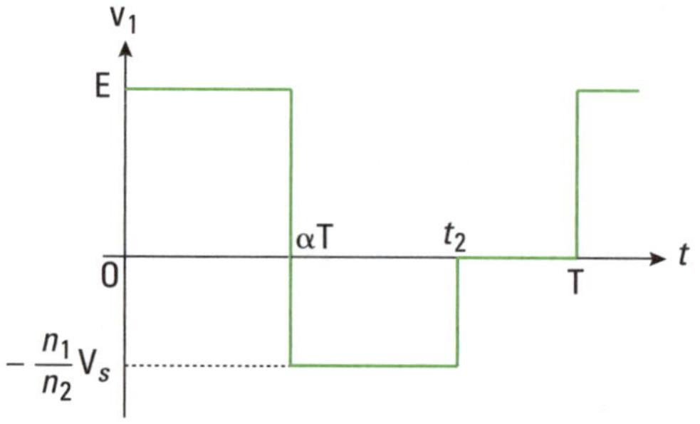

tension aux bornes de la bobine 1

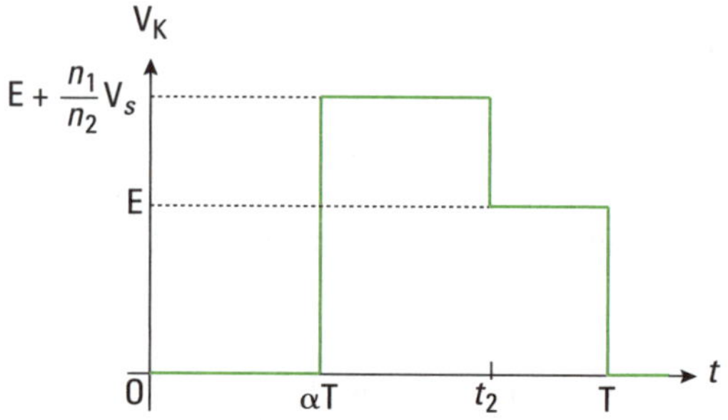

tension aux bornes du transistor

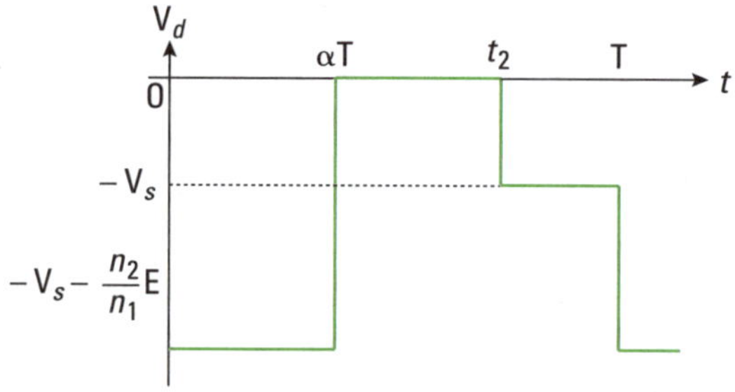

tension aux bornes de la diode

On dit que l'alimentation fonctionne en démagnétisation complète, ce qui limite l'échauffement du circuit magnétique et évite sa saturation.

Exercice 10

1) Dans le hacheur, les interrupteurs H_1 et H_2 ne peuvent être passants en même temps, ce qui impose :

$$\alpha_1 T \geqslant (1-\alpha_2)T, \text{ donc : } \alpha_1+\alpha_2 \leqslant 1.$$

a) Afin d'étudier le fonctionnement de la machine, on détermine la tension moyenne à ses bornes :

$$\langle U(t)\rangle = \langle V(t)\rangle - L\left\langle \frac{di(t)}{dt}\right\rangle = \langle V(t)\rangle \text{ en régime permanent.}$$

Or pour $t \in [0, \alpha_1 T]$, H_1 est commandé à la fermeture : $V(t) = V_P$.
Pour $t \in [\alpha_1 T, (1-\alpha_2)T]$, H_1 est commandé à l'ouverture et H_2 n'est pas encore commandé à la fermeture, donc : $V(t) = V_P$ si D_1 est passante ou $V(t) = 0$, d'où dans tous les cas : $0 \leqslant V(t) \leqslant V_P$.
Pour $t \in [(1-\alpha_2)T, T]$, H_2 est commandé à la fermeture : $V(t) = 0$.

On en déduit : $\langle V(t)\rangle = \frac{1}{T}\int_0^{\alpha_1 T} V_p\, dt + \frac{1}{T}\int_{\alpha_1 T}^{(1-\alpha_2)T} V(t)\, dt + \frac{1}{T}\int_{(1-\alpha_2)T}^{T} 0\, dt$, soit :

$$V_p\alpha_1 \leqslant \langle V(t)\rangle \leqslant V_p\alpha_1 + V_p[(1-\alpha_2)-\alpha_1].$$

Donc : $V_p\alpha_1 \leqslant \langle U(t)\rangle \leqslant V_p(1-\alpha_2)$, ce qui donne :

$$0 \leqslant E + r\langle i(t)\rangle \leqslant V_p(1-\alpha_2)$$

où la différence de potentiel aux bornes de la résistance d'induit de la machine est plus faible en valeur absolue que la tension d'induit donc :

$$\mathbf{E > 0.}$$

Dans le cas (1), le courant dans la machine est positif en convention récepteur : la puissance électrique reçue est $P = \langle E\,i(t) \rangle > 0$. La machine fonctionne donc en **moteur**.
Dans le cas (3), le courant dans la machine est négatif en convention récepteur : la puissance électrique reçue est $P = \langle E\,i(t) \rangle < 0$. La machine fonctionne donc en **génératrice**.

b) • Étude du cas (1)

– L'interrupteur H_1 est commandé à la fermeture pour $t \in [0, \alpha_1 T]$. Le courant est positif dans cet interrupteur donc H_1 est passant et la diode D_2 est bloquée. Les autres interrupteurs sont bloqués pour éviter de placer la source de tension V_P en court-circuit.

– Les interrupteurs H_1 et H_2 sont bloqués pour $t \in [\alpha_1 T, (1 - \alpha_2)T]$. Par continuité du courant dans la bobine, il faut qu'une des diodes soit passante. Le courant étant positif dans la bobine, la seule diode pouvant être passante est la diode D_1. Le courant dans la bobine commence alors à décroître. La diode D_2 reste bloquée.

– L'interrupteur H_2 est commandé à la fermeture pour $t \in [(1 - \alpha_2)T, T]$. Cependant, le courant étant positif dans la bobine, il ne peut passer dans cet interrupteur qui reste donc bloqué. Il continue donc de circuler dans la diode D_1. La diode D_2 est toujours bloquée.

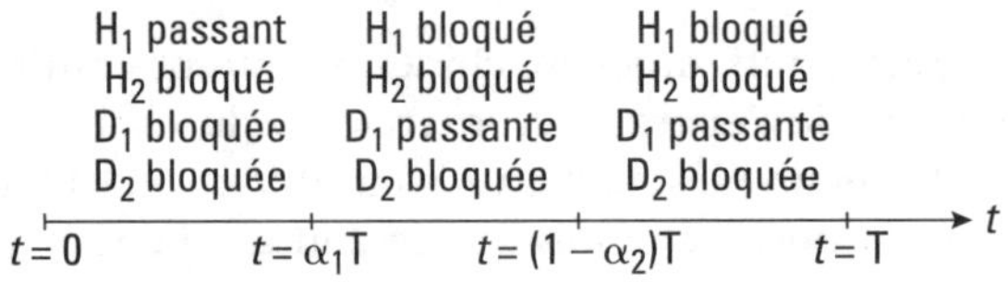

• Étude du cas 3

– L'interrupteur H_1 est commandé à la fermeture pour $t \in [0, \alpha_1 T]$. Le courant est négatif, donc il ne peut passer dans cet interrupteur qui est donc bloqué. Il traverse la diode D_2 qui est alors passante. Les autres interrupteurs sont bloqués pour éviter de placer la source de tension V_P en court-circuit.

– Les interrupteurs H_1 et H_2 sont bloqués pour $t \in [\alpha_1 T, (1 - \alpha_2)T]$. Pour assurer la continuité du courant dans la bobine, il faut qu'une des diodes soit passante. Le courant étant négatif dans la bobine, la seule diode pouvant être passante est la diode D_2. Le courant dans la bobine continue alors à croître. La diode D_1 reste bloquée.

– L'interrupteur H_2 est commandé à la fermeture pour $t \in [(1 - \alpha_2)T, T]$. Le courant est négatif dans la bobine et donc positif dans cet interrupteur qui devient passant. Ainsi, la diode D_2 se bloque, tandis que la diode D_1 reste bloquée.

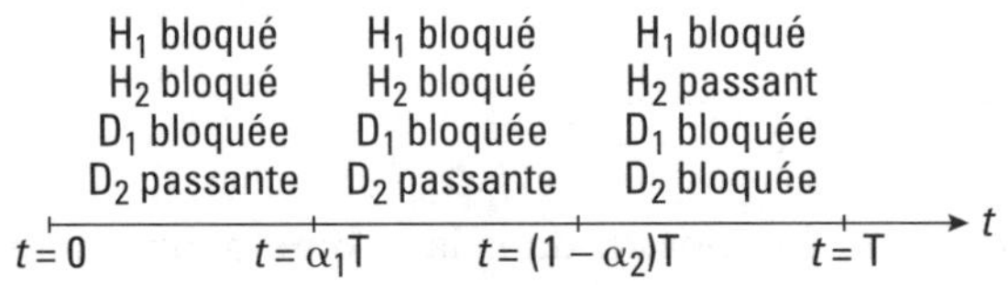

2) Dans le cas 2, le courant est d'abord négatif, donc, d'après l'étude précédente du cas 3, on est dans la configuration où H_1 est bloqué, H_2 est bloqué, D_1 est bloquée et D_2 est passante.
Le courant devient positif. Soit t_1 l'instant où le courant s'annule la première fois durant la période. Deux cas peuvent se présenter :

– si $t_1 \leqslant \alpha_1 T$, on passe dans la configuration où H_1 est passant, H_2 est bloqué, D_1 est bloquée et D_2 est bloquée ;

– si $t_1 \geqslant \alpha_1 T$, on passe alors dans la configuration où H_1 est bloqué, H_2 est bloqué, D_1 est passante et D_2 est bloquée. Le courant commence alors à décroître (d'après l'étude du cas 1), ce qui n'est pas le cas ici. Donc cette configuration est impossible.

Le courant est positif à l'instant $\alpha_1 T$. Donc, d'après l'étude du cas 1, H_1 est bloqué, H_2 est bloqué, D_1 est passante et D_2 est bloquée. Le courant décroît ensuite.

Soit t_2 l'instant où le courant s'annule à nouveau durant la période. Si $t_2 \leqslant (1 - \alpha_2)$T, la diode D_2 devient passante, D_1 se bloque et le courant croît à nouveau (d'après l'étude du cas 3), ce qui n'est pas le cas ici, donc $t_2 \geqslant (1 - \alpha_2)$T.
À partir de l'instant $(1 - \alpha_2)$T, on a la même configuration qu'au cas 1, c'est-à-dire H_1 est bloqué, H_2 est bloqué, D_1 est passante et D_2 est bloquée.
Enfin, pour $t \in [t_2, T]$, on a la même configuration qu'au cas 3 c'est-à-dire H_1 est bloqué, H_2 est passant, D_1 est bloquée et D_2 est bloquée.

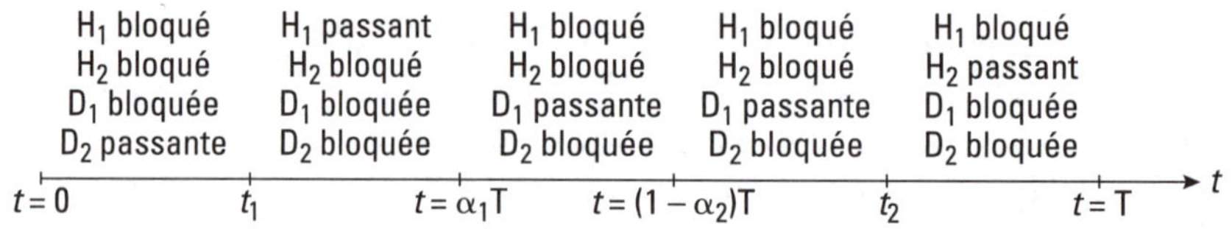

Pour que cette représentation du courant soit valable quelle que soit sa valeur moyenne, il faut que le changement de pente du courant s'effectue au même instant quel que soit le cas considéré, c'est-à-dire en $(1 - \alpha_2)$T. D'où: $(1 - \alpha_2)T = \alpha_1 T$.
Donc, pour pouvoir conserver la même forme du courant quelle que soit sa valeur moyenne, il faut que :

$$\boldsymbol{\alpha_1 + \alpha_2 = 1}.$$

3) Lors de freinage par récupération, les machines à courant continu sont utilisées en génératrice afin de récupérer une partie de l'énergie (cf. exercice 6 du chapitre 3). Il faut donc alimenter ces machines par ce type de hacheur. Ces machines sont utilisées en traction (le moteur tourne dans un seul sens), donc la f.é.m. est positive tandis que le courant peut changer de sens selon le mode de fonctionnement souhaité (moteur ou génératrice).

⚠ En fait, lors du freinage par récupération, l'énergie n'est pas réellement récupérée sur le réseau. Elle est le plus souvent dissipée par effet Joule dans des résistances de freinage.

Exercice 11

1) On applique la méthode n° 3.

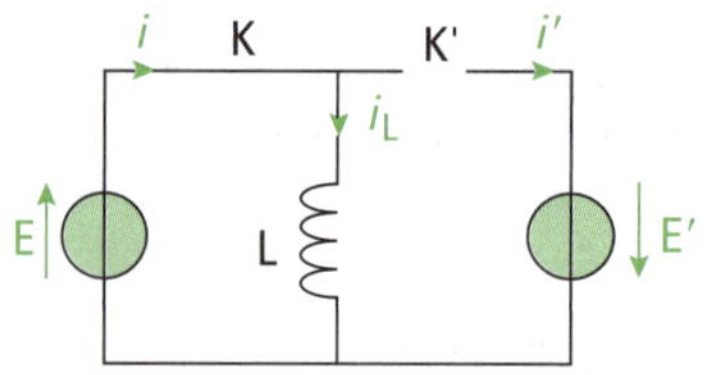

phase A

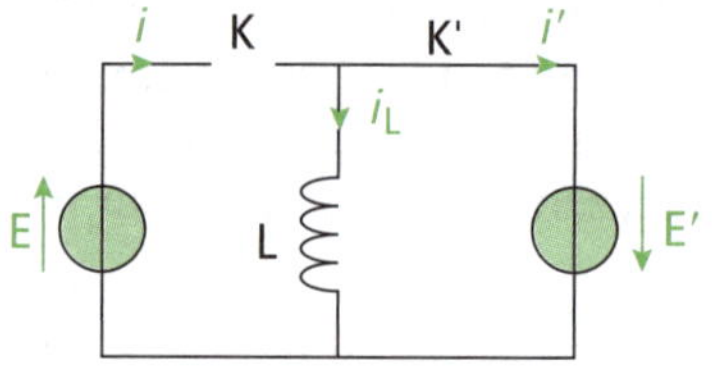

phase B

On détermine les expressions du courant dans la bobine pour chaque phase.

– *Phase A:* la loi des mailles donne: $E = L\dfrac{di_L}{dt}$, donc: $i_L(t) = \dfrac{E}{L}t + i_L(0)$.

Le fonctionnement du montage étant périodique et la fonction strictement croissante sur cet intervalle, on en déduit: $i_L(0) = i_{Lm}$.

– *Phase B:* la loi des mailles donne: $-E' = L\dfrac{di_L}{dt}$, donc: $i_L(t) = -\dfrac{E'}{L}(t - \alpha T) + i_L(\alpha T)$.

La fonction est décroissante sur cet intervalle, donc: $i_L(\alpha T) = i_{LM}$.

Par continuité du courant dans la bobine, on en déduit:

$$\boldsymbol{i_L(\alpha T) = \frac{E}{L}\alpha T + i_{Lm} = i_{LM}} \text{ et } \boldsymbol{i_L(T) = -\frac{E'}{L}(1-\alpha)T + i_{LM} = i_{Lm}}.$$

2) D'après l'étude précédente, on peut déterminer $\Delta i = i_{LM} - i_{Lm}$ de deux manières différentes :

$$\Delta i = i_{LM} - i_{Lm} = \frac{E}{L}\alpha T = \frac{E'}{L}(1-\alpha)T, \text{ donc: } \mathbf{E\alpha = E'(1-\alpha)}.$$

3) L'énergie reçue par la bobine pendant la phase A est :

$$\varepsilon_0 = \int_0^{\alpha T} E\, i_L(t)\, dt = \frac{E^2}{2L}\alpha^2 T^2 + E\, i_{Lm}\alpha T.$$

Donc : $\quad \boldsymbol{i_{Lm} = \frac{\varepsilon_0}{E\alpha T} - \frac{E}{2L}\alpha T}$ et $\boldsymbol{i_{LM} = \frac{E}{L}\alpha T + i_{Lm} = \frac{\varepsilon_0}{E\alpha T} + \frac{E}{2L}\alpha T}$.

On peut aussi utiliser l'expression de l'énergie cédée par la bobine pendant la phase B pour obtenir le même résultat. Dans ce cas, l'énergie cédée par la bobine pendant la phase B est :

$$\varepsilon_0 = \int_{\alpha T}^{T} E' i_L(t)\, dt = -\frac{E'^2}{2L}(1-\alpha)^2 T^2 + E' i_{LM}(1-\alpha)T.$$

4) On étudie les courants et tensions aux bornes des interrupteurs pendant chaque phase.
– *Phase A :* la tension aux bornes de l'interrupteur K est nulle et le courant i qui le traverse est égal à $i_L(t)$. La tension aux bornes de l'interrupteur K′ est égale à E + E′ (en convention récepteur) et le courant le traversant est nul.
– *Phase B :* La tension aux bornes de l'interrupteur K est égale à E + E′ (en convention récepteur) et le courant le traversant est nul. La tension aux bornes de l'interrupteur K′ est nulle et le courant i' qui le traverse est égal à $-i_L(t)$. On trace le courant dans chaque interrupteur en fonction de la tension :

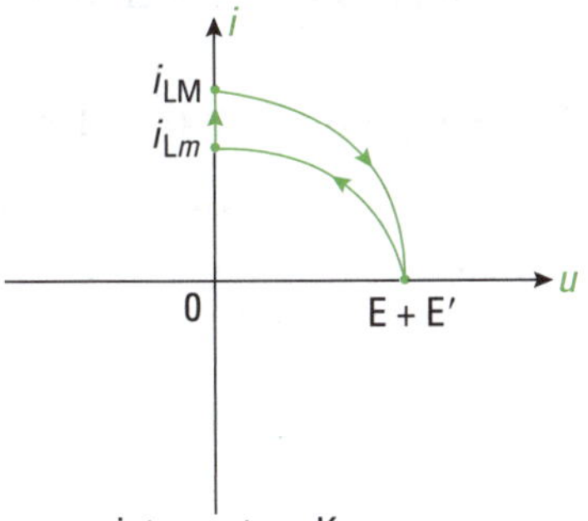

interrupteur K

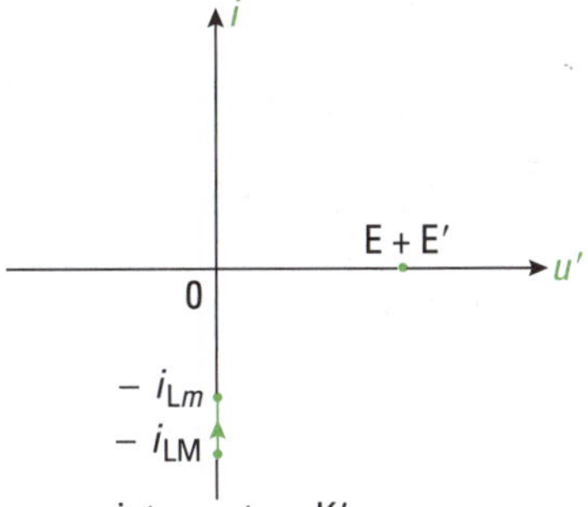

interrupteur K′

L'interrupteur K réalise donc une fonction **transistor** et l'interrupteur K′ une fonction **diode inversée.**
Le schéma du hacheur est en définitive :

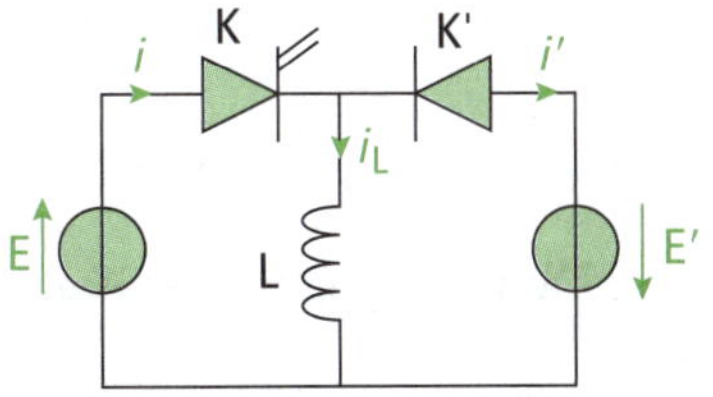

Exercice 12

1) On applique la méthode n° 2.

• Pour $t \in [0, \alpha T]$, les interrupteurs H_1 et H_2 sont fermés. La tension aux bornes des diodes D_1 et D_2 est égale à $-V$. Elles sont donc équivalentes à des interrupteurs ouverts. On obtient alors le schéma électrique équivalent ci-contre :

$$u(t) = V \text{ et } E + Ri + L\frac{di}{dt} = V.$$

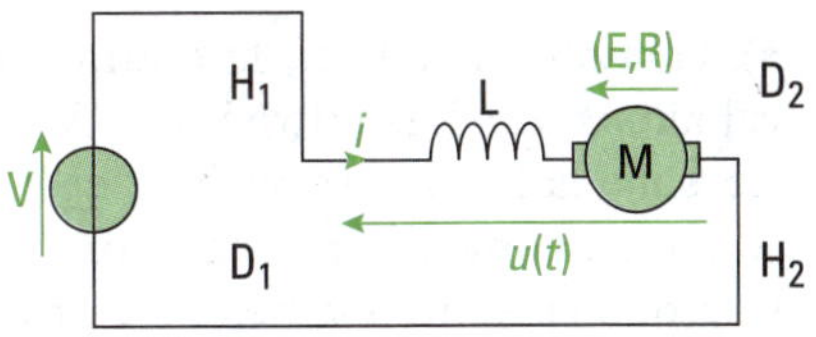

La résolution de l'équation différentielle portant sur $i(t)$ conduit à :

$$i(t) = \left(\frac{V - E}{R}\right)\left(1 - \exp\left(-\frac{t}{\tau}\right)\right) + i(0), \text{ fonction croissante, donc : } i(0) = I_{min}.$$

Or $T \ll \frac{L}{R}$, d'où : $\exp\left(-\frac{t}{\tau}\right) \approx 1 - \frac{t}{\tau}$ au premier ordre. On en déduit :

$$u(t) = V \text{ et } i(t) = \left(\frac{V - E}{L}\right)t + I_{min} \text{ pour } t \in [0, \alpha T].$$

• Pour $t \in [\alpha T, T]$, les interrupteurs H_1 et H_2 sont ouverts.

Afin de garantir la continuité du courant dans le récepteur de nature inductive, les diodes D_1 et D_2 deviennent passantes et sont donc équivalentes à des interrupteurs fermés.

On obtient alors le schéma électrique équivalent ci-contre :

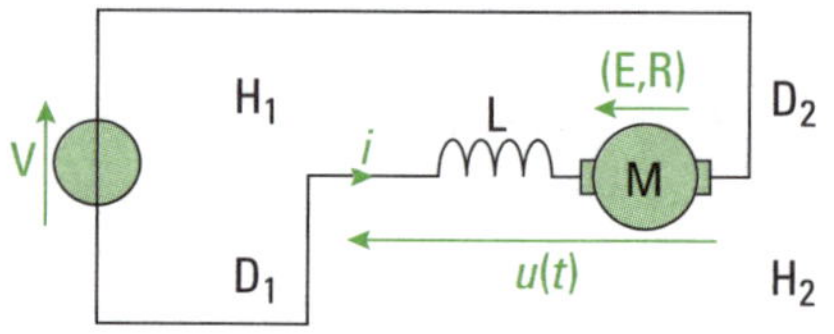

$$u(t) = -V \text{ et } E + Ri + L\frac{di}{dt} = -V.$$

La résolution conduit à :

$$i(t) = -\left(\frac{V + E}{R}\right)\left(1 - \exp\left(-\frac{t - \alpha T}{\tau}\right)\right) + i(\alpha T), \text{ fonction décroissante, donc : } i(\alpha T) = I_{max}.$$

Or $T \ll \frac{L}{R}$, d'où : $\exp\left(-\frac{t - \alpha T}{\tau}\right) \approx 1 - \frac{t - \alpha T}{\tau}$ au premier ordre. On en déduit :

$$u(t) = V \text{ et } i(t) = -\left(\frac{V + E}{L}\right)(t - \alpha T) + I_{max} \text{ pour } t \in [\alpha T, T].$$

L'analyse du schéma électrique montre en outre que le courant $i(t)$ est nécessairement positif du fait que tous les interrupteurs sont unidirectionnels en courant.

Toute cette étude conduit aux chronogrammes suivants de $u(t)$ et $i(t)$:

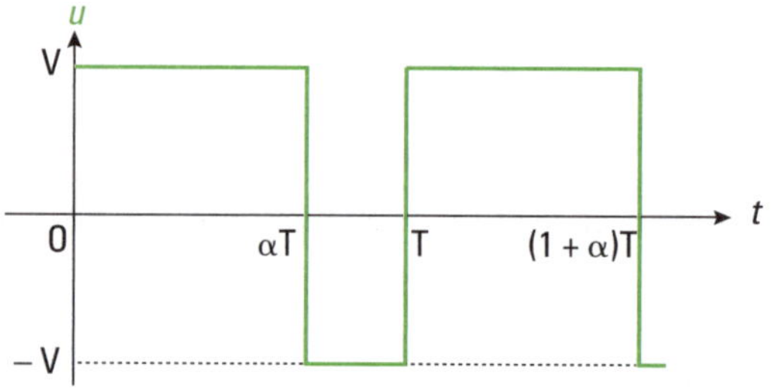

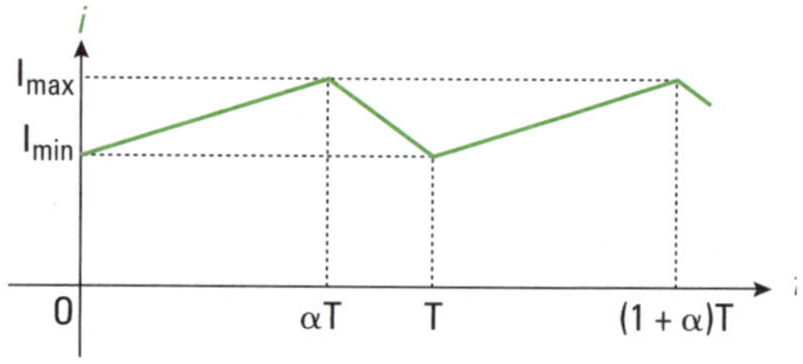

2) D'après la loi des mailles, $E + Ri + L\frac{di}{dt} = u$. Or $\left\langle \frac{di(t)}{dt} \right\rangle = 0$ dans la bobine, car le courant $i(t)$ est nécessairement périodique. De plus, par hypothèse, on peut négliger la chute de potentiel dans la résistance d'induit. Donc :

$$Ri(t) \ll E, \text{ d'où : } E = \langle u(t) \rangle,$$

avec $\langle u(t) \rangle = \frac{1}{T}\int_0^T u(t)\, dt = \frac{1}{T}(V\alpha T - V(1 - \alpha)T) = (2\alpha - 1)V$ d'après le chronogramme de la question 1. On en déduit l'expression de E en fonction de V :

$$\mathbf{E = (2\alpha - 1)V}.$$

3) Comme on l'a vu, le courant est toujours positif. Cependant, la tension E peut prendre des valeurs comprises entre V et – V.

Lorsque la f.é.m. est positive et le courant est positif, la machine fonctionne en moteur car on raisonne en convention récepteur.

Lorsque la f.é.m. est négative et le courant positif, la machine fonctionne en génératrice.

En conclusion :

– si $\alpha > \frac{1}{2}$, la machine fonctionne **en moteur** ;

– si $\alpha < \frac{1}{2}$, la machine fonctionne **en génératrice** ;

– si $\alpha = \frac{1}{2}$, il n'y a **pas d'échange d'énergie** entre la source d'entrée et la machine, bien que cette dernière reste alimentée en courant.

Le couple possède toujours le même signe puisque le courant est toujours strictement positif. Le sens de rotation est quant à lui donné par le signe de E. Dans le cas du fonctionnement moteur, le couple électromagnétique est moteur. Dans le cas du fonctionnement génératrice, ce couple est résistant. On peut donc utiliser ce type de hacheur pour alimenter des dispositifs de levage (il faut tantôt ralentir la descente de l'objet (couple résistant) et tantôt permettre sa montée (couple moteur)).

Exercices de niveau 3

Exercice 13

1) On considère ici, par exemple, le flux φ positif s'il est créé par un courant positif entrant dans une borne homologue. Le flux à travers chaque spire des enroulements est φ. Donc le flux total à travers chaque enroulement est égal au nombre de spires contenu dans l'enroulement multiplié par le flux à travers une spire :
$\Phi_1 = N_1\varphi$ à travers l'enroulement 1 ; $\Phi_2 = N_2\varphi$ à travers l'enroulement 2 ; $\Phi_3 = N_3\varphi$ à travers l'enroulement 3.
En utilisant la loi de Faraday, on a :

$$V_1 = \frac{d\Phi_1}{dt}\ ;\ V_2 = \frac{d\Phi_2}{dt} \text{ et } V_3 = \frac{d\Phi_3}{dt}.$$

Il vient alors :

$$\mathbf{V_1 = N_1 \frac{d\varphi}{dt}\ ;\quad V_2 = N_2 \frac{d\varphi}{dt} \quad \text{et} \quad V_3 = N_3 \frac{d\varphi}{dt}}.$$

2) Pour établir cette relation, on applique le théorème d'Ampère sur un contour fermé correspondant à une ligne de champ moyenne entourant les trois bobines et appartenant au circuit magnétique (cf. méthode 1 du chapitre 2).

• En orientant le contour (C) dans le sens positif du flux, il vient :

$$\int_{(C)} \vec{H}\cdot\vec{d\ell} = \int_{(C)} H\,d\ell$$

puisque l'on suppose $\vec{H}$ orthoradial dans le circuit magnétique torique.

Or $H = \frac{B}{\mu_0\mu_r}$ et $\varphi = BS$, puisque le champ magnétique est supposé constant sur une section du circuit magnétique. Donc :

$$\int_{(C)} H\,d\ell = \int_{(C)} \frac{\varphi}{\mu_0\mu_r S}\,d\ell.$$

Or φ est conservatif dans le circuit magnétique considéré comme un tube de champ. On obtient alors :

$$\int_{(C)} H\,d\ell = \frac{\varphi\ell}{\mu_0\mu_r S} = R\varphi.$$

• En appliquant le théorème d'Ampère, il vient :

$$\mathbf{N_1 i_1 - N_2 i_2 - N_3 i_3 = R\varphi} \qquad \mathbf{(1)}.$$

3) Par définition, L_1 est le rapport du flux propre Φ_1 du champ magnétique à travers la bobine 1 (flux du champ magnétique créé par la bobine 1 uniquement à travers celle-ci) et du courant qui traverse cette bobine :

$$L_1 = \frac{N_1\varphi_1}{i_1}.$$

Or le champ magnétique créé par la bobine 1 est obtenu en appliquant le théorème d'Ampère lorsque les autres bobines ne sont pas alimentées : $N_1 i_1 = R\varphi$. D'où :

$$\mathbf{L_1 = \frac{N_1^2}{R}}, \text{ et de même : } \mathbf{L_2 = \frac{N_2^2}{R}} \text{ et } \mathbf{L_3 = \frac{N_3^2}{R}}.$$

4) On sait déjà que I_S **est constante, donc continue,** du fait de la présence de la forte inductance L_S (inductance de lissage).
Par ailleurs, l'énoncé affirme qu'il s'agit d'un hacheur qui est un convertisseur de type continu-continu. La source d'entrée est donc de type **tension continue E**, de même que la source de sortie est de type **tension continue** $\mathbf{V_S}$. Ceci suppose que la capacité du condensateur soit adaptée (son choix est lié à la fréquence de fonctionnement).

Il s'agit ici d'un hacheur à liaison indirecte puisque les sources d'entrée et de sortie sont de même nature.

5) Lorsque le transistor T est passant, $\mathbf{V_1 = E}$ car $V_T = 0$.
Les relations trouvées à la question 1 conduisent en outre à :

$$\mathbf{V_2 = \frac{N_2}{N_1}E} \text{ et } \mathbf{V_3 = \frac{N_3}{N_1}E}.$$

Pour établir les autres équations demandées, il faut au préalable déterminer l'état des différentes diodes.
– La tension aux bornes de la diode D_3 est : $-E-V_3$, qui est négative en convention récepteur. Donc D_3 est bloquée et $\boldsymbol{i_3 = 0}$.
– Afin d'assurer le passage du courant dans l'inductance, il faut qu'au moins une des diodes D_1 ou D_2 soit passante. Supposons D_1 passante : D_2 serait alors polarisée sous une tension positive V_2, elle serait donc passante, ce qui aurait pour conséquence de court-circuiter l'enroulement de N_2 spires. Ceci n'est pas possible. D_1 est donc nécessairement bloquée et par conséquent, D_2 passante :

$$\boldsymbol{i_1 = 0} \text{ et } \boldsymbol{i_2 = I_S}.$$

– Il nous reste à exprimer le courant i_1. D'après la loi des mailles, $E = L_1 \dfrac{di_1(t)}{dt}$. Donc :

$$\boldsymbol{i_1(t) = \frac{E}{L_1}t + i_{min}}, \text{ car la fonction est croissante.}$$

D'après la loi de Faraday :

$$\boldsymbol{\varphi(t) = \int \frac{V_1}{N_1}dt + \varphi_{min} = \frac{E}{N_1}t + \varphi_{min}}.$$

6) Lorsque le transistor T est bloqué et la diode D_3 est passante, $\boldsymbol{i_1 = 0}$ et $\mathbf{V_3 = -E}$.
Les relations trouvées à la question 1 conduisent en outre à :

$$\mathbf{V_1 = -\frac{N_1}{N_3}E} \text{ et } \mathbf{V_2 = -\frac{N_2}{N_3}E}.$$

Pour établir les autres équations demandées, il faut au préalable déterminer l'état des différentes diodes.
– Afin d'assurer le passage du courant dans l'inductance, il faut qu'au moins une des diodes D_1 ou D_2 soit passante. Supposons D_2 passante : D_1 serait alors polarisée sous une tension positive V_2, elle serait donc passante, ce qui aurait pour conséquence de court-circuiter l'enroulement de N_2 spires. Ceci n'est pas possible. D_2 est donc nécessairement bloquée et par conséquent D_1 passante :

$$\boldsymbol{i_1 = I_S} \text{ et } \boldsymbol{i_2 = 0}.$$

– Il nous reste à exprimer le courant i. D'après la loi des mailles, $E = -L_3 \dfrac{di_3(t)}{dt}$. Donc :

$$\boldsymbol{i_3(t) = -\frac{E}{L_3}(t - \alpha T) + i_{3\,max}},\quad \text{car la fonction est décroissante.}$$

D'après la loi de Faraday :

$$\boldsymbol{\varphi(t) = \int -\frac{V_3}{N_3}dt + \varphi_{max} = -\frac{E}{N_3}t + \varphi_{max}}.$$

7) • Pour que le montage fonctionne correctement, il faut que la démagnétisation du circuit soit complète avant la fin de la période :

$$\boldsymbol{\varphi(t_1) = 0 \text{ pour } t_1 \leqslant T}.$$

• Pour $t_1 \leqslant T$, $\varphi(t_1) = -\dfrac{E}{N_3}(t_1 - \alpha T) + \varphi_{max} = 0$. Or, par continuité :

$$\varphi_{max} = \varphi(\alpha T) = \frac{E}{N_1}\alpha T + \varphi_{min}.$$

– Il reste à déterminer φ_{min}. Si le flux s'annule avant l'instant T, le courant $i_3(t) = -\dfrac{R}{N_3}\varphi(t)$ devient nul.

Dés lors, comme $\varphi(t)$ est une fonction décroissante, le courant dans la diode D_3 change de signe, ce qui n'est pas possible dans une diode. Donc la diode D_3 se bloque et $i_3(t) = 0$. Il vient alors $\varphi(t) = 0$ pour $t_1 \leqslant T$. On en déduit : $\varphi_{min} = 0$.

– D'après les équations précédentes :

$$\frac{E}{N_1}\alpha T = \frac{E}{N_3}(t_1 - \alpha T), \text{ ce qui donne : } t_1 = \left(1 + \frac{N_3}{N_1}\right)\alpha T \leqslant T.$$

On obtient alors :

$$\boldsymbol{\alpha \leqslant \frac{1}{1 + \dfrac{N_3}{N_1}}}.$$

Donc la commande de ce type de hacheur est limitée par une valeur maximale de α qui dépend des caractéristique du transformateur.

Dans la phase 1, le transformateur prélève à la source d'entrée de la puissance pour se magnétiser et fournir de l'énergie à la charge. Lorsque T est ouvert, il restitue l'énergie magnétique stockée grâce à l'enroulement d'inductance L_3. Cette structure est la plus utilisée pour les puissances de quelques centaines de watts.

Exercice 14

1) On applique la méthode n° 2.

• Pour $t \in [0, \alpha T]$, les interrupteurs H_1 et H_3 sont fermés.
La tension aux bornes des diodes D_2 et D_4 est égale à $-V$.
Les diodes sont alors bloquées et équivalentes à des interrupteurs ouverts.
On obtient alors le schéma électrique équivalent ci-contre où $u(t) = V$.

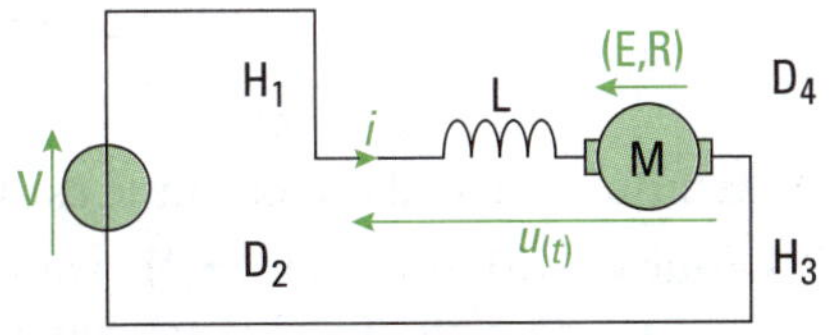

• Pour $t \in [\alpha T, T]$, les interrupteurs H_2 et H_4 sont fermés.
La tension aux bornes des diodes D_1 et D_3 est égale à $-V$.
Les diodes sont alors bloquées et équivalentes à des interrupteurs ouverts.
On obtient alors le schéma électrique équivalent ci-contre où $u(t) = -V$.

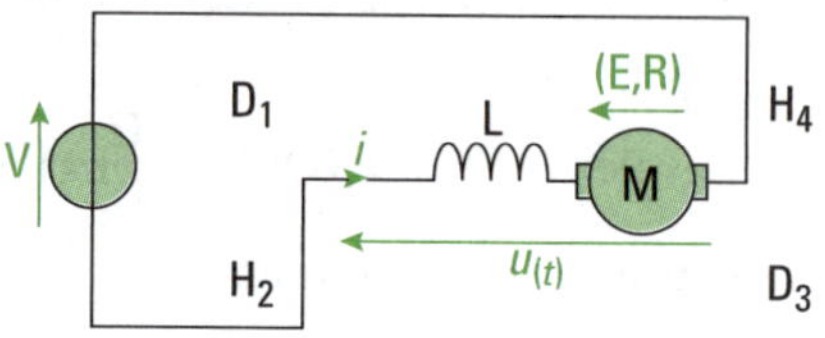

On en déduit le chronogramme de $u(t)$:

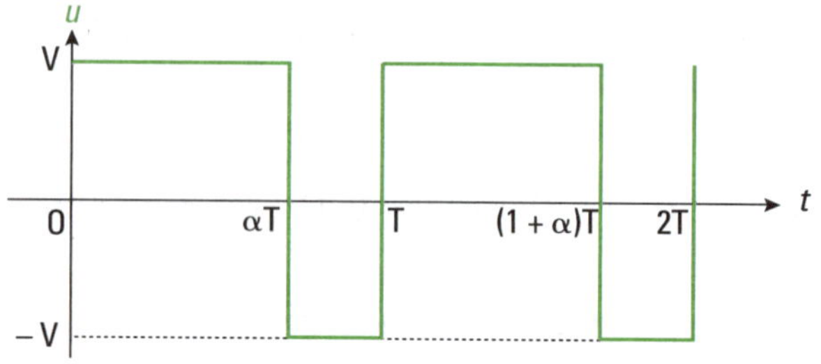

2) D'après la loi des mailles :

$$E + L\frac{di(t)}{dt} \approx u(t), \text{ car on néglige la tension aux bornes de la résistance d'induit.}$$

En valeur moyenne, cette équation donne :

$$E = \langle u(t) \rangle, \text{ car } \left\langle \frac{di(t)}{dt} \right\rangle = 0 \text{ dans la bobine en régime permanent.}$$

Or, $\langle u(t) \rangle = \frac{1}{T}\int_0^T u(t)\,dt = \frac{1}{T}(V\alpha T - V(1-\alpha)T) = (2\alpha - 1)V$, d'où :

$$\mathbf{E = (2\alpha - 1)V} \qquad (1).$$

3) • Étude du cas 1 : le courant est toujours positif.

– Pour $t \in [0, \alpha T]$, H_1 et H_3 sont commandés à la fermeture et sont parcourus par des courants positifs. Donc ces interrupteurs sont fermés. Le sens du courant impose le blocage des diodes D_1 et D_3. La tension aux bornes des diodes D_2 et D_4 est égale à $-V$. Les diodes sont alors bloquées et équivalentes à des interrupteurs ouverts.

– Pour $t \in [\alpha T, T]$, H_2 et H_4 sont commandés à la fermeture. S'ils étaient fermés, ils devraient être parcourus par des courants négatifs. Ceci n'est pas possible. Donc ces interrupteurs sont ouverts. La continuité du courant est alors assurée par les diodes D_2 et D_4 qui seules peuvent laisser circuler le courant i positif puisque H_1 et H_3 sont ouverts. La tension aux bornes des diodes D_1 et D_3 est égale à $-V$. Les diodes sont alors bloquées et équivalentes à des interrupteurs ouverts.

$[0, \alpha T]$	$[\alpha T, T]$	$t > T$
H_1 fermé	H_1 ouvert	H_1 fermé
H_2 ouvert	H_2 ouvert	H_2 ouvert
H_3 fermé	H_3 ouvert	H_3 fermé
H_4 ouvert	H_4 ouvert	H_4 ouvert
D_1 bloquée	D_1 bloquée	D_1 bloquée
D_2 bloquée	D_2 passante	D_2 bloquée
D_3 bloquée	D_3 bloquée	D_3 bloquée
D_4 bloquée	D_4 passante	D_4 bloquée

• Étude du cas 3 : le courant est toujours négatif.

– Pour $t \in [0, \alpha T]$, H_1 et H_3 sont commandés à la fermeture mais ils seraient parcourus par des courants négatifs. Ceci n'est pas possible. Donc ces interrupteurs sont ouverts. La continuité du courant est alors assurée par les diodes D_1 et D_3 qui seules peuvent laisser circuler le courant i positif puisque H_2 et H_4 sont ouverts. La tension aux bornes des diodes D_2 et D_4 est égale à $-V$. Les diodes sont alors bloquées et équivalentes à des interrupteurs ouverts.

– Pour $t \in [\alpha T, T]$, H_2 et H_4 sont commandés à la fermeture et ils sont parcourus par des courants positifs. Donc ces interrupteurs sont fermés. Le sens du courant impose le blocage des diodes D_2 et D_4. La tension aux bornes des diodes D_1 et D_3 est égale à –V. Les diodes sont alors bloquées et équivalentes à des interrupteurs ouverts.

H_1 ouvert	H_1 ouvert	H_1 ouvert
H_2 ouvert	H_2 fermé	H_2 ouvert
H_3 ouvert	H_3 ouvert	H_3 ouvert
H_4 ouvert	H_4 fermé	H_4 ouvert
D_1 passante	D_1 bloquée	D_1 passante
D_2 bloquée	D_2 bloquée	D_2 bloquée
D_3 passante	D_3 bloquée	D_3 passante
D_4 bloquée	D_4 bloquée	D_4 bloquée

0 — αT — T — t

• **Étude du cas 2 :** le courant change de signe.

On pose, tout d'abord, t_1 et t_2 les instants où le courant i s'annule entre les instants 0 et T.

– Pour $t \in [0, t_1]$, H_1 et H_3 sont commandés à la fermeture et devraient être traversés par des courants négatifs. Ceci n'est pas possible. Donc ces interrupteurs sont ouverts. La continuité du courant est alors assurée par les diodes D_1 et D_3 qui seules peuvent laisser circuler le courant i positif puisque H_2 et H_4 sont ouverts. La tension aux bornes des diodes D_2 et D_4 est égale à –V. Les diodes sont alors bloquées et équivalentes à des interrupteurs ouverts.

– Pour $t \in [t_1, \alpha T]$, H_1 et H_3 sont commandés à la fermeture et sont parcourus par des courants positifs. Donc ces interrupteurs sont fermés. Le sens du courant impose le blocage des diodes D_1 et D_3. La tension aux bornes des diodes D_2 et D_4 est égale à –V. Les diodes sont alors bloquées et équivalentes à des interrupteurs ouverts.

– Pour $t \in [\alpha T, t_2]$, H_2 et H_4 sont commandés à la fermeture et devraient être parcourus par des courants négatifs. Ceci n'est pas possible. Donc ces interrupteurs sont ouverts. La continuité du courant est alors assurée par les diodes D_2 et D_4 qui seules peuvent laisser circuler le courant i positif puisque H_1 et H_3 sont ouverts. La tension aux bornes des diodes D_1 et D_3 est égale à –V. Les diodes sont alors bloquées et équivalentes à des interrupteurs ouverts.

– Pour $t \in [t_2, T]$, H_2 et H_4 sont commandés à la fermeture et ils sont parcourus par des courants positifs. Donc ces interrupteurs sont fermés. Le sens du courant impose le blocage des diodes D_2 et D_4. La tension aux bornes des diodes D_1 et D_3 est égale à –V. Les diodes sont alors bloquées et équivalentes à des interrupteurs ouverts.

H_1 ouvert	H_1 fermé	H_1 ouvert	H_1 ouvert	H_1 ouvert
H_2 ouvert	H_2 ouvert	H_2 ouvert	H_2 fermé	H_2 ouvert
H_3 ouvert	H_3 fermé	H_3 ouvert	H_3 ouvert	H_3 ouvert
H_4 ouvert	H_4 ouvert	H_4 ouvert	H_4 fermé	H_4 ouvert
D_1 passante	D_1 bloquée	D_1 bloquée	D_1 bloquée	D_1 passante
D_2 bloquée	D_2 bloquée	D_2 passante	D_2 bloquée	D_2 bloquée
D_3 passante	D_3 bloquée	D_3 bloquée	D_3 bloquée	D_3 passante
D_4 bloquée	D_4 bloquée	D_4 passante	D_4 bloquée	D_4 bloquée

0 — t_1 — αT — t_2 — T — t

4) En raisonnant avec les conventions de l'électrotechnique qui ont été vues au chapitre 3, on peut dire que :

– lorsque la valeur moyenne du courant est positive, la machine fonctionne **en moteur** si E est positive, $\alpha > \frac{1}{2}$ d'après (1), et **en génératrice** si E est négative, $\alpha < \frac{1}{2}$ d'après (1) ;

– lorsque la valeur moyenne du courant est négative, la machine fonctionne **en génératrice** si E est positive, $\alpha > \frac{1}{2}$ d'après (1), et **en moteur** si E est négative, $\alpha < \frac{1}{2}$ d'après (1).

Ce type de hacheur permet un fonctionnement de la machine à courant continu dans les quatre quadrants, c'est-à-dire un fonctionnement en moteur ou en génératrice quel que soit le sens de rotation du rotor.

Exercice 15

1) • Afin d'établir la relation demandée, il faut commencer par étudier les chronogrammes des tensions aux bornes des interrupteurs.

– Pour $t \in [0, \alpha T]$, T est fermé. Or $u_C > 0$, donc $V_D < 0$: la diode D est alors bloquée.

– Pour $t \in [\alpha T, T]$, T est ouvert donc la diode D est passante pour garantir la continuité du courant dans les sources de nature inductive.

On a donc :

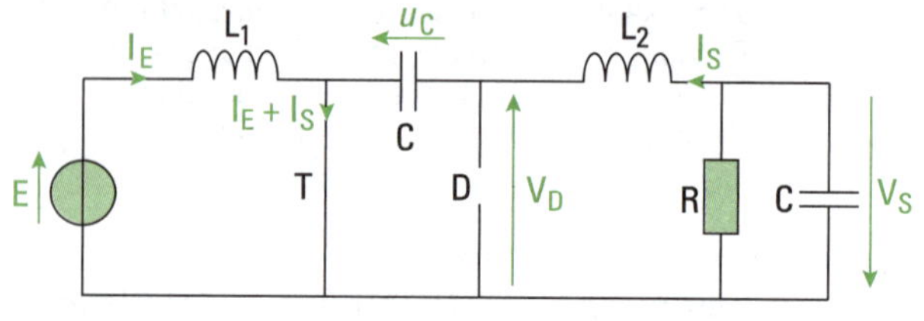

$t \in [0, \alpha T]$

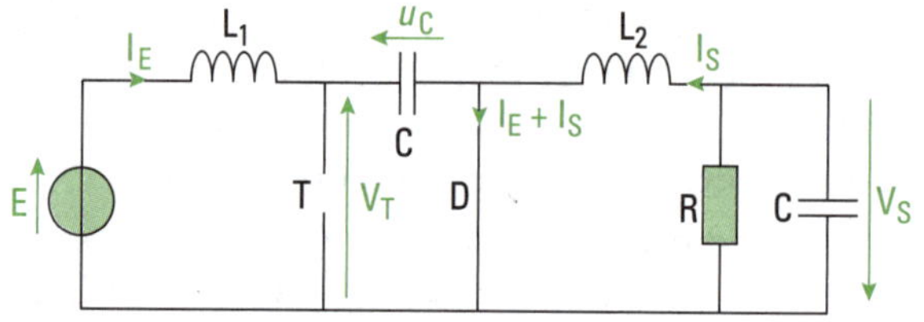

$t \in [\alpha T, T]$

– Pour $t \in [0, \alpha T]$, $V_T = 0$ et $V_D = -u_C$.

– Pour $t \in [\alpha T, T]$, $V_T = u_C$ et $V_D = 0$.

Ce qui permet de déterminer les valeurs moyennes des tensions :

$$\langle V_T \rangle = (1-\alpha)u_C \text{ et } \langle V_D \rangle = -\alpha u_C.$$

• D'après la loi des mailles, il vient :

$$E = L_1 \frac{dI_E}{dt} + V_T \text{ et } -V_S = L_2 \frac{dI_S}{dt} + V_D.$$

Les courants $I_E(t)$ et $I_S(t)$ sont périodiques, on en déduit qu'en valeur moyenne :

$$E = \langle V_T \rangle \text{ et } -V_S = \langle V_D \rangle.$$

Donc, d'après l'étude précédente :

$$E = \langle V_T \rangle = (1-\alpha)u_C \text{ et } -V_S = \langle V_D \rangle = -\alpha u_C.$$

On en déduit :

$$\mathbf{V_S = \frac{\alpha}{1-\alpha} E}.$$

2) On raisonne sur chacun des deux intervalles de temps.

• Pour $t \in [0, \alpha T]$, $i_T(t) = I_E(t) + I_S(t)$ et $\boldsymbol{i_D(t) = 0}$.

On commence par établir les expressions instantanées des courants I_E et I_S.

D'après la loi des mailles, on a :

$$E = L_1 \frac{dI_E}{dt} \text{ et } -V_S = L_2 \frac{dI_S}{dt} - u_C.$$

La résolution de ces équations conduit à :

$$I_E(t) = \frac{E}{L_1} t + I_E(0) \text{ et } I_S(t) = \frac{u_C - V_S}{L_2} t + I_S(0).$$

Or, la fonction $I_E(t)$ est croissante, il vient alors : $I_E(0) = I_{E\,min}$. De plus, $V_S = \alpha u_C < u_C$, donc la fonction $I_S(t)$ est croissante, d'où : $I_S(0) = I_{S\,min}$. On a alors :

$$I_E(t) = \frac{E}{L_1} t + I_{E\,min} \text{ et } I_S(t) = \frac{u_C - V_S}{L_2} t + I_{S\,min}.$$

Ce qui donne :

$$i_T(t) = I_E(t) + I_S(t) = \frac{E}{L_1} t + I_{E\,min} + \frac{u_C - V_S}{L_2} t + I_{S\,min}.$$

Or $E = (1 - \alpha)u_C$ et $V_S = \dfrac{\alpha}{1-\alpha} E$. D'où, après simplification :

$$\boldsymbol{i_T(t) = \frac{E}{L_{eq}} t + I_{E\,min} + I_{S\,min}}.$$

• Pour $t \in [\alpha T, T]$, $\boldsymbol{i_T(t) = 0}$ et $i_D(t) = I_E(t) + I_S(t)$.

On réitère la même démarche de résolution. D'après la loi des mailles, on a :

$$E = L_1 \frac{dI_E}{dt} + u_C \text{ et } -V_S = L_2 \frac{dI_S}{dt}.$$

La résolution de ces équations conduit à :

$$I_E(t) = \frac{E - u_C}{L_1}(t - \alpha T) + I_E(\alpha T) \text{ et } I_S(t) = -\frac{V_S}{L_2}(t - \alpha T) + I_S(\alpha T).$$

Or, la fonction $I_S(t)$ est croissante, il vient alors $I_S(t) = I_{S\,max}$. De plus, $E = (1 - \alpha)u_C < u_C$, donc la fonction $I_E(t)$ est décroissante, d'où : $I_E(\alpha t) = I_{E\,max}$. On a alors :

$$I_E(t) = \frac{E - u_C}{L_1}(t - \alpha T) + I_{E\,max} \text{ et } I_S(t) = -\frac{V_S}{L_2}(t - \alpha T) + I_{S\,max}.$$

Ce qui donne :

$$i_D = I_E(t) + I_S(t) = \frac{E - u_C}{L_1}(t - \alpha T) + I_{E\,max} - \frac{V_S}{L_2}(t - \alpha T) + I_{S\,max}.$$

Or $E = (1 - \alpha)u_C$ et $V_S = \dfrac{\alpha}{1-\alpha} E$. D'où, après simplification :

$$\boldsymbol{i_D(t) = -\frac{\alpha E}{(1-\alpha)L_{eq}}(t - \alpha T) + I_{E\,max} + I_{S\,max}} \quad \textbf{(1)}.$$

3) On constate, d'après (1), que le courant dans la diode peut s'annuler, avant la fin de la période, à un instant βT tel que :

$$\frac{\alpha E}{(1-\alpha)L_{eq}}(\beta - \alpha)T = I_{E\,max} + I_{S\,max}.$$

Dès que ce courant devient nul, la diode se bloque et on a : $I_E(t) = -I_S(t)$. Or, les deux fonctions $I_E(t)$ et $I_S(t)$ sont décroissantes pour $t \in [\alpha T, T]$. La seule possibilité pour satisfaire ces contraintes est d'avoir : $I_E(t) = I_S(t) = 0$ pour $t \geqslant \beta T$. On en conclut que les courants $I_E(t)$ et $I_S(t)$ s'annulent à l'instant βT et il vient :

$$\boldsymbol{I_{E\,min} = 0 \text{ et } I_{S\,min} = 0}.$$

4) On peut alors tracer le chronogramme de $I_E(t) + I_S(t)$:

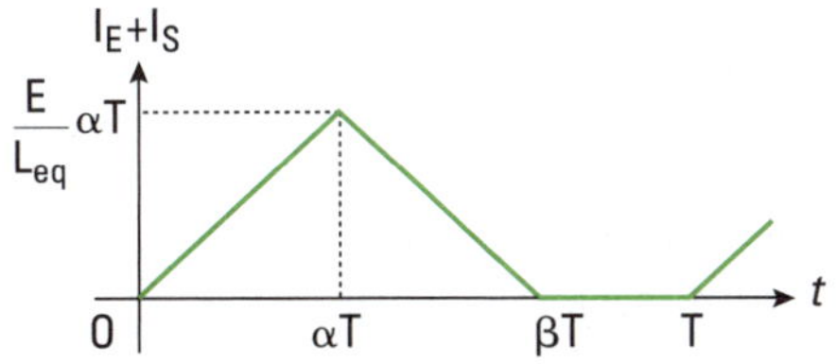

On a donc :

$$\langle I_E + I_S \rangle = \frac{1}{2}[\alpha + (\beta - \alpha)](I_{E\,max} + I_{S\,max}), \text{ soit : } \boldsymbol{\langle I_E + I_S \rangle = \frac{1}{2}\frac{E}{L_{eq}}\beta\alpha T} \quad \textbf{(2)}.$$

5) On effectue un bilan de puissance du hacheur. Les composants étant supposés tous parfaits, la puissance en entrée est égale à la puissance en sortie. D'où:

$$\mathbf{E\langle I_E\rangle = V_S\langle I_S\rangle} \qquad \textbf{(3).}$$

6) • On étudie les valeurs de $V_T(t)$ dans chaque intervalle de temps afin d'en déduire $\langle V_T\rangle$.

– Pour $t \in [0, \alpha T]$, $V_T = 0$ et $V_D = -u_C$.

– Pour $t \in [\alpha T, T]$, $V_T = u_C$ et $V_D = 0$.

– Pour $t \in [\beta T, T]$, les courants dans les inductances sont nuls, donc: $V_T = E$ et $V_D = E - u_C$.

Donc:

$$\mathbf{\langle V_T\rangle = (\beta - \alpha)\mathit{u}_C + (1 - \beta)E} \text{ et } \mathbf{\langle V_D\rangle = -\alpha \mathit{u}_C + (1 - \beta)(E - \mathit{u}_C)}.$$

Or $\langle V_T\rangle = E$ et $\langle V_D\rangle = -V_S$.

On en déduit:

$$(\beta - \alpha)u_C + (1 - \beta)E = E \quad \textbf{(4)} \text{ et } -V_S = -\alpha u_C + (1 - \beta)(E - u_C) \quad \textbf{(5)}.$$

La résolution de ce système d'équation s'effectue, par exemple, par substitution. D'après l'équation (4), on a: $u_C = \dfrac{\beta E}{(\beta - \alpha)}$, que l'on remplace dans l'équation (5):

$$-V_S = -\alpha \frac{\beta E}{(\beta - \alpha)} + (1 - \beta)\left(E - \frac{\beta E}{(\beta - \alpha)}\right).$$

D'où on déduit:

$$\boldsymbol{\beta = \alpha\left(1 + \frac{E}{V_S}\right)} \qquad \textbf{(6).}$$

7) Des équations (2) et (3), on déduit:

$$\langle I_E + I_S\rangle = \left(1 + \frac{V_S}{E}\right)\langle I_S\rangle = \frac{1}{2}\,\frac{E}{L_{eq}}\,\beta\alpha T.$$

En utilisant l'équation (6), on obtient alors: $\left(1 + \dfrac{V_S}{E}\right)\langle I_S\rangle = \dfrac{1}{2}\left(1 + \dfrac{E}{V_S}\right)\dfrac{E}{L_{eq}}\,\alpha^2 T.$

Cette équation s'écrit encore sous la forme: $\left(1 + \dfrac{V_S}{E}\right)\left(\langle I_S\rangle - \dfrac{1}{2}\,\dfrac{E^2}{V_S L_{eq}}\,\alpha^2 T\right) = 0.$

Or, $\left(1 + \dfrac{V_S}{E}\right) > 0$. Donc:

$$\mathbf{V_S = \frac{1}{2}\,\frac{E^2}{L_{eq}}\,\alpha^2 T\,\frac{1}{\langle I_S\rangle}} \qquad \text{(7).}$$

8) À la limite de conduction continue, $\beta = 1$ (car l'instant βT tend alors vers T). Donc, d'après (6), $\alpha = \dfrac{V_S}{E + V_S}$. En reportant dans (7), il vient:

$$\mathbf{\langle I_S\rangle = \frac{1}{2}\,\frac{E^2}{L_{eq}}\,\alpha^2 T\,\frac{1}{V_S} = \frac{1}{2}\,\frac{E^2 V_S}{L_{eq}\,(E + V_S)^2}\,T}.$$

9)

Jusqu'ici, on a négligé l'ondulation de la tension aux bornes du condensateur, ce qui permet d'étudier les ondulations de courant. Dans ce qui suit, au contraire, on néglige les ondulations des courants débités par les sources, ce qui permet d'étudier l'ondulation de u_C. On étudie donc séparément deux possibilités de régime discontinu afin d'éviter une étude fastidieuse. Cette hypothèse est justifiée en fin d'exercice car le graphe montre que les domaines de discontinuité sont bien séparés.

• On étudie l'évolution de la tension aux bornes du condensateur.

– Pour $t \in [0, \alpha T]$, le courant dans le condensateur est $-I_S$ en convention récepteur. D'où:

$$I_S = -C\,\frac{du_C}{dt}.$$

On en déduit:

$$u_C(t) = -\frac{I_S}{C}t + u_{C\max} \quad \textbf{(8)}, \text{ car } u_C(t) \text{ est une fonction décroissante.}$$

– Pour $t \in [\alpha T, T]$, le courant dans le condensateur est I_E en convention récepteur. D'où:

$$I_E = \frac{du_C}{dt}.$$

On en déduit:

$$u_C(t) = \frac{I_E}{C}(t - \alpha T) + u_{C\min}, \text{ car } u_C(t) \text{ est une fonction croissante.}$$

• On constate que si la tension aux bornes du condensateur s'annule, ceci ne peut avoir lieu que dans l'intervalle $[0, \alpha T]$. On pose βT l'instant tel que $u_C(\beta T)$. Il vient, d'après (8):

$$0 = -\frac{I_S}{C}\beta T + u_{C\max}, \text{ soit: } \frac{I_S}{C}\beta T = u_{C\max} \quad \textbf{(9)}.$$

Or, on se trouve en régime permanent, donc:

$$u_{C\max} = u_C(t) = \frac{I_E}{C}(1-\alpha)T + u_{C\min}.$$

• Il reste à déterminer $u_{C\min}$. Pour cela, on étudie l'évolution de $u_C(t)$ après l'instant βT.
Si la tension $u_C(t)$ devient négative, la tension aux bornes de la diode devient positive et donc la diode passante, ce qui signifie que: $V_D = u_C(t) = 0 = u_{C\min}$. D'où:

$$u_{C\max} = u_C(T) = \frac{I_E}{C}(1-\alpha)T \quad \textbf{(10)}.$$

• D'après (9) et par substitution dans (10), on déduit: $\beta = \frac{I_E}{I_S}(1-\alpha)$ afin d'obtenir une discontinuité de la tension aux bornes du condensateur.
Enfin, puisque $0 \leq \beta T < \alpha T$, on en déduit que la condition pour laquelle il existe un **régime discontinu** de la tension aux bornes du condensateur s'écrit:

$$\boldsymbol{\beta = \frac{I_E}{I_S}(1-\alpha) < \alpha} \qquad \textbf{(11)}.$$

10) Les courants I_E et I_S étant supposés constants, on a:
– pour $t \in [0, \alpha T]$, $V_S(t) = u_C(t)$;
– pour $t \in [\alpha T, T]$, $V_S(t) = 0$.
On obtient donc le chronogramme suivant pour la tension $V_S(t)$:

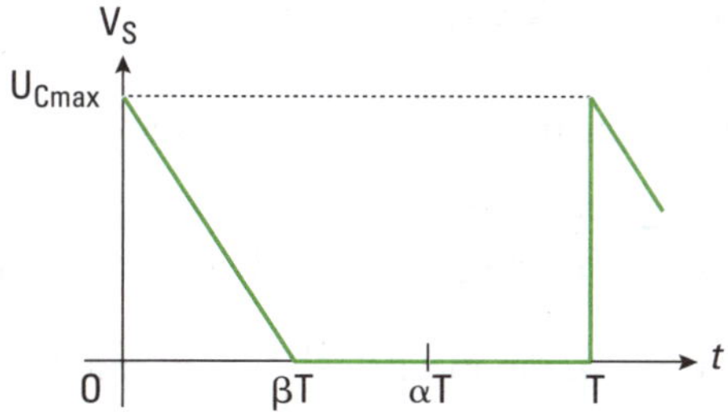

On en déduit: $\langle V_S \rangle = \frac{\beta}{2}u_{C\max}$, ce que l'on peut réécrire, d'après (10) et (11):

$$\boldsymbol{\langle V_S \rangle = \frac{I_E^2}{2CI_S}(1-\alpha)^2 T} \qquad \textbf{(12)}.$$

11) • Relation entre E et I_E
On détermine la valeur moyenne de la tension aux bornes du transistor:

$$E = \langle V_T \rangle, \text{ où } \langle V_T \rangle = \frac{1}{T}\int_0^{\alpha T} V_T(t)\,dt + \frac{1}{T}\int_{\alpha T}^{T} V_T(t)\,dt = \frac{1}{T}\int_{\alpha T}^{T} u_C(t)\,dt.$$

Sachant que, pour $t \in [\alpha T, T]$, $u_C(t) = \frac{I_E}{C}(t - \alpha T)$, on trouve :

$$\frac{1}{T}\int_{\alpha T}^{T} u_C(t)\,dt = \frac{I_E}{2C}(1-\alpha)^2 T, \text{ d'où : } \mathbf{E = \frac{I_E}{2C}(1-\alpha)^2 T} \qquad \textbf{(13).}$$

• **Relation entre $\langle V_S \rangle$, α, T, E et I_S**

D'après (12) et (13), on déduit :

$$\langle \mathbf{V_S} \rangle = \frac{\mathbf{2CE^2}}{\mathbf{(1-\alpha)^2 T}} \times \frac{\mathbf{1}}{\mathbf{I_S}} \qquad \textbf{(14).}$$

12) À la limite de continuité, on a $\beta = \alpha$.

À partir de (13) et (14), on trouve : $\langle V_S \rangle E = \frac{I_E}{I_S} E^2$.

Or $\beta = \alpha = \frac{I_E}{I_S}(1-\alpha)$ et donc $\frac{\langle V_S \rangle}{E} = \frac{\alpha}{1-\alpha}$, soit : $\alpha = \frac{1}{1 + \frac{E}{\langle V_S \rangle}}$.

Par substitution dans (14), on déduit :

$$\mathbf{\frac{2C}{T} \frac{E^2}{\langle V_S \rangle}\left(1 + \frac{\langle V_S \rangle}{E}\right)^2 = I_S.}$$

Ici, on a bien $\langle I_S \rangle = I_S$.

13) On doit tracer le réseau de caractéristiques tension-courant dans la charge. Pour cela, il faut délimiter les zones de discontinuité de tension ou de courant.

– La zone de discontinuité du courant est délimitée par une courbe d'équation :

$$\langle I_S \rangle = \frac{1}{2}\frac{E^2}{L_{eq}}\alpha^2 T \frac{1}{V_S} = \frac{1}{2}\frac{E^2 V_S}{L_{eq}(E + V_S)^2} T$$

qui possède un extremum pour :

$$\frac{d\langle I_S \rangle}{dV_S} = \frac{1}{2}\frac{E^2(E - V_S)}{L_{eq}(E + V_S)^2} T = 0,$$

c'est-à-dire pour $V_S = E$, ce qui correspond à $\frac{\alpha}{1-\alpha} = 1$, soit $\alpha = 0{,}5$.

Ce maximum est tel que : $\langle I_S \rangle = \frac{1}{8}\frac{ET}{L_{eq}}$ et $V_S = E$.

– La zone de discontinuité de la tension est délimitée par une courbe qui possède un extremum pour :

$$\frac{d\langle I_S \rangle}{dV_S} = \frac{2C}{T}\frac{E^2}{\langle V_S \rangle^2}\left(1 + \frac{\langle V_S \rangle}{E}\right)\left(-1 + \frac{\langle V_S \rangle}{E}\right) = 0$$

c'est-à-dire pour $V_S = E$, ce qui correspond à $\frac{\alpha}{1-\alpha} = 1$, soit $\alpha = 0{,}5$.

Ce maximum est tel que $\langle I_S \rangle = \frac{8C}{T} E$.

– Dans la zone de discontinuité du courant, on a montré que :

$$V_S = \frac{1}{2} E^2 \alpha^2 \frac{T}{L_{eq}\langle I_S \rangle}.$$

Il s'agit donc d'une hyperbole.

Dans la zone de conduction continue, $V_S = \frac{\alpha}{1-\alpha} E$, quel que soit le courant dans la charge.

– Dans la zone de discontinuité de la tension aux bornes du condensateur :

$$\langle V_S \rangle = \frac{2CE^2}{L_{eq}(1-\alpha)^2 T} \frac{1}{I_S}.$$

Il s'agit alors également d'une hyperbole.

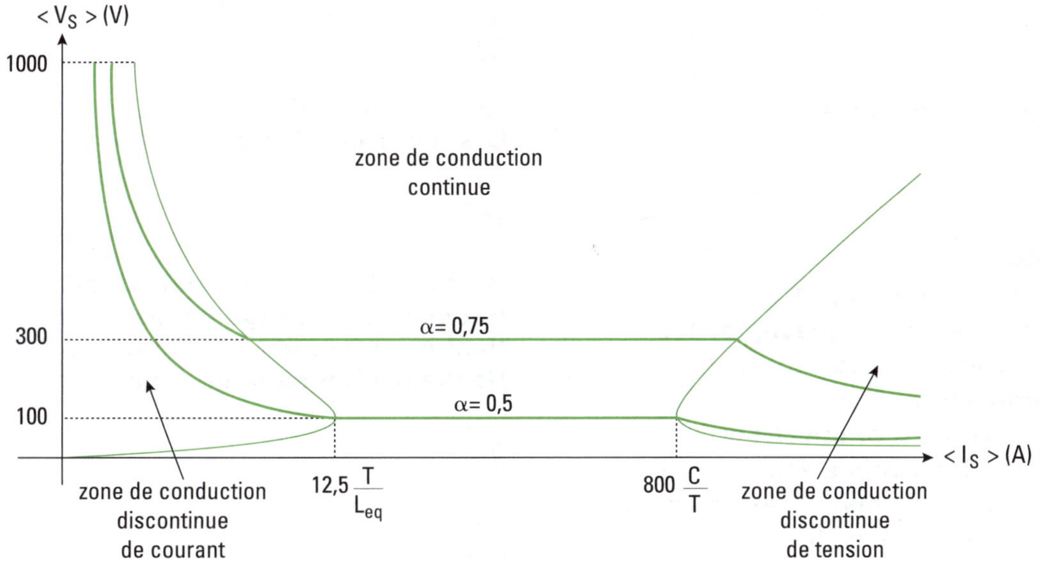

Index

S

T

V

Imprimé en France par l'Iprimerie Moderne de l'Est 25110 Baume-les-Dames
Dépôt légal : août 2004 - 209 0362/01
N° imprimeur : 17635

1867